高等学校规划教材

飞行动力学及控制原理

李广文　刘小雄　主编

西北工業大學出版社

西　安

【内容简介】 本书围绕如何描述飞机运动、如何分析飞机运动、如何控制飞机运动和如何评价飞机运动四个问题介绍了固定翼飞机飞行动力学和飞行控制系统的工作原理。本书共分 11 章，内容包括飞行控制系统发展史、空气动力学基础、飞机运动坐标系和运动参数、飞机气动力和气动力矩及其影响因素、飞机运动方程推导及其线性化、飞机纵向和横航向运动分析、有人驾驶飞机飞行品质规范、阻尼增稳系统和电传飞行控制系统等。本书提供了一套完整的飞机气动数据，教师可以此为对象布置建模、分析等训练项目，开展项目牵引型教学。

本书可作为高等学校自动化和飞行控制专业本科生、研究生的教材，也可作为飞行动力学及飞行控制领域技术人员的参考书。

图书在版编目(CIP)数据

飞行动力学及控制原理 / 李广文，刘小雄主编．—西安：西北工业大学出版社，2022.3

ISBN 978-7-5612-8145-1

Ⅰ.①飞… Ⅱ.①李… ②刘… Ⅲ.①飞行力学 ②飞行控制 Ⅳ.①V212 ②V249.1

中国版本图书馆 CIP 数据核字(2022)第 050052 号

FEIXING DONGLIXUE JI KONGZHI YUANLI

飞 行 动 力 学 及 控 制 原 理

李广文　刘小雄　主编

责任编辑：孙　倩　　**策划编辑：**杨　军

责任校对：朱辰浩　　**装帧设计：**李　飞

出版发行：西北工业大学出版社

通信地址：西安市友谊西路 127 号　　邮编：710072

电　　话：(029)88491757，88493844

网　　址：www.nwpup.com

印 刷 者：兴平市博闻印务有限公司

开　　本：787 mm×1 092 mm　　1/16

印　　张：22

字　　数：577 千字

版　　次：2022 年 3 月第 1 版　　2022 年 3 月第 1 次印刷

书　　号：ISBN 978-7-5612-8145-1

定　　价：76.00 元

前　言

在飞机发展过程中，人们对飞机性能更高、更快、更强的追求也牵引着数学、力学、材料、控制技术、电子技术、计算机技术的高速发展，航空技术作为高科技的集中体现，日益受到世界各强国的高度重视。在航空技术中，飞行控制技术作为保证飞机安全、提升性能的核心技术，是航空技术的发展重点。

飞行控制是利用飞机上的气动控制面所产生的力和力矩以及推力控制飞机姿态、位置和速度使之按照操纵人员预期变化的过程，所以，飞行控制实际上是一个力学问题，要控制好飞机，必须对飞机的运动过程和运动特点有清晰的认识，进而采取恰当的有效措施以实现目标。这就要求飞行控制系统设计人员必须要掌握飞行动力学和飞行控制的知识。

飞行动力学是应用力学的一个分支，研究飞机在大气层中飞行时的运动、稳定性和操纵性问题，也就是如何描述飞机运动和如何分析飞机运动的问题，主要包括阐述气动力和气动力矩成因及影响因素的空气动力学，描述飞机运动的运动方程，存在外界扰动和操纵作用下的飞机运动特性(操纵性和稳定性)。

飞行控制原理是在飞行动力学的基础上，研究改善飞机飞行品质的技术措施(阻尼器、增稳系统、控制增稳系统等)的工作原理和控制系统组成，以及评价和指导飞行控制系统性能的指标体系(飞行品质)，也就是研究如何控制飞机运动和如何评价飞机运动的问题。

飞机运动和飞行控制是比较复杂和抽象的过程，其运动分析既要着眼于飞机本体的宏观刚体运动过程，又要着眼于由于流速、大气密度变化、压力分布等微观气流流场变化，如何在有限时间内，让学生对飞机运动和飞行控制有清晰系统的认识，是每一位飞行控制专业教师竭力追求的目标。要达到这个目标，必须要有内容剪裁得当且能够反映飞行控制领域研究情况的教材。为此，笔者根据教学要求和内容编写了《飞行动力学及控制原理讲义》，自 2015 年起，《飞行动力学及控制原理讲义》在西北工业大学自动化专业本科教学和航空工业西安飞行自动控制研究所(航空工业 618 所)新员工专业培训中使用。在使用过程中，笔者听取了各届学生和 618 所专家同仁的意见和建议，对讲义内容和形式进行了增删和修订，在此基础上，整理成本书。

本书较为系统地阐述固定翼飞机动力学建模、运动特性分析、控制系统工作原理和飞行品质评估问题。本书分 11 章展开叙述:第 1 章绪论,简要介绍飞机和飞行控制系统发展的概况;第 2 章是空气动力学基础,主要介绍研究飞行动力学所必备的空气动力学的常用知识;第 3～5 章讲述飞机运动建模过程;第 6 章和第 7 章介绍飞机纵向和横侧向运动的分析过程;第 8 章介绍飞机飞行品质;第 9 章讲述飞机阻尼、增稳和控制增稳系统;第 10 章介绍电传飞行控制系统的知识,第 11 章通过算例飞机演示不同反馈参数对典型模态特征参数影响的分析过程。

当前国内外有关飞行控制的著作很多,与这些著作相比,本书的特点和创新之处为:①注重理论和实践的结合,书中在附录提供了飞机建模、飞机稳定性分析和典型模态特性分析的源代码,便于学生验证;②便于新教学模式实施,本书提供了一套完整的飞机气动数据,教师可以此为对象布置建模、分析等训练项目,开展项目牵引型教学;③各章节学习要求明确,本书每一章都以列表的形式给出了知识点及其学习要求,便于学生自学;④注重知识性和趣味性的结合,本书以附录的形式给出了与教材内容相关的一些航空技术简介,如扇翼机、涡流冲浪技术等,在扩展知识的同时,也提升了趣味性。

本书的主要目的是引导自动化专业的学生逐步深入理解飞机运动和飞行控制过程,掌握用描述飞机运动的建模方法和利用经典控制理论分析控制系统的基本方法,为进一步深造和从事专业技术工作打下必要的理论基础。本书也适合从事飞行控制系统设计和研究的人员阅读。

由于水平有限,书中不足之处在所难免,恳请读者批评指正。

编　者

2021 年 8 月

符　号　表

符　号	意　义
L	升力
D	阻力
T	推力
G	重力
Y	侧力
Ma	马赫数
S	机翼面积
V	飞行空速
Q	动压
R	气动合力
L_M	滚转力矩
M	俯仰力矩
N	偏航力矩
α	迎角
β	侧滑角
θ	俯仰角
ϕ	滚转角
ψ	偏航角
γ	航迹倾斜角
χ	航迹方位角
μ	航迹滚转角
λ	展弦比
ε	下洗角
ρ	大气密度
η	梢比
a	声速
b	展长

续表

符　号	意　义
c	弦长
p	压力
u	真空速在机体系 Ox 轴的分量
v	真空速在机体系 Oy 轴的分量
w	真空速在机体系 Oz 轴的分量
p	机体系相对地面系的角速度在机体系 Ox 轴的分量
q	机体系相对地面系的角速度在机体系 Oy 轴的分量
r	机体系相对地面系的角速度在机体系 Oz 轴的分量
δ_e	升降舵舵偏
δ_a	副翼舵偏
δ_r	方向舵舵偏
C_D	阻力系数
C_L	升力系数
C_y	侧力系数
C_m	俯仰力矩系数
C_l	滚转力矩系数
C_n	偏航力矩系数
$C_{L\alpha}$	升力系数对迎角的导数
$C_{L\delta_e}$	升力系数对升降舵的导数
$C_{D\alpha}$	阻力系数对迎角的导数
$C_{D\delta_e}$	阻力系数对升降舵的导数
$C_{y\beta}$	侧力系数对侧滑角的导数
$C_{y\delta_r}$	侧力系数对方向舵的导数
$C_{m\alpha}$	俯仰静稳定导数
C_{mM}	俯仰力矩系数对马赫数的导数
$C_{m\delta_e}$	俯仰力矩系数对升降舵的导数
$C_{m\bar{q}}$	俯仰力矩系数对俯仰角速率的导数
$C_{m\bar{\dot{\alpha}}}$	俯仰力矩系数对迎角变化率的导数/洗流时差导数

续表

符　号	意　义
$C_{l\beta}$	滚转静稳定导数
$C_{l\delta_a}$	滚转力矩系数对副翼的导数
$C_{l\delta_r}$	滚转力矩系数对方向舵的导数
$C_{l\delta_a}$	滚转力矩系数对副翼的导数
C_{lp}	滚转力矩系数对滚转角速率的导数
C_{lp}	滚转力矩系数对偏航角速率的导数
$C_{n\beta}$	航向静稳定导数/偏航静稳定导数
$C_{n\delta_a}$	航向力矩系数对副翼的导数
$C_{n\delta_r}$	航向力矩系数对方向舵的导数
$C_{n\delta_a}$	航向力矩系数对副翼的导数
C_{np}	航向力矩系数对滚转角速率的导数
C_{np}	航向力矩系数对偏航角速率的导数

目　录

第1章 绪　论

1.1 引　言

飞行动力学是应用力学的一个分支，研究飞机在大气层中飞行时的运动、稳定性和操纵性问题，主要包括阐述气动力和气动力矩成因及影响因素的空气动力学，描述飞机运动的运动方程，存在外界扰动和操纵作用下的飞机运动特性（操纵性和稳定性）。

飞行控制原理是在飞行动力学的基础上，研究改善飞机飞行品质的技术措施（阻尼器、增稳系统、控制增稳系统等）的工作原理和控制系统组成，以及评价和指导飞行控制系统性能的指标体系（飞行品质）。

飞行控制本质上是一个力学问题，通过选择合适的操纵面，并使其按照一定规律偏转，进而产生改变飞机姿态/位置/速率的力和力矩，使飞机按照飞行员的意图飞行。所以要设计飞行控制系统，必须精通飞行动力学，了解影响飞机运动的因素，掌握分析飞机运动的方法，熟悉控制飞机运动的手段，才能根据设计需求设计出高性能的飞行控制系统。

本章是本书的总纲，其目的是在叙述飞机发展和飞行控制系统发展历史的基础上，阐述飞行动力学和飞行控制系统中各重要概念产生的技术背景和发展脉络，以便读者对飞行动力学及飞行控制系统有一个总体的认识。

1.2 飞机发展简史

1903 年 12 月 17 日上午 10 时 35 分，在美国北卡罗来纳州，莱特兄弟研制的第一架有动力的飞机——“飞行者一号”升空飞行，这是人类历史上第一次有动力、载人、持续、稳定和可操纵的重于空气的飞行器首次成功飞行。尽管此次飞行时间仅持续了 12s，飞机航程也仅有区区 36.6m，但却是人类历史上具有划时代意义的历史时刻。此次飞行开辟了交通运输的新纪元，由此开始人类社会的时空距离得以大大缩短。

更快、更远、更高、更舒适和更好操纵是飞机设计师们始终追求的目标。人类社会发展对飞机性能不断提升的需求是驱动航空技术发展的澎湃动力，与此同时，航空科技也牵引着人类科技的发展，100 多年来，航空科技始终作为新兴交叉前沿技术引领着材料科学、能源技术、气象科学、发动机技术、空气动力学、流体力学、计算机科学、控制科学、电子技术等诸多学科的发展。

飞行控制系统是服务于飞行器整体需求的，飞行器的发展及性能要求决定了飞行控制技术的发展方向，因此要讨论飞行控制技术的发展，首先要了解飞机发展的历程及其面临的问题。飞机的发展经历了从低速到高速再到高超声速、从螺旋桨推进到涡喷推进、飞机气动布局（飞机形状）从常规布局到随控布局的变迁，飞机材料经历了从木制到全金属再到复合材料的过程。由此可见，观察飞机发展的角度（飞行速度、飞机动力、气动布局）有很多，由于飞行包线（飞行速度和高度范围）是反映飞机性能的重要指标，所以此处仅从飞行包线的角度简要阐述飞机发展过程。

1.2.1 低速阶段(1903—1938 年)

这一阶段的飞机从采用机翼面积很大的多翼机，发展到张臂式单翼机，从木布结构发展到全金属结构，从敞开式座舱发展到密闭式座舱，从固定式起落架发展到收放式起落架。

在此期间第一次世界大战的爆发，推动了军用飞机的发展。20 世纪 20—30 年代初期，由于科学技术的日益活跃，研究建立了飞机设计方法，并积累了空气动力学、飞行力学和结构强度等方面大量的实验资料。特别是 1930 年后，已经建立了计算飞机特性、稳定性和强度的基本方法，掌握了飞行试验结果的处理方法。

德国人普朗特的有限翼展机翼理论、俄国人茹科夫斯基的螺旋桨涡流理论，指导着飞机载荷基本类型的研究，形成了强度规范等。这一时期以古典单翼和双翼机为主采用很厚的悬臂梁机翼和较粗糙的机体，但提高了气动效率，使飞机的升阻比由 7 提高到 9～10。这一阶段典型飞机有英国的 F.1 骆驼战斗机（见图 1-1）、德国的福克 D.Ⅶ战斗机、苏联伊-15 战斗机（见图 1-2）等。

空重：421kg；
最大起飞质量：659kg；
最大平飞速度：189km/h；
实用升限：5 774m；
最大爬升率：4.8m/s；
续航时间：2h 30min；
首发时间：1917 年 3 月

图 1-1 英国的 F.1 骆驼战斗机

空重：1 012kg；
最大起飞质量：1 490kg；
最大平飞速度：376km/h；
实用升限：9 000m；
最大爬升率：14m/s；
最大航程：510km；
续航时间：1h 30min；
首飞时间：1932 年

图 1-2 苏联伊-15 战斗机

1.2.2 亚声速阶段(1939—1945 年)

1939—1944 年是将活塞式内燃发动机发展到极限的阶段。这一阶段正处在第二次世界大战(简称二战)中,因战争的需要促进了空军迅猛发展,飞机数量、种类以及性能得到空前提高。当时飞机研发的目标:首先是加大发动机的功率,提高效能和高空性能;其次是对亚声速气动布局的精心设计和推敲。在提高发动机功率方面,采取了加大气缸容积、增加气缸数量、加大发动机转速和预压缩工作介质等措施。在改进气动方面,采取了整流措施,如发动机加整流罩,都大大降低了飞机的废阻力。在翼型研究上也有了突破,出现了层流翼型、尖锋翼型等低阻翼型。在这一时期,由于采用的仍然是活塞式发动机,受声障限制,飞行速度已经接近这类飞机的极限(时速 750km/h 左右),因此这一时期飞机经过了完善的发展阶段,也可以说是活塞式内燃发动机发展到极限的特殊阶段。

这一阶段典型飞机有英国的喷火战斗机(见图 1-3)、美国的 P-51 野马战斗机(见图1-4)、德国的 Bf109 战斗机、日本的零式战斗机等。

机长:9.83m;
翼展:12.19m;
空重:2 983kg;
最大起飞质量:3 648kg;
最大飞行速度:625km/h;
升限:10 850m;
武器系统:4 门机炮外加炸弹

图 1-3 英国喷火 Mk5 战斗机

机长:9.83m;
翼展:11.28m;
机高:4.17m;
空重:3 465kg;
最大起飞质量:5 490kg;
最大速度:703km/h;
巡航速度:580km/h;
最大航程(带副油箱):2 655km;
升限:12 770m;
武器:6×12.7mm 机枪/2 000lb(907kg)炸弹

图 1-4 美国 P-51 野马战斗机

1.2.3 突破声速阶段(1946—1953 年)

这一阶段是航空技术发生根本性变革的重要阶段。正当人类将飞机向更高速度推进时,活塞发动机发展到了极限，在二战的推动下，燃气轮机技术开始走向实用化，开始制造大批涡轮喷气发动机。二战结束后，美、苏两国都利用从德国缴获的资料和设备，在德国技术人员的帮助下，大力研发喷气式飞机。这一阶段主要解决喷气动力飞机的三大航空科学技术难题，即声障、气动弹性和疲劳断裂问题。

声障是指把飞机飞行速度提高到超过声速时遇到的阻力急剧增大的情况。该问题通过创新提出的后掠翼理论和面积律方案得到解决。在1953年美国F-102三角翼飞机试飞时，飞机飞行速度超过声速并达到了1 328km/h的飞行速度。

气动弹性是指飞机由于飞行速度的提高而产生结构变形，通过气动力耦合致使飞机翼面等结构部件发生高频振动。

疲劳断裂是高空飞机的气密机舱在升降过程中，由内外压差交变而引发疲劳、发生断裂。这一问题首先是通过英国“彗星”式喷气客机多次坠毁而发现的，事故原因最终归咎于机身结构在高空发生疲劳断裂。

20世纪50年代初，在朝鲜战争中喷气式飞机已大规模用于空战。50年代中期，喷气战斗机的飞行速度已达到声速的两倍。这一阶段的典型飞机有美国F-86佩刀战斗机(见图1-5)和苏联的米格-15战斗机(见图1-6)等。

空重：5 050kg；
正常起飞质量：6 890kg；
最大起飞质量：9 350kg；
最大速度：960km/h；
实用升限：15 000m；
巡航速度：850km/h；
最大爬升率：40m/s；
转场航程(带副油箱)：2 460km；
续航时间：2h 54min

图1-5　美国F-86佩刀战斗机

空重：3 636kg；
正常起飞质量：4 960kg；
最大起飞质量：6 130kg；
最大平飞速度：1 076km/h；
巡航速度：800km/h；
实用升限：16 000m；
最大爬升率：50m/s；
最大航程(带副油箱)：1 560km；
续航时间：2h 50min

图1-6　苏联米格-15战斗机

1.2.4　高超声速阶段(1953年至今)

从1953年开始,航空技术发展到高级阶段,其主要标志是人类社会开始进入航空超声速时代,高新航空技术不断出现并综合应用。随着电子、控制、气动、材料、制造、推进等技术的发展,现代飞机的性能也达到了极大的提升,一些以前认为不可能的设想正在逐步变成现实,如隐身技术、无尾飞机、智能结构、自主控制等。各种飞机的新性能特点、设计概念及其他新技术不断出现,如新型布局、高超声速飞行、主动控制、推力矢量控制、电传/光传技术等,使控制系统的功能、性能、结构及设计理论、方法、准则都发生了极大的变化。

这一阶段按照飞机性能特点又大概可以划分成三个子阶段。

1.高空高速飞机(1953—1964年)

这一阶段飞机的发展深受朝鲜战争的影响。朝鲜战争空战经验使得战斗机高空高速能力受到重视,"高空高速"是这一时期战斗机追求的主要目标。为减小激波阻力,这一时期的飞机广泛采用了后掠翼技术,最大飞行速度马赫数普遍达到2以上。这一阶段的典型飞机有美国的F-104战斗机、F-4战斗机、SR-71黑鸟侦察机、B-1B战略轰炸机,苏联的米格-21战斗机、米格-25战斗机,法国的幻影Ⅲ战斗机,中国的歼-8战斗机,民机有英法联合研制的协和客机等(见图1-7至图1-9)。

空重:30 600kg;
最大起飞质量:78 000kg;
最大飞行速度:3 529km/h(*Ma* 为 3.35);
实用升限:25 900m;
最大爬升率:60m/min;
最大航程:5 925km;
续航时间:1h 30min

图1-7　美国SR-71黑鸟战略侦察机

空重:13 757kg;
最大起飞质量:28 030kg;
最大巡航速度:2 140km/h(*Ma* 为 2.23);
实用升限:18 300m;
最大爬升率 251m/min;
最大燃油航程:2 600km;
最大载弹量:7 250kg

图1-8　美国F-4鬼怪战斗机

空重:78 700kg;
最大起飞质量:186 000kg;
最大巡航速度:2 140km/h(*Ma* 为 2.04);
巡航高度:18 300m;
最大爬升率:25.4m/min;
最大燃油航程:6 580km

图 1-9　协和客机

2. 高机动性飞机(1965—1990 年)

1964 年,美国空军上校 John R. Boyd 提出了能量机动理论,给出了定量分析战斗机机动性的理论指导。与此同时,越南战争的实战也颠覆了以往的飞机设计思想。以重大代价设计的具有高空高速性能的 F-4 战斗机经常被廉价简单的米格-17 击落(见图 1-10、图 1-11)。越南战争血与火的教训使高机动性成为战斗机设计的主要目标。这一阶段的飞机多采用放宽静稳定设计、翼身融合技术、涡升力技术,强调低翼载和大推重比。典型飞机有美国的 F-15 战斗机、F-16 战斗机、F-18 战斗机,苏联的苏-27、米格-29,法国的幻影 2000-5 等,第三代战斗机的一些改型具备过失速机动能力(见图 1-12 至图 1-14)。

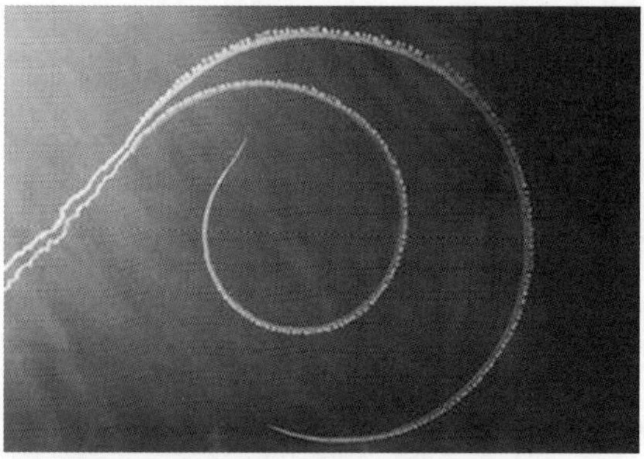

图内侧是以能量机动理论为指导设计的 YF-16(F-16 的原型机)的轨迹,外侧是突出高空高速性能的 F-4 战斗机的轨迹,由此可以看出 YF-16 的转弯半径远小于 F-4 的转弯半径,其机动能力显著增强

图 1-10　YF-16 和 F-4 战斗机转弯机动轨迹图

在 20 世纪 60 年代的越南战争中,美国空军当时的主力装备还是 F-4 和 F-105 战机,这两款战机在设计上强调高空高速,低空机动性不足。在和北越空军装备的米格 17、米格-19、米格-21 等苏制战机交手的过程中发现其在中低空缠斗过程中机动性明显不如小巧灵活的米格战机,装备先进空空导弹的 F-4 战机被米格战机用航炮大量击落

图 1-11　越战中美国 F-4 和越南米格-17 的战斗画面

眼镜蛇过失速机动动作：飞机首先抬起机身，然后后仰至 110°～120°，形成短暂的机尾在前、机头在后的平飞状态，宛如准备攻击的眼镜蛇。然后机头前压，再恢复到原来水平状态，就像眼镜蛇向前弹出，发起攻击一样。而在整个机动过程中，飞机的飞行高度几乎没有什么变化。使用“眼镜蛇”机动进行“急刹车”，可使敌机“冲到”前方，摆脱被敌方追踪的状态

图 1-12 苏-30 战斗机的眼镜蛇机动动作

首先，飞机大仰角向上爬升，失速后飞行员开始操纵飞机绕速度矢量旋转，一直沿航迹方向旋进，直到航向改变 180°为止。在机头和航迹的方向与初始方向相反时，利用高推重比发动机把飞机加速到恢复高速状态。即在失速条件下，完成“动能—势能—动能”的转化。这一动作必须依靠具备矢量推进功能的高推重比发动机才能做到

图 1-13 米格-29OVT 战斗机进行 Herbst 机动

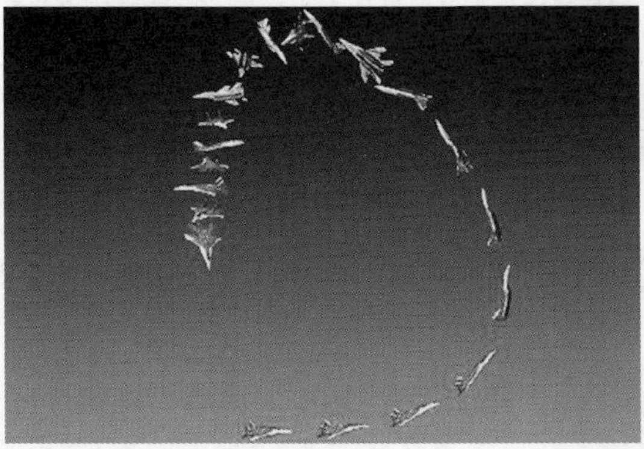

在战机垂直爬高的顶点，垂直速度为零后，通过调整机体姿态，使战机以尾喷口为旋转轴心，在水平方向上进行快速的机头转向。从地面看去，这时机头转向时犹如钟表的指针一般，围绕机尾旋转，所以被形象地称为钟(表)式机动，摆脱被敌方追踪的状态

图 1-14 米格-29OVT 战斗机进行钟式机动

3. 隐身飞机(1991 年至今)

1981 年 6 月，美国得知苏联正在研制苏-27 和米格-29 战斗机，为了应对即将出现的挑战，提出了先进战术战机(Advance Tactical Fighter，ATF)计划。ATF 计划强调四点：超声速巡航(supercruise)、超机动性(super maneuverability)、隐身性能(stealth)、超级信息优势(superior avionics for battle awareness and effectiveness)。1985 年，洛克希德公司的 YF-22 验证机和诺思罗普·格鲁曼公司的 YF-23 验证机被美国空军选中参加 ATF 计划的竞标。1991 年 4 月，YF-22 胜出，其生产版本即 F-22A(1997 年 4 月 9 日首飞)，2005 年 12 月 15 日

达到初步作战能力。F-22战斗机树立了第四代战斗机4S的技术标准，成为之后各国第四代战斗机研制的范本。在此之后，美国又研制了F-35战斗机(2006年12月15日首飞，我国也研制了歼-20战斗机(2011年1月11日首飞)，俄罗斯研发了苏-57战斗机(2010年1月29日首飞)等隐身飞机。这一时期的飞机往往采用飞翼、翼身融合、多操纵面布局，强调信息优势和航电系统的先进性以及高维护性(见图1-15至图1-17)。

空重:19 700kg;
最大起飞质量:38 000kg;
最大飞行速度:2 410km/h(*Ma* 为 2.25);
实用升限:19 812m;
航程:2 963km;
爬升率:未知;
过载限制:(−3.0/+9.0)g

图1-15　F-22战斗机

波音公司的BWB布局飞机X-48B，由一个类似箭头的宽体机身与后掠形机翼完全融合。由于没有常规尾翼，X-48B只能依靠多个操纵面来实现稳定和控制，机翼和机身的融合弯曲形后缘上设计有20个操纵面，并在每侧翼尖小翼上设计有方向舵。中央机体内装有一台数字式电传飞控系统计算机，控制一个或两个致动器驱动每个操纵面

图1-16　波音公司的BWB布局飞机X-48B

美国NextGen Aeronautic公司研制的变体缩比验证飞机MFX-1，采用柔性蒙皮变形机翼，在185～220km/h的速度下成功地将翼展改变了30%，翼面积改变了40%，后掠角从15°改变到35°。变形机翼技术，使之可在飞行中按任务需求改变机翼外形，在作为监视平台使用时具有长的巡逻时间(机翼处于大展弦比状态)，而在作为攻击机使用时具有高的冲刺速度(机翼处于小展弦比状态)

图1-17　变体飞机MFX-1

同期，美国B-2隐形轰炸机也于1997年服役，并在1999年的科索沃战争中投入实战，更标志着空中战争进入了隐身战斗时代。

从前面所述的飞机发展过程的简要回顾中可以看到，100 多年来，飞机的速度和空域变化范围急剧扩大，飞机气动布局变化也越来越多样，飞机外形都比较复杂，操纵机构和操纵舵面也越来越多，随着飞行包线的扩大，飞机的任务环境也越来越复杂，单纯靠人力来操纵飞机越来越难。要想使一架高性能飞机稳定、可靠、安全地飞行，必须借助于先进的飞行控制系统和航电系统。

1.3 飞机常用操纵面和常见气动布局

要想控制好飞机，首先必须要了解飞机的常用操纵面和飞机常用布局，才能有针对性地进行控制系统设计。

1.3.1 飞机常用操纵舵面

没有推力矢量的飞机的姿态变化是通过偏转飞机上的气动舵面实现的，气动舵面偏转会产生相应的气动力和力矩，改变飞机姿态角，进而改变飞机的航迹。因此在介绍飞机控制系统之前，首先要认识飞机常用的操纵舵面及其基本功能，常规飞机的常用操纵舵面如图 1-18 所示。

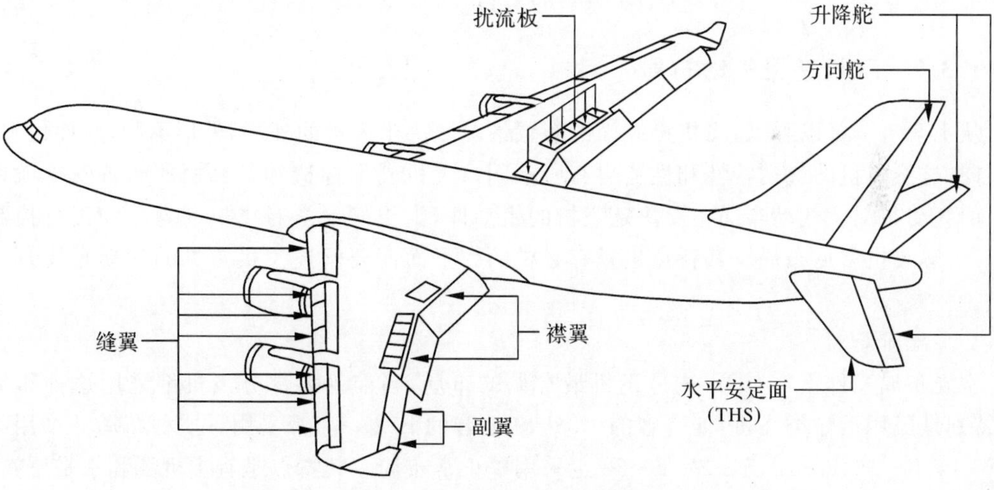

图 1-18 飞机常用操纵舵面

图 1-18 中的飞机常用操纵舵面最为重要的是升降舵、副翼和方向舵。

升降舵(elevator)，负责飞机俯仰姿态调整，即控制飞机低头和抬头。

副翼(aileron)，负责飞机的横滚姿态操纵，即控制飞机左右滚转。

方向舵(rudder)，负责控制飞机航向，即控制飞机机头左右偏转。

飞机的俯仰、滚转和和偏航操纵对飞机飞行品质有着重要影响，负责俯仰轴、滚转轴和偏航轴的操纵系统称为主操纵系统。升降舵、副翼和方向舵的操纵系统显然是主操纵系统。

襟翼(flap)，是现代飞机机翼边缘部分的翼面可动装置，可装在机翼后缘或前缘，可以向下偏转或向后(向前)滑动，其基本功能是增加飞机升力，根据安装部位的不同，可分为后缘襟翼和前缘襟翼。

缝翼(slot),即装在机翼前缘的活动翼面,是飞机增升装置的一种。缝翼打开时,向前推出与飞机机翼形成一条缝隙,从而将机翼下方的高压气流引导至机翼上表面,增加上翼面气流的流速,提高升力系数,延缓气流分离,降低失速速度。缝翼通常在低速大迎角时起作用。

扰流板(spoiler),一般位于机翼上表面的后段,根据使用情况可分为飞行扰流板和地面扰流板。飞行扰流板主要在空中飞行时用于辅助副翼进行横滚操纵,以及增加飞机阻力,以达到使飞机减速或增大下降率的目的。地面扰流板在飞机着陆接地后和飞行扰流板一起打开,减小机翼升力、增大空气阻力并增加刹车效率,以利于飞机减速。

水平安定面(Trimmable Horizontal Stabilizer,THS),是飞机尾翼的水平翼面,可分为固定式和全动式两种。安定面的作用是使飞机具有适当的静稳定性,在飞机受到气流扰动时,产生恢复力矩使飞机姿态稳定。

襟翼、缝翼、扰流板和水平安定面的操纵系统称为辅助操纵系统。

由于襟翼和缝翼可以改变机翼弯度和机翼面积,增加升力,所以襟翼和缝翼及其驱动装置构成的操纵系统称为高升力系统,高升力系统是大型飞机的关键分系统之一。

值得注意的是,由于现代飞机气动布局的变化,不一定存在常规意义上的升降舵、副翼、方向舵等操纵舵面(如图 1-16 所示的 X-48B 飞机),其操纵舵面的功能往往存在交叉、耦合和冗余,所以主操纵系统和辅助操纵系统的界限并不清晰,不能也不必要再强行划分主操纵系统和辅助操纵系统。

1.3.2 飞机常见气动布局

从 1.3.1 节可以看到,飞机操纵面的布置情况取决于飞机的外形,外形不同,舵面位置、尺寸不同,显然飞机的气动特性和性能也有所不同。飞机外形构造和各翼面的布置安排就称为飞机的气动布局。气动布局主要决定飞机的机动性,为更好地学习飞机动力学和飞行控制的知识,了解飞机常见布局及其特点也是有必要的。下面简要阐述飞机常见的气动布局及其优缺点。

1. 常规布局

常规布局又称正常布局,这是飞机最常见的布局,当前绝大部分飞机都采用这种布局形式,特别是民用运输类飞机,如空客的 A380 和波音的 B787 等,都采用了这种布局。军用飞机如 F-15、F-16、F-18、苏-27、F-22 也采用了正常布局。其特点是有主机翼和水平尾翼,主机翼在前,小机翼也就是水平尾翼在后,有一个或者两个垂直尾翼(见图 1-19、图 1-20)。

图 1-19 常规布局(枭龙战斗机)

图 1-20 常规布局(F-15 战斗机)

常规布局优点是：

(1)广泛采用，技术成熟，数据资源、知识储备和设计经验丰富，理论研究完善，生产技术也成熟稳定，同其他气动布局形式相比各项性能比较均衡。

(2)机翼-尾翼的组合具有较好的纵向和横侧向稳定性。在正常飞行状态下，常规布局的水平尾翼一般提供向下的负升力，保证飞机各部分的合力矩平衡，安全可靠。

(3)综合边条翼、推力矢量等技术，可以有效改善飞机在中到大迎角范围的机动能力。

常规布局的缺点主要体现在：对于静稳定的常规布局飞机而言，水平尾翼需产生负升力，减小了全机升力，而且平尾位于机翼的下洗区，影响平尾效率。

2. 变后掠翼布局

变后掠翼布局是常规布局的发展和变种。主翼的后掠角度可以改变，高速飞行可以加大后掠角，相当于飞鸟收起翅膀，低速飞行时减小后掠角，展开翅膀。可变后掠翼战斗机有 F－14(见图 1－21)、“狂风”战斗机、米格－23 等，典型的可变后掠翼轰炸机有美国的 B－1B 和苏联的图－22、图－160 等。

图 1－21　可变后掠翼布局(美国 F－14 雄猫战斗机)

这种布局的优势在于可以适应高速和低速时的不同要求，起降性能好；缺点是结构的复杂性严重增加了飞机质量，复杂的后掠翼机构往往占据机身大部分空间，限制了飞机的承载能力。随着发动机技术特别是矢量推力技术的不断发展和鸭翼的应用，这种布局逐渐趋于淘汰。

3. 前掠翼布局

前掠翼布局也是常规布局的发展。这种布局的特点是主翼前掠而不是后掠，早在二战期间，德国就研制了 Ju－287 前掠翼轰炸机。虽然很早就开展了这种气动布局的研制工作，但是因为机翼前掠致命的稳定性问题导致这种技术一直只停留在研发阶段，没有得到实际应用。

前掠翼布局的优点是：

(1)具有良好的失速特性。前掠翼产生的向内侧气流可避免翼尖气流分离，失速从翼根开始，使副翼效率保持到更大的迎角。

(2)从理论分析，前掠翼布局有较好的跨声速低阻特性。

(3)前掠翼布局机翼翼根靠近机身后段，有利于近距鸭面布局，改善性能。

前掠翼布局最主要的缺点在于结构发散问题，根部流动分离问题也较严重。

前掠翼布局飞机如图 1－22、图 1－23 所示。

图 1-22　前掠翼布局飞机(美国 X-29 验证机)

图 1-23　前掠翼布局飞机(俄罗斯 S-37 验证机)

4. *无尾布局*

无尾布局指的是没有平尾和前翼，有立尾，升力面只有机翼的布局形式。无尾布局常与小展弦比三角翼结合。飞机的纵向操纵和配平由机翼后缘的升降舵来实现。典型的无尾布局飞机有法国幻影系列战斗机、美国 F-102 战斗机、SR-71 侦察机、英国火神轰炸机、英法联合研制的协和客机等(见图 1-24、图 1-25)。

图 1-24　无尾飞机(法国幻影 2000-5)

图 1-25　无尾飞机(英国火神轰炸机)

无尾布局的优点是：

(1)没有平尾，减去了平尾引起的阻力，超声速阻力小，升阻比大，高速气动力特性好。

(2)在结构上，机身结构得到简化，强度和刚度特性好，又没有平尾，使得结构质量轻。

(3)取消尾翼之后将使飞机的目标特征尺寸大为减小，隐身性能得到提高。

无尾布局的缺点是：

(1)操纵特性差。纵向操纵和配平仅靠机翼后缘的升降舵来完成，一方面尾臂较短，面积受到限制，效率较低，另一方面在飞机起降时，容易造成操纵困难和配平阻力增加，并且大迎角气流分离和机翼气动弹性对操纵面的效率有更大的影响。

(2)亚声速性能不好，低速机动性能、起飞着陆性能较差。

无尾布局的技术难点在于操纵性和稳定性的考虑。如果采用电传操纵系统、主动控制技术，可放宽静安定度，纵向操纵和配平也容易得到解决。

5. *鸭式布局*

鸭式布局又称抬式布局。这种气动布局其实就是无尾布局加个鸭翼(canard)，或者说是主翼缩小、水平尾翼放大的常规布局。典型鸭式布局飞机有法国的阵风，欧洲的台风，瑞典的

JAS-39鹰狮，我国的歼-10、歼-20等(见图1-26至图1-29)。

图1-26 鸭式布局飞机(以色列Lavi战斗机)

图1-27 鸭式布局飞机(法国阵风战斗机)

图1-28 鸭式布局飞机(欧洲台风战斗机)

图1-29 鸭式布局飞机(中国歼-20战斗机)

鸭式布局的优点是：

(1)对于静稳定的飞机，鸭翼产生向上的平衡力，提高了全机的升力。

(2)在中大迎角时，鸭翼和主翼都产生脱体涡，两者相互作用，使涡系更稳定而产生很高的涡升力。近距鸭面对主翼面具有有利的气动干扰作用，改善主翼气流状况，使飞机大迎角特性优越。

(3)机动性比常规布局飞机更好，也利于短距起降。

(4)近距鸭面靠近机翼且没有平尾，比常规布局飞机有更均匀和光滑的纵向面积分布，因而可能得到较低的跨声速阻力。

鸭式布局的缺点有：

(1)静稳定的鸭式布局飞机诱导阻力较大。

(2)鸭翼面如果失速，会影响鸭式飞机的起飞着陆和大迎角配平能力。

(3)大迎角下，如果鸭翼前缘涡破裂，可能使飞机纵向静稳定性变差，鸭翼尾流也有可能导致大迎角的横侧不稳定。

(4)鸭式布局在大迎角时俯仰力矩上仰严重，由于无平尾，难以提供足够的低头操纵力矩，操纵能力受到限制。

鸭式布局飞机常见于追求高机动性的战斗机，其设计难点在于选择合适的鸭翼位置、形状、参数以及克服大迎角俯仰力矩上仰的问题。可以通过在后机身加边条(如歼-20)或限制放宽静稳定余度，同时采用推力矢量技术、主动控制技术(ACT)来解决。

6. 飞翼布局

飞翼布局是单机翼式布局，机身和帆翼融为一体。飞翼布局是气动效率最高的布局形式，因为所有机身结构都是机翼，都是用于产生升力，而且最大限度地降低了阻力。空气阻力最小，雷达波反射自然也是最小，所以飞翼布局是隐身性能最好的气动布局。典型飞翼布局飞机是美国的 B-2 隐形轰炸机(见图 1-30)和波音公司的 X-48 验证机。

飞翼布局的优点是：

(1)飞翼布局是气动布局一体化设计的最佳布局，外形干净，空气动力效率高，阻力小，升阻比大，巡航效率高，可以提高燃油效率，在民机使用上经济性更好。

(2)对于军用飞机，飞翼布局有较小的雷达散射截面积，隐身性能非常好。

(3)与常规布局相比，有更高的有效装载系数，有效空间大。对于民机，能增加客舱容积和改善舒适性。

图 1-30　飞翼布局飞机(B-2 轰炸机)

飞翼布局的缺点是：

(1)最大的缺点在于稳定性不足。纵向静稳定不足，而且荷兰滚模态发散、偏航阻尼小，导致航向中立静稳定甚至静不稳定。

(2)采用无尾布局，操纵面不好布置，操纵力臂较短，操纵效率低，三轴向耦合严重。

1.4　飞机飞行控制系统作用、构成

飞行器从发明开始，飞行控制就是最难的难题！人类已经知道如何制造机翼或飞机，当其在空气中以足够的速度进行驱动，不仅能支撑它们自身的质量，同时也能支持发动机和工程师的质量，人类也知道如何制造发动机和足够轻的螺旋桨以一定的速度驱动飞机……，无法平衡和驾驶飞机仍然是研究者们面对的飞行难题，一旦此问题得以解决，飞行机器时代就会到来，其他难题都显得微不足道。

—Wilbur Wright

飞行控制技术是最经典和发展最活跃的航空技术之一，飞行控制系统是伴随飞机机体而产生的，是解决飞机平衡和可控问题的技术手段。随着飞机飞行包线(高度和速度范围)不断

扩大,飞机飞行出现了一系列重大技术问题,如稳定性问题,稳定性与操纵性的矛盾问题,精确、安全的航迹控制问题和驾驶员工作负荷问题,等等,这些问题都要靠飞行控制系统解决。毫不夸张地讲,飞行控制系统是现代飞机的灵魂和核心,是保证飞机性能和安全的关键。

飞行控制系统的研究和开发涉及很多学科的理论基础和应用技术,主要有控制理论、空气动力学和飞行力学、计算机科学与技术、信息论、运筹学、软件工程、精密机械、人机工程和仿真技术等。

1.4.1 飞机飞行控制系统的作用和分类

1. 飞行控制系统的作用

现代飞机飞行控制系统是用于稳定和控制飞机刚体运动、结构模态响应以及飞机构型的功能系统,具体来讲,飞行控制系统的作用可以概括为以下几点:

(1)在飞行过程中,能够对飞行器构形、飞行姿态和运动参数实施控制。

(2)保证飞机的稳定性和操纵性,增强安全性,减轻驾驶员的工作负担,提高飞机飞行性能和完成任务的能力。

(3)改善飞机飞行品质,通过阻尼器、增稳系统等闭环反馈系统改变飞机系统动态特性。

(4)进行航迹控制,通过飞机姿态和运动参数调整改变飞机航迹。

(5)进行监控和任务规划,通过机载采集/信息处理系统对飞机运动参数进行监控,并根据外界环境信息和期望任务指令进行任务规划。

2. 飞行控制系统的分类

飞行控制系统可分为人工飞行控制系统和自动飞行控制系统两大类,如图1-31所示。人工飞行控制系统包括纵向、横侧向、升力、阻力和可变几何形状的控制系统;自动飞行控制系统包括自动驾驶仪、自动油门、结构模态主动控制系统以及自动航迹制导与控制系统等。

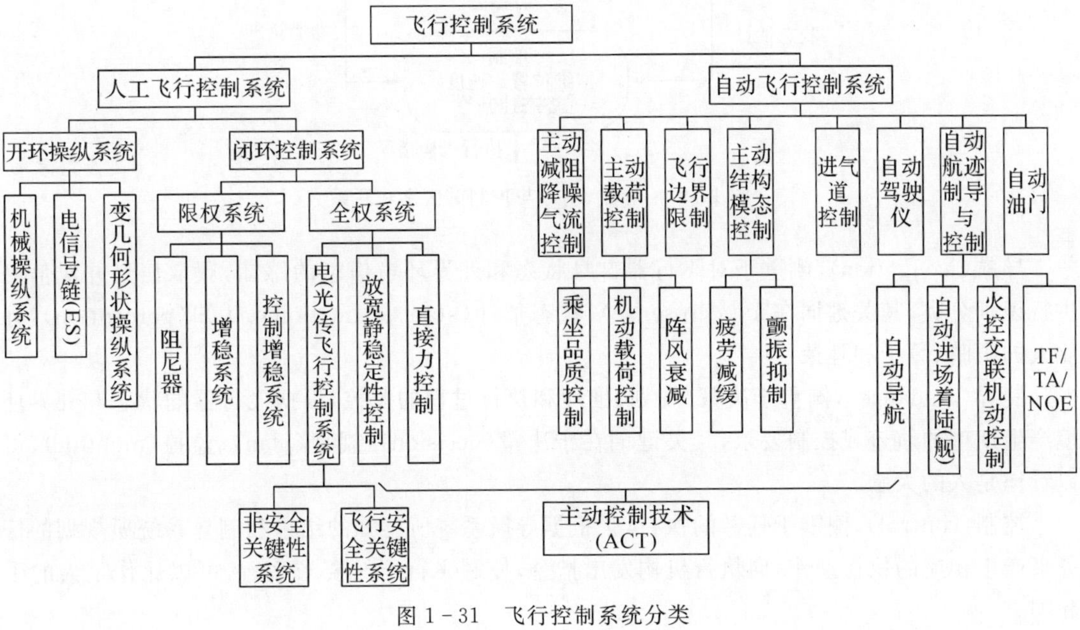

图1-31 飞行控制系统分类

除开环操纵系统外，所有飞行控制系统都采用了闭环反馈控制原理。广义上讲，开环操纵系统也要通过驾驶员构成闭环控制回路。从功能和系统体系看，有人驾驶飞机的人工飞行控制系统是飞机的主飞行控制系统，是整个飞行控制系统的核心和内回路。

从上面的飞行控制系统的介绍中，需要注意：飞行控制系统不等于自动飞行控制系统，自动飞行控制系统只是飞行控制系统的一个分支而已。

3. 广义飞行控制系统——导航、制导与控制系统的概念

需要注意的是，随着飞行控制系统功能的增加、航电系统的发展和智能控制技术在飞行控制领域的应用，飞行控制系统不再仅仅局限于对飞机姿态和运动参数的控制，而是扩大到了制导、导航和控制的全过程。可以说导航、制导与控制系统就是广义的飞行控制系统。

导航、制导与控制（Guidance Navigation & Control，GNC）三个概念的区别和联系如图1-32所示。

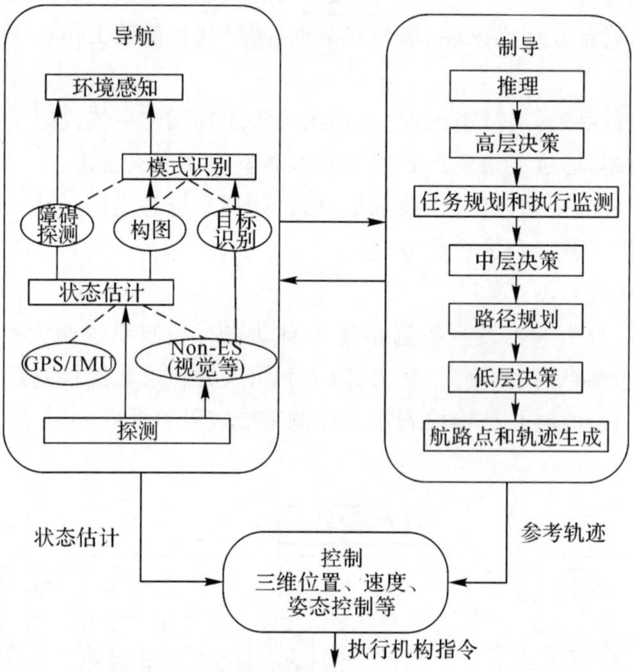

图 1-32　导航、制导与控制的区别和联系

导航（navigation），侧重于对飞行器自身状态和外界环境信息的感知，获取信息并对信息进行识别分类，其关键词在于感知（sense）、状态估计（state estimation）、认知（perception），好比人的眼睛、鼻子和耳朵。

制导（guidance），侧重于决策/规划、推理和执行过程的监控，根据飞行器的状态和外界环境产生期望的航迹或控制要求，其关键词在于决策（decision）、规划（plan）、监控（monitor），可以看作是人的大脑。

控制（control），侧重于任务的执行，是根据导航系统所感知的结果和制导系统所规划的任务来产生相应的执行动作，向执行机构发出指令，控制飞行器按要求飞行，可以比作是人的手和脚。

由图 1-32 可以看出，广义的飞行控制(导航、制导与控制)是一个分层递进的过程，导航系统是外围器件，制导系统是任务核心，控制系统是执行机构。在工程实际中，通常把制导和控制结合在一起，常见的飞行控制(飞控)计算机特别是飞行管理计算机(FMC)实际上兼顾了制导系统的任务规划、管理、监控和控制系统控制律运算的功能。

1.4.2　飞机飞行控制系统的组成

飞行控制系统由控制及显示装置、传感器、飞控计算机、作动器、自测试装置、信息传输链及接口装置组成，如图 1-33 所示。

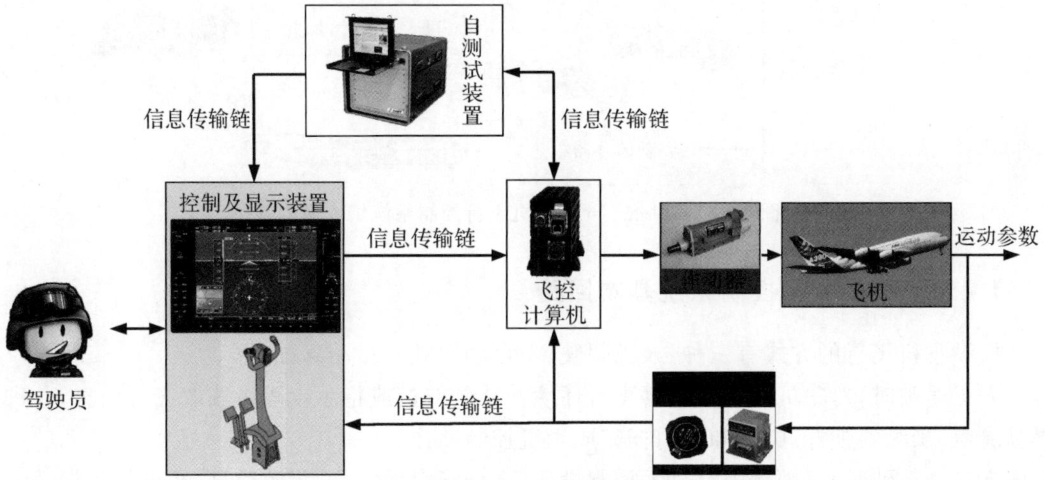

图 1-33　飞行控制系统组成

控制及显示装置是驾驶员输入飞行控制指令和获取飞控系统状态信息的设备，包括驾驶杆、脚蹬、油门杆、控制面板、专用指示灯盘和电子显示器(多功能显示器、平视显示器等)。

传感器为飞控系统提供飞机运动参数(航向角、姿态角、角速度、位置、速度、加速度等)、大气数据以及相关机载分系统(如起落架、机轮、液压源、电源、燃油系统等)状态的信息，用于控制、导引和模态转换。

飞控计算机是飞控系统的“大脑”，用来完成控制逻辑判断、控制和导引计算、系统管理并输出控制指令和系统状态显示信息。

作动器是飞控系统的执行机构，用来按飞控计算机指令驱动飞机的各种舵面、油门杆、喷管、机轮等，以产生控制飞机运动的力和力矩。

自测试装置用于飞行前、飞行中、飞行后和地面维护时对系统进行自动监测，以确定系统工作是否正常并判断出现故障的位置。

信息传输链用于系统各部件之间传输信息。常用的传输链有电缆、光缆和数据总线(ARINC629、MIL-STD-1553B 和 AFDX)等。

接口装置用于飞控系统和其他机载系统之间的连接，如航空插头、A/D 接口等。

图 1-34 给出了伊尔-76 运输机飞行控制系统的硬件组成示意图，图中圆括号中的数字表示同一套器件的数量。

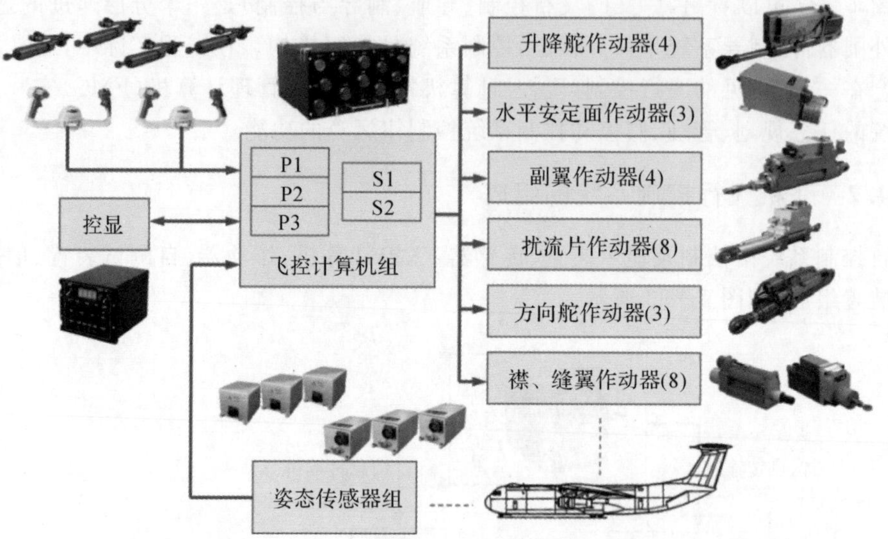

图 1-34　伊尔-76 运输机飞行控制系统组成结构图

1.4.3　飞机飞行控制系统基本回路

操纵飞机飞行的方式有三种：人工驾驶、半自动驾驶和自动驾驶。

人工驾驶时，驾驶员要不断观察飞行环境并从领航员或指示仪表中获取飞行信息，并进行操纵决策，操纵驾驶杆/脚蹬和油门杆完成飞机控制动作。

半自动驾驶时，驾驶员观察显示控制设备（飞行指引系统）的指示信息，操纵驾驶杆跟随指示信息，完成飞行任务。

自动驾驶时，驾驶员在控制回路之外，只监控飞机仪表参数，自动驾驶仪或自动飞行控制系统完全取代驾驶员功能，驱动舵面和油门，使飞机按照预定的任务自动飞行。

广义上讲，所有飞行控制系统都采用了闭环反馈控制原理，开环操纵系统也要通过驾驶员构成闭环控制回路，所以典型的飞行控制系统可以由三个反馈回路构成：内回路（稳定回路）、外回路（姿态控制回路）、导引回路（制导回路）。典型的飞行控制系统的基本回路如图 1-35 所示。三个回路的区别见表 1-1。

表 1-1　典型的飞行控制系统基本回路的区别

回路名称	反馈信号	回路功能
内回路（稳定回路）	机体轴三种角速率 p,q,r，气流角 α,β（或法向过载和侧向过载）	构成阻尼器（由 p,q,r 反馈构成）和增稳系统（由 α,β 或过载反馈构成），改善飞机的阻尼和静稳定性
外回路（姿态控制回路）	反馈姿态角信号 θ,ϕ,ψ	和期望姿态角比较形成姿态控制指令，控制飞机姿态达到期望值
导引回路（制导回路）	飞机位置信号	和期望航迹比较生成导引指令，引导飞机按照预定航迹飞行

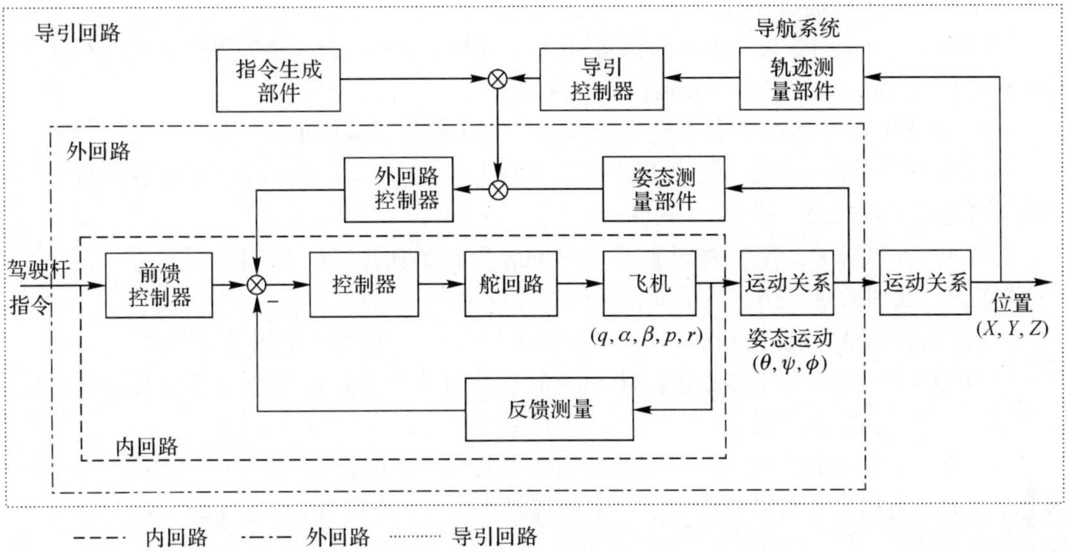

图 1-35　典型的飞行控制系统基本回路

在图 1-35 的典型飞行控制系统基本回路中，还有一个舵回路，在有些飞行控制系统的教科书中，将舵回路也作为典型飞行控制系统的基本回路之一。但实际上，舵回路只是按照飞行控制系统输出的控制指令驱动飞机舵面偏转的机电伺服系统，舵回路本身构成一个独立的闭环反馈系统，是飞行控制系统的执行机构。由于舵回路和飞机动力学环节没有关系，不反映飞机运动参数，所以本书将舵回路看作是一个执行部件，而不作为一个基本回路。

另外，在某些飞行控制系统的教科书中，将姿态控制回路作为稳定回路，也与本书的概念不一致。本书之所以将机体轴三轴角速率反馈和气流角(或过载信号)反馈构成内回路称为稳定回路，是由于机体轴三轴角速率反馈构成了飞机阻尼器，在阻尼器基础上再加上气流角(或过载信号)反馈构成了飞机增稳系统，这些反馈信号构成的内回路有明确的物理意义和设计指标，改善了飞机的操纵品质。在人工飞行控制系统中，这个内回路就是主飞行控制系统。而姿态控制回路往往在自动飞行控制系统中才会存在，姿态控制回路设计是建立在增稳或改善阻尼后的飞机基础上的。从这个意义上讲，将姿态控制回路称为稳定回路是不合适且不符合工程实际的。因此，本书将姿态控制回路称为外回路，而将稳定回路称为内回路。

1.5　飞机飞行控制技术发展简史

飞行控制技术和飞行控制系统的应用是与飞机同时发展、相互促进的。本节在回顾飞行控制系统发展历程的基础上从飞行控制系统地位变迁、传输信号介质变化和控制功能的演变三个角度阐述飞行控制系统的发展过程。

1.5.1　飞机飞行控制技术大事记

飞行控制技术涉及气动技术、计算机技术、电子信息技术和控制科学等多领域，是多学科共同发展作用的结果，此处仅罗列飞行控制技术发展过程中具有里程碑意义的事件。

1903 年 12 月 17 日，莱特兄弟制作的“飞行者一号”成功首飞，标志着世界上首套人工飞行控制系统——柔性链机械操纵系统投入实用。

1909 年，美国发明家埃尔默·斯佩里(Elmer Sperry)发明了一种陀螺仪装置以控制飞行器的稳定性，这便是现代惯性导航系统的前身。

1912 年，Elmer Sperry 和他的儿子 Laurens Sperry 研制成功世界上第一套自动驾驶仪。

1914 年 6 月 18 日，在巴黎世界航空安全竞赛大会上，Laurens Sperry 驾驶装有自动驾驶仪的飞机完成了首次公开飞行。

1917 年，查尔斯·É. 凯特林制造了"空投鱼雷"，这是现代巡航导弹的雏形。

1918 年，法国的第一架无线电遥控飞机试飞成功。

1922 年，英国皇家航空研究院对其研制的 RAE-1921 型无人靶机进行了试飞。

1929 年 9 月，美国飞机驾驶员 J. H. 杜立特凭借仪表和无线电导航设备安全完成首次仪表飞行。

1939 年 10 月，德国提出了一个具有革命意义的大型军用无线电遥控无人轰炸机，在此基础上完成的一系列研究成果却催生了后来震惊世界的 V-1 导弹，这是世界上第一种用于实战的巡航导弹。

1947 年 9 月，美国的 C-54 运输机完成了跨大西洋的不着陆自动飞行，实现了全过程的自动化，该飞机配备了 Sperry A-12 自动驾驶仪，飞控计算机由 IBM 公司研制。

1947 年，美国 XB-47 轰炸机首飞时，出现严重的飘摆现象，为克服该问题，研究人员在该飞机上安装了偏航阻尼器以提高航向阻尼。

1959 年，采用了增稳系统 F-105D 战斗机首飞。

1960—1969 年，美国的 F-111、F-4 等飞机普遍采用了控制增稳系统。

20 世纪 60—70 年代，美国和欧洲大力发展电传飞行控制(Fly By Wire，FBW)技术和主动控制技术(Active Control Technology，ACT)，为高性能的第三代战斗机的研制提供了重要的技术基础，也使飞行控制技术进入飞机布局优化设计的闭环迭代过程，这是飞行控制技术发展史上的一次重大飞跃。

1972 年，美国国家航空航天局改装的 F-8C 技术验证机成为第一种采用数字式电传操纵系统的飞机。

1974 年，F-16 战斗机首飞，这是世界上第一种无机械备份的采用电传操纵系统和放宽静稳定技术的飞机。

1974 年，美国空军在 NC-131H TIFS 飞机飞控系统中，第一次采用了光纤技术，用于传输飞行员操纵指令、飞机飞行状态信号以及舵面反馈信号，这是最早的光传飞行控制系统试验。

20 世纪 70 年代中期，美国提出综合火力/飞行控制系统(Integrated Fire Flight Control，IFFC)和综合飞行/推进控制系统(Integrated Flight Propell Control，IFPC)的概念。

1979 年，我国开始主动控制技术的研究。

1979 年，美国洛克希德-乔治亚公司在一架喷气滑翔机上试验了光传操纵系统，把光纤信号传输用于俯仰通道的控制，其目的是在飞行中研究和评定一种采用光纤进行指令和反馈信号传输的闭环数字飞行控制系统，于 1979 年 9 月进行了试飞。试验表明与电传操纵系统相比，光传操纵系统在抗电磁干扰、减轻质量、提高可靠性等方面有明显的优势。

1981 年 12 月，第一架配备具有性能管理和区域导航功能的飞行管理系统(Flight Management System，FMS)的波音 767 客机首飞。

1984 年,第一种采用了电传操纵系统的空客 A320 首飞。

1984 年,美国在一架 AH-1S“眼镜蛇”直升机的集中式飞控系统改装了光纤传感器,用于测量总距控制杆和作动器油缸位置,并试飞成功。

1985 年,美国陆军应用技术实验在一架 UH-60A“黑鹰”直升机上进行了光传飞行控制系统飞行验证试验。

1988 年 9 月 7 日,为验证综合飞推技术、推力矢量技术和短距起降技术的 F-15 S/MTD (Short Takeoff / Maneuver Technology Demonstrator)验证机首飞,该机所取得的研究成果为 F-22 的成功研制奠定了基础。

1990 年 8 月 27 日,配备了飞行器管理系统(Vehicle Management System,VMS)的 YF-23 验证机首飞;同年 9 月 29 日,YF-22 验证机首飞。飞行器管理系统是在综合飞行/推进技术的基础上的更高一层发展。VMS 以与飞机飞行能力和机动能力相关的子系统为对象,通过内部通信把更为广泛的公用子系统组合起来,进行资源动态分配,实现更为深入的功能综合以及多种模式的综合控制。

1993 年 6 月,F-15 先进综合控制技术验证机(Advance Control Technology for Integrated Vechicle,ACTIVE)首飞,该飞机在试飞中进行了重构控制技术和自修复技术的验证。

1993 年 9 月,采用光传控制系统的 F/A-18 飞机开始试飞。

1996 年夏天,美国空军应用 5 架 VISTA/F-16 验证机对可重构飞控系统进行飞行验证,结果表明,应用模型跟踪重构控制策略,对于平尾折断故障,从故障发生到重构完成,驾驶员未有异常感觉。

1996 年 12 月,我国第一架配备了三轴数字式电传飞行控制系统的歼八-IIACT 验证机首飞,标志着我国已掌握电传飞行控制技术。

2002 年,欧洲直升机公司在 EC135 直升机上进行了光传操纵系统首飞试验。光传操纵系统是在原有的电传操纵基础上进行的改装,在驾驶杆、计算机和作动器之间建立光传链路。

2006 年 8 月 1 日,美国“下一代航空学”公司(NextGen Aeronautics)用 MFX-1 喷气式推进无线电遥控缩比验证机(见图 1-17)首次成功地进行了机翼在飞行中改变外形的演示验证试飞。

2008 年 3 月 18 日,湾流航空公司宣布成功进行采用光传飞控技术进行了飞机控制的演示验证,这是湾流公司第一次在其商用飞机的主飞行操纵舵面上进行的光传飞控技术测试。

2013 年 5 月 17 日,美国 X-47B 无人机在“乔治 · 布什号”航空母舰上完成了弹射起飞和自主降落的飞行测试,这是第一架完全由计算机控制的且能够在航空母舰上进行自主起降的无人机,这标志着无人机飞行控制系统自主化和智能化的历史进步。

1.5.2 飞机飞行控制系统在飞机设计过程中的地位变迁

传统飞机设计过程如图 1-36 所示,在飞机总体布局设计时,主要考虑气动、结构以及推进系统三大因素,并在这三者之间进行权衡,以满足飞机的技术指标和任务要求。用这种方法设计的飞机,飞行控制系统设计处于被动地位,其基本功能只能是对飞机所具有的操纵面进行必要的控制,辅助飞行员进行姿态和航迹控制,对飞机构型设计没有直接影响,这在很大程度上限制了飞机性能的提高。

为了克服传统飞机设计中存在的问题,从 20 世纪 70 年代开始,从飞机设计的初始阶段就开始考虑飞行控制系统对飞机总体设计的影响,综合考虑飞行控制、气动、结构、推进系统的设计和构型,充分发挥飞行控制系统主动性和潜力,在四大系统间协调并解决产生的矛盾,从而使飞机具有最佳的性能。这种在总体设计阶段就考虑飞行控制系统作用的设计技术就称为主动控制技术(Active Control Technology,ACT),采用主动控制技术的飞机设计过程如图1-37所示。

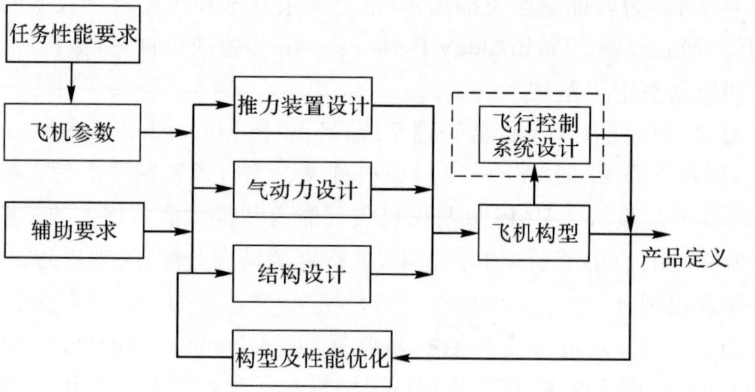

图1-36　传统飞机设计过程

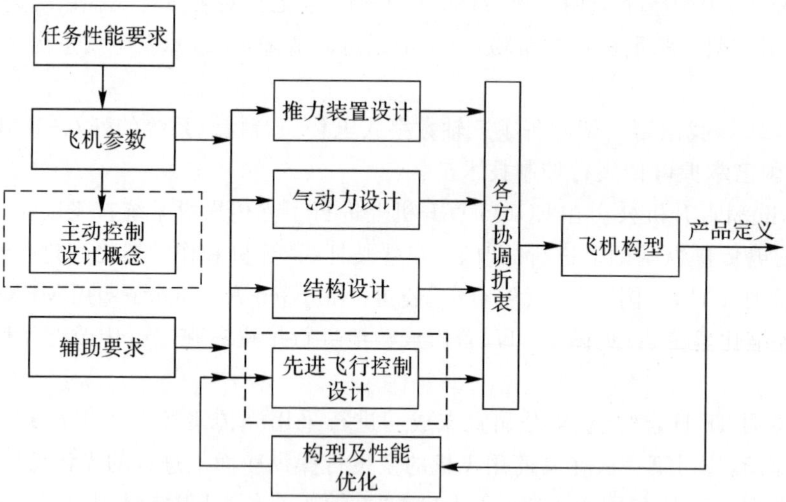

图1-37　采用主动控制技术的飞机设计过程

在电传飞行控制技术和主动控制技术的基础上,随控布局飞机(Control Configured Vehicle,CCV)应运而生(即CCV＝ACT＋FBW)。随控布局飞机是指飞机的某些气动外形在飞行过程中可以由自动控制系统按照需要加以控制的飞机,即按照预定的控制规律可以改变飞机的气动布局。

主动控制技术不仅是一种设计思想,还代表着一系列控制功能,在飞机上可实现的主动控制功能包括:

(1)放宽静稳定性(Relaxed Static Stability,RSS);

(2)边限控制(Boundary Control, BC);

(3)直接力控制(Direct Force Control,DFC);

(4)阵风载荷减缓(Gust Load Alleviation,GLA);

(5)乘坐品质控制(Ride Quality Control,RQC 或 RC);

(6)机动载荷控制(Maneuvering Load Control,MLC);

(7)颤振模态控制(Flutter Mode Control,FMC)。

上述各项主动控制功能的详细介绍,可参阅参考文献[10]第5章。

采用主动控制技术的飞机,通常有如下特点:

(1)飞机本身可能是静不稳定或临界稳定。

(2)必须采用电传操纵系统,因为电传操纵系统是实现各种主动控制功能的物理基础。

(3)多采用多操纵面布局,需要操纵面控制分配、控制律更复杂。

1.5.3 飞机飞行控制系统控制信号传输介质的变化

从飞行控制系统的实现形式和信号传输介质的角度看,飞行控制系统经历了简单机械操纵系统、助力机械操纵系统、电气+机械混合操纵系统(增稳系统)、电传(光传)操纵系统几个阶段。

1. 简单机械操纵系统

在莱特兄弟实现人类首次动力飞行之时,伴随着飞机机体同时诞生了最经典的人工飞行控制系统——柔性链机械操纵系统,解决了飞机的平衡和可控问题。飞机诞生以后的前30多年,飞机的操纵系统是简单的机械操纵系统,机械操纵系统有软式和硬式两种基本型式。软式传动装置由钢索和滑轮组成,特点是质量轻,容易绕过障碍,但是弹性变形和摩擦力较大。硬式传动装置由传动拉杆和摇臂组成,优点是刚度大,操纵灵活。驾驶杆及脚蹬的动作经过钢索或拉杆的传递直接带动舵面运动。驾驶员在操纵过程中必须克服舵面上所承受的气动力(见图1-38)。

2. 助力机械操纵系统

随着飞机尺寸的增大和飞行速度的提高,舵面上的气动铰链力矩很大,虽然用气动补偿的方法可以减小力矩,但很难在高低速范围内达到同样效果,于是出现了液压助力系统。液压助力系统分为可逆助力操纵系统和不可逆助力操纵系统。

可逆助力操纵系统出现于20世纪40年代末,又称为半助力操纵系统(见图1-39)。其基本原理是舵面由液压助力器驱动,驾驶员通过中央操纵机构、机械传动装置控制助力器的伺服活门,间接地使舵面偏转。它同时通过杠杆系统把舵面一部分气动载荷传给中央操纵机构,使驾驶员获得操纵力的感觉,构成所谓“机械反馈”。可逆液压助力操纵系统有效解决了飞机飞行速度加大、舵面控制力矩加大的问题,由助力机构帮助驾驶员按比例减小杆力的机械操纵系统,杆力由助力器和驾驶员共同承担,有效减轻了驾驶员的负担。

可逆助力操纵系统虽然可解决采用机械式操纵系统带来的杆力过大的问题,但在超声速飞机上还会出现所谓杆力反向变化的问题。杆力反向变化,会使驾驶员产生错觉而无法正确驾驶飞机。为了解决这类问题,须把可逆助力操纵系统中的机械反馈取消,即舵面气动载荷全部由液压助力器承受。为了使驾驶员获得操纵力感觉,在系统中增加了人工载荷机构(通常是弹簧的)以及其他改善操纵特性的装置,如此发展出了不可逆助力操纵系统(见图1-40)。不可逆助力操纵系统又称全助力操纵系统,是为了顺应超声速飞行而发展起来的一种控制系统。在这个阶段飞机开始实现超声速飞行,作用在舵面上的气动力还有压心位置变化很大,由驾驶员去直接感受舵面力矩已经没有意义，如果出现杆力反向可能还会出现危险。而在全助力操纵系统中，舵面力完全不会被反馈。

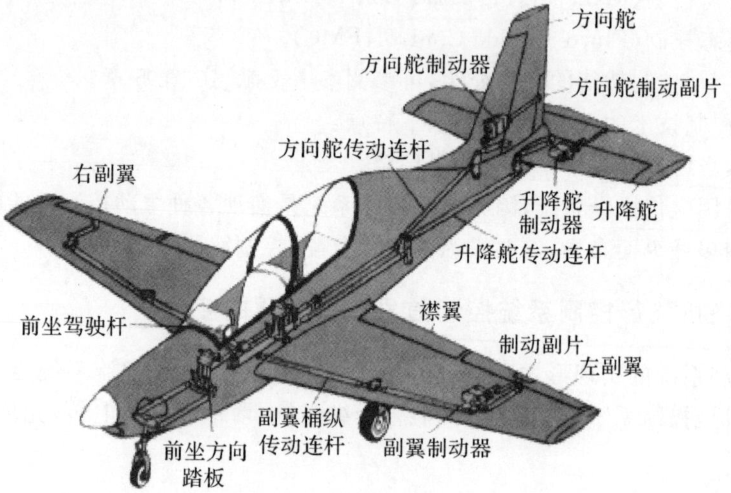

图 1-38　硬式操纵系统

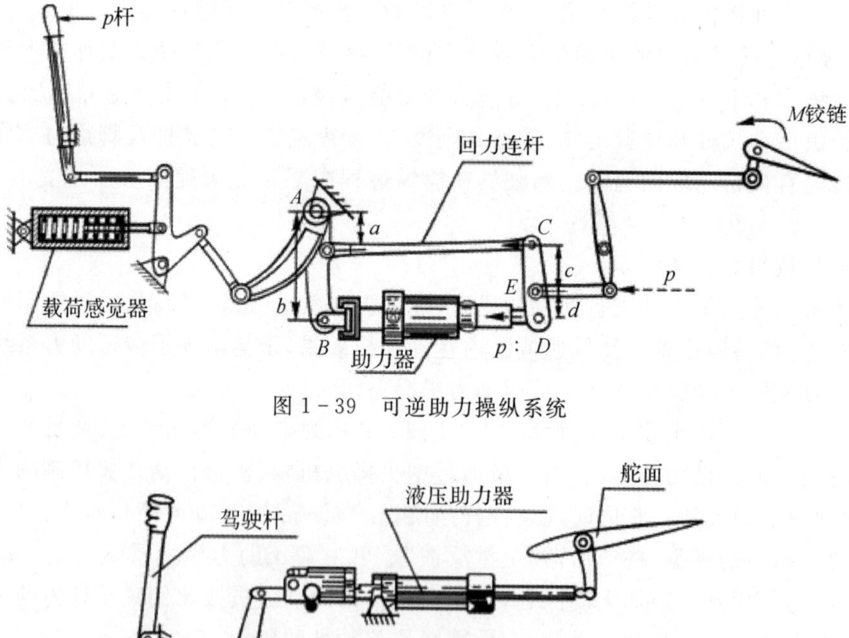

图 1-39　可逆助力操纵系统

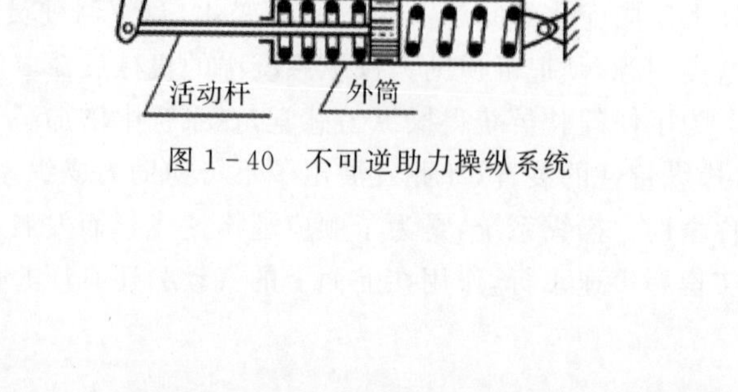

图 1-40　不可逆助力操纵系统

3. 电气十机械混合操纵系统

从20世纪50年代中期以来，随着飞机向高空高速方向发展，飞行包线不断延长，飞机的气动外形很难既满足低空、低速的要求，又满足高空、高速的要求，在高空高速飞行时，由于空气密度减小，飞机容易发生频率很高的俯仰和横侧振荡，驾驶员来不及做出反应。为了克服振荡，在超声速飞机上普遍安装自动增稳装置，如俯仰阻尼器和方向阻尼器等，即构成了增稳控制系统。将阻尼器和增稳系统引入人工操纵系统中，从而形成了具有增稳功能的助力系统。

在具有阻尼和增稳功能的助力系统中，阻尼器和增稳系统是采用闭环反馈的电气系统，而机械操纵机构仍然保留，所以从信号传输介质角度看是电气和机械混合系统。

增稳系统和驾驶杆是相互独立的，增稳系统并不影响驾驶员的操纵。由于舵面既受驾驶杆机械传动指令控制，又受增稳系统产生的指令控制，为了操纵安全起见，增稳系统对舵面的操纵权限受到限制，一般仅为舵面全权限的3%～6%。

增稳系统在增大飞机的阻尼和改善稳定性的同时，在一定程度上降低了飞机操纵反应的灵敏性，从而使飞机的操纵性变坏。为了克服这个缺点，在增稳系统的基础上，进一步发展成为控制增稳系统。它与增稳系统的主要区别在于：在控制增稳系统中，将驾驶员操纵驾驶杆的指令信号变换为电信号，经过一定处理后，引入增稳系统中。控制增稳系统较好地解决了稳定新与操纵性之间的矛盾，驾驶员还可通过该系统直接控制舵面，因此控制增稳系统的权限可以增大到全权限的30%以上。

4. 电传(光传)操纵系统

传统的机械操纵系统以及带增稳或控制增稳的机械操纵系统都存在一些缺点：在大型飞机上操纵系统越来越笨重，尺寸也大；不可避免地存在一些非线性，如存在着间隙、摩擦和弹性变形等，造成操纵迟滞和系统自振，难以解决微弱信号的传递问题；机械操纵系统直接固定在机体上，易传递飞机的弹性振动，引起驾驶杆偏移，有时造成人机诱发振荡等；由于控制增稳系统权限有限，无法解决现在高性能飞机操纵与稳定中的许多问题。

自动控制技术和微电子技术的发展，为取消机械传动装置创造了条件，人们考虑用电信号综合传感器信号和驾驶员的操纵指令，对飞机进行有效的操纵，于是20世纪70年代初出现了电传操纵(FBW)系统。所谓电传操纵系统，就是将控制增稳系统中的机械操纵部分完全取消，驾驶员的操纵指令完全通过电信号，利用控制增稳系统实现对飞机的操纵。所以电传操纵系统是一个全时间、全权限控制增稳系统。

电传操纵系统是将飞行员的操纵信号，经过变换器变成电信号，通过电缆直接传输到自主式舵机的一种系统。它去掉了传统的飞机操纵系统中布满飞机内部的从操纵杆到舵机之间的机械传动装置和液压管路。电传操纵系统的主要组成部分包括运动传感器、中央计算机、作动器和电源，它相当于动物的感觉器官、大脑和肌肉。电传操纵系统一般按照元器件的电器特性分类。采用了模拟传感器、模拟式计算机和输入输出设备的系统被称为模拟式电传操纵系统；采用了数字式传感器、数字计算机和输入输出设备的被称为全数字式电传操纵系统。

电传操纵系统不再含有机械操纵系统，主要靠电信号传递驾驶员的操纵指令。采用电传操纵系统，除了可以克服机械操纵系统的缺点外，还具有许多优点，如进一步改善飞机的操纵品质，对飞机结构变化的影响不敏感，减少维护工作量以及更容易与自动飞行系统相耦合等。但更为重要的是，采用电传操纵系统将为实现其他控制功能奠定基础，并为解决现代高性能飞机操纵与稳定中的许多问题提供有效手段。

由于单套电子器件组成的控制系统可靠性较低，所以一般电传操纵系统都采用余度备份系统以提高系统整体的可靠性。电传操纵系统的主要传感器和飞行控制计算机都要留有几组完全相同且同时工作的系统，通过专门的余度管理计算机进行最后的输出。一般现代电传操纵系统都是 4 余度系统，也有 3 余度，或者采用解析余度的单余度系统。除了主要系统之外，电传操纵系统还留有被大大简化的备份系统，有些还留有机械备份，如枭龙战机采用的纵向数字式全权限四余度加两余度模拟式电传系统；横向数字式两余度有限权限控制增稳，以机械式操纵系统为备份。

由于电传操纵系统主要核心部件是电子部件，特别是数字部件，极易受到电磁干扰和雷电冲击的影响，在发展电传操纵系统的同时，又进一步开展了光传操纵（Fly By Light，FBL）系统的研究。光传操纵系统即采用光纤传输信号的系统，在传输过程中一般是在发送端将电信号转换为光信号，信号通过光纤传输，在接收端将光信号转换为电信号，实现光传输的通信。

在飞机上采用光传输信号，首先带来的是飞机安全性的提升：光纤可以有效地防御电磁干扰及由雷击或闪电引起的电磁冲击，并且对核爆炸等引起的电磁脉冲不敏感；光纤的电隔离性好，消除了电火花的产生及引起爆炸的危险；光纤故障隔离性好，因而当一个通道发生故障时不会影响到其他的通道；光纤是介质材料，不向外辐射能量，因而不存在金属导线所固有的地环流和由此引起的瞬间扰动；光纤可以有效地消除各信号之间的串扰；光纤的抗腐蚀性和热防护品质优良。其次采用光纤可以极大地减少系统的质量和尺寸；光纤可以利用时分复用或波分复用技术实现多路传输，采用波分复用技术还可实现单个光纤双向传输，在布线数量和维护上带来优势。再次在飞机上采用光传输，还可以带来传输速率的提高：光传输在数据传输率方面具有较大的优势，一般电缆传输最高速率 100Mb/s，光缆传输信号速率可轻松达到 1～4 Gb/s，可见其对具有高数据传输率要求的新系统具有支持作用。

电传（光传）操纵系统不仅是控制信号传输介质的变化，更重要的是，电传（光传）操纵系统的出现，打破了飞机设计中需要保持静稳定布局的限制，设计师们可以为战斗任务选择和优化最有效的布局，然后由储存在飞行控制计算机软件中的飞行控制律改善飞机的飞行品质，可以提供全包线保护，提升了任务安全性。由于飞行控制律是以软件形式存在的，所以飞行控制系统的升级和改进都变得相对容易。控制律参数和构型都可以随飞行状态和飞行条件进行实时调整，所以可以实现对飞行包线和飞行品质的剪裁。数字式电传（光传）操纵系统具有易于综合、校正、转换控制律的便捷性，为实现更智能化和综合化的控制功能提供了条件。没有电传（光传）操纵系统这个物理基础，主动控制的各项功能、火飞推综合控制、自修复飞行控制系统、重构飞行控制系统、飞行器管理系统、自主控制等众多新的飞行控制技术根本无法实现。

5. 控制信号传输介质变迁小结

从本节对飞行控制系统控制信号传输介质变迁的回顾可以看到，简单机械操纵系统和助力操纵系统是通过机械杆系将驾驶员的发出的操纵杆位移传输到飞机舵面，是一种能量到能量的传输，是一种开环控制。电传（光传）操纵系统则将操纵杆位移变成了电信号（光信号），再经过伺服作动系统将电信号（光信号）转变为机械位移信号，是一种能量到信息再到能量的传输过程，在此过程中由于飞控计算机要根据飞机状态和飞行条件进行控制律的解算和调整，所以电传（光传）操纵系统包含闭环控制回路，是一种开环＋闭环的混合系统。二者的区别如图

1－41 所示。由此可见,电传(光传)操纵系统是信息技术革命在飞行控制领域应用的结果,是飞行控制技术在信息化时代保持旺盛生命力的技术基础(见图 1－41)。

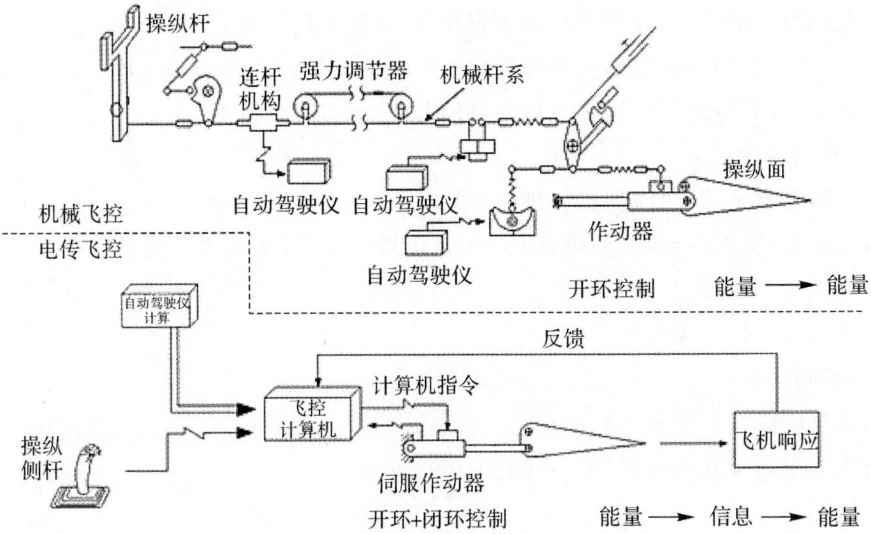

图 1－41　控制信号传输介质的变迁

1.5.4　飞机飞行控制系统功能演变

改善飞机操纵性和稳定性,减轻驾驶员的工作负担是飞机飞行控制系统的主要目标,围绕这一目标,飞行控制系统的功能也由简单到复杂,出现了自动驾驶仪、飞行指引系统、自动飞行控制系统、飞行管理系统和飞行器管理系统等新的控制功能。本节主要从飞行控制系统功能演变的角度阐述飞行控制系统的发展情况和各种控制系统的作用、区别及联系。

1. 自动驾驶仪

自动驾驶仪(auto pilot),是最早实现的电气飞行控制系统,1912 年,Elmer Sperry 和他的儿子 Laurens Sperry 在 Elmer Sperry 发明陀螺仪的基础上研制成功世界上第一套自动驾驶仪,并于 1914 年 6 月 18 日,在巴黎世界航空安全竞赛大会上,由 Laurens Sperry 驾驶装有自动驾驶仪的飞机完成了首次公开飞行。

顾名思义,自动驾驶仪就是自动的(automatic)驾驶员(pilot),是一个常规的自动控制系统,它代替的是那些简单的、参考输入类型相对确定且变化(动态)缓慢的控制任务,主要目的是减轻驾驶员工作负担(长时而单一的飞行任务),是自动控制(机器功能)对人的驾驶功能的部分替代。其基本结构图如图 1－42 所示。

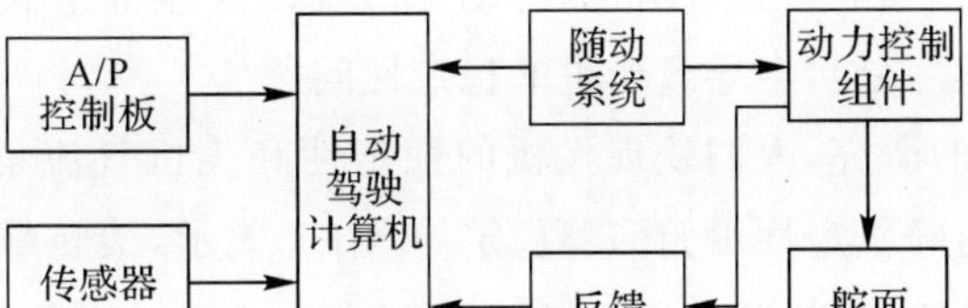

图 1－42　自动驾驶仪结构图

自动驾驶仪的功能主要包括：

(1)自动保持飞机沿俯仰、滚转和偏航三轴的稳定；

(2)接收驾驶员的输入指令，操纵飞机以达到希望的俯仰角、航向、空速或升降速度等；

(3)接收驾驶员的设定，控制飞机按预定高度、预定航向飞行；

(4)与飞行管理计算机耦合，实现按预定飞行轨迹飞行；

(5)与仪表着陆系统耦合，实现飞机的自动着陆。

自动驾驶仪的特点：

(1)一般属于调节器设计(保持一种状态)；

(2)特殊状态(如航向给定、高度截获等)属于指令跟踪(变化相对缓慢)；

(3)工作模式预先确定；

(4)指令类型及特征预先确定；

(5)控制律相对简单；

(6)自动驾驶仪是一个闭环系统；

(7)与人工控制可互相转换(但不同时工作)。

2. 阻尼器

阻尼器(damper)，顾名思义，就是改善飞机阻尼特性的闭环自动控制系统。阻尼器是在20世纪50年代出现的。从前面的叙述知道，20世纪50年代正是飞机飞行速度和飞行高度急剧扩大的时代。当飞机在高空高速飞行时，由于空气密度减小，导致飞机阻尼变小，飞机容易发生频率很高的俯仰和横侧振荡，驾驶员来不及做出反应。由自动控制原理的知识，测速反馈和微分反馈可以增大系统的阻尼，所以为了增大飞机的阻尼，在飞行控制系统中增加飞机三轴角速率反馈信号，这就构成了阻尼器。俯仰阻尼器的结构如图1-43所示，图中的洗出网络为高通滤波器。

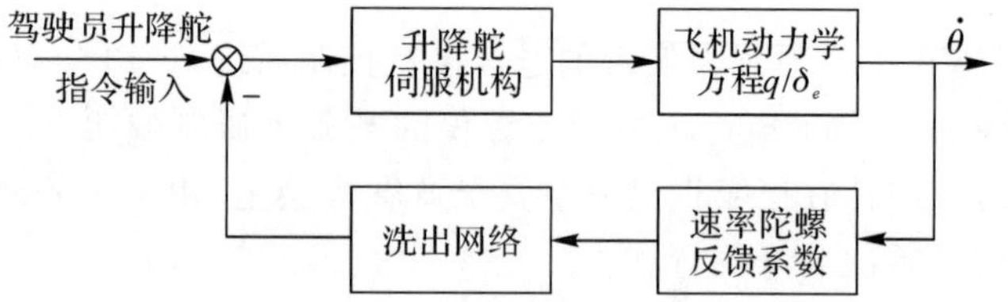

图1-43　俯仰阻尼器结构

3. 增稳系统

增稳系统(Stability Augmentation System，SAS)，也是在20世纪50年代出现的闭环自动控制系统。随着飞机包线的扩大，飞机的气动外形难以兼顾低空低速和高空高速的稳定性(有关解释见飞行动力学部分)，会导致严重的稳定性问题。

通过对飞机动力学的研究，人们发现飞机的稳定性和飞机气流角(迎角α和侧滑角β)的气动力矩系数有关(纵向静稳定性由俯仰静稳定导数$C_{m\alpha}$表示，滚转静稳定性由滚转静稳定导数$C_{l\beta}$表示)，所以很自然地想到，通过在飞行控制系统中增加气流角反馈，就可以改善飞机的稳定性，这就是增稳系统的工作原理，其结构图如图1-44所示。

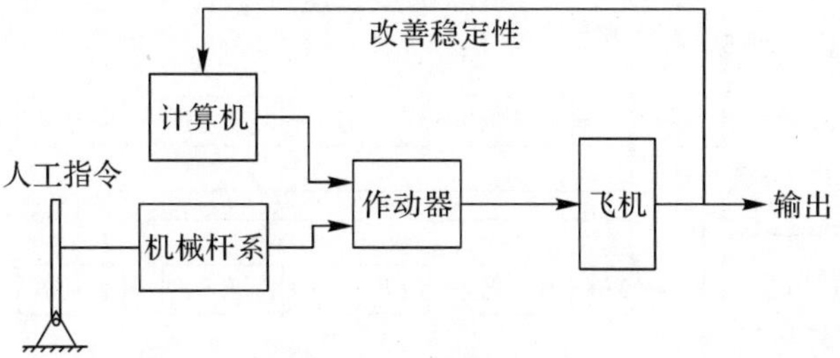

图1-44　增稳系统原理图

但在实际中，由于高精度的气流角传感器的成本很高，所以需要寻求其他信号替代。因为法向过载(升力和重力之比)能反映迎角大小变化，侧向过载(侧力与重力之比)反映侧滑角变化，所以在实际中，经常采用法向过载和侧向过载反馈构成增稳系统。

4. 控制增稳系统

控制增稳系统(Control Stability Augmentation System，CSAS)，又称为控制增强系统，是在增稳系统基础之上的发展。由于增稳系统在增大阻尼和改善飞机稳定性的同时，必然在一定程度上削弱飞机操纵灵敏度，从而降低飞机的操纵性。为了消除这一矛盾，在自动增稳系统的基础上，又研制了控制增稳系统。

控制增稳系统除了有来自速率陀螺和加速度计起增稳系统的电信号外，还有来自驾驶杆或脚蹬的电指令信号，增加控制增益。所以控制增稳系统又叫控制增强系统。其原理图如图1-45所示。

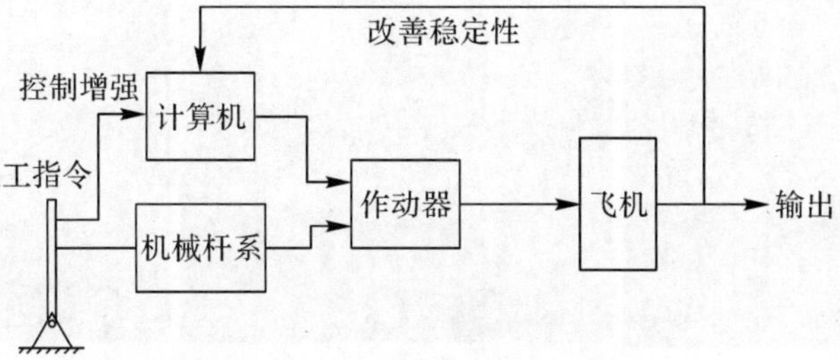

图1-45　控制增稳系统原理图

阻尼器、增稳系统和控制增稳系统的特点概括如下：

(1)与人工控制系统并行工作

(2)单纯的增稳系统SAS属于调节器设计。

(3)控制增稳系统CSAS则属于跟踪器设计。

(4)指令由人工发生。

(5)该系统是人工控制和自动控制的混合系统。

(6)由开环控制和闭环控制的混合系统。

5. 飞行指引仪

随着飞机用途的扩大，很多时候驾驶员需要在夜间或大雾天气等能见度不好的情况下操纵飞机，为了便于飞行员操纵飞机，及时正确地纠正飞行姿态，现代飞机都装备有飞行指引仪(Flight Director，FD)，根据选定的工作模式，自动计算并向驾驶员发出操纵飞机的指令，保证飞机按给定的航迹飞行。其工作原理如图1-46所示。

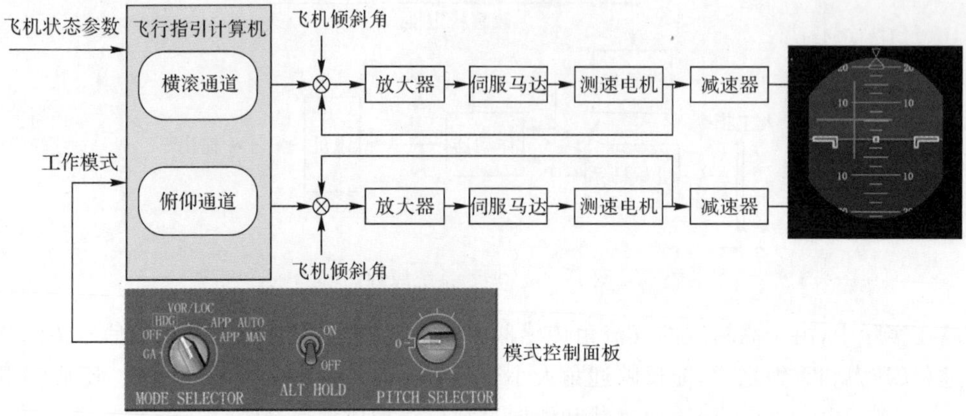

图 1-46　飞行指引仪工作原理图

在模式控制面板所选定工作模式后，飞行指引仪的指引计算机将飞机的实际飞行航迹与目标航迹进行比较，并计算出进入目标航迹所需要的操纵量，以十字或八字光标的形式在显示示器上给出。指引信号直接显示出操纵要的指令是向上、向下，还是向左、向右，驾驶员看到后，直接跟随指引杆操纵飞机，保证飞机正确切入或保持在预定的航线上。十字光标的指引情况如图 1-47 所示。

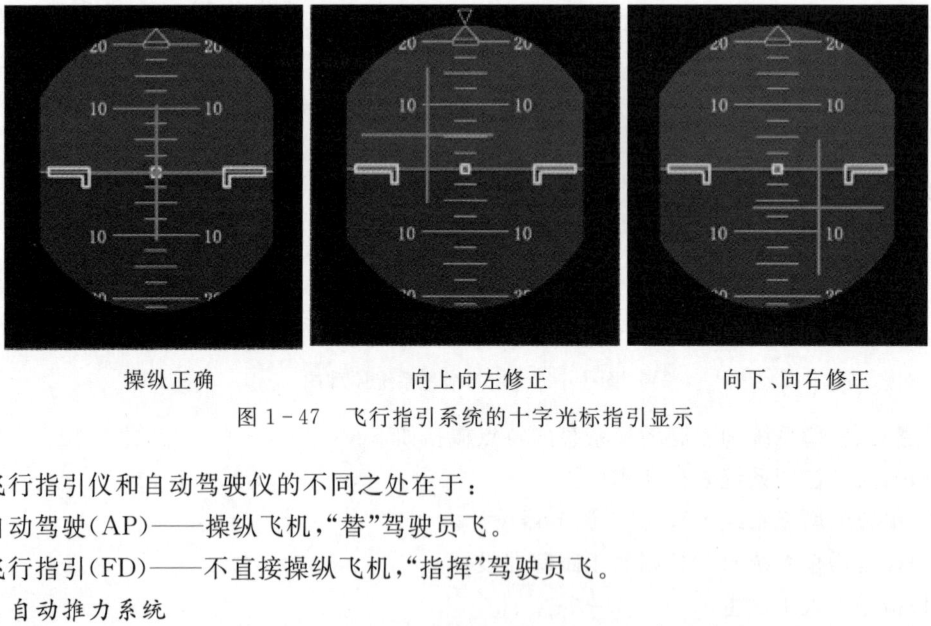

图 1-47　飞行指引系统的十字光标指引显示

飞行指引仪和自动驾驶仪的不同之处在于：

自动驾驶(AP)——操纵飞机，“替”驾驶员飞。

飞行指引(FD)——不直接操纵飞机，“指挥”驾驶员飞。

6. 自动推力系统

自动推力系统(Auto Throttle，A/T)，也称自动油门系统。该系统可根据输入的各种信息，提供从起飞到落地的飞行全程的发动机推力控制。其主要功能是执行发动机推力限制计算和自动推力方式管理。自动推力系统还有保护功能，即当飞机迎角超过特定界限时，提供最大推力保护；并提供发动机推力限制指令。

自动推力可以以两种不同的方式工作(见图 1-48)：

(1)速度方式：自动推力不断调节推力以保持目标速度或马赫，例如在巡航或进近期间。

(2)推力方式：自动推力设置指定的推力，例如最大爬升推力或慢车推力。

A/T的工作方式取决于自动驾驶仪的工作方式，一般为保证飞机不至于进入失速或超速状态，要优先保证速度控制；当自动驾驶仪/飞行指引仪的垂直方式控制轨迹，例如高度保持方式、垂直速度方式、下滑道方式时，自动推力处于速度方式；当自动驾驶仪/飞行指引仪的垂直方式调节飞机姿态以保持目标速度或马赫数时，例如爬升方式/下降方式，自动推力处于推力方式。有关自动推力系统的详细介绍，可参考文献[11]第9章。

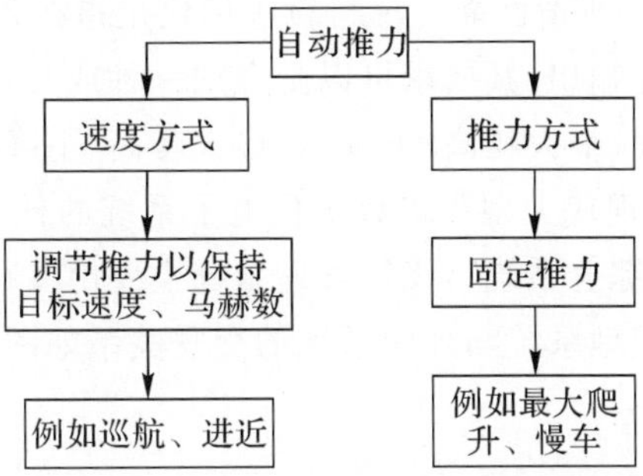

图1-48　自动推力系统的工作方式

7. 自动飞行控制系统

自动飞行控制系统(Automatic Flight Control System，AFCS)是在20世纪60年代逐步发展起来的，是在自动驾驶仪的基础上综合自动油门后形成的飞行控制系统。自动飞行控制系统的主要功能不再是飞机角姿态的稳定和控制，而是航迹选择和保持及速度的自动控制。自动飞行控制系统主要包括五部分：自动驾驶仪(AP)、飞行指引仪(FD)、自动推力(AT)、飞行增稳系统(CAS)和水安定面自动配平(APT－Auto Pitch Trim)系统，所以自动飞行控制系统的组成可用AFCS＝AP＋FD＋AT＋APT＋CAS表示。自动飞行控制系统组成如图1-49的虚线框所示。由自动飞行控制系统的组成可以看出自动飞行控制系统的功能：自动驾驶、飞行指引、自动进场、自动着陆、马赫数配平、速度配平和高度告警等，实现全过程的自动飞行。有关自动飞行控制系统的详细介绍，可参考文献[11]。

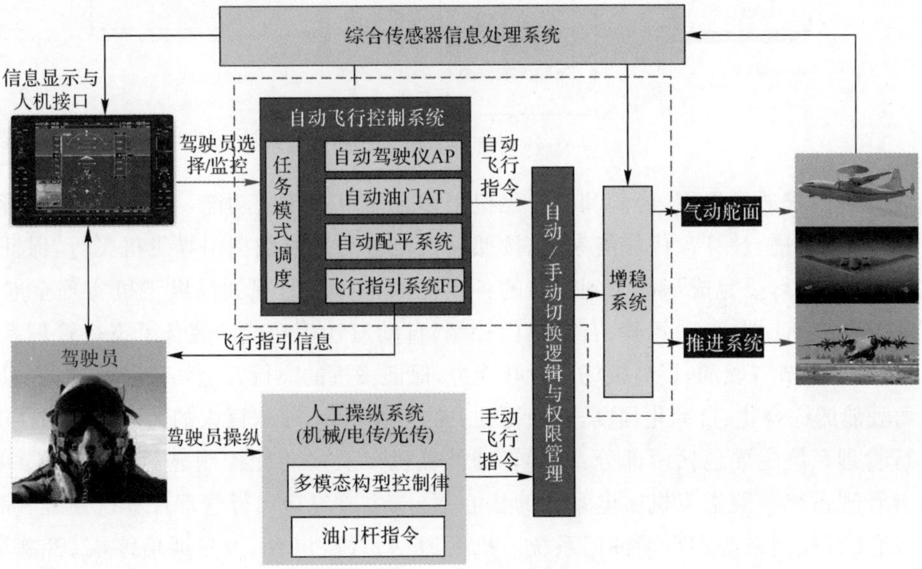

图1-49　飞行控制系统组成

8. 飞行管理系统

飞行管理系统(Flight Management System,FMS)是更综合化的自动飞行控制系统(AFCS),它集导航、制导、控制、显示、性能优化与管理功能为一体,可以实现飞机在整个飞行过程中的自动管理与控制。简单地说,飞行管理系统是在自动飞行控制系统基础上增加飞机的性能管理(Performance Management System,PMS)功能和轨迹优化功能后就构成的飞行控制系统(FMS=AFCS+PMS)。所谓性能管理与轨迹优化是指在各飞行阶段,根据具体的要求,计算出飞行剖面,并提供制导输出,其要求可以是下列一种或几种指标的组合:最小飞行燃油、最小飞行成本、最小飞行时间、最大爬高/下降角、最大爬高/下降速率和最大续航时间等。

飞行管理系统(FMS)是现代大型飞机数字化电子系统的核心,是集航迹预测、性能优化、导航与制导等功能为一体的综合系统。飞行管理系统主要由飞行控制和飞机管理计算机及其相关的外围系统组成,飞行管理系统与外围系统的交联关系如图 1-50 所示。

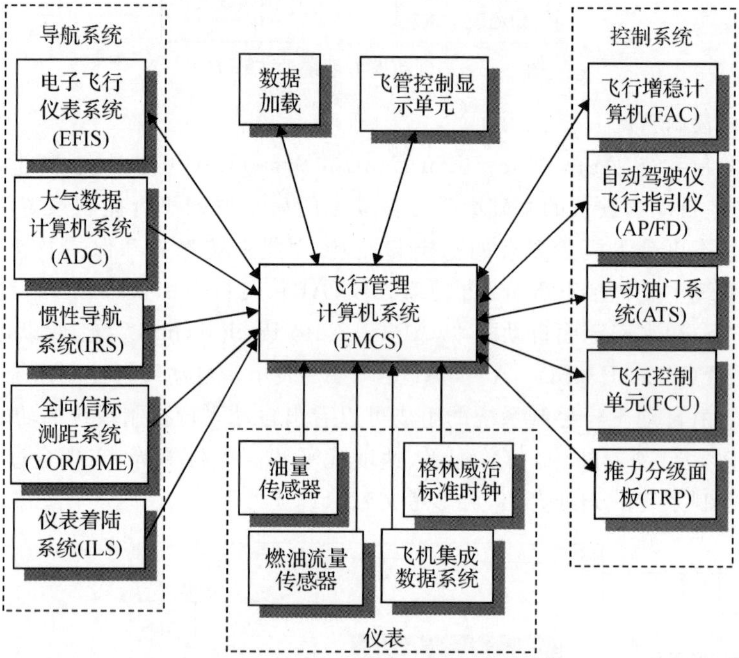

图 1-50　飞行管理系统及其外围系统

飞行管理系统通过组织、协调和综合飞机上多个航电系统的功能,在飞行过程中管理飞行计划、提供参考航迹、计算最优性能参数、按照参考轨迹与导航数据引导飞机飞行,保证飞行计划的实施,协助飞行员完成从起飞到着陆的各项任务,管理、监视和操纵飞机实现全航程的自动飞行,完成飞行计划、自动驾驶、自动油门控制、自动避让等功能。装备了飞行管理系统的飞机,不仅可以大量节省燃油,提高机场的吞吐能力,保证飞机的飞行安全和飞行品质,而且可以大大提高驾驶舱的综合化、自动化程度,减轻驾驶员的工作负担,带来巨大的无可估量的经济效益。

飞行管理系统主要包括两部分:飞行管理计算机以及多功能控制显示组件(MCDU)。广义的飞行管理系统一般指飞机航电系统的核心部分,主要包括飞行管理计算机系统、综合导航系统、自动飞行控制系统和自动油门系统。机上通信系统(电台、卫星通信终端、管制员-飞行员数据链 CPDLC 等)和机上监视系统(应答机、广播式自动相关监视 ADS-B 收发机)、气象雷达等设备也包含在飞行管理系统的范畴内。狭义上的飞行管理系统是指飞行管理计算机。

飞行管理计算机(FMC)是飞行管理系统的核心，FMC的主要功能逻辑是接收来自于综合导航系统输入的当前阶段飞机位置、速度、姿态等导航信息以及机载传感器输入的发动机状态以及燃油状态数据，对比飞行计划以及飞行轨迹预测进行导航计算、性能优化并实施水平和垂直制导，生成飞行制导指令输出至自动驾驶仪和自动油门系统，实现自动飞行。同时将飞机当前阶段的信息输出到电子飞行仪表系统(Electronic Flight Instrument System，EFIS)进行实时显示。多功能控制显示组件接收FMC输出的显示信息，同时也是机组人员输入控制信息的重要终端。FMC还涉及飞行计划管理、性能计算、导航、通信管理和飞行监视等功能。飞行管理计算机的主要功能模块的关联关系如图1-51所示。

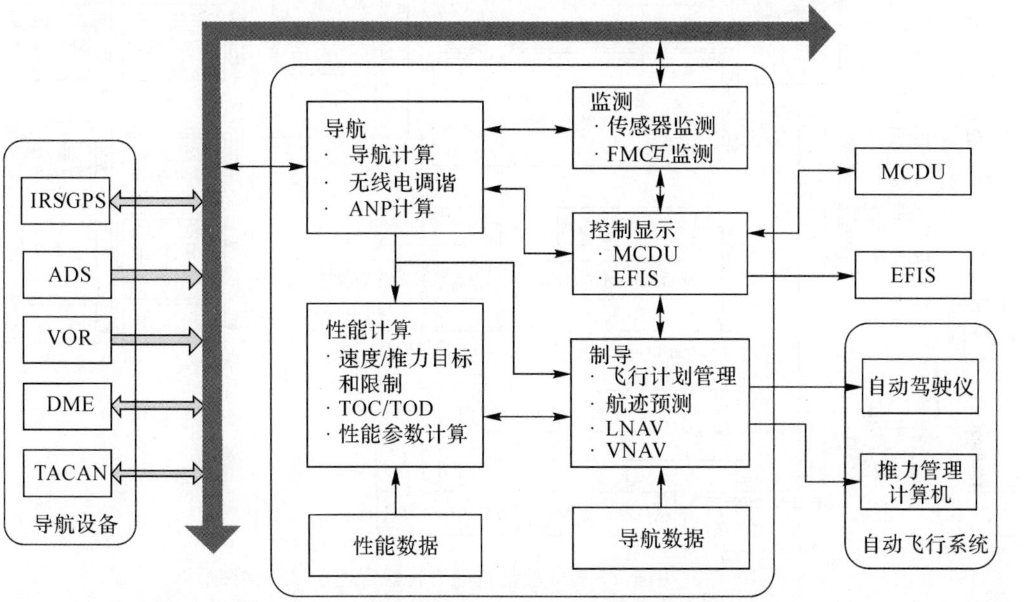

图1-51 飞行管理计算机主要功能模块的关联关系

早在20世纪80年代，波音公司的B767飞机飞行管理系统就实现了性能管理+3D(空间三维位置)飞行引导功能。3D飞行引导指令由水平引导和垂直引导指令组成，水平引导根据飞机相对于水平航迹(经度+纬度)的横向偏差生成横侧向操纵指令；垂直引导是在水平引导的基础上，依据垂直飞行计划和飞行性能优化生成的垂直参考航迹的垂直偏差产生俯仰和推力指令，并输出给自动飞行系统和自动油门系统执行。

美国国家航空航天局与洛克希德公司在20世纪80年代基于L-1011飞机，对4D(空间三维位置+时间)飞行引导的相关技术包含导航、制导、飞行管理系统进行了研究，并提出4D飞行引导算法。在2000年前后，4D飞行管理系统陆续研制成功，美国霍尼韦尔公司研制的飞行管理系统NG-FMS能够实现将到达时间误差控制在10s内。

9. 飞行器管理系统

飞行器管理系统(Vehicle Management System，VMS)是对涉及飞机平台本体的、保障飞机飞行能力的相关系统、部件进行综合管理、协调的系统，是飞控、推进、导航、结构、燃油、液压、防冰和环控等系统的综合。VMS通过物理上和功能上对飞行关键功能和系统进行综合管理，在系统设计和实现时将多个功能或子系统联合起来考虑。VMS可以提高硬件利用率、可靠性和可维修性;实现子系统协调、资源共享、功能合理分配,降低飞机质量和维护成本;改善飞行控制性能,实现全局优化配置,减轻飞行员的负担。美国 YF-23 飞机的 VMS 结构图如图 1-52 所示。

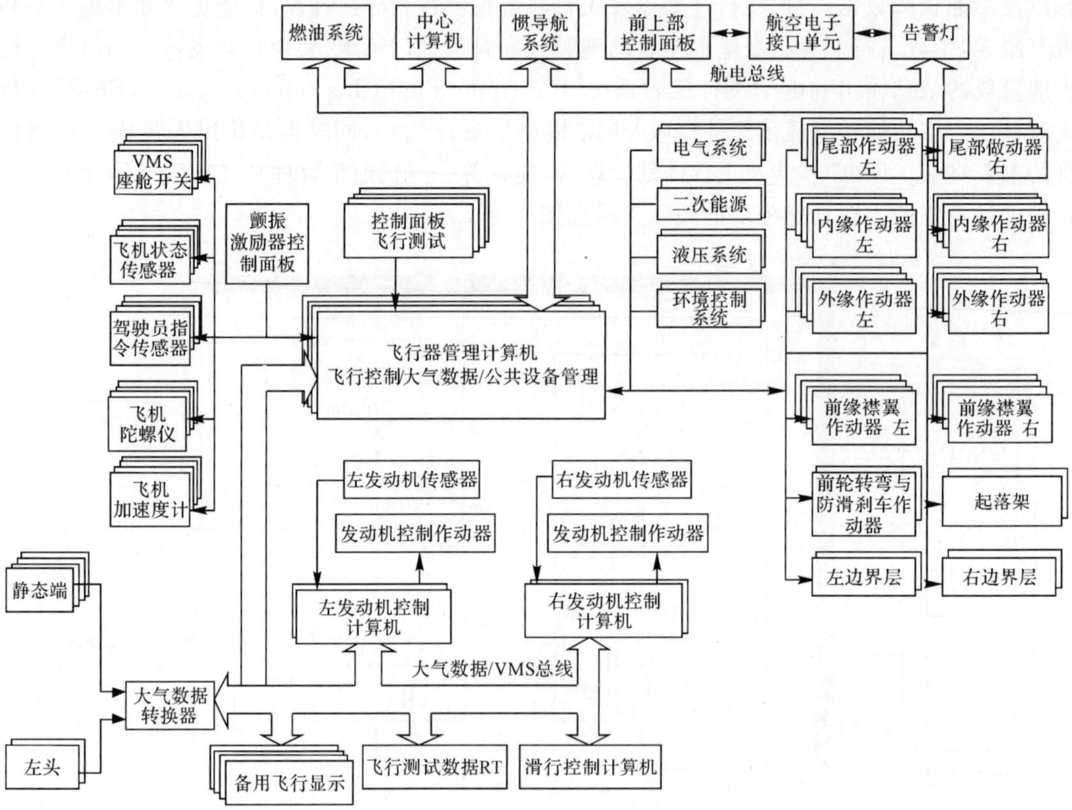

图 1-52　美国 YF-23 验证机的飞行器管理系统结构图

需要注意 VMS 和 FMS 是不同的:VMS 是对机载设备、资源、子系统进行调度和管理的系统,主要要保证飞机飞行安全,并在此前提下对飞机的资源进行最优化的配置。FMS 主要是对飞机飞行任务和飞行轨迹的规划,主要保证飞机按照驾驶员的意图进行飞行。

1.5.5　飞行控制系统演变小结

从前面的介绍中可以看到,飞机飞行控制系统经历了从简单到复杂、从机械系统到电气系统的变迁。飞行控制技术的发展和新概念的出现都是有深刻的技术背景的,是飞机飞行速度和高度扩展和飞行性能提升的必然要求,也是控制理论、计算机技术、电子信息技术和飞行力学发展共同作用的结果。本节所述的飞行控制系统发展脉络可以用图 1-53 表示。

智能化、信息化、自动化和综合化是飞行控制系统发展的趋势。在有人驾驶的情况下,自动控制的进化和发展,在不断地增强飞机能力和减轻飞行员工作负担方面双重地发挥作用。自动控制不断地替代飞行员的飞行能力(尽管飞行日益复杂),从而使飞行员由传统意义上的"飞行"向着"任务"的角色转变。例如,在客机上,自动化使飞行员的主要精力不再用在飞行上,而是监控和决策;在战斗机上,自动化使飞行员将主要精力投入执行各类战斗任务中。随着人类对知识的认识和加工,会不断地把规则化的事交给机器,而人则去做未规则化的事,即更高层、更具挑战的工作以及更困难的决策。

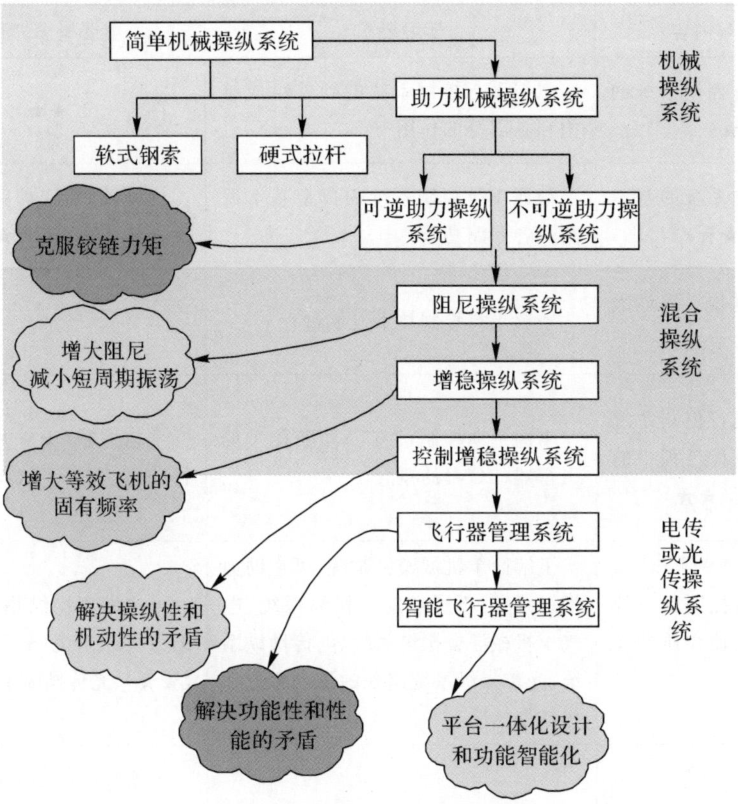

图 1-53 飞行控制系统发展脉络

1.6 本 章 小 结

本章在叙述飞机发展和飞行控制系统发展历史的基础上，阐述了飞行动力学和飞行控制系统中各重要概念产生的技术背景和发展脉络。本章的知识点及学习要求见表1-2。

表中概念、图表的重要程度用星号表示。★表示比较重要，★★表示重要，★★★表示非常重要。

表 1-2 本章知识点及学习要求

序 号	学习内容	学习要求	重要概念、图表和论述
1	飞机发展简史(★)	了解飞机发展过程和各发展阶段的特点	
2	飞机常用操纵面和常见气动布局(★★)	掌握操纵面的名称和功能，了解各类常见气动布局的特点和优缺点	升降舵(★ ★)、方向舵(★ ★)、副翼(★ ★)、水平安定面(★)、襟翼(★)、缝翼(★)、高升力系统(★)、扰流板(★)
3	飞机飞行控制系统的作用和分类(★★)	掌握飞行控制系统的作用，了解飞行控制系统的作用的分类。掌握导航、制导与控制系统的概念。	导航、制导与控制的概念(★★★)；图1-31(★)、图1-32(★★)

续 表

序 号	学习内容	学习要求	重要概念、图表和论述
4	飞机飞行控制系统的组成(★★)	掌握飞行控制系统的硬件组成结构和各部分的作用	图 1-33(★★)
5	飞行控制系统的基本回路(★★★)	精通飞行控制系统的典型基本回路及各回路功能	内回路(稳定回路)、图 1-35(★★★)、表 1-1(★★★)
6	飞行控制技术发展大事记(★)	了解飞行控制技术发展过程	
7	飞机飞行控制系统在飞机设计过程中的地位变迁(★★)	掌握主动控制(ACT)和随控布局飞行器(CCV)的概念	主动控制(★★)、随控布局飞行器(★)、CCV=ACT+FBW
8	飞机飞行控制系统控制信号传输介质的变化(★)	了解简单机械操纵系统、可逆助力操纵系统、不可逆助力操纵系统、电气+机械混合操纵系统、电传操纵系统、光传操纵系统出现的技术背景和优缺点	可逆助力操纵系统(★)、不可逆助力操纵系统(★)、电传操纵系统(★★)、光传操纵系统(★)
9	飞机飞行控制系统功能演变(★★)	了解自动驾驶仪(AP)、阻尼器(Damper)、增稳系统(SAS)、控制增稳系统(CSAS)、飞行指引仪(FD)、自动推力系统(AT)、自动飞行控制系统(AFCS)、飞行管理系统(FMS)、飞行器管理系统(VMS)的基本概念和功能； 了解阻尼器(damper)、增稳系统(SAS)、控制增稳系统(CSAS)的基本原理和区别联系	自动驾驶仪(★★)、阻尼器(★★)、增稳系统(★★)、控制增稳系统(★★)、自动飞行控制系统(★★)、飞行管理系统(★★)、飞行器管理系统的概念； 电传操纵系统是全权限控制增稳系统(★★)； AFCS=AP+FD+AT+APT+CAS(★★)； 图 1-42(★★)、图 1-43(★★)、图 1-44(★★)； 图 1-48(★★) 图 1-52(★★)

思 考 题

1. 常规布局飞机的操纵面有哪些？各控制面的功能是什么？
2. 飞机常见的气动布局有哪些？各有什么优缺点？
3. 简述导航、制导与控制的区别和联系。

4. 简述飞机飞行控制系统的典型硬件组成及各部分的作用。

5. 简述飞机典型回路构成和各回路功能。

6. 什么是主动控制？其典型技术有哪些？

7. 什么叫随控布局飞行器？

8. 自动驾驶仪的功能有哪些？

9. 阻尼器、增稳系统、控制增稳系统有什么区别和联系？

10. 什么是电传飞行控制系统？

11. 不可逆助力机械操纵系统和可逆助力机械操纵系统出现的背景是什么？二者有什么区别？

12. 自动飞行控制系统的功能有哪些？它和自动驾驶仪的区别是什么？

13. 什么是飞行管理系统？

14. 什么是飞行器管理系统？它和飞行管理系统的区别是什么？

15. 简述飞机飞行控制技术的发展历程。

第 2 章　空气动力学基础

2.1　引　　言

空气动力学是研究飞机和空气相对运动时，空气的运动规律和空气作用在飞机上的力和力矩规律的学科。空气作用在飞机上的力和力矩称为气动力和气动力矩，气动力和气动力矩的大小和变化规律与飞机的外形、飞行姿态、速度和高度密切相关。飞机是在大气层中运动的飞行器，气动力和气动力矩是其运动变化的主要影响因素，要了解飞机的运动规律，必须掌握空气动力学的基本知识。本章将介绍空气的基本性质和空气流动基本规律，为学习飞行动力学奠定基础。

2.2　空气的状态方程和大气环境

2.2.1　空气的状态参数与状态方程

静止空气的状态可以由温度 T、密度 ρ 和压力 p 三个参数确定，三个参数的关系如下：

$$p = \rho RT \tag{2-1}$$

式中，温度 T 用绝对温度 K 表达，密度 ρ 单位为 kg/m^3，压力 p 单位为 N 时，空气的气体常数为 $R=287.053m^2/(s^2 \cdot K)$。空气是一种混合气体，这个常数是按各组成成分所占的质量百分比计算出来的。如果空气成分发生改变，这个常数当然也就不再适用了。不过在低层大气内，这个气体常数值是可以使用的。

2.2.2　大气环境介绍

大气主要有三种成分：纯干空气、水蒸气以及尘埃颗粒。纯干空气含有 78％的氮气和 21％的氧气，余下的 1％由各种其他气体组成。按照大气温度随高度的变化情况，地球大气层从低到高可以分为对流层、平流层、中间层和电离层（见图 2－1）。

大气层还有如下性质：

（1）高度增加，空气密度减小。

（2）随着高度增加，空气压力减小。

（3）对流层顶高度为 11 000m 或 36 089ft（1ft＝0.604 8m），对流层内标准温度递减率为：每增加 1 000m 温度递减 6.5℃，或每增加 1 000ft 温度递减 2℃。从 11～20km 之间的平流层底部气体温度为常值,约为－56.49℃。

(4)空气的湿度越大,空气的密度越小。

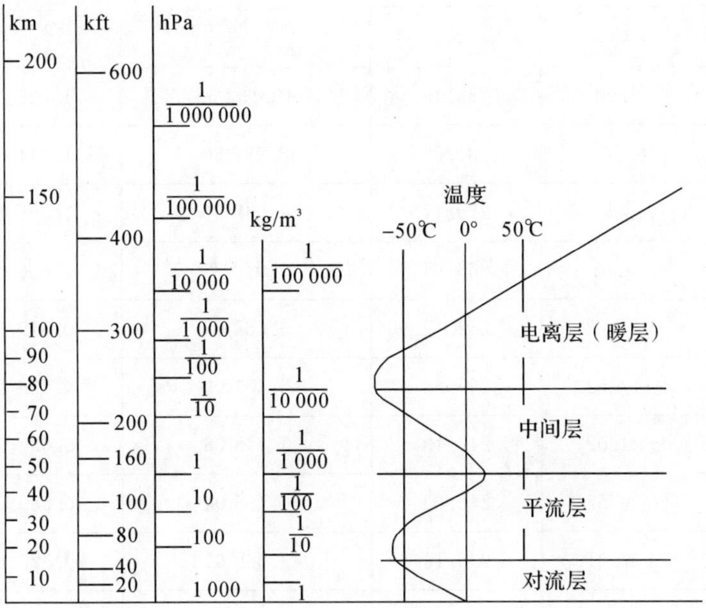

图 2-1　大气分层

2.2.3　国际标准大气

在地球上的不同地点,空气状态参数的数值是不同的。因此,在对同一架飞机进行试飞时,会有不同的飞行性能。即使是同一架飞机在同一地点和同一高度飞行,由于温度变化和时间不同,飞机的飞行性能也会有不同。

为了比较不同飞机的飞行性能,飞机的试飞测试及试验结果应按一定的标准进行换算,因此国际民航组织(International Civil Aviation Organization,ICAO)提出了国际标准大气(International Standard Atmosphere,ISA)的概念并给出了国际标准大气的模型。

国际标准大气参数:海平面高度为 0m 时,气温为 288.15K、15℃。海平面气压为 1 013.2mBar(毫巴)或 1013.2hPa(百帕)或 29.92inHg(英寸汞柱)。

国际标准大气模型(ISA)是研究飞机飞行动力学、进行飞行控制系统设计仿真时经常用到的。不同高度处温度、大气密度、大气压力和声速的对应关系见表 2-1。此外,在开发设计飞行控制系统常用的建模仿真工具 MATLAB/SIMULINK 中以 AeroSpace Blockset 模块库的形式给出了国际标准大气的模型,用户可以非常方便地使用,如图 2-2 所示。

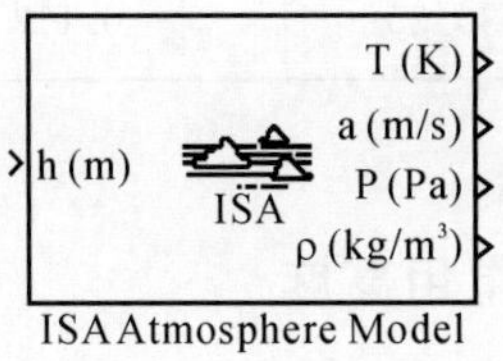

图 2-2　MATLAB/SIMULINK 中国际标准大气模型

表 2-1 国际标准大气简表

几何高度 H/m	温度 T_H		大气压力 P_H	密度 ρ_H	声速 a
	℃	K	10^{-4} N/m^2	kg·m^3	m·s
0	15.00	288.15	10.132 52	1.225 05	340.28
1 000	8.50	281.65	8.987 50	1.111 68	336.43
2 000	1.99	275.17	7.949 56	1.006 46	332.52
3 000	−4.51	268.64	7.010 87	0.906 13	328.56
4 000	−11.02	262.13	6.164 07	0.819 13	324.56
5 000	−17.52	255.63	5.401 99	0.736 12	320.51
6 000	−24.02	249.13	4.718 08	0.659 69	316.41
7 000	−30.52	242.63	4.106 04	0.589 50	312.25
8 000	−37.01	236.14	3.560 01	0.525 17	308.05
9 000	−43.51	229.64	3.074 29	0.466 35	303.78
10 000	−50.00	223.15	2.643 53	0.412 70	299.45
11 000	−56.49	216.66	2.263 18	0.363 91	295.07
12 000	−56.49	216.66	1.933 09	0.310 83	295.07
14 000	−56.49	216.66	1.410 20	0.226 75	295.07
16 000	−56.49	216.66	1.028 72	0.165 42	295.07
18 000	−56.49	216.66	0.750 48	0.120 68	295.07
20 000	−56.49	216.66	0.547 49	0.088 30	295.07
22 000	−56.49	216.66	0.399 97	0.063 73	295.07
24 000	−56.49	216.66	0.293 05	0.046 27	295.07
26 000	−53.75	219.40	0.215 31	0.033 69	296.93
28 000	−48.28	224.87	0.158 63	0.024 60	300.61
30 000	−42.8	230.35	0.117 19	0.018 01	304.25

2.2.4 气压高度表和飞机常用高度

利用“高度增加，空气压力减小”这一性质，可以制作出气压高度表用于指示飞机的高度。

气压高度表的原理如图 2-3 所示。气压高度表由真空膜盒、传送放大器、补偿装置和信号转换器组成。作为敏感元件的真空膜盒由波纹膜片焊接而成，膜盒内部抽成真空，可以认为压力为零，膜盒外部的压力等于飞机周围的大气压力。当作用在真空膜盒上的气压为零时，膜盒处于自然状态；当高度升高时，作用在膜盒上的大气压力逐渐减小时，膜盒将逐渐膨胀，膜盒中心的位移与作用在膜盒上的大气压力之间呈线性关系；随着高度改变，膜盒变形产生位移，该位移通过相应的传动机构，带动信号转换器，可获得与高度成比例的电信号。

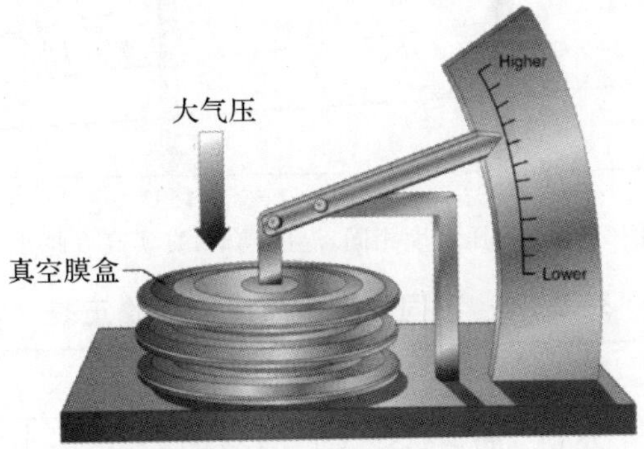

图 2-3　气压高度表原理

飞行高度是飞机距离某一基准面的垂直距离。基准面不同，测出的高度也不同，按选定基准面的不同，常用的飞行高度有四种（见图 2-4）：

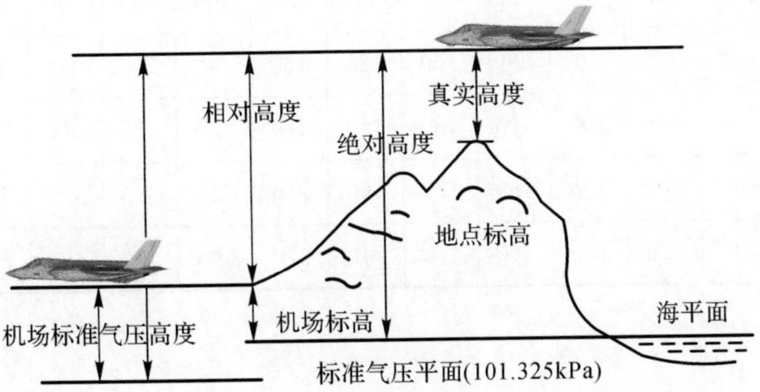

图 2-4　飞行高度定义

（1）绝对高度（absolute altitude）：飞机相对海平面的垂直距离。

（2）真实高度（true altitude）：飞机与当前位置正下方地面之间的垂直距离。

（3）相对高度：飞机相对目标机场地面之间的高度；机场相对海平面的高度称为该机场的标高，也称机场海拔。

（4）标准气压高度（pressure altitude）：飞机相对标准气压平面（101.325kPa）的垂直距离。

需要注意的是：相同的气压高度，温度越低，几何高度越低；几何高度相同，温度越低，气压高度读数越大，如图 2-5 所示。为了避免寒区飞行时，因气压高度随温度变化而发生飞行事故，国际民航组织给出了不同温度下气压高度修正表，见表 2-2。

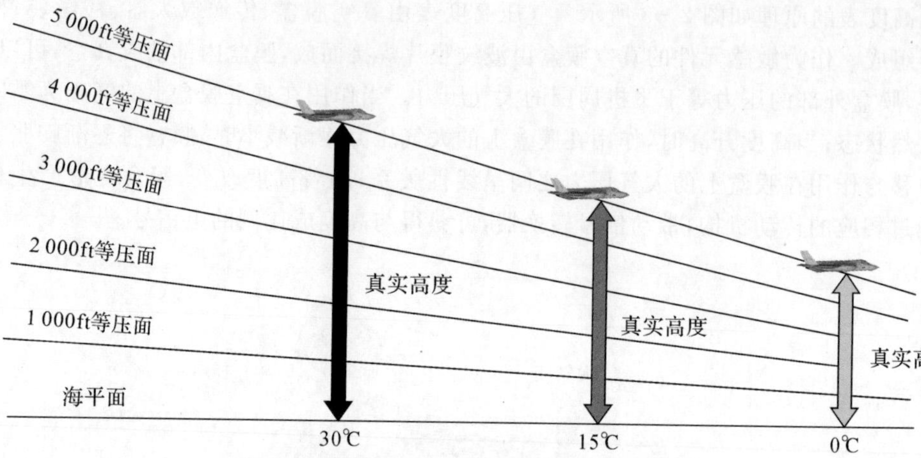

图 2-5　气压高度相同，温度越低，真实高度越小

表 2-2　不同温度下气压高度修正表

	相对机场高度/ft													
实测温度/℃		200	300	400	500	600	700	800	900	1 000	1 500	2 000	3 000	4 000	5 000
	+10	10	10	10	10	20	20	20	20	20	30	30	30	30	30
	0	20	20	30	30	40	40	50	50	60	90	120	170	230	280
	−10	20	30	40	50	60	70	80	90	100	150	200	290	390	490
	−20	30	50	60	70	90	100	120	130	140	210	280	420	570	710
	−30	40	60	80	100	120	130	150	170	190	280	380	570	760	950
	−40	50	80	100	120	150	170	190	220	240	360	480	720	970	1 210
	−50	60	90	120	150	180	210	240	270	300	450	590	890	1 190	1 500

2.3　研究飞机和气流运动的基本假设和空气的性质

飞机在空气中运动所产生的气动力和力矩取决于空气的物理属性、飞机的几何形状、飞机飞行姿态以及飞机与空气间的相对速度。为研究空气动力方便，首先需要了解空气的一些性质并做一些假设。

2.3.1　连续介质假设

虽然空气由氧气、氮气、二氧化碳等多种成分构成，但是此处对此不做细分，将空气的所有组成笼统地看成空气分子，这不影响空气动力学的研究结果。既然空气是由分子组成的，显然分子之间是有间隙的，从微观角度看，空气的物理量在空间的分布是不连续的，同时由于分子的随机运动，又导致任一空间点上的流体物理量对于时间的不连续。

但是我们所研究的对象——飞机的特征尺寸远大于空气分子间距离，而且研究的空气动力学是大量空气分子组成的宏观流体对飞机的作用。这些宏观流体的物理量(温度、压力、密度)是大量分子的统计平均特性。基于这样的考虑，引入空气的连续介质假设：即将空气看作是稠密的无间隙的连续介质组成，飞机周围的空间充满着这种连续的空气介质。

低速空气动力学、高速空气动力学都是在连续介质这样的空气模型下开展研究的。只有到了外层大气，在 120～150km 的高度上，空气分子的平均自由行程(一个分子和另一个分子发生碰撞前所经过的平均路程)大概与飞机的尺寸处于同一量级；在 200km 的高度上，空气分子的平均自由行程大约是几千米。这时的空气不能再被认为是连续介质。

2.3.2　相对运动原理

在研究空气动力学时，还有一个重要的假设：相对运动原理，即在研究水平匀速直线运动的飞机的气动力和力矩时，大气静止-飞机运动等价于飞机静止——空气运动，有了相对运动原理，就有了研究飞机空气动力学的利器——风洞，低速风洞的结构示意图如图 2-6 所示。

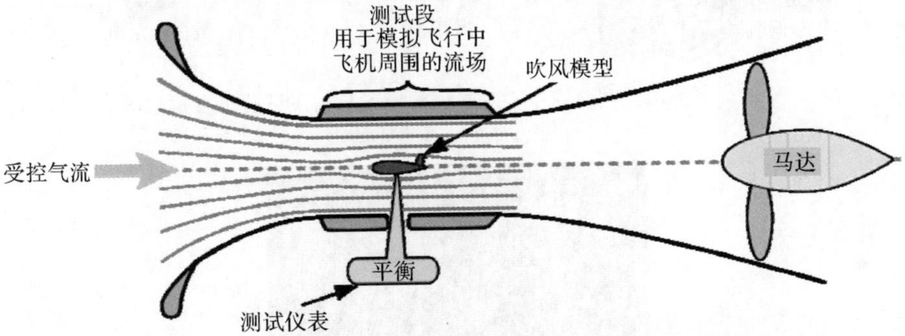

图 2-6　低速风洞原理图

风洞是非常重要的空气动力学研究手段和试验测试设备。世界各航空强国均投入了大量资金和资源建设风洞。图 2-7 是美国兰利研究中心(Langley Research Center，LaRC) 水平风洞模型自由飞试验平台示意图。美国在该实验平台上研究了变后掠翼飞机 F-111 的飞行力学特性及大迎角飞行操纵方法，为 F-14 战斗机的成功研制奠定了技术基础；20 世纪 70 年代时开展了带升力风扇的短距起降运输机稳定性与控制特性研究、反尾旋布局飞机大迎角稳定性研究、运输机发动机故障下的稳定性与控制特性研究，尤其是准确发现和预测了 F-16、F-18、B-1 等飞机的大迎角失速/偏离特性，为大迎角飞行控制律设计提供重要基础数据；20 世纪 80 年代时进行了前掠翼布局飞机 X-29 机翼横航向运动特性及飞行控制研究，解决了相关技术难题，并利用 F-15、F-18 及 X-31 等模型开展了大迎角控制与操纵特性、推力矢量控制效果等研究，通过该试验技术探索并解决了大迎角过失速机动飞行控制的诸多技术难题；20 世纪 90 年代初进行了 F-22 的风洞自由飞试验，研究了其稳定性和操纵性，设计并验证了其大迎角飞行控制律，还开展了有关前体吹气对飞机操稳特性影响等新技术研究(见图 2-8)。2006 年 LaRC 利用该试验技术进行了新概念布局飞行器——翼身融合体(Blended Wing Body，BWB)飞机的飞行控制律验证与优化，成功应对新概念布局对飞行控制律设计提出的巨大挑战(见图 2-9)。

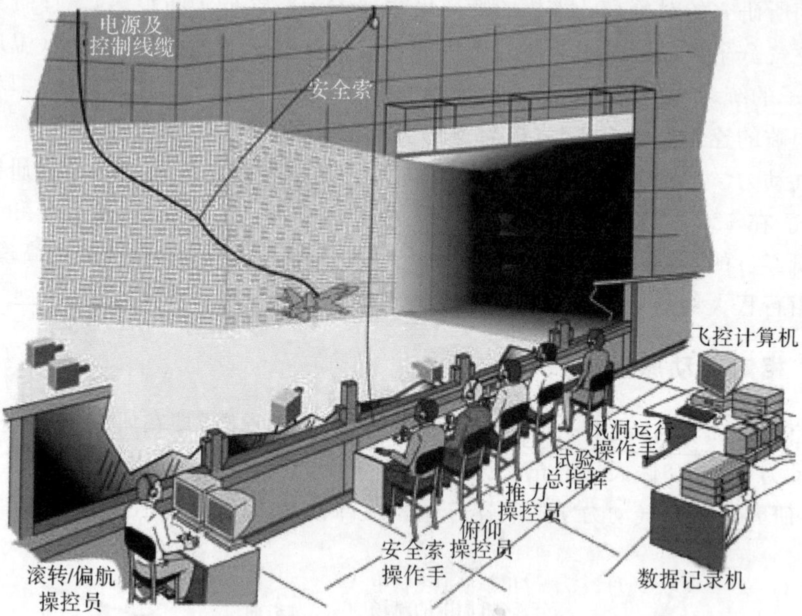

图 2-7　美国兰利研究中心水平风洞模型自由飞试验平台示意图

图 2-8　F-22 水平风洞模型自由飞试验

图 2-9　BWB 飞机水平风洞模型自由飞试验

2.3.3　流场、流线、流管和流线谱

为了便于描述和研究空气流动规律，还须引入几个概念：

1. 流场

流场就是流体所占据的空间。大气层就是一个很大的流场。

2. 定常流动与非定常流动

流场中任一点的任一个流动参数（如速度、压强、密度等）随时间而变化的流动称为非定常流动。

流场中任一固定点的所有流动参数都不随时间而变化的流动称为定常流动。

3. 流线

流场中某一瞬时的一族假想曲线，曲线上任一点的切线方向就是同一瞬时当地速度矢量的方向。其特征是：

(1)定常流动时，流场中各点流速不随时间改变，所以同一点的流线始终保持不变，且流线与迹线（流场中流体质点在一段时间内运动的轨迹线）重合。

(2)流线不能相交，也不能折转。因为空间每一点只能有一个速度方向，所以不能有两条流线同时通过同一点。

但有 3 种例外：

(1)在速度为零的点上，通常称为驻点，如图 2-9 中的 A 点；

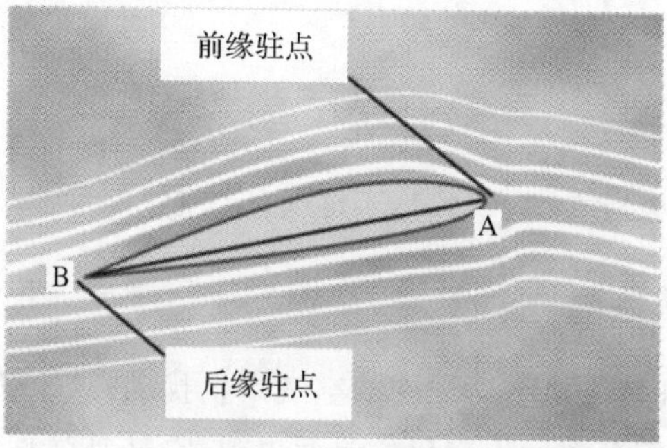

图 2-9　流场和流线

(2)在速度为无限大的点上，奇点；

(3)流线相切点，如图 2-9 中的 B 点。

4. 流管

流管为在流场中通过一封闭曲线上每一点的所有流线所形成的管，且每一条流线与该封闭曲线只有一个交点。

在给定瞬时，流管中的流体就好像在一个固体管中流动一样，因为流线上的流体质点总是沿着流线的方向流动，它是不会穿过由流线形成的管壁的。定常流动时，流管不随时间而变；在非定常流动的情况下，流管随时间而变。

充满在流管内的流体，称为流束。

2.3.4　空气的黏性和压缩性

空气是有黏性的。由于空气分子不规则黏性是空气分子作用的宏观表现，黏性产生的物

理原因，就是空气分子不规则运动的动量交换和分子间吸引力所致。空气分子不规则运动的动量交换所形成的力和分子间吸引力统称为黏性力，也称内摩擦力。

空气的压缩性指空气的体积在外力作用下可以改变的特性。空气的压缩性可以用压缩性系数 B 表示，压缩性系数表示在一定温度下升高一个单位压强时，空气体积所发生的相对变化量，即

$$B=-\frac{\mathrm{d}\upsilon/\upsilon}{\mathrm{d}p} \tag{2-2}$$

式中：υ 表示单位质量空气的体积，称为比容；$\mathrm{d}\upsilon$ 为体积的改变量；$\mathrm{d}p$ 为压强的改变量；因为 $\mathrm{d}p$ 和 $\mathrm{d}\upsilon$ 的变化方向相反，以及压强增加时体积减小，所以式(2-2)中有一个负号。

由于 $\rho\upsilon=1$，因此又有

$$\rho\mathrm{d}\upsilon+\upsilon\mathrm{d}\rho=0 \tag{2-3}$$

即

$$\frac{\mathrm{d}\upsilon}{\upsilon}=-\frac{\mathrm{d}\rho}{\rho} \tag{2-4}$$

将式(2-4)代入式(2-2)，可得

$$B=\frac{1}{\rho}\frac{\mathrm{d}\rho}{\mathrm{d}p} \tag{2-5}$$

压缩性系数的倒数称为体积弹性模数 E，体积弹性模数是单位体积的相对变化所需压强增量，即

$$E=\frac{1}{B}=\rho\frac{\mathrm{d}p}{\mathrm{d}\rho} \tag{2-6}$$

说明空气的压缩性与弹性模数有关，空气是一种弹性介质。

2.3.5 声速和马赫数

当飞机在空气中飞行时，飞机会对周围的空气产生扰动，这个扰动会对空气产生影响，使得空气的密度、压强、速度等参数发生变化。前面提到，空气是弹性介质，当一处受到扰动，这个扰动就会通过空气一层一层相互作用而向四面八方传播。空气中传播的这种扰动就是声音，扰动在空气这个介质中的传播速度就是声速。

声音是以一种疏密波(压缩波、膨胀波相间)的形式在介质中传播的。在物理学中，弹性介质中声音的传播速度可以用介质的弹性模数来表示，即

$$a=\sqrt{\frac{E}{\rho}} \tag{2-7}$$

式中：a 为声音在弹性介质中的传播速度；ρ 为介质密度；E 为介质的弹性模数。

声音在水中的传播速度为 1 440m/s；在海平面标准大气状态下空气中的传播速度为 340m/s；在 12km 高空标准大气状态下空气中为 295m/s。

将式(2-6)代入式(2-7)可得

$$a=\sqrt{\frac{\mathrm{d}p}{\mathrm{d}\rho}} \tag{2-8}$$

这就是声速的计算公式，由式(2-8)可以看出，声速 a 可以作为压缩性的指标，声速越大，意味着改变同样大小的密度改变量，所需要的压力增加量越大，也就是说声速越大，空气越难压缩。

声速还和温度有关系，理论上推知，在绝热过程中，大气中的声速为

$$a=\sqrt{kRT}\approx 20\sqrt{T} \tag{2-9}$$

式中：k 为等压比热和定容比热之比，约为 1.4；R 为气体常数，$R=287.053\mathrm{m^2/s^2\cdot K}$；$T$ 是空气的热力学温度，单位为 K。由于随着飞行高度的增加，空气的温度是变化的，所以声速 a 也将随之变化，即空气的压缩性也是变化的。

飞机相对于周围空气的运动速度，称为真空速。

定义马赫数是真空速与当地声速之比，即

$$Ma=\frac{V_a}{a}=V_a\sqrt{\frac{\mathrm{d}\rho}{\mathrm{d}p}} \tag{2-10}$$

式中：V_a 是飞机真空速；a 是当地声速；Ma 为马赫数，显然，马赫数是一个无量纲量的数。由式(2-10)可以看出 Ma 可以表征空气可压缩性影响的大小。也就是说：Ma 越大，意味着同样大小压力增加量所产生的密度改变量越大，即空气被压缩的越厉害。

经常用 Ma 作为空气流动情况的衡量指标，低速、亚声速、跨声速、超声速和高超声速流动的划分标准如下：

$Ma\leqslant 0.3$——低速流动(空气可看作是不可压缩的)；

$0.3<Ma\leqslant 0.85$——亚声速流动；

$0.85<Ma\leqslant 1.3$——跨声速流动(由于局部激波的存在)；

$1.3<Ma\leqslant 5$—— 超声速流动；

$Ma>5$—— 高超声速流动。

2.4　低速空气动力学的基本方程

低速是指气流速度远小于声速时的速度，在研究低速流动规律时，通常将流场中的空气作为不可压缩流体来处理，并认为是理想流体，即忽略黏性影响。低速空气动力学的基本方程有两个，即连续方程和伯努利方程。

2.4.1　连续方程(质量守恒方程)

连续方程是自然科学中最普遍的规律——质量守恒定律在流体力学中的具体形式，它揭示了气流速度 V、密度 ρ 和流管截面积 A 之间的关系。

在图 2-10 的流管上任意截取两个截面Ⅰ和Ⅱ，若流管截面积很小，则可认为截面Ⅰ和截面Ⅱ处气流的速度和密度基本上是均匀的。以 ρ_1,V_1,A_1,m_1 和 ρ_2,V_2,A_2,m_2 分别表示截面Ⅰ和截面Ⅱ处的气流密度、速度、截面面积、单位时间内通过的空气质量。根据质量守恒定律及空气流动的连续性，单位时间内由截面Ⅰ流出的空气质量必然等于单位时间内由截面Ⅰ流入的空气质量，由此可得连续系统方程为

$$m_1 = \rho_1 V_1 A_1 = m_2 = \rho_2 V_2 A_2 \tag{2-11}$$

由于截面Ⅰ和截面Ⅱ是任意取的，所以式(2－11)可以改写为

$$\rho VA = C(\text{常数}) \tag{2-12}$$

当飞行速度不大时，流经飞机的空气可看作是不可压缩流体，所以 ρ 是常数，这样连续方程可进一步简化为

$$VA = C(\text{常数}) \tag{2-13}$$

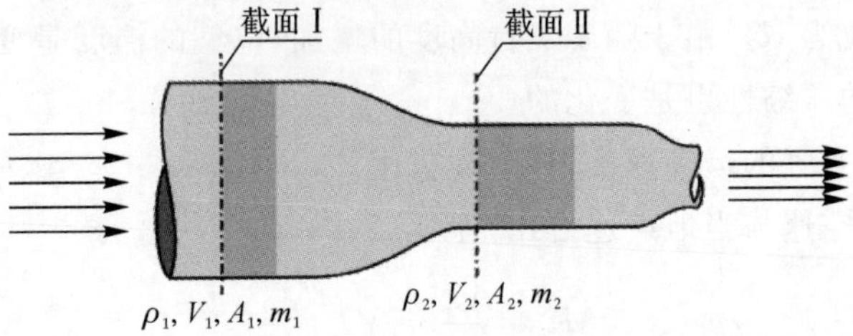

图 2－10　连续方程

式(2－13)表明：流管截面积大的地方流速小；截面积小的地方流速大。这样，在流线图上，可以根据流线的疏密判断流速的大小：流线密的地方(流管截面积小)流速大，流线稀疏的地方(流管截面积大)流速小。

实际上连续方程也体现在我们的日常生活中，如高楼大厦之间的对流通常比空旷地带大，河水在河道窄的地方流得快，在河道宽的地方流得慢，这些都是连续方程的体现。

2.4.2　伯努利方程

伯努利方程是能量守恒方程在流体上的应用，它揭示了气流流速 V、密度 ρ 和压力 p 之间的关系。

1. 伯努利方程的推导

如图 2－11 所示，在定常流中选取一个流管，截取其任意两个截面Ⅰ和Ⅱ，将这段流管取为微段 ds。分析其受力情况。

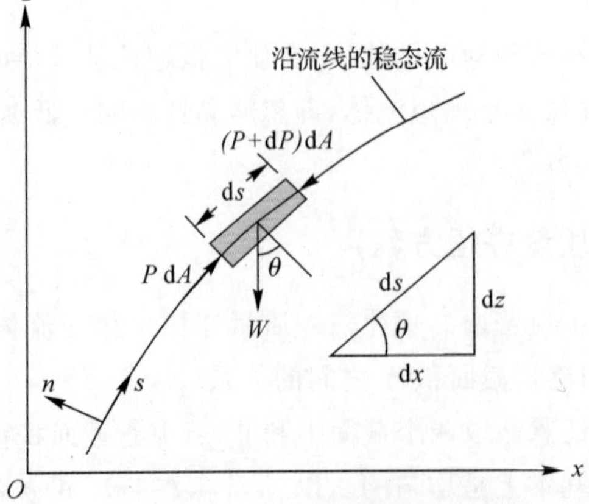

图 2－11　伯努利方程的推导

分别以 dA、p 和 dA、p＋dp 分别表示截面Ⅰ和截面Ⅱ的截面积和压强。这样，截面Ⅰ和截面Ⅱ的作用力分别为 $p\mathrm{d}A$ 和－$(p+\mathrm{d}p)\mathrm{d}A$。

由于微段长度 ds 很小，认为该微段密度不变为 ρ，流速为 V。则微段空气质量 $m=\rho V=\rho \mathrm{d}A\mathrm{d}s$，应用牛顿第二定律有

$$p\mathrm{d}A-(p+\mathrm{d}p)\mathrm{d}A-G\sin\theta=mV\frac{\mathrm{d}V}{\mathrm{d}s} \tag{2-14}$$

流体所受重力为 $G=mg=\rho g\mathrm{d}A\mathrm{d}s$，由图 2-11，有 $\sin\theta=\mathrm{d}z/\mathrm{d}s$，将其代入式(2-14)，有

$$-\mathrm{d}p\mathrm{d}A-\rho g\mathrm{d}A\mathrm{d}s\frac{\mathrm{d}z}{\mathrm{d}s}=\rho\mathrm{d}A\mathrm{d}sV\frac{\mathrm{d}V}{\mathrm{d}s} \tag{2-15}$$

将 dA 消去，简化为

$$-\mathrm{d}p-\rho g\mathrm{d}z=\rho V\mathrm{d}V \tag{2-16}$$

注意到 $V\mathrm{d}V=\frac{1}{2}\mathrm{d}(V^2)$，式(2-16)同除以 ρ 得

$$\frac{\mathrm{d}p}{\rho}+\frac{1}{2}\mathrm{d}(V^2)+g\mathrm{d}z=0 \tag{2-17}$$

式(2-17)两端积分，那么沿同一流线式(2-17)成立，有

$$\int\frac{\mathrm{d}p}{\rho}+\frac{V^2}{2}+gz=常数 \tag{2-18}$$

对于低速不可压缩流体，由于 ρ 是常数，有沿同一流线

$$\frac{p}{\rho}+\frac{V^2}{2}+gz=常数 \tag{2-19}$$

式(2-19)中第一项表示压力能；第二项表示单位质量空气所具有的动能；第三项表示空气的重力势能，由于空气密度小，且高度变化小，所以重力势能可忽略，这样式(2-19)就变成了下式：

$$\frac{p}{\rho}+\frac{V^2}{2}=常数 \tag{2-20}$$

进一步改写为

$$\frac{1}{2}\rho V^2+P_{\mathrm{s}}=P_{\mathrm{t}} \tag{2-21}$$

这就是著名伯努利方程。

伯努利方程中 $\frac{1}{2}\rho V^2$ 称为动压，表示单位体积空气所具有的动能。这是一种附加的压力，是空气在流动中受阻、流速降低时产生的压力。

P_{s} 称为静压，表示单位体积空气所具有的压力能。在静止的空气中，静压等于当时当地的大气压。也是流体在流动时产生的垂直于流体运动方向的压力。

P_{t} 称为总压(全压)，是动压和静压之和。总压可理解为气流速度减小到零之点的静压。

伯努利方程告诉我们：同一流线，总压保持不变；动压越大，静压越小；流速为零的静压即为总压。

同一流管：截面积大，流速小，压力大；截面积小，流速大，压力小。

2. 伯努利方程的应用条件

伯努利方程应用条件：

(1)理想流体(无黏、不可压)；

(2)不可压缩流($Ma<0.3$)；

(3)定常流动；

(4)在所考虑的范围内，没有能量的交换；

(5)在同一条流线上或同一根流管上(没有物质交换)。

对于实际流体，如果黏滞性很小，如水、空气和酒精等，可应用伯努利方程解决实际问题。可用伯努利方程近似分析飞行动力学中的气动力。

3.伯努利方程在实际中的应用——空速管

空速管(皮托管，Pitot tube)是飞机上非常重要的传感器，用于测量飞机的空速、动静压等物理量。其工作原理就是伯努利方程，如图 2-12 所示，其构造图如图 2-13 所示。

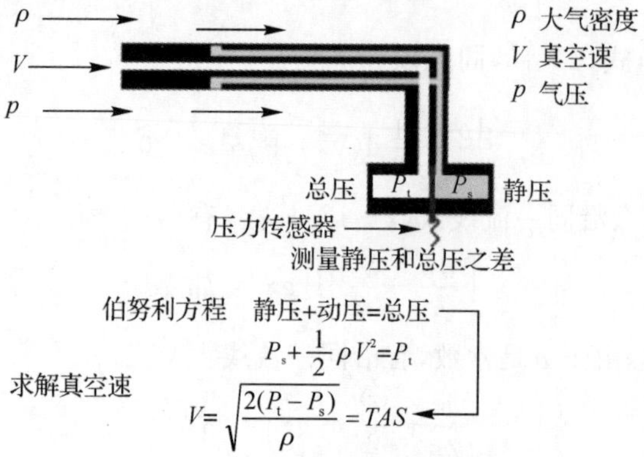

图 2-12 空速管的工作原理图

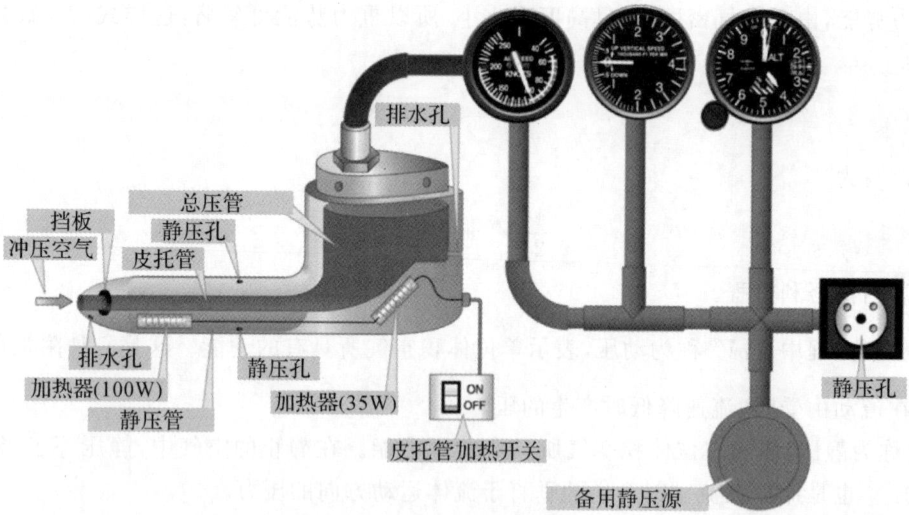

图 2-13 空速管的构造

在图 2-12 中，空速管由一个正对迎面气流开口的内管和一个侧壁上有若干圆形小孔的外管组成。内管称为总压管，相应的开口叫总压孔，外管称为静压管，侧壁上孔称为静压孔。两管分别通过导管与膨胀膜盒内外相通。迎面气流 V 流过空速管后被分成两路，经总压孔后的气流受到阻滞，完全失去动能，气流不能沿内管流动，由于能量守恒，动能完全转化为压力能 P_t；另一路气流保持流动，静压孔感受气流的静压 P_s，膜盒在气流总压和静压的压力差(即动压，$\frac{1}{2}\rho V^2=P_t-P_s$)作用下膨胀，带动空速表的指针转动，由此测得飞机速度为

$$V=\sqrt{\frac{2(P_t-P_s)}{\rho}}=\text{TAS} \tag{2-22}$$

由式(2-22)得到的速度称为真空速(True Air Speed,TAS),它反映了气流动压大小。

$$P_s+\frac{1}{2}\rho V^2=P_t$$

式(2-22)中,大气密度 ρ 是当前飞机飞行高度处的大气密度。但很多时候,在利用空速管测量飞机速度时,所用的大气密度是海平面的大气密度 ρ_0,这样测的的飞机速度称为指示空速(Indicated Air Speed,IAS),也称表速,即

$$\text{IAS}=\sqrt{\frac{2(P_t-P_s)}{\rho_0}} \tag{2-23}$$

表速是将真空速折算到海平面高度的值,由式(2-22)、式(2-23)可得。

$$\text{TAS}=\text{IAS}\sqrt{\frac{\rho_0}{\rho}} \tag{2-24}$$

需要注意的是,式(2-24)中的指示空速IAS实际上是经过修正后的表速EAS,不是直接由动压计算得到的,这些修正包括仪表校正、空气动力修正、激波修正、延迟修正和空气压缩性修正等。

将由动压计算得到的指示空速再经过仪表校正(安装误差、仪表指示误差)后得到的结果称为校正空速(Calibrated Air Speed,CAS)。

将校正空速再进行空气动力修正、激波修正、延迟修正和空气压缩性修正后得到的结果称为当量空速(Equivalent Air Speed,EAS)。

4.飞机常用的速度

速度是描述飞机运动的重要参数,飞机常用的速度有三种,罗列如下:

(1)真空速(TAS)。真空速是飞机相对于空气的运动速度,是考虑了空气密度影响的速度。

(2)指示空速(IAS)。指示空速是折算到海平面高度的真空速,忽略了空气密度的变化,又称表速,是空速表的指示读数,也是表征飞机升力的速度。

(3)地速。地速是飞机相对于地面运动速度的水平分量,是真空速水平分量与风速水平分量的矢量和,即

$$\boldsymbol{V}_g=\boldsymbol{V}_w+\overrightarrow{\text{TAS}_g} \tag{2-25}$$

式中:$\overrightarrow{\text{TAS}_g}$ 表示地速的水平分量;$\boldsymbol{V}_w$ 表是风速的水平分量;$\boldsymbol{V}_g$ 表示地速矢量。

地速与真空速水平水平分量与风速水平分量的关系如图2-14所示。

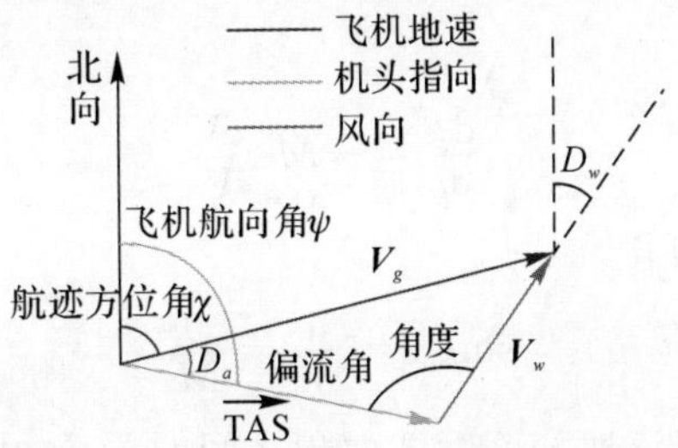

图2-14　地速与真空速水平水平分量与风速水平分量的关系

图2-14中偏流角 D_a 是真空速水平分量和地速间的夹角,D_w 表示风向。地速和地理北

向的夹角称为航迹方位角。

2.5 高速空气动力学的基本概念和方程

不论是低速或高速飞行，空气流过飞机各处的速度和压力都会发生改变，高速飞行时，空气密度的变化很大（见表 2-3），扰动在高速气流中传播规律和流速随流管面积的变化关系均与低速流动时出现质的差别，研究高速空气动力学时必须考虑空气压缩性的影响。

表 2-3 不同流动速度时，机翼前缘驻点空气密度增加的百分比

气流速度/($km\cdot h^{-1}$)	200	400	600	800	1 000	1 200
马赫数	0.16	0.32	0.48	0.64	0.8	0.98
空气密度增加的百分比($\Delta\rho/\rho$)	1.3%	5.3%	12.2%	22.3%	45.8%	56.5%

此处所讲述的高速空气动力学主要包括可压缩流流速和流管截面积的关系、扰动传播在亚声速和超声速气流中的传播规律、激波和膨胀波等概念。

2.5.1 可压缩流流速和流管截面积的关系

利用前面所阐述的一些基本关系式可以得到气流流动过程中流动参数和流管截面积之间的关系。为了突出截面积变化这个因素，假设所研究的对象是绝热的定常一维管流，不考虑摩擦和加热的因素。

对连续方程 $\rho VA=C$（常数）两边取对数可得

$$\ln\rho+\ln v+\ln A=\ln C \tag{2-26}$$

对式(2-26)两边求导可得

$$\frac{d\rho}{\rho}+\frac{dV}{V}+\frac{dA}{A}=0 \tag{2-27}$$

由式(2-16)，略去重力势能，可得

$$-dp=\rho V dV \tag{2-28}$$

由式(2-8)声速和马赫数的定义可以得到

$$\rho V dV=-\frac{dp}{d\rho}=-a^2 d\rho=-\frac{V^2}{M^2}d\rho \tag{2-29}$$

即

$$\frac{dp}{d\rho}=-M^2\frac{dV}{V} \tag{2-30}$$

将式(2-30)代入式(2-27)可得

$$\sin\mu_M=\frac{a}{V}=\frac{1}{Ma} \tag{2-31}$$

式(2-31)就是可压缩流流速和流管截面积之间的关系，由该式可以看到，当 $Ma<1$ 和 $Ma>1$ 时，dA 和 dV 的变化规律是不同的。当 $Ma<1$ 时，(Ma^2-1) 是负值，dA 和 dV 符号相反，即在亚声速气流中，流管截面积减小，流速增大；流管截面积增大，流速减小。这和连续方

程的结论是一样的。但是，当 $Ma>1$ 时，规律正好相反，流管截面积减小，流速减小；流管截面积增大，流速增大。从这个讨论中，可以看到：要产生超声速气流，管道截面呈现先收缩后扩大的情况，这种截面积先收缩再扩大的管子称为拉瓦尔管(Laval nozzle)，其形状如图 2－15 所示，超声速风洞的喷管、燃气轮机的喷管都是这种形状。在拉瓦尔管中，亚声速气流在收缩段，超声速气流在扩张段，而 $Ma=1$ 恰好在最窄截面处(称喉道)。

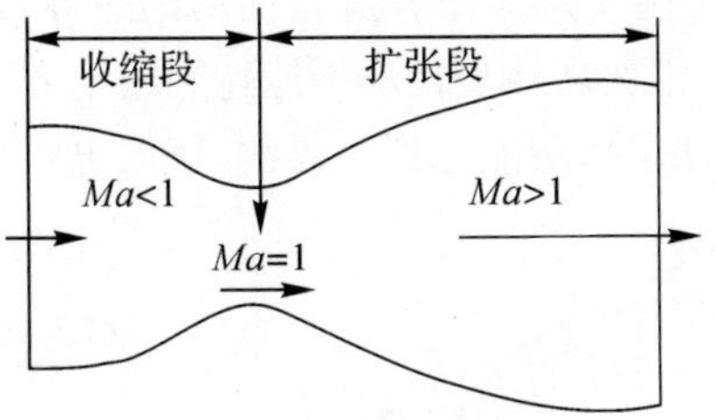

图 2－15　拉瓦尔管示意图

2.5.2　弱扰动的传播规律

飞机在空气中飞行时，飞机外表面的每一部分都对大气产生扰动，都可以看作是一个扰动源。研究空气动力学，需要研究扰动的传播情况。现在假设一个扰动源固定在空间的 O 点处，每过一段时间发生一个弱扰动，而空气以速度 V 吹过扰动源，看一下扰动在不同气流流速中的传播情况。显然，根据 2.3.2 节的相对运动原理，这种扰动源固定、空气运动的情况等同于扰动源运动、空气静止的情况。

扰动的传播情况可分为四种，如图 2－16 所示。

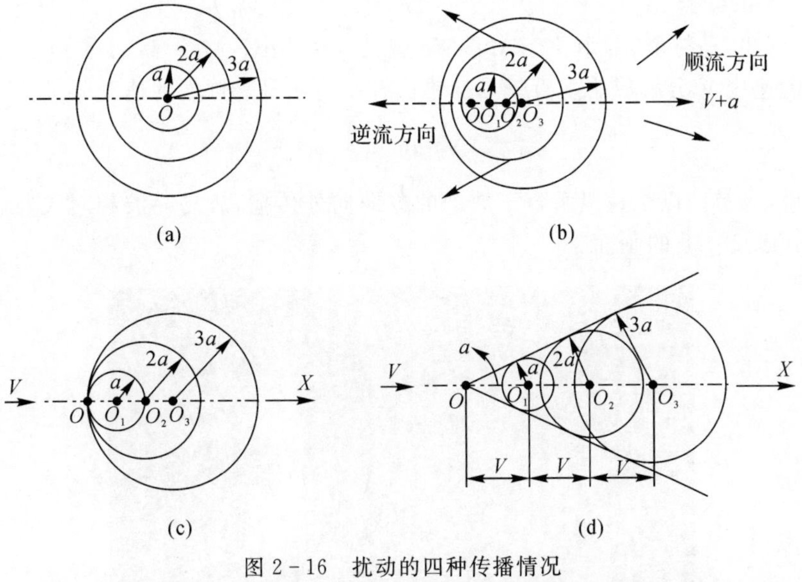

图 2－16　扰动的四种传播情况

(a)速度 $V=0$ 时；(b)速度 $V<a$ 时；(c)速度 $V=a$ 时；(d)速度 $V>a$ 时

在图 2－16(a)中，$V=0$，扰动源在静止的空气中，发出的扰动波是个球面，并以声速向四面八方传播，扰动可以遍布整个流场。

在图 2－16(b)中，$V<a$，扰动源在亚声速气流中，球面扰动波在向四方传播时还会随气流

速度向下游移动，由于 $V<a$，扰动还可以逆气流向上游传播，扰动也可遍布整个流场。

在图 2-16(c)中，$V=a$，扰动源发出的球面扰动波均被气流带走，只能向下游传播而不能逆流向上游传播，也就是扰动传播是有界的，扰动只能影响扰动源下游的气流参数。

在图 2-16(d)中，$V>a$，为超声速情况，扰动源发出的球面扰动波一方面以声速扩大，另一方面以大于声速的速度 V 顺流移动，其传播范围局限于以扰动源 O 为顶点的圆锥内，这个圆锥的锥面由一系列互相邻近的球面扰动波组成，是弱扰动的边界，这个圆锥就称为扰动锥或马赫锥。由于扰动局限在马赫锥内，锥面之外是扰动不能达到的地方。马赫锥的母线叫作马赫线，因为马赫线是超声速气流中弱扰动传播所能达到分界线，所以也叫马赫波，如图 2-17 所示。

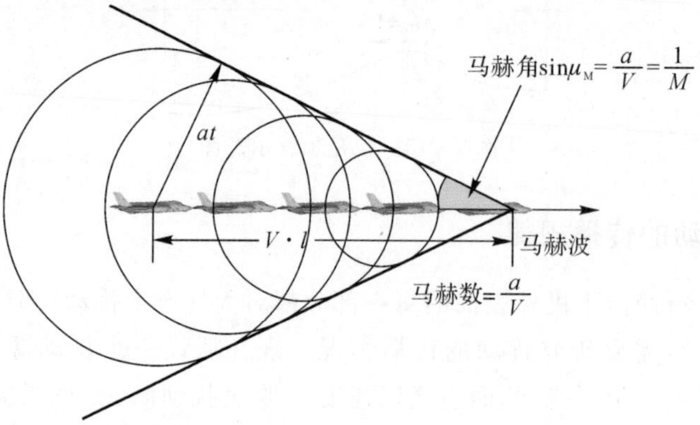

图 2-17　马赫锥和马赫角

马赫线和飞行速度 V 之间的夹角称为马赫角 μ_M，显然有

$$\mu_M=\arcsin\left(\frac{at}{Vt}\right)=\arcsin\left(\frac{1}{Ma}\right) \tag{2-32}$$

由式(2-32)可知，马赫角 μ_M 取决于 Ma，Ma 越大，μ_M 越小。$Ma=1$，$\mu_M=90^\circ$。

若将气流速度 V 分解成为垂直于马赫锥面和平行于马赫锥面的速度分量：V_n 和 V_t，有

$$V_n=V\sin\mu_M=V\frac{a}{V}=a \tag{2-33}$$

也就是说，马赫波以声速沿垂直于波面的方向向外传播，故马赫波相对飞行器稳定不动。所以可以看到图 2-18 的画面。

图 2-18　F-18 作超声速飞行时出现飞机机身上的马赫波(音波之花)

弱扰动在气流中的传播规律四种情况总结：在亚声速流场中，扰动能够影响全部区域；而在超声速流场中，扰动只能影响一部分流场，这是超声速流场和亚声速流场的根本差别。在扰动区域和未扰动区域之间出现扰动界限波，这就是马赫波。

2.5.3　激波

由 2.5.2 节的叙述知道，在超声速流场中，扰动源的扰动区域和未扰动区域之间会出现扰动界限波。扰动界限波按照超声速气流受到扰动后压强的变化分为压缩波（扰动后压强增大）和膨胀波（扰动后压强减小）。

压缩波有两种：一种是波前波后参数变化很小，称为弱压缩波；另一种是波前波后参数变化较大，为有限值，称为强压缩波，即激波。

图 2－19 中，气流通过凹面时通道面逐渐减小，在超声速流情况下，速度就会逐渐减小，压强就会逐渐增大。与此同时，气流的方向也逐渐转向，产生一系列的微弱扰动，从而产生一系列的马赫波，这种马赫波称为压缩波。气流沿整个凹曲面的流动，由这一系列的马赫波汇成一个突跃面。气流经过这个突跃面后，流动参数发生突跃变化：速度会突跃减小；而压强和密度会突跃增大。这个突跃面是个强间断面，即激波面。这种使气流产生突跃压缩的波就是激波。激波是无穷多的压缩波汇集重叠、由量变到质变的结果，是强扰动波。

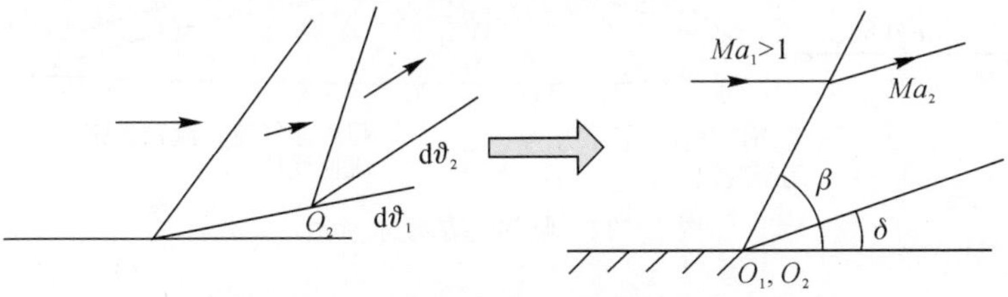

图 2－19　气流通过凹面时的流动情况

按激波面与来流速度方向是否垂直，激波可分为正激波和斜激波。正激波的强度最大，其波前波后的气流参数变化，比同样 Ma 数下的斜激波变化要大。激波后面的气流压力会比波前突然增加，阻止物体前进，这种阻力称为激波阻力，简称波阻。

2.5.4　膨胀波

与激波的产生情况相反，当超声速气流流经外折壁时，壁面上的每一个折角对气流来说都是一个扰动源，如图 2－20 所示。根据式（2－31）所表示的流管截面积和流速的变化关系，超声速气流外折伴随着流速增大、压力变小、密度和温度降低，气体发生膨胀，这一系列的马赫波称为膨胀波。

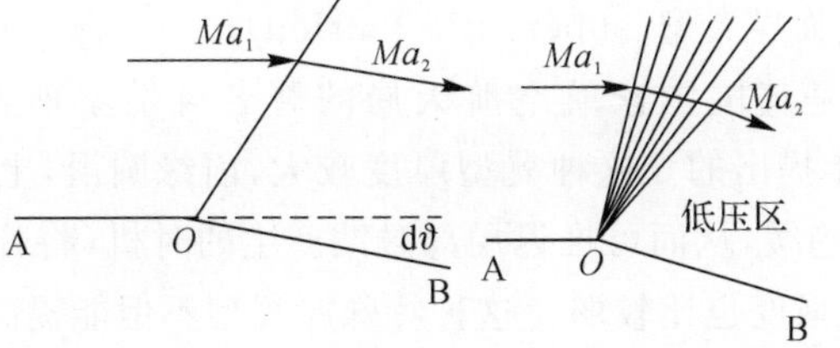

图 2－20　气流通过凸面时的流动情况

2.5.5 临界马赫数

对于亚声速翼型(飞机机翼与机翼前缘垂直的翼剖面形状),由于机翼上表面比下表面弯度大,当气流流经上表面前缘时,流管截面积变小,根据 2.5.1 节的流管截面积和流速之间的关系可知,机翼上表面流速大于飞行速度,密度变小,压力变小,因此当飞行马赫数较大时,尽管此时飞机的马赫数仍小于 1 时,但机翼上表面最低压力点的速度就已达到了该点的局部声速(此点称为等声速点)。此时的飞行马赫数称为临界马赫数 Ma_{critical},如图 2-21 所示。一般超声速飞机的临界马赫数在 0.8 左右。

随着飞行速度进一步增加,部分机翼上表面的气流就要达到声速,等声速点前移,等声速点后出现局部超声速区,由于流管压缩,在此区域将出现压缩激波,称为局部激波,如图 2-22 所示。当飞行马赫数继续增大,局部超声速区将继续扩大,局部激波将继续增强,并向机翼后缘移动。这会使飞机的空气动力和力矩发生急剧变化。所以临界马赫数是一个非常重要的参数。

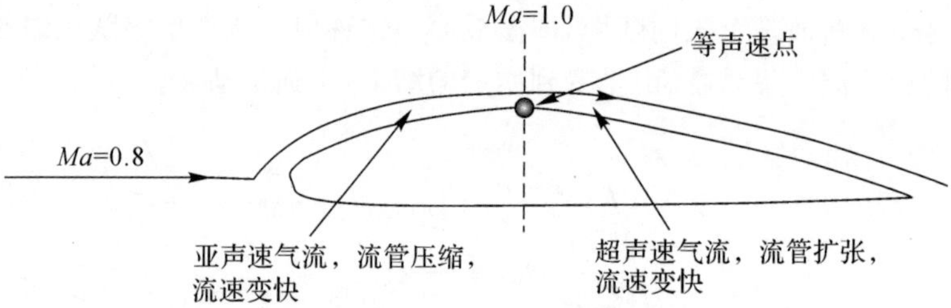

图 2-21　临界马赫数示意图

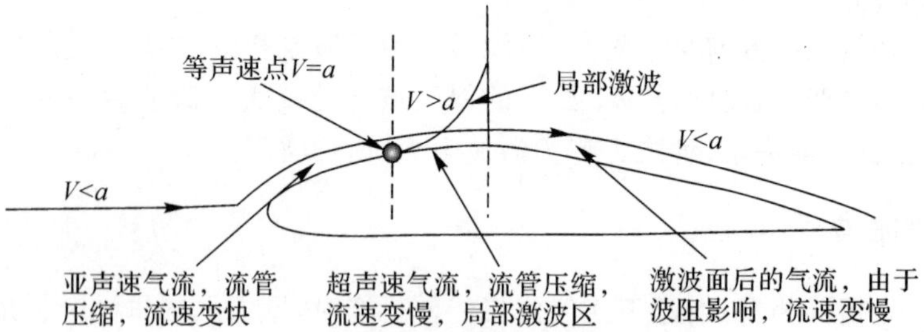

图 2-22　机翼上的局部激波

飞机飞行速度在临界马赫数附近时,飞机的波阻会急剧增大,临界马赫数的大小和机翼截面形状和迎角有关,为了提高临界马赫数,高速飞机常采用较薄的对称翼型。亚声速飞机,特别是大型客机,会采用超临界翼型(supercritical airfoil)。

超临界翼型的设想是美国国家航空航天局的著名科学家理查德·惠特科姆(Richard Whitcom)博士于 1967 年提出的。这种翼型厚度较大,前缘圆滑,上翼面中部相对平坦(见图 2-23),气流的加速过程趋缓,从而可推迟局部激波产生的时机(将临界马赫数提升至 0.95 左右),即使产生了激波,其强度也比较弱。这种特殊厚翼型不但能提高飞机的最大经济速度,还具有机翼内部容积大、结构质量轻等优点。

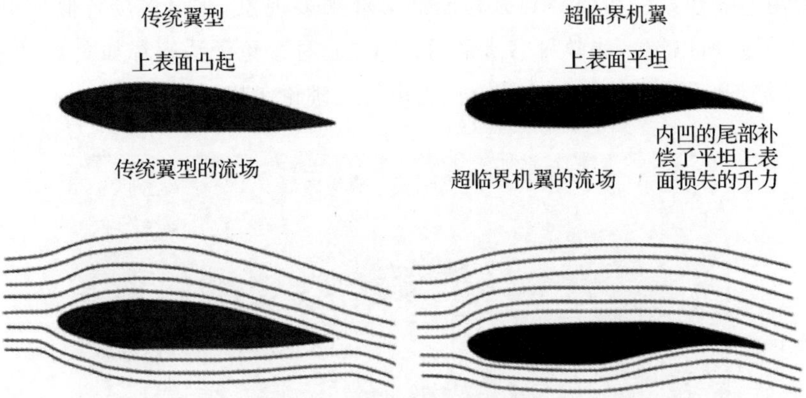

图 2-23　传统翼型(左侧)和超临界翼型(右侧)的区别

不过,超临界翼型上表面平坦,气流增速较慢,也有不利之处,上下翼面间的速度差和压力差比较小(意味着升力偏低)。要想改善它的气动特性,必须想办法降低翼型下表面的相对流速。为此,研究人员对其进行了局部修形,让下翼面在接近后缘处的地方向内凹入,使后缘变薄,且向下弯曲(形状有点像蝌蚪)。这样调整之后,可明显减小下表面的气流速度,从而增大翼型后端区域的上下压差(称为后部加载),如图 2-24 所示。

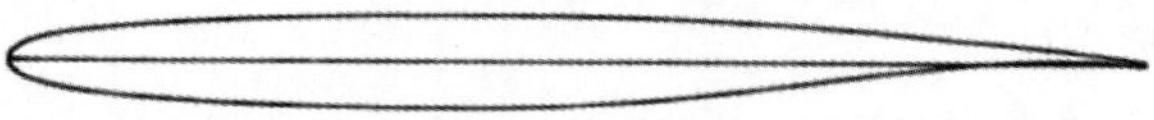

图 2-24　超临界翼型

2.6　升力产生的机理

前面的章节中讨论了一维流动的情况,分析了流速、流管截面积、密度和压力之间的变化关系,本节主要讨论升力产生的机理,这是流速、流管截面积、密度和压力这些变化因素的宏观表现。

2.6.1　基于连续性方程和伯努利方程的解释

在一些飞行控制的教科书中,用连续性方程和伯努利方程解释升力产生的机理,如图 2-25 所示,即由于翼型的上表面弯曲,导致流管变细,流管截面积减小,对亚声速气流,由式(2-30)气流速度增大,所以压强减小;而翼型的下表面较为平坦,流管变化不大,所以压强基本不变。综上,在机翼上下表面产生了压强差,这个压力差就产生了升力。

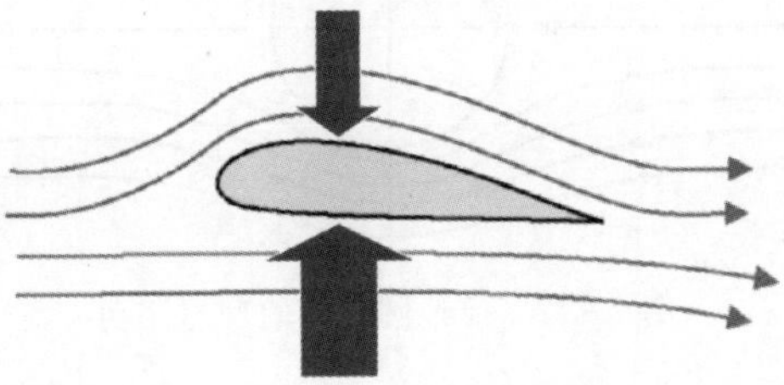

图 2-25　升力产生机理-基于连续性方程和伯努利方程的解释

的确，使用连续性方程和伯努利方程能够解释很多现象，在很多场合似乎也和实际相符的，而且浅显易懂，所以被一些教科书所采用。但是这种理论无法解释如图 2－26 所示飞机倒飞的现象。显然，升力产生的机理应该由更为准确的理论予以说明。

图 2－26　美国空军"雷鸟"飞行表演队表演双机倒飞通场

2.6.2　达朗贝尔疑题

在使用连续性方程、伯努利方程研究流体动力学时，有一个著名的达朗贝尔疑题，揭示了理想流体模型的不合理之处。

如图 2－27 所示，理想流体(无黏、不可压流体)绕流圆柱时，在圆柱上存在前驻点 A，后驻点 D，最大速度点 B、C。中心流线在前驻点分叉，后驻点汇合。根据伯努利方程，流体质点绕过圆柱所经历的过程为在 A～B(C)区，流体质点在 A 点流速为零，压强最大，以后质点的压强沿程减小，流速沿程增大，到达 B 点流速最大，压强最小。该区属于增速减压区，顺压梯度区；在 B(C)～D 区，流体质点的压强沿程增大，流速沿程减小，到达 D 点压强最大，流速为零。该区属于减速增压区，逆压梯度区。在流体质点绕过圆柱的过程中，只有动能、压能的相互转换，而无机械能的损失。在圆柱面上压强分布对称，无阻力存在。我们知道，河流经过圆柱形桥墩时，桥墩肯定会受到河水的冲击，同时桥墩对河水肯定有阻滞作用。而在利用伯努利方程推导理想流体流经圆柱体时受力情况时，所得结论显然和日常生活中常见的的情况不相符，这就是达朗贝尔疑题。

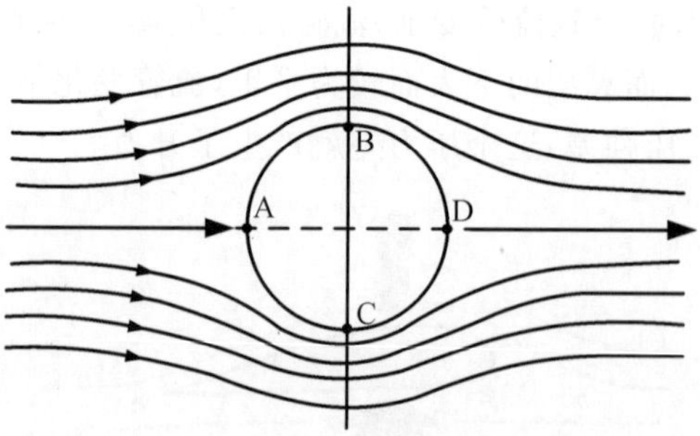

图 2－27　流经圆柱体的理想流动

2.6.3　环流

在达朗贝尔疑题提出约100年后，洛德·瑞利(Lord Rayleigh)在研究网球旋转的突然转向飞行时(和足球中香蕉球一个道理)，认识到真实流体是有黏性的，流体会附着在圆柱体上，因此，旋转给圆柱体表面的速度赋予了一个环流分量，如图2-28所示。与图2-27相比，圆柱体上表面的流速会增加，下表面流速会减小。

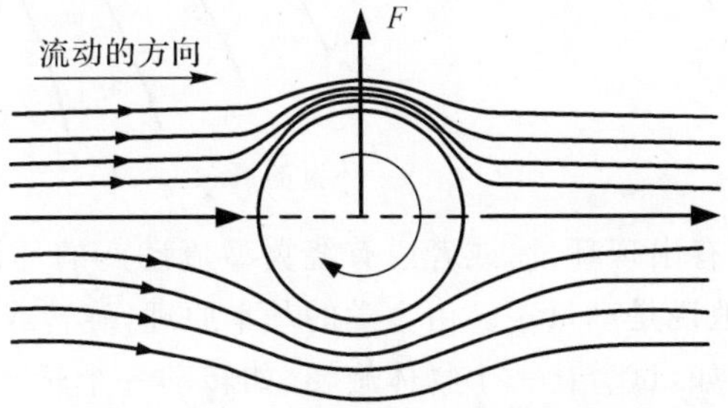

图2-28　流经旋转圆柱体的理想流动

根据伯努利方程，由于流速变化圆柱体上表面压力会减小，下表面压力会增加，这样，就在圆柱体上产生一个垂直于流速方向的力。网球、足球的旋转也会使得其表面的空气产生这种类似的流动，从而产生不平衡的力使得旋转的球体在空中转弯。

科学家们认识到瑞利提出的圆柱体旋转引起的环流运动是理想流体模型忽略掉的一个重要因素。此后在19世纪末到20世纪初，英国工程师兰彻斯特(Lanchester)、德国数学家库塔(Kutta)和俄国数学家茹科夫斯基(Joukowski)先后独立地研究了空气运动产生升力的问题，指出：如果没有环流运动或环流绕机翼的流动，翼型上不会有力。

利用环流产生升力的一个实例就是附录B的扇翼机。

2.6.4　茹科夫斯基升力公式

库塔和茹科夫斯基提出应在理想流体流动的理论模型上加上足够的环流，去修正机翼附近流体的流动状态。这样，当机翼上表面的速度增加，下表面的速度减小，机翼后缘流动变得光滑，那么机翼上就会产生升力。茹科夫斯基研究了绕二维物体的流动，给出了茹科夫斯基升力公式：

$$L = \rho V \Gamma \tag{2-34}$$

式中：L表示升力；Γ表示环量；ρ为流体密度；V为物体在流体中运动速度。茹科夫斯基升力公式不仅适用于圆柱体，对任意形状的翼剖面都适用。

环量定义为，在某一瞬间，在流场内流速沿任一指定封闭曲线上的曲线积分(见图2-29)。通过计算环量，可以判断曲线内的部分流体是否存在旋转或者计算此封闭曲线内的旋涡强度。沿封闭曲线的环量，等于贯穿以该封闭曲线为界线的任意曲面的旋涡强度之和，这就是斯托克斯定理。有关环量计算和推导的详细过程可以参阅参考文献[39]第四章。

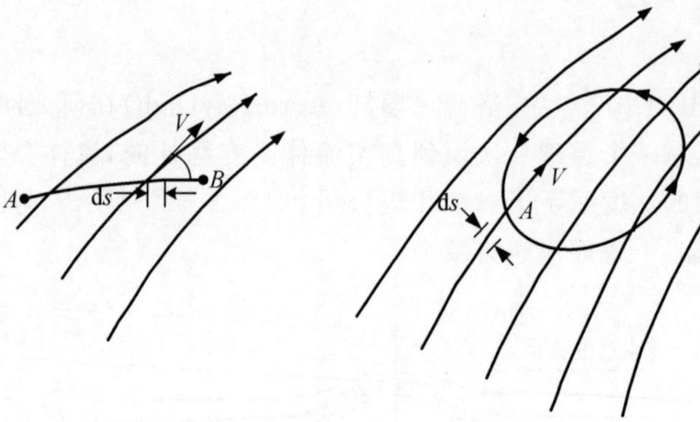

图 2-29　环量的概念

由式(2-34)知道，只有出现环量，或者说有绕翼型流动产的环流，才能产生升力，而环流也就是旋转，或者更准确地说是动量矩。由力学的基本原理，旋转或动量矩不能在一个没有反作用力的系统中产生。例如，试着让一个物体旋转，如转动一个轮子，必然要在旋转的反方向承受一个反作用力。类似地，如果在运动中的机翼翼型上产生了涡流，即一部分流体在旋转，那么，在静止的流体中必然会产生相反的旋转，这就是开尔文定理的一个推论（旋涡不生不灭）。

关于如何空气绕翼型的流动如何产生环流或流体的旋转运动，西奥多·冯·卡门揭示了流动产生升力机理。在真实流体中，环流是由翼型表面附近的黏性力引起的，其过程如图2-30所示。

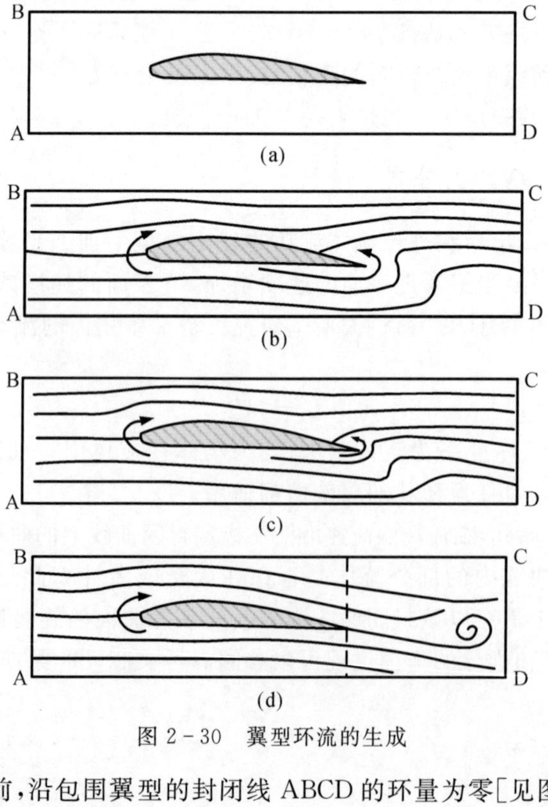

图 2-30　翼型环流的生成

(1)翼型开始运动前，沿包围翼型的封闭线 ABCD 的环量为零[见图 2-30(a)]。

(2)翼型开始运动后,由于上下翼线长度不同,下部流体绕过尖锐尾缘时形成尾部涡量。根据开尔文定理,必在翼型前部产生大小相等方向相反的涡量[见图 2-30(b)]。

(3)在反涡量作用下,后驻点向尾缘点移动。随着涡量之增强,后驻点不断后移[见图 2-30(c)],直到后驻点与尾缘点重合,上下速度在此平滑联接为止。

(4)尾涡被冲向下游,沿包围翼型的 ABEF 线环量则保留下来。只要翼型速度等条件不变,该环量则保持不变[见图 2-30(d)]。

2.7 边　界　层

前面几节研究的都是理想流体(忽略黏性)的流动规律,但实际上,流体都是具有黏性的。对于空气这类黏性很小的流体流过飞行器的实际流动,理论和实验表明,黏性影响只限于物体表面附近很薄的一层(即边界层)内。在此情况下,只要边界层不分离,黏性的存在对流体压强的分布影响很小,可以用理想流体理论分析和计算沿飞机表面的压强分布及其气动特性。

黏性的存在也对飞行器的气动特性产生着重要影响。这些影响表现在飞机会受摩擦阻力的作用,在高速飞行时飞机还会受热的作用。还有,边界层内气流由于黏性作用,会使动能受到不可逆的损失,使得沿飞行器表面压强分布和理想流体的理论计算结果出现较大差异,这个差异在边界层分离后更为显著。基于上述原因,需要研究边界层,以更好地理解和分析飞机的气动力随气流流动变化的情况。

2.7.1 边界层的概念

若真实的有黏性的流体以 V_∞ 流过一个固定不动的平板,在平板法线各点测量速度;由于平板表面不是绝对光滑,且对流体分子有黏滞作用,所以紧贴平板表面的一层流体会受到阻滞,则紧贴平板上的流体速度为零。这层速度为零的流体又通过黏性作用影响上一层流体,使上层流体速度减小,这样一层层地影响下去,就出现流速沿法线方向逐渐增大的情况,速度从平板表面向外逐渐增加到 V_∞,其速度矢量端点的连线如图 2-31 所示。

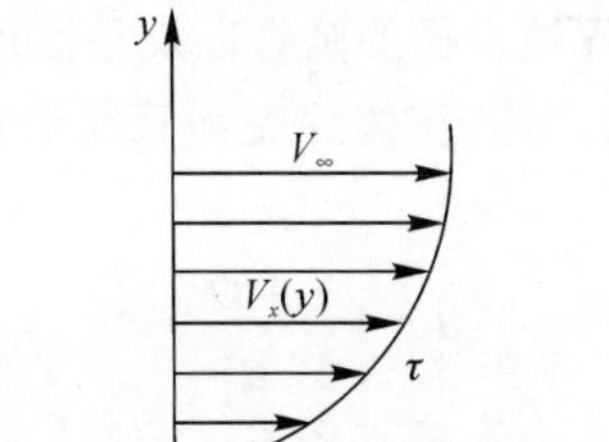

图 2-31　平板表面的流速变化情况

普朗特(Prandtl)在 1904 年提出边界层的概念,他认为流动可以分为两个区域来研究:在物体表面处有一个薄层,在此薄层内必须考虑黏性力的作用,这个薄层就称为边界层(boundary layer),又称附面层。在边界层外,流体可以当作理想流体。边界层的概念将黏性力的作用限制在了很薄的一层,极大地简化了黏性流体分析,所得到的结果与实际情况也相符。

我们规定,若外部流体速度为 V_∞,流体速度从 0 增加到速度为 $0.99V_\infty$ 对应的流体层的厚度为边界层厚度。

2.7.2 层流、紊流和雷诺数

如图 2-32 所示，黏性流体有两种流动状态：一种是流体中的微团轨迹没有不规则的脉动，呈现一种平滑的层状流动，这种流动状态称为层流(laminar)；另一种流动呈现流体微团做不规则运动，各层流体做复杂的、无规则的、随机的非定常运动，这种流动称为紊流(turbulence)或湍流。

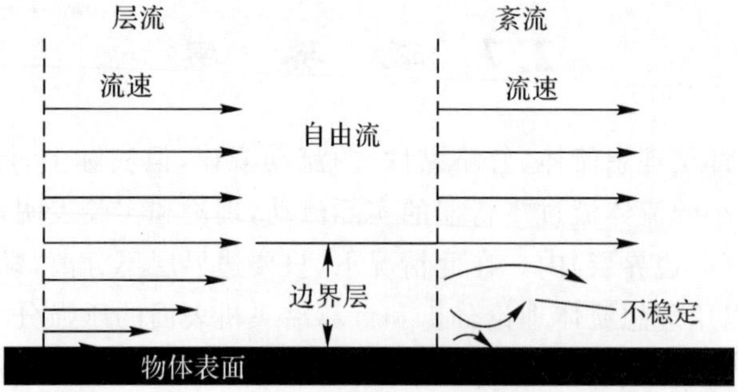

图 2-32 层流和紊流

一般情况下，流速较低时流体多呈现层流状态，流速增大时流体会呈现紊流状态，从层流到紊流转变的现象称为转捩，如图 2-33 所示。

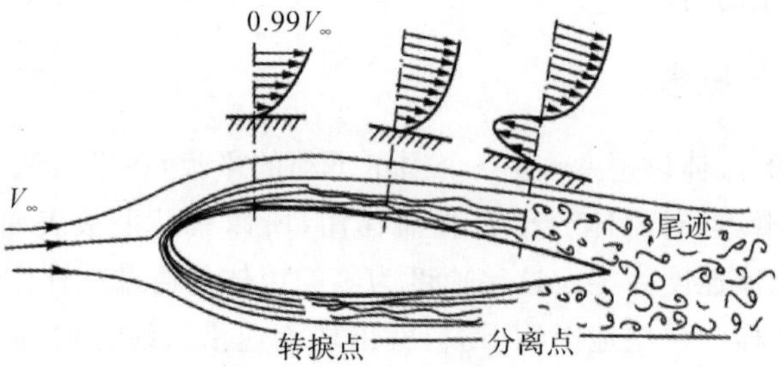

图 2-33 转捩和分离

英国人雷诺(Reynolds)采用各种直径的圆管以及黏性系数不同的流体做了一系列实验后发现，流体流动状态取决于流体的流速、流体种类和管径的组合参数 Re，这个参数 Re 称为雷诺数。

$$Re = \frac{\rho V D_{\text{tube}}}{\mu_f} \tag{2-35}$$

式中：ρ 为流体密度；V 为流速；D_{tube} 为管子直径；μ_f 为流体的动力黏性系数。

雷诺数是无量纲的数，表征了惯性力和黏性力的大小，雷诺数较小时，黏性力对流场的作用影响大于惯性，流场中流速的扰动会因黏滞力而衰减，流体流动稳定，为层流；当雷诺数较大时，惯性对流场的影响大于黏滞力，流体流动不稳定，流速的微小变化容易发展增强，形成紊乱、不规则的紊流流场。

2.7.3 分离

在边界层内，如果某区域沿流体流动方向，压力在减小($\frac{\partial p}{\partial x}<0$)，则该区域称为顺压梯度

区；如果压力增加($\frac{\partial p}{\partial x}>0$)，则该区域称为逆压梯度区。在逆压梯度区，流体的动能不断克服压力做功，能量不断被消耗，流体流速不断减小，直到最终边界层里流体流速为零，结果边界层脱离物体表面，出现倒流现象，这种现象称为边界层的分离，如图 2－34 所示，边界层分离的点称为分离点。

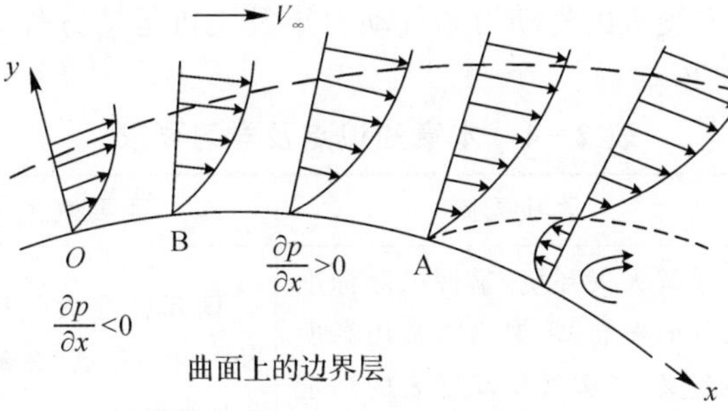

图 2－34　边界层的分离

边界层分离的内因是空气具有黏性，外因是物体表面弯曲出现逆压梯度。气流分离后，边界层的概念就不适用了。

边界层分离后，在分离区内会形成许多杂乱的漩涡(见图 2－33 和图 2－35)，漩涡消耗了能量使分离区内的压力降低，因此导致物体背面的压力低于前面的压力，所以会有一个压差阻力存在，这就是边界层分离的结果。

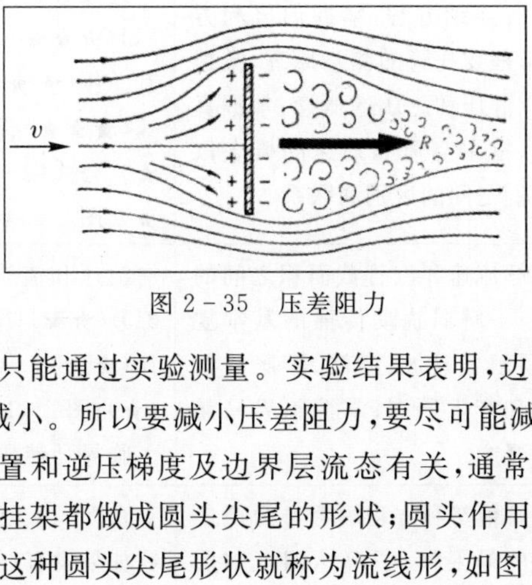

图 2－35　压差阻力

压差阻力的大小，一般只能通过实验测量。实验结果表明，边界层分离区越大，压差阻力也越大；反之，则压差阻力减小。所以要减小压差阻力，要尽可能减小分离区，使边界层分离点后移。此外，由于分离点位置和逆压梯度及边界层流态有关，通常，为了减小物体表面的逆压梯度，将飞机的机身、机翼、挂架都做成圆头尖尾的形状；圆头作用是适应不同来流方向，尖尾作用是使边界层不易分离，这种圆头尖尾形状就称为流线形，如图 2－36 所示。

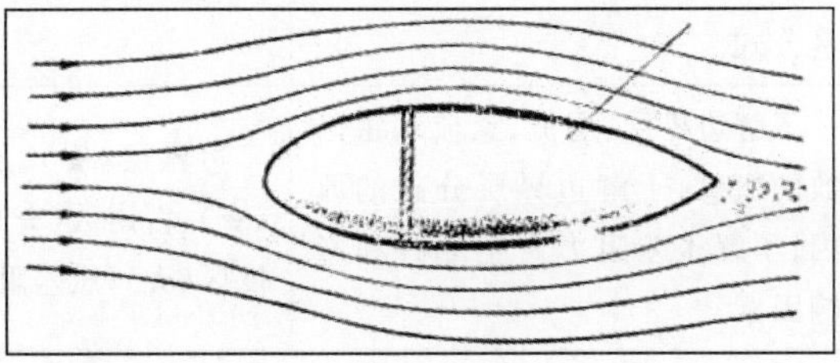

图 2－36　流线形

2.8 本章小结

本章介绍了空气动力学的基本知识和低速、高速空气动力学的基本规律，阐述了空气的基本性质和状态参数的变化关系，介绍了激波、膨胀波、层流和紊流等物理现象，揭示了升力和阻力产生的原因；为下面研究飞机的气动力和气动力矩及飞机运动方程提供了预备知识。本章的知识点和学习要求见表2-4。

表2-4 本章知识点及学习要求

序号	学习内容	学习要求	重要概念、公式、图表和论述
1	空气的状态方程和大气环境(★)	了解大气环境，掌握国际标准大气的概念，掌握飞机常用高度的定义，了解气压高度表的测量原理	国际标准大气模型(★)、绝对高度(★★)、相对高度(★★)、气压高度(★★)、图2-4(★★★)
2	研究飞机和气流运动的基本假设和空气的性质(★)	了解连续介质假设和相对运动原理；了解流场、流线、流管的概念；了解空气具有黏性和压缩性；掌握声速、马赫数的概念	声速是扰动在空气这种介质中的传播速度；式(2-8)(★★)、式(2-9)(★)；马赫数(★★)、式(2-11)(★★)； 马赫数是真空速与当地声速之比；马赫数是个无量纲量的数
3	低速空气动力学的基本方程(★★)	了解连续方程；掌握伯努利方程；掌握皮托管的测量原理；掌握动压、静压和总压的概念；掌握真空速、指示空速和地速的概念以及它们之间的区别和联系	连续方程(2-12)(★)；伯努利方程(2-21)(★★★)；动压(★★★)、静压(★★★)和总压(★★★)、真空速(★★★)、指示空速(★★★)、校正空速(★★)、当量空速(★★)、公式(2-24)(★★★)；图2-12(★★★)、图2-14(★★★)
4	高速空气动力学的基本概念和方程(★★)	了解流速和流管截面积之间的关系；了解弱扰动传播的基本规律；了解马赫波、激波、膨胀波的概念和产生原因；掌握临界马赫数的概念	流速和流管截面积之间的关系公式(2-31)(★★)；图2-16弱扰动传播的基本规律(★★)；马赫波(★)、激波(★)、膨胀波(★)；图2-19(★)、图2-20(★)； 临界马赫数(★★)、图2-22(★★)
5	升力产生的机理(★★)	了解伯努利方程解释升力产生机理的局限性；了解达朗贝尔疑题；了解环量的概念和茹科夫斯基公式	如果没有环流运动或环流绕机翼的流动，翼型上不会有力(★)；图2-29(★)
6	边界层(★★)	了解边界层、层流、紊流和雷诺数的概念；了解边界层分离的原因；了解压差阻力产生原因和影响因素	边界层(★)、层流(★)、紊流(★)、转捩(★)、雷诺数(★)；逆压梯度区(★)、顺压梯度区(★)；压差阻力(★)、流线形(★)

思　考　题

1. 什么是国际标准大气模型？为什么要提出该模型？
2. 声速和马赫数定义是什么？
3. 在实际生活中哪些现象可以用连续方程解释？
4. 简述动压、静压和总压的定义及其联系。
5. 解释皮托管的工作原理。
6. 简述真空速、指示空速、校正空速、当量空速的区别和联系。
7. 简述绝对高度、相对高度和真实高度的区别。
8. 简述推导流速和流管截面积之间的关系。
9. 简述超声速流场和亚声速流场的区别。
10. 解释马赫波、激波、膨胀波的产生机理。
11. 什么是临界马赫数？提高临界马赫数的措施有哪些？
12. 解释层流、紊流和转捩的概念。
13. 什么是附面层？附面层分离的原因是什么？
14. 解释升力产生的机理。
15. 解释压差阻力产生的机理。

第3章 飞机运动坐标系和运动参数及操纵机构

3.1 引 言

飞机的运动可分为质心的线运动和绕质心的角运动两部分。线运动指飞机质心在三维空间内的线位移、线速度及加速度矢量；角运动指绕飞机三轴的俯仰、滚转和偏航角运动。因此描述任意时刻飞机的空间运动需要六个自由度(三个质心线运动和三个角运动)。

为了全面准确地描述飞机的运动，需要建立飞机的运动学和动力学模型，出于作用在飞机上的重力、推力、空气动力及相应的力矩产生原因各不相同，为了方便起见，需要定义不同的坐标系进行描述，在定义了坐标系之后，描述飞机运动的参数也就随之确定。在建立飞机运动方程时，应通过坐标系之间的变化关系将各种力和力矩统一转换到指定的坐标系中。

本章是飞行动力学部分的重中之重，主要讲述描述飞机运动常用的六种坐标系：地面坐标系、机体坐标系、气流坐标系、半机体坐标系、稳定坐标系和航迹坐标系，描述飞机运动常用的参数(姿态角、气流角、航迹角等)，阐述这六种坐标系之间的变换关系及变化阵的构造方法。

在飞行动力学中，出于历史的原因和东西方工程习惯的不同，坐标系定义方式有欧美式和苏俄式两种方式，本书按照国标《空气动力学 概念、量和符号 第2部分：坐标轴系和飞机运动状态量》(GB/T 16638.2—2008)的符号和坐标轴的定义。

3.2 描述飞机运动的常用坐标系

坐标系对于描述飞机的空间运动状态非常重要，选择合适的坐标系才能够对重力、升力、推力及其相应矩进行准确简洁的描述。如地面坐标系对描述飞机的重力较为方便，气动力矩在机体坐标系中描述最为简单，而气动力在气流坐标系统中表述最简洁。

鉴于飞机在大气层中运动，飞行高度有限，在描述飞机运动时，为使问题简化，通常忽略地球曲率，将地球看作是一个平面，并认为地面坐标系是惯性系。

本节将阐述飞机运动常用的六种坐标系(地面坐标系、机体坐标系、气流坐标系、半机体坐标系、稳定坐标系和航迹坐标系)定义及其用途。

3.2.1 地面坐标系

地面坐标系(earth-fixed axis system)$S_g(O_g x_g y_g z_g)$，简称地面系，如图3-1所示，可以选

择地面任意点作为地面系的坐标原点 O_g，$O_g x_g$ 轴可以选地平面任意方向，$O_g z_g$ 轴垂直地面指向地心，$O_g x_g y_g$ 即为水平面（地平面），地面坐标系符合右手规则。

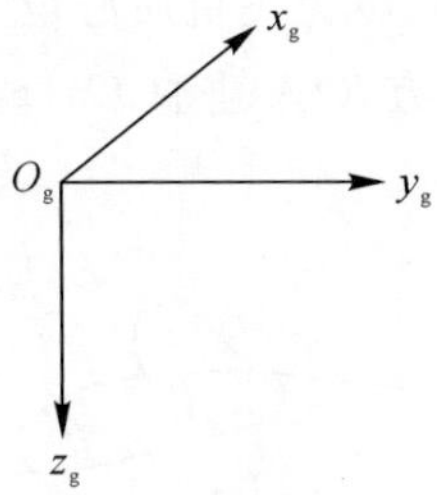

图 3-1　地面坐标系

地面坐标系常用于指示飞机的方位，近距离导航和航迹控制。

在飞机进场离场过程中，为了便于描述飞机的航迹，通常会建立跑道坐标系（见图 3-2），跑道坐标系坐标原点选在跑道中心线上某一点（通常选跑道入口点），$O_g x_g$ 轴在跑道平面内且沿跑道中心线，$O_g z_g$ 轴垂直跑道平面指向地心，$O_g y_g$ 轴垂直于 $O_g x_g z_g$ 平面指向右侧。显然跑道坐标系是典型的地面坐标系。由于各机场的跑道方位是由机场地理和气象环境决定的，指向不确定，所以其地面系的 $O_g x_g$ 轴指向也是不确定的。

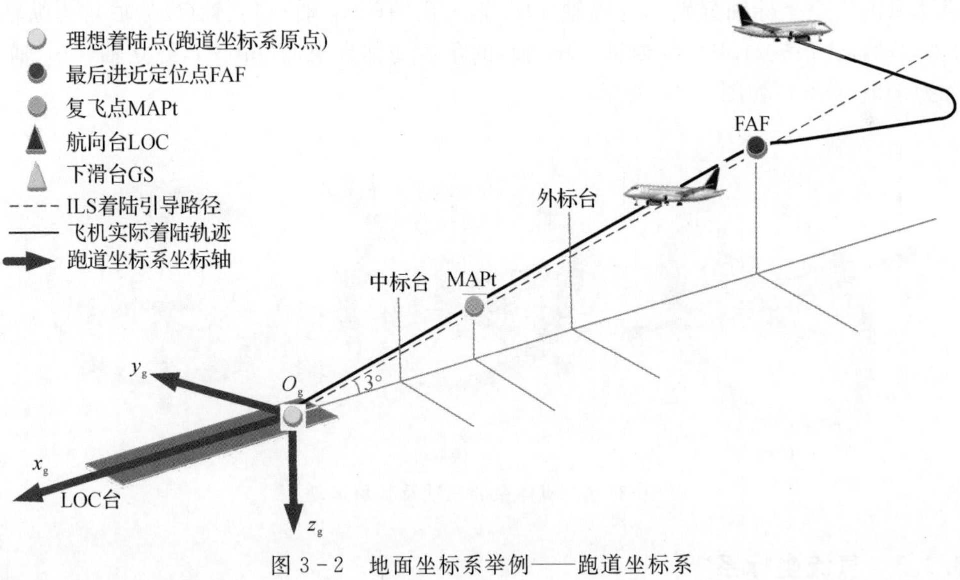

图 3-2　地面坐标系举例——跑道坐标系

虽然按照定义，地面系的 $O_g x_g$ 轴可以沿地平面的任意方向，但在实际中，我们通常选择地理经线的北向作为地面系的 $O_g x_g$ 轴，$O_g z_g$ 轴垂直地面指向地心，$O_g y_g$ 轴垂直于地理经线指向东方，这样选择的坐标系就称为北东地坐标系（North-East-Down Coordination System，NED）。

如果将坐标原点取在飞机质心，三个坐标轴的方向分别平行于地面坐标系的三轴，这样构建出来的坐标系称为飞机牵连地面坐标系。如果仅仅关心坐标系的方向，地面坐标系和飞机牵连地面坐标系的作用是一样的。所以有时也将飞机牵连地面坐标系简称为地面系。后面在讲述坐标系之间变换时所提到的地面系实际上就是飞机牵连地面坐标系。

3.2.2 机体坐标系

机体坐标系简称机体系或体轴系，O 为飞机质心位置，Ox_b 取飞机设计轴指向机头方向，Oz_b 处在飞机对称面垂直 Ox_b 指向下方，Oy_b 垂直 Ox_bz_b 面指向飞机右侧，符合右手规则，如图 3-3 所示。

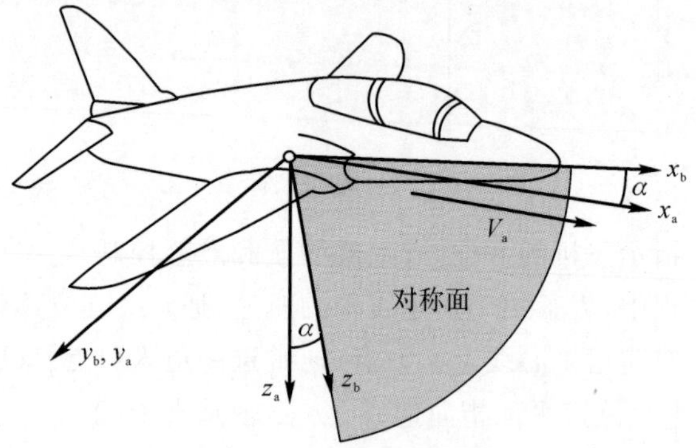

图 3-3 机体坐标系

机体系常用来描述飞机的气动力矩和绕质心的角运动。

机体系的三个坐标轴分别称为纵轴（Ox_b 轴）、横轴（Oy_b 轴）和立轴（Oz_b 轴）；绕纵轴（Ox_b 轴）的角运动称为滚转（roll），绕横轴（Oy_b 轴）的角运动称为俯仰（pitch），绕立轴（Oz_b 轴）的角运动称为偏航（yaw），如图 3-4 所示。

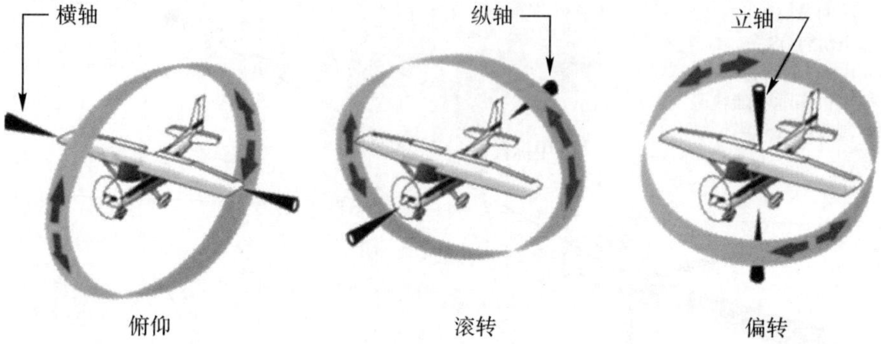

图 3-4 机体系的三轴及其角运动

3.2.3 气流坐标系

气流坐标系（air-path axis system）$S_a(O_ax_ay_az_a)$，简称气流系，如图 3-5 所示。气流系坐标的原点 O_a 在飞机质心处，O_ax_a 轴取飞行速度 V_0 方向，O_az_a 处在飞机对称面垂直 O_ax_a 轴指向机腹，O_ay_a 轴垂直 $O_ax_az_a$ 平面指向飞机右侧，气流坐标系符合右手规则。

需要注意的是，在 2.4.2 节中介绍了描述飞机运动的常用速度，有真空速、地速和指示空速等。

那么在气流坐标系这个飞行速度到底是什么速度呢？《空气动力学 概念、量和符号 第 2 部分：坐标轴系和飞机运动状态量》（GB/T 16638.2—2008）明确给出了飞行速度的定义：飞行速度是指气流坐标轴系的原点（飞机质心）相对于未受飞机流场影响的空气的速度。显然，这个飞行速度就是真空速。

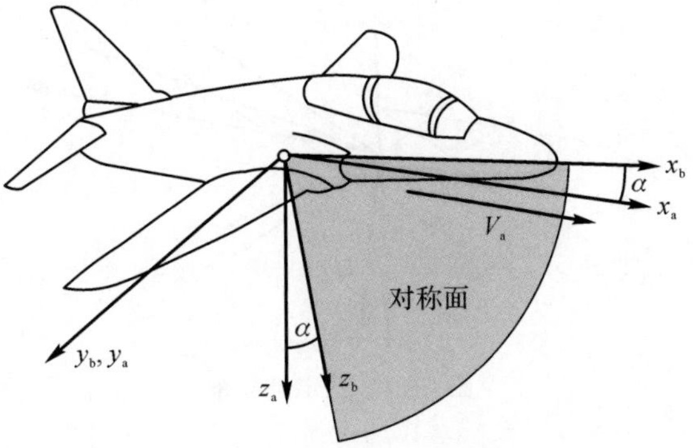

图 3-5　气流坐标系

3.2.4　半机体坐标系

半机体坐标系(intermediate axis sytem)$S_i(O_i x_i y_i z_i)$是机体系和气流系之间的过渡坐标系，如图 3-6 所示，其坐标原点 O_i 取在飞机质心处，坐标系与飞机固连。$O_i x_i$ 轴与飞行速度 V_0 在飞机对称平面内的投影重合一致。$O_i z_i$ 轴在飞机对称面与 $O_i x_i$ 轴垂直并指向机腹下方，与气流系 $O_a x_a z_a$ 一致，$O_i y_i$ 轴与机体轴 $O y_b$ 重合。

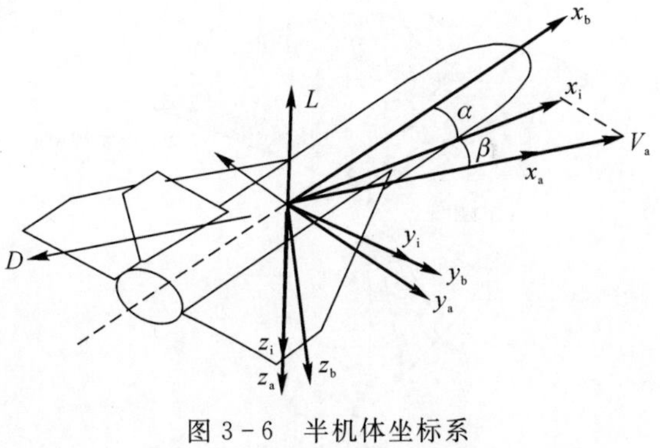

图 3-6　半机体坐标系

由定义可知，半机体系脚踩两只船，各有一个坐标轴分别与机体系和气流系的坐标轴重合，所以是介于机体系和气流系的过渡坐标系，叫半机体系也是名副其实。

3.2.5　稳定坐标系

稳定坐标系(stability axis system)$S_s(O_s x_s y_s z_s)$是在受扰运动中固连在飞机上的一种机体坐标轴系，常用来描述飞机的基准运动(定速定高直线平飞)，用于建立小扰动线性化方程，如图 3-7 所示。

稳定系坐标原点 O_s 取在飞机质心处，坐标系与飞机固连。$O_s x_s$ 轴沿未受扰运动飞机速度在飞机对称平面内的投影重合一致。$O_s z_s$ 轴在飞机对称面内与 $O_s x_s$ 轴垂直并指向机腹下方，与气流系 $O_a x_a z_a$ 一致。$O_s y_s$ 轴与机体轴 $O y_b$ 重合一致。

如果不考虑扰动，则稳定坐标系和半机体坐标系重合。

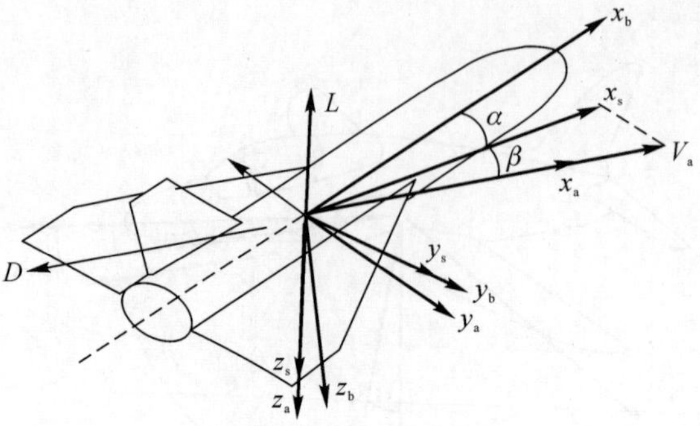

图 3-7 稳定坐标系

3.2.6 航迹坐标系

航迹坐标系(flight path axis system),简称航迹系,其原点 O_k 在飞机质心处,坐标系与飞机固连,航迹系 O_kx_k 轴与航迹速度矢量 $\boldsymbol{V}_k$ 方向一致,O_kz_k 轴在包含航迹速度矢量 $\boldsymbol{V}_k$ 的铅垂面内与 O_kx_k 轴垂直并指向下方;O_ky_k 轴垂直于 $O_kx_kz_k$ 平面,指向由右手准则确定,如图 3-8 所示。

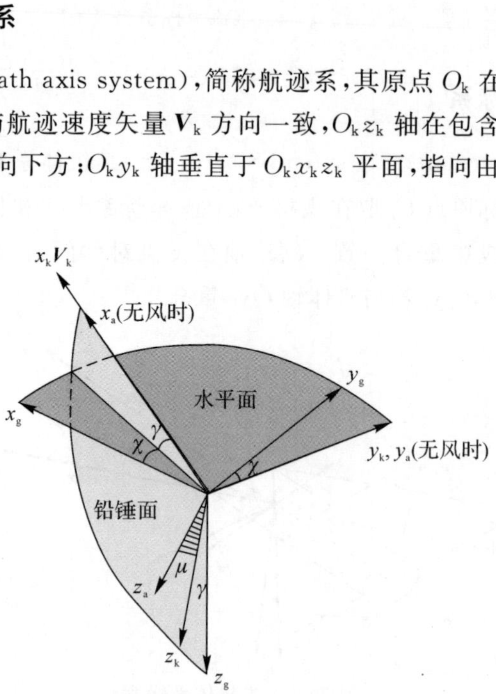

图 3-8 航迹坐标系及航迹角

在采用飞机质心方程描述飞机质心相对于地面系的速度(称为对地速度或航迹速度)$\boldsymbol{V}_k$ 的变化时,采用航迹坐标系,航迹系也常在计算飞机性能时使用。

需要注意此处的航迹速度 $\boldsymbol{V}_k$ 与气流系中提到的飞行速度(真空速)V_0 的不同,航迹速度是风速和真空速的矢量和,$\boldsymbol{V}_k=\boldsymbol{V}_0+\boldsymbol{V}_w$,显然在无风时,航迹速度和真空速重合。

3.3 描述飞机运动的参数

在定义了飞机运动坐标系后,就有了描述飞机运动基准,就可以定义描述飞机运动的参数。在给出角度定义同时也给出其角速率矢量的常用表达方式。确定某个角度的速率矢量方向的方法简述如下:

(1)首先根据定义确定该角度所在的平面 A;

(2)该角度速率矢量必然在垂直于该角度所在平面 B 内且垂直于 A、B 两平面的交线；

(3)根据右手定则，四指弯曲的方向与该角度正方向一致，则大拇指就是该角速率矢量方向。

3.3.1　姿态角

姿态角是由机体坐标系和地面坐标系之间的关系确定，如图 3－9 所示。

(1)俯仰角 θ：机体系 Ox_b 轴与地平面 $O_g x_g y_g$ 平面的夹角，俯仰角抬头为正。

(2)滚转角 ϕ：机体系 Oz_b 轴与包含 Ox_b 轴的铅垂面的夹角，右滚转为正。

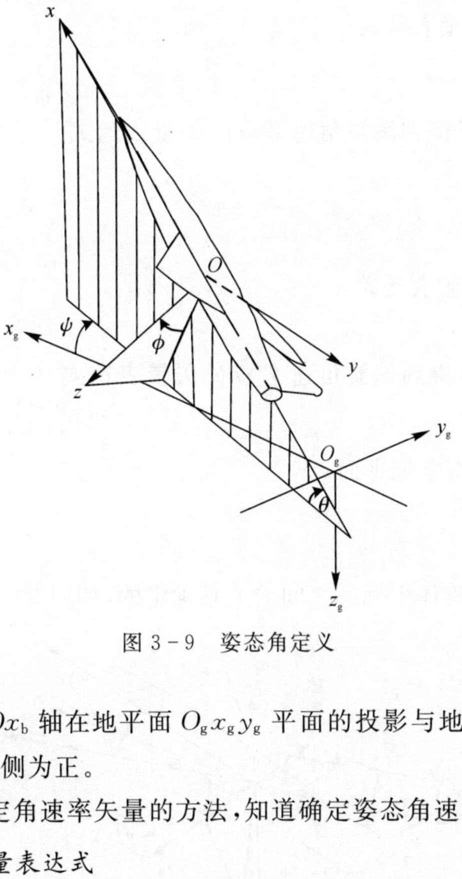

图 3－9　姿态角定义

(3)偏航角 ψ：机体系 Ox_b 轴在地平面 $O_g x_g y_g$ 平面的投影与地面系 $O_g x_g$ 轴的夹角，规定投影在地面系 $O_g x_g$ 轴的右侧为正。

下面按照前面所述确定角速率矢量的方法，知道确定姿态角速率矢量的常用表达形式。

1. 俯仰角速率 $\dot{\boldsymbol{\theta}}$ 的矢量表达式

由于俯仰角 θ 在包含机体系 $O_b x_b$ 轴的铅垂面内，所以其角速率矢量 $\dot{\boldsymbol{\theta}}$ 肯定在地平面内且垂直于含机体系 $O_b x_b$ 轴的铅垂面与地平面的交线，该交线就是机体系 Ox_b 轴在地平面的投影；根据右手准则，俯仰角 θ 抬头为正，所以 $\dot{\boldsymbol{\theta}}$ 矢量肯定指向机体系 $O_b x_b$ 轴在地平面投影的右侧，因此可以画出图 3－10 的示意图。显然俯仰角速率矢量 $\dot{\boldsymbol{\theta}}$ 可以投影到地面系的 $O_g x_g$ 轴负方向和 $O_g y_g$ 轴的正方向，其矢量表达形式为 $\begin{bmatrix} -\dot{\theta}\sin\psi \\ \dot{\theta}\cos\psi \\ 0 \end{bmatrix}_g$，下标 g 表示地面系。显然，当 $\psi=0$ 时，$\dot{\theta}$ 与 $O_g y_g$ 轴方向一致。

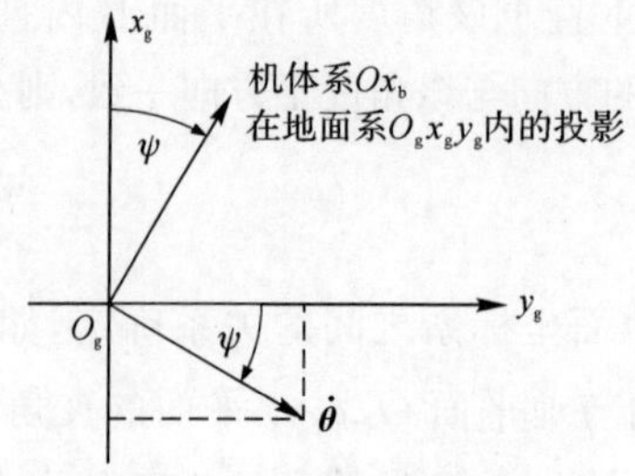

图 3-10　俯仰角速率矢量

2. 滚转角速率 $\dot{\boldsymbol{\phi}}$ 的矢量表达式

按照同样的步骤，可以得到滚转角速率 $\dot{\boldsymbol{\phi}}$ 的矢量表达式 $\begin{bmatrix}\dot{\boldsymbol{\phi}}\\0\\0\end{bmatrix}_b$，下标 b 表示机体系。显然，$\dot{\boldsymbol{\phi}}$ 与 O_bx_b 轴方向一致。

3. 偏航角速率 $\dot{\boldsymbol{\psi}}$ 的矢量表达式

按照同样的步骤，可以得到偏航角速率 $\dot{\boldsymbol{\psi}}$ 的矢量表达式 $\begin{bmatrix}0\\0\\\dot{\psi}\end{bmatrix}_g$，下标 g 表示地面系。显然 $\dot{\boldsymbol{\psi}}$ 与 O_gz_g 轴方向一致，垂直于地平面。

3.3.2　气流角

气流角是由气流系与机体坐标系之间的关系确定的，如图 3-11 所示。

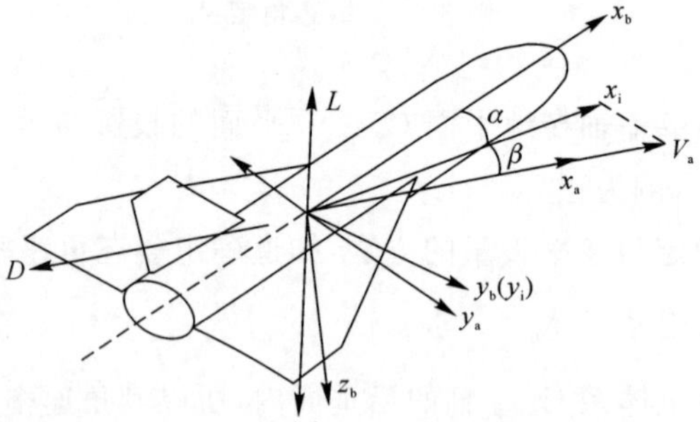

图 3-11　气流角

(1)迎角 α，也称攻角，是飞机飞行速度矢量 $\boldsymbol{V}_0$ 在飞机对称面的投影与 O_bx_b 轴的夹角，以速度矢量投影在 O_bx_b 轴下为正。

(2)侧滑角 β，飞机速度矢量 $\boldsymbol{V}_0$ 与飞机对称面的夹角，以速度矢量在对称面右侧为正。

显然，迎角也是机体系和稳定系之间的夹角，机体系绕 O_bx_b 轴向下旋转一个迎角 α 就得到了稳定系。侧滑角是稳定系和气流系之间的夹角，稳定系绕 O_sz_s 轴向右旋转一个侧滑角 β 就得到了气流系。

下面确定气流角速率矢量的常用表达形式。

由迎角定义可知，迎角 α 肯定在飞机对称面内，其角速率矢量 $\dot{\boldsymbol{\alpha}}$ 肯定在垂直与飞机对称面的平面内，沿机体系 $O_b y_b$ 轴，$\dot{\boldsymbol{\alpha}}$ 矢量正方向由迎角 α 的正方向和右手准则确定，因为迎角 α 规定飞机速度在对称面的投影在 $O_b x_b$ 轴下方为正，所以 $\dot{\boldsymbol{\alpha}}$ 矢量沿机体系 $O_b y_b$ 轴负向，即气流角速率矢量的常用表达形式为 $\begin{bmatrix} 0 \\ -\dot{\alpha} \\ 0 \end{bmatrix}_b$。

同理可知，侧滑角速率矢量表达式为 $\begin{bmatrix} 0 \\ 0 \\ \dot{\beta} \end{bmatrix}_a$，下标 a 表示气流系。

3.3.3 航迹角

航迹角是由航迹坐标系与地面坐标系之间的关系确定的，如图 3-8 所示。

(1)航迹倾斜角 γ，航迹速度矢量 $\boldsymbol{V}_k$ 与地平面 $O_g x_g y_g$ 之间的夹角，以向上为正。

(2)航迹方位角 χ，航迹速度矢量 $\boldsymbol{V}_k$ 在地平面 $O_g x_g y_g$ 的投影与 $O_g x_g$ 轴之间的夹角，以投影在 $O_g x_g$ 轴右侧为正。

(3)航迹滚转角 μ，是气流系 $O_a z_a$ 轴与包含 $O_a x_a$ 轴的铅垂面的夹角，该角度只有在无风的时候才易测量。

需要注意的是，航迹速度矢量 $\boldsymbol{V}_k$ 在三维空间的指向，完全可以由航迹倾斜角 γ 和航迹方位角 χ 完全确定；航迹滚转角 μ 是一个虚拟的角度，只有在无风的情况下，航迹速度矢量 $\boldsymbol{V}_k$ 才和气流系 $O_a x_a$ 轴重合，这时航迹滚转角才可以测量，有风时，该角度不易测量；航迹滚转角 μ 只有在推导气动力和质心的航迹运动关系时才会用到(后面会介绍)。所以我们不关心航迹滚转角 μ 的角速率矢量表达形式。

参考前面俯仰角速率和偏航角速率矢量表达式的确定过程，很容易得到航迹倾斜角速率矢量表达形式为 $\begin{bmatrix} -\dot{\gamma}\sin\chi \\ \dot{\gamma}\cos\chi \\ 0 \end{bmatrix}_g$，航迹方位角速率矢量表达形式为 $\begin{bmatrix} 0 \\ 0 \\ \dot{\chi} \end{bmatrix}_g$。

3.3.4 航迹气流角

航迹气流角由航迹速度矢量 $\boldsymbol{V}_k$ 与机体坐标系之间的关系确定，如图 3-12 所示。

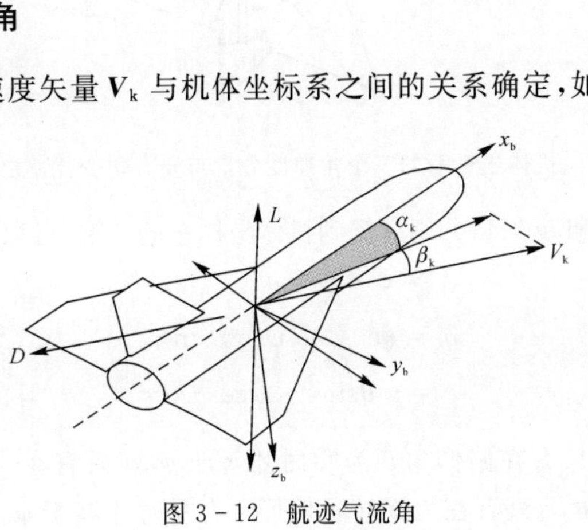

图 3-12 航迹气流角

(1)航迹迎角 α_k:航迹速度矢量在飞机对称面的投影与 $O_b x_b$ 轴的夹角,以速度投影在 $O_b x_b$ 轴下为正。当无风 时 $\alpha_k=\alpha$。

(2)侧滑角 β_k:航迹速度矢量与飞机对称面的夹角,当无风时,$\beta_k=\beta$。

航迹侧滑角又称之为蟹形角度(crab angle)。

3.3.5 飞机运动角速率在机体系上的三轴分量

机体坐标系的三个角速度分量 p,q,r 是机体坐标系相对于地面坐标系的转动角速度 ω 在机体坐标系各轴上的分量。

(1)角速度 p,与机体轴 Ox_b 重合一致;

(2)角速度 q,与机体轴 Oy_b 重合一致;

(3)角速度 r,与机体轴 Oz_b 重合一致。

显然,机体轴系上三轴角速率的矢量表达式为 $\begin{bmatrix} p \\ q \\ r \end{bmatrix}_b$。

应当注意:上述三个角速度分量,在有些教材中分别表述成滚转角速度、俯仰角速度和偏航角速度,其实是不准确的。这样容易被理解成滚转角速度 $\dot{\boldsymbol{\phi}}$、俯仰角速度 $\dot{\boldsymbol{\theta}}$ 和偏航角速度 $\dot{\boldsymbol{\psi}}$,但对比 $\dot{\boldsymbol{\phi}}$、$\dot{\boldsymbol{\theta}}$ 和 $\dot{\boldsymbol{\psi}}$ 的矢量表达形式,我们会发现,显然它们是不同的。机体坐标系的三个角速度分量 p、q、r 与姿态角变化率之间的关系如图 3-13 所示。

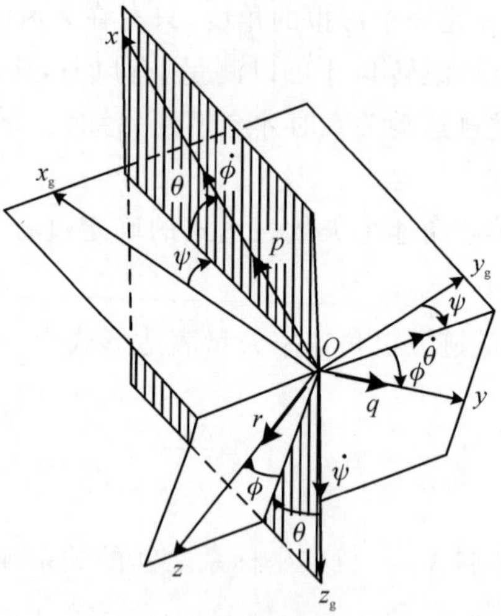

图 3-13 机体坐标系的三个角速度分量与姿态角变化率之间的关系

由图 3-13,将 $\dot{\boldsymbol{\phi}}$、$\dot{\boldsymbol{\theta}}$ 和 $\dot{\boldsymbol{\psi}}$ 矢量分别分解到机体坐标系的三轴,可以得到两组参数间的关系为

$$\left.\begin{aligned} p &= \dot{\boldsymbol{\phi}} - \dot{\boldsymbol{\psi}}\sin\theta \\ q &= \dot{\boldsymbol{\theta}}\cos\phi + \dot{\boldsymbol{\psi}}\cos\theta\sin\phi \\ r &= -\dot{\boldsymbol{\theta}}\sin\phi + \dot{\boldsymbol{\psi}}\cos\theta\cos\phi \end{aligned}\right\} \tag{3-1}$$

由式(3-1)可知,p 只有在俯仰角 θ 为零时才等于 $\dot{\phi}$,q 只有在飞机无滚转($\phi=0$)且无偏航运动($\dot{\psi}=0$)时才等于 $\dot{\boldsymbol{\theta}}$,$r$ 只有在无滚转且俯仰 θ 为零时才等于 $\dot{\boldsymbol{\psi}}$。

3.3.6 机体坐标系的速度分量

机体坐标系的三个速度分量(u,v,w)是飞行速度 $\boldsymbol{V}$ 在机体坐标系各轴上的投影分量，是飞行速度在机体坐标系上的分解形式，而不是在机体系中观察得到的速度分量，因为机体系是固连在飞机上的，不可能直接观测到飞机的速度。

(1)u：与机体系 O_bx_b 轴重合一致；

(2)v：与机体系 O_by_b 轴重合一致；

(3)w：与机体系 O_bz_b 轴重合一致。

3.3.7 过载

飞机升力 L 与重力 G 之比称为法向过载，用 n_z 表示，即

$$n_z = \frac{L}{G} \tag{3-2}$$

当飞机定常直线平飞时，显然有 $L=G$，所以平飞时法向过载等于 1。而当飞机作曲线飞行时，显然 $L\neq G$，把此时的法向过载减去平飞时过载后剩余的过载称为剩余法向过载 Δn_z，即

$$\Delta n_z = n_z - 1 \tag{3-3}$$

显然，飞机定常直线平飞时剩余法向过载 $\Delta n_z=0$。

侧向过载定义为飞机侧力 Y 和重力 G 之比，沿机体系 Oy_b 轴正方向，即

$$n_y = \frac{Y}{G} \tag{3-4}$$

3.3.8 飞机运动参数小结

1. 偏航角、航迹方位角和侧滑角的区别与联系

在本节中，学习了三个和飞机横侧向有关的角度：偏航角、航迹方位角和侧滑角，很多读者在实际中会将三个角度混淆。为说明三个角度的区别和联系，做如下说明。

假设飞机俯仰角为 0，无滚转运动，那么飞机的机体系 O_bx_b 轴、航迹速度矢量在地面的投影(也就是地速矢量 $\boldsymbol{V}_g$ 方向)、飞行速度矢量方向 $\boldsymbol{V}_a$ 的位置关系如图 3-14 所示。图 3-14 中：χ_w 为风向；$\boldsymbol{V}_w$ 为风速矢量方向；β_w 为风侧滑角，是航迹系和气流系之间的夹角，定义为航迹系的 O_kx_k 轴在气流系 $O_ax_ay_a$ 平面的投影和气流系 α_k 轴之间的夹角，以投影在 O_ax_a 轴右侧为正。

显然由图 3-14 可以得到如下关系式，即当 $\theta=0$ 且 $\phi=0$ 时，有

$$\beta_k = \beta + \beta_w \tag{3-5}$$

$$\chi = \beta_k + \psi \tag{3-6}$$

当无风时，$\beta_w=0$，$\beta_k=\beta$，则有

$$\chi = \beta + \psi \tag{3-7}$$

2. 迎角、航迹倾斜角和俯仰角的区别与联系

我们学习了三个纵向角度：迎角、航迹倾斜角和俯仰角，这三个角度之间又存在什么区别和联系呢？下面也给出简要的说明。假设飞机没有偏航且无滚转，即当 $\psi=0$ 且 $\phi=0$ 时，可以将飞机机体系 O_bx_b 轴、航迹速度矢量和飞行速度矢量方向 $\boldsymbol{V}_a$ 在飞机对称面内投影画在一起，

如图 3－15 所示。

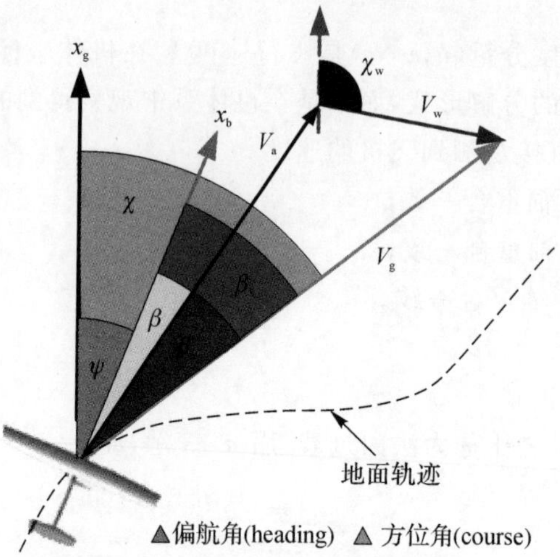

图 3－14　偏航角、航迹方位角和侧滑角的区别

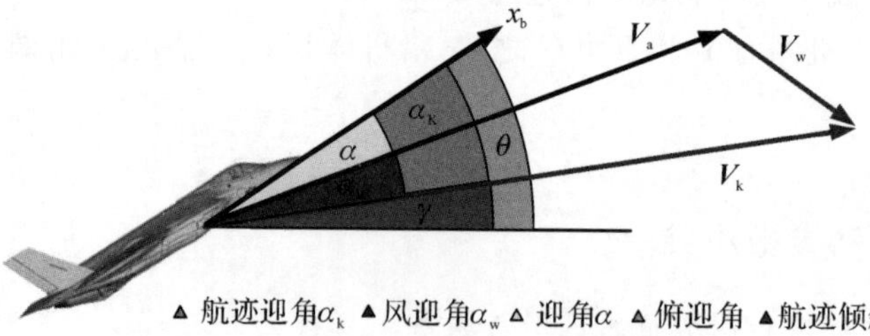

图 3－15　迎角、俯仰角和航迹倾斜角的区别与联系

图 3－15 中，$\boldsymbol{V}_w$ 为风速矢量方向。α_w 为风迎角，是航迹系 $O_k x_k$ 轴在气流系 $O_a x_a z_a$ 平面的投影和气流系 $O_a x_a$ 轴之间的夹角，以该投影在 $O_a x_a$ 轴下方为正。

显然由图 3－15 可以得到如下关系式，即当 $\psi=0$ 且 $\phi=0$ 时，有

$$\theta=\alpha_k+\gamma \tag{3-8}$$

$$\alpha_k=\alpha+\alpha_w \tag{3-9}$$

当无垂直风时 $\alpha_w=0$，$\alpha_k=\alpha$，则有

$$\theta=\alpha+\gamma \tag{3-10}$$

3. 飞机运动参数的常用矢量表达式：

飞机的运动参数是在不同坐标系中定义的，其常用矢量表达形式整理如下：

(1)姿态角速率的矢量表达式

滚转角速度 $\begin{bmatrix}\dot{\phi}\\0\\0\end{bmatrix}_b$，偏航角速度 $\begin{bmatrix}0\\0\\\dot{\psi}\end{bmatrix}_g$，俯仰角速度 $\begin{bmatrix}-\dot{\theta}\sin\psi\\\dot{\theta}\cos\psi\\0\end{bmatrix}_g$。

(2)气流角速率的矢量表达式：

迎角角速度 $\begin{bmatrix} 0 \\ -\dot{\alpha} \\ 0 \end{bmatrix}_b$，侧滑角速度 $\begin{bmatrix} 0 \\ 0 \\ \dot{\beta} \end{bmatrix}_a$。

(3)航迹角速率的矢量表达式：

航迹倾斜角速度 $\begin{bmatrix} -\dot{\gamma}\sin\chi \\ \dot{\gamma}\cos\chi \\ 0 \end{bmatrix}_g$ 或 $\begin{bmatrix} 0 \\ \dot{\gamma} \\ 0 \end{bmatrix}_k$，航迹方位角速度 $\begin{bmatrix} 0 \\ 0 \\ \dot{\chi} \end{bmatrix}_g$。

(3)速度的矢量表达式：

航迹速度 $\begin{bmatrix} V_k \\ 0 \\ 0 \end{bmatrix}_k$，下标 k 表示航迹系；

飞行速度(真空速) $\begin{bmatrix} V_a \\ 0 \\ 0 \end{bmatrix}_a$，下标 a 表示气流系；

飞行速度(真空速)在机体系上的投影 $\begin{bmatrix} u \\ v \\ w \end{bmatrix}_b$。

飞机角速率在机体系上的投影 $\begin{bmatrix} p \\ q \\ r \end{bmatrix}_b$。

3.4　常用坐标系之间的变换关系

从前面的叙述中可以看到，为了方便地描述飞机的空间运动状态，通常选择不同的坐标系来描述飞机的力和力矩及运动参数。但是要描述飞机运动，必须要建立起飞机上力、力矩及运动参数间的等式关系，所以必须要将不同坐标系中物理量投影到所选定的坐标系中，进而建立运动学和动力学方程。因此，坐标系之间的转换是建立飞机运动方程不可缺少的重要环节。飞行动力学中常用的坐标变换方法有欧拉角法、方向余弦阵法、四元数法或欧拉四参数法，本节主要介绍欧拉角法，其他两种方法在附录中给出。

本节将首先介绍基元旋转的概念，然后阐述飞机常用坐标系之间的相互关系，在此基础上，利用基元旋转构建采用欧拉角变换矩阵。

3.4.1　基元旋转

如图 3－16 所示，一个矢量 $\boldsymbol{r}$ 在两个平面坐标系 Ox_py_p 和 Ox_qy_q 中的矢量表达式分别为 $\begin{bmatrix} x_p \\ y_p \end{bmatrix}$ 和 $\begin{bmatrix} x_q \\ y_q \end{bmatrix}$，坐标系 Ox_py_p 和 Ox_qy_q 间的夹角为 α。

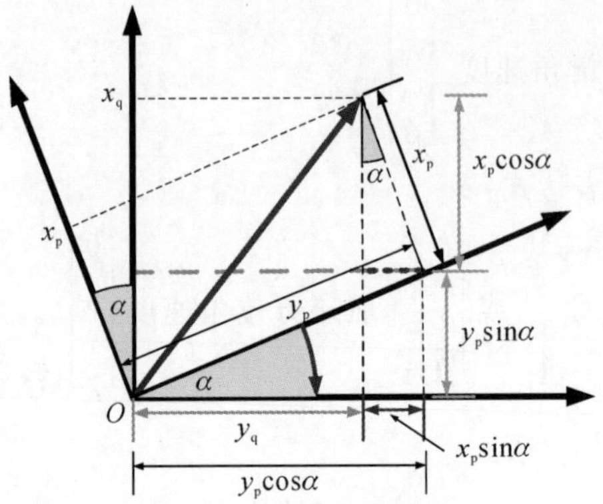

图 3-16　坐标系旋转变换

当平面坐标系 Ox_py_p 绕原点做顺时针旋转，旋转角为 α，则坐标系 Ox_py_p 和 Ox_qy_q 重合，根据图 3-16，显然有

$$\begin{bmatrix} x_q \\ y_q \end{bmatrix} = \begin{bmatrix} \cos\alpha & \sin\alpha \\ -\sin\alpha & \cos\alpha \end{bmatrix} \begin{bmatrix} x_p \\ y_p \end{bmatrix} \tag{3-11}$$

因此可以得到从坐标系 Ox_py_p 到 Ox_qy_q 的做顺时针旋转的转换矩阵 $\boldsymbol{T}_{pq}$ 为

$$\boldsymbol{T}_{pq} = \begin{bmatrix} \cos\alpha & \sin\alpha \\ -\sin\alpha & \cos\alpha \end{bmatrix} \tag{3-12}$$

坐标系之间的转换矩阵具有如下性质：

(1)转换矩阵互为转置阵，即 $\boldsymbol{T}_{pq}=(\boldsymbol{T}_{qp})^{T}$，下标 pq 表示从坐标系 p 转换到坐标系 q。

(2)转换矩阵互为逆阵，即 $\boldsymbol{T}_{pq}=(\boldsymbol{T}_{qp})^{-1}$。

(3) 转换矩阵为正交阵，即 $(\boldsymbol{T}_{pq})^{T}=(\boldsymbol{T}_{qp})^{-1}$。

(4) 转换矩阵具有传导性，即 $\boldsymbol{T}_{pr}=\boldsymbol{T}_{pq}\boldsymbol{T}_{qr}$，$\boldsymbol{T}_{rp}=\boldsymbol{T}_{rq}\boldsymbol{T}_{qp}$，下标 pr 表示从坐标系 p 到坐标系 r 的转换，下标 qr 表示从坐标系 q 到坐标系 r 的转换。

把坐标变换从二维平面扩展到三维空间，需要了解基元旋转的概念及基元变换阵的构造方法。

所谓基元旋转，就是坐标系绕其中一个坐标轴做符合右手准则的旋转(大拇指指向旋转轴的正向，弯曲的四指指向就是旋转方向)，那么沿旋转轴的正向看过去，其他两个坐标轴构成的二维坐标系旋转方式和图 3-16 相同。

绕 Ox、Oy 和 Oz 轴的基元变换阵可参照式(3-11)的形式构造(见图 3-17)，简述如下：

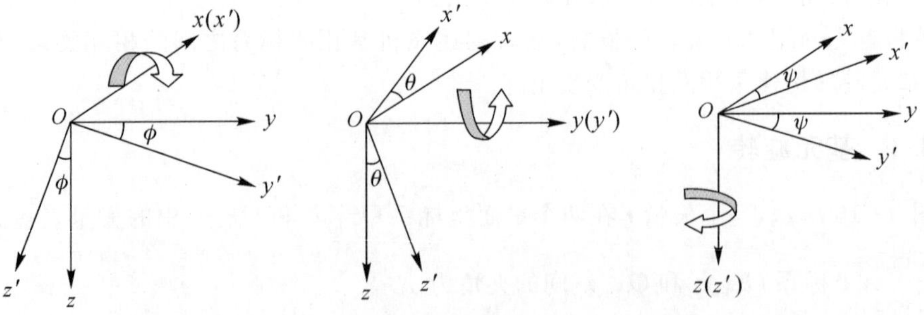

图 3-17　基元旋转

(a)绕 Ox 轴的基元旋转；(b)绕 Oy 轴的基元旋转；(c)绕 Oy 轴的基元旋转

当绕 Ox 轴旋转角度 ϕ 时，不改变 Ox 轴坐标，Oy 和 Oz 轴坐标变换参考式(3-9)，所以绕 Ox 轴的基元变换阵为

$$\boldsymbol{T}(\phi) = \begin{bmatrix} 1 & 0 & 0 \\ 0 & \cos\phi & \sin\phi \\ 0 & -\sin\phi & \cos\phi \end{bmatrix} \tag{3-13}$$

同理，当绕 Oy 轴旋转角度 θ 时，不改变 Oy 轴坐标，Ox 和 Oz 轴坐标变换参考式(3-9)，所以绕 Oy 轴的基元变换阵为

$$\boldsymbol{T}(\theta) = \begin{bmatrix} \cos\theta & 0 & -\sin\theta \\ 0 & 1 & 0 \\ \sin\theta & 0 & \cos\theta \end{bmatrix} \tag{3-14}$$

当绕 Oz 轴旋转角度 ψ 时，不改变 Oz 轴坐标，Ox 和 Oy 轴坐标变换参考式(3-9)，所以绕 Oz 轴的基元变换阵为

$$\boldsymbol{T}(\psi) = \begin{bmatrix} \cos\psi & \sin\psi & 0 \\ -\sin\psi & \cos\psi & 0 \\ 0 & 0 & 1 \end{bmatrix} \tag{3-15}$$

3.4.2　欧拉角法

在欧拉角法变换中，一个坐标系 A 相对于另一个坐标系 B 的位置关系可以用 3 个欧拉角来表示，所谓欧拉角就是 A 坐标系经过连续三次旋转与 B 坐标系重合所需要的旋转角度大小，如机体系和地面系之间的偏航角、俯仰角和滚转角。在使用欧拉角法时，旋转次序非常重要，不同的旋转次序会得到不同方位的新坐标系。

以从地面系(实际上是飞机牵连地面系)到机体系的变换说明欧拉角法的坐标系变换的过程，如图 3-18 所示。地面系 $Ox_g y_g z_g$ 经过三次旋转变为坐标系 $Ox_b y_b z_b$，三次转换顺序为①②③。

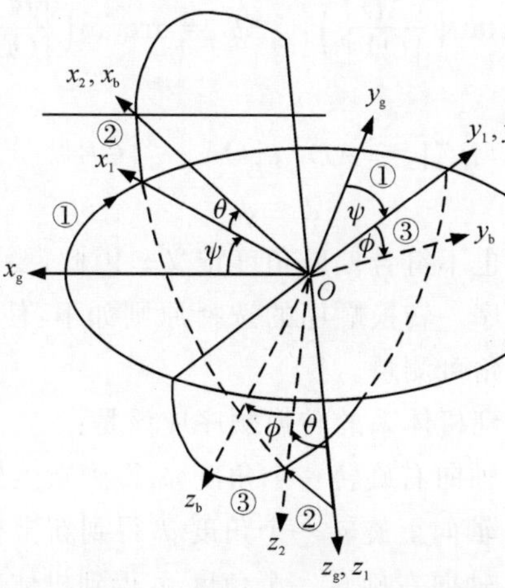

图 3-18　欧拉角法坐标系转换

(1)坐标系 $Ox_g y_g z_g$ 绕 Oz_g 轴向右旋转一个角 ψ，得到新坐标系 $Ox_1 y_1 z_1$；

(2)坐标系 $Ox_1 y_1 z_1$ 绕 Oy_1 轴向上旋转一个角度 θ，得到新坐标系 $Ox_2 y_2 z_2$；

(3)坐标系 $Ox_2y_2z_2$ 绕 Ox_2 轴向右旋转一个角度 ϕ,得到机体坐标系 $Ox_by_bz_b$。

可见,偏航角 ψ、俯仰角 θ 和滚转角 ϕ 就是从地面系到机体系变换的欧拉角。

选择不同的变换顺序,得到的旋转角度是不同的,如图 3-19 所示。图中给出了从坐标系 $Ox_gy_gz_g$ 转换到坐标系 $Ox_2y_2z_2$ 的两种转换方式。

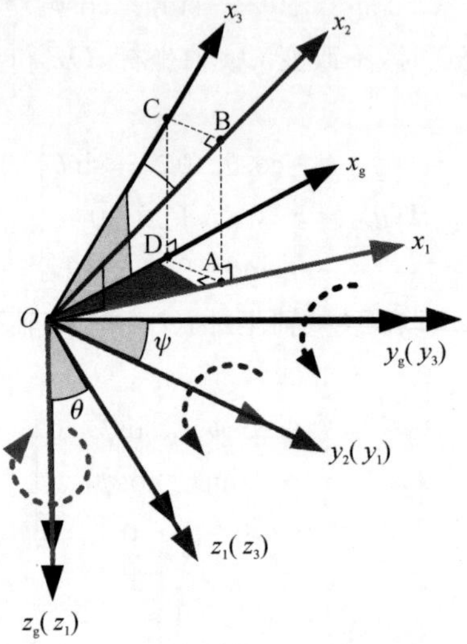

图 3-19 不同转换次序得到欧拉角

方式 1:坐标系 $Ox_gy_gz_g$ 先绕轴 Oz_g 向右旋转 ψ 得到坐标系 $Ox_1y_1z_1$,再绕坐标系 $Ox_1y_1z_1$ 的 Oy_1 轴向上旋转 θ 得到坐标系 $Ox_2y_2z_2$。显然这样的旋转得到的角度是符合偏航角和俯仰角定义的。

方式 2:坐标系 $Ox_gy_gz_g$ 先绕轴 Oy_g 向上旋转 θ 得到坐标系 $Ox_3y_3z_3$,再绕坐标系 $Ox_3y_3z_3$ 的 Oz_3 轴向右旋转 ψ' 得到坐标系 $Ox_2y_2z_2$。

显然,这两种方式所转出的角度是不同的,由图 3-19 可知:

$$\psi = \arctan\left(\frac{|AD|}{|OA|}\right), \quad \psi' = \arctan\left(\frac{|BC|}{|OB|}\right)$$

因为

$$|BC| = |AD|, |OA| < |OB|$$

所以

$$\psi' = \psi$$

显然,方式 2 旋转得到的 ψ' 也不符合偏航角度定义。因此,要使用欧拉角法来实现坐标系的转换,必须选择合适的转换顺序。转换顺序的选择原则如下:使欧拉角有明确的物理意义;遵循工程界的传统习惯;使欧拉角可测量。

按照这样的要求,从地面系到机体系的转换顺序应该是:

(1)坐标系 $Ox_gy_gz_g$ 绕 Oz_g 轴向右旋转一个角度 ψ,得到新坐标系 $Ox_1y_1z_1$;

(2)坐标系 $Ox_1y_1z_1$ 绕 Oy_1 轴向上旋转一个角度 θ,得到新坐标系 $Ox_2y_2z_2$;

(3)坐标系 $Ox_2y_2z_2$ 绕 Ox_2 轴向右旋转一个角度 ϕ,得到机体坐标系 $Ox_by_bz_b$。

3.4.3 常用坐标系之间的变换关系

前面讲到,姿态角由地面坐标系和机体坐标系之间位置关系确定,气流角由机体系和气流系的位置关系确定，航迹角由航迹系和地面系之间位置关系确定。按照欧拉角法转换顺序的选择原则，这五个坐标系之间的变换关系可以用图 3-20 来表示。

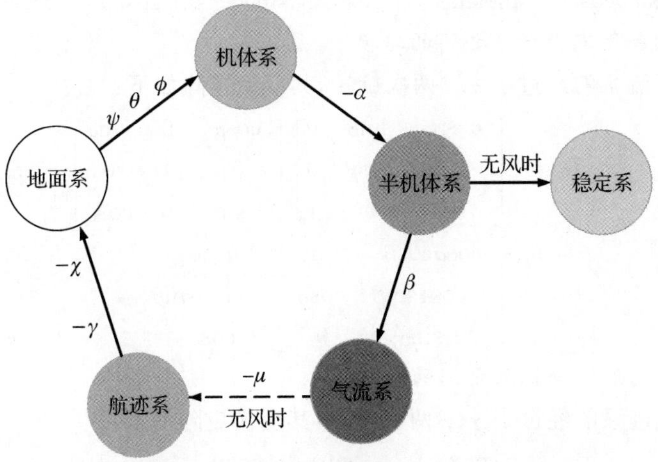

图 3-20　飞机常用坐标系之间的关系和坐标变换顺序

图 3-20 解释如下：

(1)从地面系到机体系的变换如前所述，不再赘述。

(2)从机体系到半机体系，机体系 $Ox_by_bz_b$ 绕 Oy_b 轴向下旋转一个迎角 α 得到半机体系。由于这个旋转是逆 Oy_b 轴正向的，所以标注迎角为 $-\alpha$。

(3)从稳定系到气流系，半机体系 $Ox_sy_sz_s$ 绕 Oz_s 轴向右旋转一个侧滑角 β 得到。

(4)从地面系到航迹系，变换方式类似于地面系到机体系，地面系 $Ox_gy_gz_g$ 绕 Oz_g 轴向右旋转一个航迹方位角 χ，得到过渡坐标系 $Ox'y'z'$，再绕过渡坐标系 $Ox'y'z'$ 的 $Ox'y'$ 轴向上旋转一个航迹倾斜角 γ 得到航迹坐标系。

(5)从航迹系到地面系的变换顺序则和从地面系到航迹系相反，角度也须取负值，所以图中从航迹系到地面系的变换为先 $-\gamma$ 再 $-\chi$。

(6)航迹系到气流系的变换只有在无风的时候才存在，从航迹系 $Ox_ky_kz_k$ 到气流系 $Ox_ay_az_a$ 是绕航迹系 Ox_k 轴向右旋转一个航迹滚转角 μ 得到。

(7)从气流系到航迹系变换则与航迹系到气流系的变换相反，是气流系 $Ox_ay_az_a$ 绕气流系 Ox_a 轴(也是航迹系 Ox_k 轴)向左旋转一个角度 μ 得到，所以标注为 $-\mu$。

3.4.4　常用坐标系之间变换阵的构造

在确定了坐标系之间的变换顺序后，坐标系之间的转换矩阵可以通过绕坐标轴旋转对应的基元变换矩阵依次左乘得到。

1. 从地面系到机体系之间的变换

如前所述，从地面系到机体系的经过了 ψ、θ、ϕ 的三次旋转，其变换矩阵如下：

$$\boldsymbol{T}_{gb}=\begin{bmatrix}1 & 0 & 0\\ 0 & \cos\phi & \sin\phi\\ 0 & -\sin\phi & \cos\phi\end{bmatrix}\begin{bmatrix}\cos\theta & 0 & -\sin\theta\\ 0 & 1 & 0\\ \sin\theta & 0 & \cos\theta\end{bmatrix}\begin{bmatrix}\cos\psi & \sin\psi & 0\\ -\sin\psi & \cos\psi & 0\\ 0 & 0 & 1\end{bmatrix}$$

$$= \begin{bmatrix} \cos\theta\cos\psi & \cos\theta\sin\psi & -\sin\theta \\ (\sin\phi\sin\theta\cos\psi - \cos\phi\sin\psi) & (\sin\phi\sin\theta\sin\psi + \cos\phi\cos\psi) & \sin\phi\cos\theta \\ (\cos\phi\sin\theta\cos\psi + \sin\phi\sin\psi) & (\cos\phi\sin\theta\sin\psi - \sin\phi\cos\psi) & \cos\phi\cos\theta \end{bmatrix} \tag{3-16}$$

2. 机体坐标系和气流坐标系之间的转换

从机体系到气流系的经过了 α、β 两次旋转，其变换矩阵如下：

$$\boldsymbol{T}_{ba} = \begin{bmatrix} \cos\beta & \sin\beta & 0 \\ -\sin\beta & \cos\beta & 0 \\ 0 & 0 & 1 \end{bmatrix} \begin{bmatrix} \cos\alpha & 0 & \sin\alpha \\ 0 & 1 & 0 \\ -\sin\alpha & 0 & \cos\alpha \end{bmatrix}$$

$$= \begin{bmatrix} \cos\alpha\cos\beta & \sin\beta & \sin\alpha\cos\beta \\ -\cos\alpha\sin\beta & \cos\beta & -\sin\alpha\sin\beta \\ -\sin\alpha & 0 & \cos\alpha \end{bmatrix} \tag{3-17}$$

3. 地面坐标系到航迹坐标系之间的转换

从地面系到航迹系的经过了 χ、γ 两次旋转，其变换矩阵如下：

$$\boldsymbol{T}_{gk} = \begin{bmatrix} \cos\gamma & 0 & -\sin\gamma \\ 0 & 1 & 0 \\ \sin\gamma & 0 & \cos\gamma \end{bmatrix} \begin{bmatrix} \cos\chi & \sin\chi & 0 \\ -\sin\chi & \cos\chi & 0 \\ 0 & 0 & 1 \end{bmatrix}$$

$$= \begin{bmatrix} \cos\gamma\cos\chi & \cos\gamma\sin\chi & -\sin\gamma \\ -\sin\chi & \cos\chi & 0 \\ \sin\gamma\cos\chi & \sin\gamma\sin\chi & \cos\gamma \end{bmatrix} \tag{3-18}$$

4. 从航迹系到气流系之间的变换

从航迹系到气流系的经过了 μ 一次旋转，其变换矩阵如下：

$$\boldsymbol{T}_{ak} = \begin{bmatrix} 1 & 0 & 0 \\ 0 & \cos\mu & \sin\mu \\ 0 & -\sin\mu & \cos\mu \end{bmatrix} \tag{3-19}$$

5. 从机体系到地面系之间的变换

根据变换阵的性质，从机体系到地面系的变换矩阵和从地面系到机体系的变换矩阵互为转置，所以有

$$\boldsymbol{T}_{bg} = \boldsymbol{T}_{gb}^{T} = \begin{bmatrix} \cos\psi & \sin\psi & 0 \\ -\sin\psi & \cos\psi & 0 \\ 0 & 0 & 1 \end{bmatrix}^{T} \begin{bmatrix} \cos\theta & 0 & -\sin\theta \\ 0 & 1 & 0 \\ \sin\theta & 0 & \cos\theta \end{bmatrix}^{T} \begin{bmatrix} 1 & 0 & 0 \\ 0 & \cos\phi & \sin\phi \\ 0 & -\sin\phi & \cos\phi \end{bmatrix}^{T}$$

$$= \begin{bmatrix} \cos\psi & -\sin\psi & 0 \\ \sin\psi & \cos\psi & 0 \\ 0 & 0 & 1 \end{bmatrix} \begin{bmatrix} \cos\theta & 0 & \sin\theta \\ 0 & 1 & 0 \\ -\sin\theta & 0 & \cos\theta \end{bmatrix} \begin{bmatrix} 1 & 0 & 0 \\ 0 & \cos\phi & -\sin\phi \\ 0 & \sin\phi & \cos\phi \end{bmatrix}$$

$$= \begin{bmatrix} \cos\theta\cos\psi & \cos\theta\sin\psi & -\sin\theta \\ (\sin\phi\sin\theta\cos\psi - \cos\phi\sin\psi) & (\sin\phi\sin\theta\sin\psi + \cos\phi\cos\psi) & \sin\phi\cos\theta \\ (\cos\phi\sin\theta\cos\psi + \sin\phi\sin\psi) & (\cos\phi\sin\theta\sin\psi - \sin\phi\cos\psi) & \cos\phi\cos\theta \end{bmatrix}^{T}$$

$$= \begin{bmatrix} \cos\theta\cos\psi & (\sin\phi\sin\theta\cos\psi - \cos\phi\sin\psi) & (\cos\phi\sin\theta\cos\psi + \sin\phi\sin\psi) \\ \cos\theta\sin\psi & (\sin\phi\sin\theta\sin\psi + \cos\phi\cos\psi) & (\cos\phi\sin\theta\sin\psi - \sin\phi\cos\psi) \\ -\sin\theta & \sin\phi\cos\theta & \cos\phi\cos\theta \end{bmatrix} \tag{3-20}$$

其他坐标系之间的变换矩阵也可照此推出，此处不再赘述，请自行推导。

3.5　飞机操纵机构及极性定义

前面的飞机运动参数是描述飞机飞行状态的参数，要想控制飞机，必须要知道飞机的操纵机构。常规飞机的操纵机构如图 3-21 所示，主要有驾驶杆、脚蹬、油门杆，常规气动舵面有升降舵、副翼、方向舵。

图 3-21　常规飞机的操纵舵面

升降舵，位于水平安定面后缘，由操纵杆前后位移(或力)操纵，控制飞机俯仰运动。

方向舵，位于垂直安定面后缘，由脚蹬操纵，控制飞机偏航运动。

副翼，位于主机翼翼后缘外侧，由操纵杆左右位移(或力)操纵，控制飞机滚转运动。

油门杆，发动机油量控制，位于驾驶舱，控制飞机推力。

飞机的纵向操纵，依靠位于机身尾部的装在水平安定面后缘的升降舵或全动平尾来进行。驾驶杆通过传动机构(拉杆或钢、液压助力器、舵机等)与升降舵相连，驾驶杆后拉，升降舵上偏，飞机抬头，如图 3-22 所示；驾驶杆前推，升降舵下偏，飞机低头。

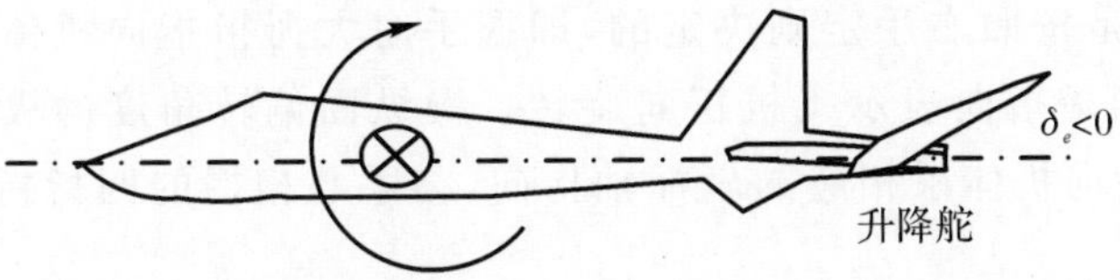

图 3-22　升降舵偏转极性定义(升降舵后缘上偏为负)

左压杆，副翼正向偏转，副翼舵面左上右下，产生负的滚转力矩，飞机左滚转(见图 3-23)。

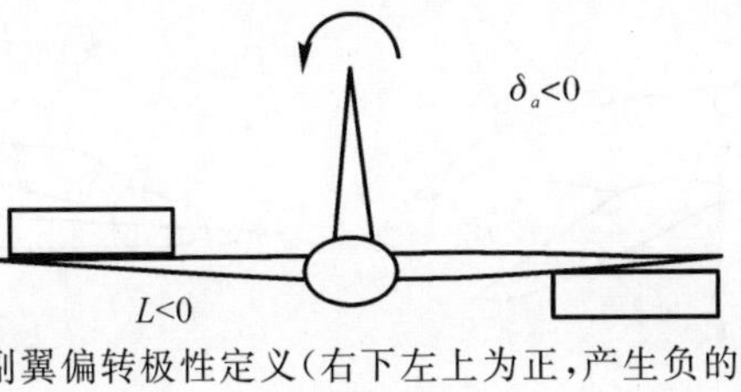

图 3-23　副翼偏转极性定义(右下左上为正，产生负的滚转力矩)

升降舵的极性，后缘下偏为正，产生低头力矩。

飞机偏航操纵和方向舵的极性，方向舵的主要作用是为了控制飞机侧滑。左脚蹬前移，方向舵后缘左偏，为正向偏转，产生负的偏航力矩，飞机左偏航(见图 3-24)。

总结飞机操纵机构的极性定义，发现飞机舵面的正向操纵总产生负的力矩。

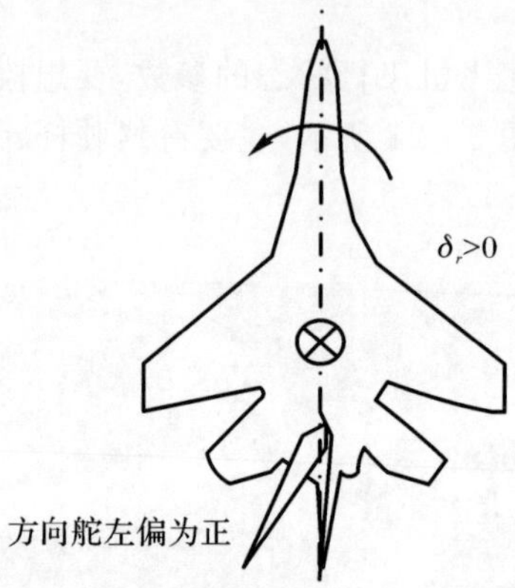

图 3-24　方向舵偏转极性定义(方向舵后缘左偏为正，产生负的偏航力矩)

3.6　欧美坐标系与苏俄坐标系区别

描述和定义飞机各运动变量的坐标系都是按照右手定则确定的直角坐标系，但研究者的传统习惯或其他因素影响，使得在同样的飞行条件下，飞机运动方程也可能以不同形式来描述。如欧美国家和苏联(俄罗斯)虽然都是采用右手定则确定飞机运动坐标系，但二者的基准不同。

欧美坐标系和苏俄坐标系的区别如图 3-25 所示，欧美式坐标系的 Oz 为立轴，垂直于 Ox 轴向下；苏俄坐标系的 Oy 轴为立轴，垂直于 Ox 轴向上。欧美坐标系和苏俄坐标系中飞机运动的正方向都是按照右手定则决定的，即握手时大拇指指向机体系相应的坐标轴指向，与手心相握的四指指向表示飞机正向旋转。操纵面偏转角度的极性也按右手定则决定，握手时大拇指指向机体系相应的坐标轴指向，与手心相握的四指指向表示飞机相应操纵面正向偏转。

由于欧美坐标系和苏俄坐标系的差异，导致某些常用运动变量及操纵变量的极性定义不同，两种坐标系的常用运动变量的名称和定义也有不同，常见变量的区别见表 3-1。

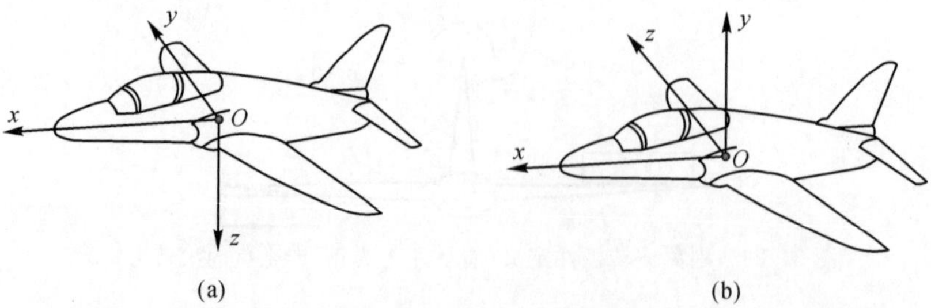

图 3-25　欧美坐标系和苏俄坐标系的区别

(a)欧美坐标系；(b)苏俄坐标系

表 3-1　欧美坐标系和苏俄坐标系常见变量的区别

坐标系	欧美坐标系		苏俄坐标系		备注
变量	符号	极性定义	符号	极性定义	
滚转角速度	p	右滚转为正	ω_x	右滚转为正	两者正方向相同
俯仰角速度	q	抬头为正	ω_z	抬头为正	两者正方向相同
偏航角速度	r	机头右偏为正	ω_y	机头左偏为正	两者正方向相反
滚转力矩	L_M	右滚转为正	M_x	右滚转为正	两者正方向相同
俯仰力矩	M	抬头为正	M_z	抬头为正	两者正方向相同
偏航力矩	N	机头右偏为正	M_y	机头左偏为正	两者正方向相反
升力	L	沿气流系 Oz_w 轴负向	Y	沿气流系 Oy_w 轴正向	两者正方向相反
阻力	D	沿气流系 Ox_w 轴负向	X	沿气流系 Ox_w 轴负向	两者正方向相同
侧力	Y	沿机体系 Oy_b 轴正向	Z	沿机体系横轴正向	两者正方向相同
飞机关于纵轴的惯性积	I_{xz}		I_{xy}		
迎角	α	当空速矢量投影在 Ox_b 轴下方时 α 为正	α	当空速矢量投影在 Ox_b 轴下方时 α 为正	两者正方向相同
侧滑角	β	当空速矢量投影偏向轴 Ox_b 右侧时 β 为正	β	当空速矢量投影偏向轴 Ox_b 右侧时 β 为正	两者正方向相同
倾斜角（滚转角）	ϕ	右机翼下，左机翼上为正	γ	右机翼下，左机翼上为正	两者正方向相同
俯仰角	θ	机头向上为正	θ	机头向上为正	两者正方向相同
偏航角	ψ	右偏航为正	ψ	左偏航为正	两者正方向相反
航迹滚转角	μ	右机翼向下，左机翼向上为正	γ_s	右机翼向下，左机翼向上为正	两者正方向相同
航迹倾角	γ	机头向上为正	θ	机头向上为正	两者正方向相同
航迹偏角（航迹方位角）	χ	右偏航为正	ψ_s	左偏航为正	两者正方向相反
速度在机体系纵轴的分量	u	沿 Ox_b 轴正向	V_{xt}	沿 Ox 轴方向	两者正方向相同
速度在机体系立轴的分量	w	沿欧美坐标系 Oz 轴方向	V_{yt}	沿苏俄坐标系 Oy 轴方向	两者正方向相反
速度在机体系横轴的分量	v	沿欧美坐标系 Oy 轴方向	V_{zt}	沿苏俄坐标系 Oz 轴方向	两者正方向相同

续表

坐标系	欧美坐标系		俄制坐标系		备注
变量	符号	极性定义	符号	极性定义	
侧向过载	n_y	指向飞机右机翼为正	n_z	指向飞机右机翼为正	两者正方向相同
法向过载	n_z	向下加速为正	n_y	向上加速为正	两者正方向相反
垂直速度	VS	向下为正	VS	向上为正	两者正方向相反
高度	H	海平面下为正	H	海平面上为正	两者正方向相反
驾驶杆前后操纵位移	X_e	前推为正	X_z	前推为正	两者正方向相同
驾驶杆(盘)左右操纵位移	X_a	右压为正		右压为正	两者正方向相同
脚蹬操纵位移	X_r	左脚前蹬为正	X_y	右脚前蹬为正	两者正方向相反
副翼偏度	δ_a	右下左上为正	δ_x	右下左上为正	两者正方向相同
方向舵偏度	δ_r	后缘左偏为正	δ_y	后缘右偏为正	两者正方向相反
升降舵偏度	δ_e	后缘下偏为正	δ_z	后缘下偏为正	两者正方向相同

我国现在采用的国军标 GJB185—1986 和国标 GB/T 16638.2—2008 中规定的坐标系与欧美坐标系建立方式相同。但出于历史的原因，有很多技术文献中还会采用苏俄式坐标系，因此在实际中，必须首先对坐标系定义予以确认，并以相应的坐标系体系为基准采用常用变量并建立飞机运动方程。本书所有坐标系均采用国军标 GJB185—1986 和国标 GB/T 16638.2—2008 中规定的坐标系。

3.7 本章小结

本章是飞行动力学部分的重中之重，主要讲述描述飞机运动常用的六种坐标系，描述飞机运动常用的参数(姿态角、气流角、航迹角等)，沟通这六种坐标系之间的变换关系，坐标系变换阵的构造方法，飞机操纵机构及极性定义。本章的知识点和学习要求见表 3-2。

表 3-2 本章知识点及学习要求

序号	学习内容	学习要求	重要概念、公式、图表和论述
1	描述飞机运动的常用坐标系(★★★)	熟练掌握描述飞机运动常用的五种坐标系：地面坐标系、机体坐标系、气流坐标系、半机体坐标系(稳定坐标系)和航迹坐标系的定义及其使用场景	地面坐标系(★★★)、机体坐标系(★★★)、气流坐标系(★★★)、半机体坐标系/稳定坐标系(★★★)和航迹坐标系(★★★)

续 表

序号	学习内容	学习要求	重要概念、公式、图表和论述
2	描述飞机运动的参数(★★★)	熟练掌握描述飞机运动的运动参数定义;熟练掌握描述飞机运动的运动参数之间的区别和联系;熟练掌握角速率矢量的确定方法;熟练掌握描述飞机运动的运动参数矢量常见表示形式	俯仰角(★★★)、滚转角(★★★)、偏航角(★★★)、迎角(★★★)、侧滑角(★★★)、航迹倾向角(★★★)、航迹滚转角(★★★)、航迹方位角(★★★)、 航迹迎角(★★)、航迹侧滑角(★★);法向过载(★★★)、剩余过载(★★★)、侧向过载(★★★)、图 3-7(★★★)、图 3-9(★★★)、图 3-11(★★★)、图 3-12(★★★)、图 3-13(★★★);式(3-1)～式(3-7)(★★★);第 3.3.6.3 中运动参数常用矢量表达形式(★★★)
3	常用坐标系之间的变换关系(★★★)	熟练掌握基元旋转和利用欧拉角法进行坐标变换的方法;熟练掌握常用坐标系之间的变换关系;熟练掌握常用坐标系间坐标变换矩阵的推导方法	基元旋转的概念(★★★)、基元旋转阵的性质(★★★)、图 3-14(★★★)、图 3-15(★★★);图 3-16(★★★)、图 3-17(★★)、图 3-18(★★★);
4	飞机操纵机构及极性定义(★★)	掌握飞机常用操纵机构和舵面偏转极性定义	舵面极性定义遵从“正向操纵产生负向力矩”的原则(★★★);图 3-20～图 3-22(★★)
5	欧美式坐标系和苏俄式坐标系的区别(★)	了解欧美式坐标系和苏俄式坐标系的区别;掌握苏俄式坐标系定义的原则;了解欧美式坐标系和苏俄式坐标系常见变量的区别	欧美坐标系的 Oz 为立轴,垂直于 Ox 轴向上;苏俄坐标系的 Oy 轴为立轴,垂直于 Ox 轴向上。欧美坐标系和苏俄坐标系中飞机运动的正方向都是按照右手定则决定的(★★);表 3-1(★★);图 3-23(★★)

思　考　题

1. 简述地面系、机体系、气流系、稳定系和航迹系的定义。
2. 简述地面系、机体系、气流系、稳定系和航迹系的联系。
3. 简述姿态角、航迹角、气流角、航迹气流角的定义及其区别和联系。
4. 利用欧拉角法推导地面系、机体系、气流系、稳定系和航迹系之间变换矩阵。
5. 简述飞机常用操纵机构、操纵舵面及其极性定义。
6. 简述欧美坐标系和苏俄坐标系的区别。

第 4 章　飞机气动力和气动力矩及其影响因素

4.1　引　　言

飞机上的气动力和气动力矩是改变飞机飞行姿态和航迹的主要因素，飞行控制系统通过伺服作动系统控制飞机气动舵面，使其按照一定规律偏转，进而产生改变飞机姿态/位置/速率的气动力和气动力矩，从而使飞机按照飞行员的意图飞行。飞机的三轴气动力矩是描述飞机稳定性的定量指标，决定着飞机操稳特性和飞行品质。因此了解飞机上气动力和气动力矩产生原因及其影响因素，对了解飞机运动的控制机理、深刻理解并掌握控制规律的工作原理是非常必要的。

空气动力的大小取决于空气的流动状态和飞机的几何形状，本章从飞机几何外形和几何参数入手，介绍飞机升力、阻力、侧力、俯仰力矩、滚转力矩和偏航力矩的产生原因及其影响因素，以及描述飞机静稳定性的稳定导数。

4.2　飞机机翼的几何参数和作用在机翼上的气动力

当飞机在空中飞行时，作用在飞机上的升力主要是由机翼产生的；同时机翼上也会产生阻力。机翼上的空气动力的大小和方向，在很大程度上又取决于机翼的翼型（或翼剖面）几何形状、机翼平面几何形状等。描述机翼的几何外形，主要从翼剖面、机翼平面形状两方面加以说明。

4.2.1　机翼翼型的几何参数

一般飞机都有对称面，平行于飞机对称面的机翼剖面称作翼剖面或翼型。有时翼剖面指与机翼前缘相垂直的剖面，如图 4－1 所示。翼型直接影响飞机的气动性能和飞行品质。

如图 4－2 所示，弦长连接翼型前缘（翼型最前面的点）和后缘（翼型最后面的点）的直线段称为翼弦（也称为弦线），其长度称为弦长，用 c 表示。

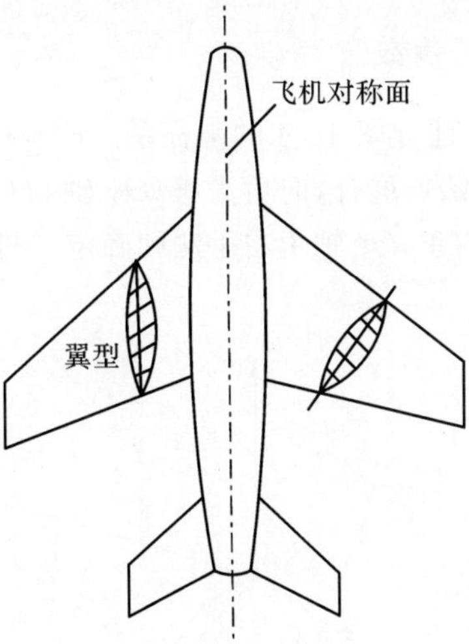

图 4-1　翼剖面

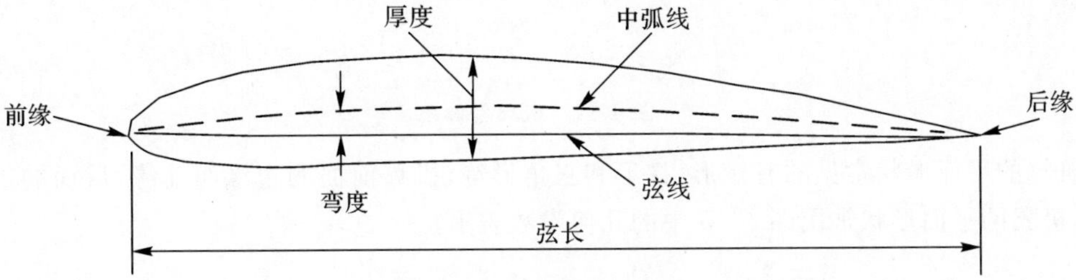

图 4-2　翼型几何参数

相对厚度翼型的厚度是垂直于翼弦的翼型上下表面之间的直线段长度。翼型最大厚度 t_{max} 与弦长 c 之比，称为翼型的相对厚度 t/c，并常用百分数表示，即

$$\bar{t} = t/c = \frac{t_{max}}{c} \times 100\%$$

如图 4-3 所示，翼型前、后缘点的连线称为翼型的几何弦。但对某些下表面大部分为直线的翼型，也将此直线定义为几何弦。翼型前、后缘点之间的距离或者前、后缘点在弦线上投影之间的距离，称为翼型的弦长，用 c 表示。

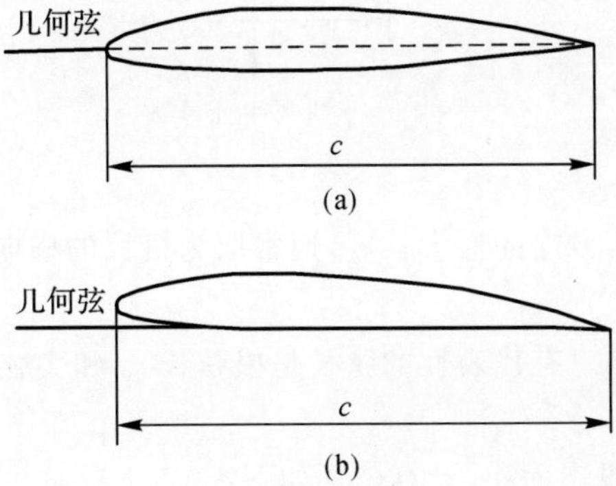

图 4-3　几何弦长

4.2.2 机翼的平面几何参数

为了说明机翼的几何参数，建立图 4-4 的坐标系。该坐标系原点取在机翼对称面翼剖面的前缘，Ox 轴与对称面翼型的翼弦重合，向后为正；Oy 轴与 Ox 轴组成的平面与机翼对称面重合，Oy 轴垂直于 Ox 轴向上为正，Oz 轴由右手法则确定。机翼的平面形状是指机翼在 xOz 平面内投影形状。

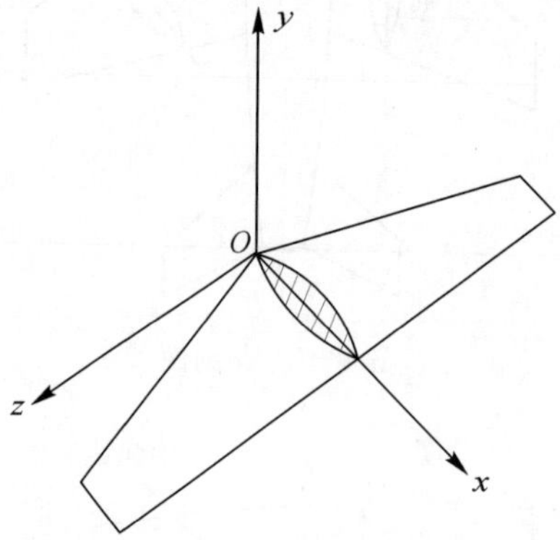

图 4-4　机翼坐标系

机翼的平面形状常见的有矩形、梯形和三角形等，机翼前面的边缘叫前缘，后面的边缘叫后缘，机翼的平面形状常用图 4-5 中的几何参数表示。

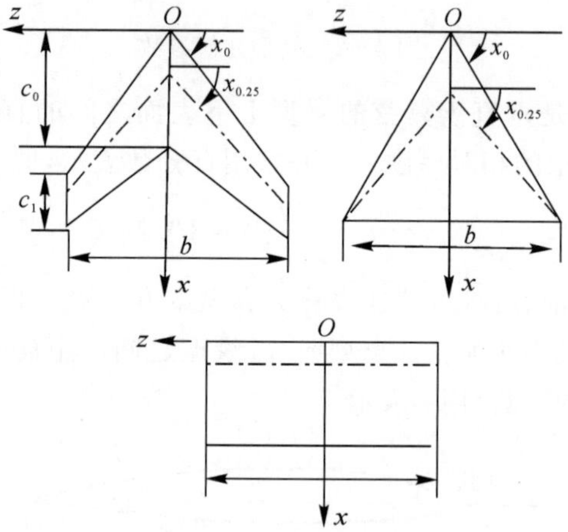

图 4-5　机翼平面参数

1. 展长 b

机翼沿垂直机身对称面方向的最大长度，通常取为机翼的横向特征长度。

2. 弦长 $c(z)$

机翼展向翼剖面的弦长。有代表性的弦长是根弦长 c_0 和尖弦长 c_1。

3. 机翼面积

机翼在 xOz 平面内的投影面积，计算公式如下：

$$S = 2\int_0^{\frac{l}{2}} c(z)\,\mathrm{d}z \tag{4-1}$$

4. 几何平均弦长

机翼面积和展长之比，即

$$c_G = S/b \tag{4-2}$$

几何平均弦长 c_G 是面积和展长都与所讨论机翼相等的当量矩形翼的弦长。

5. 展弦比

翼展与机翼的平均弦长之比称为展弦比，用 λ 表示，其计算公式可表示为

$$\lambda = b/c_G \tag{4-3}$$

显然，展弦比也可以表示为翼展的二次方与机翼面积的比值，即

$$\lambda = b^2/S \tag{4-4}$$

展弦比越大，机翼的升力系数越大，但阻力也增大。长航时飞机，如滑翔机一般采用大展弦比的机翼，高速飞机一般采用小展弦比的机翼。

6. 平均气动弦长

平均气动弦长是把给定机翼展向各剖面的气动力矩特性加以平均而计算出来的等面积矩形相当机翼的弦长，该矩形翼的力矩特性与给定的力矩特性相同，是纵向力矩系数的参考长度，有

$$c_A = \frac{2}{S}\int_0^{\frac{l}{2}} c^2(z)\,\mathrm{d}z \tag{4-5}$$

7. 根梢比

根梢比是翼根弦长 c_0 与翼尖弦长 c_1 的比值，一般用 η 表示，有

$$\eta = \frac{c_0}{c_1} \tag{4-6}$$

8. 梢根比

梢根比是翼尖弦长 c_1 与翼根弦长 c_0 的比值，一般用 ξ 表示，有

$$\xi = \frac{c_1}{c_0} \tag{4-7}$$

9. 上反角

上反角是指机翼基准面和水平面的夹角，当机翼有扭转时，则是指扭转轴和水平面的夹角(见图 4-6)。当上反角为负时，就变成了下反角(见图 4-7)。低速机翼采用一定的上反角可改善横向稳定性。

图 4-6　上反角(美国 E-3 预警机)

图 4-7　下反角(美国 AV-8B 战斗机)

10. 后掠角

后掠角是指机翼与机身轴线的垂线之间的夹角。后掠角又包括前缘后掠角(机翼前缘与机身轴线的垂线之间的夹角，一般用 χ_0 表示)、后缘后掠角(机翼后缘与机身轴线的垂线之间

的夹角，一般用 χ_1 表示)及 1/4 弦线后掠角(机翼 1 /4 弦线与机身轴线的垂线之间的夹角，一般用 $\chi_{0.25}$ 表示)，如图 4－8、图 4－9 所示。

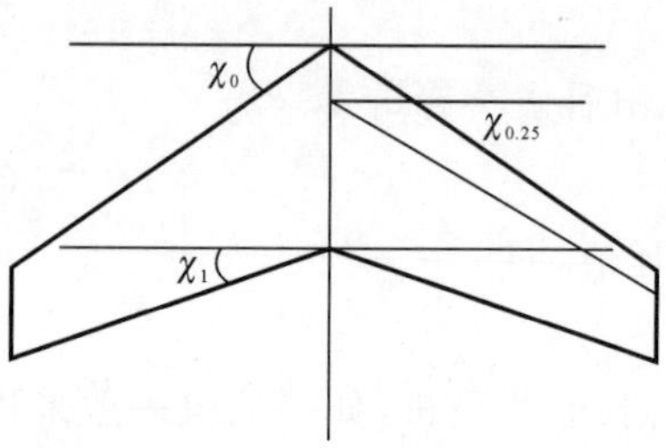

图 4－8　后掠角

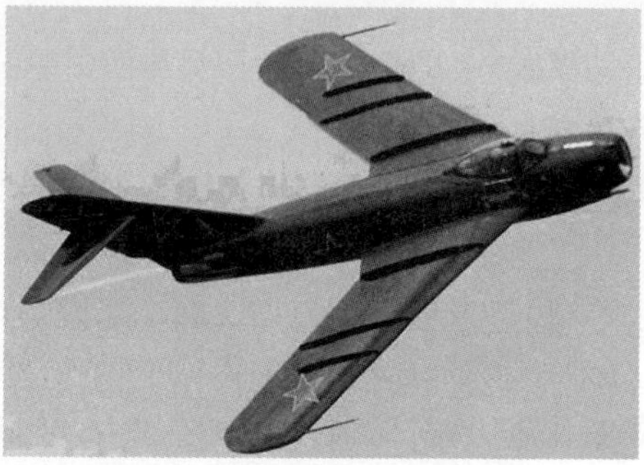

图 4－9　后掠翼战斗机(苏联米格-17)

11. 安装角

机翼安装在机身上时，翼根翼剖面弦线与机身轴线之间的夹角称为安装角(见图 4－10)。

图 4－10　美国 F－8 战斗机的安装角

4.2.3　翼型上的气动力

在翼型平面上，把来流 V_∞ 与翼弦线之间的夹角定义为翼型的几何迎角，简称翼型迎角。对弦线而言，来流在弦线下为正，在上为负。当翼型迎角大于零时，由 2.6 节可知，流场流线关于弦线不对称，如图 4－11 所示。这样翼型上下表面的流速会发生变化，上表面流速快，压强小；下表面流速慢，压强大；这样上下表面就会有压力差，从而产生一个垂直于来流方向的力，这个力就是升力。

图 4－11　翼型迎角大于零时的翼型表面流线图

作用在翼型上下表面的压强分布确定后，可以求出翼型的空气动力。作用在翼型上下表面的压强，通常有两种表示方法：向量表示法和坐标表示法。

向量表示法就是将所测量出的翼面上各点的压强与远前方来流压强 p_{∞} 之差（称为剩余压强）画在翼型表面法线上，如图 4－12 所示。凡是翼面压强低于来流压强 p_{∞} 的，剩余压强为负值，称为吸力，向量箭头方向向外；凡是翼面压强大于来流压强 p_{∞} 的，剩余压强为正值，称为正压力，向量箭头方向向内。然后用光滑曲线将各向量的外端连接起来，向量长度表示为力的大小，方向为力的方向。

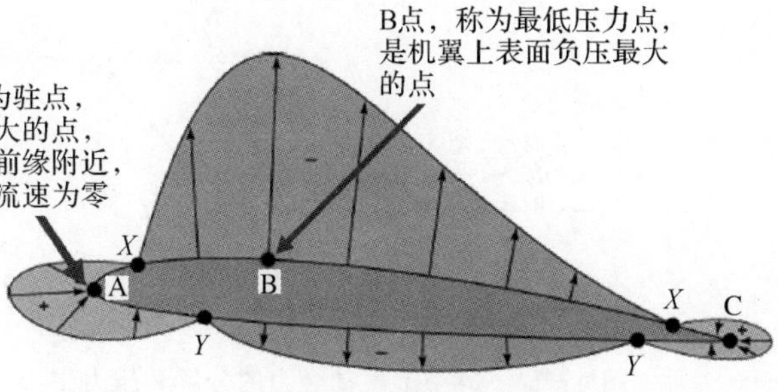

图 4－12　用向量法表示的翼型压强

定义压强系数 C_{∞} 为翼面剩余压强与相对气流远前方的动压 $\frac{\rho V_{\infty}^2}{2}$ 之比，即

$$C_p = \frac{p - p_{\infty}}{\frac{\rho V_{\infty}^2}{2}} \tag{4-8}$$

坐标法就是以翼面各点在翼弦上的投影至前缘距离 x 与翼弦 c 之比作横坐标，然后由这些点上测出的压强值求出压强系数 C_p 后作纵坐标画出，高于 p_{∞} 的点画在横坐标下方，低于 p_{∞} 的点画在横坐标上方，这就是用坐标法表示压强分布图，如图 4－13 所示。

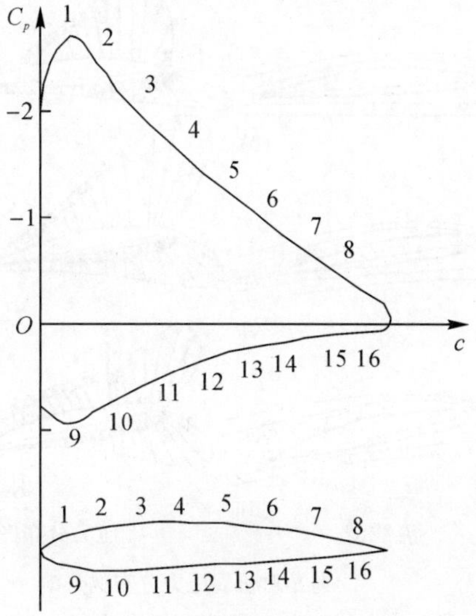

图 4－13　用坐标法表示的翼型压强

翼型绕流视平面流动，翼型上的气动力视为无限翼展机翼在展向取单位展长所受的气动

力。当气流绕过翼型时，在翼型表面上每点都作用有压强 p(垂直于翼面)和摩擦切应力 τ(与翼面相切)，它们将产生一个气动合力 R，这个气动合力的作用点称为压力中心。

气动合力 R 有两种分解形式(见图 4-14)：一种是沿来流方向和垂直于来流方向分解，将沿来流方向的分量称为阻力 D，沿垂直于来流方向的分量称为升力 L；另一种分解方式是沿平行于翼弦方向和垂直于翼弦方向分解，将合力 R 在平行于翼弦方向的分量为切向力 A，在垂直于翼弦方向的分量为法向力 N。显然，有

$$R=\sqrt{A^2+N^2}=\sqrt{L^2+D^2} \tag{4-9}$$

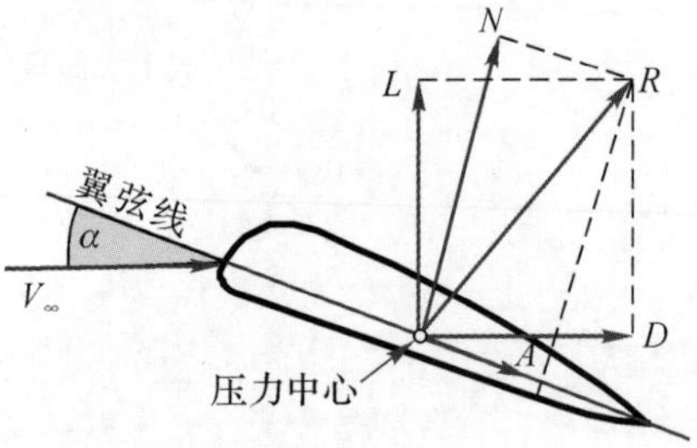

图 4-14 翼型上气动合力的分解和压力中心

由图 4-14 可得

$$\begin{cases} L = N\cos\alpha - A\sin\alpha \\ D = N\sin\alpha + A\cos\alpha \end{cases}$$

翼型上的压力分布随翼型迎角变化情况如图 4-15 所示，可以看出压力中心随迎角增大而前移。

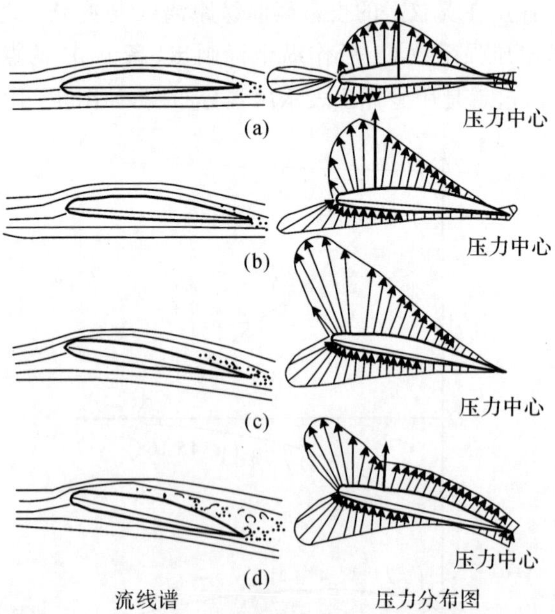

图 4-15 迎角对翼型压力分布的影响

(a)零迎角；(b)小迎角；(c)大迎角；(d)失速迎角

4.2.4　空气动力系数和气动力系数的导数

空气动力将常用空气动力系数表示。空气动力系数是无量纲的数，定义为气动力除以动压和机翼面积。

升力系数为

$$C_L = \frac{L}{\frac{1}{2}\rho_\infty V_\infty^2 S} \tag{4-10}$$

式中：L 为升力；S 为机翼面积；ρ_∞ 为飞机当前高度大气密度：V_∞ 为来流速度。

同理，得阻力系数为

$$C_D = \frac{D}{\frac{1}{2}\rho_\infty V_\infty^2 S} \tag{4-11}$$

俯仰力矩系数为

$$C_m = \frac{M}{\frac{1}{2}\rho_\infty V_\infty^2 S c_A} \tag{4-12}$$

式中：M 为气动俯仰力矩；c_A 为平均气动弦长。

需要注意的是，不要把气动力系数与气动力系数的导数混淆。气动力系数是无量纲的数，而气动力系数的导数则是气动力系数对某项变化因素的偏微分。气动力（力矩）系数和气动力（力矩）系数的导数的区别见表 4-1。

表 4-1　气动力（力矩）系数和气动力（力矩）系数的导数的区别

项　目	定　义	有无量纲	举　例
气动力系数	气动力系数$=\frac{气动力}{动压\times面积}$	无量纲	$C_L=\frac{L}{\frac{1}{2}\rho_\infty V_\infty^2 S}$
气动力系数的导数	气动力系数的导数$=\frac{\partial 气动力系数}{\partial 变化因素}$	有量纲	$C_{L\alpha}=\frac{\partial C_L}{\partial \alpha}$

二者之间的联系如下：

$$气动力系数 = \sum_{i=1}^{n}(第\ i\ 个气动力系数的导数 \times 影响因素)$$

如

$$C_L = C_{L\alpha}\alpha + C_{L\delta_e}\delta_e + C_{Lq}q + C_{L\dot{\alpha}}\dot{\alpha} + \cdots + C_{L\delta_c}\delta_c$$

式中：$C_{L\alpha}$ 是升力系数对迎角的导数；$C_{L\delta_e}$ 是升力系数对升降舵的导数（升降舵升力舵效）。

4.3　升力及影响因素

2.6 节已经给出了升力产生的机理。本节主要介绍飞机上产生升力的部件、飞机升力随迎角和速度变化的情况以及飞机上常用的增升装置。

4.3.1 产生升力的部件

常规布局飞机上产生升力的主要部件有机身、机翼和平尾，所以常规布局飞机总升力＝机翼升力＋机身升力＋平尾升力，即

$$L = L_w + L_b + L_t \tag{4-13}$$

式中：L_w 表示机翼产生的升力；L_b 表示机身产生的升力；L_t 表示平尾产生的升力。

机翼产生的升力可以表示为

$$L_w = C_{L_w} Q S_w \tag{4-14}$$

式中：Q 为动压，$Q=\frac{1}{2}\rho V^2$；S_w 表示机翼面积；C_{L_w} 表示机翼的升力系数，表达式为

$$C_{L_w} = \frac{\partial C_{L_w}}{\partial \alpha}[\alpha - \alpha_0] \tag{4-15}$$

式中：α_0 为零升迎角。

机身的升力很小，只有在大迎角时，有少许升力，机身升力可表示为

$$L_b = C_{L_b} Q S_b \tag{4-16}$$

式中：S_b 为机身的横截面；C_{L_b} 为机身升力系数，且 $C_{L_b} = \frac{\partial C_{L_b}}{\partial \alpha}\alpha$。

平尾与机翼类似，但是存在气流下洗和尾涡的影响。平尾产生的升力可表示为

$$L_t = C_{L_t} Q S_t \tag{4-17}$$

式中：S_t 表示平尾面积；C_{L_t} 表示平尾升力系数，有

$$C_{L_t} = \frac{\partial C_{L_t}}{\partial \alpha}\alpha_t + \frac{\partial C_{L_t}}{\partial \delta_e}\delta_e \tag{4-18}$$

式中：δ_e 为平尾偏度；α_t 为平尾迎角，由于下洗和尾涡的影响，α_t 不等于飞机迎角 α，α_t 满足如下关系：

$$\alpha_t = \alpha - \varepsilon = \alpha(1 - \varepsilon_\alpha) \tag{4-19}$$

式中：ε 称为下洗角，下洗角产生原因见 4.4.3 节。

在实际中，常规布局飞机总升力常用式(4-20)的升力系数和动压及机翼面积的乘积表示，有

$$L = C_L Q S_w = Q[C_{L_w} S_w + C_{L_b} S_b + C_{L_t} S_t] \tag{4-20}$$

显然有

$$C_L = [C_{L_w} + C_{L_b} S_b / S_w + C_{L_t} S_t / S_w] \tag{4-21}$$

由式(4-15)、式(4-18)可知，飞机升力系数还是迎角和气动舵面的函数，即

$$C_L = C_{L_0} + C_{L_\alpha}\alpha + C_{L_{\delta e}}\delta_e \tag{4-22}$$

式中：C_{L_0} 为迎角等于机翼零升迎角时的升力系数；$C_{L_{\delta e}}\delta_e$ 为升降舵或平尾偏转产生的升力系数；$C_{L_\alpha}\alpha$ 表示迎角产生的升力系数。各系数或系数导数的表达式如下：

$$C_{L_0} = -\frac{\partial C_{L_w}}{\partial \alpha}\alpha_0 \tag{4-23}$$

$$C_{L_\alpha} = \frac{\partial C_{L_w}}{\partial \alpha} + \frac{\partial C_{L_b}}{\partial \alpha} S_b / S_w + (1 - \varepsilon_\alpha)\frac{\partial C_{L_t}}{\partial \alpha} S_t / S_w \tag{4-24}$$

$$C_{L_{\delta e}} = \frac{\partial C_{L_t}}{\partial \delta_e} S_t / S_w \tag{4-25}$$

当然，如果飞机舵面比较多，那么仅用式(4-22)计算飞机升力是不够的，必须把各个舵面产生的升力都考虑进去。当考虑速度的影响时，升力系数是迎角、舵面偏度和马赫数的函数，表达式如下：

$$C_L(\alpha,\delta_e,M) = C_{L_0}(M) + C_{L_\alpha}(M)\alpha + C_{L_{\delta e}}(M)\delta_e \tag{4-26}$$

4.3.2　升力随迎角的变化情况

从式(4-17)中，看到升力大小和升力系数、动压、机翼面积有关，在速度不变的情况下，迎角对升力的大小有着重要影响。本节将就此问题展开讨论。

将同一速度下，亚声速翼型升力系数随迎角变化情况画出来，如图 4-16 所示。由该图发现：升力系数在一定范围内随迎角增大而增大，升力系数随迎角的变化曲线在一个较大的范围内是直线段；但是当迎角增大到一定角度时，升力系数反而会减小；迎角等于零时，升力系数并不为零；当升力系数为零时，迎角为负值。

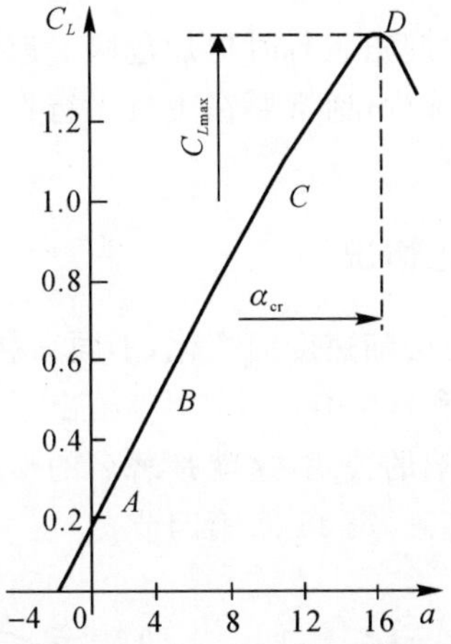

图 4-16　升力系数随迎角变化

把升力系数为零时对应的迎角称为零升迎角，记为 α_0。对于有弯度的翼型，其升力系数曲线是不通过原点的，所以有弯度的翼型零升迎角都小于 0。在迎角大过一定的值之后，就开始弯曲，再大一些，就达到了它的最大值，这个最大值记为最大升力系数 $C_{L\max}$。

把当迎角增大到一定角度时，升力系数会随迎角增大而减小的这种现象称为失速(stall)，将升力系数最大时对应的迎角称为失速迎角或临界迎角。

失速是由于气流分离而引起的，如图 4-17 所示。其原因解释如下：如图 4-18 所示，在边界层未分离前，机翼上表面 AB 段是顺压梯度区，BC 段是逆压梯度区，AB 段是贡献升力最大的部分。边界层分离后，机翼上表面的气流将不再流经 ABC 点到机翼后缘，而是经 ADE 流向下游，这样就改变了流型，上表面前缘附近流速变慢，压强增大，从而使得 AB 段升力下降，这就产生了失速。

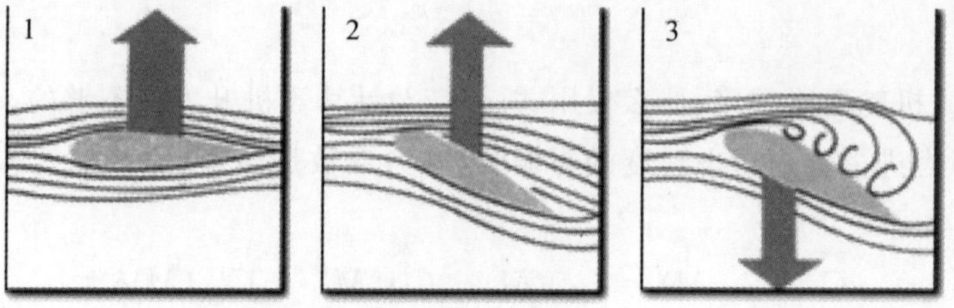

图 4-17　失速

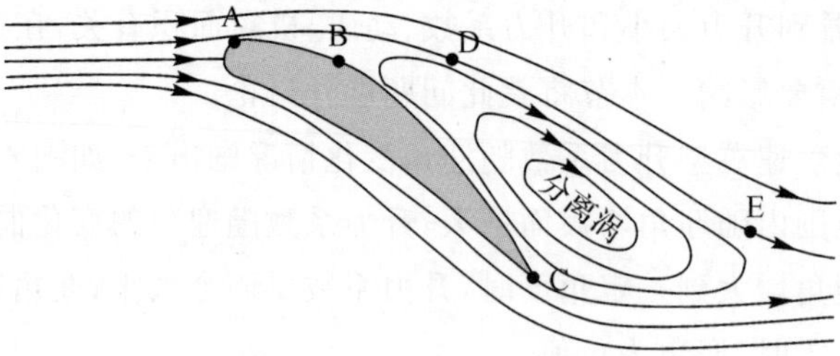

图 4-18　失速的原因

失速是非常危险的，在低空大迎角飞行时更加危险。航空史上由于失速出现了很多机毁人亡的惨痛事故。所以在工程实际中，通常要在飞机飞行控制系统中采取迎角边界保护措施或迎角告警措施，以保证飞行安全。

4.3.3　升力随速度的变化情况

升力系数除随迎角变化外，还会随速度而变化，不同马赫数情况下升力系数随迎角的变化曲线如图 4-19 所示。冯·卡门和钱学森在 1939 年给出了二维无黏性定常亚声速流动中估算压缩性对物体表面压力系数影响的公式，这就是著名的卡门-钱学森公式(此公式的详细推导过程见徐华舫著《空气动力学基础》第 11 章第四节)。

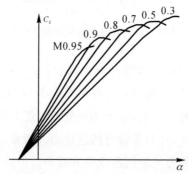

图 4-19　不同马赫数情况下亚声速翼型升力系数随迎角的变化曲线

$$C_p = \frac{C_{p不}}{\sqrt{1-M_\infty^2}+\frac{1}{2}\left(1-\sqrt{1-M_\infty^2}\right)C_{p不}} \tag{4-27}$$

式中：$C_{p不}$ 为不可压流的压强系数；M_∞ 前方来流的马赫数。

由卡门-钱学森公式可以看出：因为空气密度随速度的变化，则翼型压力系数体现出“吸处更吸，压处更压”的特点。在机翼上表面前段，由于 $C_{p不}$ 较大，则 C_p 较大，所以随着马赫数增大，压力中心前移，升力系数增大。

亚声速翼型升力系数随马赫数的变化情况如图 4－20 所示。由此图可以看出：飞行马赫数增大，升力系数和升力系数斜率增大；飞行马赫数增大，最大升力系数和临界迎角减小。

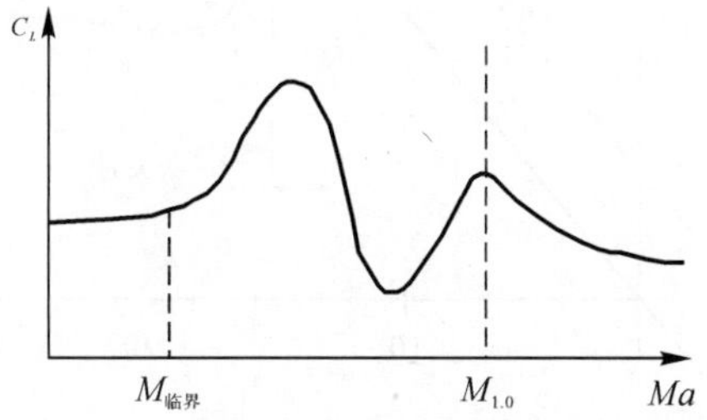

图 4－20　升力系数随马赫数的变化情况

图 4－20 中，在低速时，由于压缩性体现不明显，根据卡门-钱学森公式，压强变化不大，所以升力系数变化也非常平缓。随着马赫数增大，升力系数逐渐增大。

当飞机飞行速度等于临界马赫数时，机翼上表面流速达到声速。当马赫数超过临界马赫数后，翼型表面出现局部激波，上翼面出现超声速区，超声速区气流为膨胀波，上表面密度下降，压力更小，升力系数 C_L 增加。

马赫数继续增大，上翼面激波继续后移，且强度增大。在激波作用下，边界层内逆压梯度剧增，导致上表面边界层分离，使升力系数骤然下降，这种现象称为激波失速。同时随马赫数增大，下翼面也出现超声速区和激波，由于下翼面激波要较上翼面的激波更快地移至后缘使下翼面压强降低，引起升力系数迅速下降。

随着来流马赫数增大，上翼面激波移至翼型后缘，边界层分离点后移，上翼面压强继续降低，使升力系数 C_L 增加。

马赫数继续增大，翼型前方出现弓形离体激波，上、下翼面压强分布基本不随马赫数而变(即所谓流场冻结)，但马赫数增大使气流动压增大，升力系数仍随马赫数的增大而下降。

以上就是升力系数随马赫数变化的规律。

4.3.4　升力系数随弯度的变化和飞机常用增升装置

人们在长期的实践中发现，机翼翼型的弯度对升力系数有影响，在同样的迎角情况下，有弯度的翼型的升力系数比对称翼型升力系数大，如图 4－21 所示。人们还发现，鸟的翅膀也是带有一定弯度的，这是长期进化的结果。

改变翼型弯度可以改变升力系数这个现象提供了一个增加升力的方法。因为用增大迎角的方法来增大升力系数从而减小速度是有限的，飞机的迎角最多只能增大到临界迎角，所以，为了保证飞机在起飞和着陆时，仍能产生足够的升力，有必要在机翼上装设增大升力系数的装置。增升装置可以增大飞机的最大升力系数，缩短飞机在起飞着陆阶段的地面滑跑距离，提高飞机性能。

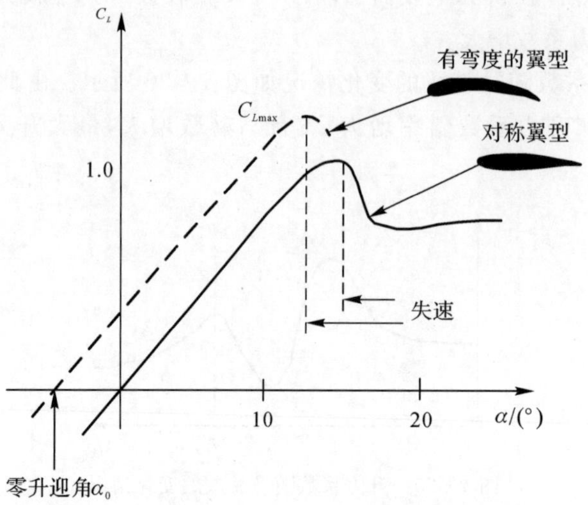

图 4-21　有弯度的翼型和对称翼型升力系数对比

主要增升装置包括前缘缝翼、后缘襟翼。

1. 前缘缝翼

前缘缝翼位于机翼前缘，工作原理如图 4-22 所示。下翼面高压气流流过缝隙，贴近上翼面流动。一方面降低逆压梯度，延缓气流分离，增大最大升力系数和临界迎角。另一方面减小了上下翼面的压强差，减小升力系数。所以，在大迎角下打开前缘缝翼，可以延缓上表面的气流分离，从而使最大升力系数和临界迎角增大，但在中小迎角下打开前缘缝翼，会导致机翼升力性能变差。

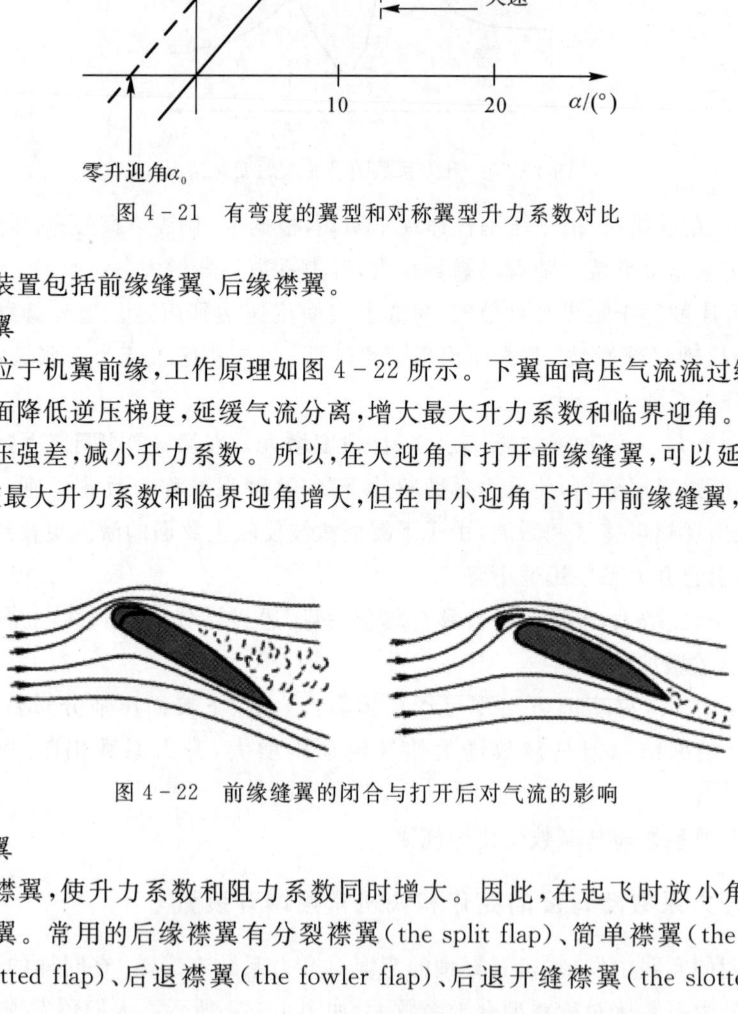

图 4-22　前缘缝翼的闭合与打开后对气流的影响

2. 后缘襟翼

放下后缘襟翼，使升力系数和阻力系数同时增大。因此，在起飞时放小角度襟翼，着陆时放大角度襟翼。常用的后缘襟翼有分裂襟翼（the split flap）、简单襟翼（the plain flap）、开缝襟翼（the slotted flap）、后退襟翼（the fowler flap）、后退开缝襟翼（the slotted fowler flap）等。

分裂襟翼是一块从机翼后段下表面向下偏转而分裂出的翼面，它使升力系数和最大升力系数增加，但临界迎角减小（见图 4-23）。下分裂襟翼后，在机翼和襟翼之间的楔形区形成涡流，压强降低，吸引上表面气流流速增加，上下翼面压差增加，从而增大了升力系数，延缓了气流分离。放下分裂襟翼使得翼型弯度增大，上下翼面压差增加，从而也增大了升力系数。

简单襟翼与副翼形状相似（见图 4-24）。放下简单襟翼，增加机翼弯度，进而增大上下翼面压强差，增大升力系数。但是放简单襟翼使得压差阻力和诱导阻力增大，阻力比升力增大更多，使得升阻比降低。

图 4 - 23　分裂襟翼

图 4 - 24　简单襟翼

大迎角下放简单襟翼，升力系数及最大升力系数增加，阻力系数增加，升阻比降低（即空气动力性能降低），临界迎角降低。

开缝襟翼在简单襟翼的基础上进行了改进（见图 4 - 25）。在下偏的同时进行开缝，和简单襟翼相比，可以进一步延缓上表面气流分离，增大机翼弯度，使升力系数提高更多，而临界迎角却降低不多。

后退襟翼（the fowler flap，富勒翼），后退襟翼在简单襟翼的基础上进行了改进。在下偏的同时向后滑动，和简单襟翼相比，增大了机翼弯度也增加了机翼面积，从而使升力系数以及最大升力系数增大更多，临界迎角降低较少。

后退开缝襟翼（the slotted fowler flap），后退开缝襟翼结合了后退式襟翼和开缝式襟翼的共同特点，效果最好，结构最复杂。大型飞机普遍使用后退双开缝或三开缝的形式（见图 4 - 26至图 4 - 28）。

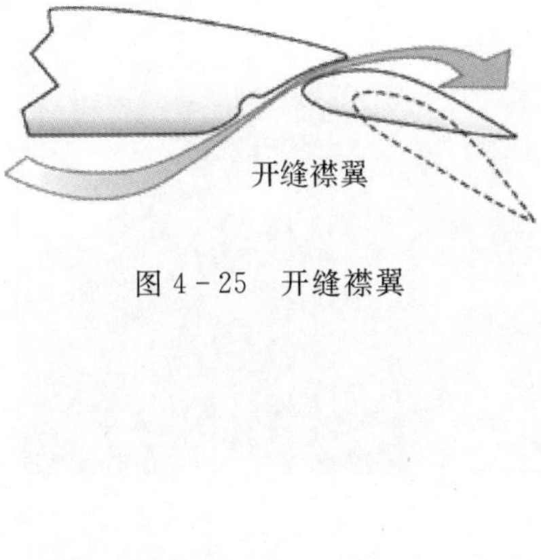

图 4 - 25　开缝襟翼

图 4 - 26　后退双开缝襟翼

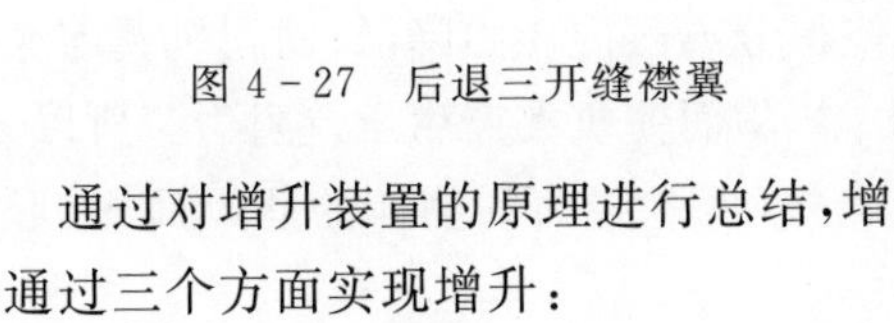

图 4 - 27　后退三开缝襟翼

图 4 - 28　B737 的后退开缝襟翼

通过对增升装置的原理进行总结，增升装置的目的是增大最大升力系数。增升装置主要是通过三个方面实现增升：

(1)增大翼型的弯度，提高上下翼面压强差。

(2)延缓上表面气流分离,提高临界迎角和最大升力系数。

(3)增大机翼面积。

4.4 阻力及其影响因素

阻力是影响飞机气动性能的另一项气动力。飞机上的阻力按照产生的原因可分为摩擦阻力、压差阻力、诱导阻力、干扰阻力和激波阻力等几类。本节将阐述这几类阻力的产生原因、影响因素和相应的减阻措施。

4.4.1 摩擦阻力及其影响因素

摩擦阻力由空气的黏性造成。摩擦阻力的大小和飞机表面的粗糙程度、边界层的流动状态和飞机的浸润面积有关。飞机表面越粗糙,摩擦阻力越大;层流边界层摩擦阻力小;紊流边界层,摩擦阻力大得多。所以,要想减小摩擦阻力,就要尽可能减小飞机表面的粗糙程度,并尽量使物体表面的流动保持层流状态。

降低表面摩擦阻力的有效方法之一是增加机身表面的层流流动区域,顺着气流方向的波纹结构有利于理顺机体表面气流,促进层流,降低阻力,这就是所谓的波纹蒙皮。20 世纪 20 年代,德国容克飞机公司的客机 G. 24、G. 31 和 G. 38,都无一例外采用了铝合金波纹蒙皮,如图 4-29 所示。空客在 1989 年用一架 A320 做过试验,在 70%的机体表面贴敷波纹塑料薄膜,纹路沿纵向展开,取得差不多 2%的减阻效果。

图 4-29 德国 G. 38 客机的波纹蒙皮

4.4.2 压差阻力及其影响因素

压差阻力的产生原因在 2.7.3 节已有解释,其产生原因是气流流过机翼后,在机翼的后缘部分产生边界层分离,形成涡流区,漩涡消耗了能量,使得分离区内压强降低;而在机翼前缘部分,气流受阻压强增大,这样机翼前后缘就产生了压力差,从而使机翼产生压差阻力。所以,分离区越大,压差阻力越大;分离点靠前,压差阻力大。此外,压差阻力和物体的迎风面积、形状和在气流中的位置有关。

要减小压差阻力,就要减小气流分离区,使边界层分离点后移,通常,为了减小物体表面的逆压梯度，将飞机的机身、机翼、挂架等都做成流线形，如飞机机身、导弹挂架等等，如图 4－30 所示。

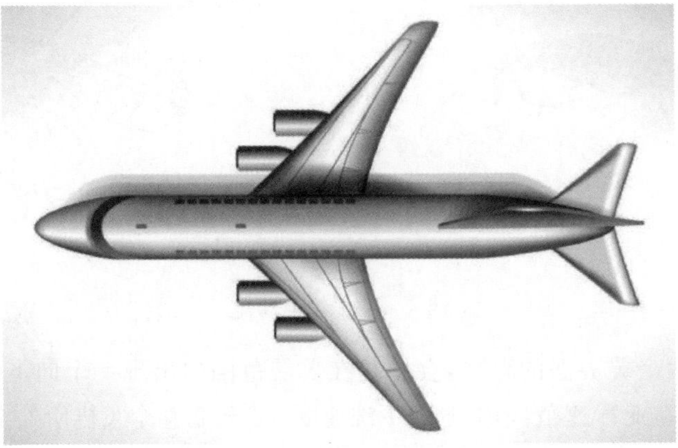

图 4－30　流线形的机身

摩擦阻力和压差阻力合起来叫作“迎面阻力”。一个物体究竟哪种阻力占主要部分，主要取决于物体的形状。流线体，迎面阻力中主要是摩擦阻力；远离流线体的物体，压差阻力占主要部分，摩擦阻力则居次要位置，且总的迎面阻力也较大。

在低速飞行时，在中小迎角范围内，气流尚未分离，阻力主要是摩擦阻力，其大小不受迎角影响；在大迎角时，出现气流分离，压差阻力增大，阻力系数急剧增大。

4.4.3　诱导阻力及其影响因素

诱导阻力(induced drag)又称为升致阻力，是伴随升力而产生的，实际上是升力的一个分量。诱导阻力是由于下洗而产生的，而下洗是由于翼尖涡而产生的。

前面研究机翼的升力时，实际上只考虑了翼型剖面的形状，是把机翼作为一个无限展长的二维机翼考虑的，但是机翼展长是有限的，这就需要考虑三维机翼周围流场的流动，如图 4－31 所示。正常飞行时，下翼面的压强比上翼面高，在上下翼面压强差的作用下，下翼面的气流就会绕过翼尖流向上翼面，就使下翼面的流线由机翼的翼根向翼尖倾斜，上翼面反之。于是就形成旋涡，漩涡流称为翼尖涡。

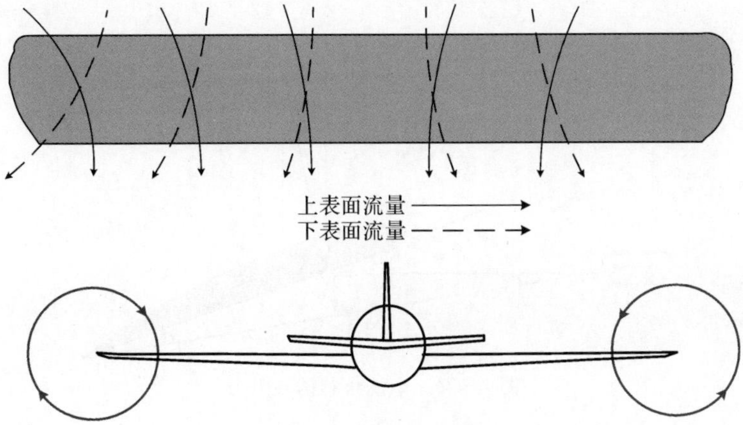

图 4－31　翼尖涡的形成

翼尖涡向后流即形成翼尖涡流，如图 4-32 所示。

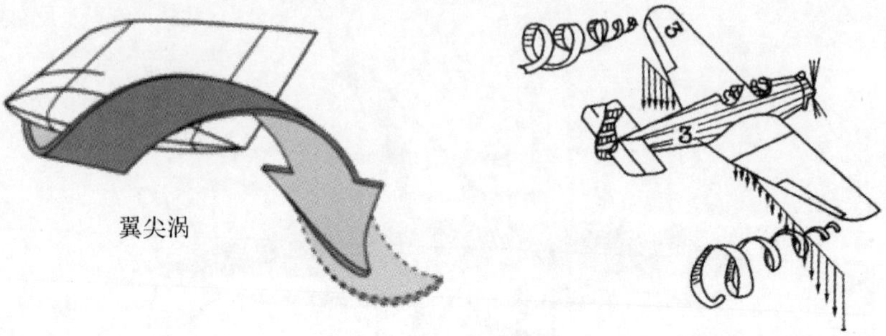

图 4-32　翼尖涡流

由于机翼两段两个翼尖涡的存在，会导致在翼展范围内出现一个向下的诱导速度场，称为下洗(downwash)。在亚声速范围内，这个下洗速度场会覆盖整个飞机所处空间范围，如图 4-33 所示。

图 4-33　机翼翼尖涡产生的下洗

下洗速度的存在，改变了翼型的气流方向，使流过翼型的气流向下倾斜，这个向下倾斜的气流称为下洗流，下洗流与相对气流之间的夹角称为下洗角 ε。翼尖涡使流过机翼的气流向下偏转一个下洗角，升力与气流方向垂直(向后倾斜)，产生了向后的分力，这个分量就是诱导阻力(见图 4-34)。

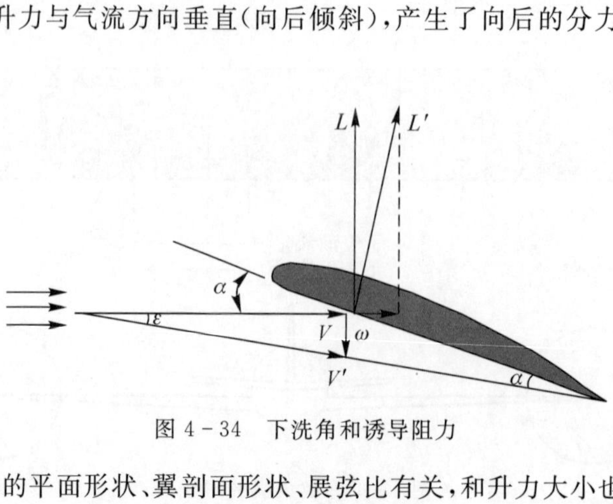

图 4-34　下洗角和诱导阻力

诱导阻力同机翼的平面形状、翼剖面形状、展弦比有关，和升力大小也有关。研究表明：椭圆形机翼的诱导阻力最小；展弦比越大，诱导阻力越小；升力越大，诱导阻力越大；平直飞行中，诱导阻力与飞行速度二次方成反比。所以会发现二战期间的很多飞机的机翼平面形状为椭圆形（见图 4-35）；追求长航时的 U-2 侦察机采用了大展弦比（见图 4-36）。

图 4-35　英国喷火战斗机

图 4-36　U-2 侦察机

采用翼尖小翼，可以有效减小翼尖涡强度，也可降低诱导阻力，如图 4-37 所示。

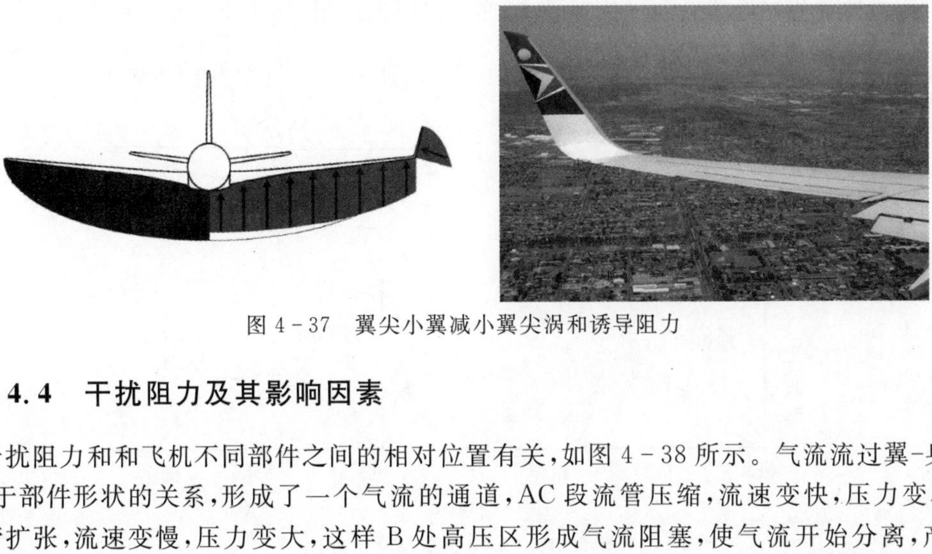

图 4-37　翼尖小翼减小翼尖涡和诱导阻力

4.4.4　干扰阻力及其影响因素

干扰阻力和和飞机不同部件之间的相对位置有关，如图 4-38 所示。气流流过翼-身连接处，由于部件形状的关系，形成了一个气流的通道，AC 段流管压缩，流速变快，压力变小；BC 段流管扩张，流速变慢，压力变大，这样 B 处高压区形成气流阻塞，使气流开始分离，产生旋涡，能量消耗，产生了干扰阻力。为减小干扰阻力，高性能飞机都采用翼身融合体布局，如图 4-39 所示。

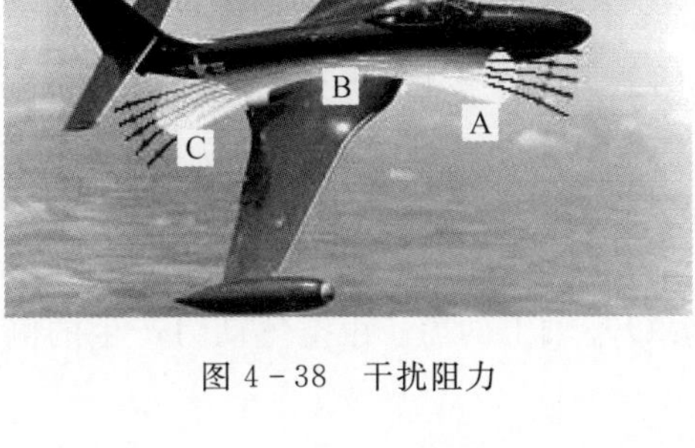

图 4-38　干扰阻力

图 4-39　采用翼身融合布局的 F-16 战斗机

4.4.5 波阻及其影响因素

当空气通过激波时，受到薄薄一层稠密空气的阻滞，使得气流速度急骤降低，由阻滞产生的热量来不及散布，于是加热了空气。加热所需的能量由消耗的动能而来。所以，能量发生了转化——由动能变为热能。动能的消耗表示产生了一种特别的阻力。这一阻力由于随激波的形成而来，所以就叫作波阻。在飞机超过临界马赫数后，波阻急剧增大导致阻力系数急剧增加。

减小波阻的有效措施即机体采用面积律。1952 年美国 NASA 的工程师 R. T. Whitcomb 通过风洞实验发现，当飞行马赫数接近于 1 时，飞行器的零升波阻是飞行器横截面积（与飞行方向垂直的截面积）分布的函数，而且近似地等于具有相同横截面积分布的旋成体的零升波阻力。因此，可根据最小波阻力旋成体的横截面积分布来调整飞行器的横截面积，以获得较小的波阻力因为光滑旋成体的波阻最小，所以为了降低飞行器跨声速飞行时的零升波阻力，可以修改机身横截面积沿纵轴的分布，例如缩小机翼、尾翼与机身连接区的机身横截面积和增大机翼、尾翼前后方的机身横截面积，形成蜂腰形机身，使飞行器当量旋成体的横截面积分布与最小波阻旋成体的相接近或做到尽量光滑，这样可以降低波阻，如图 4 - 40 所示。

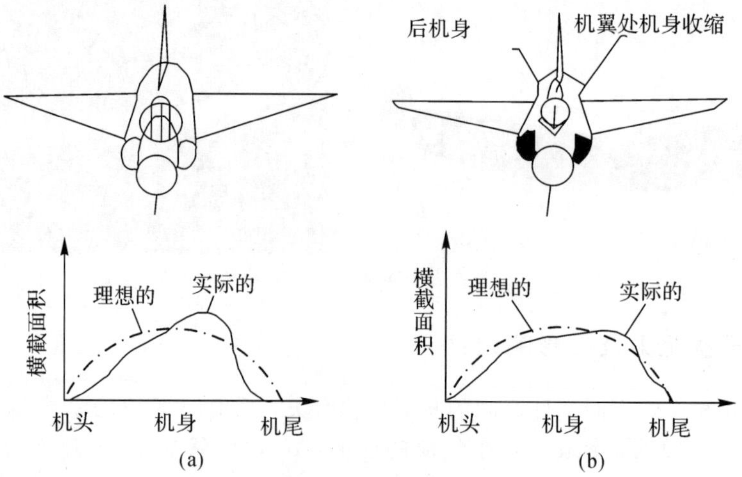

图 4 - 40 采用面积律降低波阻

(a) YF - 102A 使用面积律之前；(b) YF - 102A 使用面积律之后

4.5 侧力及其影响因素

前面两节介绍了飞机的升力和阻力及其影响因素，升力和阻力是影响飞机纵向运动的气动力，而要研究飞机横侧向的运动，还需要了解飞机的侧力及其影响因素。本节主要介绍侧力及其产生部件和影响因素。

4.5.1 侧力产生的机理和部件

首先需要注意一点，本书所说的侧力指沿机体系 Oy_b 轴上的力。由空气动力产生的侧向气动力可表示为

$$Y=C_{Y}QS_{\mathrm{w}}$$

其中：C_Y 表示侧力系数；Q 为动压；S_{w} 为机翼面积。

就对称飞机而言，侧向力产生的主要原因是流过飞机的气流不对称。产生侧力的部件有立尾（或称垂尾）、腹鳍、机身等，主要是立尾。立尾产生侧力的原理和机翼产生升力的原理一样，假设飞机绕机体系 Ox_{b} 转 90°，则侧滑角 β 就相当于迎角 α，立尾就相当于一个小机翼。立尾后面可动的部分即方向舵，偏转方向舵相当于立尾产生弯度，这样，即使飞机作对称定常直线飞行，流经立尾的气流也不对称，也会产生侧力。

影响侧向力大小的因素包括飞机的侧滑角 β 和方向舵偏角 δ_r。当飞机绕 Oz_{b} 轴有转动角速度 r，绕 Ox 轴有转动角速度 p 时，由飞机机翼、平尾和垂直安定面的运动造成相对气流运动改变也会产生附加的气动侧力。飞机的侧向气动力系数 C_Y 可以表示为

$$C_Y = C_{Y_\beta}\beta + C_{Y_{\delta_r}}\delta_r + C_{Y_p}\bar{p} + C_{Y_r}\bar{r} \tag{4-28}$$

这里 $\bar{p}=pb/2V_0$，$\bar{r}=rb/2V_0$ 为无因次的滚动角速度和偏航角速度。

4.5.2　侧滑角产生的侧力

实验研究表明，侧滑角引起的侧向力主要来源于飞机的垂尾，如果侧滑角为零，飞机的气动侧力不大。因此，飞机侧向力还与其他因素有关。随着飞行速度增大，机身（主要是头部）也会存在附加侧向力。一般亚声速时，垂直尾翼产生侧力 Y_{v} 为主；超声速时，必须考虑机头侧力 Y_{h}。

飞机出现侧滑角时，相当于垂尾与流场速度方向形成了迎角，从而产生了气动力，因此，它与机翼气动力的成因相同。从图 4-41 可以看到，不管是垂尾还是飞机头部的侧向力，对正的侧滑角，其方向都沿着 Oy_{b} 的负方向。当侧滑角为负时，则产生正的侧向力。

垂尾产生的气动力大小为

$$Y_{\mathrm{v}}(\beta)=\frac{\partial}{\partial\beta}\left(\frac{C_{Y_{\mathrm{v}}}S_v}{S_{\mathrm{w}}}\right)QS_{\mathrm{w}}\beta$$

考虑到机身的侧向力，侧滑角引起的总侧向力表示为

$$Y(\beta) = C_{Y_\beta}QS_{\mathrm{w}}\beta$$

其中 $C_{Y_\beta}=\partial C_Y/\partial\beta<0$。

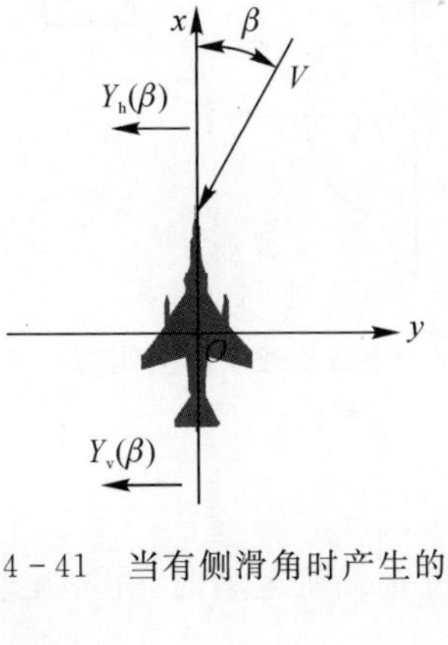

图 4-41　当有侧滑角时产生的侧力

4.5.3　方向舵产生的侧力

与升降舵产生操纵升力类似，方向舵偏转使得垂尾的弯度发生改变，从而产生侧向操纵

力。方向舵后缘左偏定义为正，如图 4-42 所示。这时产生的侧力 $Y(\delta_r)$沿 Oy 正方向。因此，侧向操纵力为 $Y(\delta_r)=C_{Y_{\delta_r}}QS_{\mathrm{w}}\delta_r$。

其中 $C_{Y_{\delta_r}}=\partial C_Y/\partial\delta_r>0$，一般很小，可以忽略不计。但是，由此产生的操纵力矩却比较大，不能忽略。

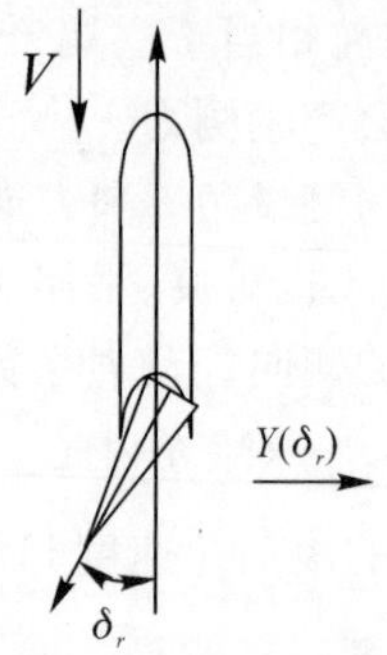

图 4-42　方向舵产生的侧力

4.5.4　滚转角速率产生的侧力

设 p 为机体沿 Ox 轴的滚转角速度。飞机滚转时，在立尾有附加速度，产生阻碍滚转的力及力矩（阻尼力矩）。$p>0$ 产生的侧力沿 Oy_{b} 负方向，如图 4-43 所示。

气动力表达式为

$$Y(\bar{p}) = C_{Y_p}QS_{\mathrm{w}}\bar{p}$$

式中：$\bar{p}=pb/2V$，b 为翼展，$C_{Y_p}=\partial C_Y/\partial\bar{p}$ 一般很小，可以忽略不计。

C_Y 的符号由垂尾的位置决定，垂尾在机身上方，$C_Y<0$；垂尾在机身下方，$C_Y>0$。

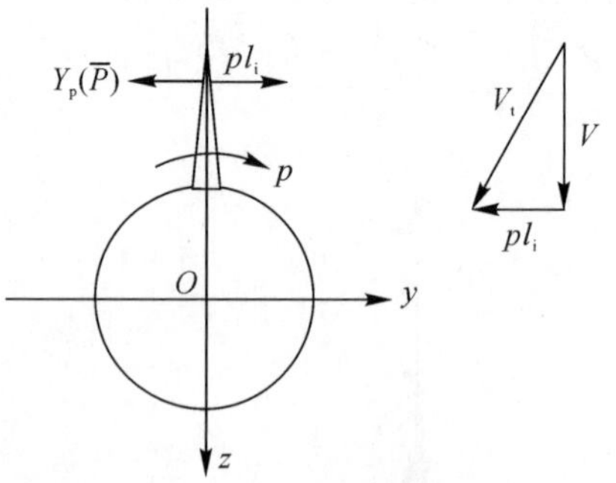

图 4-43　滚转角速率产生侧力

4.5.5　偏航角速率产生的侧力

若 r 为机体沿 Oz 轴的角速度。飞机做偏航运动时，在立尾会产生附加速度，导致附加的流场侧滑角，从而产生侧向力。

由于立尾在机体尾部，侧向力产生阻尼偏航运动的力矩（稳定力和力矩）。超声速飞机头部在偏航时也产生侧力，但与立尾侧力方向相反（阻尼力矩），如图 4-44 所示。

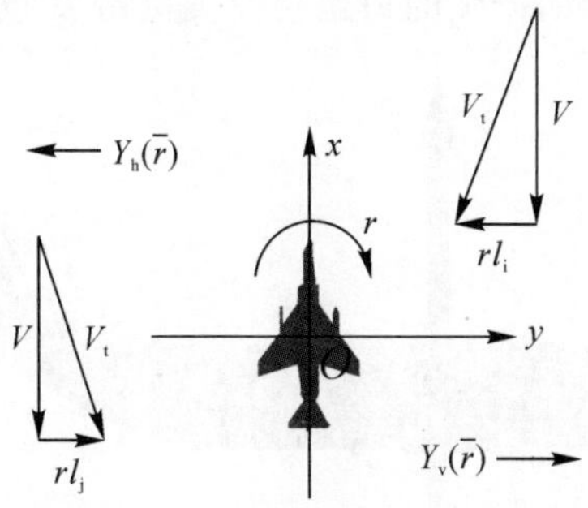

图 4-44　偏航角速率产生侧力

整个飞机由此引起的侧力表达式为

$$Y(\bar{r}) = C_{Y_r} QS_w \bar{r}$$

其中：$\bar{r}=rb/2V$，$C_{Y_r}=\partial C_Y/\partial\bar{r}$，一般很小，可以忽略不计。

4.5.6　侧力小结

侧力的影响因素有侧滑角 β、方向舵偏度 δ_r、滚转角速度 $\bar{p}$ 和偏航角速度 $\bar{r}$，各影响因素产生的侧力计算式如下：

$Y(\beta)=C_{Y_\beta}QS_w\beta$ 侧滑角引起 $C_{Y_\beta}=\partial C_Y/\partial\beta<0$；

$Y(\delta_r)=C_{Y_{\delta_r}}QS_w$，方向舵偏角引起，该项为小量，$C_{Y_{\delta_r}}=\partial C_Y/\partial\delta_r>0$；

$Y(\bar{p})=C_{Y_p}QS_w\bar{p}$，飞机滚转角速度引起，该项为小量，$C_{Y_p}=\partial C_Y/\partial\bar{p}<0$；

$Y(\bar{r})=C_{Y_r}QS_w\bar{r}$，飞机偏航角速度引起，该项为小量。

所以侧力系数为

$$C_Y = C_{Y_\beta}\beta + C_{Y_{\delta_r}}\delta_r + C_{Y_p}\bar{p} + C_{Y_r}\bar{r}$$

若忽略小量，则侧力系数为

$$C_Y = C_{Y_\beta}\beta + C_{Y_{\delta_r}}\delta_r$$

4.6　俯仰力矩及其影响因素

飞机的俯仰力矩是影响其纵向稳定性和操纵性及俯仰姿态的物理量，飞机俯仰力矩的分类和产生部件归纳如下。本节将逐一说明各类俯仰力矩的产生原因和影响因素。

- 俯仰力矩
  - 发动机推力力矩：发动机推力和飞机中心轴线不重合
  - 气动俯仰力矩
    - 零升力矩：主要由垂尾阻力产生
    - 稳定力矩：迎角产生的力矩
    - 操纵力矩：升降舵/平尾/鸭翼/升降副翼产生
    - 阻尼力矩：时差下洗和俯仰角速率和升降舵偏转速率产生
  - 干扰力矩：由发动机转子或螺旋桨产生

4.6.1　发动机推力产生的力矩

设发动机推力向量与机体轴 Ox_b 的距离为 z_T（发动机推力向量处在飞机质心之下），推力

为 T。由于发动机处在飞机腹部，产生的力矩会使飞机抬头，方向沿 Oy_b 轴，因此 $M_T=Tz_T$

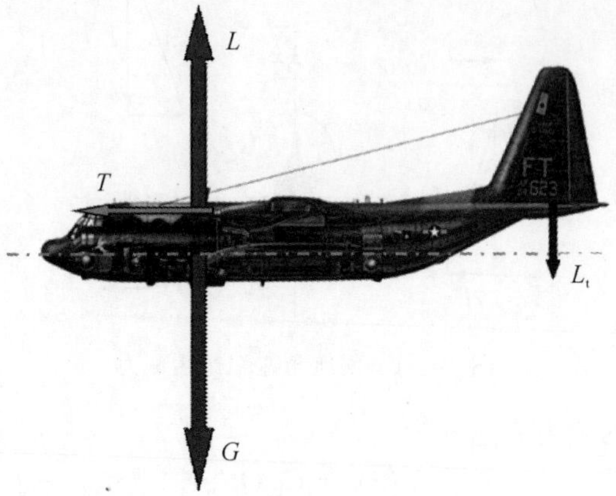

图 4-45　推力产生俯仰力矩

4.6.2　气动俯仰力矩的组成和产生部件

动力产生的俯仰力矩与飞机的速度 V、高度 h、迎角 α、升降舵偏角 δ_e 有关。机体的俯仰角速度运动会影响翼面与流场的瞬时相对速度和角度，从而改变气动力，进而改变作用力矩，因此沿俯仰轴的角速度也会影响作用在飞机上的力矩，产生动态附加力矩。动态附加力矩主要包括由迎角变化率 $\dot{\alpha}$、俯仰角速度 q、升降舵偏转速率 $\dot{\delta}_e$ 产生的力矩。因此，俯仰气动力矩可以表示为

$$M = f(V,h,\alpha,\delta_e,q,\dot{\alpha},\dot{\delta}_e) \tag{4-29}$$

用力矩系数可表示为　　　　　$M=C_m QS_w c_A$

式中：S_w 为机翼面积；c_A 为机翼平均气动弦长；$Q=\frac{1}{2}\rho V^2$。

4.6.3　定常直线平飞的气动俯仰力矩

飞机做定常直线飞行时，速度不变，高度不变，且 $q=\dot{\alpha}=\dot{\delta}_e=0$，因此，俯仰力矩可以表示为 $M=f(\alpha,\delta_e)$。在这种情况下，只要研究迎角、升降舵偏角产生的俯仰力矩，按力矩产生的来源，分为机翼产生的俯仰力矩、机身产生的俯仰力矩和平尾产生的俯仰力矩。

1. 机翼产生的俯仰力矩

作用于翼型表面的流场压力在翼面不但会产生升力和阻力，而且也会产生力矩。力矩的大小与取矩点有关。取矩点不同，力矩大小不同，但翼型的升力不变。实验表明，翼型气动力对前缘取矩时的力矩是迎角的函数，在临界迎角 $\alpha_{critical}$ 内，表现为近似线性关系，且该力矩使得机翼低头。

二维机翼（宽度有限、展长为无限大的直机翼）的升力系数和力矩系数定义为

$$C_L = L/QS \tag{4-30}$$

$$C_m = M/QSc \tag{4-31}$$

式中：c 为二维机翼的弦长；S 为某段机翼的面积；L 和 M 分别表示该段翼型的升力和力矩。

设 $C_L=0$（即 $\alpha=\alpha_0$，α_0 为零升迎角，升力为零）时，机翼的力矩系数为 C_{m_0}，称为零升力矩系数，当取矩点为机翼前缘时。

当迎角增加时，升力增加，对机翼前缘的低头力矩更大，在 $\alpha\leqslant\alpha_{\text{critical}}$ 范围内，不但 C_L 与 α 成正比，C_m 与 α 也成正比，可表示为

$$C_m=C_{m_0}+\left(\frac{\partial C_m}{\partial\alpha}\right)_0(\alpha-\alpha_0) \tag{4-32}$$

$\left(\frac{\partial C_m}{\partial\alpha}\right)_0$ 表示对机翼前缘取矩时的升力系数对迎角的斜率，α_0 为零升迎角。C_{m_0} 为零升力矩系数，为升力为零时的俯仰力矩系数。

对于二维翼型，升力系数可表示为

$$C_L=\frac{\partial C_L}{\partial\alpha}(\alpha-\alpha_0) \tag{4-33}$$

当迎角一定时，升力系数 C_L 和力矩系数 C_m 都是常数。如果改变取矩点位置，则气动力矩大小随取矩点变化。是否存在一个取矩点，使得翼型的升力随迎角变化，而气动力对该点取矩得到的力矩不变呢？

将取矩点从机翼前缘后移到机翼的中间某处 F 点，该点到前缘的距离为 X_{F}，如图 4-46 所示。则取矩点位 F 的气动力矩系数 $C_{m\mathrm{F}}$ 满足

$$C_{m\mathrm{F}}QSc=-C_LQSc\,\frac{X-X_{\mathrm{F}}}{c}\Rightarrow C_{m\mathrm{F}}=C_L\frac{X_{\mathrm{F}}}{c}+C_m \tag{4-34}$$

其中，$C_m=-C_L\dfrac{X}{c}$ 表示取矩点为机翼前缘的力矩。$C_L\dfrac{X_{\mathrm{F}}}{c}$ 为力矩变化量。

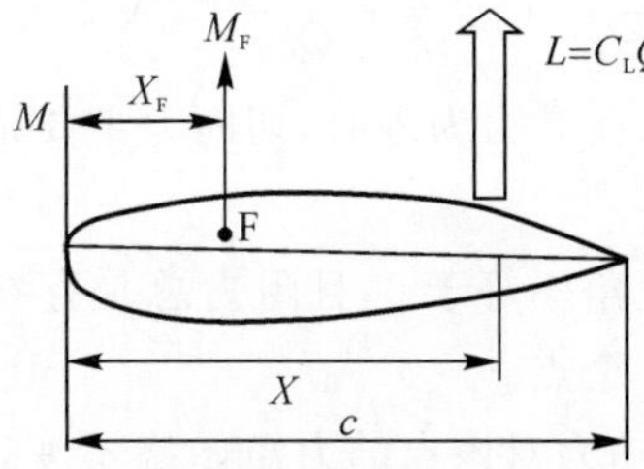

图 4-46　取矩点变化产生的俯仰力矩

令 $\overline{X}_{\mathrm{F}}=X_{\mathrm{F}}/c$，将式(4-32)和式(4-33)代入式(4-34)，有

$$C_{m\mathrm{F}}=\frac{\partial C_L}{\partial\alpha}[\alpha-\alpha_0]\overline{X}_{\mathrm{F}}+C_{m0}+\left(\frac{\partial C_m}{\partial\alpha}\right)_0[\alpha-\alpha_0] \tag{4-35}$$

即

$$C_{m\mathrm{F}}=\left\{\frac{\partial C_L}{\partial\alpha}\overline{X}_{\mathrm{F}}+\left(\frac{\partial C_m}{\partial\alpha}\right)_0\right\}[\alpha-\alpha_0]+C_{m0}$$

显然，当 $\left\{\frac{\partial C_L}{\partial\alpha}\overline{X}_{\mathrm{F}}+\left(\frac{\partial C_m}{\partial\alpha}\right)_0\right\}=0$ 时，有

$$C_{m\mathrm{F}}=C_{m0} \tag{4-36}$$

即 F 点的力矩系数为常数，不随迎角变化，F 点就是该翼型上的气动焦点。

2. 气动俯仰力矩特性及焦点

由定义，以焦点 F 作为取矩点计算得到的翼型气动俯仰力矩不随迎角变化，再由图 4-16

知道，在不考虑速度变化时，迎角变化和升力系数 C_L 的变化是一一对应的，所以焦点也是翼型气动俯仰力矩不随升力系数 C_L 变化的取矩点。既然以焦点作为转动中心计算翼型气动力矩时，迎角变化产生的升力增量不会改变力矩大小，说明升力增量通过转动中心，所以可以认为焦点是迎角变化产生的升力增量作用点。焦点又称为气动中心。

规定使翼型抬头的力矩为正，翼型上压力中心和气动焦点（F 点）如图 4-47 所示，当以 F 点为取矩点，翼型上气动俯仰力矩如下：

$$M_F = -N(X_{压} - X_F) \tag{4-37}$$

式中：X_F 为焦点到机翼前缘的距离；$X_{压}$ 表示压力中心到机翼前缘的距离。

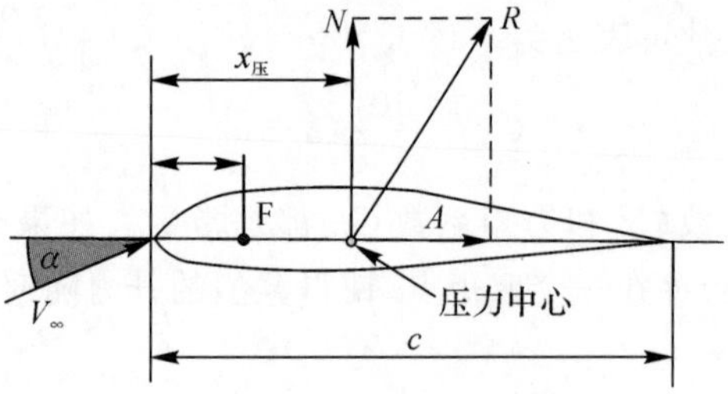

图 4-47　翼型气动俯仰力矩

气动俯仰力矩用力矩系数的形式表示为

$$C_{mF} = \frac{M_F}{QSc} = \frac{-N}{QSc}(X_{压} - X_F) = \frac{-(L + A\sin\alpha)}{QSc\cos\alpha}(X_{压} - X_F) \tag{4-38}$$

当升力为零时，由式(4-36)得

$$C_{mF} = \frac{M_F}{QSc} = C_{m_0} = \frac{-A\tan\alpha}{QSc}(X_{压} - X_F)\bigg|_{L=0} \tag{4-39}$$

式(4-39)中，A 表示翼型切向力，在升力为零时，切向力主要是阻力，此式表明，零升力矩系数主要和翼型的阻力有关。

对于非对称翼型，由于零升迎角不等于 0，且阻力总是存在的，零升力矩系数不等于 0，也就是说，压力中心和焦点不是同一个点。

焦点，当迎角发生变化时，气动力对该点的力矩始终不变，因此它可以理解为气动力增量的作用点。焦点的位置是决定飞机稳定性的重要参数。焦点不随迎角变化 。

压力中心，作用于翼型上的空气动力与翼弦线的交点，这个空气动力包含升力、诱导阻力、压差阻力等。

对于非对称翼型，随着迎角增大，翼型压力中心向前移动，越来越靠近焦点，如图 4-48 所示。

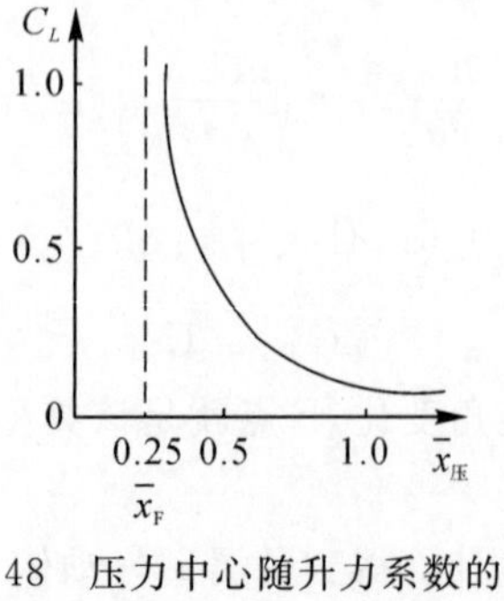

图 4-48　压力中心随升力系数的变化

焦点位置与机翼上下表面的压力分布有密切关系，也与下洗角的大小和机身机翼的弹性形变有关，在亚声速气流中，机翼上下表面的压力分布前部压力绝对值大，后部较小，其增量分布也是如此，焦点位于约距前缘的 1/4 翼弦处；在超声速气流中，机翼上下表面压力分布是均匀的，其增量也均匀分布，此时的焦点在约 50%气动弦长处。

关于焦点的若干结论总结如下(见图 4-49)：

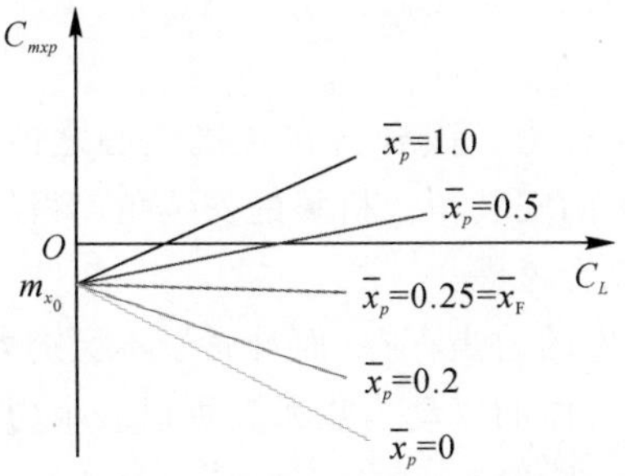

图 4-49　取矩点不同时亚声速翼型俯仰力矩系数随升力系数的变化情况

(1)以焦点为取矩点计算的翼型俯仰力矩系数 C_{mF} 为常数。迎角增加，机翼升力必然增加，但由于总空气动力对焦点的气动力矩不变，即增加的升力和阻力作用在焦点(升力和阻力增量对该点取矩为零)，即升力作用在焦点上。

(2)诱导阻力作用在焦点上，因为诱导阻力是升力的分量。

(3)由于 $C_{mF}=C_{m0}$ 为常数，气动合力对焦点的力矩不随迎角变化，因此，气动合力作用点不在焦点(否则总气动力矩为零)。

(4)焦点的位置：$\overline{X}_F=-\left(\frac{\partial C_m}{\partial \alpha}\right)_0 / \frac{\partial C_L}{\partial \alpha}$。

(5)亚声速临界马赫数内，$\overline{X}_F \approx 1/4$；超声速情况，$\overline{X}_F=1/2$ 。

(6)气动焦点的概念仅适用于线性范畴；在大迎角时，不适用于三维翼型，气动力矩系数 C_m 中翼型的气动弦长应该取平均气动弦长 c_A。

3. 机翼气动力对飞机质心的力矩系数

设飞机质心(Center of Gravity，CG)到机翼前缘的距离为 $X_{c.g.}$(从机翼前缘向后到飞机质心的距离)，机翼力矩对飞机质心取矩时，力矩系数 $C_{mc.g.}$ 为

$$C_{mc.g.}=C_m+C_L X_{c.g.}/c \tag{4-40}$$

代入 C_m 的表达式可得

$$C_{mc.g.}=C_{m_0}+\left(\frac{\partial C_m}{\partial \alpha}\right)_0(\alpha-\alpha_0)+C_L X_{c.g.}/c \tag{4-41}$$

考虑到机翼焦点满足 $\overline{X}_F=-\left(\frac{\partial C_m}{\partial \alpha}\right)_0 / \frac{\partial C_L}{\partial \alpha}$，即

$$\overline{X}_F \frac{\partial C_L}{\partial \alpha}=-\left(\frac{\partial C_m}{\partial \alpha}\right)_0$$

所以

$$C_{mc.g.}=C_{m_0}-\left(\frac{\partial C_L}{\partial \alpha}\right)\overline{X}_F(\alpha-\alpha_0)+C_L X_{c.g.}/c$$

升力系数满足关系

$$C_L=\frac{\partial C_L}{\partial \alpha}(\alpha-\alpha_0)$$

代入后得

$$C_{m\mathrm{c.g.}}=C_{m_0}-C_L\overline{X}_{\mathrm{F}}+C_L X_{\mathrm{c.g.}}/c \tag{4-42}$$

对三维机翼，$c=c_{\mathrm{A}}$，令 $\overline{X}_{\mathrm{c.g.}}=X_{\mathrm{c.g.}}/c_{\mathrm{A}}$，则机翼对飞机质心的力矩系数为

$$C_{m\mathrm{c.g.}}=C_L(\overline{X}_{\mathrm{c.g.}}-\overline{X}_{F_{\mathrm{w}}})+C_{m_0} \tag{4-43}$$

4.机身产生的俯仰力矩

$\alpha\neq 0$ 时飞机锥形头部存在升力。该升力在飞机质心之前，会产生抬头力矩。一般情况下，机翼在机身的安装存在一定的安装角。机翼的安装角使得机翼弦线与机身轴线不平行，因此，机身的力矩应与机翼力矩综合考虑。

由于机身气动力对飞机产生的力矩存在，而且属于不稳定力矩，其作用相当于使得机翼的焦点前移，$\overline{X}_{\mathrm{F}}$ 减少。故翼身组合体的气动力矩系数可以表示为

$$C_{m\mathrm{w+b}}=C_{Lw}(\overline{X}_{\mathrm{c.g.}}-[\overline{X}_{F_{\mathrm{w}}}-\Delta\overline{X}_{F_{\mathrm{b}}}])+C_{m_{0\mathrm{w}}}+\Delta C_{m_{0\mathrm{b}}} \tag{4-44}$$

式中：$\Delta\overline{X}_{F_{\mathrm{b}}}$ 表示由于机身升力引起机翼焦点的变化量；令 $\overline{X}_{F_{\mathrm{w+b}}}=\overline{X}_{F_{\mathrm{w}}}-\Delta\overline{X}_{F_{\mathrm{b}}}$，表示翼身组合体的气动焦点相对位置；令 $C_{m_0\mathrm{w+b}}=C_{m_{0\mathrm{w}}}+C_{m_{0\mathrm{b}}}$ 表示翼身组合体的零升力矩系数，则有

$$C_{m\mathrm{w+b}}=C_{L_{\mathrm{w}}}(\overline{X}_{\mathrm{c.g.}}-\overline{X}_{F_{\mathrm{w+b}}})+C_{m_{0\mathrm{w+b}}} \tag{4-45}$$

5.水平尾翼产生的俯仰力矩

水平尾翼在飞机质心之后，其升力对飞机形成低头力矩。设水平尾翼的升力为 L_{t}，气动力焦点距飞机质心距离为 l_{t}，则尾翼升力对飞机质心的力矩为 $M_{\mathrm{tl}}=-L_{\mathrm{t}}l_{\mathrm{t}}$。

平尾的升力满足：

$$L_{\mathrm{t}}=C_{L_{\mathrm{t}}}QS_{\mathrm{t}} \tag{4-46}$$

式中：S_{t} 为平尾面积；Q 为动压；$C_{L_{\mathrm{t}}}$ 为平尾升力系数，表达式如下：

$$C_{L_{\mathrm{t}}}=\frac{\partial C_{L_{\mathrm{t}}}}{\partial \alpha}\alpha_{\mathrm{t}}+\frac{\partial C_{L_{\mathrm{t}}}}{\partial \delta_{\mathrm{e}}}\delta_{\mathrm{e}} \tag{4-47}$$

尾翼对质心的力矩系数为

$$C_{m_{\mathrm{tl}}}=M_{\mathrm{tl}}/QS_{\mathrm{w}}c_{\mathrm{A}}=-\left(\frac{\partial C_{L_{\mathrm{t}}}}{\partial \alpha}\alpha_{\mathrm{t}}+\frac{\partial C_{L_{\mathrm{t}}}}{\partial \delta_e}\delta_e\right)\frac{S_{\mathrm{t}}}{S_{\mathrm{w}}}\frac{l_{\mathrm{t}}}{c_{\mathrm{A}}} \tag{4-48}$$

其中，$\alpha_{\mathrm{t}}=\alpha-\varepsilon=\alpha(1-\varepsilon_\alpha)$。

令 $\overline{S}_{\mathrm{t}}=S_{\mathrm{t}}/S_{\mathrm{w}}$，$\bar{l}_{\mathrm{t}}=l_{\mathrm{t}}/c_{\mathrm{A}}$，则有

$$C_{m_{\mathrm{tl}}}=-\left(\frac{\partial C_{L_{\mathrm{t}}}}{\partial \alpha}\alpha_{\mathrm{t}}+\frac{\partial C_{L_{\mathrm{t}}}}{\partial \delta_{\mathrm{e}}}\delta_{\mathrm{e}}\right)\overline{S}_{\mathrm{t}}\bar{l}_{\mathrm{t}} \tag{4-49}$$

平尾的零升气动力矩也会对飞机产生气动力矩，平尾的升力力矩和操纵力矩远远大于平尾的零升气动力矩，平尾的零升气动力矩系数可以表示为 $C_{m_{0\mathrm{t}}}$。这样整个平尾对飞机质心产生的气动力矩为

$$C_{m_{\mathrm{t}}}=-\left(\frac{\partial C_{L_{\mathrm{t}}}}{\partial \alpha}\alpha_{\mathrm{t}}+\frac{\partial C_{L_{\mathrm{t}}}}{\partial \delta_e}\delta_e\right)\overline{S}_{\mathrm{t}}\bar{l}_{\mathrm{t}}+C_{m_{0\mathrm{t}}} \tag{4-50}$$

在平尾力矩系数中，$-\frac{\partial C_{L_{\mathrm{t}}}}{\partial \delta_e}\delta_e\overline{S}_{\mathrm{t}}\bar{l}_{\mathrm{t}}$ 为俯仰操纵力矩系数，则俯仰操纵力矩导数为 $\frac{\partial C_{m_{\mathrm{t}}}}{\partial \delta_e}=-\frac{\partial C_{L_{\mathrm{t}}}}{\partial \delta_e}\overline{S}_{\mathrm{t}}\bar{l}_{\mathrm{t}}$。

常规布局飞机平尾的焦点在飞机质心和机翼焦点之后，则平尾力矩是稳定力矩的一部分，可以提高了飞机的静稳定性(所以水平安定面的英文名称为 stabilizer)，使得飞机总的气动焦点 ac 后移。

6. 飞机定常直线飞行时的俯仰操纵力矩

这样，整架飞机的气动力矩为机翼机身和平尾的气动力矩之和，写成气动力矩系数的形式为 $C_m = C_{m_{w+b}} + C_{m_t}$，代入式(4-45)和式(4-50)后，可得

$$C_m = C_{L_w}(\overline{X}_{c.g.} - \overline{X}_{F_{w+b}}) - \left(\frac{\partial C_{L_t}}{\partial \alpha}\alpha_t + \frac{\partial C_{L_t}}{\partial \delta_e}\delta_e\right)\overline{S}_t\bar{\bar{l}}_t + C_{m_{0_t}} + C_{m_{0_{w+b}}} \tag{4-51}$$

写成力矩系数导数的形式为

$$C_m = \frac{\partial C_{L_w}}{\partial \alpha}\alpha(\overline{X}_{c.g.} - \overline{X}_{F_{w+b}}) - \left(\frac{\partial C_{L_t}}{\partial \alpha}\alpha_t + \frac{\partial C_{L_t}}{\partial \delta_e}\delta_e\right)\overline{S}_t\bar{l}_t + C_{m_{0_{w+b+t}}} - \frac{\partial C_{L_w}}{\partial \alpha}\alpha_0(\overline{X}_{c.g.} - \overline{X}_{F_{w+b}}) \tag{4-52}$$

由于迎角产生的机翼升力是总的迎角升力的一部分，考虑到机翼升力系数 $\partial C_{L_w}/\partial \alpha$ 和飞机升力系数 $\partial C_L/\partial \alpha$ 都是常数，因此，俯仰力矩系数也可以写为

$$C_m = C_{m_0} + C_{m_\alpha}(\alpha - \alpha_0) + C_{m_{\delta_e}}\delta_e \tag{4-53}$$

式中：C_{m_0} 表示零升力矩系数；C_{m_α} 表示静稳定力矩系数导数；$C_{m_{\delta_e}}$ 为操纵力矩系数导数。

7. 飞机定常直线飞行时的平衡(纵向配平)

所谓配平，就是寻找一组飞机状态参数(飞机姿态角和速度、高度)和舵面偏度，使得飞机的合外力=0，合外力矩=0。配平是飞机稳定性分析和建立小扰动线性化方程的基础，在飞行动力学分析和飞行控制系统的设计过程中起着非常重要的作用。

飞机定常直线飞行时，必然满足两个条件：升力=重力，推力=阻力，在不考虑阻力和推力时，定常直线平飞时飞机的纵向力如图 4-50 所示。图中，c_A 为平均气动弦长，l_t 为平尾焦点到重心的距离，x_F 为翼身组合体焦点到机翼前缘的距离，x_G 为重心到机翼前缘的距离，$L_{\delta_e=0}$ 为平尾不偏转时飞机机翼和机身的升力，L_{δ_e} 为平尾偏转时在平尾上产生的升力，L 为飞机总升力，G 为重力。显然，在定常直线平飞时有

$$L = L_{\delta_e=0} + L_{\delta_e} = G \tag{4-54}$$

$$L_{\delta_e=0}(x_G - x_F) + L_{\delta_e}l_t + M_0 = 0 \tag{4-55}$$

式中：M_0 为零升力矩。

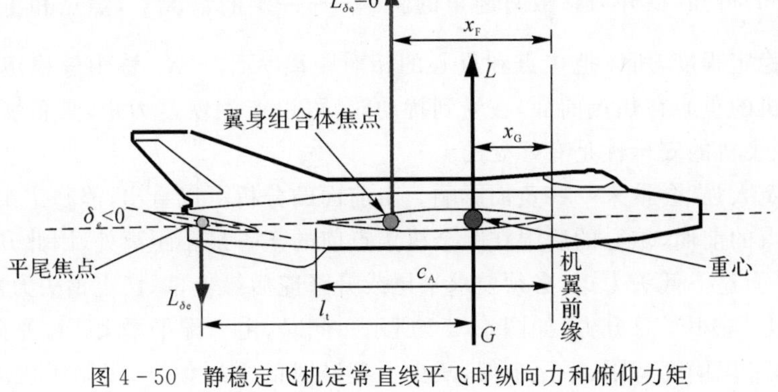

图 4-50　静稳定飞机定常直线平飞时纵向力和俯仰力矩

4.6.4 纵向静稳定性及其影响因素

假定飞机初始作定常直线飞行(外力、外力矩平衡),如果受到某种外界瞬时扰动作用后,具有自动恢复(不需人工干预,不动舵面)到原来平衡状态的初始趋势,则称飞机是静稳定的;在外界瞬时扰动作用后,若飞机存在力图扩大偏离平衡状态的初始趋势,则称飞机是静不稳定的;若外界瞬时扰动作用后,既无扩大、又无恢复原来平衡状态的初始趋势,则称为中立静稳定。

如果飞机能够最终恢复原有的平衡,则称飞机具有动稳定性;反之,则称飞机为动不稳定的。说明:具有静稳定性并不能保证飞机动稳定性,但静稳定性是动稳定的“必要条件”。静稳定性和动稳定性的关系如图 4-51 所示。

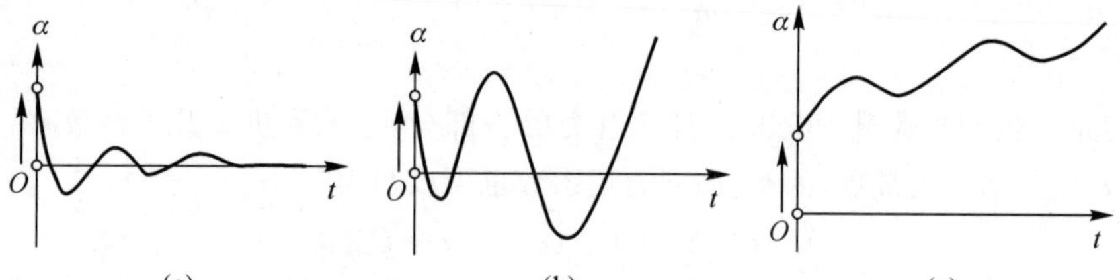

图 4-51　静稳定和动稳定的关系

(a)静稳定且动稳定;(b)静稳定但动不稳定;(c)静不稳定且动不稳定

飞机的静稳定性通常用纵向静稳定导数 C_{m_α} 来衡量:

$$C_{m_\alpha} = \frac{\partial C_L}{\partial \alpha}[\overline{X}_{c.g.} - \overline{X}_F] \tag{4-56}$$

由式(4-56)可知:当 $C_{m_\alpha}(M)<0$ 时,焦点在重心后面,迎角增大时,附加产生的气动俯仰力矩会使飞机低头,使得迎角减小,从而消除迎角干扰。反之,如果 $\Delta\alpha<0$,则附加产生的气动力矩使得飞机抬头,也可以消除迎角干扰,使得迎角增大。

当 $C_{m_\alpha}(M)>0$ 时,焦点在重心前面,干扰迎角产生的附加俯仰力矩会使得干扰角继续增大,飞机的姿态稳定性无法保持。

当 $C_{m_\alpha}(M)=0$ 时,焦点和重心重合,飞机为中立静稳定的。

纵向静稳定导数与升力随迎角的变化情况、焦点位置和重心位置相关,和舵面无关,和动压无关,所以又称为握杆定速稳定性。

由式(4-56)可知,在升力系数对迎角的斜率$\frac{\partial C_L}{\partial \alpha}$一定的情况下,焦点和重心的距离决定了飞机纵向静稳定程度,所以把焦点和重心的相对距离 $\overline{X}_{c.g.}-\overline{X}_F$ 称为静稳定裕度或静稳定度。静稳定飞机的重心在焦点前面,在受到扰动时,可以产生恢复力矩,具备恢复原平衡态的趋势,这对保证飞机的安全性是有好处的。

飞机静稳定太强,会带来一些负面影响。由前面的分析可以看出,静稳定布局要求飞机的重心在全机焦点的前面,重心的后限在距全机焦点前的某一最小距离处,因此升力必然产生低头力矩,为了平衡这一低头力矩,必须要求平尾或升降舵后缘上偏,产生抬头力矩,因此这时平尾上产生负升力,减小了总升力,如图 4-52 所示。同时,由于配平增大了配平阻力,增大了发动机的耗油量;平尾偏度有限,平尾上偏,减少了爬升时的平尾偏度,限制了机动性;升阻比下降，要提供有用升力，需要更大的机翼面积，增加了飞机的空重；当飞机飞行速度提高，焦点后移，需要更大的平尾偏度或平尾面积来平衡升力产生的低头力矩，可能要延长机体，这又增加了飞机的质量。

为了克服上述缺点，特别是电传飞行控制技术出现以后，现代高性能飞机大多采用了放宽静稳定性技术。通过将重心后移，减小飞机的静稳定度，甚至将焦点前移到重心前面，形成静不稳定布局(通过人工增稳系统保持稳定性)。

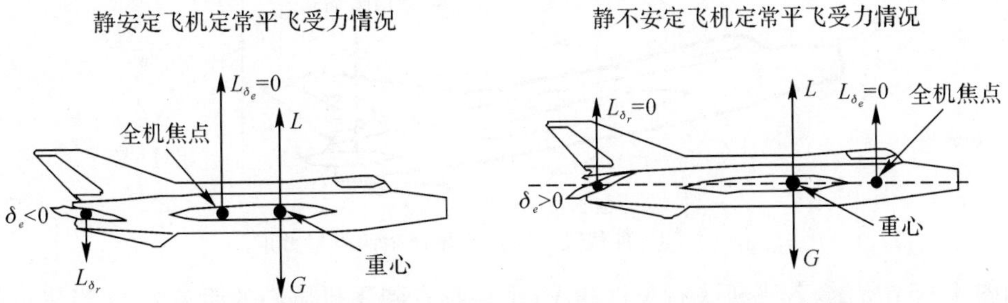

图 4-52　静稳定飞机和静不稳定飞机在定常平飞时的受力情况

通过采取放宽静稳定性技术，可以带来一系列良好的收益。

1. 减小了阻力

因为配平时所需升力减少，所以配平角减小，降低阻力；增加剩余推力 $\Delta T=T-D$，提高平飞加速能力；增大爬升率，增大升限：增大有效航程：阻力减少，燃料消耗量降低，所以有效航程增大。

2. 减轻飞机质量

放宽静稳定性后，平尾需提供的升力减小，减少平尾面积，减轻质量；所需升力减小，可以减小机翼面积，进一步减轻质量，重心后移可以减小前机身的长度，所以减小全机质量。

3. 有用升力增加

当飞机变成静不稳定的，平尾升力为正升力，增加全机升力，机动能力提高。常用升力与重力之比衡量飞机机动性，升力与重力之比称为法向过载 $n_z=L/G$。当升力增大，法向过载 n_z 增大，而转弯角速度 $\dot{\psi}=\dfrac{g\sqrt{n_z^2-1}}{V}$，飞机转弯半径 $R=\dfrac{V^2}{g\sqrt{n_z^2-1}}$，所以放宽静稳定性后，飞机的转弯角速率增大，转弯半径减小，提高了机动性。

美国曾经在 B-52 轰炸机上进行过放宽静稳定性的试验，试验表明，采用放宽静稳定性的 CCV-B52 试验机与常规 B-52 轰炸机相比：平尾面积从 84m^{2}降低到 46m^2，在原发动机和起飞总重不变时，结构质量减少 4.6%，航程增大 4.3%。

波音公司在 20 世纪 60 年代开展的超声速运输机研究中发现，若飞机重心后移 5%c_A，配平所需的 3.8m 的前机身取消了，质量减少 2.7t，有效载荷增加近 30%，巡航阻力减少 2.5%，综合效果是使飞机航程增加 417km。

4.6.5　曲线飞行时的气动俯仰力矩

飞机在曲线飞行时，除了上述俯仰稳定力矩、俯仰操纵力矩和零升力矩外，在飞机的机翼、机身和平尾处都会产生俯仰力矩，其中以平尾产生的力矩最为明显。因此，在分析飞机曲线飞行力矩时，要考虑平尾产生的阻尼力矩。除此之外，还要考虑因为下洗导致的计算修正。本节将叙述由于俯仰角速率变化引起的俯仰阻尼力矩系数导数和洗流时差导数。

1. 纵向阻尼导数 $C_{m\bar{q}}$

如图 4-53 所示，当飞机绕质心抬头时，平尾向下运动，相当于平尾处受到一个向上的气流作用，产生向上的附加升力，进而产生一个低头力矩，阻碍抬头运动，这个低头力矩就是阻尼力矩。显然，当飞机低头时，平尾处产生的阻尼力矩是抬头力矩。

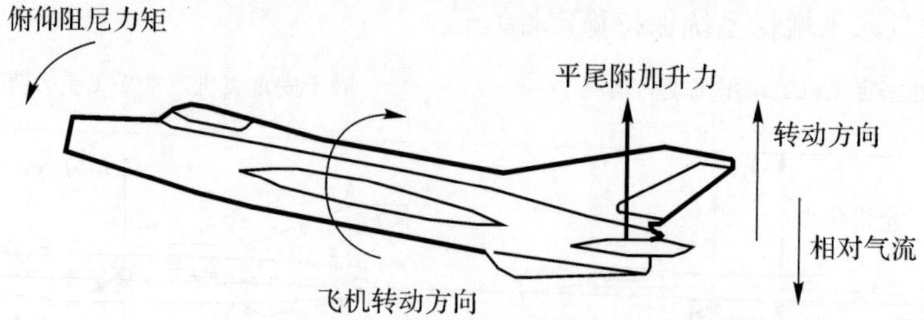

图 4-53　曲线飞行时的平尾产生的阻尼力矩

如图 4-54 所示，若飞机飞行速度为 V，平尾焦点到飞机质心的距离为 l_t，当飞机的俯仰角速率为 q 时，在平尾处产生的附加迎角 $\Delta\alpha_t \approx \dfrac{ql_t}{V}$。

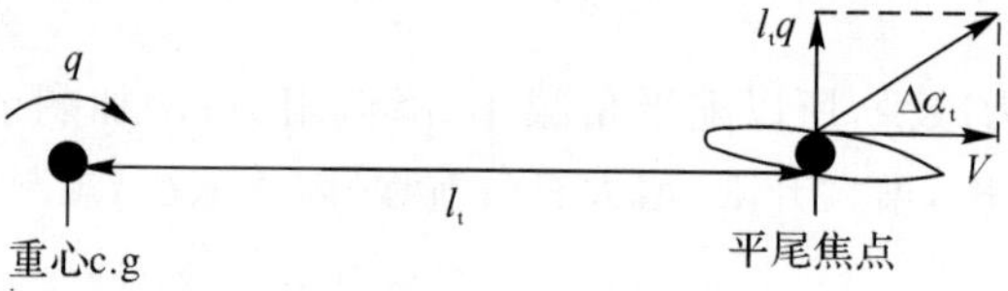

图 4-54　曲线飞行时的平尾产生的阻尼力矩

由此产生的附加升力为

$$\Delta L_t = QS_t \frac{\partial C_{Lt}}{\partial \alpha_t} \Delta\alpha_t$$

附加俯仰力矩为

$$\Delta M_t = -\Delta L_t l_t = -QS_t \frac{\partial C_{Lt}}{\partial \alpha_t} \frac{ql_t^2}{V}$$

写出力矩系数的形式为

$$\Delta C_{mt} = \frac{\Delta M_t}{\frac{1}{2}\rho V^2 S_w c_A} = -2 \frac{S_t}{S_w} \frac{l_t^2}{c_A^2} \frac{\partial C_{Lt}}{\partial \alpha_t} \left(\frac{qc_A}{2V}\right) \tag{4-57}$$

写出力矩系数导数的形式为

$$\Delta C_{mt} = C_{m\bar{q}} \bar{q} \tag{4-58}$$

式中：$C_{m\bar{q}}$ 称为纵向阻尼导数；$\bar{q} = \dfrac{qc_A}{2V}$。

2. 洗流时差导数 $C_{m\bar{\dot{\alpha}}}$

在飞机做纵向曲线运动中，须考虑 $\dfrac{d\alpha}{dt} = \dot{\alpha} \neq 0$ 时对平尾下洗影响的迟滞。假定 $\dot{\alpha} \neq 0$，若飞机飞行速度为 V，平尾焦点到飞机质心的距离为 l_t，t 时刻平尾下洗角取决于 $t-\tau$ 时刻机翼迎角 $\alpha(t-\tau)$，其中 $\tau = l_t/V$。此时的下洗角为

$$\varepsilon(t) = \varepsilon_0 + \varepsilon_\alpha \alpha(t-\tau) = [\varepsilon_0 + \varepsilon_\alpha \alpha(t)] + \varepsilon_\alpha[\alpha(t-\tau) - \alpha(t)] \tag{4-59}$$

由于式(4-48)、式(4-59)中 $[\varepsilon_0 + \varepsilon_\alpha \alpha(t)]$ 项已计入定常气动力，所以需要进行下洗修正

$\Delta\varepsilon(t)=\varepsilon_\alpha[\alpha(t-\tau)-\alpha(t)]$，又因为

$$\Delta\varepsilon(t)=\varepsilon_\alpha[\alpha(t-\tau)-\alpha(t)]=-\varepsilon_\alpha\dot{\alpha}\tau=-\varepsilon_\alpha\dot{\alpha}\frac{l_t}{V} \tag{4-60}$$

所以相对于按当前迎角考虑平尾下洗，实际气动力增量为

$$\Delta L_t=-\frac{1}{2}\rho V^2 S_t\frac{\partial C_{Lt}}{\partial\alpha_t}\Delta\varepsilon \tag{4-61}$$

实际气动力矩增量为

$$\Delta M_t=-\frac{1}{2}\rho V^2 S_t l_t\frac{\partial C_{L_t}}{\partial\alpha_t}\Delta\varepsilon \tag{4-62}$$

写成力矩系数的形式为

$$\Delta C_{mt}=\frac{\Delta M_t}{\frac{1}{2}\rho V^2 S_w c_A}=-2\varepsilon_\alpha\frac{S_t}{S_w}\frac{l_t^2}{c_A^2}\frac{\partial C_{Lt}}{\partial\alpha_t}\left(\frac{\dot{\alpha}c_A}{2V}\right) \tag{4-63}$$

写成力矩系数导数的形式为

$$\Delta C_{mt}=C_{m\bar{\dot{\alpha}}}\bar{\dot{\alpha}} \tag{4-64}$$

式中：$C_{m\bar{\dot{\alpha}}}$ 称为洗流时差导数；$\bar{\dot{\alpha}}=\frac{\dot{\alpha}c_A}{2V}$。

4.7　滚转力矩及其影响因素

由于 $L_M=L_M(\beta,\delta_a,\delta_r,p,r)$，写成力矩系数导数的形式为

$$C_l=C_{l_\beta}\beta+C_{l_{\delta_a}}\delta_a+C_{l_{\delta_r}}\delta_r+C_{l_p}\bar{p}+C_{l_r}\bar{r} \tag{4-65}$$

其中 $C_{l_\beta}=(\partial C_l/\partial\beta)$，$C_{l_{\delta_a}}=(\partial C_l/\partial\delta_a)$，$C_{l_{\delta_r}}=(\partial C_l/\partial\delta_r)$，$C_{l_p}=(\partial C_l/\partial p)$，$C_{l_r}=(\partial C_l/\partial r)$。

$$\bar{p}=\frac{pb}{2V} \tag{4-66}$$

$$\bar{r}=\frac{rb}{2V} \tag{4-67}$$

式中：b 为飞机展长；C_{l_β} 称为飞机滚转静稳定性导数，$C_{l_\beta}<0$ 说明飞机是滚转静稳定的，否则是滚转静不稳定的。

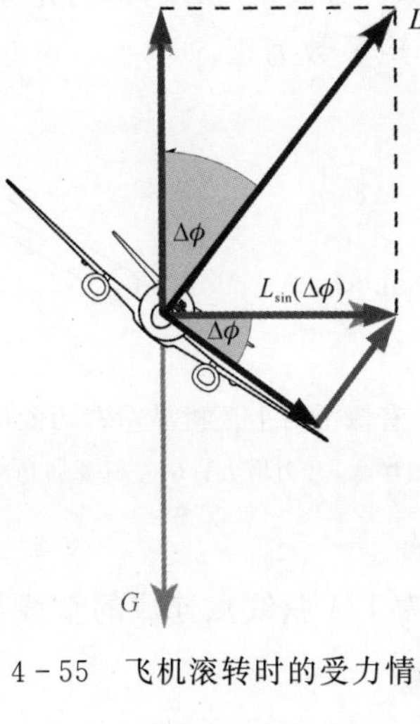

图 4-55　飞机滚转时的受力情况

滚转静稳定的解释如下：如图 4－55 所示，若干扰使得飞机产生滚转角 $\Delta\phi>0$，升力分量 $L\sin(\Delta\phi)$ 使得飞机速度矢量向右偏移，而飞机机头的偏转滞后于速度的偏移，所以产生侧滑角 $\beta>0$，由于 $C_{l_\beta}<0$，产生左滚转力矩，该滚转力矩阻碍 $\Delta\phi$ 增大，最终使得 $\Delta\phi=0$。

4.7.1 侧滑角产生的滚转力矩、滚转静稳定性及其影响因素

当出现侧滑时，气流相对机翼和立尾的方向都发生了变化，产生的侧力形成了绕 Ox 轴的力矩，可表示为

$$L_M(\beta)=QS_w b(\partial C_l/\partial\beta)=QS_w bC_{l_\beta}\beta \tag{4-68}$$

式中：b 为展长；S_w 为机翼面积。

侧滑角影响侧向力矩需要考虑机翼上下反角、机翼后掠角、机身和立尾四方面因素。

1. 机翼上下反角对滚转的影响

对上反角为 Γ 的机翼，气流分解如图 4－56 所示。

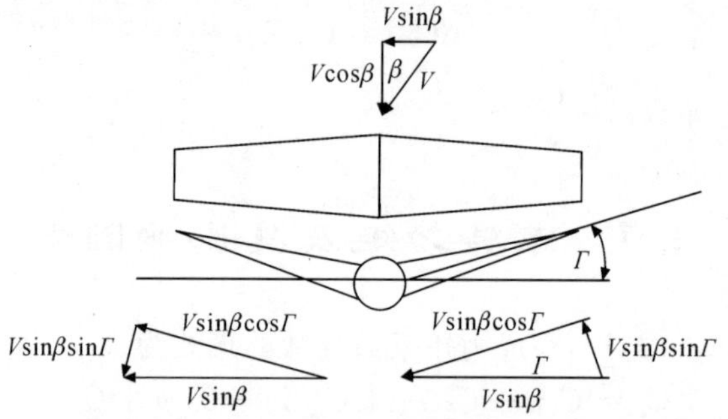

图 4－56　机翼上反角对机翼流场的影响

具有侧滑角 β 的水平气流 V 沿 $-Ox$ 方向的分量为 $V\cos\beta$，沿垂直于 Ox 方向，即 $-Oy$ 方向的分量为 $V\sin\beta$。分量 $V\sin\beta$ 垂直于机翼弦线的速度分量为 $V_\perp=V\sin\beta\sin\Gamma$，是产生升力的主要来源。对右机翼 $V_\perp=V\sin\beta\sin\Gamma$ 向上，对左机翼，$V_\perp=V\sin\beta\sin\Gamma$ 向下。$V_\perp=V\sin\beta\sin\Gamma\approx V\Gamma\beta$，$\Gamma$ 是常数，因此 $V_\perp\propto\beta$。

图 4－57 中上反角产生的附加迎角 $\Delta\alpha=\arctan(\sin\beta\sin\Gamma/\cos\beta)\approx\beta\Gamma$，两侧的附加迎角一正一负，产生方向相反的力形成力矩，方向沿 $-Ox$，即力矩系数为负。即 $C_{l_\beta}<0$。

对下反角，则方向沿 Ox，即力矩系数为正。

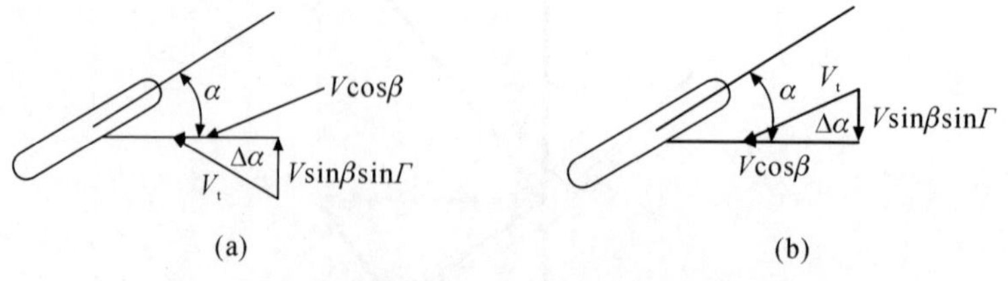

图 4－57　有侧滑时上反机翼左右两侧机翼的升力

(a)右机翼迎角增大，升力增大；(b)左机翼迎角减少，升力减少

2. 机翼后掠角角对滚转的影响

机翼后掠角定义：$\Lambda_{1/4}$ 后掠角为 1/4 弦线点连成的直线与 Oy 的夹角。沿 1/4 弦线将速度分解。

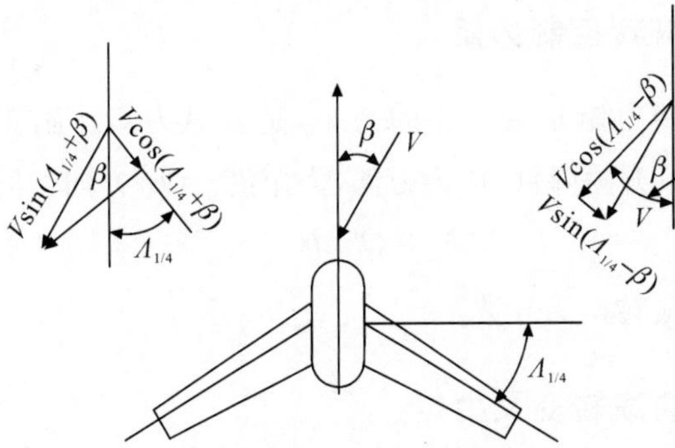

图 4-58　后掠翼飞机左右两侧机翼速度分解

右机翼：平行分量为 $V\sin(\Lambda_{1/4}-\beta)$，垂直分量为 $V\cos(\Lambda_{1/4}-\beta)$。

左机翼：平行分量为 $V\sin(\Lambda_{1/4}+\beta)$，垂直分量为 $V\cos(\Lambda_{1/4}+\beta)$

产生升力的有效速度分量为垂直速度分量，有

$$V\cos(\Lambda_{1/4}-\beta)>V\cos(\Lambda_{1/4}+\beta)$$

因此，右机翼的升力将大，左机翼则小。力矩沿 $-Ox$ 方向。即 $C_{l_\beta}<0$。

C_l 随攻角变化，当 $\alpha=\alpha_0$ 时，$\alpha=\alpha_0$，则 $C_{l_\beta}=0$。

如果 C_L 很大，则 C_l 也很大，影响飞机的稳定性。侧滑时飞机要滚动。

4.7.2　垂尾产生的滚转力矩

立尾在侧滑出现时，速度沿立尾的垂直分量对立尾产生气动力，如图 4-59 所示。

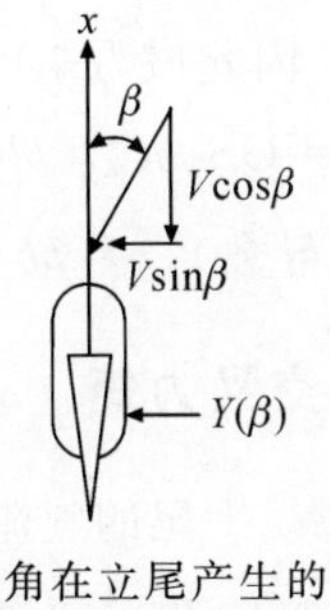

图 4-59　侧滑角在立尾产生的侧力和侧向力矩

平行立尾气流为 $V\cos\beta$；垂直立尾气流为 $V\sin\beta$。

侧滑产生的力矩($V\sin\beta$)，一方面使得飞机沿 $-Ox$ 转动，一方面使得飞机沿 Oz 转动。因此这时的力矩系数

$$C_{l_\beta}<0,\quad C_{N_\beta}>0$$

4.7.3　机身产生的滚转力矩

机翼安装位置不同，$\beta>0$ 侧滑时气流在飞机右侧垂直分量 $V\sin\beta$ 使得翼根压力增大，产生气动力，上单翼飞机形成 $C_{l_\beta}<0$ 的力矩系数。下单翼飞机形成 $C_{l_\beta}>0$ 的力矩系数。中单翼 C_{l_β} 可忽略。

4.7.4 副翼产生的滚转控制力矩

副翼偏角 δ_a 引起的滚转力矩是最主要的力矩，是操纵力矩。副翼正偏转时(右副翼下偏)，右机翼升力增大，左机翼升力降低，成为力偶，力矩沿 $-Ox$ 方向。因此

$$L_M(\delta_a) = QS_w bC_{l_{\delta_a}}\delta_a$$

这里 $C_{l_{\delta_a}} = (\partial C_l/\partial \delta_a) < 0$ (滚转操纵导数)。

4.7.5 方向舵产生的滚转交叉力矩

方向舵正向偏转 $\dot{\delta}_r$ 沿 Oz 方向，产生正侧力沿 Oy 方向，此力对 Ox 轴取力矩为正，对 Oz 轴取力矩为负。因此 $L_M(\delta_r) = QS_w bC_{l_{\delta_r}}\delta_r$。

这里 $C_{l_{\delta_r}} = (\partial C_l/\partial \delta_r) > 0$ (操纵交叉导数)

这里 $C_{l_{\delta_r}} = (\partial C_N/\partial \delta_r) < 0$

蹬左舵，机头左偏，导致右侧滑，侧滑前翼升力大于侧滑后翼升力，飞机左滚。

4.7.6 滚转角速率产生的阻尼力矩

滚转时，机翼会产生大的阻尼力矩，平尾和立尾也存在，但较小。

飞机右滚，$p>0$。右机翼向下运动，气流相对运动向上，气流迎角增大，升力增大；左机翼向上运动，气流运动相对向下，气流迎角减少，升力减少。形成力矩沿 $-Ox$ 方向，阻止滚转。

平尾和立尾作用相同，阻尼力矩小。因此该力矩可以写为

$$L(p) = QS_w bC_{l_p}(pb/2V)$$

这里 $C_{l_p} = (\partial C_l/\partial \bar{p}) < 0$ (滚转阻尼导数)，$\bar{p} = pb/2V$。

4.7.7 偏航角速率产生的动态交叉力矩

飞机进行偏航运动(沿 Oz)，引起机翼、平尾的气流速度发生改变，引起滚转力矩(沿 Ox)。

设 $r>0$，机体头部向右偏转，左机翼气流相对速度增大，升力增大；右机翼气流相对速度减少，升力减少。从而产生沿 Ox 方向的力矩。因此

$$L_M(r) = QS_w bC_{l_r}(rb/2V)$$

这里 $C_{l_r} = (\partial C_l/\partial \bar{r}) > 0$ (交叉动态导数)，$\bar{r} = rb/2V$。

4.8 偏航力矩及其影响因素

偏航力矩是飞机绕机体系 Oz_b 轴的力矩，用字母 N 表示，偏航力矩是侧滑角 β、滚转角速率 p、偏航角速率 r、副翼偏度 δ_a 和方向舵偏度 δ_r 的函数，所以一般地表示为 $N=N(\beta, \delta_a, \delta_r, p, r)$。

4.8.1　侧滑角产生的偏航力矩、航向静稳定性及其影响因素

当存在侧滑角时，由于流经飞机对称面的气流不对称，在飞机上产生侧力，产生侧力的主要部件是立尾（或称垂尾）和方向舵。当 $\beta>0$ 时，立尾上产生的侧力沿机体系 Oy_b 轴负方向。若立尾在质心之后，这个侧力产生的偏航力矩是绕机体系 Oz_b 轴正方向，可表示为 $N(\beta)=C_{n_\beta}\beta QS_w b>0$，其中 $C_{n_\beta}=(\partial C_n/\partial\beta)>0$。

正偏航力矩使得机头向右偏，有减小侧滑角的趋势。将能够消除侧滑趋势的能力定义为飞机的航向静稳定性（见图 4-60）。所以，$C_{n_\beta}>0$ 为航向静稳定性的条件。注意：航向静稳定不能保持航向不变，只能使得侧滑角为零，这时航向稳定与俯仰静稳定、滚转静稳定的差异。机头可能处在新方向，因此，航向静稳定性也称为风标稳定性。

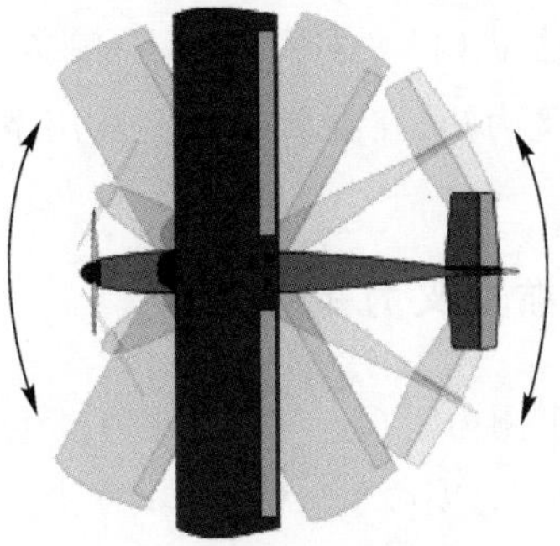

图 4-60　航向稳定性

前面所讲的纵向静稳定性导数 $C_{m_\alpha}<0$ 表示俯仰静稳定；滚转静稳定性导数 $C_{l_\beta}<0$ 表示滚转静稳定；而航向静稳定性导数 $C_{n_\beta}>0$ 表示航向静稳定。这种符号差异是坐标系定义造成的。

航向稳定力矩主要是在飞机出现侧滑时由垂尾产生的。垂尾面积越大，航向稳定力矩越大，如图 4-61 所示。

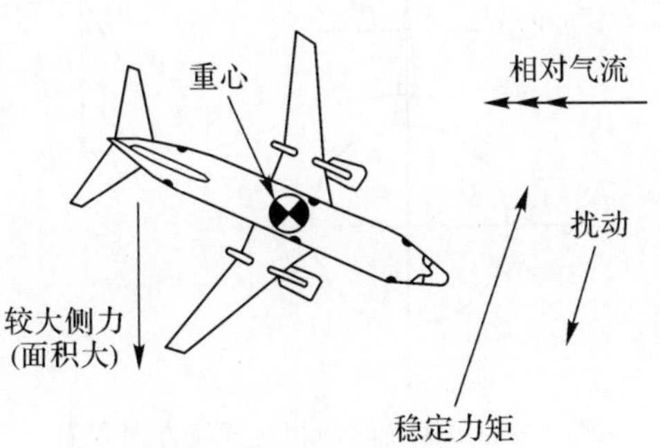

图 4-61　航向稳定力矩

上反角和后掠角的设计等也能够使机翼产生方向稳定力矩，上反角使侧滑前翼迎角大，阻力大，从而产生航向稳定力矩。分析过程如图 4-56 所示，对于上反角为 Γ 的机翼，当有侧滑角 $\beta>0$ 时，将流经左右机翼的气流沿翼弦线和垂直于翼弦线分解；垂直于机翼弦线的速度分量为产生升力的有效分量为 $V\sin\beta\sin\Gamma$；右机翼 $V\sin\beta\sin\Gamma$ 向上，相当于增大了迎角；左机翼

$V\sin\beta\sin\Gamma$ 向下，相当于减小了迎角；右侧升力大，所以升致阻力也大；左侧升力小，所以升致阻力也小；所以产生右偏航力矩，是航向稳定力矩。

后掠角的存在，使侧滑前翼的相对气流有效分速大，因而阻力更大，从而产生航向稳定力矩，如图 4-58 所示。对于后掠角为 Λ 的机翼，当有侧滑角 $\beta>0$ 时，产生升力的有效速度分量为垂直速度分量，右侧分量为 $V\cos(\Lambda_{1/4}-\beta)$ 大于左侧分量 $V\cos(\Lambda_{1/4}+\beta)$；因此，右机翼的升力将大，升致阻力也大；左侧升力小，所以升致阻力也小；所以产生右偏航力矩，是航向稳定力矩。

4.8.2 副翼产生的偏航控制力矩

副翼偏转会产生偏航控制力矩，因为副翼上下偏转对机翼弯度影响不同，对 $\delta_a>0$，右副翼下偏转，弯度增大，升力增大，阻力也增大；左副翼上偏转，弯度减少，升力减少，阻力也减少；所以左右两侧升力差形成力矩沿 Oz_b 方向的正偏航力矩。该力矩对飞机转弯不利。该项力矩表示为：$N(\delta_a)=QS_w bC_{n_{\delta_a}}\delta_a$，这里 $C_{n_{\delta_a}}=(\partial C_n/\partial\delta_a)$（副翼操纵交叉导数）

一般，为产生稳定的操纵交叉力矩，在副翼控制上采用下偏角小于上偏角的方法，从而达到产生负的偏航力矩的目的。

4.8.3 方向舵产生的偏航交叉力矩

方向舵正向偏转时 $\dot{\delta}_r$ 产生正侧力沿 Oy_b 方向，此力产生的 Oz_b 轴的偏航力矩为负。因此

$$N(\delta_r)=QS_w bC_{n_{\delta_r}}\delta_r$$

这里 $C_{n_{\delta_r}}=(\partial C_n/\partial\delta_r)<0$（航向操纵导数）。

4.8.4 滚转角速率产生的动态交叉力矩

当飞机沿 Ox 轴滚动，角速度为 p，机翼和立尾的切向速度与气流速度合成，对机翼和立尾的气流迎角产生作用，相当于副翼和方向舵有某种程度偏转，从而产生偏航力矩。

对于立尾在机身上方的情况，滚转时气流作用，立尾上产生的侧力如图 4-62 所示。

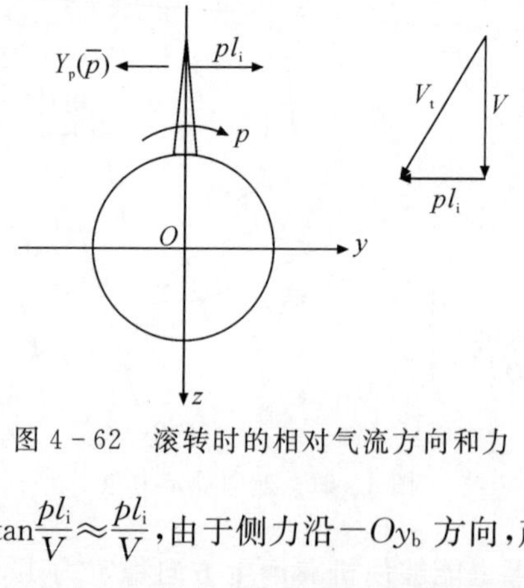

图 4-62　滚转时的相对气流方向和力

产生附加侧滑角 $\Delta\beta=\arctan\dfrac{pl_i}{V}\approx\dfrac{pl_i}{V}$，由于侧力沿 $-Oy_b$ 方向，产生的力矩沿 Ox_b 方向。

原则上，机翼的作用与立尾相似，飞机的 C_{n_p} 系数为立尾和机翼作用之和，表达式为

$$N(p)=QS_w bC_{n_p}\bar{p}$$

这里 $C_{n_p}=(\partial C_n/\partial\bar{p})$，$\bar{p}=pb/2V$（交叉动态导数）。

4.8.5　偏航角速率产生的阻尼力矩

飞机绕 Oz_b 轴转动，在立尾和机身机翼上也会产生偏航力矩，以立尾为主。立尾有垂直气流作用，形成侧力，力矩与转动方向相反，是阻尼力矩。对机翼，前行机翼在升力增加时阻力也增大，后退机翼的阻力则减少，阻碍飞机的转动，也形成阻尼力矩。

偏航角速率产生的阻尼力矩表达式为

$$N(r) = QS_w bC_{n_r}\bar{r}$$

这里 $C_{n_r} = (\partial C_n / \partial \bar{r}) < 0$（航向阻尼导数），$\bar{r} = rb/2V$。

4.9　本 章 小 结

气动力和气动力矩是飞行控制系统控制飞机的主要物理量，本章逐一介绍了影响飞机升力、阻力、侧力、俯仰力矩、滚转力矩和偏航力矩大小各种影响因素，并给出了纵向静稳定性、滚转静稳定性和航向静稳定性的定义，分析了三种稳定性的影响因素，为后面建立飞机运动方程和操纵性、稳定性分析奠定基础。本章主要知识点和学习要求见表 4－2。

表 4－2　本章知识点及学习要求

序 号	学习内容	学习要求	重要概念、公式、图表和论述
1	飞机机翼几何参数和作用在机翼上的气动力(★★)	了解机翼翼型参数和平面几何参数的定义；掌握作用在翼型上气动力的表示方法和分解方法；掌握压力中心、气动力系数和气动力系数的导数等概念	翼型(★)、弦长(★)、展长(★)、平均气动弦长(★★)、几何平均弦长(★★)、展弦比(★)、后掠角(★)、上反角(★)；切向力(★)、法向力(★)；压力中心(★★★)、气动力系数(★★)、气动力系数的导数(★★)；图 4－2(★)、图 4－14(★★)、表 4－1(★★)
2	升力及其影响因素(★★)	了解产生升力的部件；掌握升力随迎角变化情况；掌握升力随速度的变化情况；了解升力系数随弯度的变化情况以及常用的增升装置	零升迎角(★★★)、失速迎角/临界迎角(★★★)、失速(★★)；图 4－16(★★★)、图 4－18(★★★)；式(4－26)(★)、式(4－27)(★)；图 4－19(★)、图 4－20(★)、图 4－21(★)
3	阻力及其影响因素(★★)	了解摩擦阻力、压差阻力、诱导阻力、干扰阻力和波阻的产生机理、影响因素及相应的减阻措施；掌握下洗和诱导阻力的概念	下洗(★)、下洗角(★)、翼尖涡(★)、诱导阻力/升致阻力(★)；图 4－31(★★)、图 4－34(★★)、图 4－37(★★)
4	侧力及其影响因素(★)	了解侧力产生机理、产生部件和影响因素；掌握分析各种影响因素产生侧力的方法	侧力定义(★★)、图 4－41(★★)、图 4－42(★★)、图 4－43(★★)、图 4－44(★★)

续 表

序 号	学习内容	学习要求	重要概念、公式、图表和论述
5	俯仰力矩及其影响因素(★★★)	掌握各类俯仰力矩的产生机理和影响因素;掌握定常直线平飞和曲线飞行时的气动俯仰力矩;熟练掌握静稳定性、动稳定性、纵向静稳定性、纵向静稳定度、焦点的概念;掌握焦点的性质、焦点和纵向静稳定性的关系	零升力矩系数(★)、焦点/气动中心(★★★)、静稳定性(★★)、动稳定性(★★)、纵向静稳定性/握杆定速稳定性(★★★)、纵向静稳定度(★★);俯仰角产生的阻尼力矩(★★)、洗流时差导数(★★);配平(★★★);图 4-47(★)、图 4-48(★)、图 4-50(★★★)、图 4-51(★★★)、图 4-52(★★)、图 4-53(★★);式(4-53)(★★)、式(4-56)(★★★)
6	滚转力矩及其影响因素(★★)	了解滚转力矩的产生部件和影响因素;掌握滚转静稳定性的概念,掌握分析后掠角和上反角增强滚转静稳定性的方法	滚转静稳定导数(★★★)、图 4-55(★★★)、图 4-56(★★★)、图 4-57(★★★)、图 4-58(★★★)
7	偏航力矩及其影响因素(★★)	了解偏航力矩的产生部件和影响因素;掌握航向静稳定性的概念,掌握分析后掠角和上反角增强航向静稳定性的方法	航向静稳定导数(★★★)、图 4-60(★★);欧美坐标系中 $C_{n_\beta}=(\partial C_n/\partial\beta)>0$ 表示航向是静稳定的

思 考 题

1. 描述飞机翼型的参数有哪些?
2. 几何平均弦长和平均气动弦长有什么区别?各有什么作用?
3. 压力中心和气动中心有什么区别?
4. 什么是焦点?焦点有哪些特性?
5. 什么是失速?失速的原因是什么?
6. 什么是零升迎角、失速迎角?
7. 升力随迎角变化的情况是什么?
8. 升力随速度的变化情况是什么?为什么会有这样的变化?
9. 增升装置有哪几类?其工作原理分别是什么?
10. 简述侧力产生的机理及影响因素。
11. 简述飞机俯仰力矩的分类及其影响因素。
12. 什么是配平?配平条件是什么?
13. 简述静稳定、动稳定和中性稳定的概念。
14. 飞机纵向静稳定的条件是什么?
15. 什么是纵向静稳定裕度?

16. 放宽静稳定度有什么好处？为什么？
17. 什么是洗流时差导数？产生的机理是什么？
18. 滚转力矩的影响因素有哪些？
19. 解释滚转稳定的过程。
20. 分析后掠角、上反角产生滚转稳定力矩的过程。
21. 偏航力矩的影响因素有哪些？
22. 解释航向稳定的过程。
23. 分析后掠角、上反角产生航向稳定力矩的过程。
24. 为什么航向稳定性又称为风标稳定性？

第 5 章　飞机运动方程及其线性化

5.1　引　　言

前面四章已经较为系统地介绍了作用在飞机上的力和力矩以及变化影响因素，这为建立描述飞机运动方程奠定了基础。飞机运动方程是以牛顿运动定律为基础的，包括动力学方程和运动学方程两部分。飞机运动方程是若干组以时间为自变量的微分方程，描述了飞机运动参数和状态随时间的变化关系。运动方程是表征飞机运动规律的数学模型，对飞机运动进行分析、计算或模拟仿真的基础。

本章在推导运动方程时，将飞机看作是刚体，并进行一些简化假定。在推导出全量非线性方程后，在利用小扰动线性化原理对非线性刚体方程进行线性化。在线性化的基础上，再根据若干简化条件，将纵向和横侧向运动分开，给出飞机纵向和横侧向运动方程组。这些方程就是后面研究飞机操纵性和稳定性的基础。

5.2　矢量微分公式

在介绍飞机运动方程的推导之前，先介绍矢量微分公式，该公式是推导飞机运动方程的基础。

首先看动坐标系作定轴转动时，动坐标系上任意矢量 $\boldsymbol{i}'$、$\boldsymbol{j}'$、$\boldsymbol{k}'$ 对时间的导数。不失一般性，如图 5-1 所示，假设动坐标系 O′x′y′z′以角速度 ω_e 绕惯性系 Oxyz 的 z 轴转动。先分析 k′对时间的导数。由刚体定轴转动时刚体上点的速度的矢积表示，有

$$\left.\begin{aligned}\overline{v_A} &= \dot{\overline{r_A}} = \overline{\omega_e}\times\overline{r_A}\\ \overline{v_{O'}} &= \dot{\overline{r_{O'}}} = \overline{\omega_e}\times\overline{r_{O'}}\end{aligned}\right\}\qquad(5-1)$$

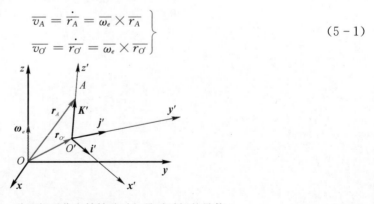

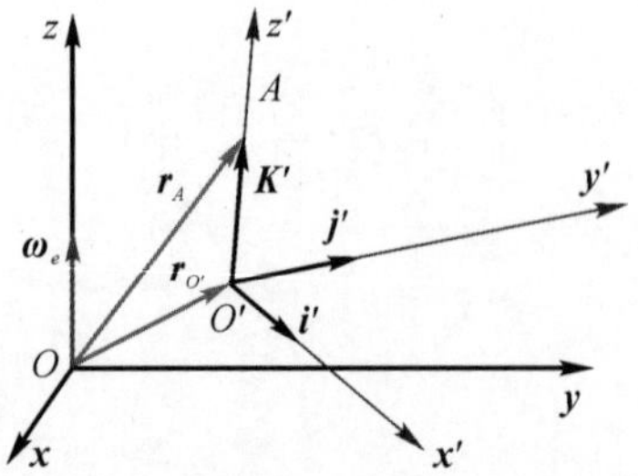

图 5-1　动坐标系作定轴转动时矢量对时间的导数

而 $\overline{k'} = \overline{r_A} - \overline{r_{O'}}$，所以

$$\dot{\overline{k'}} = \overline{r_A} - \overline{r_{O'}} = \overline{\omega_e} \times (\overline{r_A} - \overline{r_{O'}}) = \overline{\omega_e} \times \overline{k'} \tag{5-2}$$

同理，单位矢量 $\boldsymbol{i}'$、$\boldsymbol{j}'$ 对时间的导数与式(5-2)相似，合写为

$$\left.\begin{aligned} \dot{\overline{i'}} &= \overline{\omega_e} \times \overline{i'} \\ \dot{\overline{j'}} &= \overline{\omega_e} \times \overline{j'} \\ \dot{\overline{k'}} &= \overline{\omega_e} \times \overline{k'} \end{aligned}\right\} \tag{5-3}$$

式(5-3)就是泊松公式。

设动坐标系相对于惯性系以角速度 $\boldsymbol{\omega}$ 转动，惯性系中的矢量 $\boldsymbol{r}$ 在动坐标系中的分解形式为 $\boldsymbol{r} = x\boldsymbol{i} + y\boldsymbol{j} + z\boldsymbol{k}$，则矢量 $\boldsymbol{r}$ 对时间的微分

$$\frac{\mathrm{d}\boldsymbol{r}}{\mathrm{d}t} = \frac{\mathrm{d}}{\mathrm{d}t}(x\boldsymbol{i} + y\boldsymbol{j} + z\boldsymbol{k}) = \dot{x}\boldsymbol{i} + \dot{y}\boldsymbol{j} + \dot{z}\boldsymbol{k} + x\dot{\boldsymbol{i}} + y\dot{\boldsymbol{j}} + z\dot{\boldsymbol{k}} \tag{5-4}$$

其中 $\boldsymbol{i},\boldsymbol{j},\boldsymbol{k}$ 分别是动系各轴上的单位矢量，如果从动坐标系中观察，它们都是常矢量，其导数为零，则式(5-4)为 $\frac{\mathrm{d}\boldsymbol{r}}{\mathrm{d}t} = \dot{x}\boldsymbol{i} + \dot{y}\boldsymbol{j} + \dot{z}\boldsymbol{k}$ 表示矢量在动坐标系中的导数，称为相对矢导数，导数符号记为 $\frac{\tilde{\mathrm{d}}}{\mathrm{d}t}$。

如果从惯性坐标系观察，$\boldsymbol{i},\boldsymbol{j},\boldsymbol{k}$ 都是变矢量，当动系以角速度转动时，利用式(5-3)的泊松公式有 $x\dot{\boldsymbol{i}} + y\dot{\boldsymbol{j}} + z\dot{\boldsymbol{k}} = x(\boldsymbol{\omega} \times \boldsymbol{i}) + y(\boldsymbol{\omega} \times \boldsymbol{j}) + z(\boldsymbol{\omega} \times \boldsymbol{k}) = \boldsymbol{\omega} \times \boldsymbol{r}$，即

$$\frac{\mathrm{d}\boldsymbol{r}}{\mathrm{d}t} = \frac{\tilde{\mathrm{d}}\boldsymbol{r}}{\mathrm{d}t} + \boldsymbol{\omega} \times \boldsymbol{r} \tag{5-5}$$

此为矢量 $\boldsymbol{r}$ 在惯性坐标系中的导数，称为绝对矢导数。

对于式(5-5)的矢量微分公式，我们需要强调两点：

(1) 矢量 $\boldsymbol{r}$ 是惯性系中的矢量(否则无法应用牛顿第二定律和动量矩定理)，但将其投影到动坐标系中，其表达形式为 $\boldsymbol{r} = x\boldsymbol{i} + y\boldsymbol{j} + z\boldsymbol{k}$ 。

(2)角速度 $\boldsymbol{\omega}$ 是动坐标系相对于惯性系的旋转角速度，同样也用该角速度在动坐标系中的分解形式表示(否则 $\boldsymbol{\omega}$ 和 $\boldsymbol{r}$ 的矢量表达式不在同一坐标系中，无法做叉乘运算)。

5.3　刚体飞行器的运动方程的推导

刚体飞机的运动方程推导分为动力学方程推导和运动学方程推导两类，动力学方程就是在不同坐标系下应用牛顿第二定律和矢量微分公式推导飞机受力和状态参数之间的变化关系；运动学方程则是利用第 3.4 节介绍的坐标系之间的变换关系建立起不同运动参数矢量之间的方程。

5.3.1　刚体飞行器方程推导假设

在推导飞机刚体运动方程时，为方便起见，做如下假设：

(1)飞行器是刚体，质量为常数(非必要条件)；

(2)假设地球不动，地面坐标系为惯性坐标系；

(3)忽略地球曲率,认为地面为平面;

(4)重力加速度 g 为常数,不随高度变化;

(5)机体坐标系 $x_bO_bz_b$ 平面为飞机对称平面,飞机几何外形对称,质量分布也对称,惯性积满足 $I_{xy}=\int xy\mathrm{d}m=0, I_{zy}=\int zy\mathrm{d}m=0$,飞机关于机体系三轴的转动惯量不变。

5.3.2 机体系下动力学方程

由于在研究飞机运动时,研究的力在气流坐标系,力矩作用在机体坐标系,飞机速度相对空气流场,测量飞机的机体角速度,因此,应当按照机体坐标系列写力矩方程。机体坐标系相对惯性坐标系是动坐标系,根据动力学知识,用动坐标系表示的绝对坐标系的导数满足关系。

$$\frac{\mathrm{d}\boldsymbol{V}}{\mathrm{d}t}=\boldsymbol{l}_V\frac{\tilde{\mathrm{d}}V}{\mathrm{d}t}+\boldsymbol{\Omega}\times\boldsymbol{V} \tag{5-6}$$

$$\frac{\mathrm{d}\boldsymbol{H}}{\mathrm{d}t}=\boldsymbol{l}_H\frac{\tilde{\mathrm{d}}H}{\mathrm{d}t}+\boldsymbol{\Omega}\times\boldsymbol{H} \tag{5-7}$$

式中:$\boldsymbol{l}_V$ 为速度向量的单位向量;$\boldsymbol{\Omega}$ 为机体坐标系(动坐标系)相对惯性系的角速度向量,目前表示的是沿机体坐标系测量的角速度向量;$\boldsymbol{l}_H$ 为动量矩的单位向量;$\frac{\tilde{\mathrm{d}}V}{\mathrm{d}t},\frac{\tilde{\mathrm{d}}H}{\mathrm{d}t}$ 表示对动坐标系的相对导数。

要注意的是,这里研究的是速度在机体系的表示形式。

1. 机体系中飞机质心运动方程

飞机速度矢量 $\boldsymbol{V}$ 在机体坐标系中的矢量可表示为 $\boldsymbol{V}=\boldsymbol{i}u+\boldsymbol{j}v+\boldsymbol{k}w$,因此有

$$\boldsymbol{l}_V\frac{\tilde{\mathrm{d}}V}{\mathrm{d}t}=\boldsymbol{i}\frac{\tilde{\mathrm{d}}u}{\mathrm{d}t}+\boldsymbol{j}\frac{\tilde{\mathrm{d}}v}{\mathrm{d}t}+\boldsymbol{k}\frac{\tilde{\mathrm{d}}w}{\mathrm{d}t} \tag{5-8}$$

令 $\dot{u}=\frac{\tilde{\mathrm{d}}u}{\mathrm{d}t},\dot{v}=\frac{\tilde{\mathrm{d}}v}{\mathrm{d}t},\dot{w}=\frac{\tilde{\mathrm{d}}w}{\mathrm{d}t}$,则根据矢量微分公式,速度的相对矢导数为

$$\boldsymbol{l}_V\frac{\tilde{\mathrm{d}}V}{\mathrm{d}t}=\boldsymbol{i}\dot{u}+\boldsymbol{j}\dot{v}+\boldsymbol{k}\dot{w} \tag{5-9}$$

$$\boldsymbol{\Omega}\times\boldsymbol{V}=\begin{vmatrix}\boldsymbol{i} & \boldsymbol{j} & \boldsymbol{k}\\ p & q & r\\ u & v & w\end{vmatrix}=\boldsymbol{i}(wq-vr)+\boldsymbol{j}(ur-wp)+\boldsymbol{k}(vp-uq) \tag{5-10}$$

所以有

$$\boldsymbol{l}_V\frac{\tilde{\mathrm{d}}V}{\mathrm{d}t}+\boldsymbol{\Omega}\times\boldsymbol{V}=\boldsymbol{i}\dot{u}+\boldsymbol{j}\dot{v}+\boldsymbol{k}\dot{w}+\boldsymbol{i}(wq-vr)+\boldsymbol{j}(ur-wp)+\boldsymbol{k}(vp-uq) \tag{5-11}$$

作用在飞机上的合外力 $\sum\boldsymbol{F}$,在机体系中的投影形式为

$$\sum\boldsymbol{F}=\boldsymbol{i}F_x+\boldsymbol{j}F_y+\boldsymbol{k}F_z \tag{5-12}$$

式中:F_x、F_y、F_z 分别为飞机上的合外力在机体系 Ox_b 轴、Oy_b 轴和 Oz_b 轴上的投影。

根据牛顿第二定律 $\sum\boldsymbol{F}=m\frac{\mathrm{d}\boldsymbol{V}}{\mathrm{d}t}$ 得到

$$\left.\begin{aligned}F_x&=m(\dot{u}+wq-vr)\\F_y&=m(\dot{v}+ur-wp)\\F_z&=m(\dot{w}+vp-uq)\end{aligned}\right\} \tag{5-13}$$

左侧力的表达式为

$$\begin{bmatrix} F_x \\ F_y \\ F_z \end{bmatrix} = \boldsymbol{T}_{\text{gb}} \begin{bmatrix} 0 \\ 0 \\ mg \end{bmatrix}_{\text{g}} + \begin{bmatrix} T \\ Y \\ 0 \end{bmatrix}_{\text{b}} + \boldsymbol{T}_{\text{ba}}^{\text{T}} \begin{bmatrix} -D \\ 0 \\ -L \end{bmatrix}_{a}$$

$$= \begin{bmatrix} T - mg\sin\theta - D\cos\alpha\cos\beta + L\sin\alpha \\ Y + mg\sin\phi\cos\theta - D\sin\beta \\ mg\cos\phi\cos\theta - D\sin\alpha\cos\beta - L\cos\alpha \end{bmatrix} \tag{5-14}$$

式中：T 为推力；Y 为侧力；L 为升力；D 为阻力；$\boldsymbol{T}_{\text{gb}}$ 为从地面系到机体系的变换阵，见式(3-13)；$\boldsymbol{T}_{\text{ba}}$ 为从机体系到气流系的变换阵，见式(3-14)。所以机体系中质心的运动方程为

$$\left.\begin{aligned} m(\dot{u} + wq - vr) &= T - mg\sin\theta - D\cos\alpha\cos\beta + L\sin\alpha \\ m(\dot{v} + ur - wp) &= Y + mg\sin\phi\cos\theta - D\sin\beta \\ m(\dot{w} + vp - uq) &= mg\cos\phi\cos\theta - D\sin\alpha\cos\beta - L\cos\alpha \end{aligned}\right\} \tag{5-15}$$

2. 飞机转动角速率运动方程

飞机机体的角动量 $\boldsymbol{\Omega}$ 在机体坐标系中的矢量可表示为 $\boldsymbol{\Omega} = \boldsymbol{i}p + \boldsymbol{j}q + \boldsymbol{k}r$ 。

单位质量的动量矩满足

$$\mathrm{d}\boldsymbol{H} = \boldsymbol{R} \times (\boldsymbol{\Omega} \times \boldsymbol{R})\mathrm{d}m \tag{5-16}$$

式中：$\boldsymbol{R}$ 为单位质量对转动轴的矢径，对飞行器的全部质量积分，可以得到总的动量矩

$$\boldsymbol{H} = \int \mathrm{d}\boldsymbol{H} = \int \boldsymbol{R} \times (\boldsymbol{\Omega} \times \boldsymbol{R})\mathrm{d}m \tag{5-17}$$

考虑到 $\boldsymbol{R} = \boldsymbol{i}x + \boldsymbol{j}y + \boldsymbol{k}z$ ，$\boldsymbol{\Omega} = \boldsymbol{i}p + \boldsymbol{j}q + \boldsymbol{k}r$ ，有

$$\boldsymbol{\Omega} \times \boldsymbol{r} = \boldsymbol{i}(zq - yr) + \boldsymbol{j}(xr - zp) + \boldsymbol{k}(yp - xq) \tag{5-18}$$

令 $\boldsymbol{H} = \boldsymbol{i}H_x + \boldsymbol{j}H_y + \boldsymbol{k}H_z$ 其中，

$$\begin{cases} H_x = \int [(y^2 + z^2)p - xyq - xzr]\mathrm{d}m \\ H_y = \int [(z^2 + x^2)q - yzr - xyp]\mathrm{d}m \\ H_z = \int [(x^2 + y^2)r - xzp - yzq]\mathrm{d}m \end{cases}$$

因为在转动时，角速度对每一个质量点是相同的，所以角速度分量可以移到积分式外部。令

$$I_x = \int (y^2 + z^2)\mathrm{d}m, I_y = \int (x^2 + z^2)\mathrm{d}m, I_z = \int (y^2 + x^2)\mathrm{d}m,$$

$$I_{xy} = I_{yx} = \int xy\,\mathrm{d}m, I_{xz} = I_{zx} = \int xz\,\mathrm{d}m, I_{yz} = I_{zy} = \int zy\,\mathrm{d}m$$

依据 5.3.1 节的对称性假设，有 $I_{xy} = I_{zy} = 0$ ，因此有

$$\left.\begin{aligned} H_x &= pI_x - rI_{xz} \\ H_y &= qI_y \\ H_z &= rI_z - pI_{xz} \end{aligned}\right\} \tag{5-19}$$

动量矩相对矢导数为

$$\boldsymbol{l}_H \frac{\tilde{\mathrm{d}}H}{\mathrm{d}t} = \boldsymbol{i}\frac{\tilde{\mathrm{d}}H_x}{\mathrm{d}t} + \boldsymbol{j}\frac{\tilde{\mathrm{d}}H_y}{\mathrm{d}t} + \boldsymbol{k}\frac{\tilde{\mathrm{d}}H_z}{\mathrm{d}t} \tag{5-20}$$

假定飞行器的质量分布不变,质量不变,则 I_x, I_{xz}, I_y, I_z 的时间导数为零。所以有

$$\left.\begin{aligned}\frac{\tilde{\mathrm{d}}}{\mathrm{d}t}H_x &= \dot{p}I_x - \dot{r}I_{xz}\\ \frac{\tilde{\mathrm{d}}}{\mathrm{d}t}H_y &= \dot{q}I_y\\ \frac{\tilde{\mathrm{d}}}{\mathrm{d}t}H_z &= \dot{r}I_z - \dot{p}I_{xz}\end{aligned}\right\} \tag{5-21}$$

展开 $\boldsymbol{\Omega}\times\boldsymbol{H} = \begin{vmatrix}\boldsymbol{i} & \boldsymbol{j} & \boldsymbol{k}\\ p & q & r\\ H_x & H_y & H_z\end{vmatrix}$ 得到

$$\boldsymbol{\Omega}\times\boldsymbol{H} = \boldsymbol{i}(qH_z - rH_y) + \boldsymbol{j}(rH_x - pH_z) + \boldsymbol{k}(pH_y - qH_x) \tag{5-22}$$

由于力矩沿机体满足 $\sum\boldsymbol{M} = \boldsymbol{i}L_M + \boldsymbol{j}M + \boldsymbol{k}N$,最后得到飞机力矩方程为

$$\left.\begin{aligned}L_M &= \dot{p}I_x - \dot{r}I_{xz} + qr(I_z - I_y) - pqI_{xz}\\ M &= \dot{q}I_y + pr(I_x - I_z) + (p^2 - r^2)I_{xz}\\ N &= \dot{r}I_z - \dot{p}I_{xz} + pq(I_y - I_x) + qrI_{xz}\end{aligned}\right\} \tag{5-23}$$

5.3.3 航迹系下飞机动力学方程

在推导航迹坐标系中飞机动力学方程时,仍然是应用矢量微分公式。

飞机速度在航迹坐标系中的相对矢导数为

$$\frac{\tilde{\mathrm{d}}\boldsymbol{V}_k}{\mathrm{d}t} = \begin{bmatrix}\dot{V}_k\\ 0\\ 0\end{bmatrix}$$

航迹系相对惯性系旋转角速度在航迹坐标系中的表示形式为

$$\boldsymbol{\omega}_{\text{track}} = \boldsymbol{T}_{\text{gk}}\begin{bmatrix}0\\ 0\\ \dot{\chi}\end{bmatrix}_{\text{earth}} + \begin{bmatrix}0\\ \dot{\gamma}\\ 0\end{bmatrix}_{\text{track}} = \begin{bmatrix}-\dot{\chi}\sin\gamma\\ \dot{\gamma}\\ \dot{\chi}\cos\gamma\end{bmatrix} \tag{5-24}$$

其中

$$\boldsymbol{T}_{\text{gk}} = \begin{bmatrix}\cos\chi\cos\gamma & \sin\chi\cos\gamma & -\sin\gamma\\ -\sin\chi & \cos\chi & 0\\ -\cos\chi\sin\gamma & \sin\chi\sin\gamma & \cos\gamma\end{bmatrix}$$

在航迹坐标系中的力方程(无风时)为

$$\boldsymbol{F}_{\text{track}} = m\left(\frac{\tilde{\mathrm{d}}\boldsymbol{V}_k}{\mathrm{d}t} + \boldsymbol{\omega}_{\text{track}}\times\boldsymbol{V}_k\right) = m\begin{bmatrix}\dot{V}_k\\ 0\\ 0\end{bmatrix} + m\begin{bmatrix}-\dot{\chi}\sin\gamma\\ \dot{\gamma}\\ \dot{\chi}\cos\gamma\end{bmatrix}\times\begin{bmatrix}V_k\\ 0\\ 0\end{bmatrix}$$

$$
= m\begin{bmatrix} \dot{V}_k \\ V_k\dot{\chi}\cos\gamma \\ -V_k\dot{\gamma} \end{bmatrix} \tag{5-25}
$$

在航迹坐标系中的力方程(无风时)为

$$
\boldsymbol{F}_{\text{track}} = m\left(\frac{\tilde{\mathrm{d}}\boldsymbol{V}_{\text{track}}}{\mathrm{d}t} + \boldsymbol{\omega}_{\text{track}} \times \boldsymbol{V}_k\right) = m\begin{bmatrix} \dot{V}_k \\ V_k\dot{\chi}\cos\gamma \\ -V_k\dot{\gamma} \end{bmatrix}
$$

力的表达式为

$$
\boldsymbol{F}_{\text{track}} = \boldsymbol{T}_{\text{gk}}\begin{bmatrix} 0 \\ 0 \\ mg \end{bmatrix}_{\text{g}} + \boldsymbol{T}_{\text{ak}}^{\text{T}}\boldsymbol{T}_{\text{ba}}\begin{bmatrix} T \\ Y \\ 0 \end{bmatrix}_{\text{b}} + \boldsymbol{T}_{\text{ak}}^{\text{T}}\begin{bmatrix} -D \\ 0 \\ -L \end{bmatrix}_{\text{a}}
$$

$$
= \begin{bmatrix} -D + Y\sin\beta + T\cos\alpha\cos\beta - mg\sin\gamma \\ -L\sin\mu + Y\cos\mu\cos\beta + T(\sin\mu\sin\alpha - \cos\mu\cos\alpha\sin\beta) \\ -L\cos\mu + mg\cos\gamma + Y\sin\mu\cos\beta - T(\sin\mu\cos\alpha\cos\beta + \cos\mu\sin\alpha) \end{bmatrix} \tag{5-26}
$$

航迹坐标系中的力方程式(无风时)为

$$
\left.\begin{aligned}
m\dot{V}_{\text{k}} &= -D + Y\sin\beta + T\cos\alpha\cos\beta - mg\sin\gamma \\
mV_{\text{k}}\dot{\gamma} &= L\cos\mu - mg\cos\gamma - Y\sin\mu\cos\beta + T(\sin\mu\cos\alpha\cos\beta + \cos\mu\sin\alpha) \\
mV_{\text{k}}\dot{\chi}\cos\gamma &= L\sin\mu + Y\cos\mu\cos\beta + T(\sin\mu\sin\alpha - \cos\mu\cos\alpha\sin\beta)
\end{aligned}\right\} \tag{5-27}
$$

在有风时,航迹滚转角 μ 没有意义,所以式(5-26)和式(5-27)不再成立。为推导有风时在航迹坐标系中的力方程,需要将式(5-26)替换为下式:

$$
\boldsymbol{F}_{\text{track}} = \boldsymbol{T}_{\text{gk}}\begin{bmatrix} 0 \\ 0 \\ mg \end{bmatrix}_{\text{earth}} + \boldsymbol{T}_{gk}\boldsymbol{T}_{\text{gb}}^{\text{T}}\begin{bmatrix} T \\ Y \\ 0 \end{bmatrix}_{\text{body}} + \boldsymbol{T}_{\text{gk}}\boldsymbol{T}_{\text{gb}}^{\text{T}}\boldsymbol{T}_{\text{ba}}^{\text{T}}\begin{bmatrix} -D \\ 0 \\ -L \end{bmatrix}_{\text{air}} \tag{5-28}
$$

具体表达式,读者可自行推导。

5.3.4　气流系下动力学方程

飞机速度在气流坐标系中相对矢导数为

$$
\frac{\tilde{\mathrm{d}}\,\boldsymbol{V}_{\text{a}}}{\mathrm{d}t} = \begin{bmatrix} \dot{V} \\ 0 \\ 0 \end{bmatrix}_{\text{a}} \tag{5-29}
$$

根据前面 3.4 节介绍的坐标系的变换关系知道,气流系是机体系通过绕机体系 Oy_{b} 轴向下转一个 α 得到稳定系后,再绕稳定系的 Oz_{b} 轴(也是气流系的 Oz_{a} 轴)向右旋转一个 β 得到的。所以气流系相对地面系(惯性系)的旋转角运动可以认为是在机体系的旋转基础上再叠加上迎角运动和侧滑角运动得到,由于机体系相对于地面系(惯性系)的旋转角速率在机体系中

的投影为 $\boldsymbol{\omega}_{\mathrm{b}}=\begin{bmatrix}p\\q\\r\end{bmatrix}_{\mathrm{b}}$，所以速度系相对惯性系旋转角速度在气流坐标系中的表示形式如下：

$$\boldsymbol{\omega}_{\mathrm{a}}=\boldsymbol{T}_{\mathrm{ba}}\boldsymbol{\omega}_{\mathrm{body}}+\Delta\boldsymbol{\omega}=\boldsymbol{T}_{\mathrm{ba}}\boldsymbol{\omega}_{\mathrm{b}}+\boldsymbol{T}_{\mathrm{ba}}\begin{bmatrix}0\\-\dot{\alpha}\\0\end{bmatrix}_{\mathrm{b}}+\begin{bmatrix}0\\0\\\dot{\beta}\end{bmatrix}_{\mathrm{a}}=\boldsymbol{T}_{\mathrm{ba}}\begin{bmatrix}p\\q\\r\end{bmatrix}_{\mathrm{b}}+\begin{bmatrix}-\dot{\alpha}\sin\beta\\-\dot{\alpha}\cos\beta\\\dot{\beta}\end{bmatrix}_{\mathrm{a}}\tag{5-30}$$

根据矢量微分公式，可得在气流坐标系中的力方程为

$$\boldsymbol{F}_{\mathrm{a}}=m\left(\frac{\tilde{\mathrm{d}}\boldsymbol{V}_{\mathrm{a}}}{\mathrm{d}t}+\omega_{\mathrm{a}}\times\boldsymbol{V}\right)=m\begin{bmatrix}\dot{V}\\V\dot{\beta}\\V\dot{\alpha}\cos\beta\end{bmatrix}+m\boldsymbol{T}_{\mathrm{ba}}\begin{bmatrix}p\\q\\r\end{bmatrix}\times\begin{bmatrix}V\\0\\0\end{bmatrix}\tag{5-31}$$

气流坐标系中力方程为

$$\boldsymbol{F}_{\mathrm{a}}=\boldsymbol{T}_{\mathrm{ba}}\boldsymbol{T}_{\mathrm{gb}}\begin{bmatrix}0\\0\\mg\end{bmatrix}_{\mathrm{g}}+\boldsymbol{T}_{\mathrm{bw}}\begin{bmatrix}T\\Y\\0\end{bmatrix}_{\mathrm{b}}+\begin{bmatrix}-D\\0\\-L\end{bmatrix}_{\mathrm{a}}\tag{5-32}$$

$$\begin{cases}m\dot{V}=T\cos\alpha\cos\beta+Y\sin\beta-D+G_{x\mathrm{a}}\\mV\dot{\beta}=-T\cos\alpha\sin\beta+Y\cos\beta-mV(-p\sin\alpha+r\cos\alpha)+G_{y\mathrm{a}}\\mV\cos\beta\dot{\alpha}=-T\sin\alpha-L+mV(-p\cos\alpha\sin\beta+q\cos\beta-r\sin\alpha\sin\beta)+G_{z\mathrm{a}}\end{cases}$$

其中

$$\begin{bmatrix}G_{x\mathrm{a}}\\G_{y\mathrm{a}}\\G_{z\mathrm{a}}\end{bmatrix}=\boldsymbol{T}_{\mathrm{ba}}\boldsymbol{T}_{\mathrm{gb}}\begin{bmatrix}0\\0\\mg\end{bmatrix}_{\mathrm{g}}=\begin{bmatrix}\cos\alpha\cos\beta&\sin\beta&\sin\alpha\cos\beta\\-\cos\alpha\sin\beta&\cos\beta&-\sin\alpha\sin\beta\\-\sin\alpha&0&\cos\alpha\end{bmatrix}\begin{bmatrix}-mg\sin\theta\\mg\sin\phi\cos\theta\\mg\cos\phi\cos\theta\end{bmatrix}\tag{5-33}$$

注意：其他方程和机体坐标系中的方程相同，即力矩方程始终在机体坐标系中推导。

5.3.5 角运动方程

由图 3-11，机体角速度和姿态角速率之间的关系为

$$\left.\begin{aligned}p&=\dot{\phi}-\dot{\psi}\sin\theta\\q&=\dot{\theta}\cos\phi+\dot{\psi}\cos\theta\sin\phi\\r&=-\dot{\theta}\sin\phi+\dot{\psi}\cos\theta\cos\phi\end{aligned}\right\}\tag{5-34}$$

式(5-34)的表达式还可以利用第 3 章所给出飞机运动参数常用矢量表达式和坐标系的变换关系得到。

$$\begin{bmatrix} p \\ q \\ r \end{bmatrix}_b = \begin{bmatrix} \dot{\phi} \\ 0 \\ 0 \end{bmatrix}_b + \boldsymbol{T}_{gb} \begin{bmatrix} -\dot{\theta}\sin\psi \\ \dot{\theta}\cos\psi \\ \dot{\psi} \end{bmatrix}_g =$$

$$\begin{bmatrix} \dot{\phi} \\ 0 \\ 0 \end{bmatrix}_b \begin{bmatrix} \cos\theta\cos\psi & \cos\theta\sin\psi & -\sin\theta \\ (\sin\phi\sin\theta\cos\psi - \cos\phi\sin\psi) & (\sin\phi\sin\theta\sin\psi + \cos\phi\cos\psi) & \sin\phi\cos\theta \\ (\cos\phi\sin\theta\cos\psi + \sin\phi\sin\psi) & (\cos\phi\sin\theta\sin\psi - \sin\phi\cos\psi) & \cos\phi\cos\theta \end{bmatrix} \begin{bmatrix} -\dot{\theta}\sin\psi \\ \dot{\theta}\cos\psi \\ \dot{\psi} \end{bmatrix}_g =$$

$$\begin{bmatrix} \dot{\phi} - \dot{\psi}\sin\theta \\ \dot{\theta}\cos\phi + \dot{\psi}\cos\theta\sin\phi \\ -\dot{\theta}\sin\phi + \dot{\psi}\cos\theta\cos\phi \end{bmatrix} \tag{5-35}$$

由式(5－34)可解得姿态角的微分方程为

$$\left.\begin{aligned} \dot{\phi} &= p + (r\cos\phi + q\sin\phi)\tan\theta \\ \dot{\theta} &= q\cos\phi - r\sin\phi \\ \dot{\psi} &= \frac{1}{\cos\theta}(r\cos\phi + q\sin\phi) \end{aligned}\right\} \tag{5-36}$$

当俯仰角 $\theta = \pm\dfrac{\pi}{2}$ 时,式(5－36)是奇异的,为了避免这种情况,在实际中,经常采用四元数法去求解飞机姿态角,有关四元数法的介绍见附录 C。

5.3.6 运动学方程

从地面看,飞行器的轨迹是在地面系中描述的,知道了飞行器的机体运动参数,需要将机体坐标系中的参数转换到地面坐标系。根据机体轴上的速度分量,通过地面坐标系与机体坐标系的方向余弦矩阵,可以得到地面坐标系中的速度,对速度积分得到位置信息。这就是利用机体系中的测量量进行航位推算的过程。

假设飞机质心在地面坐标系中速度矢量为 $\begin{bmatrix} \dot{x}_g & \dot{y}_g & -\dot{h} \end{bmatrix}_g^T$,其中 h 表示飞行高度,飞机质心在机体坐标系速度矢量为 $[u \quad v \quad w]_b^T$,根据机体坐标系和地面坐标系之间的转换关系有

$$\begin{bmatrix} \dot{x}_g \\ \dot{y}_g \\ -\dot{h} \end{bmatrix} = \boldsymbol{T}_{gb}^T \begin{bmatrix} u \\ v \\ w \end{bmatrix}$$

$$= \begin{bmatrix} \cos\theta\cos\psi & \cos\theta\sin\psi & -\sin\theta \\ (\sin\phi\sin\theta\cos\psi - \cos\phi\sin\psi) & (\sin\phi\sin\theta\sin\psi + \cos\phi\cos\psi) & \sin\phi\cos\theta \\ (\cos\phi\sin\theta\cos\psi + \sin\phi\sin\psi) & (\cos\phi\sin\theta\sin\psi - \sin\phi\cos\psi) & \cos\phi\cos\theta \end{bmatrix}^T \begin{bmatrix} u \\ v \\ w \end{bmatrix}$$

$$=\begin{bmatrix} u\cos\theta\cos\psi+v(\sin\phi\sin\theta\cos\psi-\cos\phi\sin\psi)+w(\cos\phi\sin\theta\cos\psi+\sin\phi\sin\psi) \\ u\cos\theta\sin\psi+v(\sin\phi\sin\theta\sin\psi+\cos\phi\cos\psi)+w(\cos\phi\sin\theta\sin\psi-\sin\phi\cos\psi) \\ -u\sin\theta+v\sin\phi\cos\theta+w\cos\phi\cos\theta \end{bmatrix} \tag{5-37}$$

同理，若已知飞机质心在航迹坐标系速度矢量为$[V_k \quad 0 \quad 0]_k^T$，根据航迹坐标系与地面坐标系变换关系，得到另一组运动学方程，即

$$\begin{bmatrix} \dot{x}_g \\ \dot{y}_g \\ -\dot{h} \end{bmatrix}=\boldsymbol{T}_{gk}^T\begin{bmatrix} V_k \\ 0 \\ 0 \end{bmatrix}=\begin{bmatrix} \cos\chi\cos\gamma & \cos\gamma\sin\chi & -\sin\gamma \\ -\sin\chi & \cos\chi & 0 \\ -\cos\chi\sin\gamma & \sin\chi\sin\gamma & \cos\gamma \end{bmatrix}^T\begin{bmatrix} V_k \\ 0 \\ 0 \end{bmatrix}=\begin{bmatrix} V_k\cos\chi\cos\gamma \\ V_k\cos\gamma\sin\chi \\ -V_k\cos\chi\sin\gamma \end{bmatrix} \tag{5-38}$$

5.3.7 气流角的计算

气流角 α 和 β 描述了气流系和机体系之间的关系，所以可以利用飞行速度 V 及其在机体系上的投影 $[u \quad v \quad w]$ 之间的关系计算 α 和 β 。根据 3.4 节介绍的气流系和机体系的变换关系，可以得到如下关系式：

$$\begin{bmatrix} u \\ v \\ w \end{bmatrix}=\begin{bmatrix} \cos\alpha\cos\beta & \sin\beta & \sin\alpha\cos\beta \\ -\cos\alpha\sin\beta & \cos\beta & -\sin\alpha\sin\beta \\ -\sin\alpha & 0 & \cos\alpha \end{bmatrix}^T\begin{bmatrix} V \\ 0 \\ 0 \end{bmatrix}=\begin{bmatrix} V\cos\alpha\cos\beta \\ V\sin\beta \\ V\sin\alpha\cos\beta \end{bmatrix} \tag{5-39}$$

由此解得

$$\left.\begin{aligned} \cos\alpha\cos\beta &= \frac{u}{V} \\ \sin\beta &= \frac{v}{V} \\ \sin\alpha\cos\beta &= \frac{w}{V} \end{aligned}\right\} \tag{5-40}$$

式(5-40)微分得

$$\left.\begin{aligned} \dot{u} &= \dot{V}\cos\alpha\cos\beta-\dot{\alpha}V\sin\alpha\cos\beta-\dot{\beta}V\cos\alpha\sin\beta \\ \dot{v} &= \dot{V}\sin\beta+\dot{\beta}V\cos\beta \\ \dot{w} &= \dot{V}\sin\alpha\cos\beta+\dot{\alpha}V\cos\alpha\cos\beta-\dot{\beta}V\sin\alpha\sin\beta \end{aligned}\right\} \tag{5-41}$$

$$\left.\begin{aligned} \alpha &= \arctan\left(\frac{w}{u}\right) \\ \beta &= \arcsin\left(\frac{v}{V}\right) \\ V &= \sqrt{u^2+v^2+w^2} \end{aligned}\right\} \tag{5-42}$$

5.4 飞机运动方程的简化

从 5.3 节所推导的方程可以看出，飞机的刚体运动方程都是非线性方程，几何变换关系非常烦琐，而且是方程中的力和力矩都是飞机运动参数的非线性函数，要使用这些方程分析解算

飞机运动情况，只能借助于计算机。烦琐的公式也掩盖了各运动参数之间的内在联系，为了更直观地了解各运动参数之间的变化关系，需要对 5.3 节所推导的公式进行简化。简化的前提是飞机角运动参数都是小量，这样就可以略去小量的乘积项，更直观地观察各参数间的关系。

5.4.1　气流角公式的简化

由式(5－39)，可知

$$\begin{bmatrix} u \\ v \\ w \end{bmatrix} = \begin{bmatrix} V\cos\alpha\cos\beta \\ V\sin\beta \\ V\sin\alpha\cos\beta \end{bmatrix} \tag{5-43}$$

在 α 和 β 都是小量的前提下，式(5－43)可简化为

$$\begin{bmatrix} u \\ v \\ w \end{bmatrix} = \begin{bmatrix} V\cos\alpha\cos\beta \\ V\sin\beta \\ V\sin\alpha\cos\beta \end{bmatrix} \tag{5-44}$$

由式(5－44)，又可以得到

$$\left.\begin{aligned} \alpha \approx \frac{w}{V} \approx \frac{w}{u} \\ \beta \approx \frac{v}{V} \end{aligned}\right\} \tag{5-45}$$

注意，式(5－43)～式(5－45)的简化是在角度单位都是弧度的前提下得到的。

5.4.2　运动学方程的简化

式(5－37)在 θ、ϕ、ψ 均为小量的前提下可简化为

$$\begin{bmatrix} \dot{x}_g \\ \dot{y}_g \\ -\dot{h} \end{bmatrix} = \begin{bmatrix} u\cos\theta\cos\psi + v(\sin\phi\sin\theta\cos\psi - \cos\phi\sin\psi) + w(\cos\phi\sin\theta\cos\psi + \sin\phi\sin\psi) \\ u\cos\theta\sin\psi + v(\sin\phi\sin\theta\sin\psi + \cos\phi\cos\psi) + w(\cos\phi\sin\theta\sin\psi - \sin\phi\cos\psi) \\ -u\sin\theta + v\sin\phi\cos\theta + w\cos\phi\cos\theta \end{bmatrix}$$

$$\approx \begin{bmatrix} (u\cos\theta + w\sin\theta)\cos\psi \\ (u\sin\psi + v\cos\psi)\sin\psi \\ -u\sin\theta + w\sin\theta \end{bmatrix} \tag{5-46}$$

将 $u \approx V$，$v \approx V\sin\beta$ 和 $w = V\sin\alpha$ 代入式(5－46)有

$$\begin{bmatrix} \dot{x}_g \\ \dot{y}_g f \\ -\dot{h} \end{bmatrix} \approx \begin{bmatrix} (u\cos\theta + w\sin\theta)\cos\psi \\ (u\sin\psi + v\cos\psi)\sin\psi \\ -u\sin\theta + w\sin\theta \end{bmatrix} = \begin{bmatrix} (V_0\cos\alpha\cos\theta + V_0\sin\alpha\sin\theta)\cos\psi \\ (V_0\cos\beta\sin\psi + V_0\sin\beta\cos\psi)\sin\psi \\ -V_0\cos\alpha\sin\theta + V_0\sin\alpha\sin\theta \end{bmatrix}$$

$$= \begin{bmatrix} V_0\cos(\theta - \alpha)\cos\psi \\ V_0\sin(\beta + \psi) \\ -V_0\sin(\theta - \alpha) \end{bmatrix} \tag{5-47}$$

当 $\phi = 0$，$\psi = 0$ 时，$\theta - \alpha = \gamma$，$\phi = 0$，$\theta = 0$，$\psi + \beta = \chi$，所以有

$$\left.\begin{aligned} &\dot{x}_g \approx V\cos(\theta - \alpha) = V\cos\gamma \approx V, \quad \phi = 0, \psi = 0 \\ &\gamma = \theta - \alpha \end{aligned}\right\} \tag{5-48}$$

$$\left.\begin{array}{ll}\dot{y}_g \approx V\sin(\psi+\beta)=V\sin\chi, & \phi=0,\theta=0 \\ \chi=\psi+\beta & \end{array}\right\} \tag{5-49}$$

$$-\dot{h} \approx V_0\sin(\theta-\alpha)=V_0\sin\gamma,\quad \phi=0,\quad \psi=0 \tag{5-50}$$

式(5-38)在航迹方位角和航迹倾斜角均为小量的前提下可简化为

$$\begin{bmatrix}\dot{x}_g \\ \dot{y}_g \\ -\dot{h}\end{bmatrix}=\boldsymbol{T}_{gk}^{\mathrm{T}}\begin{bmatrix}V_k \\ 0 \\ 0\end{bmatrix}=\begin{bmatrix}V_k\cos\chi\cos\gamma \\ V_k\cos\gamma\sin\chi \\ -V_k\cos\chi\sin\gamma\end{bmatrix}\approx\begin{bmatrix}V_k \\ V_k\sin\chi \\ -V_k\sin\gamma\end{bmatrix}\approx\begin{bmatrix}V_k \\ V_k\chi \\ -V_k\gamma\end{bmatrix} \tag{5-51}$$

5.4.3 角运动方程的简化

在角度 θ、ϕ、ψ 和角速率 p、q、r 均为小量的前提,式(5-35)可简化为

$$\begin{bmatrix}p \\ q \\ r\end{bmatrix}=\begin{bmatrix}\dot{\phi}-\dot{\psi}\sin\theta \\ \dot{\theta}\cos\phi+\dot{\psi}\cos\theta\sin\phi \\ -\dot{\theta}\sin\phi+\dot{\psi}\cos\theta\cos\phi\end{bmatrix}\approx\begin{bmatrix}\dot{\phi} \\ \dot{\theta} \\ \dot{\psi}\end{bmatrix} \tag{5-52}$$

5.4.4 动力学方程的简化

在角度 θ、ϕ、ψ 和角速率 p、q、r 均为小量的前提下,式(5-15)可简化为

$$\left.\begin{array}{l}m(\dot{u}+wq-vr)=m\dot{u}=T-mg\sin\theta-D+L\sin\alpha \\ m(\dot{v}+ur-wp)=m(\dot{v}+Vr)=Y \\ m(\dot{w}+vp-uq)=m(\dot{w}-Vq)=mg\cos\theta-L\approx mg\end{array}\right\} \tag{5-53}$$

在 α、β、γ、χ、μ 都是小量的前提下,式(5-53)可简化为

$$\left.\begin{array}{l}m\dot{V}_k=T-D-mg\sin\gamma\approx T-D \\ mV_k\dot{\chi}=Y \\ mV_k\dot{\gamma}=L-mg\end{array}\right\} \tag{5-54}$$

由式(5-52)和式(5-53),又可以得到

$$\begin{cases}m\dot{V}_k=T-D-mg\sin\gamma\approx T-D=m\dot{u} \\ mV_k\dot{\chi}=Y=m(\dot{v}+Vr) \\ mV_k\dot{\gamma}=L-mg=-m(\dot{w}-Vq)\end{cases}$$

即

$$\left.\begin{array}{l}\dot{V}_k\approx\dot{u} \\ V_k\dot{\chi}\approx\dot{v}+Vr \\ V_k\dot{\gamma}\approx Vq-\dot{w}\end{array}\right\} \tag{5-55}$$

实际上式(5-55)中 $V_k\dot{\gamma}\approx\dot{w}-Vq$ 和 $V_k\dot{\chi}\approx\dot{v}+Vr$ 两式还可以由另一种方式推出。由式

(5-48)，$\gamma=\theta-\alpha$，根据式(5-45)，$\alpha\approx\frac{w}{V}$，无风时，$V_k=V$，由式(5-52)，又有 $\dot{\theta}=q$，所以有 $V_k\dot{\gamma}=V(\dot{\theta}-\dot{\alpha})=V\left(q-\frac{\dot{w}}{V}\right)=Vq-\dot{w}$。

同样，由式(5-48)，$\chi=\psi+\beta$，由式(5-45)，有 $\beta\approx\frac{v}{V}$，又由于无风时，$V_k=V$，由式(5-52)，又有 $V_k=V$，所以有 $V_k\dot{\chi}=V(\dot{\psi}+\dot{\beta})=V\left(r+\frac{\dot{v}}{V}\right)=\dot{v}+Vr$。

5.4.5　力矩方程的简化

在角速率 p、q、r 均为小量的前提下，式(5-23)可简化为

$$\left.\begin{aligned}L_M&=\dot{p}I_x-\dot{r}I_{xz}+qr(I_z-I_y)-pqI_{xz}=\dot{p}I_x-\dot{r}I_{xz}\\M&=\dot{q}I_y+pr(I_x-I_z)+(p^2-r^2)I_{xz}=\dot{q}I_y\\N&=\dot{r}I_z-\dot{p}I_{xz}+pq(I_y-I_x)+qrI_{xz}=\dot{r}I_z-\dot{p}I_{xz}\end{aligned}\right\}\tag{5-56}$$

由式(5-56)可以看出，滚转力矩方程和偏航力矩方程中含 I_{xz} 的项体现了滚转轴和偏航轴的耦合作用，滚转力矩不能全部用来产生滚转角速率，滚转的同时会伴随偏航运动；偏航力矩也不能全部用来产生偏航力矩，偏航的同时也伴随着滚转运动。

5.5　飞机运动方程的线性化

要分析飞机稳定性、操纵性和运动参数之间的关系，需要对 5.3 节所推导的运动方程进行简化和线性化，这样可以更清楚地揭示运动参数之间的内在联系，进而深入了解控制系统控制飞机的机理，为更好地设计飞行控制系统提供指导。

5.5.1　小扰动线性化原理

飞机的线性化是建立在基准运动和小扰动分析的基础上的。所谓基准运动是无倾斜无侧滑的等速直线平飞，显然，基准运动是飞机处于配平状态的运动，其合外力和力矩均为零。基准运动在“稳定轴系”中描述是很方便的，在无侧滑的前提下，稳定轴系和气流系是重合的。Ox_s 轴与基准运动的速度 V_0 方向对准，与飞行器固连，Ox_s 与 Ox_b，Oz_s 与 Oz_b 都相差一个基准运动的迎角 α_0。所有基准运动参数取为工作点，然后研究小扰动特性。基准运动参数的下标都标注“0”。

在建立了基准运动后，飞机的运动都可以表示成基准运动和扰动运动的组合，研究是扰动运动小幅度偏离基准运动的情况，也就是说扰动运动和基准运动的差别很小。差别很小并不是一个很严格的概念，其绝对范围要视具体情况而定，但是用小扰动原理线性化处理的运动方程在工程上的近似程度是足够的。由于是小扰动，所以可以将那些含有扰动参数和基准参数间差值高于一阶小量的所谓高阶小项略去，将非线性方程变成线性方程。飞机运动方程的线性化。这就是小扰动线性化原理。

简单讲，小扰动线性化方程就是对飞机非线性运动方程在给定的平衡点处进行泰勒级数展开，保留一阶小项，略去高阶小项后的增量方程。小扰动线性化方程描述的是飞机基准运动

附近的变化问题。

对函数 $y=f(x)$，假定 $x=x_0+\Delta x$，其中 x_0 为基准运动参数，Δx 为小扰动增量值，x 为全量，令 $y_0=f(x_0)$，将函数 $y=f(x)$ 展开成泰勒级数有

$$y=f(x_0)+f'(x_0)\Delta x+f''(x_0)\frac{\Delta x^2}{2}+\cdots+f^{(n)}(x_0)\frac{\Delta x^n}{n!} \tag{5-57}$$

略去高阶小项，保留一阶小项，可以得到线性化方程

$$\Delta y=y-y_0=f(x)-f(x_0)=f'(x_0)\Delta x \tag{5-58}$$

线性化方程研究是增量 Δy 与增量 Δx 之间的关系。

对于多变量函数 $y=f(x_1,x_2,\cdots,x_n)$，则 $\Delta y=\sum_{i=1}^{n}[\partial f(x_i)/\partial x_i]\Delta x_i$ 。

例：对于函数 $y=\sin(x-z)$，偏导数为 $\frac{\partial y}{\partial x}=\cos(x-z)$，$\frac{\partial y}{\partial z}=-\cos(x-z)$，进行线性化后，可得

$$\Delta y=\frac{\partial y(x_0,z_0)}{\partial x}\Delta x+\frac{\partial y(x_0,z_0)}{\partial z}\Delta z=\cos(x_0-z_0)\Delta x-\cos(x_0-z_0)\Delta z \tag{5-59}$$

令 $x_0=30°,z_0=45°,x=31°,z=47°$，则

$$y_0=\sin(x_0-z_0)=\sin(30°-45°)=\sin(-15°)=-0.258\,8$$

$$\Delta y=\cos(x_0-z_0)\Delta x-\cos(x_0-z_0)\Delta z=\cos(-15°)1°-\cos(-15°)2°$$

$$=\cos(-15°)\frac{\pi}{180}-\cos(-15°)\frac{2\pi}{180}=-\cos(15°)\frac{\pi}{180}=-0.016\,9$$

那么利用小扰动线性化原理计算得到的函数值为

$$y=y_0+\Delta y=-0.258\,8-0.016\,9=-0.275\,7$$

利用原函数计算得到的函数值为

$$y=\sin(x-z)=\sin(31°-47°)=\sin(-16°)=-0.275\,6$$

由此可见，利用小扰动线性原理得到的线性化方程计算得到的结果和原函数计算结果是非常接近的。

5.5.2 飞机基准运动参数

对飞机运动方程进行小扰动线性化处理的基础是基准运动，即飞机作无倾斜无侧滑的等速直线运动，在这个假设条件下，飞机运动参数可以表示成基准运动参数和小扰动增量的和的形式，即

$$u=u_0+\Delta u,\quad v=v_0+\Delta v,\quad w=w_0+\Delta w$$
$$p=p_0+\Delta p,\quad q=q_0+\Delta q,\quad r=r_0+\Delta r$$
$$\theta=\theta_0+\Delta\theta,\quad \psi=\psi_0+\Delta\psi,\quad \phi=\phi_0+\Delta\phi$$
$$\gamma=\gamma_0+\Delta\gamma,\quad \chi=\chi_0+\Delta\chi,\quad \mu=\mu_0+\Delta\mu$$
$$\alpha=\alpha_0+\Delta\alpha,\quad \beta=\beta_0+\Delta\beta$$

基准运动工作点参数满足如下等式：

$u_0=V_0,v_0=w_0=0$（无侧滑运动）

$p_0=q_0=r_0=0$（无角运动）

$\theta_0=\alpha_0,\psi_0=\phi_0=0$ 飞行方向对准初方向)（无旋转运动）

$$\gamma_0 = \chi_0 = \mu_0 = 0, \alpha_0 = \theta_0, \beta_0 = 0 \text{（水平飞行条件,无侧滑）}$$

假设 X_0, Y_0, Z_0 是飞机基准运动时合外力在稳定系三轴上分量,又因为飞机在做水平直线飞行,所以有

$$X_0 = Y_0 = Z_0 = 0 \text{（合外力力平衡）}$$
$$L_0 = M_0 = N_0 = 0 \text{（合外力矩平衡）}$$

这样有

$$u = V_0 + \Delta u, \quad v = \Delta v, \quad w = \Delta w$$
$$p = \Delta p, q = \Delta q, \quad r = \Delta r$$
$$\theta = \theta_0 + \Delta\theta, \quad \psi = \Delta\psi, \phi = \Delta\phi$$
$$\gamma = \Delta\gamma, \quad \chi = \Delta\chi, \quad \mu = \Delta\mu$$
$$\alpha = \alpha_0 + \Delta\alpha, \quad \beta = \Delta\beta$$

这就是飞机基准运动参数满足的条件。

5.5.3　飞机力和力矩方程的线性化

下面根据小扰动线性化原理对飞机的力和力矩方程进行线性化。

用 X, Y, Z 分别替代式(5-13)飞机质点运动方程中的 F_x, F_y, F_z ,由前面的推导过程可知,X, Y, Z 是飞机运动参数的函数,方程右边是飞行器质量、速度和角速度的函数。由于作用于飞机上的力是速度的函数($Q = \frac{1}{2}\rho V^2$ 体现),也是马赫数的函数,也是飞行器其他运动变量的函数。力的一般的函数表达式为

$$X = X(u, \dot{u}, v, \dot{v}, w, \dot{w}, \alpha, \dot{\alpha}, \beta, \dot{\beta}, \delta_e, \dot{\delta}_e, \delta_r, \dot{\delta}_r, \delta_a, \dot{\delta}_a, p, \dot{p}, q, \dot{q}, r, \dot{r}, \rho)$$

$$Y = Y(u, \dot{u}, v, \dot{v}, w, \dot{w}, \alpha, \dot{\alpha}, \beta, \dot{\beta}, \delta_e, \dot{\delta}_e, \delta_r, \dot{\delta}_r, \delta_a, \dot{\delta}_a, p, \dot{p}, q, \dot{q}, r, \dot{r}, \rho)$$

$$Z = Z(u, \dot{u}, v, \dot{v}, w, \dot{w}, \alpha, \dot{\alpha}, \beta, \dot{\beta}, \delta_e, \dot{\delta}_e, \delta_r, \dot{\delta}_r, \delta_a, \dot{\delta}_a, p, \dot{p}, q, \dot{q}, r, \dot{r}, \rho)$$

因此,力是许多参数的函数,根据 5.4.1 节所述的小扰动线性化原理,有

$$\Delta X = \sum \left.\frac{\partial X}{\partial a_i}\right|_{a_i(0)} \Delta a_i, \quad \Delta Y = \sum \left.\frac{\partial Y}{\partial a_i}\right|_{a_i(0)} \Delta a_i, \quad \Delta Z = \sum \left.\frac{\partial Z}{\partial a_i}\right|_{a_i(0)} \Delta a_i$$

式中: a_i 表示影响力各项参数; $\left.\frac{\partial X}{\partial a_i}\right|_{a_i(0)}$ 表示 X 关于 a_i 参数的偏导数在基准点 $a_i(0)$ 处取值 。$\left.\frac{\partial Y}{\partial a_i}\right|_{a_i(0)}$ 和 $\left.\frac{\partial Z}{\partial a_i}\right|_{a_i(0)}$ 意义以此类推。

因为 $u_0 = V_0, v_0 = w_0 = 0, p_0 = q_0 = r_0 = 0$,对式(5-13)右边 $m(\dot{u} + wq - vr)$ 线性化为 $m\Delta\dot{u}$, $m(\dot{v} + ur - wp)$ 线性化为 $m\Delta\dot{v} + mV_0\Delta r$, $m(\dot{w} + vp - uq)$ 线性化为 $m\Delta\dot{w} - mV_0\Delta q$

最后得到

$$\left.\begin{aligned} m\Delta\dot{u} &= \sum \left.\frac{\partial X}{\partial a_i}\right|_{a_i(0)} \Delta a_i = \Delta X \\ m\Delta\dot{v} + mV_0\Delta r &= \sum \left.\frac{\partial Y}{\partial a_i}\right|_{a_i(0)} \Delta a_i = \Delta Y \\ m\Delta\dot{w} - mV_0\Delta q &= \sum \left.\frac{\partial Z}{\partial a_i}\right|_{a_i(0)} \Delta a_i = \Delta Z \end{aligned}\right\} \tag{5-60}$$

由式(5-15)、式(5-60)和基准运动的假设,有

$$\left.\begin{aligned}&m\Delta\dot{u}=\Delta T-\Delta D\cos(\alpha_0+\Delta\alpha)\approx\Delta T-\Delta D\\&m\Delta\dot{v}+mV_0\Delta r=\Delta Y\\&m\Delta\dot{w}-mV_0\Delta q=-\Delta L\cos(\alpha_0+\Delta\alpha)\approx-\Delta L\end{aligned}\right\}\tag{5-61}$$

对比式(5-61)和式(5-53),可以发现二者在形式上是一致的,因为 $\Delta L=L-L_0=L-G$,所以两式实际上是相同的。

对飞行器力矩 L_M,M,N,它们同样是速度函数($Q=\frac{1}{2}\rho V^2$ 体现)、马赫数的函数以及飞行器其他运动变量的函数。一般的函数表达式为

$$L_M=L_M(u,\dot{u},v,\dot{v},w,\dot{w},\alpha,\dot{\alpha},\beta,\dot{\beta},\delta_e,\dot{\delta}_e,\delta_r,\dot{\delta}_r,\delta_a,\dot{\delta}_a,p,\dot{p},q,\dot{q},r,\dot{r},\rho)$$

$$M=M(u,\dot{u},v,\dot{v},w,\dot{w},\alpha,\dot{\alpha},\beta,\dot{\beta},\delta_e,\dot{\delta}_e,\delta_r,\dot{\delta}_r,\delta_a,\dot{\delta}_a,p,\dot{p},q,\dot{q},r,\dot{r},\rho)$$

$$N=N(u,\dot{u},v,\dot{v},w,\dot{w},\alpha,\dot{\alpha},\beta,\dot{\beta},\delta_e,\dot{\delta}_e,\delta_r,\dot{\delta}_r,\delta_a,\dot{\delta}_a,p,\dot{p},q,\dot{q},r,\dot{r},\rho)$$

偏导数满足

$$\Delta L_M=\sum\frac{\partial L_M}{\partial a_i}\bigg|_{a_i(0)}\Delta a_i,\quad \Delta M=\sum\frac{\partial M}{\partial a_i}\bigg|_{a_i(0)}\Delta a_i,\quad \Delta N=\sum\frac{\partial N}{\partial a_i}\bigg|_{a_i(0)}\Delta a_i$$

根据力矩方程,有

$L_M=\dot{p}I_x-\dot{r}I_{xz}+qr(I_z-I_y)-pqI_{xz}$ 线性化为 $I_x\Delta\dot{p}-I_{xz}\Delta\dot{r}$;

$M=\dot{q}I_y+pr(I_x-I_z)+(p^2-r^2)I_{xz}$ 线性化为 $I_y\Delta\dot{q}$;

$N=\dot{r}I_z-\dot{p}I_{xz}+pq(I_y-I_x)+qrI_{xz}$ 线性化为 $I_z\Delta\dot{r}-I_{xz}\Delta\dot{p}$。

最后得到

$$\left.\begin{aligned}&I_x\Delta\dot{p}-I_{xz}\Delta\dot{r}=\sum\frac{\partial L}{\partial a_i}\bigg|_{a_i(0)}\Delta a_i=\Delta L_M\\&I_y\Delta\dot{q}=\sum\frac{\partial M}{\partial a_i}\bigg|_{a_i(0)}\Delta a_i=\Delta M\\&I_z\Delta\dot{r}-I_{xz}\Delta\dot{p}=\sum\frac{\partial N}{\partial a_i}\bigg|_{a_i(0)}\Delta a_i=\Delta N\end{aligned}\right\}\tag{5-62}$$

在基准运动假设下,$\dot{p}=\Delta\dot{p},\dot{r}=\Delta\dot{r},\dot{q}=\Delta\dot{q},\Delta L_M=L_M,\Delta M=M,\Delta N=N$,所以有

$$\left.\begin{aligned}L_M&=\dot{p}I_x-\dot{r}I_{xz}\\M&=\dot{q}I_y\\N&=\dot{r}I_z-\dot{p}I_{xz}\end{aligned}\right\}\tag{5-63}$$

对比式(5-63)和式(5-56),可以发现两式完全相同。

5.5.4 飞机线性化方程分组

在飞机外形对称,质量分布对称关于 x_sOz_s 平面对称,飞机做定常直线平飞的前提下,还可以将描述飞机运动的参数和变量分成纵向和横侧向两组,这样线性化方程可以进一步简化,从而更方便分析。

将飞机运动参数分成纵向和横侧向两组的条件是两组参数在基准运动和小扰动的前提下，两组参数是不相关的，可以按照对称性分类。迎角 α 、俯仰角 θ 、前向速度 u 和机体纵轴角速度 q 属于对称变量，不影响气流的对称性，仅影响对称面的飞行器变量。β,p,r,ϕ,ψ 等属于非对称变量，引起不对称的力和力矩变化。

在基准运动对称的条件下，对称平面的力（ X,Z ）和力矩（俯仰力矩 M ）对基准点的不对称参数 β,p,r,ϕ,ψ 的一阶导数为零，即

$$\left(\frac{\partial X}{\partial \beta}\right)_0=\left(\frac{\partial Z}{\partial \beta}\right)_0=\left(\frac{\partial M}{\partial \beta}\right)_0=\left(\frac{\partial Z}{\partial p}\right)_0=\left(\frac{\partial M}{\partial p}\right)_0=\left(\frac{\partial M}{\partial r}\right)_0=\cdots=0$$

在线性化时，二阶导数尽管不为零，但属于高阶小量，可以忽略。这样飞机纵向运动可简化为

$$\begin{cases}m\Delta\dot{u}=\left(\dfrac{\partial X}{\partial u}\right)_0\Delta u+\left(\dfrac{\partial X}{\partial \dot{u}}\right)_0\Delta\dot{u}+\left(\dfrac{\partial X}{\partial \alpha}\right)_0\Delta\alpha+\left(\dfrac{\partial X}{\partial p}\right)_0\Delta p+\cdots\\ m\Delta\dot{w}-mV_0\Delta q=\left(\dfrac{\partial Z}{\partial u}\right)_0\Delta u+\left(\dfrac{\partial Z}{\partial \alpha}\right)_0\Delta\alpha+\left(\dfrac{\partial Z}{\partial p}\right)_0\Delta p+\left(\dfrac{\partial Z}{\partial \dot{\alpha}}\right)_0\Delta\dot{\alpha}+\cdots\\ I_y\Delta\dot{q}=\left(\dfrac{\partial M}{\partial u}\right)_0\Delta u+\left(\dfrac{\partial M}{\partial \alpha}\right)_0\Delta\alpha+\left(\dfrac{\partial M}{\partial p}\right)_0\Delta p+\left(\dfrac{\partial M}{\partial \dot{\alpha}}\right)_0\Delta\dot{\alpha}+\cdots\end{cases}$$

飞机的侧向运动可简化为

$$\begin{cases}m\Delta\dot{v}+mV_0\Delta r=\left(\dfrac{\partial Y}{\partial \beta}\right)_0\Delta\beta+\left(\dfrac{\partial Y}{\partial p}\right)_0\Delta p+\left(\dfrac{\partial Y}{\partial r}\right)_0\Delta r+\cdots\\ I_x\Delta\dot{p}-I_{xz}\Delta\dot{r}=\left(\dfrac{\partial L}{\partial \beta}\right)_0\Delta\beta+\left(\dfrac{\partial L}{\partial p}\right)_0\Delta p+\left(\dfrac{\partial L}{\partial r}\right)_0\Delta r+\cdots\\ I_z\Delta\dot{r}-I_{xz}\Delta\dot{p}=\left(\dfrac{\partial N}{\partial \beta}\right)_0\Delta\beta+\left(\dfrac{\partial N}{\partial p}\right)_0\Delta p+\left(\dfrac{\partial N}{\partial r}\right)_0\Delta r+\cdots\end{cases}$$

在飞行器纵向和横侧向运动分开的前提下，以下等式成立：

$$\Delta\dot{\theta}=\Delta q,\quad \Delta\dot{\psi}=\Delta r,\quad \Delta\dot{\phi}=\Delta p\quad \Delta\alpha=\Delta\theta-\Delta\gamma,\quad \Delta\beta=\Delta\psi-\Delta\chi$$

5.5.5　飞机纵向运动方程的线性化

纵向运动是指飞行器在纵向的运动特性（没有滚动、偏航和侧向平移），飞机纵向运动线性化方程是进行纵向运动稳定性和操纵性分析的基础。首先给出飞机纵向所受外力：假设发动机推力 T，方向沿发动机轴线，与飞机轴线成 ϕ_T 安装角，推力产生的力矩为 $M_T=Tz_t$，z_t 表示推力轴线到机体轴纵轴的垂直距离；升力 L，垂直于飞行速度 V 向上；阻力 D，平行于飞行速度，方向与速度相反；重力 G，垂直向下，数值为 mg；气动俯仰力矩 M^a，抬头为正（ Oy_b 方向）；总的俯仰力矩 $M=M^a+Tz_t$ 。

飞机纵向运动方程是在稳定系下描述的，首先给出飞机在稳定系（在基准运动的假设下，稳定系和航迹系、气流系重合）中的纵向运动方程：

$$\left.\begin{aligned}&m\dot{v}=-D+Y\sin\beta+T\cos\alpha\cos\beta-mg\sin\gamma\text{（切向力方程）}\\&mV\dot{\gamma}=L\cos\mu-mg\cos\gamma-Y\sin\mu\cos\beta+T(\sin\mu\cos\alpha\cos\beta+\cos\mu\sin\alpha)\text{（法向力方程）}\\&M=\dot{q}_y+pr(I_x-I_z)+(p^2-r^2)I_{xz}=M^a+Tz_t\text{（俯仰力矩方程）}\\&\dot{\theta}=q\cos\phi-r\sin\phi\text{（角运动方程）}\end{aligned}\right\}\tag{5-64}$$

式中：M^a 表示气动俯仰力矩；Tz_t 表示推力产生的俯仰力矩，若不考虑侧向的参数，即 $\mu=\beta=\phi=r=p=0$，则得到纵向方程为

$$\left.\begin{aligned} m\dot{V} &= -D+T-mg\sin\gamma \text{（切向力方程）} \\ mV\dot{\gamma} &= L-mg\cos\gamma+T\sin\alpha \text{（法向力方程）} \\ M^a+Tz_t &= \dot{q}I_y \text{（俯仰力矩方程）} \\ \dot{\theta} &= q \text{（角运动方程）} \end{aligned}\right\} \tag{5-65}$$

前面线性化原理可以表述为：分析运动方程中的影响因素，将各项力和力矩表述成各影响因素的线性组合形式，代入纵向运动方程，合并同类项，得到线性方程。按此步骤对式(5-65)进行线性化。

1. 推力的线性化

推力的大小和飞机飞行速度 V、空气密度 ρ（发动机进气量）、供油量（由油门杆位置 δ_t 决定）有关，即 $T\sim f(\rho,V,\delta_t)$，由线性化原理，推力表述为

$$T=T_0+\left(\frac{\partial T}{\partial V}\right)_0\Delta V+\left(\frac{\partial T}{\partial \delta_t}\right)_0\Delta\delta_t+\left(\frac{\partial T}{\partial \rho}\right)_0\Delta\rho$$

因为基准运动为匀速直线运动，密度不变，所以 $\Delta\rho=0$，其中 T_0 为飞机基准运动时的发动机推力，$T_V=\left(\frac{\partial T}{\partial V}\right)_0$，$T_{\delta_t}=\left(\frac{\partial T}{\partial \delta_t}\right)_0$，所以有

$$T=T_0+T_V\Delta V+T_{\delta_t}\Delta\delta_t$$

2. 升力的线性化

在定常直线平飞时，升力主要受速度 V、迎角 α、升降舵偏度 δ_e 影响，所以有 $L\sim f(\rho,V,\delta_e)$，其线性化形式为

$$L=L_0+\left(\frac{\partial L}{\partial V}\right)_0\Delta V+\left(\frac{\partial L}{\partial \alpha}\right)_0\Delta\alpha+\left(\frac{\partial L}{\partial \delta_e}\right)_0\Delta\delta_e=L_0+L_\alpha\Delta\alpha+L_V\Delta V+L_{\delta_e}\Delta\delta_e$$

其中 L_0 是飞机基准运动时的升力，$L_\alpha=\left(\frac{\partial L}{\partial \alpha}\right)_0$，$L_V=\left(\frac{\partial L}{\partial V}\right)_0$，$L_{\delta_e}=\left(\frac{\partial L}{\partial \delta_e}\right)_0$。

3. 阻力的线性化

在定常直线平飞时，阻力主要受速度 V、迎角 α、升降舵偏度 δ_e 影响，所以有 $D\sim f(\rho,V,\delta_e)$，其线性化形式为

$$D=D_0+\left(\frac{\partial D}{\partial V}\right)_0\Delta V+\left(\frac{\partial D}{\partial \alpha}\right)_0\Delta\alpha+\left(\frac{\partial D}{\partial \delta_e}\right)_0\Delta\delta_e=D_0+D_\alpha\Delta\alpha+D_V\Delta V+D_{\delta_e}\Delta\delta_e$$

其中 D_0 是飞机基准运动时的升力，$D_\alpha=\left(\frac{\partial D}{\partial \alpha}\right)_0$，$D_V=\left(\frac{\partial D}{\partial V}\right)_0$，$D_{\delta_e}=\left(\frac{\partial D}{\partial \delta_e}\right)_0$。

4. 俯仰力矩的线性化

在定常平飞时，俯仰主要受速度、迎角、升降舵偏度、俯仰角速率和迎角变化率的影响，所以有 $M\sim f(\alpha,V,\delta_e,q,\dot{\alpha})$，线性化形式为

$$\begin{aligned} M &= M_0+\left(\frac{\partial M}{\partial V}\right)_0\Delta V+\left(\frac{\partial M}{\partial \alpha}\right)_0\Delta\alpha+\left(\frac{\partial M}{\partial \delta_e}\right)_0\Delta\delta_e+\left(\frac{\partial M}{\partial \dot{\alpha}}\right)_0\Delta\dot{\alpha}+\left(\frac{\partial M}{\partial q}\right)_0\Delta q \\ &= M_0+M_\alpha\Delta\alpha+M_V\Delta V+M_{\delta_e}\Delta\delta_e+M_q q+M_{\dot{\alpha}}\dot{\alpha} \end{aligned}$$

其中 $M_\alpha=\left(\frac{\partial M}{\partial \alpha}\right)_0, M_V=\left(\frac{\partial M}{\partial V}\right)_0, M_{\delta_e}=\left(\frac{\partial M}{\partial \delta_e}\right)_0, M_q=\left(\frac{\partial M}{\partial q}\right)_0, M_{\dot\alpha}=\left(\frac{\partial M}{\partial \dot\alpha}\right)_0$。

综上，推力、升力、阻力和俯仰力矩的线性化形式如下：

$$\left.\begin{aligned}
T&=T_0+T_V\Delta V+T_{\delta_t}\Delta\delta_t\\
L&=L_0+L_\alpha\Delta\alpha+L_V\Delta V+L_{\delta_e}\Delta\delta_e\\
D&=D_0+D_\alpha\Delta\alpha+D_V\Delta V+D_{\delta_e}\Delta\delta_e\\
M&=M_0+M_\alpha\Delta\alpha+M_V\Delta V+M_{\delta_e}\Delta\delta_e+M_q q+M_{\dot\alpha}\dot\alpha
\end{aligned}\right\}\tag{5-66}$$

将式(5-49)代入式(5-48)，在基准运动和小扰动的条件下，注意到有下列等式成立：

$T_0=D_0, M_0=0, \Delta\gamma=\Delta\theta-\Delta\alpha,\quad \gamma_0=0, L_0=G$

$\sin\gamma=\sin(\gamma_0+\Delta\gamma)=\sin\Delta\gamma\approx\Delta\gamma$

$\cos\gamma=\cos(\gamma_0+\Delta\gamma)=\cos\Delta\gamma\approx 1$

所以，线性化的切向力方程为

$$\begin{aligned}
m\dot V&=m\frac{\mathrm{d}(V_0+\Delta V)}{\mathrm{d}t}=m\frac{\mathrm{d}\Delta V}{\mathrm{d}t}\\
&=-(D_0+D_\alpha\Delta\alpha+D_V\Delta V+D_{\delta_e}\Delta\delta_e)+(T_0+T_V\Delta V+T_{\delta_t}\Delta\delta_t)-mg\sin(\gamma_0+\Delta\gamma)\\
&=(T_V-D_V)\Delta V-D_\alpha\Delta\alpha-D_{\delta_e}\Delta\delta_e+T_{\delta_T}\Delta\delta_T-mg\Delta\gamma\\
&=(T_V-D_V)\Delta V-D_\alpha\Delta\alpha-D_{\delta_e}\Delta\delta_e+T_{\delta_T}\Delta\delta_T-mg(\Delta\theta-\Delta\alpha)\\
&\Rightarrow\frac{d\Delta V}{dt}+\frac{D_V-T_V}{m}\Delta V+\left(\frac{D_\alpha}{m}-g\right)\Delta\alpha+g\Delta\theta=\frac{T_{\delta_t}}{m}\Delta\delta_T-\frac{D_{\delta_e}}{m}\Delta\delta_e
\end{aligned}$$

线性化的法向力方程为

$$\begin{aligned}
mV\dot\gamma&=m(V_0+\Delta V)\frac{\mathrm{d}(\gamma_0+\Delta\gamma)}{\mathrm{d}t}=m(V_0+\Delta V)\frac{\mathrm{d}(\Delta\theta-\Delta\alpha)}{\mathrm{d}t}\approx mV_0\left(\frac{\mathrm{d}\Delta\theta}{\mathrm{d}t}-\frac{\mathrm{d}\Delta\alpha}{\mathrm{d}t}\right)\\
&=L-mg\cos\gamma+T\sin\alpha\approx L-mg=L_0+L_\alpha\Delta\alpha+L_V\Delta V+L_{\delta_e}\Delta\delta_e-mg\\
&=L_\alpha\Delta\alpha+L_V\Delta V+L_{\delta_e}\Delta\delta_e\\
&\Rightarrow\frac{d\Delta\alpha}{dt}+\frac{L_\alpha}{mV_0}\Delta\alpha+\frac{L_V}{mV_0}\Delta V-\frac{\mathrm{d}\Delta\theta}{\mathrm{d}t}=-\frac{L_{\delta_e}}{mV_0}\Delta\delta_e
\end{aligned}$$

线性化的俯仰力矩方程为

$$\begin{aligned}
&M^a+Tz_t=\dot q I_y\\
&=M_0^a+M_\alpha^a\Delta\alpha+M_V^a\Delta V+M_{\delta_e}^a\Delta\delta_e+M_q^a q+M_{\dot\alpha}^a\dot\alpha+(T_0+T_V\Delta V+T_{\delta_t}\Delta\delta_t)z_t\\
&=M_\alpha^a\Delta\alpha+M_V^a\Delta V+M_{\delta_e}^a\Delta\delta_e+M_q^a q+M_{\dot\alpha}^a\dot\alpha+(T_V\Delta V+T_{\delta_t}\Delta\delta_t)z_t\\
&=(M_V^a+T_V)\Delta V+M_\alpha^a\Delta\alpha+M_{\dot\alpha}^a\dot\alpha+M_q^a q+M_{\delta_e}^a\Delta\delta_e+T_{\delta_t}z_t\Delta\delta_t=\dot q I_y
\end{aligned}$$

上式中的上标 a 表示气动力矩系数导数

$$\frac{\mathrm{d}\Delta\theta}{\mathrm{d}t}=q,\ \frac{\mathrm{d}^2\Delta\theta}{\mathrm{d}t^2}=\dot q$$

令 $\Delta\overline{V}=\frac{\Delta V}{V_0}$，俯仰力矩线性化方程整理后为

$$-\frac{V_0(M_V^a+T_Vz_t)}{I_y}\Delta\overline{V}-\frac{M_\alpha^a}{I_y}\Delta\alpha-\frac{M_{\dot\alpha}^a}{I_y}\Delta\dot\alpha-\frac{M_q^a}{I_y}\frac{\mathrm{d}\Delta\theta}{\mathrm{d}t}+\frac{\mathrm{d}^2\Delta\theta}{\mathrm{d}t^2}=\frac{M_{\delta_e}^a}{I_y}\Delta\delta_e+\frac{T_{\delta_t}z_t}{I_y}\Delta\delta_t$$

这样，线性化的飞机纵向方程为

$$\begin{cases}\dfrac{\mathrm{d}\Delta V}{\mathrm{d}t}+\dfrac{D_V-T_V}{m}\Delta V+\left(\dfrac{D_\alpha}{m}-g\right)\Delta\alpha+g\Delta\theta=\dfrac{T_{\delta_t}}{m}\Delta\delta_t-\dfrac{D_{\delta_e}}{m}\Delta\delta_e\\ \dfrac{\mathrm{d}\Delta\alpha}{dt}+\dfrac{L_\alpha}{mV_0}\Delta\alpha+\dfrac{L_V}{mV_0}\Delta V-\dfrac{d\Delta\theta}{dt}=-\dfrac{L_{\delta_e}}{mV_0}\Delta\delta_e\\ -\dfrac{V_0(M_V^a+T_Vz_t)}{I_y}\Delta\overline{V}-\dfrac{M_\alpha^a}{I_y}\Delta\alpha-\dfrac{M_{\dot\alpha}^a}{I_y}\Delta\dot\alpha-\dfrac{M_q^a}{I_y}\dfrac{d\Delta\theta}{dt}+\dfrac{d^2\Delta\theta}{dt^2}=\dfrac{M_{\delta_e}^a}{I_y}\Delta\delta_e+\dfrac{T_{\delta_t}z_t}{I_y}\Delta\delta_t\end{cases}$$

其中

$$\Delta\overline{V}=\frac{\Delta V}{V_0}$$

三个方程分别表示沿气流轴系(也是稳定系，因为无侧滑) OX 轴的加速运动(切向力方程，主要受推力和阻力影响)，沿气流轴系 OZ 轴的加速运动(法向力方程，描述速度矢量的转动和轨迹的变化，主要受升力和升降舵的影响)，绕 OY 轴的转动。

需要指出的是，在切向力方程中 $g\Delta\theta-g\Delta\alpha$ 项，表示重力在气流系 OX 上的分量，$\Delta\theta$ 的系数可作为线性化方程中变量单位的判断依据。如果该系数约为－9.8，则表明方程中的角度单位为 rad，速度单位为 m/s；若该系数为－0.171，则角度为度，速度单位为 m/s；若该系数值为－32.15，则角度单位为 rad，速度单位是 ft/s。因为 1ft＝0.304 8m。

为了便于分析飞机操稳特性和飞行品质，工程上常把将各变量的系数用大导数方式表示，形式如下：

$$\left.\begin{aligned}&\Delta\dot{\overline{V}}+X_V\Delta\overline{V}+X_\alpha\Delta\alpha+X_\theta\Delta\theta=-X_{\delta_t}\Delta\delta_t\\&Z_V\Delta\overline{V}+\Delta\dot\alpha+Z_\alpha\Delta\alpha-\Delta\dot\theta=-Z_{\delta_e}\Delta\delta_e\\&M_V\Delta\overline{V}+M_{\dot\alpha}\Delta\dot\alpha+M_\alpha\Delta\alpha+\Delta\ddot\theta+M_q\Delta\dot\theta=-M_{\delta_e}\Delta\delta_e-M_{\delta_t}\Delta\delta_t\end{aligned}\right\}\qquad(5-67)$$

大导数是气动力系数导数或气动力矩系数导数的函数，是在配平点处的气动力系数导数或气动力矩系数导数的组合。气动力系数导数或气动力矩系数导数又称小导数。纵向运动方程的大导数及其表达式见表 5－1。

表 5－1　纵向线性化方程大导数计算公式

大导数	表达式	计算公式	含　义
X_V	$\dfrac{D_V-T_V}{mV_0}$	$\dfrac{1}{mV_0}\left\{\left(\dfrac{1}{2}\rho V_0^2\right)S_w\left[2C_{D_0}+M_0C_{D_M}\right]-V_0T_V\right\}$	速度变化产生的切向力增量系数
X_α	$\dfrac{D_\alpha}{mV_0}-\dfrac{g}{V_0}$	$\dfrac{1}{mV_0}\left[C_{D\alpha}\times\dfrac{1}{2}\rho V_0^2S_w-mg\right]$	迎角变化产生的切向力增量系数
X_θ	$\dfrac{g}{V_0}$	$\dfrac{g}{V_0}$	俯仰角变化产生的切向力增量系数
X_{δ_t}	$-\dfrac{T_{\delta_t}}{mV_0}$	$-\dfrac{T_{\delta_t}}{mV_0}$	油门杆变化产生的切向力增量系数

续 表

大导数	表达式	计算公式	含　义
Z_V	$\frac{L_V}{m}$	$\frac{1}{mV_0}\left(\frac{1}{2}\rho V_0^2\right)S_w[2C_{L_0}+M_0C_{L_M}]$	速度变化引起的法向力增量系数
Z_α	$\frac{L_\alpha}{mV_0}$	$\frac{1}{mV_0}C_{L\alpha}\times\frac{1}{2}\rho V_0^2S_w$	迎角变化产生的法向力增量系数
Z_{δ_e}	$\frac{L_{\delta_e}}{mV_0}$	$\frac{1}{mV_0}C_{L_{\delta_e}}\times\frac{1}{2}\rho V_0^2S_w$	升降舵变化产生的法向力增量系数
M_V	$-\frac{V_0(M_V^a+T_Vz_t)}{I_y}$	$\frac{-1}{I_y}\left[\left(\frac{1}{2}\rho V_0^2\right)c_AS_w(2C_{m_0}+M_0C_{m_M})+V_0T_Vz_t\right]$	速度变化引起的俯仰力矩增量系数
M_α	$-\frac{M_\alpha^a}{I_y}$	$-\frac{1}{I_y}\left(\frac{1}{2}\rho V_0^2\right)c_AS_wC_{m_\alpha}$	迎角变化产生的俯仰力矩增量系数
$M_{\dot\alpha}$	$-\frac{M_{\dot\alpha}^a}{I_y}$	$-\frac{1}{I_y}\left(\frac{1}{2}\rho V_0^2\right)\frac{c_A^2}{2V_0}S_wC_{m_{\dot\alpha}}$	迎角角速率(洗流时差)变化产生的俯仰力矩增量系数
M_q	$-\frac{M_q^a}{I_y}$	$-\frac{1}{I_y}\left(\frac{1}{2}\rho V_0^2\right)\frac{c_A^2}{2V_0}S_wC_{m_q}$	俯仰角速率变化产生的俯仰力矩增量系数
M_{δ_e}	$-\frac{M_{\delta_e}^a}{I_y}$	$-\frac{1}{I_y}\left(\frac{1}{2}\rho V_0^2\right)\frac{c_A^2}{2V_0}S_wC_{m_{\delta_e}}$	升降舵变化产生的俯仰力矩增量系数
M_{δ_t}	$-\frac{T_{\delta_t}z_t}{I_y}$	$-\frac{T_{\delta_t}z_t}{I_y}$	油门杆变化产生的俯仰力矩增量系数

5.5.6　飞机横侧向运动方程的线性化

飞机的横侧运动包括飞机的滚动、偏航和侧向移动三个自由度的运动。飞机横侧运动的主要操纵面是副翼和方向舵。仍然考虑基准运动为等速水平飞行情况。考虑在飞机的偏航运动中，为保持飞机的基准运动水平飞行，如图 5-2 所示，当机体转动 $\Delta\phi$ 角度，须满足升力在垂直方向的分量＝飞机重力，则升力在水平方向的分力为 $G\tan(\Delta\phi)$，该分力在机体系 OY 轴上的分量为 $G\sin(\Delta\phi)$，该分量即为侧力，其线性化增量形式为 $G\Delta\phi$，由于飞机质量较大，即使是 $\Delta\phi$ 不大，该力也不能忽略。

将机体系下侧力方程、滚转力矩和偏航力矩方程列写如下：

$$\left.\begin{aligned} m\Delta\dot v+mV_0\Delta r &\approx Y\\ I_x\Delta\dot p-I_{xz}\Delta\dot r &= L_M\\ I_z\Delta\dot r-I_{xz}\Delta\dot p &= N\end{aligned}\right\}\tag{5-68}$$

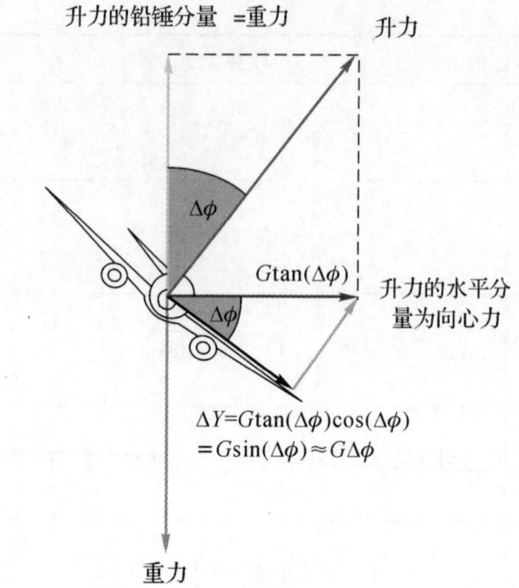

图 5-2 飞机横侧向受力分析

由第 4 章知道，侧力 Y 、滚转力矩 L_M 和偏航力矩 N 是侧向运动参数 β, p, r, ϕ 和横侧向操纵量 δ_a、δ_r 的函数，按与 5.4.5 节类似的线性化方法，所以将式(5-68)右侧改写为横侧向影响因素的线性组合形式，即得飞机横侧向运动方程，如下：

$$\begin{cases} m\Delta\dot{v}+mV_0\Delta r=\left(\dfrac{\partial Y}{\partial\beta}\right)_0\Delta\beta+\left(\dfrac{\partial Y}{\partial\delta_r}\right)_0\Delta\delta_r+\left(\dfrac{\partial Y}{\partial\delta_a}\right)_0\Delta\delta_a+\left(\dfrac{\partial Y}{\partial p}\right)_0\Delta p+\left(\dfrac{\partial Y}{\partial r}\right)_0\Delta r+G\Delta\phi \\ I_x\Delta\dot{p}-I_{xz}\Delta\dot{r}=\left(\dfrac{\partial L}{\partial\beta}\right)_0\Delta\beta+\left(\dfrac{\partial L}{\partial\delta_r}\right)_0\Delta\delta_r+\left(\dfrac{\partial L}{\partial\delta_a}\right)_0\Delta\delta_a+\left(\dfrac{\partial L}{\partial p}\right)_0\Delta p+\left(\dfrac{\partial L}{\partial r}\right)_0\Delta r \\ I_z\Delta\dot{r}-I_{xz}\Delta\dot{p}=\left(\dfrac{\partial N}{\partial\beta}\right)_0\Delta\beta+\left(\dfrac{\partial N}{\partial\delta_r}\right)_0\Delta\delta_r+\left(\dfrac{\partial N}{\partial\delta_a}\right)_0\Delta\delta_a+\left(\dfrac{\partial N}{\partial p}\right)_0\Delta p+\left(\dfrac{\partial N}{\partial r}\right)_0^{\Delta r} \end{cases}$$

在不考虑纵向参数的前提下，如下等式成立：

$$\Delta\dot{\psi}=\Delta r,\quad \Delta\dot{\phi}=\Delta p,\quad \Delta\beta=\Delta\psi-\Delta\chi$$

横侧运动的线性化方程是基于稳定轴系建立的，第一个方程表示的是侧向速度 Δv 和侧力之间关系，但是，在力和力矩关系中，常使用侧滑角 $\Delta\beta$ 表示侧力方程，需要将侧向位移用角度表示。由于侧向速度满足 $\Delta v=V_0\sin\Delta\beta$，则可以近似得到 $\Delta\beta=\Delta v/V_0$，即 $\Delta\dot{\beta}=\Delta\dot{v}/V_0$ 。

又因为基准运动平衡点的运动参数满足如下等式：

$p_0=r_0=0,\quad \psi_0=\phi_0=0,\quad \chi_0=\mu_0=0,\quad \beta_0=0,\quad Y_0=L_0=N_0=0$

$v=\Delta v,\quad p=\Delta p,\quad r=\Delta r,\quad \psi=\Delta\psi,\quad \phi=\Delta\phi,\quad \gamma=\Delta\gamma$

$\chi=\Delta\chi,\quad \mu=\Delta\mu,\quad Y=\Delta Y, L=\Delta L,\quad N=\Delta N$

由于气动侧力系数满足 $C_Y=C_{Y_\beta}\beta+C_{Y_{\delta_r}}\delta_r+C_{Y_p}\bar{p}+C_{Y_r}\bar{r}$，但在小扰动的前提下，机体滚转角速度和偏航角速度引起的侧力一般可以忽略不计，因此有 $C_Y=C_{Y_\beta}\beta+C_{Y_{\delta_r}}\delta_r$，将横侧向线性化方程中的偏导数用大导数替代后横侧运动线性化方程为

$$\left.\begin{aligned}&\frac{\mathrm{d}\beta}{\mathrm{d}t}+Y_\beta\beta+r+Y_\phi\phi=-Y_{\delta_r}\delta_r\\&\frac{\mathrm{d}p}{\mathrm{d}t}+i_r\frac{dr}{dt}+L_\beta\beta+L_pp+L_rr=-L_{\delta_a}\delta_a-L_{\delta_r}\delta_r\\&\frac{\mathrm{d}r}{\mathrm{d}t}+i_p\frac{dp}{dt}+N_\beta\beta+N_pp+N_rr=-N_{\delta_a}\delta_a-N_{\delta_r}\delta_r\\&\frac{\mathrm{d}\phi}{\mathrm{d}t}=p\\&\frac{\mathrm{d}\psi}{\mathrm{d}t}=r\end{aligned}\right\}\tag{5-69}$$

式(5-69)的第五式显然是独立的，因为偏航角 ψ 与飞机的气动力和气动力矩无关。在飞行控制系统中，进行偏航控制需要 ψ 但在这里进行稳定性研究并不需要，因此，横侧运动方程实际变为四个。

$$\left.\begin{aligned}&\frac{\mathrm{d}\beta}{\mathrm{d}t}+Y_\beta\beta+r+Y_\phi\phi=-Y_{\delta_r}\delta_r\\&\frac{\mathrm{d}p}{\mathrm{d}t}+i_r\frac{\mathrm{d}r}{\mathrm{d}t}+L_\beta\beta+L_pp+L_rr=-L_{\delta_a}\delta_a-L_{\delta_r}\delta_r\\&\frac{\mathrm{d}r}{\mathrm{d}t}+i_p\frac{\mathrm{d}p}{\mathrm{d}t}+N_\beta\beta+N_pp+N_rr=-N_{\delta_a}\delta_a-N_{\delta_r}\delta_r\\&\frac{\mathrm{d}\phi}{\mathrm{d}t}=p\end{aligned}\right\}\tag{5-70}$$

横侧运动方程式(5-69)、式(5-70)大导数计算公式见表 5-2。

表 5-2　飞机横侧向线性化方程中的大导数

表示式	计算公式	含　义	单　位
Y_β	$-\left(\frac{1}{2}\rho V_0^2\right)S_w C_{Y_\beta}\Big/mV_0$	侧滑角产生的侧力系数	1/s
Y_ϕ	$-g/V_0$	滚转角产生的侧力系数	1/s
Y_{δ_r}	$-\left(\frac{1}{2}\rho V_0^2\right)S_w C_{Y_{\delta_r}}\Big/mV_0$	方向舵产生的侧力系数	1/s
L_β	$-\left(\frac{1}{2}\rho V_0^2\right)S_w bC_{l_\beta}\Big/I_x$	侧滑角产生的滚转力矩系数	$1/s^2$
L_p	$-\left(\frac{1}{2}\rho V_0^2\right)S_w\frac{b^2}{2V_0}C_{l_p}\Big/I_x$	滚转角速率产生的滚转力矩系数	1/s
L_r	$-\left(\frac{1}{2}\rho V_0^2\right)S_w\frac{b^2}{2V_0}C_{l_r}\Big/I_x$	偏航角速率产生的滚转力矩系数	1/s
L_{δ_a}	$-\left(\frac{1}{2}\rho V_0^2\right)S_w bC_{l_{\delta_a}}\Big/I_x$	副翼产生的滚转力矩系数	$1/s^2$

续 表

表示式	计算公式	含 义	单 位
L_{δ_r}	$-\left(\frac{1}{2}\rho V_0^2\right)S_w bC_{l_{\delta_r}}\Big/I_x$	方向舵产生的滚转力矩系数	$1/s^2$
N_β	$-\left(\frac{1}{2}\rho V_0^2\right)S_w bC_{n_\beta}\Big/I_z$	侧滑角产生的偏航力矩系数	$1/s^2$
N_p	$-\left(\frac{1}{2}\rho V_0^2\right)S_w \frac{b^2}{2V_0}C_{n_p}\Big/I_z$	偏航角速率产生的偏航力矩系数	$1/s$
N_r	$-\left(\frac{1}{2}\rho V_0^2\right)S_w \frac{b^2}{2V_0}C_{n_r}\Big/I_z$	滚转角速率产生的偏航力矩系数	$1/s$
N_{δ_a}	$-\left(\frac{1}{2}\rho V_0^2\right)S_w bC_{n_{\delta_a}}\Big/I_z$	副翼产生的偏航力矩系数	$1/s^2$
N_{δ_r}	$-\left(\frac{1}{2}\rho V_0^2\right)S_w bC_{n_{\delta_r}}\Big/I_z$	方向舵产生的偏航力矩系数	$1/s^2$
i_r	$-I_{xz}/I_x$		
i_p	$-I_{xz}/I_z$		

5.6 本章小结

本章是本书的重点内容，在矢量微分公式、常用坐标系的变换和小扰动线性化原理三个支柱的基础上推导了刚体飞机六自由度非线性运动方程和线性化方程，这些方程是沟通微观气体微团运动产生的气动力、气动力矩和宏观刚体飞机姿态、航迹变化的桥梁。熟练掌握不同坐标系下刚体飞机六自由度运动方程推导方法和刚体飞机常用简化方程以及线性化原理是本章的主要学习目的。本章主要知识点和学习要求见表 5－3。

表 5－3 本章知识点及学习要求

序 号	学习内容	学习要求	重要概念、公式、图表和论述
1	矢量微分公式(★★★)	了解矢量微分公式的推导过程，掌握矢量微分公式的两个要点	矢量微分公式的两个要点(★★★)；式(5－5)(★★★)、图 5－1(★★)
2	刚体飞行器运动方程推导(★★★)	了解刚体飞行器运动方程推导的假设；熟练掌握刚体飞机在机体系、气流系、航迹系下动力学方程的推导方法；熟练掌握角运动方程、运动学方程推导方法；掌握气流角的计算公式	式(5－13)～(5－15)(★★★)、式(5－23)(★★★)；式(5－24)～(5－27)(★★★)、式(5－28)(★★)；式(5－30)～(5－33)(★★★)；式(5－35)(★★★)；式(5－38)(★★★)、式(5－42)(★★★)

续表

序号	学习内容	学习要求	重要概念、公式、图表和论述
3	飞机运动方程的简化(★★★)	掌握刚体飞行器运动方程简化的想,熟练掌握 5.4 节中所推导的简化方程	5.4 节所推导的全部简化方程(★★★)
	飞机运动方程的线性化(★★★)	掌握小扰动线性化原理;掌握基准运动的概念;掌握飞机线性化分组;掌握飞机纵向和横侧向线性化方程的推导方法。掌握刚体飞机常用的简化方程(如下所示)	小扰动线性化方程描述的是飞机基准运动附近的变化问题,是增量方程;飞机纵向变量:α,θ,u,q;横侧向变量:β,p,r,ϕ,ψ;式(5-50)(★★);大导数(★)、表 5-1(★)、表 5-2(★);式(5-55)(★★)

思　考　题

1. 刚体方程推导假设有哪些？为什么要有这些假设？
2. 推导机体系下刚体飞机动力学方程。
3. 推导航迹系下刚体飞机动力学方程。
4. 推导气流系下刚体飞机动力学方程。
5. 推导角运动方程。
6. 推导运动学方程。
7. 推导 5.4 节中的简化方程。
8. 什么是小扰动线性化原理？
9. 什么是基准运动？
10. 飞机线性化方程分组的依据是什么？纵向和横侧向变量分别有哪些？
11. 利用小扰动线性化原理推导飞机纵向运动方程。
12. 利用小扰动线性化原理推导飞机横侧向运动方程。

第 6 章　飞机纵向运动分析

6.1 引　言

稳定性和操纵性着重分析存在外界扰动或操纵作用下飞机(刚体质点系)的运动特性。在第 5 章,已经建立了描述飞机运动的全量非线性方程,并在基准运动的基础上,利用小扰动线性化原理得到了飞机纵向和横侧向的线性化方程,这些都为进一步分析飞机纵向和横侧向运动规律创造了条件。

本章的目的在于通过对线性化方程的拉普拉斯变换,得到描述飞机纵向运动的传递函数。本章首先通过一个实例,展示飞机纵向运动的典型模态运动特点,然后通过对典型模态传递函数的分析,建立起飞机特征参数(阻尼比、自然频率)和气动参数及运动参数间的关系;最后分析有操纵量输入的情况下,飞机纵向运动响应情况,为后面飞行控制律的分析和设计提供依据。

6.2 纵向运动的典型模态

第 5 章推导了飞机的纵向运动的线性化模型,具体表示为

$$\begin{cases} \Delta \dot{\overline{V}} + X_V \Delta \overline{V} + X_\alpha \Delta\alpha + X_\theta \Delta\theta = -X_{\delta_t}\Delta\delta_t \\ Z_V \Delta\overline{V} + \Delta\dot{\alpha} + Z_\alpha \Delta\alpha - \Delta\dot{\theta} = -Z_{\delta_e}\Delta\delta_e \\ M_V \Delta\overline{V} + M_{\dot{\alpha}}\Delta\dot{\alpha} + M_\alpha \Delta\alpha + \Delta\ddot{\theta} + M_q \Delta\dot{\theta} = -M_{\delta_e}\Delta\delta_e - M_{\delta_t}\Delta\delta_t \end{cases}$$

由此方程,还不知道系统的动态特性如何,如稳定性、状态变量的响应特性和系统的操纵品质等。为了更清楚地了解纵向运动的特性,通过实际计算来了解纵向运动的时间响应和特点。

设某飞机的飞行高度 $h = 11\,000\text{m}$,以飞行马赫数 $M = 0.9(v_0 = 266\text{m/s})$ 做定常直线飞行。现在来研究飞机受到某种扰动后偏离基准运动的状况。

设扰动只在某初始时刻加于系统,需要研究扰动撤销后,飞机能否恢复到基准运动状态,这里暂不考虑飞机的操纵作用,仅仅研究飞机靠自身稳定性能否做到这一点。

由于不考虑飞机的操纵作用,因此 $\Delta\delta_t = 0, \Delta\delta_e = 0$ 。对某型飞机,其构造参数和纵向气动参数如下:

$G = 9\,000\text{kg}$,　$S_\text{w} = 27.95\text{m}^2$,　$c_\text{A} = 3.097\text{m}$

$I_y = 7\,447\text{kg}\cdot\text{m}\cdot\text{s}^2$,　$V_0 = 266\text{m/s}$,　$\rho = 0.037\,1\text{kg/m}^3$

$a = 285\text{m/s}$,　$\alpha_0 = 3.62°$,　$C_{L_0} = 0.246$

$C_{L_\alpha} = 3.9$， $C_{L_M} = 0.23$， $C_{D_0} = 0.0306$

$C_{D_\alpha} = 0.284$， $C_{D_M} = 0.055$， $C_{m_\alpha} = -0.562$

$C_{m_q} = -7.06$， $C_{m_{\dot{\alpha}}} = -2.792$， $C_{m_M} = -0.0654$

$T_V = 0$， $\gamma_0 = 0°$， $z_t = 0$

气动大导数计算结果如下：

$X_V = 0.016605$， $X_\alpha = 0.0057$， $X_\theta = 0.0369$

$Z_V = 0.105$， $Z_\alpha = 0.585$， $M_V = 0.898$

$M_\alpha = 8.574$， $M_{\dot{\alpha}} = 0.248$， $M_q = 0.627$

6.2.1 飞机纵向扰动运动的解

设在初始时刻 $t = 0$，飞机出现迎角干扰，$\Delta\alpha(0) = \Delta\alpha_0 \neq 0$，其他变量为零，即 $\Delta\overline{V}(0) = \Delta\theta(0) = \Delta\dot{\theta}(0) = 0, \Delta\delta_t = 0, \Delta\delta_e = 0$。这样飞机的线性化方程为

$$\Delta\dot{\overline{V}} + X_V\Delta\overline{V} + X_\alpha\Delta\alpha + X_\theta\Delta\theta = 0$$

$$Z_V\Delta\overline{V} + \Delta\dot{\alpha} + Z_\alpha\Delta\alpha - \Delta\dot{\theta} = 0$$

$$M_V\Delta\overline{V} + M_{\dot{\alpha}}\Delta\dot{\alpha} + M_\alpha\Delta\alpha + \Delta\ddot{\theta} + M_q\Delta\dot{\theta} = 0$$

上述三式取拉普拉斯变换，令

$$\Delta\overline{V}(s) = L[\Delta\overline{V}(t)], \Delta\alpha(s) = L[\Delta\alpha(t)], \quad \Delta\theta(s) = L[\Delta\theta(t)]$$

注意迎角存在初始条件不为零，因此

$$L[\Delta\dot{\alpha}(t)] = s\Delta\alpha(s) - \Delta\alpha_0, L[\Delta\dot{\overline{V}}(t)] = s\Delta\overline{V}(s)$$

$$L[\Delta\dot{\theta}(t)] = s\Delta\theta(s), L[\Delta\ddot{\theta}(t)] = s^2\Delta\theta(s)$$

代入到微分方程得到

$$(s + X_V)\Delta\overline{V}(s) + X_\alpha\Delta\alpha(s) + X_\theta\Delta\theta(s) = 0$$

$$Z_V\Delta\overline{V}(s) + (s + Z_\alpha)\Delta\alpha(s) - s\Delta\theta(s) = \Delta\alpha_0$$

$$M_V\Delta\overline{V}(s) + (M_{\dot{\alpha}}s + M_\alpha)\Delta\alpha(s) + (s^2 + M_q s)\Delta\theta(s) = M_{\dot{\alpha}}\Delta\alpha_0$$

矩阵形式的表达式为

$$\begin{bmatrix} s + X_V & X_\alpha & X_\theta \\ Z_V & s + Z_\alpha & -s \\ M_V & M_{\dot{\alpha}}s + M_\alpha & s^2 + M_q s \end{bmatrix} \begin{bmatrix} \Delta\overline{V}(s) \\ \Delta\alpha(s) \\ \Delta\theta(s) \end{bmatrix} = \begin{bmatrix} 0 \\ 1 \\ M_{\dot{\alpha}} \end{bmatrix} \Delta\alpha_0$$

系统的特征多项式为 $\Delta_0(s)$，则

$$\Delta_0(s) = \begin{vmatrix} s + X_V & X_\alpha & X_\theta \\ Z_V & s + Z_\alpha & -s \\ M_V & M_{\dot{\alpha}}s + M_\alpha & s^2 + M_q s \end{vmatrix}$$

解满足

$$\Delta\overline{V}(s) = \frac{\Delta_V(s)}{\Delta_0(s)}, \quad \Delta\alpha(s) = \frac{\Delta_\alpha(s)}{\Delta_0(s)}, \quad \Delta\theta(s) = \frac{\Delta_\theta(s)}{\Delta_0(s)}$$

展开系数行列式，得到

$$\Delta_0(s)=(s+X_V)\begin{vmatrix} s+Z_\alpha & -s \\ M_{\dot\alpha}s+M_\alpha & s^2+M_q s\end{vmatrix}-X_\alpha\begin{vmatrix} Z_V & -s \\ M_V & s^2+M_q s\end{vmatrix}+X_\theta\begin{vmatrix} Z_V & s+Z_\alpha \\ M_V & M_{\dot\alpha}s+M_\alpha\end{vmatrix}$$

$$\begin{aligned}\Delta_0(s)=\ & s^4+(M_q+Z_\alpha+M_{\dot\alpha}+X_V)s^3 \\ & +[X_V(M_q+Z_\alpha+M_{\dot\alpha})+Z_\alpha M_q+M_\alpha-X_\alpha Z_V]s^2 \\ & +[X_V(Z_\alpha M_q+M_\alpha)+X_\theta(Z_V M_{\dot\alpha}-M_V)-X_\alpha(Z_V M_q+M_V)]s \\ & +X_\theta[Z_V M_\alpha-M_V Z_\alpha]\end{aligned}$$

令

$$\begin{aligned} a_3 &= (M_q+Z_\alpha+M_{\dot\alpha}+X_V) \\ a_2 &= X_V(M_q+Z_\alpha+M_{\dot\alpha})+Z_\alpha M_q+M_\alpha-X_\alpha Z_V \\ a_1 &= X_V(Z_\alpha M_q+M_\alpha)+X_\theta(Z_V M_{\dot\alpha}-M_V)-X_\alpha(Z_V M_q+M_V) \\ a_0 &= X_\theta[Z_V M_\alpha-M_V Z_\alpha]\end{aligned}$$

则

$$\Delta_0(s)=s^4+a_3s^3+a_2s^2+a_1s+a_0$$

分子多项式为

$$\Delta_V(s)=\Delta\alpha_0\begin{vmatrix} 0 & X_\alpha & X_\theta \\ 1 & s+Z_\alpha & -s \\ M_{\dot\alpha} & M_{\dot\alpha}s+M_\alpha & s^2+M_q s\end{vmatrix}$$

$$\Delta_\alpha(s)=\Delta\alpha_0\begin{vmatrix} s+X_V & 0 & X_\theta \\ Z_V & 1 & -s \\ M_V & M_{\dot\alpha} & s^2+M_q s\end{vmatrix}$$

$$\Delta_\theta(s)=\Delta\alpha_0\begin{vmatrix} s+X_V & X_\alpha & 0 \\ Z_V & s+Z_\alpha & 1 \\ M_V & M_{\dot\alpha}s+M_\alpha & M_{\dot\alpha}\end{vmatrix}$$

展开得到

$$\Delta_V(s)=\Delta\alpha_0\{-X_\alpha s^2-(X_\alpha M_q+M_{\dot\alpha}X_\alpha+M_{\dot\alpha}X_\theta-X_\theta M_{\dot\alpha})s+X_\theta M_\alpha-M_{\dot\alpha}Z_\alpha\}$$

$$\Delta_\alpha(s)=\Delta\alpha_0\{s^3+(M_q+X_V+M_{\dot\alpha})s^2+(X_V M_q+M_{\dot\alpha}X_V)s-X_\theta M_V+M_{\dot\alpha}Z_V X_\theta\}$$

$$\Delta_\theta(s)=\Delta\alpha_0\{[M_{\dot\alpha}(X_V+Z_\alpha)-M_\alpha-X_V M_{\dot\alpha}]s+M_{\dot\alpha}X_V Z_\alpha-M_{\dot\alpha}Z_V X_\alpha\}$$

令

$$\begin{aligned} b_2 &= -X_\alpha \\ b_1 &= -(X_\alpha M_q+M_{\dot\alpha}X_\alpha+M_{\dot\alpha}X_\theta-X_\theta M_{\dot\alpha}) \\ b_0 &= X_\theta M_\alpha-M_{\dot\alpha}Z_\alpha \\ c_2 &= M_q+X_V+M_{\dot\alpha} \\ c_1 &= X_V M_q+M_{\dot\alpha}X_V \\ c_0 &= -X_\theta M_V+M_{\dot\alpha}Z_V X_\theta \\ d_1 &= M_{\dot\alpha}(X_V+Z_\alpha)-M_\alpha-X_V M_{\dot\alpha} \\ d_0 &= M_{\dot\alpha}X_V Z_\alpha-M_{\dot\alpha}Z_V X_\alpha\end{aligned}$$

则有

$$\begin{aligned}\Delta_V(s) &= \Delta\alpha_0[b_2s^2+b_1s+b_0] \\ \Delta_\alpha(s) &= \Delta\alpha_0[s^3+c_2s^2+c_1s+c_0] \\ \Delta_\theta(s) &= \Delta\alpha_0[d_1s+d_0]\end{aligned}$$

最后得到

$$\Delta\overline{V}(s)=\frac{\Delta_V(s)}{\Delta_0(s)}=\frac{\Delta\alpha_0[b_2s^2+b_1s+b_0]}{s^4+a_3s^3+a_2s^2+a_1s+a_0}$$

$$\Delta\alpha(s)=\frac{\Delta_\alpha(s)}{\Delta_0(s)}=\frac{\Delta\alpha_0[s^3+c_2s^2+c_1s+c_0]}{s^4+a_3s^3+a_2s^2+a_1s+a_0}$$

$$\Delta\alpha(s)=\frac{\Delta_\theta(s)}{\Delta_0(s)}=\frac{\Delta\alpha_0[d_1s+d_0]}{s^4+a_3s^3+a_2s^2+a_1s+a_0}$$

显然，系统稳定的必要条件为

$$a_3>0,a_2>0,a_1>0,a_0>0$$

即

$$a_3=(M_q+Z_\alpha+M_{\dot\alpha}+X_V)>0$$

$$a_2=X_V(M_q+Z_\alpha+M_{\dot\alpha})+Z_\alpha M_q+M_\alpha-X_\alpha Z_V>0$$

$$a_1=X_V(Z_\alpha M_q+M_\alpha)+X_\theta(Z_VM_{\dot\alpha}-M_V)-X_\alpha(Z_VM_q+M_V)>0$$

$$a_0=X_\theta[Z_VM_\alpha-M_VZ_\alpha]>0$$

代入各参数值得到特征多项式和传递函数的分子多项式为

$$\Delta_0(s)=s^4+1.476\,605s^3+8.964\,439\,8s^2+0.110\,792\,718s+0.013\,835\,286$$

$$\Delta_V(s)=\Delta\alpha_0[-0.005\,7s^2-0.004\,987\,5s+0.311\,027\,1]$$

$$\Delta_\alpha(s)=\Delta\alpha_0[s^3+0.891\,605s^2+0.014\,529\,4s-0.032\,175\,324]$$

$$\Delta_\theta(s)=\Delta\alpha_0[-8.428\,92s+0.134\,992]$$

$$\Delta_0(s)=(s^2+1.464\,472\,4s+8.945\,125\,3)(s^2+0.012\,132\,602s+0.001\,546\,684\,4)$$

所以

$$\Delta\overline{V}(s)=\frac{\Delta\alpha_0[-0.005\,7s^2-0.004\,987\,5s+0.311\,027\,1]}{(s^2+1.464\,472\,4s+8.945\,125\,3)(s^2+0.012\,132\,602s+0.001\,546\,684\,4)}$$

$$\Delta\alpha(s)=\frac{\Delta\alpha_0[s^3+0.891\,605s^2+0.014\,529\,4s-0.032\,175\,324]}{(s^2+1.464\,472\,4s+8.945\,125\,3)(s^2+0.012\,132\,602s+0.001\,546\,684\,4)}$$

$$\Delta\theta(s)=\frac{\Delta\alpha_0[-8.428\,92s+0.134\,992]}{(s^2+1.464\,472\,4s+8.945\,125\,3)(s^2+0.012\,132\,602s+0.001\,546\,684\,4)}$$

另外，对 $\Delta_0(s)$ 进一步分解为

$$\Delta_0(s)=[(s+0.732\,236\,2)^2+2.899\,82^2][(s+0.006\,066\,03)^2+0.038\,857^2]$$

这时

$$\Delta\overline{V}(s)=\Delta\alpha_0\left[\frac{0.006\,209\,4s-0.031\,457\,8}{(s+0.732\,236\,2)^2+2.899\,82^2}+\frac{-0.006\,209\,4s+0.034\,776}{(s+0.006\,066\,03)^2+0.038\,857^2}\right]$$

$$\Delta\alpha(s)=\Delta\alpha_0\left[\frac{0.999\,132s+0.881\,956}{(s+0.732\,236\,2)^2+2.899\,82^2}+\frac{0.000\,869\,139s-0.003\,749\,47}{(s+0.006\,066\,03)^2+0.038\,857^2}\right]$$

$$\Delta\theta(s)=\Delta\alpha_0\left[\frac{0.946\,733s+1.360\,122}{(s+0.732\,236\,2)^2+2.899\,82^2}+\frac{-0.946\,733s+0.014\,855\,9}{(s+0.006\,066\,03)^2+0.038\,857^2}\right]$$

设 $\Delta\alpha_0=2^\circ$，考虑到 $\Delta V=\Delta\overline{V}\times V_0$，对上述三式取拉氏反变换得到

$$\Delta V(t)=0.128\,899\mathrm{e}^{-0.732\,24t}\cos(166.147t+63.43)^\circ$$
$$+8.319\,12\mathrm{e}^{-0.006\,066\,3t}\cos(2.226\,4t-90.397)^\circ$$

$$\Delta\alpha(t)=2.000\,95\mathrm{e}^{-0.732\,24t}\cos(166.147t-2.97)^\circ$$
$$+0.193\,27\mathrm{e}^{-0.006\,066\,3t}\cos(2.226\,4t+89.48)^\circ$$

$$\Delta V(t) = 1.948\,56\mathrm{e}^{-0.732\,24t}\cos(166.147t - 13.65)^\circ$$
$$+ 2.170\,1\mathrm{e}^{-0.006\,066\,3t}\cos(2.226\,4t - 150.75)^\circ$$

$\Delta V(t)$，$\Delta\alpha(t)$ 和 $\Delta\theta(t)$ 的时间曲线如图 6-1 所示，前 30s 的时间曲线如图 6-2 所示。

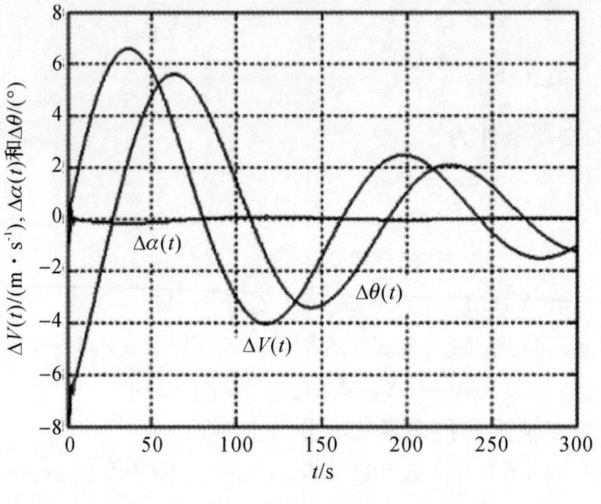

图 6-1　$\Delta V(t)$，$\Delta\alpha(t)$ 和 $\Delta\theta(t)$ 过渡过程曲线(300s)

6.2.2　飞机纵向运动的典型模态

观察图 6-2，可以看出，$\Delta\alpha(t)$ 的收敛速度很快，在 5s 时间内已经基本收敛到零附近。而速度 $\Delta V(t)$ 则是一个缓慢衰减的过程，振荡周期比较大。俯仰角 $\Delta\theta(t)$ 在最初的 5s 内有振荡，随后缓慢振荡衰减，同时具备两种特性。$\Delta\theta(t)$ 的斜率在前 5s 内有振荡，但在 5s 后基本保持恒定。在不考虑滚转和偏航角时，$\Delta\theta(t)$ 的斜率就是 q。在 10s 内，迎角已经完全收敛，而速度和俯仰角的运动才刚刚开始。

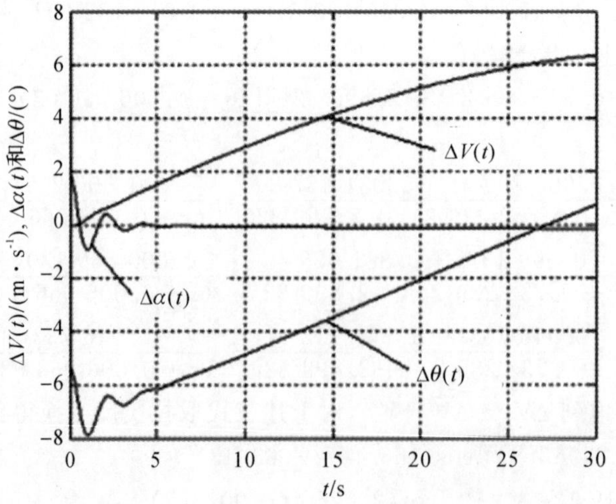

图 6-2　$\Delta V(t)$，$\Delta\alpha(t)$ 和 $\Delta\theta(t)$ 过渡过程曲线(前 30s)

可以看到，系统的状态运动存在两种模态（mode），一种模态周期短，衰减快，称为短周期（short - period）模态；另一种模态周期长，衰减慢，称为长周期（phugoid）模态。显然，从图 6 - 2可以看出，迎角增量 $\Delta\alpha(t)$ 和俯仰角速率 q 变化情况呈现短周期振荡收敛的特点，所以认为迎角增量 $\Delta\alpha(t)$ 和俯仰角速率 q 是短周期变量；而速度增量 $\Delta V(t)$ 呈现长周期缓慢衰减的过程，所以我们认为速度增量 $\Delta V(t)$ 是长周期变量。在短周期运动结束时，长周期运动刚刚开始。在短周期运动过程，长周期运动的位置、速度和加速度变化不大。

根据自动控制理论，系统特征方程根的性质确定了系统的响应模态形式，长周期模态对应特征方程的一对大共轭复根，短周期模态对应特征方程的一对小共轭复根。

系统的时间特征是长周期模态和短周期模态的线性组合，系数大小确定其主导特性呈现的性状特质。

一般而言，具有固定翼的飞行器其纵向运动都具有上述长、短周期模态特点。这种特点是由飞行器的气动结构确定的（注意仅仅研究干扰输入，不研究操纵特性，控制面不起作用）。

模态是控制系统的基本概念，基于系统解的表示形式。对于稳定的线性系统，系统对脉冲输入的输出响应是一定形式的时间函数单元的线性组合，这些时间函数单元是线性无关的。系统的输入只影响模态组合系数的大小，而不改变模态本身的特性。

一个系统的模态取决于系统的参数，与外部输入无关。系统模态能否在系统的输出响应中表现出来，取决于输入本身。

能够激发系统所有模态的输入定义为充分激励输入。一般情况下，脉冲输入和阶跃输入可以激发系统的所有模态（前面研究纵向运动的干扰特性，就采用的是迎角脉冲干扰）。

设系统的模态为 $m_i(t)$，则对单位脉冲输入，系统的响应 $y(t)$ 可表示为

$$y(t) = \sum_{i=1}^{n} a_i m_i(t)$$

对幅度为 A 的非单位脉冲输入，按照叠加原理，输出可表示为

$$y(t) = A\sum_{i=1}^{n} a_i m_i(t)$$

系统的模态表示说明，系统的输出是有限数量简正模态的组合，如果把每一个简正模态作为坐标，则系统的输出在简正模态坐标系的投影为常数。一般情况下，线性定常系统的简正模态为指数函数、正弦函数、余弦函数及其组合。

前面研究的飞机纵向运动，系统的模态有四个，分别为

$$e^{-0.732\,24t}\cos 166.147t,\quad e^{-0.732\,24t}\sin 166.147t$$

$$e^{-0.006\,066\,3t}\cos 2.226\,4t,\quad e^{-0.006\,066\,3t}\sin 2.226\,4t$$

6.3　纵向典型运动模态的物理成因

纵向运动模态取决于飞机的构型和气动特性，与外部输入无关，短周期模态和长周期模态的发展变化反映了飞机纵向气动力和气动力矩变化情况，下面对短周期模态和长周期模态的物理成因进行分析。注意在分析短周期和长周期模态时仅仅研究干扰输入，不考虑操纵特性，控制面没有起作用。

6.3.1 短周期运动模态的物理成因

短周期模态是一个力矩平衡的过程，短周期模态主要体现在迎角增量 $\Delta\alpha$ 和俯仰角速率 q 变化过程中，如图 6-2 所示，对于一架静稳定的飞机，焦点在重心的后面，当迎角增量 $\Delta\alpha(t)$ 增大时，升力也增大，升力增量产生的低头力矩，打破了原来力矩的平衡，使飞机绕重心低头转动，所以迎角会减小。当迎角恢复到原来迎角时，飞机重新达到力矩的平衡，但是由于惯性导致俯仰角速率不为零，迎角要继续减小，在迎角小于初始迎角后，飞机产生抬头力矩，飞机开始抬头，迎角又增大。在飞机转动过程中，俯仰角速率产生的阻尼力矩始终试图阻止飞机的转动。由于飞机自身的特点（绕横轴的转动惯量大，纵向阻尼力矩大，纵向静稳定度较大），飞机呈现出一种绕横轴的高频的收敛较快的振荡，这就是短周期运动。注意：迎角恢复后，俯仰角并没有恢复。

6.3.2 长周期运动模态的物理成因

长周期运动是切向力平衡的过程，飞机纵向运动方程如下：

$$\left.\begin{aligned} m\dot{V} &= -D + T - mg\sin\gamma \text{（切向力方程）} \\ mV\dot{\gamma} &= L - mg\cos\gamma + T\sin\alpha \text{（法向力方程）} \\ M^{a} + Tz_t &= \dot{q}I_y \text{（俯仰力矩方程）} \\ \dot{\theta} &= q \text{（角运动方程）} \end{aligned}\right\} \tag{6-1}$$

由图 6-3，在短周期运动结束时，俯仰角为负值，航迹角 $\Delta\gamma = \Delta\theta - \Delta\alpha \approx 0$ 也为负值，表明飞机下滑。这时，飞机重力对飞机速度发生十分明显的作用[由式(6-1)重力的切向分量为 $-mg\sin\gamma$]。

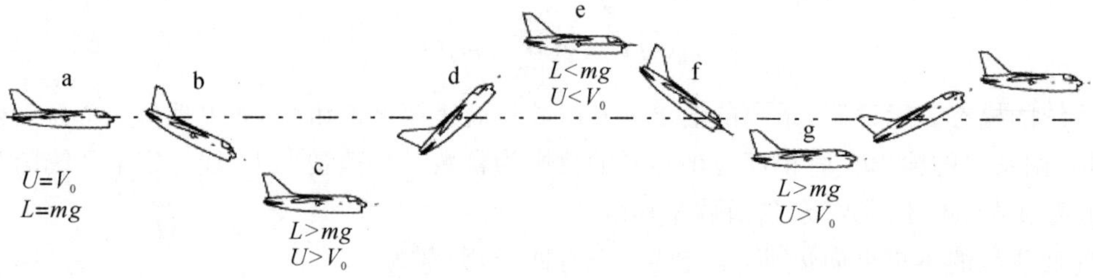

图 6-3 长周期的沉浮运动

飞机下滑时，飞机速度开始增加，升力增加，迎角增量 $\Delta\alpha$ 几乎为零，因此迎角产生的俯仰力矩增量为零，所以 $\Delta\gamma \approx \Delta\theta$，飞机纵向气动力矩增量主要表现为零升力矩的变化；当速度增加时，零升力矩增量为抬头力矩，飞机慢慢抬头，航迹角正向增大，航迹上偏，当 $L > G$ 时，航迹向上弯曲。随后，重力对飞机的作用又使速度开始减少，零升力矩增量也随之减小，零升力矩增量又逐渐变为低头力矩，飞行轨迹也出现相应变化。长周期运动呈现能量守恒的特点，是势能和动能的转换过程，当然，由于阻力作用，还是有能量的耗散。当外加的能量（如风扰动带来的速度增加或势能的增加）完全被摩擦阻力消耗掉，切向力才会恢复平衡。由于飞机摩擦阻力较小，所以长周期运动时间较长，一般持续 7～8min。

6.4　纵向运动的传递函数及频率特性

6.4.1　飞机纵向运动传递函数

前面研究系统干扰情况时没有考虑操纵作用，现在研究飞机的操纵问题，即升降舵偏角 $\Delta\delta_e$ 和油门杆位置 $\Delta\delta_t$ 对飞机速度、航迹角和迎角的控制作用。为方便，首先建立传递函数。

系统的输入为升降舵偏角 $\Delta\delta_e$ 和油门杆位置 $\Delta\delta_t$，输出为 $\Delta\overline{V}$，$\Delta\alpha$ 和 $\Delta\theta$，因此有 6 个传递函数关系。根据纵向线性化运动方程得到

$$\Delta\dot{\overline{V}} + X_V\Delta\overline{V} + X_\alpha\Delta\alpha + X_\theta\Delta\theta = -X_{\delta_t}\Delta\delta_t$$

$$Z_V\Delta\overline{V} + \Delta\dot{\alpha} + Z_\alpha\Delta\alpha - \Delta\dot{\theta} = -Z_{\delta_e}\Delta\delta_e$$

$$M_V\Delta\overline{V} + M_{\dot{\alpha}}\Delta\dot{\alpha} + M_\alpha\Delta\alpha + \Delta\ddot{\theta} + M_q\Delta\dot{\theta} = -M_{\delta_e}\Delta\delta_e - M_{\delta_t}\Delta\delta_t$$

矩阵表示形式

$$\begin{bmatrix} s+X_V & X_\alpha & X_\theta \\ Z_V & s+Z_\alpha & -s \\ M_V & M_{\dot{\alpha}}s+M_\alpha & s^2+M_qs \end{bmatrix}\begin{bmatrix} \Delta\overline{V}(s) \\ \Delta\alpha(s) \\ \Delta\theta(s) \end{bmatrix} = \begin{bmatrix} 0 \\ -Z_{\delta_e} \\ -M_{\delta_e} \end{bmatrix}\Delta\delta_e + \begin{bmatrix} -X_{\delta_t} \\ 0 \\ -M_{\delta_t} \end{bmatrix}\Delta\delta_t$$

容易知道解满足

$$\frac{\Delta\overline{V}(s)}{\Delta\delta_e(s)} = \frac{N_{\delta_e}^V(s)}{\Delta_0(s)},\quad \frac{\Delta\alpha(s)}{\Delta\delta_e(s)} = \frac{N_{\delta_e}^\alpha(s)}{\Delta_0(s)},\quad \frac{\Delta\theta(s)}{\Delta\delta_e(s)} = \frac{N_{\delta_e}^\theta(s)}{\Delta_0(s)}$$

$$\frac{\Delta\overline{V}(s)}{\Delta\delta_t(s)} = \frac{N_{\delta_t}^V(s)}{\Delta_0(s)},\quad \frac{\Delta\alpha(s)}{\Delta\delta_t(s)} = \frac{N_{\delta_t}^\alpha(s)}{\Delta_0(s)},\quad \frac{\Delta\theta(s)}{\Delta\delta_t(s)} = \frac{N_{\delta_t}^\theta(s)}{\Delta_0(s)}$$

其中

$$N_{\delta_e}^V(s) = \begin{vmatrix} 0 & X_\alpha & X_\theta \\ -Z_{\delta_e} & s+Z_\alpha & -s \\ -M_{\delta_e} & M_{\dot{\alpha}}s+M_\alpha & s^2+M_qs \end{vmatrix}$$

$$N_{\delta_e}^\alpha(s) = \begin{vmatrix} s+X_V & 0 & X_\theta \\ Z_V & -Z_{\delta_e} & -s \\ M_V & -M_{\delta_e} & s^2+M_qs \end{vmatrix}$$

$$N_{\delta_e}^\theta(s) = \begin{vmatrix} s+X_V & X_\alpha & 0 \\ Z_V & s+Z_\alpha & -Z_{\delta_e} \\ M_V & M_{\dot{\alpha}}s+M_\alpha & -M_{\delta_e} \end{vmatrix}$$

$$N_{\delta_t}^V(s) = \begin{vmatrix} -X_{\delta_t} & X_\alpha & X_\theta \\ 0 & s+Z_\alpha & -s \\ -M_{\delta_t} & M_{\dot{\alpha}}s+M_\alpha & s^2+M_qs \end{vmatrix}$$

$$N_{\delta_e}^{\alpha}(s)=\begin{vmatrix} s+X_V & -X_{\delta_t} & X_\theta \\ Z_V & 0 & -s \\ M_V & -M_{\delta_t} & s^2+M_q s \end{vmatrix}$$

$$N_{\delta_e}^{\theta}(s)=\begin{vmatrix} s+X_V & X_\alpha & -X_{\delta_t} \\ Z_V & s+Z_\alpha & 0 \\ M_V & M_{\dot{\alpha}}s+M_\alpha & -M_{\delta_t} \end{vmatrix}$$

从前面知道 $\Delta_0(s)=s^4+a_3s^3+a_2s^2+a_1s+a_0$ 为四次多项式，系数满足：

$a_3=(M_q+Z_\alpha+M_{\dot{\alpha}}+X_V)$

$a_2=X_V(M_q+Z_\alpha+M_{\dot{\alpha}})+Z_\alpha M_q+M_\alpha-X_\alpha Z_V$

$a_1=X_V(Z_\alpha M_q+M_\alpha)+X_\theta(Z_V M_{\dot{\alpha}}-M_V)-X_\alpha(Z_V M_q+M_V)$

$a_0=X_\theta[Z_V M_\alpha-M_V Z_\alpha]$

通常 $\Delta_0(s)$ 可以分解为两个二次多项式的乘积，即两个典型的二阶环节，它们的振荡频率和阻尼与系统的长周期和短周期运动相关，基于此得到

$$\Delta_0(s)=(s^2+2\xi_p\omega_p s+\omega_p^2)(s^2+2\xi_s\omega_s s+\omega_s^2)$$

或

$$\Delta_0(s)=a_0(T_p^2s^2+2\xi_p T_p s+1)(T_s^2s^2+2\xi_s T_s s+1)$$

式中：ξ_p 为长周期运动的阻尼比；ω_p 为长周期运动的固有频率；T_p 为长周期运动的时间常数；ξ_s 为短周期运动的阻尼比；ω_s 为短周期运动的固有频率；T_s 为短周期运动的时间常数；

计算得到

$$N_{\delta_e}^{V}=X_\alpha Z_{\delta_e}s^2+(X_\alpha Z_{\delta_e}M_q-X_\alpha M_{\delta_e}-X_\theta Z_{\delta_e}M_{\dot{\alpha}}+M_{\delta_e}X_\theta)s$$
$$+M_{\delta_e}X_\theta Z_\alpha-X_\theta Z_{\delta_e}M_\alpha$$

$$N_{\delta_e}^{\alpha}=-Z_{\delta_e}s^3-(X_V Z_{\delta_e}+Z_{\delta_e}M_q+M_{\delta_e})s^2-X_V(Z_{\delta_e}M_q+M_{\delta_e})s$$
$$-X_\theta(Z_V M_{\delta_e}-M_V Z_{\delta_e})$$

$$N_{\delta_e}^{\theta}=(-M_{\delta_e}+Z_{\delta_e}M_{\dot{\alpha}})s^2+(Z_{\delta_e}M_\alpha+Z_{\delta_e}M_{\dot{\alpha}}X_V-M_{\delta_e}Z_\alpha-M_{\delta_e}X_V)s$$
$$+X_V(Z_{\delta_e}M_\alpha-M_{\delta_e}Z_\alpha)+X_\alpha(Z_V M_{\delta_e}-Z_{\delta_e}M_V)$$

$$N_{\delta_t}^{V}=-X_{\delta_t}s^3-X_{\delta_t}(Z_\alpha M_q+M_{\dot{\alpha}})s^2$$
$$-X_{\delta_t}[Z_\alpha M_q-(X_\alpha+X_\theta)M_{\delta_t}/X_{\delta_t}+M_\alpha]s+X_\theta Z_\alpha M_{\delta_t}$$

$$N_{\delta_t}^{\alpha}=(Z_V X_{\delta_t}-M_{\delta_t})s^2+[(Z_V M_q+M_V)X_{\delta_t}-X_V M_{\delta_t}]s-Z_V X_\theta M_{\delta_t}$$

$$N_{\delta_t}^{\theta}=-M_{\delta_t}s^2+[(M_V-Z_V M_{\dot{\alpha}})X_{\delta_t}-(Z_\alpha+X_V)M_{\delta_t}]s$$
$$+M_{\delta_t}(Z_V X_\alpha-X_V Z_\alpha)+(M_V Z_\alpha-Z_V X_\alpha)X_{\delta_t}$$

对于二阶多项式 $N_{\delta_e}^{V}$，通过因式分解可以表示为

$$N_{\delta_e}^{V}(s)=A_V\left(s+\frac{1}{T_{V_1}}\right)\left(s+\frac{1}{T_{V_2}}\right)$$

或

$$N_{\delta_e}^{V}(s)=a_0K_V(T_{V_1}s+1)(T_{V_2}s+1)$$

式中：A_V 表示 $\Delta\overline{V}(s)$ 传递函数的增益；K_V 表示 $\Delta\overline{V}(s)$ 传递函数的传递系数。

最后,得到 $\Delta\overline{V}(s)$ 传递函数为

$$\frac{\Delta\overline{V}(s)}{\Delta\delta_e(s)}=\frac{A_V\left(s+\dfrac{1}{T_{V_1}}\right)\left(s+\dfrac{1}{T_{V_2}}\right)}{(s^2+2\xi_p\omega_p s+\omega_p^2)(s^2+2\xi_s\omega_s s+\omega_s^2)} \tag{6-2}$$

或

$$\frac{\Delta\overline{V}(s)}{\Delta\delta_e(s)}=\frac{K_V(T_{V_1}s+1)(T_{V_2}s+1)}{(T_p^2s^2+2\xi_pT_ps+1)(T_s^2s^2+2\xi_sT_ss+1)} \tag{6-3}$$

同样可得到

$$\frac{\Delta\alpha(s)}{\Delta\delta_e(s)}=\frac{-A_\alpha\left(s+\dfrac{1}{T_{\alpha_1}}\right)(s^2+2\xi_\alpha\omega_\alpha s+\omega_\alpha^2)}{(s^2+2\xi_p\omega_p s+\omega_p^2)(s^2+2\xi_s\omega_s s+\omega_s^2)} \tag{6-4}$$

$$\frac{\Delta\alpha(s)}{\Delta\delta_e(s)}=\frac{-K_\alpha(T_{\alpha_1}s+1)(T_\alpha^2s^2+2\xi_\alpha T_\alpha s+1)}{(s^2+2\xi_p\omega_p s+\omega_p^2)(s^2+2\xi_s\omega_s s+\omega_s^2)} \tag{6-5}$$

$$\frac{\Delta\theta(s)}{\Delta\delta_e(s)}=\frac{-A_\theta\left(s+\dfrac{1}{T_{\theta_1}}\right)\left(s+\dfrac{1}{T_{\theta_2}}\right)}{(s^2+2\xi_p\omega_p s+\omega_p^2)(s^2+2\xi_s\omega_s s+\omega_s^2)} \tag{6-6}$$

$$\frac{\Delta\theta(s)}{\Delta\delta_e(s)}=\frac{-K_\theta(T_{\theta_1}s+1)(T_{\theta_2}s+1)}{(T_p^2s^2+2\xi_pT_ps+1)(T_s^2s^2+2\xi_sT_ss+1)} \tag{6-7}$$

式中:A_α 表示 $\Delta\alpha(s)$ 传递函数的增益;K_α 表示 $\Delta\alpha(s)$ 传递函数的传递系数;T_{α_1},T_α 表示 $\Delta\alpha(s)$ 传递函数分子的时间常数;ξ_α 表示 $\Delta\alpha(s)$ 传递函数分子的阻尼比;ω_α 表示 $\Delta\alpha(s)$ 传递函数分子的固有角频率;A_θ 表示 $\Delta\theta(s)$ 传递函数的增益;K_θ 表示 $\Delta\theta(s)$ 传递函数的传递系数;T_{θ_1},T_{θ_2} 表示 $\Delta\theta(s)$ 传递函数分子的时间常数;ξ_θ 表示 $\Delta\theta(s)$ 传递函数分子的阻尼比;ω_θ 表示 $\Delta\theta(s)$ 传递函数分子的固有角频率。

在上面三个传递函数的表达式中,特征多项式 $\Delta_0(s)$ 的根确定了系统的动态响应。将它化为两个二次多项式之积的形式,分别表示纵向运动的长周期和短周期特性。

在个别情况下,长周期模态多项式 $(s^2+2\xi_p\omega_p s+\omega_p^2)$ 可能分解为两个实根,一个为正,一个为负。正实根属于不稳定模态。

对于短周期模态多项式 $(s^2+2\xi_s\omega_s s+\omega_s^2)$,一般不会出现正实根的情况,但是当飞机的重心移到焦点之后,这种情况就会发生。

6.4.2　飞机纵向运动传递函数的频率特性

下面研究飞机纵向运动传递函数的频率特性,首先需要确定飞机有关气动参数。这里只研究升降舵偏角 $\Delta\delta_e$ 作用下系统的传递函数,假定油门杆位置 $\Delta\delta_t=0$。以某型飞机为例,有关数据如下:

$G=13\ 800\mathrm{kg}$,$h=6\ 100\mathrm{m}$,$V=201\mathrm{m/s}$,$M=0.638$,飞机做等速直线水平飞行时,各大气动导数为

$X_V=0.009\ 7$,$X_\alpha=-0.001\ 6$,$X_\theta=0.048\ 8$,$Z_V=0.095\ 5$

$Z_\alpha=1.43$,$Z_{\delta_e}=0.105\ 9$,$M_V=0$,$M_\alpha=15.51$

$M_q=1.92$,$M_{\delta_e}=26.1$,$M_{\dot{\alpha}}=0.858$

传递函数表达式为

$$\frac{\Delta\bar{V}(s)}{\Delta\delta_e(s)}=\frac{-0.002312s^2+16.76s+24.142}{13.82s^4+58.3s^3+252.5s^2+2.498s+1}$$

$$\frac{\Delta\alpha(s)}{\Delta\delta_e(s)}=\frac{-(1.462s^3+363.3s^2+3.53s+1.68)}{13.82s^4+58.3s^3+252.5s^2+2.498s+1}$$

$$\frac{\Delta\theta(s)}{\Delta\delta_e(s)}=\frac{-(361s^2+498.4s+4.85)}{13.82s^4+58.3s^3+252.5s^2+2.498s+1}$$

计算得到长周期和短周期运动模态各参数为

$T_P=1/0.063,\xi_p=0.0714,T_s=1/4.24,\xi_s=0.493$

$K_V=24.142/V_0,T_{V_1}=1/1.44,T_{V_2}=-1/7\,251.4$

$K_\alpha=-1.68,T_{\alpha_1}=1/248.5,T_\alpha=1/0.068,\xi_\alpha=0.071\,3$

$K_\theta=-4.85,T_{\theta_1}=1/0.0098,T_{\theta_2}=1/1.371$

计算得到特征多项式 $\Delta_0(s)$ 的根为

$$s_{1,2}=-2.105\,1\pm3.715\,0\mathrm{i},\quad s_{3,4}=-0.004\,5\pm0.062\,8\mathrm{i}$$

可以看到，特征根全在左半复数平面，但是短周期运动模态的实部比长周期模态的实部距虚轴要远得多(大约为500倍，$T_p/T_s\approx67$)，说明短周期运动比长周期运动收敛的速度要快得多。

根据传递函数，计算得到的系统幅值和相位频率特性如图 6-4～图 6-5 所示。可以看到，速度响应(见图 6-4)的幅值频率特性在低频段基本以(-20dB 十倍频程)下降，接近二阶环节的特性，转折频率 $\omega\approx0.062\mathrm{rad/s}$，与 $1/T_p$ 接近。

迎角响应的幅值频率特性(见图 6-5、图 6-7)在低频段也基本以(-20dB 十倍频程)下降，接近二阶环节的特性，转折频率 $\omega\approx4.2\mathrm{rad/s}$，与 $1/T_s$ 接近。

俯仰角响应幅值特性(见图 6-6、图 6-8)在低频段接近二阶环节，在高频段为两个二阶环节之积，转折频率 $\omega_1\approx0.06\mathrm{rad/s}$(与 $1/T_p$ 接近)，转折频率 $\omega_1\approx4\mathrm{rad/s}$(与 $1/T_s$ 接近)。因此，俯仰角的幅频特性综合了速度和迎角两者的共同特点。

根据以上讨论，可以得到结论：

(1)长周期运动和短周期运动的主要特性都可以用欠阻尼二阶环节来近似。

(2)系统的阻尼不足，阶跃响应调节时间较大。

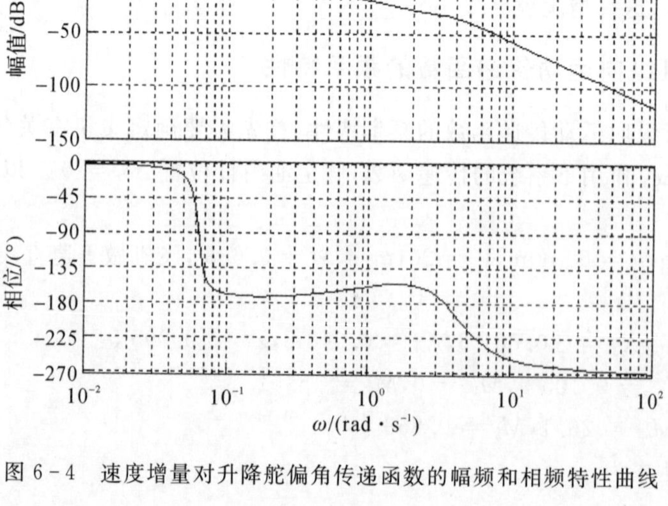

图 6-4　速度增量对升降舵偏角传递函数的幅频和相频特性曲线

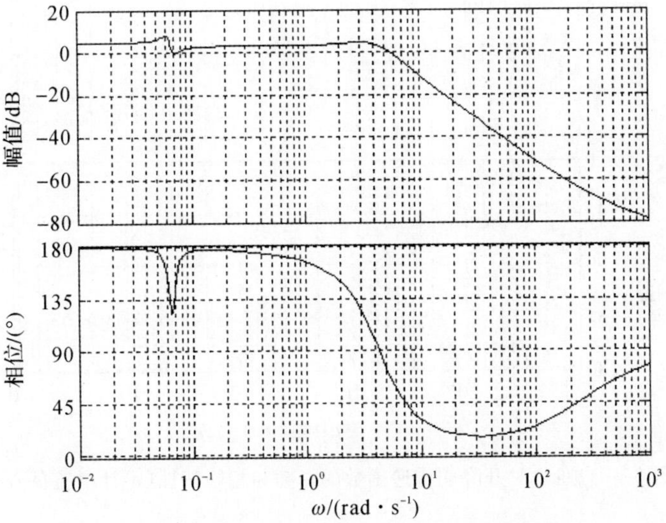

图 6-5　迎角对升降舵传递函数的幅频和相频特性曲线

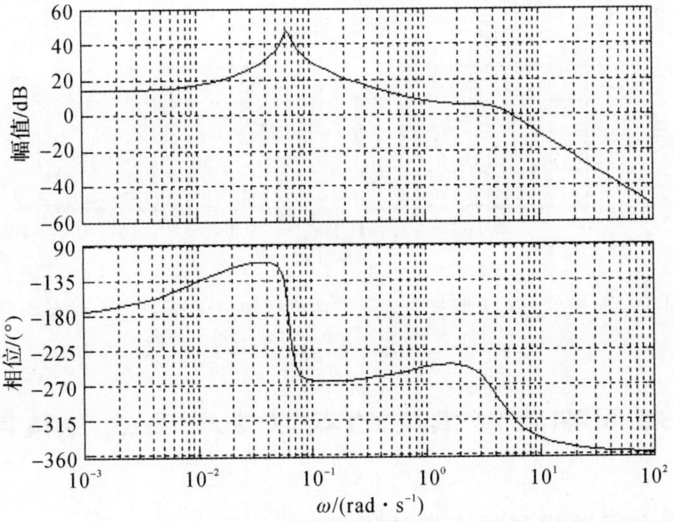

图 6-6　俯仰角对升降舵传递函数的幅频和相频特性

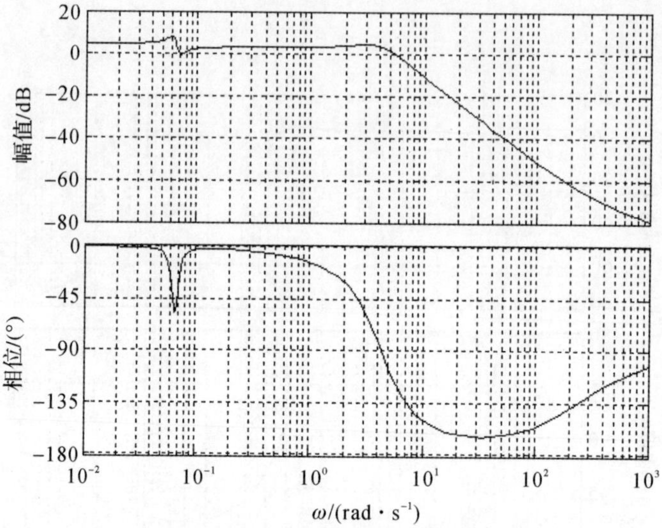

图 6-7　迎角对升降舵传递函数的幅频和相频特性(不计增益负号)

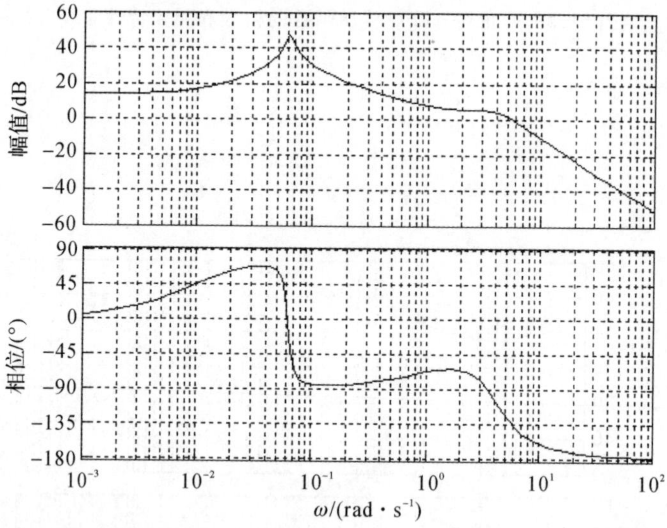

图 6-8　俯仰角对升降舵传递函数的幅频和相频特性(不计增益负号)

6.5　短周期运动模态的近似传递函数和稳定条件

6.5.1　短周期运动模态的近似传递函数

纵向运动的基本特点是，短周期运动过渡过程时间很短，在长周期运动刚开始，短周期运动已经基本结束。根据这个特点，纵向运动还可以进行分解研究。在某个较短的时间段内 $t \in [0, t_b]$，长周期运动——速度变化不大，如对前面的例子，在 $t_b = 2s$ 内，迎角和俯仰角变化很大，但是速度变化很小。

基于此，在研究时间段内 $t\in[0,t_b]$ 纵向运动特点时，可以假定 $\Delta\dot{\overline{V}}=0,\Delta\overline{V}=0$（不一定合理），即不考虑速度动态过程。在研究 $t\in[t_b,\infty]$ 纵向运动特点时，认为短周期运动已经达到稳态值。

首先研究时间段内 $t\in[0,t_b]$ 纵向运动的特性，根据 $\Delta\dot{\overline{V}}=0,\Delta\overline{V}=0$（的假定，可以不考虑速度方程，这样短周期运动方程简化为

$$\Delta\dot{\alpha}+Z_\alpha\Delta\alpha-\Delta\dot{\theta}=-Z_{\delta_e}\Delta\delta_e$$

$$M_{\dot{\alpha}}\Delta\dot{\alpha}+M_\alpha\Delta\alpha+\Delta\theta+M_q\Delta\dot{\theta}=-M_{\delta_e}\Delta\delta_e$$

传递函数满足

$$\frac{\Delta\alpha(s)}{\Delta\delta_e(s)}=\frac{\begin{vmatrix}-Z_{\delta_e} & -s\\ -M_{\delta_e} & s^2+M_qs\end{vmatrix}}{\begin{vmatrix}s+Z_\alpha & -s\\ M_{\dot{\alpha}}s+M_\alpha & s^2+M_qs\end{vmatrix}}$$

$$\frac{\Delta\theta(s)}{\Delta\delta_e(s)}=\frac{\begin{vmatrix}s+Z_\alpha & -Z_{\delta_e}\\ M_{\dot{\alpha}}s+M_\alpha & -M_{\delta_e}\end{vmatrix}}{\begin{vmatrix}s+Z_\alpha & -s\\ M_{\dot{\alpha}}s+M_\alpha & s^2+M_qs\end{vmatrix}}$$

计算得到

$$\frac{\Delta\alpha(s)}{\Delta\delta_e(s)}=\frac{-[Z_{\delta_e}s+(M_{\delta_e}+Z_{\delta_e}M_q)]}{s^2+(Z_\alpha+M_q+M_{\dot{\alpha}})s+M_\alpha+Z_\alpha M_q}$$

$$\frac{\Delta\theta(s)}{\Delta\delta_e(s)}=\frac{-[(M_{\delta_e}-Z_{\delta_e}M_{\dot{\alpha}})s+(Z_\alpha M_{\delta_e}-Z_{\delta_e}M_\alpha)]}{[s^2+(Z_\alpha+M_q+M_{\dot{\alpha}})s+M_\alpha+Z_\alpha M_q]s}$$

将传递函数规范化得

$$\frac{\Delta\alpha(s)}{\Delta\delta_e(s)}=\frac{-A_\alpha\left(s+\dfrac{1}{T_\alpha}\right)}{(s^2+2\xi_s\omega_s s+\omega_s^2)}=\frac{-K_\alpha(T_\alpha s+1)}{T_s^2s^2+2\xi_sT_ss+1}$$

$$\frac{\Delta\theta(s)}{\Delta\delta_e(s)}=\frac{-A_\theta\left(s+\dfrac{1}{T_\theta}\right)}{(s^2+2\xi_s\omega_s s+\omega_s^2)s}=\frac{-K_\theta(T_\theta s+1)}{(T_s^2s^2+2\xi_sT_ss+1)s}$$

这里，短周期运动传递函数中各参数的表达式为

$$T_s=\frac{1}{\omega_s}=\frac{1}{\sqrt{M_\alpha+Z_\alpha M_q}},\quad \xi_s=\frac{Z_\alpha+M_q+M_{\dot{\alpha}}}{2\sqrt{M_\alpha+Z_\alpha M_q}}A_\alpha=Z_{\delta_e},\quad T_\alpha=\frac{Z_{\delta_e}}{M_\alpha+Z_\alpha M_q}$$

$$K_\alpha=\frac{M_{\delta_e}+Z_{\delta_e}M_q}{M_\alpha+Z_\alpha M_q}\approx\frac{M_{\delta_e}}{M_\alpha+Z_\alpha M_q},\quad A_\theta=M_{\delta_e}-Z_{\delta_e}M_{\dot{\alpha}},\quad T_\theta=\frac{M_{\delta_e}-Z_{\delta_e}M_{\dot{\alpha}}}{Z_\alpha M_{\delta_e}-Z_{\delta_e}M_\alpha}$$

$$K_\theta=\frac{Z_\alpha M_{\delta_e}-Z_{\delta_e}M_\alpha}{M_\alpha+Z_\alpha M_q}\approx\frac{Z_\alpha M_{\delta_e}}{M_\alpha+Z_\alpha M_q}$$

代入前面的数据得到

$$\frac{\Delta\alpha(s)}{\Delta\delta_e(s)}=\frac{-1.44\left(\frac{s}{248.5}+1\right)}{\left(\frac{s}{4.27}\right)^2+2\left(\frac{0.493}{4.27}\right)s+1}$$

$$\frac{\Delta\theta(s)}{\Delta\delta_e(s)}=\frac{-1.955\left(\frac{s}{1.371}+1\right)}{\left(\frac{s}{4.27}\right)^2+2\left(\frac{0.493}{4.27}\right)s+1}\frac{1}{s}$$

俯仰角速率运动也属于短周期运动。

图 6-9 和图 6-10 给出了短周期运动的幅频和相频特性曲线，图 6-11 是短周期运动近似传递函数与三维运动得到的传递函数的比较。

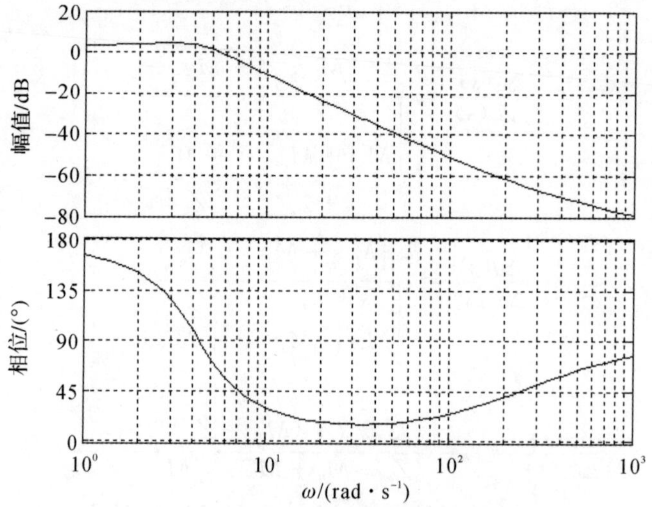

图 6-9　短周期运动迎角幅频特性曲线

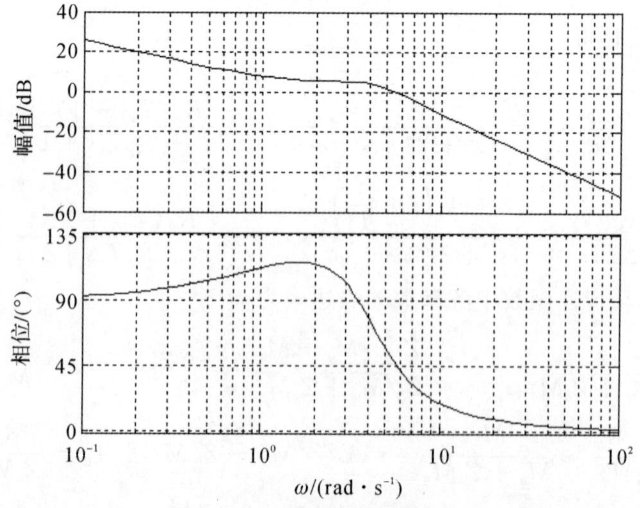

图 6-10　短周期运动俯仰角幅频特性曲线

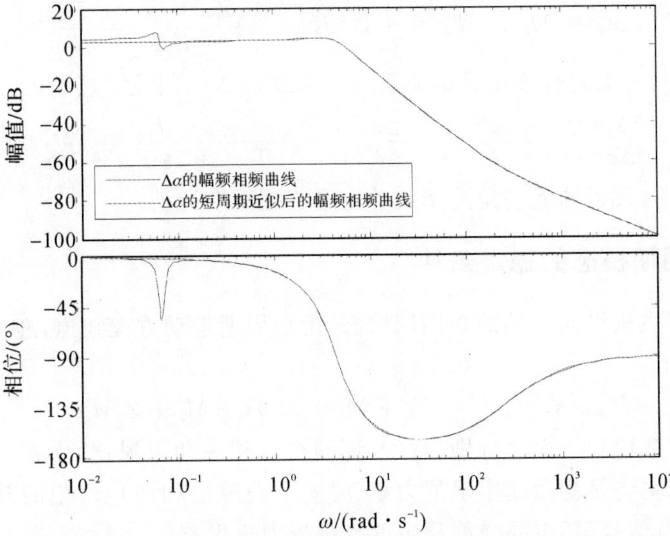

图 6-11 短周期近似前后迎角幅频特性曲线比较

从短周期运动与长周期运动的幅频特性曲线比较中可以看到,迎角传递函数在两种情况下非常接近,说明传递函数近似是合适的。

对常规气动布局飞机,升降舵安装在平尾,升降舵距飞机质心距离较大,俯仰操纵力矩也比较大。而升降舵偏转引起的平尾升力 L_{δ_e} 不是很大,由 L_{δ_e} 引起的飞机航迹角变化也很小($Z_{\delta_e}=\dfrac{L_{\delta_e}}{mV_0}$), Z_{δ_e} 是升降舵变化产生的法向力(升力)增量,由于平尾面积较小,所以该项系数也很小,可忽略,所以一般情况下有 $M_{\delta_e}\gg Z_{\delta_e}M_q$ 。

因此

$$M_{\delta_e}+Z_{\delta_e}M_q\approx M_{\delta_e}$$

这样,短周期运动的传递函数进一步简化为

$$\frac{\Delta\alpha(s)}{\Delta\delta_e(s)}=\frac{-M_{\delta_e}}{s^2+(Z_\alpha+M_q+M_{\dot{\alpha}})s+M_\alpha+Z_\alpha M_q} \tag{6-8}$$

规范表达式为

$$\frac{\Delta\alpha(s)}{\Delta\delta_e(s)}=\frac{-A_\alpha}{(s^2+2\xi_s\omega_s s+\omega_s^2)}=\frac{-K_\alpha}{T_s^2s^2+2\xi_sT_ss+1} \tag{6-9}$$

同样对俯仰角运动,考虑到 $M_{\delta_e}\gg Z_{\delta_e}M_{\dot{\alpha}}$, $Z_\alpha M_{\delta_e}\gg Z_{\delta_e}M_\alpha$ 则有

$$\frac{\Delta\theta(s)}{\Delta\delta_e(s)}=\frac{-M_{\delta_e}(s+Z_\alpha)}{s^2+(Z_\alpha+M_q+M_{\dot{\alpha}})s+M_\alpha+Z_\alpha M_q}\frac{1}{s} \tag{6-10}$$

规范表达式为

$$\frac{\Delta\theta(s)}{\Delta\delta_e(s)}=\frac{-A_\theta\left(s+\dfrac{1}{T_\theta}\right)}{(s^2+2\xi_s\omega_s s+\omega_s^2)s}=\frac{-K_\theta(T_\theta s+1)}{(T_s^2s^2+2\xi_sT_ss+1)s} \tag{6-11}$$

这里

$$T_s=\frac{1}{\omega_s}=\frac{1}{\sqrt{M_\alpha+Z_\alpha M_q}},\quad \xi_s=\frac{Z_\alpha+M_q+M_{\dot{\alpha}}}{2\sqrt{M_\alpha+Z_\alpha M_q}},\quad A_\alpha=M_{\delta_e},\quad K_\alpha=\frac{M_{\delta_e}}{M_\alpha+Z_\alpha M_q}$$

$$A_\theta = M_{\delta_e}, \quad T_\theta = \frac{1}{Z_\alpha}, \quad K_\theta = \frac{Z_\alpha M_{\delta_e}}{M_\alpha + Z_\alpha M_q} = \frac{K_\alpha}{T_\theta}$$

在纵向运动中，飞机的航迹角满足关系 $\Delta\gamma = \Delta\theta - \Delta\alpha$，因此航迹角的传递函数满足

$$\frac{\Delta\gamma(s)}{\Delta\delta_e(s)} = \frac{\Delta\theta(s)}{\Delta\delta_e(s)} - \frac{\Delta\alpha(s)}{\Delta\delta_e(s)} = \frac{-K_\theta}{(T_s^2 s^2 + 2\xi_s T_s s + 1)s} \tag{6-12}$$

式(6-12)说明，飞机的航迹角速率运动也属于短周期运动。

6.5.2 短周期模态的稳定条件

迎角运动属于飞机纵向运动的短周期模态，由短周期运动方程知道，迎角传递函数的特征多项式为

$$\Delta_s(s) = s^2 + (Z_\alpha + M_q + M_{\dot\alpha})s + M_\alpha + Z_\alpha M_q \tag{6-13}$$

特征方程的常数项和一次项分别表征系统的自然频率和阻尼比，由式(6-13)可以看出，短周期模态阻尼比主要是受角速率阻尼力矩、时差下洗阻尼和迎角产生的升力增量三项的影响；短周期模态的自然频率，主要受静稳定度和阻尼力矩影响。

短周期运动稳定的前提是特征多项式 $\Delta_s(s)$ 的系数大于零，即

$$Z_\alpha + M_q + M_{\dot\alpha} > 0, \quad M_\alpha + Z_\alpha M_q > 0$$

气动大导数 Z_α，M_q 和 $M_{\dot\alpha}$ 属于飞机纵向短周期运动的阻尼力矩导数，由表 5-1，Z_α、M_q、$M_{\dot\alpha}$ 和 M_α 各项大导数的表达式为

$$Z_\alpha = \frac{L_\alpha}{mV_0} = \frac{1}{mV_0} C_{L\alpha} \times \frac{1}{2}\rho V_0^2 S_w$$

$$M_{\dot\alpha} = -\frac{M_{\dot\alpha}^q}{I_y} = -\frac{1}{I_y}\left(\frac{1}{2}\rho V_0^2\right)\frac{c_A^2}{2V_0} S_w C_{m_{\dot\alpha}}$$

$$M_q = -\frac{M_q^\alpha}{I_y} = -\frac{1}{I_y}\left(\frac{1}{2}\rho V_0^2\right)\frac{c_A^2}{2V_0} S_w C_{m_q}$$

$$M_\alpha = -\frac{1}{I_y}\left(\frac{1}{2}\rho V_0^2\right) c_A S_w C_{m_\alpha}$$

因此，在 $C_{m_\alpha} < 0$ 时 Z_α、M_q、$M_{\dot\alpha}$ 和 M_α 均为正值，所以 $Z_\alpha + M_q + M_{\dot\alpha} > 0$ 成立；$M_\alpha + Z_\alpha M_q > 0$ 也自然成立。这说明，静稳定的飞机，短周期运动一定是稳定的，系统对迎角干扰的稳定不但能够保证，也能够维持，并且是渐进稳定的。

6.6 长周期运动模态的近似传递函数和稳定条件

6.6.1 长周期运动模态的近似传递函数

飞机的纵向长周期运动主要是飞机质心轨迹的运动，长周期运动的特点是运动参数变化缓慢。在长周期运动过程，短周期运动已经基本结束，即 $\Delta\dot\alpha(t) = 0$（但是 $\Delta\alpha \neq 0$）。兼有短周期和长周期运动特点的飞机俯仰角运动的高阶模态（体现短周期运动特点）也基本处于稳态，即高阶动态变量 $\Delta\theta \approx 0$。考虑到 $Z_{\delta_e} \approx 0$，的条件，飞机的纵向运动在 $t \in [t_b, \infty]$ 时间段的动态过程满足方程：

$$\Delta\dot{\overline{V}} + X_V \Delta\overline{V} + X_\alpha \Delta\alpha + X_\theta \Delta\theta = 0$$

$$Z_V\Delta\overline{V}+Z_\alpha\Delta\alpha-\Delta\dot{\theta}=0$$

$$M_V\Delta\overline{V}+M_\alpha\Delta\alpha+M_q\Delta\dot{\theta}=-M_{\delta_e}\Delta\delta_e$$

上述方程组取拉普拉斯变换得到

$$\begin{cases}(s+X_V)\Delta\overline{V}(s)+X_\alpha\Delta\alpha(s)+X_\theta\Delta\theta(s)=0 & ①\\ Z_V\Delta\overline{V}(s)+Z_\alpha\Delta\alpha(s)-s\Delta\theta(s)=0 & ②\\ M_V\Delta\overline{V}(s)+M_\alpha\Delta\alpha(s)+M_qs\Delta\theta(s)=-M_{\delta_e}\Delta\delta_e(s) & ③\end{cases}$$

由第③式得到

$$\Delta\alpha(s)=\frac{-M_{\delta_e}\Delta\delta_e(s)-M_V\Delta\overline{V}(s)-M_qs\Delta\theta(s)}{M_\alpha}$$

代入第①和第②式中得

$$(sM_\alpha+X_VM_\alpha-X_\alpha M_V)\Delta\overline{V}(s)+(M_\alpha X_\theta-X_\alpha M_qs)\Delta\theta(s)=X_\alpha M_{\delta_e}\Delta\delta_e(s)$$

$$(M_\alpha Z_V-Z_\alpha M_V)\Delta\overline{V}(s)-(M_\alpha+Z_\alpha M_q)s\Delta\theta(s)=Z_\alpha M_{\delta_e}\Delta\delta_e(s)$$

可以得到传递函数为

$$\frac{\Delta\overline{V}(s)}{\Delta\delta_e(s)}=\frac{\begin{vmatrix}X_\alpha M_{\delta_e} & M_\alpha X_\theta\\ Z_\alpha M_{\delta_e} & -(M_\alpha+Z_\alpha M_q)s\end{vmatrix}}{\begin{vmatrix}sM_\alpha+X_VM_\alpha-X_\alpha M_V & M_\alpha X_\theta\\ M_\alpha Z_V-Z_\alpha M_V & -(M_\alpha+Z_\alpha M_q)s\end{vmatrix}}\tag{6-14}$$

$$\frac{\Delta\theta(s)}{\Delta\delta_e(s)}=\frac{\begin{vmatrix}sM_\alpha+X_VM_\alpha-X_\alpha M_V & M_\alpha M_{\delta_e}\\ M_\alpha Z_V-Z_\alpha M_V & Z_\alpha M_{\delta_e}\end{vmatrix}}{\begin{vmatrix}sM_\alpha+X_VM_\alpha-X_\alpha M_V & M_\alpha X_\theta\\ M_\alpha Z_V-Z_\alpha M_V & -(M_\alpha+Z_\alpha M_q)s\end{vmatrix}}\tag{6-15}$$

展开行列式后

$$\frac{\Delta\overline{V}(s)}{\Delta\delta_e(s)}=\frac{M_{\delta_e}(X_\alpha(M_\alpha+Z_\alpha M_q)s+Z_\alpha M_\alpha X_\theta)}{M_\alpha(M_\alpha+Z_\alpha M_q)\left[s^2+\left(X_V-\frac{X_\alpha M_V}{M_\alpha}\right)s+\frac{X_\theta(M_\alpha Z_V-Z_\alpha M_V)}{M_\alpha+Z_\alpha M_q}\right]}\tag{6-16}$$

$$\frac{\Delta\overline{V}(s)}{\Delta\delta_e(s)}=\frac{-M_{\delta_e}Z_\alpha M_\alpha(s+X_V-Z_VX_\alpha/Z_\alpha)}{M_\alpha(M_\alpha+Z_\alpha M_q)\left[s^2+\left(X_V-\frac{X_\alpha M_V}{M_\alpha}\right)s+\frac{X_\theta(M_\alpha Z_V-Z_\alpha M_V)}{M_\alpha+Z_\alpha M_q}\right]}\tag{6-17}$$

规范表达式为

$$\frac{\Delta\overline{V}(s)}{\Delta\delta_e(s)}=\frac{A_V\left(-s+\frac{1}{T_V}\right)}{s^2+2\xi_p\omega_ps+\omega_p^2}=\frac{K_V(T_Vs+1)}{T_p^2s^2+2\xi_pT_ps+1}\tag{6-18}$$

$$\frac{\Delta\theta(s)}{\Delta\delta_e(s)}=\frac{-A_\theta\left(s+\frac{1}{T_\theta}\right)}{(s^2+2\xi_\mathrm{p}\omega_\mathrm{p}s+\omega_\mathrm{p}^2)s}=\frac{-K_\theta(T_\theta s+1)}{(T_\mathrm{p}^2s^2+2\xi_\mathrm{p}T_\mathrm{p}s+1)s}\tag{6-19}$$

式中

$$\omega_\mathrm{p}=\frac{1}{T_p}=\sqrt{\frac{X_\theta(M_\alpha Z_V-Z_\alpha M_V)}{M_\alpha+Z_\alpha M_q}},\quad \xi_p=\frac{X_V-X_\alpha M_V/M_\alpha}{2\omega_\mathrm{p}}$$

$$A_V=\frac{-M_{\delta_e}X_\alpha}{M_\alpha},T_V=-\frac{X_\alpha(M_\alpha+Z_\alpha M_q)}{Z_\alpha M_\alpha X_\theta},K_V=-\frac{M_{\delta_e}Z_\alpha X_\theta}{X_\theta(M_\alpha Z_V-Z_\alpha M_V)}$$

$$A_\theta=\frac{M_{\delta_e}Z_\alpha}{M_\alpha+Z_\alpha M_q},T_\theta=\frac{1}{X_V-Z_V X_\alpha/Z_\alpha}$$

$$K_\theta=\frac{M_{\delta_e}Z_\alpha(X_V-Z_V X_\alpha/Z_\alpha)}{X_\theta(M_\alpha Z_V-Z_\alpha M_V)}$$

代入相关参数得到

$$\frac{\Delta\overline{V}(s)}{\Delta\delta_e(s)}=\frac{3.157\ 5(-s+37.065\ 1)}{s^2+0.009\ 7s+0.004}$$

$$\frac{\Delta\theta(s)}{\Delta\delta_e(s)}=\frac{-2.044\ 5(s+0.009\ 8)}{(s^2+0.009\ 7s+0.004)}\frac{1}{s}$$

或者

$$\frac{\Delta\overline{V}(s)}{\Delta\delta_e(s)}=\frac{21.415\left(-\frac{s}{37.065\ 1}+1\right)}{\left(\frac{s}{0.063\ 2}\right)^2+2\left(\frac{0.076\ 7}{0.063\ 2}\right)s+1}$$

$$\frac{\Delta\theta(s)}{\Delta\delta_e(s)}=\frac{-5.009\ 03\left(\frac{s}{0.009\ 8}+1\right)}{\left(\frac{s}{0.063\ 2}\right)^2+2\left(\frac{0.076\ 7}{0.063\ 2}\right)s+1}$$

图 6-12 是长周期运动的速度增量幅相频率曲线。图 6-13 是俯仰角的幅相频率曲线。图 6-14 是近似前后速度增量的幅频相频曲线对比，从图 6-14 的幅相频率曲线比较中可以看到，在低频段(长周期模态)，速度和俯仰角的幅值频率特性十分接近，说明传递函数近似是正确的。

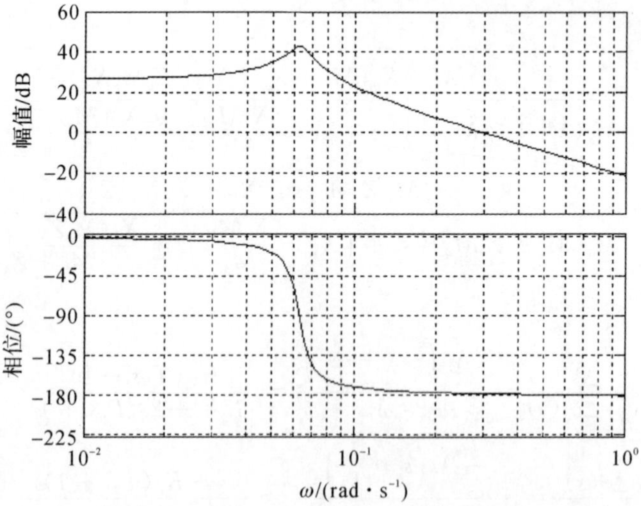

图 6-12　长周期近似后速度增量的幅相频率特性曲线

6.6.2　长周期模态的稳定条件和速度静稳定导数

静稳定性只是定速条件下飞机对迎角干扰的稳定性描述，在非操纵状态下，飞机的阻尼力矩系数只与迎角和马赫数有关。当飞机受到非迎角扰动(如速度、垂直气流等)时，迎角和马赫数都会偏离平衡状态，定速条件得不到满足，这时根据定速稳定性导数 $C_{m_\alpha} < 0$ 来判定纵向三自由运动的稳定性就不一定正确。

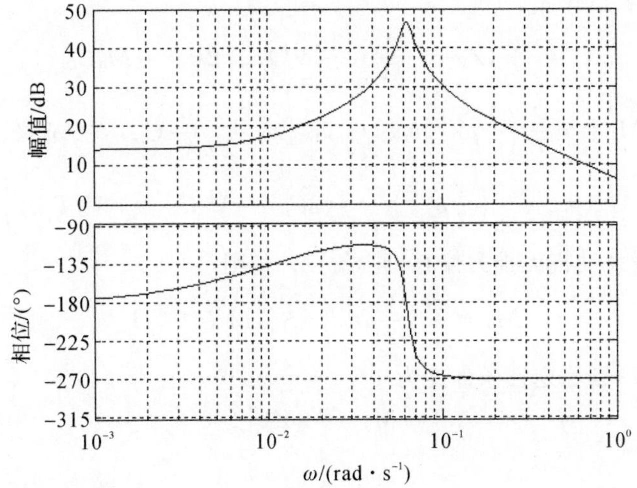

图 6-13　俯仰角相频率特性曲线

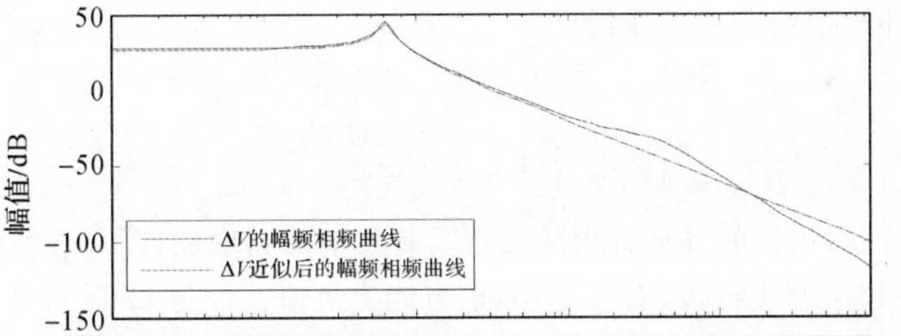

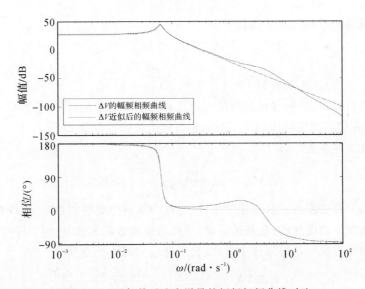

图 6-14　近似前后速度增量的幅频相频曲线对比

由前面知道纵向运动的特征多项式为

$$\Delta_0(s) = s^4 + a_3 s^3 + a_2 s^2 + a_1 s + a_0 \tag{6-20}$$

多项式系数满足：

$$a_3 = (M_q + Z_\alpha + M_{\dot{\alpha}} + X_V)$$

$$a_2 = X_V(M_q + Z_\alpha + M_{\dot{\alpha}}) + Z_\alpha M_q + M_\alpha - X_\alpha Z_V$$

$$a_1 = X_V(Z_\alpha M_q + M_\alpha) + X_\theta(Z_V M_{\dot{\alpha}} - M_V) - X_\alpha(Z_V M_q + M_V)$$

$$a_0 = X_\theta[Z_V M_\alpha - M_V Z_\alpha]$$

对时不变线性系统,特征方程常数项等于零是系统静稳定与静不稳定的边界条件。如果常数项为负,则特征方程必有正实根出现,系统静不稳定。因此三自由度静稳定必要条件为

$$a_0 = X_\theta[Z_V M_\alpha - M_V Z_\alpha] > 0$$

各气动大导数表达式为

$$X_\theta = \frac{g}{V_0}, Z_V = \frac{1}{mV_0}(\frac{1}{2}\rho V_0^2)S_w[2C_{L_0} + M_0 C_{D_M}]$$

$$M_\alpha = -\frac{1}{I_y}\left(\frac{1}{2}\rho V_0^2\right)c_A S_w C_{m_\alpha}, \quad Z_\alpha = \frac{1}{mV_0}C_{L\alpha} \times \frac{1}{2}\rho V_0^2 S_w$$

$$M_V = -\frac{1}{I_y}\left[\left(\frac{1}{2}\rho V_0^2\right)c_A S_w(2C_{m_0} + M_0 C_{m_M}) + V_0 T_V z_t\right]$$

为简化分析,设发动机无推力偏心,且 $C_{m_0} \approx 0$,则

$$M_V = -\left(\frac{1}{2}\rho V_0^2\right)c_A S_w(M_0 C_{m_M})/I_y$$

考虑到 $X_\theta > 0$,则稳定性条件变为

$$[Z_V M_\alpha - M_V Z_\alpha] > 0$$

代入气动大导数得

$$\frac{\left(\frac{1}{2}\rho V_0^2 S_w\right)^2 c_A}{mV_0 I_y}[-(2C_{L_0} + M_0 C_{L_M})C_{m_\alpha} + M_0 C_{L_\alpha} C_{m_M}] > 0$$

由于大括弧外的系数大于零,因此

$$[-(2C_{L_0} + M_0 C_{L_M})C_{m_\alpha} + M_0 C_{L_\alpha} C_{m_M}] > 0$$

$$\frac{1}{(2C_{L_0} + M_0 C_{L_M})}\left[C_{m_\alpha} - \frac{M_0 C_{L_\alpha} C_{m_M}}{(2C_{L_0} + M_0 C_{L_M})}\right] < 0$$

在亚声速飞行段,飞机的气动升力随飞行马赫数增加而增加,即 $C_{L_M} > 0$,也就是 $(2C_{L_0} + M_0 C_{L_M}) > 0$。在超声速飞行段,$C_{L_M}$ 变小,也可能为负值。但是 $(2C_{L_0} + M_0 C_{L_M}) > 0$ 能够保证。这样稳定性条件变为

$$C_{m_\alpha} - \frac{M_0 C_{L_\alpha} C_{m_M}}{(2C_{L_0} + M_0 C_{L_M})} < 0 \tag{6-21}$$

这就是纵向三自由度运动静稳定的条件,也称为纵向定载稳定性条件(线性化方程是根据水平直线飞行基准运动得到的,在基准运动,飞机的纵向过载系数 $n_z = 1$,因此是定载条件)。按照长周期运动方程也可以得到这个条件,长周期运动的特征方程为

$$\Delta_p(s) = s^2 + \left(X_V - \frac{X_\alpha M_V}{M_\alpha}\right)s + \frac{X_\theta(Z_V M_\alpha - Z_\alpha M_V)}{(M_\alpha + Z_\alpha M_q)}$$

在临界迎角内,飞机升力对迎角的气动导数为正,即 $C_{L_\alpha} > 0$,如果保证 $C_{m_M} > 0$,则飞机的纵向三自由度运动是稳定的。满足上述静稳定性关系的条件考虑了速度变化对飞行稳定性影响,所以是按速度的静稳定性,具有速度稳定性的飞机操纵品质要好一些。

如果飞行速度较小,空气压缩性很小,则 $C_{m_M} = 0$,这时定载稳定性与定速稳定性相同。但是,低速飞行时,由于焦点前移,迎角气动力矩导数数值较小,有些飞机的速度静稳定性也会不足。

在高速飞行条件下,C_{m_M} 受空气压缩性影响,变化比较大,一般会导致静稳定性变差,甚至导致静不稳定情况发生。

在跨声速飞行阶段，许多飞机的 C_{m_M} 变为负值，且数值较大，从而导致速度稳定性条件不满足，依靠人工操纵方法维持飞机的平衡就比较困难。由于无法保持速度稳定性，也就无法保障飞机上的作用力和力矩同时满足平衡的条件，飞机具有自动进入俯冲的趋势。

为了克服飞机存在的速度稳定性问题，在现代飞机控制系统中，广泛采用"马赫数配平系统"和"速度稳定系统"以保证飞机在低速和高速飞行条件下的速度稳定性。

非操纵条件下，式(6-21)的定载静稳定性条件还有另一种推导方法，简述如下。

飞机的纵向力矩系数 C_m 是迎角和马赫数的函数，表示为

$$C_m = C_m(\alpha, M) \tag{6-22}$$

对式(6-22)微分，则有

$$\mathrm{d}C_m = \frac{\partial C_m}{\partial \alpha}\mathrm{d}\alpha + \frac{\partial C_m}{\partial M}\mathrm{d}M$$

$$\mathrm{d}C_m = C_{m_\alpha}\mathrm{d}\alpha + C_{m_M}\mathrm{d}M$$

式中：$C_{m_\alpha} = \dfrac{\partial C_m}{\partial \alpha}, C_{m_M} = \dfrac{\partial C_m}{\partial M}$。

在定载条件下

$$L = \frac{1}{2}\rho V^2 S_w C_L = mg$$

考虑到 $M = V/a$ ，因此定载条件可以表示为

$$L = \frac{1}{2}\rho a^2 M^2 S_w C_L = mg$$

飞行高度不变时，大气密度和当地声速均为常数，所以 $M^2 C_L = \mathrm{const}$。

在平衡点 (M_0, C_{L_0}) 对上式求导(迎角和马赫数)得

$$M_0^2[C_{L_\alpha}\mathrm{d}\alpha + C_{L_M}\mathrm{d}M] + 2C_{L_0}M_0\mathrm{d}M = 0 \tag{6-23}$$

$$\left(\frac{\mathrm{d}M}{\mathrm{d}\alpha}\right)_{n_z=1} = -\frac{M_0 C_{L_\alpha}}{M_0 C_{L_M} + 2C_{L_0}} \tag{6-24}$$

考虑到 $\mathrm{d}C_m = C_{m_\alpha}\mathrm{d}\alpha + C_{m_M}\mathrm{d}M, \mathrm{d}C_m - C_{m_\alpha}\mathrm{d}\alpha = C_{m_M}\mathrm{d}M$ ，则

$$\left(\frac{\mathrm{d}C_m}{\mathrm{d}\alpha}\right)_{n_z=1} = C_{m_\alpha} - \frac{M_0 C_{L_\alpha} C_{m_M}}{M_0 C_{L_M} + 2C_{L_0}} \tag{6-25}$$

该关系与前面式(6-21)结果完全相同，$\left(\dfrac{\mathrm{d}C_m}{\mathrm{d}\alpha}\right)_{n_z=1}$ 称为定载静稳定性导数。其物理意义解释如下：

如果 $\left(\dfrac{\mathrm{d}C_m}{\mathrm{d}\alpha}\right)_{n_z=1} < 0$ ，在 $n_z = 1$ 的条件下，当飞行速度增加时，迎角必须减少，但迎角减少使得俯仰力矩增加，出现抬头力矩，阻止迎角减少，而使得阻力增大，飞行速度降低，使得速度得到稳定。

如果 $\left(\dfrac{\mathrm{d}C_m}{\mathrm{d}\alpha}\right)_{n_z=1} > 0$ ，在飞行速度增加时，迎角减少，俯仰力矩也减少，飞机出现低头，迎角进一步减少，阻力减少，飞行速度进一步增加，无法维持速度的稳定性。

在飞机保持平飞情况下，$\Delta\gamma = \Delta\theta - \Delta\alpha$ ，即 $\Delta\theta = \Delta\alpha$ ，飞机纵向线性化方程如下：

$$\left.\begin{aligned} \Delta\dot{\overline{V}} + X_V\Delta\overline{V} + (X_\alpha + X_\theta)\Delta\alpha &= -X_{\delta_t}\Delta\delta_t \\ Z_V\Delta\overline{V} + Z_\alpha\Delta\alpha &= 0 \\ M_V\Delta\overline{V} + M_\alpha\Delta\alpha &= 0 \end{aligned}\right\} \tag{6-26}$$

由式(6-26)第二式可求得

$$\Delta\alpha = -\frac{Z_V\Delta\overline{V}}{Z_\alpha}$$

代入切向力方程得到

$$\Delta\dot{\overline{V}} = -X_V\Delta\overline{V} + (X_\alpha + X_\theta)\frac{Z_V}{Z_\alpha}\Delta\overline{V} - X_{\delta_t}\Delta\delta_t$$

将飞机平飞时的速度方程画成框图形式如图 6-15 所示。

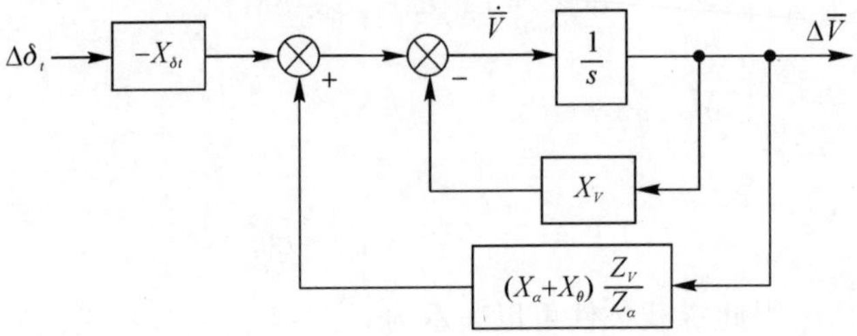

图 6-15　飞机平飞时的速度方程框图

可以看到由 $X_V\Delta\overline{V}$ 构成的是负反馈，这是由于 $X_V\Delta\overline{V}$ 表示的是速度变化引起的切向力(阻力)变化，当速度增大时，阻力会也会增大，大于平飞推力，抑制速度增大的趋势，而当速度减小时，阻力也会减小，平飞推力会大于阻力，使得速度有增大的趋势，所以该项为负反馈。

$(X_\alpha + X_\theta)\dfrac{Z_V}{Z_\alpha}\Delta\overline{V}$ 则构成了正反馈，是因为 $Z_V\Delta\overline{V}$ 项表示的是因为速度变化引起的法向力(升力)变化，当速度增大时，升力增大，若飞机是静安定的，则升力产生低头力矩，使得飞机有俯冲的趋势，速度进一步增大；反之，当速度减小时，升力减小，而舵面配平力矩不变，导致飞机出现抬头力矩，使飞机抬头，有爬升趋势，使速度进一步减小，所以该项为正反馈。

由方程 $\Delta\dot{\overline{V}} = -X_V\Delta\overline{V} + (X_\alpha + X_\theta)\dfrac{Z_V}{Z_\alpha}\Delta\overline{V} - X_{\delta_t}\Delta\delta_t$ 可知，当 $X_V - (X_\alpha + X_\theta)\dfrac{Z_V}{Z_\alpha} > 0$ 时，速度是稳定的。

6.7 飞行条件和气动导数对纵向典型模态特征参数的影响

6.7.1 高度、速度对短周期模态特征参数的影响

1. 高度、速度对短周期自然频率的影响

由短周期运动方程知道，迎角传递函数的特征多项式为

$$\Delta_s(s) = s^2 + (Z_\alpha + M_q + M_{\dot{\alpha}})s + M_\alpha + Z_\alpha M_q$$

短周期运动模态的固有频率 $\omega_s = \sqrt{M_\alpha + Z_\alpha M_q}$ 。对于一般飞机

$$M_\alpha \gg Z_\alpha M_q$$

因此

$$\omega_s \approx \sqrt{M_\alpha}$$

由于 $M_\alpha = -\frac{1}{I_y}(\frac{1}{2}\rho V_0^2)c_A S_w C_{m_\alpha}$，所以

$$\omega_s \approx \sqrt{-\frac{1}{I_y}(\frac{1}{2}\rho V_0^2)c_A S_w C_{m_\alpha}} = \left(\sqrt{-\frac{c_A S_w C_{m_\alpha}}{2I_y}}\right) V_0\sqrt{\rho}$$

上式说明，$\omega_s \propto V_0\sqrt{\rho}$，即若飞行速度不变，则飞行高度增加时，空气密度 ρ 下降，短周期模态的固有频率降低；若飞行高度不变，则速度增加，短周期模态的固有频率增加。

由于焦点随 M 数增加而后移，迎角俯仰力矩导数 $|C_{m_\alpha}|$ 随飞行马赫数增加而增加，因此，短周期模态的固有频率比速度的增加量要快。

2. 高度、速度对短周期阻尼比的影响

根据短周期运动方程知

$$\xi_s = \frac{Z_\alpha + M_q + M_{\dot{\alpha}}}{2\sqrt{M_\alpha + Z_\alpha M_q}} \approx \frac{Z_\alpha + M_q + M_{\dot{\alpha}}}{2\sqrt{M_\alpha}}$$

由于 $Z_\alpha + M_q + M_{\dot{\alpha}} = \left[\frac{1}{m}C_{L_\alpha} - \frac{1}{I_y}\frac{c_A^2}{2}(C_{m_q} + C_{m_{\dot{\alpha}}})\right]S_w(\frac{1}{2}\rho V_0)$，所以

$$\xi_s = \frac{\left[\frac{1}{m}C_{L_\alpha} - \frac{1}{I_y}\frac{c_A^2}{2}(C_{m_q} + C_{m_{\dot{\alpha}}})\right]\frac{1}{2}S_w\sqrt{\rho}}{\left(\sqrt{-\frac{\frac{1}{2}c_A S_w C_{m_\alpha}}{I_y}}\right)}$$

上式说明，$\xi_s \propto \sqrt{\rho}$，几乎与飞行速度无关。因此，短周期运动的阻尼比随飞行高度升高而降低。

但是，随着马赫数的增加，$|C_{m_\alpha}|$ 在增加，而 $(Z_\alpha + M_q + M_{\dot{\alpha}})$ 先增加，到达超声速段时，参数 $Z_\alpha + M_q + M_{\dot{\alpha}}$ 却在减少，故在超声速段 ξ_s 是减少的。

如果飞机的飞行高度很高，如民用飞机的飞行高度在 11km，空气密度 ρ 只有地面的 30% 左右。对很多军用飞机，飞行高度可在 18～20km，空气密度 ρ 更小，导致 ξ_s 下降比较严重，必须采用增加人工阻尼的方法来改善飞机的动态特性。

3. 高度、速度对短周期时间常数的影响

在短周期运动中，迎角传递函数分子为常数，俯仰角传递函数分子有一个一阶环节，时间常数为

$$T_\theta = \frac{1}{Z_\alpha} = \frac{mV_0}{C_{L_\alpha} \times \frac{1}{2}\rho V_0^2 S_w}$$

因此，$T_\theta \propto \frac{1}{\rho V_0}$。$T_\theta$ 的大小影响俯仰角 θ 的短周期模态的快速性，考虑到 $\gamma = \theta - \alpha$，所以它也影响飞机的机动快速性。由于

$$\frac{\Delta\dot{\gamma}(s)}{\Delta\alpha(s)} = \frac{K_\theta}{K_\alpha} = Z_\alpha = \frac{1}{T_\theta}$$

高度增加，Z_α 减少，T_θ 增大，单位迎角引起的航迹角速率减少，飞机的机动性（机动性大小用法向加速度度量，飞机的法向加速度 $a_n = mV\Delta\dot{\gamma}(t)$）降低。

另一方面，航迹角与俯仰角满足关系

$$\frac{\Delta\gamma(s)}{\Delta\alpha(s)} = \frac{1}{T_\theta s + 1}$$

显然，航迹角是滞后俯仰角的，大小与时间常数 T_θ 有关，T_θ 愈大，表明滞后愈严重。在高空，T_θ 增大，因此航迹角滞后俯仰角比低空时大，说明飞机的航迹角控制能力降低，提高飞行速度可以克服高度带来的不利影响。

6.7.2 高度、速度对长周期模态特征参数的影响

1. 高度、速度对长周期自然频率的影响

长周期的特征多项式为

$$\Delta_p(s) = s^2 + \left(X_V - \frac{X_\alpha M_V}{M_\alpha}\right)s + \frac{X_\theta(Z_V M_\alpha - Z_\alpha M_V)}{(M_\alpha + Z_\alpha M_q)}$$

长周期自然频率

$$\omega_p = \frac{1}{T_p} = \sqrt{\frac{X_\theta(Z_V M_\alpha - Z_\alpha M_V)}{(M_\alpha + Z_\alpha M_q)}} \approx \sqrt{X_\theta Z_V}$$

$$= \sqrt{\frac{g}{mV_0^2}\left(\frac{1}{2}\rho V_0^2\right)S_w(2C_{L_0} + M_0 C_L^M)}$$

在亚声速范围内，空气压缩性不大，所以 $C_L^M \approx 0$，因此有

$$\omega_p = \sqrt{\frac{g}{mV_0^2}\left(\frac{1}{2}\rho V_0^2\right)S_w(2C_{L_0})}$$

又因为 $2C_{L_0}\left(\frac{1}{2}\rho V_0^2\right)S_w \approx 2L_0 = 2mg$，所以

$$\omega_p = \sqrt{\frac{g}{mV_0^2}2mg} = \sqrt{2}\,\frac{g}{V_0}$$

这表明长周期运动模态的固有频率与空速成反比。

2. 高度、速度对长周期阻尼比的影响

长周期运动阻尼比满足

$$\xi_p = \frac{X_V - X_\alpha M_V/M_\alpha}{2\omega_p} \approx \frac{X_V}{2\omega_p},\quad X_V = \frac{D_V - T_V}{mV_0}$$

对喷气发动机，$T_V \approx 0$，对涡轮风扇发动机，$T_V \neq 0$。这里考虑 $T_V \approx 0$ 的情况，则

$$X_V = \frac{D_V}{mV_0} = \frac{1}{mV_0}\left(\frac{1}{2}\rho V_0^2\right)S_w[2C_{D_0} + M_0 C_{D_M}]$$

同样考虑亚声速飞行情况，则 $C_{D_M} = 0$，故

$$X_V = \frac{D_V}{mV_0} = \frac{1}{mV_0}2C_{D_0}\left(\frac{1}{2}\rho V_0^2\right)S_w$$

由于基准运动的阻力 $X_0 = C_{D_0}\left(\frac{1}{2}\rho V_0^2\right)S_w$，所以

$$X_V = \frac{2X_0}{mV_0}$$

$$\xi_p = \frac{X_V}{2\omega_p} = \frac{X_0}{mV_0\omega_p} = \frac{X_0}{\sqrt{2}mg} = \frac{X_0}{\sqrt{2}L_0} = \frac{1}{\sqrt{2}}\frac{C_{D_0}}{C_{L_0}}$$

该式表明，长周期运动的阻尼比与飞机的升阻比(用升力系数与阻力系数之比 C_L/C_D 表示)成反比。升阻比(具有良好的气动外形)大的飞机，长周期运动模态的阻尼比要小一些。飞行高度增加，阻力减少，阻尼比也下降。

这样，纵向运动模态特征参数随高度、空速的变化情况可总结到表 6-1 中。

表 6-1　纵向模态特征参数随高度空速的变化特性

特征参数	飞行高度增加	飞行速度增加
ω_s	减少	增大
ξ_s	减少	基本不变
ω_p	不变	减少
ξ_p	减少	增大

6.7.3　气动参数对纵向运动模态特征参数的影响

根据前面的公式，纵向运动模态的特征参数与气动导数的关系如下：

$$\omega_s \approx \sqrt{-\frac{1}{I_y}(\frac{1}{2}\rho V_0^2)c_A S_w C_{m_\alpha}} \tag{6-27}$$

$$\xi_s = \frac{\left[\frac{1}{m}C_{L_\alpha} - \frac{1}{I_y}\frac{c_A^2}{2}(C_{m_q} + C_{m_{\dot{\alpha}}})\right]\frac{1}{2}S_w\sqrt{\rho}}{\left(\sqrt{-\frac{\frac{1}{2}c_A S_w C_{m_\alpha}}{I_y}}\right)} \tag{6-28}$$

$$\omega_p \approx \sqrt{\frac{g}{mV_0^2}\left(\frac{1}{2}\rho V_0^2\right)s_w(2C_{L_0} + M_0 C_L^M)} \tag{6-29}$$

$$\xi_p = \frac{1}{2\omega_p}\frac{1}{mV_0}\left(\frac{1}{2}\rho V_0^2\right)S_w[2C_{D_0} + M_0 C_{D_M}] \tag{6-30}$$

从式(6-27)看到，纵向定速静稳定导数 C_{m_α} 对短周期模态的固有频率 ω_s 影响很大，良好的定速静稳定性对提高 ω_s 有好处。

从式(6-28)知，增加 C_{L_α}、$|C_{m_q}|$ 和 $|C_{m_{\dot{\alpha}}}|$ 可以改善短周期模态的阻尼比 ξ_s，但是，定速静稳定导数 $|C_{m_\alpha}|$ 大时，ξ_s 要降低。

长周期运动模态的固有频率 ω_p 主要受升力特性影响(升力系数 C_{L_0} 和 C_{L_M})，在亚声速段，C_{L_M} 为正；在超声速段，C_{L_M} 为负；在跨声速段，C_{L_M} 从正变负。因此 C_{L_M} 对 ω_p 的影响随马赫数出现不同作用，但作用较小。升力系数 C_{L_0} 对 ω_p 的影响最大，升力系数大时 ω_p 提高，反之减少。

虽然从公式中看，ω_p 与飞行速度基本无关。但在定载条件下，速度提高，升力系数 C_{L_0} 下降，ω_p 也下降。

长周期运动模态的阻尼比 ξ_p 主要受升阻特性影响，增加阻力本身有害，减少升力更不对。一般为满足经济性，要尽量减少飞机的阻力。在亚声速段，C_{D_M} 为正，可以增大 ξ_p；在超声速段，C_{D_M} 为负，是减少 ξ_p 的因素；在跨声速段，C_{D_M} 从正变负。

由此,必须在控制系统引入人工阻尼来提高长周期运动的阻尼比。

气动导数对纵向气动导数对纵向运动模态特征参数的影响见表 6-2。

表 6-2 气动导数对纵向运动模态特征参数的影响

气 动 导 数 变 化	纵向运动特征参数
$\lvert C_{m_q}\rvert$ 和 $\lvert C_{m_{\dot{\alpha}}}\rvert$ 增加	ξ_s 增大
$\lvert C_{m_\alpha}\rvert$ 增加	ω_s 增大, ξ_s 减少
C_{L_M} 正值增加	ω_p 增大
C_{L_M} 负值增加	ω_p 减少
C_{D_M} 正值增加	ξ_p 增大
C_{D_M} 负值增加	ξ_p 减少

6.8 油门杆偏转时的纵向动力学响应

6.8.1 纵向运动参数对油门杆的传递函数

操纵油门杆改变了发动机的供油量,从而使得发动机燃烧室工作介质——空气和燃油混合气体总量发生改变,发动机推力产生相应变化。发动机推力对飞行速度的影响最大。如果发动机推力向量通过飞机的质心,或推力偏心很小,则发动机推力对飞机质心产生的力矩也很小,这样 $M_{\delta_t}\approx 0$,即发动机推力对飞机姿态的影响为零。

基于上述假设,发动机推力主要对飞行速度(纵向长周期运动)产生强烈作用,可以利用长周期运动来分析纵向运动对油门杆偏转的动力学响应。设升降舵偏角 $\Delta\delta_e=0$,则油门杆操纵时飞机的纵向运动线性化模型为

$$\Delta\dot{\overline{V}}+X_V\Delta\overline{V}+X_\alpha\Delta\alpha+X_\theta\Delta\dot{\theta}=-X_{\delta_t}\Delta\delta_t$$

$$Z_V\Delta\overline{V}+\Delta\dot{\alpha}+Z_\alpha\Delta\alpha-\Delta\dot{\theta}=0$$

$$M_V\Delta\overline{V}+M_\alpha\Delta\alpha=0$$

假定初始条件为零,上式取拉普拉斯变换得到

$$s\Delta\overline{V}(s)+X_V\Delta\overline{V}(s)+X_\alpha\Delta\alpha(s)+X_\theta\Delta\theta(s)=-X_{\delta_t}\Delta\delta_t(s) \tag{6-31}$$

$$Z_V\Delta\overline{V}(s)+(s+Z_\alpha)\Delta\alpha-s\Delta\theta(s)=0 \tag{6-32}$$

$$M_V\Delta\overline{V}(s)+M_\alpha\Delta\alpha(s)=0 \tag{6-33}$$

可以看到,速度与迎角变化线性相关。根据式(6-33)得到

$$M_\alpha\Delta\alpha(s)=-M_V\Delta\overline{V}(s) \tag{6-34}$$

代入式(6-31)和式(6-32)中得到

$$\left(s+X_V-\frac{X_\alpha M_V}{M_\alpha}\right)\Delta\overline{V}(s)+X_\theta\Delta\theta(s)=-X_{\delta_t}\Delta\delta_t(s)$$

$$\left(-s\frac{M_V}{M_\alpha}-Z_\alpha\frac{M_V}{M_\alpha}+Z_V\right)\Delta\overline{V}(s)-s\Delta\theta(s)=0$$

由此解得 $\Delta\overline{V}$ 和 $\Delta\theta$ 对油门杆输入 $\Delta\delta_t$ 的传递函数

$$\frac{\Delta\overline{V}(s)}{\Delta\delta_t(s)}=\frac{\begin{vmatrix} s+X_V-\dfrac{X_\alpha M_V}{M_\alpha} & -X_{\delta_t} \\ Z_V-(s+Z_\alpha)\dfrac{M_V}{M_\alpha} & 0 \end{vmatrix}}{\begin{vmatrix} s+X_V-\dfrac{X_\alpha M_V}{M_\alpha} & X_\theta \\ Z_V-(s+Z_\alpha)\dfrac{M_V}{M_\alpha} & -s \end{vmatrix}}$$

$$\frac{\Delta\theta(s)}{\Delta\delta_t(s)}=\frac{\begin{vmatrix} -X_{\delta_t} & X_\theta \\ 0 & -s \end{vmatrix}}{\begin{vmatrix} s+X_V-\dfrac{X_\alpha M_V}{M_\alpha} & X_\theta \\ Z_V-(s+Z_\alpha)\dfrac{M_V}{M_\alpha} & -s \end{vmatrix}}$$

展开得到

$$\frac{\Delta\overline{V}(s)}{\Delta\delta_t(s)}=\frac{-X_{\delta_t}s}{s^2+\left[X_V-\dfrac{M_V}{M_\alpha}(X_\alpha+X_\theta)\right]s+X_\theta\left(Z_V-Z_\alpha\dfrac{M_V}{M_\alpha}\right)}$$

$$\frac{\Delta\theta(s)}{\Delta\delta_t(s)}=\frac{\left(\dfrac{M_V}{M_\alpha}s+Z_\alpha\dfrac{M_V}{M_\alpha}-Z_V\right)X_{\delta_t}}{s^2+\left[X_V-\dfrac{M_V}{M_\alpha}(X_\alpha+X_\theta)\right]s+X_\theta\left(Z_V-Z_\alpha\dfrac{M_V}{M_\alpha}\right)}$$

再由式(6－34),可以得到

$$\frac{\Delta\alpha(s)}{\Delta\delta_t(s)}=\frac{X_{\delta_t}\dfrac{M_V}{M_\alpha}s}{s^2+\left[X_V-\dfrac{M_V}{M_\alpha}(X_\alpha+X_\theta)\right]s+X_\theta\left(Z_V-Z_\alpha\dfrac{M_V}{M_\alpha}\right)}$$

6.8.2　油门杆阶跃偏转时纵向运动参数的稳态值

现在研究油门杆作阶跃偏转时,飞机速度、俯仰角和迎角的稳态值。由终值定理知道,时间函数 $x(t)$ 的终值 $x(t\rightarrow\infty)$ 与其拉普拉斯变换 $x(s)$ 存在关系

$$\lim_{t\to\infty}x(t)=x(\infty)=\lim_{s\to 0}sx(s)$$

对于油门杆阶跃偏转,其拉普拉斯变换为

$$L[\Delta\delta_t(t)]=L[\Delta\delta_{t0}\cdot 1(t)]=\frac{\Delta\delta_{t0}}{s}$$

这样,$\Delta\overline{V}(\infty)=\lim\limits_{s\to 0}\left(\dfrac{\Delta\overline{V}(s)}{\Delta\delta_t(s)}\right)s\Delta\delta_t(s)=\lim\limits_{s\to 0}\left(\dfrac{\Delta\overline{V}(s)}{\Delta\delta_t(s)}\right)\Delta\delta_{t0}(s)=0$

$$\Delta\alpha(\infty)=0$$

$$\Delta\theta(\infty)=-\frac{X_{\delta_t}}{X_\theta}\Delta\delta_{t0}$$

从上面的结果知道,油门杆做阶跃偏转,飞机的速度和迎角稳态值为零,即速度和迎角都没有增加,仍然维持油门杆当作前的数值,只有俯仰角发生了改变。

由于 $X_\theta = \frac{g}{V_0}, X_{\delta_t} = -\frac{T_{\delta_t}}{mV_0}$,因此有

$$\Delta\theta(\infty) = \frac{T_{\delta_t}\Delta\delta_{t0}}{mg} = \frac{T_{\delta_t}\Delta\delta_{t0}}{G} \tag{6-35}$$

其中, $T_{\delta_t} > 0$,式(6-35)说明对正的油门杆偏转,俯仰角增加,反之则减少。考虑到 $\Delta\gamma(t) = \Delta\theta(t) - \Delta\alpha(t)$,则 $\Delta\gamma(\infty) = \Delta\theta(\infty) - \Delta\alpha(\infty) = \Delta\theta(\infty)$, $\Delta\gamma(\infty) = \frac{T_{\delta_t}}{G}\Delta\delta_{t0}$,即飞机的航迹角也出现了增量变化。

为什么油门杆动作后,飞机的速度和迎角没有改变呢?显然这种现象与直观判断也是相悖的,现在就来分析这个现象。

在飞机运动过程,增加推力,速度首先增加,速度增加很快引起动压增加(动压与速度成二次方关系),升力和阻力增加。升力增加使得飞行轨迹上弯,阻力增加使得飞行速度有减少。在航迹增加达到一定正值后,重力沿速度方向的分量也使飞行速度减少。

如果减少推力,则飞行速度首先减少,速度减少很快引起动压减少,升力和阻力减少。升力减少使得飞行轨迹下弯,阻力减少使得飞行速度有增加。在航迹增加达到一定负值后,重力沿速度方向的分量也使飞行速度增加。

长周期运动结束后,航迹角 $\Delta\gamma$ 达到稳态值 $\Delta\gamma(\infty)$,重力沿速度方向的增量分量为

$$\Delta G_X = -G\sin\Delta\gamma(\infty) \approx -G\Delta\gamma(\infty) = -G\frac{T_{\delta_t}}{G}\Delta\delta_{t0} = -T_{\delta_t}\Delta\delta_{t0}$$

推力沿速度方向的增量为 $\Delta T = T_{\delta_t}\Delta\delta_{t0}$,显然 $\Delta G_X + \Delta T = 0$ 。

这说明,长周期运动结束后,推力增量被飞机的重力分量完全抵消,速度只能回原值。由于没有升降舵偏角,纵向稳定力矩使得迎角恢复到初始状态。

结论:在没有操纵升降舵的情况下,单纯改变发动机油门杆的结果只能使飞机出现爬升或下滑,从直线平飞改到直线爬升或直线下滑飞行,并不能改变飞行速度。

为了改变飞行速度,而不是使飞机爬升或下滑,必须配合油门杆的操纵进行升降舵控制,以改变迎角。如要增加飞行速度,在前推油门杆的同时,要逐渐推驾驶杆,使升降舵下偏,减少迎角,保持 $L = G$ 的条件,这样才能达到加速平飞的目的。

因此,决定飞行速度(ΔV)终值的因素是升降舵偏角($\Delta\delta_e$),而不仅仅是发动机的油门杆($\Delta\delta_t$),需要同时协调操纵。

为了说明这个问题,仍然根据长周期运动方程来进行研究,但是这里只分析稳态情况。前面已知,当 $\Delta\delta_t \neq 0$ 而 $\Delta\delta_e = 0$ 时, $\Delta\overline{V}(\infty) = 0$ 。对 $\Delta\delta_e \neq 0$, $\Delta\delta_t \neq 0$ 的情况,只要考虑 $\Delta\delta_e \neq 0$, $\Delta\delta_t \neq 0$ 就可以了。根据长周期运动方程,改变 $\Delta\delta_e$ 时稳态解满足关系(导数项为零)。所以有

$$X_V\Delta\overline{V} + X_\alpha\Delta\alpha + X_\theta\Delta\theta = 0$$
$$Z_V\Delta\overline{V} + Z_\alpha\Delta\alpha = 0$$
$$M_V\Delta\overline{V} + M_\alpha\Delta\alpha = -M_{\delta_e}\Delta\delta_e$$

求解上述方程组得到

$$\Delta\overline{V}(\infty) = \frac{M_{\delta_e}}{M_\alpha}\frac{Z_\alpha}{\left(Z_V - Z_\alpha\frac{M_V}{M_\alpha}\right)}\Delta\delta_{e0} \tag{6-36}$$

$$\Delta\alpha(\infty)=-\frac{M_{\delta_e}}{M_\alpha}\frac{Z_V}{\left(Z_V-Z_\alpha\frac{M_V}{M_\alpha}\right)}\Delta\delta_{e0} \tag{6-37}$$

$$\Delta\theta(\infty)=-\frac{M_{\delta_e}}{M_\alpha}\frac{X_VZ_V-X_\alpha Z_V}{\left(Z_V-Z_\alpha\frac{M_V}{M_\alpha}\right)}\Delta\delta_{e0} \tag{6-38}$$

可以看到，进行升降舵操纵可以同时改变飞机的速度、迎角和俯仰角。油门杆的作用体现在俯仰角的控制中。

综上所述，关于飞机操纵问题，可以得到以下基本概念：

(1)单纯改变油门杆偏角，只能在过渡过程中改变飞行速度，稳态时速度和迎角都不会改变，飞机出现直线爬升或直线下滑运动。

(2)如果加大推力的目的在于进行爬升而不是增速，则在加大油门的同时最好进行拉杆操作(升降舵上偏以增加迎角)，使得飞行航迹的变化速度加快，到达规定的上升航迹倾斜角后再推驾驶杆，使升降舵归位。若不进行驾驶杆操作，虽然飞机最终会到达爬升状态，调节时间一般太长。

(3)若要保持水平加速飞行，必须在加大油门的同时进行推杆操作，减少迎角，使得升力等于飞机的重力。

6.8.3　正常操纵与反操纵

长周期模态稳定是进行协调飞行操纵的基础。如果长周期模态不稳定，则会带来操纵方面的问题。

前面在研究静稳定性时曾经讨论了定速静稳定和定载静稳定问题。满足定速静稳定的基本条件是维持速度不变。在速度变化情况下，必需满足定载静稳定性。如果定载不稳定，则飞行操纵就会变的十分不协调且困难。

例如，对定载稳定的飞机，推油门杆、拉驾驶杆操纵飞机就可以达到飞机增速和爬升的目的，属于正常操纵。对定载静不稳定的飞机，如果想要飞机增速，则在加大油门使飞机增速后，飞机的俯仰角不是增大，而是减少，即有自动低头的趋势，从而使得航迹角减少，重力分量与推力一起作用使得飞机速度快速增加。此时，如果驾驶员按正常操纵方式推杆，使得飞机的迎角减少，飞机增速再次加快，从而导致飞机进入俯冲状态。

为了不使飞机进行俯冲状态，飞行员的操纵必须反过来，即推油门杆同时进行拉杆操作以保持 $L=G$。但是，如果拉杆太多，飞机将减速过快，就会进入大过载状态($\mathrm{d}n_z/\mathrm{d}t$ 大，n_z 快速增加)，有可能引起飞机结构突然受到大载荷作用后损伤。由定载静不稳定引起的飞行操纵因为与正常操纵相反，称为反操纵。

反操纵问题主要出现在跨声速段，如图 6-16 所示，因为在此飞行速度段，马赫数对定载稳定性的影响加大，可能出现定载不稳定的情况，该过程简述如下。

对于一架静稳定的飞机，焦点在重心的后面，所以亚声速时升降舵配平舵面为负值，后缘上偏，产生抬头力矩，抵消升力产生的低头力矩，如图 6-16 中 A 点的舵面所示。

AB 段，当速度增加时，动压增大，升力增大，产生低头力矩，为了使飞机保持平飞，则需前推杆，减小迎角，平尾由负偏度逐渐到 0。在这个过程中，飞机为推杆加速平飞，为正常操纵。

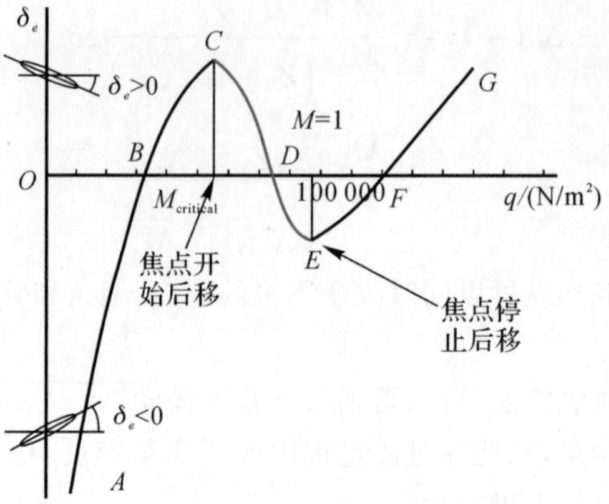

图 6-16　超声速飞机升降舵偏转过程

BC 段，速度继续增大，为了使飞机保持平飞，平尾要继续减小，迎角也继续减小，此时平尾为正偏，为了平衡零升力矩，飞机为推杆加速平飞，为正常操纵。

CDE 段，此时速度继续增加，为了保持平飞，应继续减小迎角，但由于焦点后移较大，由此产生的低头力矩更大，而由迎角减小而减小的低头力矩和零升力矩不足以弥补焦点后移所增大的低头力矩，定载静稳定导数 $\left(\dfrac{\mathrm{d}C_m}{\mathrm{d}\alpha}\right)_{n_z=1}>0$，此时飞机会出现自动俯冲的趋势，所以需要减小平尾的正偏度，并逐渐减小到 0。此时飞机为拉杆加速平飞，为反操纵，直到焦点不再后移为止，平尾最终又变成负偏度。

EG 段，超声速飞行，升力系数随马赫数减小，所以迎角产生的俯仰力矩系数减小，飞机又出现抬头的趋势，因此需减小平尾偏度，飞机推杆平飞，正常操纵。

为解决反操纵问题，必须在控制系统中使用马赫配平系统使得飞机的操纵始终按正常方式进行。

6.8.4　飞机纵向操纵时的速度控制和动力补偿

飞机在低速低动压飞行时，有可能出现速度不稳定，即 $(X_\alpha+X_\theta)\dfrac{Z_V}{Z_\alpha}\Delta\overline{V}$ 正反馈环节起主导作用，需要利用空速或马赫数控制系统保证飞机在低动压时的速度，稳定性。此外，飞机在跨声速飞行时，气动焦点随马赫数增大后移，使飞机产生低头俯冲的趋势，也会导致速度不稳定。也需要利用空速或马赫数控制系统保证飞机的速度稳定性。

另外，空速和马赫数控制是航迹控制的必要前提，若在航迹变化过程中，速度不受控，则航迹控制无从谈起。所以，在飞机纵向操纵时，升降舵和油门必须配合使用。在升降舵操纵的同时，必须进行通过空速控制系统提供动力补偿，以提高航迹控制的精度。

由飞机切向力方程 $\Delta\dot{\overline{V}}+X_V\Delta\overline{V}+X_\alpha\Delta\alpha+X_\theta\Delta\theta=-X_{\delta_t}\Delta\delta_t$，可以看出，通过改变俯仰角、油门和迎角都可改变速度。

1. 通过调整升降舵改变俯仰角以控制速度

由式(6-18)可以看出，速度增量和升降舵偏度有关，可以通过调整升降舵控制速度，其基本原理如图 6-17 所示，通过空速传感器测量出飞机空速，然后和期望的空速指令相比较，通过俯仰控制系统生成升降舵控制指令，控制飞机的俯仰姿态，通过改变俯仰角改变飞机的航迹倾斜角，进而改变重力在飞机速度方向的分量 $mg\sin\gamma$ ，从而引起切向加速度的变化，进而控制速度。所以这种控制速度的方案必然伴随着高度的变化，通常用于自动飞行控制系统中高度层改变(LVL CHG)模态的速度控制。此外，由于油门不动，只通过升降舵调整速度，速度调节范围也有限。

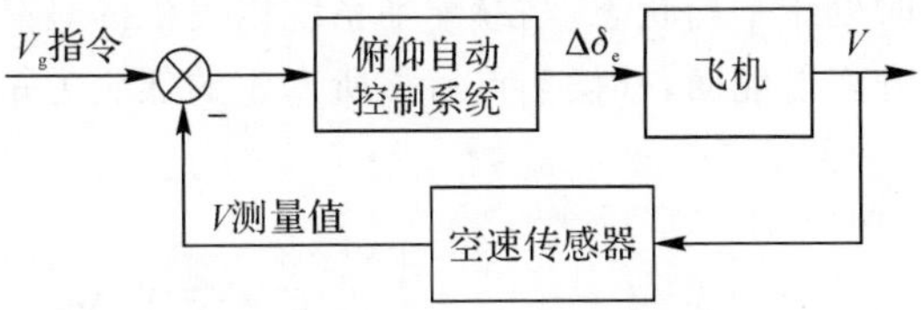

图 6-17　调整升降舵控制速度

2. 通过自动油门和俯仰控制系统的交联控制速度

飞机俯仰姿态控制和自动油门控制是分不开，没有自动油门的控制系统难以实现较好的俯仰姿态控制，同样，没有俯仰姿态控制，具有空速和迎角保持功能的自动油门控制也不能实现。所以，实际中通常采用自动油门和俯仰控制系统交联的方式控制速度。

采用自动油门和俯仰控制系统交联的方式是最常见的速度控制方式，其工作原理如图 6-18 所示，图中 ΔV_g 是期望的速度增量，$\Delta\theta_c$ 是根据飞机姿态、速度变化等信息综合计算得到的俯仰指令，油门 $\Delta\delta_t$ 是 ΔV_g 和实际速度增量 ΔV 差 $e_V = \Delta V_g - \Delta V$ 的函数，e_V 的微分、积分和比例信号构成 PID 控制器，进而生成油门指令 $\Delta\delta_t$ ，控制发动机的推力大小，和俯仰姿态控制系统一起实现速度控制。

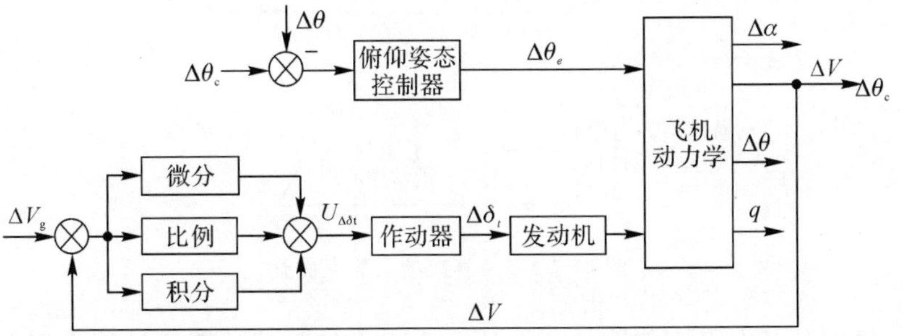

图 6-18　通过自动油门和俯仰控制系统交联方式控制速度

3. 迎角恒定动力补偿系统

由式(6-36)和式(6-37)可以得到 $\dfrac{\Delta\overline{V}(\infty)}{\Delta\alpha(\infty)} = -\dfrac{Z_\alpha}{Z_V}$ ，由此可见速度增量和迎角增量有对应关系，所以保持迎角恒定，也能保持速度恒定。迎角恒定动力补偿的基本思想是：由迎角的变化量调节发动机推力，使飞机在姿态控制时始终保持设计的基准迎角 α_0 ；由于迎角变化可以直接反映升力的变化，所以迎角恒定动力补偿系统可以加快 $\Delta\gamma$ 对 $\Delta\theta$ 的响应过程(见图 6-19)。将 $\Delta\delta_e$ 引到油门控制通道是为了让油门控制对舵面偏转引起的迎角变化作出反应，因为舵面偏转会使飞机姿态发生变化，但舵面的作用也导致速度和迎角的偏离，为抑制舵面对飞行速度与迎角的影响，可以将舵面信息引入油门通道。

6.8.5　克服反操纵的措施——马赫配平

当飞机速度进入跨声速飞行时，机翼上将出现局部超声速区，超声速区将随着马赫数的增加而向后扩散，造成焦点后移，从而产生低头力矩，如图 6-20 所示。为了使飞机在高速飞行时处于平衡状态，马赫配平系统以飞机的马赫数为函数做自动调整水平安定面安装角或转动升降舵舵面，补偿焦点后移所产生的低头力矩，自动平衡纵向力矩。

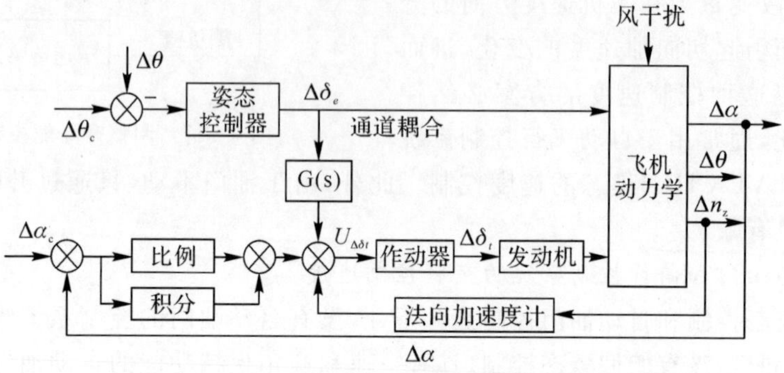

图 6-19　采用迎角恒定动力补偿的方式控制速度

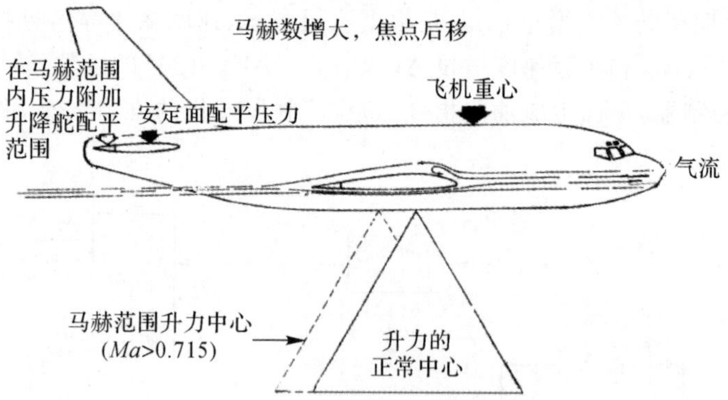

图 6-20　马赫数增大焦点后移

马赫配平系统的基本组成如图 6-21 所示。由大气数据计算机计算出当前飞机的马赫数，然后马赫配平耦合器根据马赫数计算出作动伺服系统的位置指令信号，该信号驱动马赫配平舵机驱动马赫配平作动面(水平安定面或转动升降舵舵面)偏转，产生使飞机抬头的信号，实现飞机的平衡。马赫配平功能无论自动驾驶仪是否接通都会起作用。飞机襟翼收起后，若飞行速度大于一定的马赫数(波音 737 飞机为 0.615，波音 757 飞机为 0.75)时，马赫配平系统自动进入工作。当飞机位于地面和飞机起飞后襟翼未收起，或襟翼收起后，马赫数较小时，马赫配平系统不工作。

马赫配平系统中，配平作动面的偏角是马赫数的函数，表 6-3 给出了某型飞机马赫数和配平作动面的偏角的对应关系。

表 6-3　某型飞机马赫数和配平作动面偏角的对应关系

马赫数	0.79	0.8	0.82	0.85	0.88	0.90	0.92
配平作动面的偏角/(°)	0	0	0.08	0.4±0.12	0.8±0.25	1.08±0.25	1.36±0.25

由表 6-3 可以看出，马赫配平系统使马赫配平作动面(水平安定面或转动升降舵舵面)偏

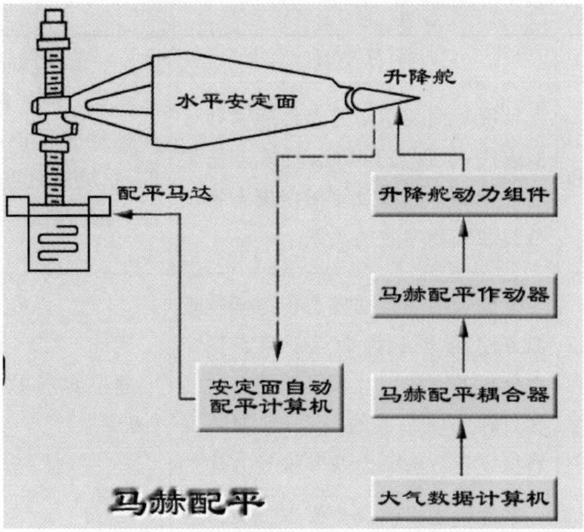

图 6-21　马赫配平系统的基本构成

度按照马赫数的值进行调节。

6.9　本章小结

本章的目的在于通过求解飞机纵向运动的传递函数和对典型模态传递函数的分析，建立起飞机纵向运动特征参数（阻尼比、自然频率）和气动导数数及高度、速度等运动参数间的关系；分析在操纵量输入情况下，飞机纵向运动响应情况，为后面飞行控制律的分析和设计提供依据。本章的主要知识点和学习要求见表 6-4。

表 6-4　本章知识点及学习要求

序 号	学习内容	学习要求	重要概念、公式、图表和论述
1	纵向运动典型模态（★★★）	了解飞机纵向扰动解的求解过程，掌握飞机纵向运动典型模态：短周期模态和长周期模态的运动特点及纵向变量和典型模态的关系	短周期模态（★★★）、长周期模态（★★★）、图 6-2（★★）； 迎角增量 $\Delta\alpha$ 和俯仰角速率 q 是短周期变量；而速度增量 $\Delta V(t)$ 长周期变量
2	纵向运动典型模态的物理成因（★★）	了解短周期模态和长周期模态物理成因的分析过程	短周期模态是一个力矩平衡的过程（★★）；长周期运动是个切向力平衡的过程（★★）；图 6-3（★★）
3	纵向运动的传递函数及频率特性（★）	了解纵向运动传递函数的求解过程；了解纵向运动传递函数的基本形式	式(6-2)～式(6-7)（★）；长周期运动和短周期运动的主要特性都可以用欠阻尼二阶环节来近似（★★）

续表

序号	学习内容	学习要求	重要概念、公式、图表和论述
4	短周期运动模态的近似传递函数和稳定条件(★★)	掌握短周期运动模态传递函数近似方法,掌握短周期运动模态稳定性分析的方法以及短周期模态特征参数和气动参数的关系	式(6-8)(★★)、式(6-13)(★★)、静稳定的飞机,短周期运动一定是稳定的,系统对迎角干扰的稳定不但能够保证,也能够维持,并且是渐进稳定的(★★)
5	长周期运动模态的近似传递函数和稳定条件(★★)	掌握长周期运动模态传递函数近似方法,掌握长周期运动模态稳定性分析的方法以及长周期模态特征参数和气动参数的关系;掌握速度静稳定导数的概念及其推导方法	式(6-21)(★★)、定载静稳定条件,速度静稳定导数(握杆定载静稳定导数)(★★)
6	飞行条件和气动导数对纵向典型模态特征参数的影响(★★)	掌握影响纵向典型模态特征参数的条件;了解速度、高度、飞机气动导数对短周期和长周期的阻尼比、自然频率的影响	式(6-27)~式(6-30)(★);表6-1、表6-2(★★)
7	油门杆偏转的纵向动力学响应(★★)	了解纵向状态变量对油门杆传递函数的求解方法;掌握分析油门杆阶跃输入时俯仰角和速度的稳态响应分析过程;掌握正常操纵和反操纵的概念	在没有操纵升降舵的情况下,单纯改变发动机油门杆的结果只能使飞机出现爬升或下滑,从直线平飞改到直线爬升或直线下滑飞行,并不能改变飞行速度(★★)。正常操纵(★★)、反操纵(★★)、马赫数配平(★)

思考题

1. 什么是短周期模态?哪些变量的运动呈现短周期模态特点?
2. 什么是长周期模态?哪些变量的运动呈现长周期模态特点?
3. 简述短周期模态的物理成因。
4. 简述长周期模态的物理成因。
5. 简述短周期模态传递函数的近似方法。
6. 简述长周期模态传递函数的近似方法。
7. 短周期模态特征参数和哪些因素有关?这些因素如何影响短周期模态特征参数?
8. 长周期模态特征参数和哪些因素有关?这些因素如何影响长周期模态特征参数?
9. 短周期模态稳定的条件是什么?
10. 长周期模态稳定的条件是什么?
11. 什么是速度静稳定导数?请给出其推导过程并简述其含义。
12. 为什么只改变油门输入,不动舵面,飞机的速度不能增加?请给出分析过程。
13. 什么是正常操纵?
14. 什么是反操纵?
15. 马赫数配平的原理是什么?

第 7 章　飞机横侧向运动分析

7.1 引　　言

本章介绍飞机横侧向运动的传递函数，典型模态飞机横侧向运动包括滚转、偏航和侧向偏移三个自由度的运动，横侧向操纵量有副翼和方向舵两个输入量。本章先通过一个实例来揭示飞机横侧向运动的典型模态，再针对各典型模态的运动规律和物理成因进行分析，然后再分析横侧向各典型模态的特征参数和飞机运动参数及气动导数之间的关系。

7.2 横侧向运动的典型模态

7.2.1 横侧向运动方程的矩阵形式及拉普拉斯变换

从式(5-70)可知，飞机横侧向运动方程为

$$\left.\begin{aligned}
&\frac{\mathrm{d}\beta}{\mathrm{d}t}+Y_\beta\beta+r+Y_\phi\phi=-Y_{\delta_r}\delta_r\\
&\frac{\mathrm{d}p}{\mathrm{d}t}+i_r\frac{dr}{dt}+L_\beta\beta+L_p p+L_r r=-L_{\delta_a}\delta_a-L_{\delta_r}\delta_r\\
&\frac{\mathrm{d}r}{\mathrm{d}t}+i_p\frac{dp}{dt}+N_\beta\beta+N_p p+N_r r=-N_{\delta_a}\delta_a-N_{\delta_r}\delta_r\\
&\frac{\mathrm{d}\phi}{\mathrm{d}t}=p
\end{aligned}\right\}\tag{7-1}$$

对横侧运动方程取拉普拉斯变换，得到

$$\left.\begin{aligned}
&(s+Y_\beta)\beta(s)+r(s)+Y_\phi\phi(s)=-Y_{\delta_r}\delta_r(s)\\
&L_\beta\beta(s)+(s+L_p)p(s)+(i_r s+L_r)r(s)=-L_{\delta_a}\delta_a(s)-L_{\delta_r}\delta_r(s)\\
&N_\beta\beta(s)+(i_p s+N_p)p(s)+(s+N_r)r(s)=-N_{\delta_a}\delta_a(s)-N_{\delta_r}\delta_r(s)\\
&-p(s)+s\phi(s)=0
\end{aligned}\right\}\tag{7-2}$$

气动大导数计算公式见表 5-2。考虑到式(7-2)第四式属于代数关系描述，由其得到

$$s\phi(s)=p(s)$$

代入式(7-2)第三式后横侧向运动方程化为三阶，即

$$(s+Y_\beta)\beta(s)+Y_\phi\phi(s)+r(s)=-Y_{\delta_r}\delta_r(s)$$

$$L_\beta\beta(s)+(s^2+L_p s)\phi(s)+(i_r s+L_r)r(s)=-L_{\delta_a}\delta_a(s)-L_{\delta_r}\delta_r(s)$$

$$N_\beta\beta(s)+(i_p s^2+N_p s)\phi(s)+(s+N_r)r(s)=-N_{\delta_a}\delta_a(s)-N_{\delta_r}\delta_r(s)$$

写成矩阵形式：

$$\begin{bmatrix}(s+Y_\beta) & Y_\phi & 1\\ L_\beta & s^2+L_p s & i_r s+L_r\\ N_\beta & i_p s^2+N_p s & s+N_r\end{bmatrix}\begin{bmatrix}\beta(s)\\ \phi(s)\\ r(s)\end{bmatrix}=\begin{bmatrix}0\\ -L_{\delta_a}\\ -N_{\delta_a}\end{bmatrix}\delta_a(s)+\begin{bmatrix}-Y_{\delta_r}\\ -L_{\delta_r}\\ -N_{\delta_r}\end{bmatrix}\delta_r(s)$$

系统的特征多项式满足：

$$\Delta_0(s)=(s+Y_\beta)\begin{vmatrix}s^2+L_p s & i_r s+L_r\\ i_p s^2+N_p s & s+N_r\end{vmatrix}-Y_\phi\begin{vmatrix}L_\beta & i_r s+L_r\\ N_\beta & s+N_r\end{vmatrix}+\begin{vmatrix}L_\beta & s^2+L_p s\\ N_\beta & i_p s^2+N_p s\end{vmatrix}$$

最后得到特征多项式

$$\Delta_0(s)=a_4 s^4+a_3 s^3+a_2 s^2+a_1 s+a_0 \tag{7-3}$$

式(7-3)中系数为

$$\begin{cases}a_4=(1-i_r i_p)\\ a_3=(L_p+N_r-i_r N_p-i_p L_r)+(1-i_r i_p)Y_\beta\\ a_2=(L_p N_r-L_r N_p)+Y_\beta(N_r+L_p-i_r N_p-i_p L_p)+(i_p L_\beta-N_\beta)\\ a_1=(L_\beta N_p-L_p N_\beta)-Y_\phi(L_\beta-i_r N_\beta)+(L_p N_r-L_r N_p)Y_\beta\\ a_0=-Y_\phi(L_\beta N_r-L_r N_\beta)\end{cases}$$

传递函数解满足：

$$\frac{\beta(s)}{\delta_a(s)}=\frac{N_{\beta a}(s)}{\Delta_0(s)},\quad \frac{\phi(s)}{\delta_a(s)}=\frac{N_{\phi a}(s)}{\Delta_0(s)},\quad \frac{r(s)}{\delta_a(s)}=\frac{N_{ra}(s)}{\Delta_0(s)}$$

$$\frac{\beta(s)}{\delta_r(s)}=\frac{N_{\beta r}(s)}{\Delta_0(s)},\quad \frac{\phi(s)}{\delta_r(s)}=\frac{N_{\phi r}(s)}{\Delta_0(s)},\quad \frac{r(s)}{\delta_r(s)}=\frac{N_{rr}(s)}{\Delta_0(s)}$$

其中分子多项式

$$N_{\beta a}(s)=\begin{vmatrix}0 & Y_\phi & 1\\ -L_{\delta_a} & s^2+L_p s & i_r s+L_r\\ -N_{\delta_a} & i_p s^2+N_p s & s+N_r\end{vmatrix}$$

$$N_{\phi a}(s)=\begin{vmatrix}(s+Y_\beta) & 0 & 1\\ L_\beta & -L_{\delta_a} & i_r s+L_r\\ N_\beta & -N_{\delta_a} & s+N_r\end{vmatrix}$$

$$N_{ra}(s)=\begin{vmatrix}(s+Y_\beta) & Y_\phi & 0\\ L_\beta & s^2+L_p s & -L_{\delta_a}\\ N_\beta & i_p s^2+N_p s & -N_{\delta_a}\end{vmatrix}$$

$$N_{\beta r}(s)=\begin{vmatrix}-Y_{\delta_r} & Y_\phi & 0\\ -L_{\delta_r} & s^2+L_p s & i_r s+L_r\\ -N_{\delta_r} & i_p s^2+N_p s & s+N_r\end{vmatrix}$$

$$N_{\phi r}(s)=\begin{vmatrix}(s+Y_\beta) & -Y_{\delta_r} & 1\\ L_\beta & -L_{\delta_r} & i_r s+L_r\\ N_\beta & -N_{\delta_r} & s+N_r\end{vmatrix}$$

$$N_{rr}(s)=\begin{vmatrix}(s+Y_\beta) & Y_\phi & -Y_{\delta_r}\\ L_\beta & s^2+L_ps & -L_{\delta_r}\\ N_\beta & i_ps^2+N_ps & -N_{\delta_r}\end{vmatrix}$$

分子多项式满足：

$$\begin{aligned}N_{\beta a}(s)=&(N_{\delta_a}-i_pL_{\delta_a})s^2\\&+[L_{\delta_a}(Y_\phi-N_p)+N_{\delta_a}(L_p-i_rY_\phi)]s+Y_\phi(L_{\delta_a}N_r-N_{\delta_a}L_r)\end{aligned}$$

$$\begin{aligned}N_{\phi a}(s)=&(i_rN_{\delta_a}-L_{\delta_a})s^2+[Y_\beta(i_rN_{\delta_a}-L_{\delta_a})+N_{\delta_a}L_r-L_{\delta_a}N_r]s\\&+Y_\beta(N_{\delta_a}L_r-L_{\delta_a}N_r)+N_\beta L_{\delta_a}-L_\beta N_{\delta_a}\end{aligned}$$

$$\begin{aligned}N_{ra}(s)=&(i_pL_{\delta_a}-N_{\delta_a})s^3+[N_pL_{\delta_a}-L_pN_{\delta_a}+Y_\beta(i_pL_{\delta_a}-N_{\delta_a})]s^2\\&+Y_\beta(N_pL_{\delta_a}-L_pN_{\delta_a})s+Y_\phi(L_\beta N_{\delta_a}-N_\beta L_{\delta_a})\end{aligned}$$

$$\begin{aligned}N_{\beta r}(s)=&-Y_{\delta_r}(1-i_r)s^3-[Y_{\delta_r}(N_r+L_p-i_rN_p-i_pL_p)+i_pL_{\delta_r}-N_{\delta_r}]s^2\\&-[Y_{\delta_r}(L_pN_r-L_rN_p)-Y_\phi(L_{\delta_r}-i_rN_{\delta_r})-(N_{\delta_r}L_p-L_{\delta_r}N_p)]s\\&-Y_\phi(N_{\delta_r}L_r-N_rL_{\delta_r})\end{aligned}$$

$$\begin{aligned}N_{\phi r}(s)=&(i_rN_{\delta_r}-L_{\delta_r})s^2\\&-[N_{\delta_r}L_r-L_{\delta_r}N_r-Y_\beta(i_rN_{\delta_r}-L_{\delta_r})+Y_{\delta_r}(L_\beta-i_rN_\beta)]s\\&-Y_\beta(N_{\delta_r}L_r-L_{\delta_r}N_r)+L_\beta(Y_{\delta_r}N_r-N_{\delta_r})+N_\beta(L_{\delta_r}-Y_{\delta_r}L_r)\end{aligned}$$

$$\begin{aligned}N_{rr}(s)=&(i_pL_{\delta_r}-N_{\delta_r}L_p)s^3\\&+[L_{\delta_r}N_p-N_{\delta_r}L_p+Y_\beta(i_pL_{\delta_r}-N_{\delta_r})+Y_{\delta_r}(N_\beta-i_pL_\beta)]s^2\\&+Y_\phi(L_\beta N_{\delta_r}-N_\beta L_{\delta_r})\end{aligned}$$

对于横侧向运动，根据特征多项式的结构，横侧向运动稳定的条件为

$$a_4>0,\quad a_3>0,\quad a_2>0,\quad a_1>0,\quad a_0>0$$

由于 $Y_\phi=-g/V_0<0$，根据 $a_0>0$ 的条件，必须有

$$L_\beta N_r-L_rN_\beta>0$$

按照表 7-1 所给出的大导数计算式，写成气动导数的形式，即

$$C_{l_\beta}C_{n_r}-C_{l_r}C_{n_\beta}>0 \tag{7-4}$$

由于系统横滚静稳定时 $C_{l_\beta}<0$，航向静稳定时 $C_{n_\beta}>0$。而 C_{n_r} 为偏航阻尼力矩系数，因此 $C_{n_r}=(\partial C_n/\partial\bar{r})<0$。$C_{l_r}$ 为横滚动态交叉力矩系数 $C_{l_r}=(\partial C_l/\partial\bar{r})>0$。因此 $C_{l_\beta}C_{n_r}>0$，$C_{l_r}C_{n_\beta}>0$，这样有

$$C_{l_\beta}C_{n_r}>C_{l_r}C_{n_\beta} \tag{7-5}$$

它说明，对航向静稳定性很大的飞机（$C_{n_\beta}>0$ 值较大），由于滚动动态交叉力矩的存在（由 C_{l_r} 代表，不可能消除），滚转静稳定性导数也应比较大，否则系统会出现不稳定的模态。即飞机虽然是滚动和航向静稳定的，但是，交叉耦合作用会导致飞机运动出现不稳定性，这是横侧向运动有别于纵向运动的显著特点。

另外，也可以将特征多项式表达为

$$\Delta_0(s)=b_0s^4+b_1s^3+b_2s^2+b_3s+1 \tag{7-6}$$

系数满足：

$$b_0 = \frac{(1-i_r i_p)}{Y_\phi(L_r N_\beta - L_\beta N_r)}$$

$$b_1 = \frac{(L_p + N_r - i_r N_p - i_p L_r) + (1-i_r i_p)Y_\beta}{Y_\phi(L_r N_\beta - L_\beta N_r)}$$

$$b_2 = \frac{(L_p N_r - L_r N_p) + Y_\beta(N_r + L_p - i_r N_p - i_p L_p) + (i_p L_\beta - N_\beta)}{Y_\phi(L_r N_\beta - L_\beta N_r)}$$

$$b_3 = \frac{(L_\beta N_p - L_p N_\beta) + Y_\phi(L_\beta - i_r N_\beta) + (L_p N_r - L_r N_p)Y_\beta}{Y_\phi(L_r N_\beta - L_\beta N_r)}$$

7.2.2 飞机横侧运动典型示例

现在通过一个实际例子来看横侧扰动运动的特性。某型飞机以马赫数为0.9，高度 $h=11\ 000\text{m}$ 做定常平飞，在稳定轴系的参数为

$G=9\ 000\text{kg}, S_w=27.95\text{m}^2, b=0.7\text{m}, I_x=1\ 010\text{kg}\cdot\text{m}\cdot\text{s}, I_z=7\ 975\text{kg}\cdot\text{m}\cdot\text{s}$

$I_{xz}=0, V_0=266\text{m/s}, \rho=0.037\ 1\text{kg}\cdot\text{s}^2/\text{m}^4, C_{Y_\beta}=-0.681\ 1/\text{rad}, C_{n_\beta}=-0.085\ 21/\text{rad}$

$C_{l_\beta}=-0.032\ 21/\text{rad}, C_{n_r}=-0.158\ 51/\text{rad}$

$C_{l_\beta}=-0.352\ 1/\text{rad}, C_{l_r}=-0.086\ 61/\text{rad}, C_{n_\beta}=-0.031\ 1/\text{rad}$

气动大导数计算结果如下

$Y_\beta=0.102\ 4,\quad Y_\phi=-0.036\ 9,\quad L_\beta=11.344\ 7,\quad N_\beta=-3.801\ 6$

$L_p=2.261\ 2,\quad N_p=-0.024\ 4,\quad L_r=-0.556\ 3,\quad N_r=0.128\ 9$

设初始扰动为侧滑角，即 $\beta(0)=\beta_0\neq 0$，其余变量的初始值为零，无操纵作用，这样 $\phi_0=p_0=r_0=\delta_r(0)=\delta_a(0)=0$。将系数代入横侧运动方程得

$$\begin{bmatrix} s+0.1024 & 0 & 1 & -0.0369 \\ 11.344\ 7 & s+2.261\ 2 & -0.556\ 3 & 0 \\ -3.801\ 6 & -0.024\ 4 & s+0.128\ 9 & 0 \\ 0 & -1 & 0 & s \end{bmatrix}\begin{bmatrix}\beta(s)\\ p(s)\\ r(s)\\ \phi(s)\end{bmatrix}=\begin{bmatrix}\beta_0\\0\\0\\0\end{bmatrix}$$

特征多项式为

$$\Delta_0(s)=s^4+2.492\ 5s^3+4.324\ 212s^2+8.766\ 443\ 114s-0.024\ 077\ 185$$

进行因式分解得

$$\Delta_0(s)=(s^2+0.212\ 63s+3.845\ 73)(s+2.282\ 61)(s-0.002\ 742\ 9)$$

特征方程的根为

$$s_{1,2}=-0.106\ 315\pm 1.958\ 17\text{i}, s_3=-2.282\ 61, s_4=0.002\ 742\ 9$$

系统的响应满足：

$$\beta(s)=\beta_0\left[\frac{0.003\ 725}{s+2.282\ 61}+\frac{0.996\ 12s+0.118\ 06}{s^2+0.212\ 63s+3.845\ 73}+\frac{0.000\ 088\ 761}{s-0.002\ 742\ 9}\right]$$

$$p(s)=\beta_0\left[\frac{3.093\ 8}{s+2.282\ 61}+\frac{-3.098\ 34s-4.940\ 6}{s^2+0.212\ 63s+3.845\ 73}+\frac{0.000\ 193\ 89}{s-0.002\ 742\ 9}\right]$$

$$r(s)=\beta_0\left[\frac{-1.980\ 8}{s+2.282\ 61}+\frac{1.983\ 4s-0.297\ 99}{s^2+0.212\ 63s+3.845\ 73}+\frac{-0.002\ 592\ 7}{s-0.002\ 742\ 9}\right]$$

$$\phi(s)=\beta_0\left[\frac{-1.355\ 4}{s+2.282\ 61}+\frac{1.284\ 7s-2.820\ 7}{s^2+0.212\ 63s+3.845\ 73}+\frac{0.070\ 69}{s-0.002\ 742\ 9}\right]$$

设 $\beta_0=1^\circ$，经拉普拉斯反变换得时间响应为

$$\begin{aligned}\beta(t)=&0.003\,792\mathrm{e}^{-2.282\,6t}+0.996\,14\mathrm{e}^{-0.106\,31t}\cos(112.195t-0.357)^\circ\\&+0.000\,088\,761\mathrm{e}^{0.002\,742\,9t}\end{aligned} \tag{7-7}$$

$$\begin{aligned}p(t)=&3.093\,8\mathrm{e}^{-2.282\,6t}+3.888\,4\mathrm{e}^{-0.106\,31t}\cos(112.195t+142.72)^\circ\\&+0.000\,193\,9\mathrm{e}^{0.002\,742\,9t}\end{aligned} \tag{7-8}$$

$$\begin{aligned}r(t)=&-1.980\,8\mathrm{e}^{-2.282\,6t}+2.003\mathrm{e}^{-0.106\,31t}\cos(112.195t+7.46)^\circ\\&-0.002\,592\,7\mathrm{e}^{0.002\,742\,9t}\end{aligned} \tag{7-9}$$

$$\begin{aligned}\phi(t)=&-1.355\,4\mathrm{e}^{-2.282\,6t}+1.982\,8\mathrm{e}^{-0.106\,31t}\cos(112.195t+49.61)^\circ\\&+0.070\,69\mathrm{e}^{0.002\,742\,9t}\end{aligned} \tag{7-10}$$

脉冲响应曲线如图 7－1 至图 7－6 所示。

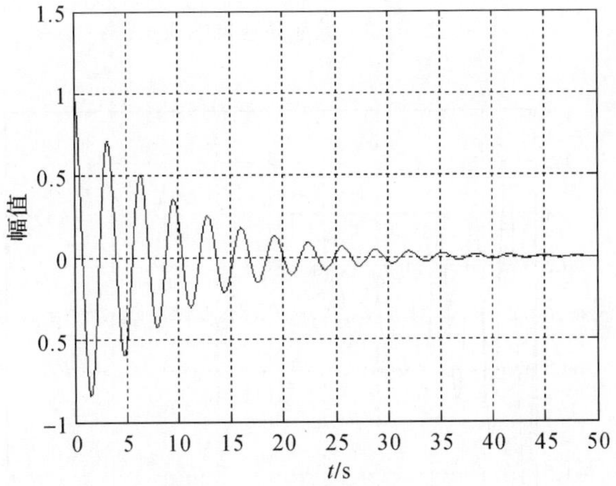

图 7－1　侧滑角脉冲响应

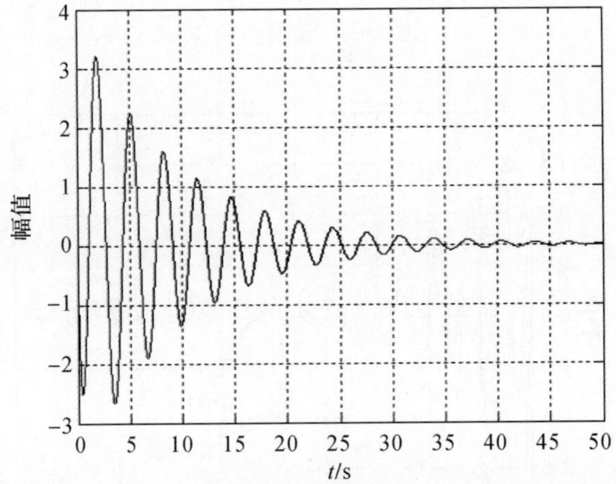

图 7－2　滚转角速度响应

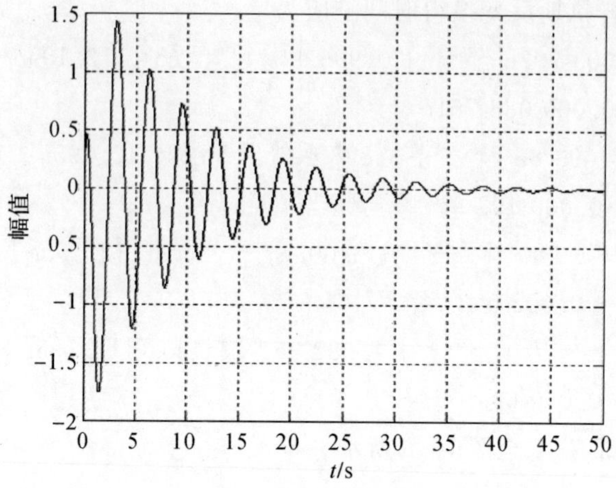

图 7-3 偏航角速度响应

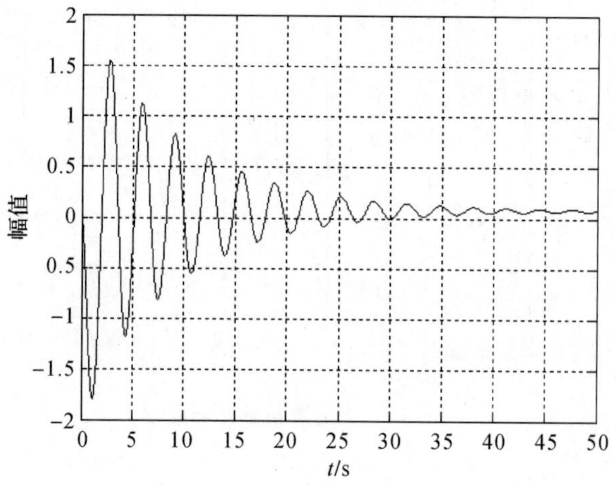

图 7-4 滚转角响应

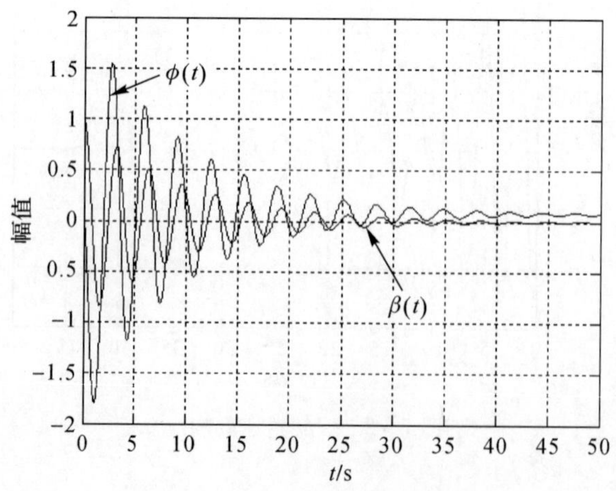

图 7-5 侧滑角 β 和滚转角 ϕ 比较

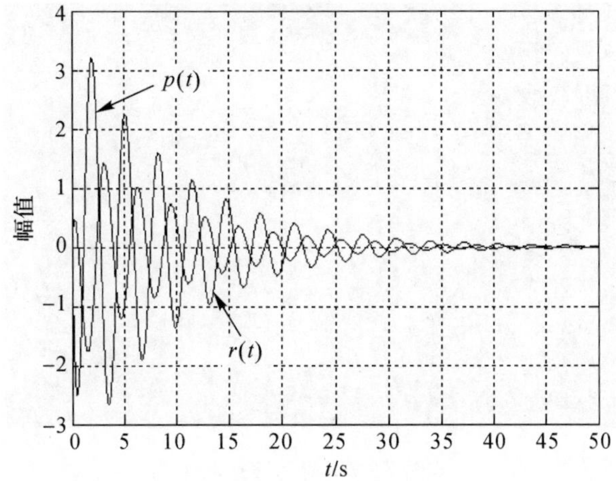

图7-6　滚转角速度 p 和偏航角速度 r 响应比较

7.2.3　飞机横侧运动的三种典型模态

从前面横侧扰动运动的解看出，横侧运动的基本模态有三个，分别是大指数衰减模态 $e^{-2.2826t}$、余弦振荡衰减模态 $e^{-0.10631t}\cos(112.195t)°$ 和小指数增长模态 $e^{0.0027429t}$。虽然存在正指数模态，但在50s内，各响应变量仍然处于振荡收敛特性，这说明，余弦衰减模态在各变量响应中占主要成分。

观察式(7-7)～式(7-10)中的各典型模态的系数发现，横侧运动中的大指数衰减模态表示有一种很大的阻尼力矩存在，从各变量的时间特性知道，它对滚转角速度的影响最大(大指数衰减模态在滚转角速度响应中的系数要大于该模态在其他变量响应中的系数)；余弦衰减模态对各变量的作用基本相同，但在侧滑角的响应中，余弦振荡衰减模态是主要成分(侧滑角时间响应函数中余弦振荡模态的系数要远大于其他两个模态的系数)；正指数模态主要对滚转角影响稍大(正指数模态在滚转角响应中的系数要远大于该模态在其他变量响应中的系数)。

1. 滚转阻尼模态

滚转阻尼模态用横侧向特征方程中的大指数衰减模态来表征，它表示飞机受到扰动后的滚转运动因机翼产生较大的气动阻尼力矩而很快结束。对于大展弦比机翼，滚转阻尼导数 $|C_{l_p}|$ 比较大，而转动惯量 I_x 比较小，因此，形成很大的反向滚转角加速度，使得滚转运动很快结束。

2. 荷兰滚(Dutch Roll)模态

飞机受到扰动后，滚转阻尼运动很快结束，余弦振荡模态的作用加强，表现为机头的左右摆动，机体的左右滚转振荡和侧滑角的交替变化，如图7-7所示。振荡模态在横侧运动变量中侧滑角响应的作用最大。

振荡模态的产生与纵向运动的短周期模态成因相仿。

纵向运动的短周期模态中俯仰静稳定性导数 C_{m_α} 是产生恢复力矩的直接因素，直接消除迎角偏差 $\Delta\alpha$。升力系数导数 C_{L_α} 和俯仰力矩系数导数 C_{m_q}、$C_{m_{\dot\alpha}}$ 起阻尼作用。在横侧振荡运动中，航向静稳定性导数 C_{n_β} ($C_{n_\beta}>0$)起恢复作用，直接消除侧滑角 β，侧向力矩导数 C_{Y_β} 和航向阻尼力导数 C_{n_r} 起阻尼作用。但是，由于 C_{Y_β} 和 C_{n_r} 较小，阻尼作用有限，因此横侧振荡模

图 7-7　荷兰滚运动

态的衰减较慢。在横侧运动中，由于侧滑角 β 处于振荡模式，滚动静稳定性导数 C_{l_β}（$C_{l_\beta}<0$）的作用，使得飞机出现左右滚动，即飞机一方面左右摆动，另一方面也左右滚动。

荷兰滚运动模态的物理过程如图 7-8 所示，简述如下：若某时刻飞机受到扰动后出现出现 $\phi>0$，由图 5-2 可知，飞机升力和重力的合力产生向右的侧向力，该侧力使得飞机航迹向右偏转，所以会产生正侧滑角 $\beta>0$，航向静稳定性导数 C_{n_β}（风标力矩）产生正的偏航力矩（$C_{n_\beta}\beta>0$ 机头向右），以消除正侧滑角；同时，横滚静稳定性导数 C_{l_β} 产生负的滚转力矩，使得飞机向左滚动（$C_{l_\beta}\beta<0$）。当正偏航力矩消除正侧滑角时，飞机因偏航力矩作用产生了一定的正偏航角速度（偏航角加速度与偏航力矩成正比）。由于惯性作用，在滚转角消除后不会维持在零位，而会出现超调，从而使得 $\phi<0$ 的情况发生。此时升力 L 向左倾斜，飞机升力和重力的合力产生向左的侧向力，飞机出现负侧滑角 $\beta<0$。上述过程又重复进行，但方向相反。飞机因这种飘摆运动产生的飞行轨迹在水平面呈现 S 形，加上机体的左右滚动，类似荷兰人的滑冰动作，故称为荷兰滚（Dutch Roll）。

出于地理的原因，荷兰水网密布，冬天到处是天然的滑冰场，所以速度滑冰在荷兰有悠久的历史，早在 800 年前的 13 世纪，在荷兰就出现了速度滑冰运动，所以说荷兰是滑冰运动的发源地。速度滑冰在荷兰具有广泛的群众基础，所以荷兰人对速度滑冰的统治力惊人。从 1952 年到 2014 年的 15 届冬奥会，荷兰代表团共拿到 37 枚金牌，其中 35 枚来自速度滑冰，在这 15 届冬奥会上，荷兰人共获得 110 枚奖牌，其中 105 枚来自速度滑冰；在 2014 年的索契冬奥会上，荷兰队在速度滑冰项目上共获得 23 枚奖牌（8 金 7 银 8 铜），而在速度滑冰项目获得奖牌第二多的波兰队仅有 3 枚奖牌。正因为荷兰人的速度滑冰驰名全球，所以航空界就把飞机这种类似于滑冰动作的左右飘摆的运动称为荷兰滚。

如果飞机的滚转稳定性 $|C_{l_\beta}|$ 过强而航向稳定性 $|C_{n_\beta}|$ 过弱，易产生荷兰滚发散。设某时刻飞机受到扰动后出现出现 $\phi>0$，必然产生正侧滑角 $\beta>0$。在飞机上同时产生两个力矩：一个是绕 oz_b 轴的偏航力矩 $C_{n_\beta}\beta>0$，另一个是绕 oz_b 轴的滚转力矩 $C_{l_\beta}\beta<0$，由于 $|C_{l_\beta}|\gg|C_{n_\beta}|$，所以飞机会绕 ox_b 轴以较大的滚转角速率 $p<0$ 急速左滚，迅速改平后继续左滚转。与此同时，飞机也绕 oz_b 轴以较小的 $r>0$ 向右转动，力图消除侧滑角，但由于 C_{n_β} 小，所以 r 也小，机体绕 oz_b 轴转动缓慢，另外，由于 $C_{n_p}p<0$ 产生向左的偏航力矩，这又抵消了一部分偏航稳定力矩 $C_{n_\beta}\beta<0$ 的效果。当飞机出现负的滚转角时，升力向左倾斜，升力和重力的合力使速度矢

量向左偏，所以在机体转动过程中，速度矢量的变化总是超前于机头的指向，所以会导致侧滑角的振荡幅度会越来越大(由于 $|C_{l_\beta}|\gg|C_{n_\beta}|$，我们可以认为 $C_{n_\beta}\beta\approx 0$，所以飞机偏航力矩由 $C_{n_p}p$ 产生，当 $\phi>0$ 时，有 $\beta>0$，$C_{l_\beta}\beta<0$，产生的 $p<0$，而 $C_{n_p}p<0$ 产生使机体向左的偏航力矩，同时升力和重力的合力使速度矢量向右偏，所以侧滑角加大)，出现荷兰滚发散。

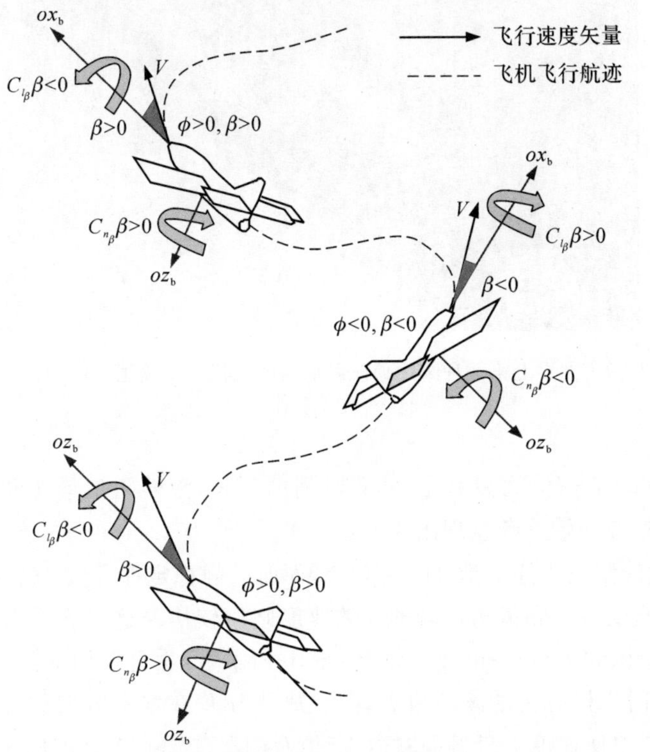

图 7-8　荷兰滚运动的物理成因

飘摆的危害性在于：飘摆振荡周期只有几秒，修正飘摆超出了人的反应能力，修正过程中极易造成推波助澜，加大飘摆。大型运输机在高空和低速飞行时由于稳定性发生变化易发生飘摆。因此广泛使用偏航阻尼器。荷兰滚运动属于短周期小阻尼模态，飞机的左右摇摆会给乘员带来不适，影响乘坐品质，而且在飞机起飞时给飞行稳定性和飞机着陆时的准确性造成不利影响。为了要削弱荷兰滚模态的幅值，一般优先满足荷兰滚模态的阻尼比要求。由荷兰滚模态的物理成因分析过程可以看出，如果要削弱荷兰滚模态的幅值，关键在于减小侧滑角，使之快速收敛，这可以有三种方式：一是采取调整立尾面积等气动措施来提高航向静稳定性导数 C_{n_β}，产生较大的航向稳定力矩；二是反馈侧滑角产生较大的航向稳定力矩，增大航向稳定性，这就是偏航增稳系统的工作原理；三是通过反馈偏航角速率 r 的方式，构成偏航阻尼器，提高航向阻尼，以提高侧滑角的收敛速度。现代大型运输飞机，都安装了偏航阻尼器进行人工阻尼补偿，以减弱荷兰滚运动的强度。

第一种安装偏航阻尼器的飞机是美国波音公司的 XB-47 轰炸机(见图 7-9)。1947 年 XB-47 首飞后，在一次进行高空试飞时，飞机尚未达到最大飞行速度，就突然发生剧烈机头偏航摆动和机翼滚转，随后发生了一系列周期约 6s 的 S 形运动。事后在飞机的航向操纵系统中安装上偏航阻尼器，克服了这种现象。

图 7-9　世界上第一种采用偏航阻尼器的飞机——美国 XB-47 轰炸机

3. 螺旋模态

从式(7-7)～式(7-10)可以看出，随着时间的延长，滚转阻尼模态和荷兰滚模态逐渐收敛到零，而后螺旋模态开始逐渐显现出来。

如果飞机的横滚阻尼力矩导数 $|C_{l_\beta}|$ 较小，而航向静稳定性导数 $|C_{n_\beta}|$ 较大，这时横滚运动的阻尼小，收敛速度慢。侧滑角运动的收敛速度则比较快。这时容易形成不稳定的螺旋模态，称为螺旋发散(sprial divergence)。如图 7-10 所示，产生过程如下：

假定当 $t=0$ 时飞机有正的滚转角 $\phi>0$，则升力 L 在水平方向的分量——航迹向心力 $L\sin\phi$ 沿 oy_b 轴正向迫使速度矢量偏向右边，产生右侧滑($\beta>0$)。由于 $|C_{l_\beta}|$ 较小，则使得滚转阻尼速度小，滚转角 ϕ 减少速度慢。而 $|C_{n_\beta}|$ 比较大，纠正侧滑角的力矩比较大，侧滑角快速减少，从而偏航角速度 r 正值很大(飞机头部右偏 $r>0$，减少侧滑角)，这时因大的偏航角速度产生的滚动交叉力矩导数 C_{lr} 为正，产生较大的正滚动力矩 $C_{lr}r>0$。

当负的横滚稳定力矩 $C_{l\beta}\beta$ 小于正的滚动交叉力矩 $C_{lr}r$ 时，飞机的滚转角 $\phi>0$ 进一步增大，航迹向心力 $L\sin\phi$ 使得侧滑角进一步加大，又导致滚转角增大，升力在垂直方向的分量 $L\cos\phi$ 减少，飞机出现向下的垂直速度；航迹向心力 $L\sin\phi$ 逐渐增大，使得飞机的转弯半径逐渐减少，因此飞机的运动轨迹呈现螺旋形状，称为螺旋模态。

不稳定的螺旋模态对应特征方程中处在右半实轴代数值最大的实根。在前例中 $s_4=0.002\ 742\ 9$ 就是螺旋模态对应的特征方程的根。对于稳定的螺旋模态，特征方程中代数值最大的实根在左半平面，滚动运动是收敛的，升力沿垂直方向的分量不是逐渐减少，而是逐渐加强的，不会产生下降的螺旋轨迹，但在名称上仍然称为螺旋模态。

在飞机驾驶中，如果飞机存在不稳定的螺旋模态，飞行员必须对这种螺旋模态进行人工干预，否则，飞机最终将坠入尾旋，如图 7-11 所示。

不过，螺旋模态的发散速度在初期非常缓慢，如在前例中，对 1°侧滑角在 600s 引起的滚转角只有0.366 5°。一般情况下，飞行员有足够的时间进行纠偏。

螺旋不稳定的周期较长，对飞行安全不构成威胁，飞机设计中允许出现轻度螺旋不稳定。

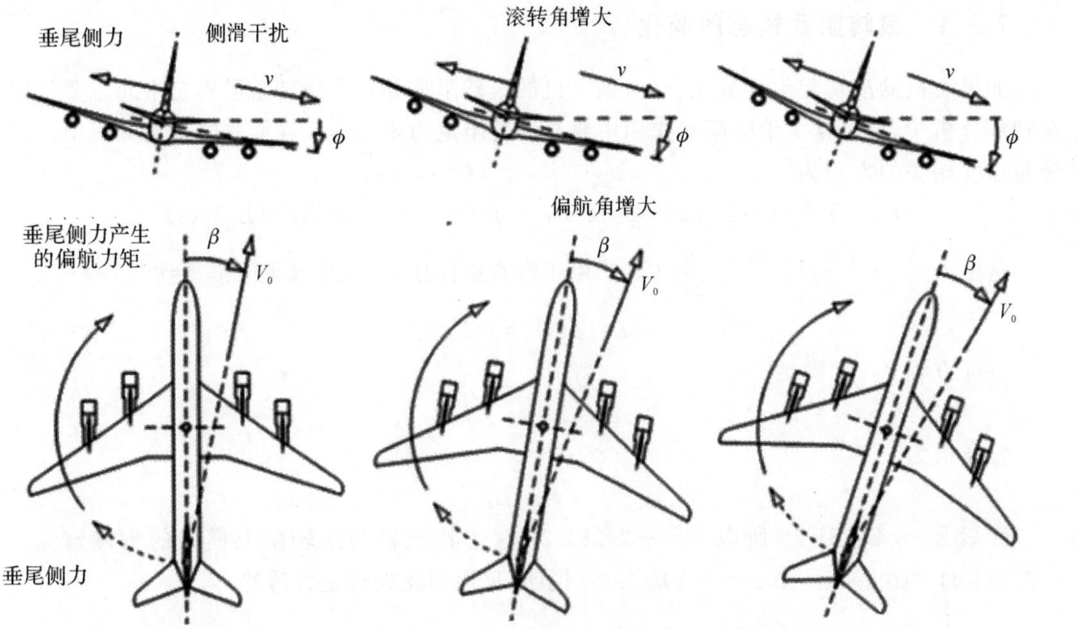

飞机滚转角$\phi>0$，则升力L在水平方向的分量——航迹向心力$L\sin\phi$沿oy轴正向迫使速度矢量偏向右边，产生右侧滑($\beta>0$)

由于$|C_{l_\beta}|$较小，滚转角ϕ减少速度慢，而$|C_{n_\beta}|$比较大，纠正侧滑角的力矩比较大，侧滑角快速减少，偏航角速度r正值很大，滚动交叉力矩导致C_l为正，产生大的正滚动力矩

飞机的ϕ角增大，航迹向心力$L\sin\phi$使得侧滑进一步加大，又导致ϕ增大，升力在垂直方向的分量$L\cos\phi$减少，飞机出现向下的垂直速度t航迹向心力$L\sin\phi$逐渐增大，使得飞机的转变半径逐渐减少

图 7－10　螺旋模态产生的过程

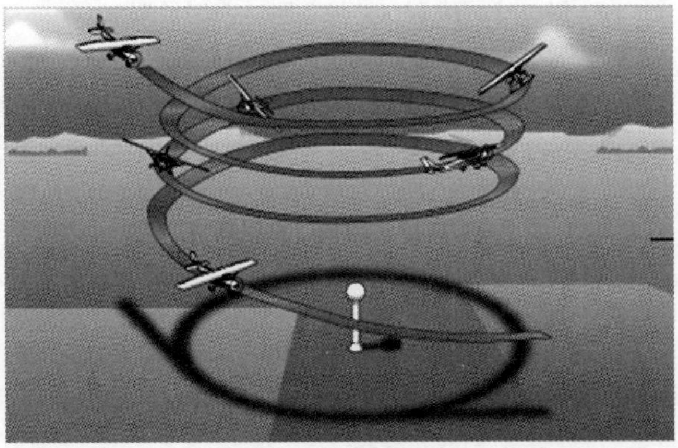

图 7－11　螺旋发散

7.3　飞机横侧运动模态的简化

飞机的横侧向运动存在着复杂的耦合关系，力和力矩之间存在相互作用，一般很难将模态进行长周期和短周期划分。但是，简化处理会给问题的分析带来方便，也对了解模态的成因有帮助。所以还是要找到横侧向扰动运动的模态简化方法。

7.3.1 滚转阻尼模态的简化

如果飞机的滚转阻尼导数比较大，则飞机的滚转阻尼导数在滚转阻尼模态中起主要作用。在初步分析中，可以认为滚转阻尼作用主要是滚转阻尼力矩所致。在横侧向运动方程中，与滚转角速度相关的方程为

$$L_\beta \beta(s)+(s+L_p)p(s)+(i_r s+L_r)r(s)=-L_{\delta_a}\delta_a(s)+L_{\delta_r}\delta_r(s)$$

这里 $L_p=-\left(\frac{1}{2}\rho V_0{}^2\right)S_w\frac{b^2}{2V_0}C_{l_p}$ 。由于没有操作作用，忽略其他因素得到

$$(s+L_p)p(s)=-L_{\delta_a}\delta_a(s)$$

特征方程 $\Delta_r(s)$ 满足

$$\Delta_r(s)=s+L_p$$

特征根为

$$s=-L_p \tag{7-11}$$

已知 $L_p=2.261\ 2$，所以 $s=-2.261\ 2$，这个特征根与滚转阻尼模态的精确解 $s_1=-2.282\ 61$ 的误差仅为 $\Delta\bar{s}=0.94\%$ 。这说明，采用简化处理是合适的。

7.3.2 荷兰滚模态的简化

前面指出，荷兰滚模态的物理成因与短周期运动相仿(如果飞机无滚动，十分类似)。滚动耦合作用是荷兰滚模态难处理的直接因素。从图 7-7 看，荷兰滚模态主要表现在为侧滑和偏航运动，当然，由于横侧向运动的滚转-偏航耦合，在侧滑和偏航的同时也必然伴随着滚转运动。在荷兰滚模态的分析中，主要分析飞机的偏航特性。即认为偏航和侧向移动不受滚动角速度 p 和滚转角 ϕ 的影响，这样根据横侧向运动方程得

$$\begin{cases}(s+Y_\beta)\beta(s)+r(s)=-Y_{\delta_r}\delta_r(s)\\ N_\beta\beta(s)+(s+N_r)r(s)=-N_{\delta_r}\delta_r(s)\end{cases}$$

特征方程 $\Delta_h(s)$ 满足　$\Delta_h(s)=(s+Y_\beta)(s+N_r)-N_\beta=0$

即

$$\Delta_h(s)=s^2+(Y_\beta+N_r)s+Y_\beta N_r-N_\beta=0 \tag{7-12}$$

代入具体参数得到

$$s^2+0.231\ 3s+3.814\ 8=0$$

特征根为

$$s_{1,2}=-0.115\ 65\pm 1.949\ 72\mathrm{i}$$

与精确解 $s=-0.106\ 35\pm 1.95\ 817\mathrm{i}$ 相比，误差为

$$\overline{\Delta s}=8.78\%\pm 0.43\%\mathrm{i}$$

说明误差不大。

从计算知道，简化处理对飞机的主要模态具有相当的精确程度，误差在 10% 以内，在初步分析滚转模态和荷兰滚模态的主要性能方面是可以满足要求的。

7.3.3 螺旋模态的简化

螺旋模态在横侧向运动中占的比例很小，对横侧向的运动影响小，变化很慢(时间的导数

近似为零)。根据这个特性,在初步分析时,忽略飞机惯性参数(加速度和角加速度)作用,则横侧向运动方程为

$$Y_\beta \beta(s) + Y_\phi \phi(s) = -Y_{\delta_r}\delta_r(s)$$
$$L_\beta \beta(s) + L_p p(s) + L_r r(s) = -L_{\delta_a}\delta_a(s) - L_{\delta_r}\delta_r(s)$$
$$N_\beta \beta(s) + N_p p(s) + N_r r(s) = -N_{\delta_a}\delta_a(s) - N_{\delta_r}\delta_r(s)$$
$$-p(s) + s\phi(s) = 0$$

螺旋运动的特征方程为

$$\Delta_s(s) = [L_\beta N_p - L_p N_\beta + Y_\beta(L_p N_r - L_r N_p)]s - Y_\phi(L_\beta N_r - L_r N_\beta) = 0$$

$$s = \frac{Y_\phi(L_\beta N_r - L_r N_\beta)}{L_\beta N_p - L_p N_\beta + Y_\beta(L_p N_r - L_r N_p)} \tag{7-13}$$

代入具体数据得

$$8.347\,8s - 0.024\,077\,2 = 0$$
$$s = 0.002\,884\,3$$

精确解为 $s = 0.002\,742\,9$,误差为 $\overline{\Delta s} = 5.16\%$ 。

这种求螺旋运动模态根的方法基于物理成因分析,也可以从特征方程解与系数的关系找到螺旋模态的小实根。

根据横侧向运动的特点,特征方程有一个大的负实根 $-s$,两个复数根 $s_{2,3}$ 和一个小的正实根 $-s_4$,因此特征多项式 $\Delta_0(s)$ 可以分解为

$$\Delta_0(s) = (s + s_1)(s^2 + c_1 s + c_0)(s + s_4)$$

展开得到

$$\Delta_0(s) = s^4 + [c_1 + s_1 + s_4]s^3 + [c_0 + c_1 s_1 + s_4(c_1 + s_1)]s^2 + [c_0 s_1 + s_4(c_0 + c_1 s_1)]s + c_0 s_1 s_4$$

由于 s_4 的绝对值很小,因此特征多项式 $\Delta_0(s)$ 可以简化为

$$\Delta_0(s) = s^4 + (c_1 + s_1)s^3 + (c_0 + c_1 s_1)s^2 + c_0 s_1 s + c_0 s_1 s_4$$

可以看到,s_4 与常数项和一次项的系数有关,如果将特征多项式表示为

$$\Delta_0(s) = s^4 + d_3 s^3 + d_2 s^2 + d_1 s + d_0$$

则 $s_4 = \dfrac{d_0}{d_1}$,代入特征多项式的系数得到

$$s_4 = \frac{-Y_\phi(L_\beta N_r - L_r N_\beta)}{(L_\beta N_p - L_p N_\beta) - Y_\phi(L_\beta - i_r N_\beta) + (L_p N_r - L_r N_p)Y_\beta}$$
$$-s_4 = 0.002\,746\,5$$

误差为 $\overline{\Delta} s = 0.131\%$,精度相当高。与前面的结果比较,有

$$s = \frac{Y_\phi(L_\beta N_r - L_r N_\beta)}{L_\beta N_p - L_p N_\beta + Y_\beta(L_p N_r - L_r N_p)}$$

$$-s_4 = \frac{-Y_\phi(L_\beta N_r - L_r N_\beta)}{(L_\beta N_p - L_p N_\beta) + (L_p N_r - L_r N_p)Y_\beta - Y_\phi(L_\beta - i_r N_\beta)}$$

分母相差一个量 $-Y_\phi(L_\beta - i_r N_\beta)$,由于 $-Y_\phi > 0, L_\beta > 0, i_r = 0$,因此,$-Y_\phi(L_\beta - i_r N_\beta) > 0$,精确解小,近似解大。

7.4 飞机横侧向运动的传递函数及频率特性分析

前面在研究横侧向特性时，主要针对干扰输入，没有操纵输入，现在研究操纵输入特性。求取各横侧向运动参数相对横侧向输入量的传递函数。

7.4.1 横侧向运动的传递函数

在零状态输入条件下，横侧向方程满足

$$\begin{bmatrix} s(s+Y_\beta) & Y_\phi & s \\ L_\beta & s+L_p & i_r s+L_r \\ N_\beta & i_p s+N_p & s+N_r \end{bmatrix}\begin{bmatrix} \beta(s) \\ p(s) \\ r(s) \end{bmatrix}=\begin{bmatrix} 0 \\ -L_{\delta_a} \\ -N_{\delta_a} \end{bmatrix}\delta_a(s)+\begin{bmatrix} -sY_{\delta_r} \\ -L_{\delta_r} \\ -N_{\delta_r} \end{bmatrix}\delta_r(s)$$

由于 $s\phi(s)=p(s)$，因此状态方程也可以表示为

$$\begin{bmatrix} s+Y_\beta & Y_\phi & 1 \\ L_\beta & s^2+L_p s & i_r s+L_r \\ N_\beta & i_p s+N_p & s+N_r \end{bmatrix}\begin{bmatrix} \beta(s) \\ p(s) \\ r(s) \end{bmatrix}=\begin{bmatrix} 0 \\ -L_{\delta_a} \\ -N_{\delta_a} \end{bmatrix}\delta_a(s)+\begin{bmatrix} -Y_{\delta_r} \\ -L_{\delta_r} \\ -N_{\delta_r} \end{bmatrix}\delta_r(s)$$

特征多项式为

$$\Delta_0(s)=(s+Y_\beta)\begin{vmatrix} s^2+L_p s & i_r s+L_r \\ i_p s+N_p & s+N_r \end{vmatrix}-Y_\phi\begin{vmatrix} L_\beta & i_r s+L_r \\ N_\beta & s+N_r \end{vmatrix}+\begin{vmatrix} L_\beta & s^2+L_p s \\ N_\beta & i_p s+N_p \end{vmatrix}$$

简化形式为

$$\Delta_0(s)=a_4 s^4+a_3 s^3+a_2 s^2+a_1 s+a_0$$

系数表达式前面已经给出。根据叠加原理，首先求副翼的响应。设副翼偏角为零，方向舵偏角不为零，即 $\delta_a\neq 0,\delta_r\neq 0$，得到

$$\frac{\beta(s)}{\delta_r(s)}=\frac{A_{\beta r}\left(s+\frac{1}{T_{\beta r_1}}\right)\left(s+\frac{1}{T_{\beta r_2}}\right)\left(s+\frac{1}{T_{\beta r_3}}\right)}{\left(s+\frac{1}{T_\mathrm{R}}\right)\left(s+\frac{1}{T_\mathrm{S}}\right)(s^2+2\xi_\mathrm{D}\omega_\mathrm{D}s+\omega_\mathrm{D}^2)}$$

$$=\frac{K_{\beta r}(T_{\beta r_1}s+1)(T_{\beta r_2}s+1)(T_{\beta r_3}s+1)}{(T_\mathrm{R}s+1)(T_\mathrm{S}s+1)(T_\mathrm{D}{}^2s^2+2\xi_\mathrm{D}T_\mathrm{D}s+1)} \tag{7-14}$$

式中：$A_{\beta r}$ 为侧滑角对方向舵输入的传递函数增益；$T_{\beta r_1}$，$T_{\beta r_2}$，$T_{\beta r_3}$ 为分子时间常数；T_R 为滚转阻尼(roll damping)模态时间常数；T_S 为螺旋(spiral)模态时间常数；ξ_D 为荷兰滚(Dutch roll)模态的阻尼比；ω_D 为荷兰滚模态的固有频率；$T_\mathrm{D}=1/\omega_\mathrm{D}$ 为荷兰滚模态的时间常数；$K_{\beta r}$ 为侧滑角对方向舵响应的传递系数。

$$\frac{p(s)}{\delta_r(s)}=\frac{A_{\phi r}\left(s+\frac{1}{T_{\phi r_1}}\right)\left(s+\frac{1}{T_{\phi r_2}}\right)s}{\left(s+\frac{1}{T_\mathrm{R}}\right)\left(s+\frac{1}{T_\mathrm{S}}\right)(s^2+2\xi_\mathrm{D}\omega_\mathrm{D}s+\omega_\mathrm{D}^2)}$$

$$=\frac{K_{\phi r}(T_{\phi r_1}s+1)(T_{\phi r_2}s+1)s}{(T_\mathrm{R}s+1)(T_\mathrm{S}s+1)(T_\mathrm{D}{}^2s^2+2\xi_\mathrm{D}T_\mathrm{D}s+1)} \tag{7-15}$$

$$\frac{\phi(s)}{\delta_r(s)}=\frac{A_{\phi r}\left(s+\frac{1}{T_{\phi r_1}}\right)\left(s+\frac{1}{T_{\phi r_2}}\right)}{\left(s+\frac{1}{T_R}\right)\left(s+\frac{1}{T_S}\right)(s^2+2\xi_D\omega_D s+\omega_D^2)}$$

$$=\frac{K_{\phi r}(T_{\phi r_1}s+1)(T_{\phi r_2}s+1)}{(T_R s+1)(T_S s+1)(T_D^2 s^2+2\xi_D T_D s+1)} \tag{7-16}$$

式中：$A_{\phi r}$ 为滚转角对方向舵输入的传递函数增益；$T_{\phi r_1}$，$T_{\phi r_2}$ 为分子时间常数；$K_{\phi r}$ 为滚转角对方向舵响应的传递系数。

$$\frac{\dot{\psi}(s)}{\delta_r(s)}=\frac{A_{\dot{\psi} r}\left(s+\frac{1}{T_{\dot{\psi} r_1}}\right)(s^2+2\xi_{\dot{\psi} r}\omega_{\dot{\psi} r}s+\omega_{\dot{\psi} r}^2)}{\left(s+\frac{1}{T_R}\right)\left(s+\frac{1}{T_S}\right)(s^2+2\xi_D\omega_D s+\omega_D^2)}$$

$$=\frac{K_{\dot{\psi} r}(T_{\dot{\psi} r_1}s+1)(T_{\dot{\psi} r}^2 s^2+2\xi_{\dot{\psi} r}T_{\dot{\psi} r}s+1)}{(T_R s+1)(T_S s+1)({T_D}^2 s^2+2\xi_D T_D s+1)} \tag{7-17}$$

$$\frac{\psi(s)}{\delta_r(s)}=\frac{A_{\dot{\psi} r}\left(s+\frac{1}{T_{\dot{\psi} r_1}}\right)(s^2+2\xi_{\dot{\psi} r}\omega_{\dot{\psi} r}s+\omega_{\dot{\psi} r}^2)}{s\left(s+\frac{1}{T_R}\right)\left(s+\frac{1}{T_S}\right)(s^2+2\xi_D\omega_D s+\omega_D^2)}$$

$$=\frac{K_{\dot{\psi} r}(T_{\dot{\psi} r_1}s+1)(T_{\dot{\psi} r}^2 s^2+2\xi_{\dot{\psi} r}T_{\dot{\psi} r}s+1)}{s(T_R s+1)(T_S s+1)({T_D}^2 s^2+2\xi_D T_D s+1)} \tag{7-18}$$

式中：$\dot{\psi}=r$；$A_{\dot{\psi} r}$ 为偏航角对方向舵输入的传递函数增益；$T_{\dot{\psi} r_1}$，$T_{\dot{\psi} r}$ 为分子时间常数；$\xi_{\dot{\psi} r}$，$\omega_{\dot{\psi} r}$ 为分子的阻尼比和固有频率；$K_{\dot{\psi} r}$ 为偏航角对方向舵响应的传递系数。

设副翼偏角不为零，方向舵偏角为零，即 $\delta_a\neq 0$，$\delta_r\neq 0$，同样可以得到

$$\frac{\beta(s)}{\delta_a(s)}=\frac{K_{\beta a}(T_{\beta a}^2 s^2+2\xi_{\beta a}T_{\beta a}s+1)}{(T_R s+1)(T_S s+1)(T_D^2 s^2+2\xi_D T_D s+1)} \tag{7-19}$$

$$\frac{\phi(s)}{\delta_a(s)}=\frac{K_{\phi a}(T_{\phi a}^2 s^2+2\xi_{\phi a}T_{\phi a}s+1)}{(T_R s+1)(T_S s+1)(T_D^2 s^2+2\xi_D T_D s+1)} \tag{7-20}$$

$$\frac{p(s)}{\delta_a(s)}=\frac{K_{\phi a}(T_{\phi a}^2 s^2+2\xi_{\phi a}T_{\phi a}s+1)s}{(T_R s+1)(T_S s+1)(T_D^2 s^2+2\xi_D T_D s+1)} \tag{7-21}$$

$$\frac{r(s)}{\delta_a(s)}=\frac{K_{\dot{\psi} r}(T_{\dot{\psi} a_1}s+1)(T_{\dot{\psi} a}^2 s^2+2\xi_{\dot{\psi} a}T_{\dot{\psi} a}s+1)}{(T_R s+1)(T_S s+1)(T_D^2 s^2+2\xi_D T_D s+1)} \tag{7-22}$$

$$\frac{\psi(s)}{\delta_a(s)}=\frac{K_{\dot{\psi} r}(T_{\dot{\psi} a_1}s+1)(T_{\dot{\psi} a}^2 s^2+2\xi_{\dot{\psi} a}T_{\dot{\psi} a}s+1)}{s(T_R s+1)(T_S s+1)(T_D^2 s^2+2\xi_D T_D s+1)} \tag{7-23}$$

在偏航角传递函数中，包含一个积分环节，因此对常值方向舵和副翼偏角输入，偏航角由于积分作用会不停地变化。对于零操纵输入，偏航角运动满足

$$s(T_R s+1)(T_S s+1)(T_D^2 s^2+2\xi_D T_D s+1)\psi=0 \tag{7-24}$$

航向在受到扰动后，不能保持航线恢复到原始航向，只能在新的航向保持稳定，即航向稳定性为中立稳定。从物理成因方面看，航向角的变化，不会引起飞机力和力矩平衡变化。

7.4.2　横侧向运动的频率特性分析

现在通过实际例子分析横侧向的运动特点。某型飞机的横侧向运动方程气动大导数如下：

$Y_{\beta}=0.082\ 9,\quad L_{\delta_r}=-0.576,\quad Y_{\phi}=-0.048\ 5,\quad N_{\beta}=-3.382$

$Y_{\delta_r}=-0.011\ 6,\quad N_{\delta_r}=-0.065,\quad L_{\beta}=4.546,\quad N_r=0.089$

$L_p=1.699,\quad N_{\delta_r}=1.362,\quad L_r=-0.172,\quad N_{\delta_a}=-0.395$

$L_{\delta_a}=27.276,\quad i_r=i_p=0$

代入状态方程

$$\begin{bmatrix} s+Y_{\beta} & Y_{\phi} & 1 \\ L_{\beta} & s^2+L_p s & i_r s+L_r \\ N_{\beta} & i_p s+N_p & s+N_r \end{bmatrix}\begin{bmatrix}\beta(s)\\ \phi(s)\\ r(s)\end{bmatrix}=\begin{bmatrix}0\\ -L_{\delta_a}\\ -N_{\delta_a}\end{bmatrix}\delta_a(s)+\begin{bmatrix}-Y_{\delta_r}\\ -L_{\delta_r}\\ -N_{\delta_r}\end{bmatrix}\delta_r(s)$$

得到特征多项式为

$$\Delta_0(s)=\left(\frac{s}{-0.001\ 5}+1\right)\left(\frac{s}{1.690\ 3}+1\right)\left[\left(\frac{s}{1.832\ 2}\right)^2+2\left(\frac{0.049\ 72}{1.832\ 2}\right)s+1\right]$$

$$\frac{\beta(s)}{\delta_r(s)}=\frac{1.033\ 3\times\left(\frac{s}{117.509}+1\right)\left(\frac{s}{1.695\ 7}+1\right)\left(\frac{s}{-0.003\ 8}+1\right)}{\left(\frac{s}{-0.001\ 5}+1\right)\left(\frac{s}{1.690\ 3}+1\right)\left[\left(\frac{s}{1.832\ 2}\right)^2+2\left(\frac{0.049\ 72}{1.832\ 2}\right)s+1\right]}$$

$$\frac{\phi(s)}{\delta_r(s)}=\frac{497.133\ 4\times\left(\frac{s}{-2.902\ 2}+1\right)\left(\frac{s}{2.572\ 4}+1\right)}{\left(\frac{s}{-0.001\ 5}+1\right)\left(\frac{s}{1.690\ 3}+1\right)\left[\left(\frac{s}{1.832\ 2}\right)^2+2\left(\frac{0.049\ 72}{1.832\ 2}\right)s+1\right]}$$

$$\frac{r(s)}{\delta_r(s)}=\frac{23.960\ 4\times\left(\frac{s}{1.708\ 7}+1\right)\left[\left(\frac{s}{0.271\ 6}\right)^2+2\left(\frac{0.446\ 2}{0.271\ 6}\right)s+1\right]}{\left(\frac{s}{-0.001\ 5}+1\right)\left(\frac{s}{1.690\ 3}+1\right)\left[\left(\frac{s}{1.832\ 2}\right)^2+2\left(\frac{0.049\ 72}{1.832\ 2}\right)s+1\right]}$$

$$\frac{\beta(s)}{\delta_a(s)}=\frac{13.322\ 9\times\left(\frac{s}{0.459\ 8}\right)^2+2\left(\frac{0.608\ 5}{0.459\ 8}\right)s+1}{\left(\frac{s}{-0.001\ 5}+1\right)\left(\frac{s}{1.690\ 3}+1\right)\left[\left(\frac{s}{1.832\ 2}\right)^2+2\left(\frac{0.049\ 72}{1.832\ 2}\right)s+1\right]}$$

$$\frac{\phi(s)}{\delta_a(s)}=\frac{10\ 553\times\left(\frac{s}{1.821\ 0}\right)^2+2\left(\frac{0.046\ 51}{1.821\ 0}\right)s+1}{\left(\frac{s}{-0.001\ 5}+1\right)\left(\frac{s}{1.690\ 3}+1\right)\left[\left(\frac{s}{1.832\ 2}\right)^2+2\left(\frac{0.049\ 72}{1.832\ 2}\right)s+1\right]}$$

$$\frac{r(s)}{\delta_a(s)}=\frac{510.709\ 5\times\left(\frac{s}{-3.618\ 6}+1\right)\left[\left(\frac{s}{1.691\ 5}\right)^2+2\left(\frac{0.269\ 6}{1.691\ 5}\right)s+1\right]}{\left(\frac{s}{-0.001\ 5}+1\right)\left(\frac{s}{1.690\ 3}+1\right)\left[\left(\frac{s}{1.832\ 2}\right)^2+2\left(\frac{0.049\ 72}{1.832\ 2}\right)s+1\right]}$$

图 7-12～图 7-14 是侧滑角 β、滚转角 ϕ 和偏航角速度 $r=\dot{\psi}$ 对副翼输入传递函数的幅频和相频特性曲线。图 7-15～图 7-17 是侧滑角 β、滚转角 ϕ 和偏航角速度 $r=\dot{\psi}$ 对方向舵脉冲输入的时间响应曲线；图 7-18～图 7-23 是侧滑角 β、滚转角 ϕ 和偏航角速度 $r=\dot{\psi}$ 对方向舵和副翼脉冲输入的时间响应曲线。从幅频特性曲线看到，在荷兰滚模态处 $\omega=1.832\ 2$，除了滚转角 ϕ 以外，都出现了荷兰滚峰值，这说明，不管飞机进行什么操纵运动，荷兰滚运动对侧滑角、偏航角速度的影响比较大。荷兰滚对滚转角的作用小的原因是，传递函数中分子二阶环节基本抵消了荷兰滚模态，这由下式和图 7-16 滚转角对副翼响应特性可以看出。

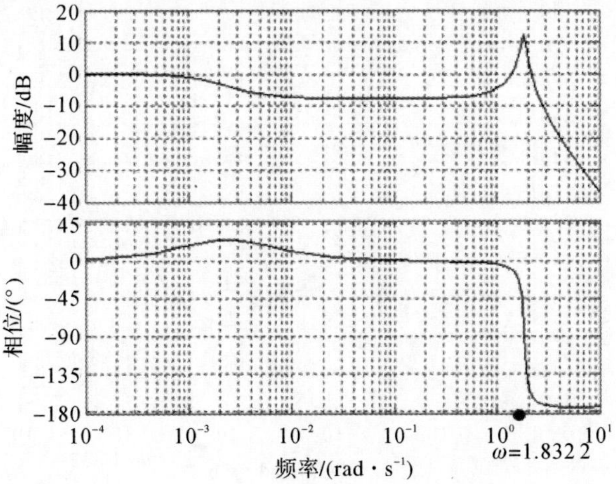

图 7-12　β对方向舵的传递函数幅相特性

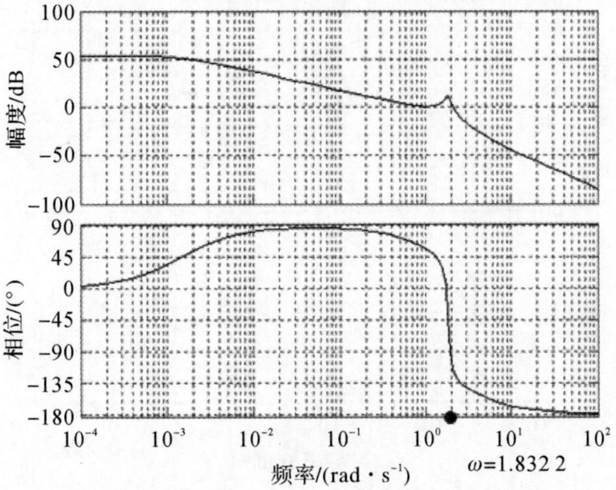

图 7-13　ϕ对方向舵的传递函数幅相特性

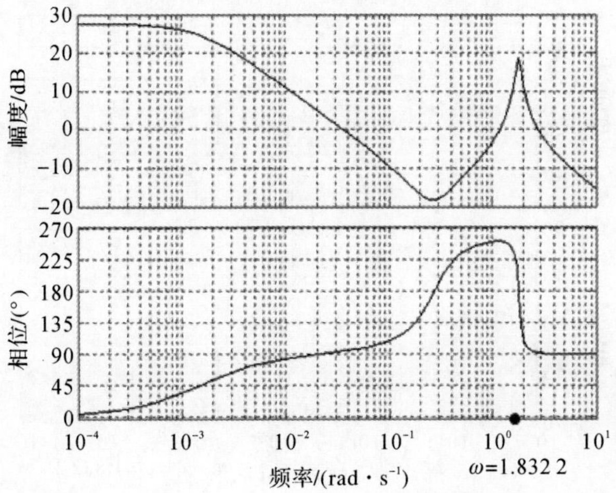

图 7-14　$r=\dot{\psi}$对方向舵的传递函数幅相特性

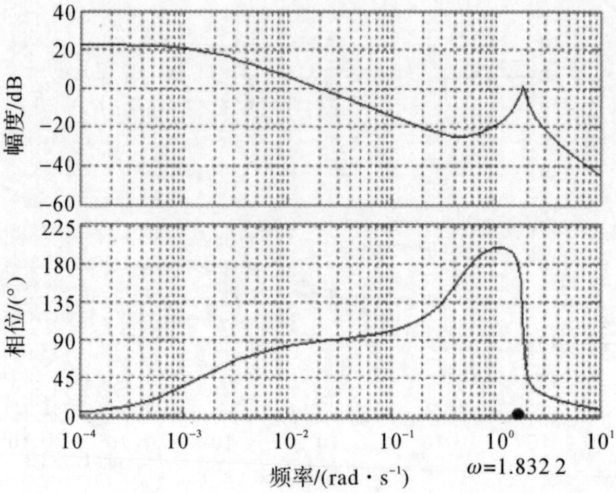

图 7-15　β对副翼的传递函数幅相特性

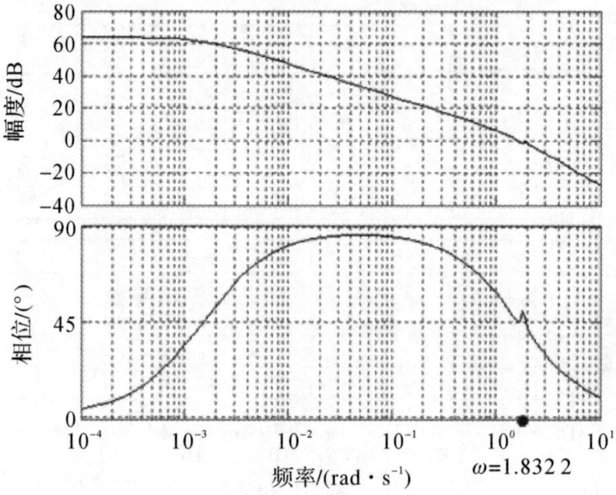

图 7-16　ϕ对副翼的传递函数幅相特性曲线

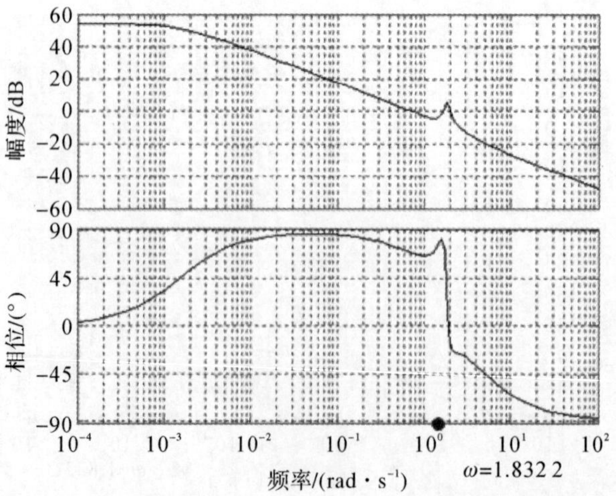

图 7-17　$r=\dot{\psi}$对副翼传递函数幅相特性曲线

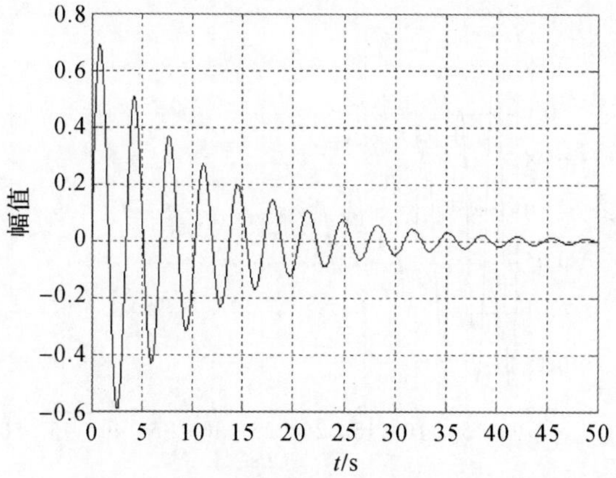

图 7 - 18　β 对方向舵的脉冲影响曲线

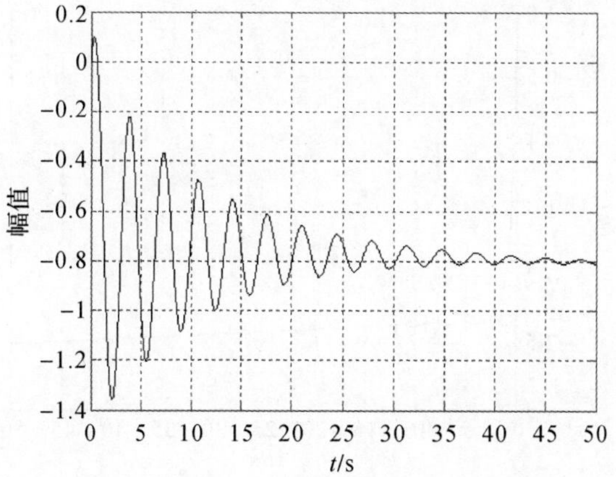

图 7 - 19　滚转角 ϕ 对方向舵的脉冲影响曲线

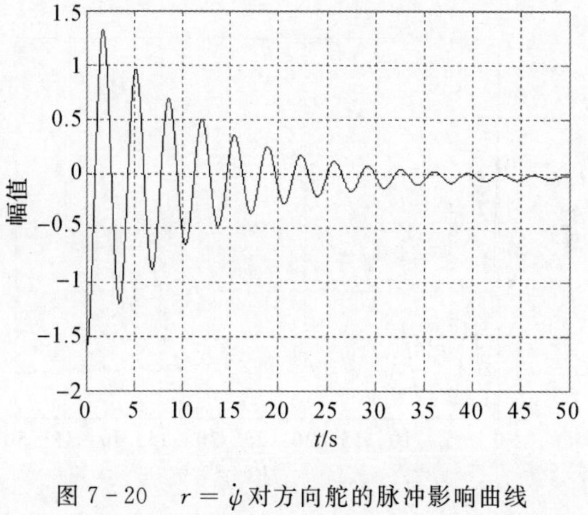

图 7 - 20　$r = \dot{\psi}$ 对方向舵的脉冲影响曲线

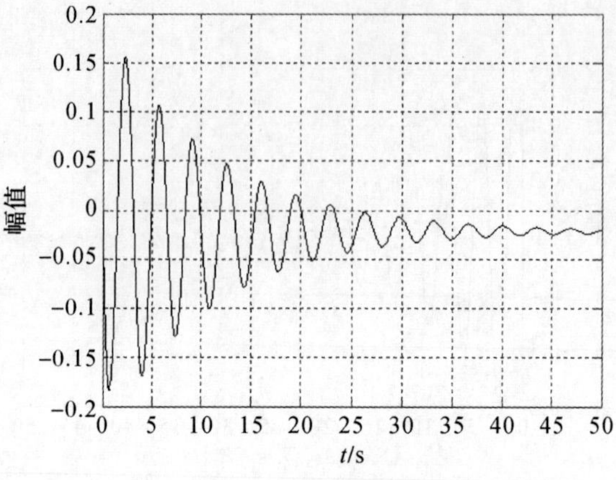

图 7-21　侧滑角 β 对副翼的脉冲影响曲线

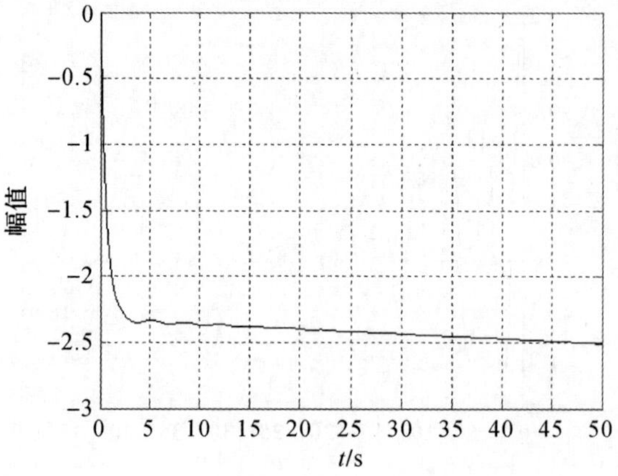

图 7-22　ϕ 滚转角对副翼的脉冲影响曲线

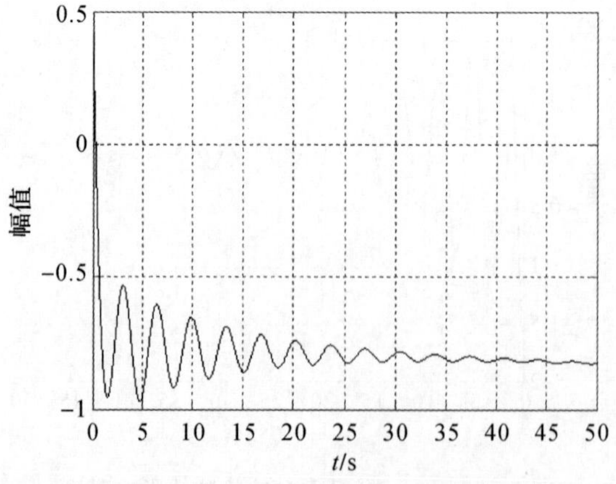

图 7-23　$r=\dot{\psi}$ 对副翼的脉冲影响曲线

$$\frac{\phi(s)}{\delta_a(s)}=\frac{10\ 553\times\left(\frac{s}{1.821\ 0}\right)^2+2\left(\frac{0.046\ 51}{1.821\ 0}\right)s+1}{\left(\frac{s}{-0.001\ 5}+1\right)\left(\frac{s}{1.690\ 3}+1\right)\left[\left(\frac{s}{1.832\ 2}\right)^2+2\left(\frac{0.049\ 72}{1.832\ 2}\right)s+1\right]}\tag{7-25}$$

对阻尼滚转模态，转折频率为 $\omega_R=1.690\ 3$，在传递函数 $\beta(s)/\delta_r(s)$，$r(s)/\delta_r(s)$ 中，分子都包含一个与此角频率接近的一阶环节，说明方向舵操纵引起滚转阻尼模态作用很弱。

从脉冲响应看到，荷兰滚运动引起的输出振荡比较明显。总的来看，方向舵作用下，各变量的幅频特性跳变剧烈，脉冲响应都有振荡，说明荷兰滚模态主要是方向舵操纵引起的。而副翼偏转则主要引起滚动阻尼模态，对导致荷兰滚模态有一定作用。

7.5　飞行条件和气动导数对横侧向典型模态特征参数的影响

7.5.1　飞行条件横侧向模态特征参数的影响

1. 飞行条件对荷兰滚模态特征参数的影响

由 7.3 节可知，简化后的荷兰滚模态的特征方程为

$$s^2+(Y_\beta+N_r)s+(Y_\beta N_r-N_\beta)=0\tag{7-26}$$

这里

$$N_\beta=-\frac{1}{I_z}\left(\frac{1}{2}\rho V_0^{\ 2}\right)S_w bC_{n_\beta}$$

$$Y_\beta=-\frac{1}{mV_0}\left(\frac{1}{2}\rho V_0^{\ 2}\right)S_w bC_{Y_\beta}$$

$$N_r=-\frac{1}{I_z}\left(\frac{1}{2}\rho V_0^{\ 2}\right)S_w\frac{b^2}{2V_0}C_{n_r}$$

因此

$$Y_\beta+N_r=-(\rho V_0)S_w b\left[\frac{C_{Y_\beta}}{2m}+\frac{1}{I_z}\frac{b}{4}C_{n_r}\right]$$

由于对一般飞机，偏航静稳定性力矩比侧向力和偏航阻尼力矩大很多，都满足条件 $|N_\beta|\gg Y_\beta N_r$，因此，荷兰滚的固有频率为

$$\omega_D\approx\sqrt{|N_\beta|}=\sqrt{\rho}V_0\sqrt{\frac{1}{2}S_w bC_{n_\beta}/I_z}\tag{7-27}$$

$$\xi_D\approx\frac{Y_\beta+N_r}{2\sqrt{|N_\beta|}}=\frac{-S_w b\left[\frac{C_{Y_\beta}}{2m}+\frac{1}{I_z}\frac{b}{4}C_{n_r}\right]}{\sqrt{\frac{1}{2}S_w bC_{n_\beta}/I_z}}\sqrt{\rho}\tag{7-28}$$

可以看到，荷兰滚模态的固有频率与空速和空气密度的二次方根成正比，而阻尼比与空气密度的二次方根成正比。

2. 飞行条件对滚转阻尼模态时间常数的影响

根据简化的滚转阻尼模态的传递函数，其时间常数为

$$T_R\approx-1/L_p=-4I_x/S_w b^2C_{l_p}(\rho V_0)\tag{7-29}$$

式(7-29)表明,滚转阻尼模态过渡过程的时间常数与 ρV_0 成反比。

3. 飞行条件对螺旋模态时间常数的影响

由 7.3 节可知,螺旋模态小实根可近似表示为

$$s=\frac{Y_\phi(L_\beta N_r-L_r N_\beta)}{L_\beta N_p-L_p N_\beta+Y_\beta(L_p N_r-L_r N_p)}$$

其时间常数为

$$T_s=\frac{L_\beta N_p-L_p N_\beta+Y_\beta(L_p N_r-L_r N_p)}{Y_\phi(L_\beta N_r-L_r N_\beta)}$$

由于 $|L_p N_\beta|$ 很大,即 $|L_p N_\beta|\gg|L_\beta N_p+Y_\beta(L_p N_r-L_r N_p)|$,故

$$L_\beta N_p-L_p N_\beta+Y_\beta(L_p N_r-L_r N_p)\approx -L_p N_\beta$$

因此

$$T_s=\frac{-L_p N_\beta}{Y_\phi(L_\beta N_r-L_r N_\beta)}=\frac{-C_{l_p}C_{n_\beta}}{C_{l_\beta}C_{n_r}-C_{l_r}C_{n_\beta}}\left(\frac{V_0}{g}\right) \tag{7-30}$$

这说明,螺旋模态时间常数与飞行速度成正比。时间常数愈大,螺旋模态的作用就愈小。飞机速度愈大,惯性愈大,进入螺旋模态就不容易。

7.5.2 气动导数对横侧向模态特征参数的影响

1. 气动导数对滚转阻尼模态时间常数的影响

滚转阻尼模态的时间常数与 $|L_p|$ 成反比,也与飞机的横滚阻尼气动导数 $|C_{l_o}|$ 成反比。对于亚声速飞行的飞机,一般采用大展弦比机翼来提高升力,因此飞机的阻尼特性良好。

但是,由于 $|C_{l_o}|$ 很大,滚转阻尼导致滚转角速度上升比较慢,用副翼操纵飞机滚转时比较困难。另外,由于飞机机动转弯要依靠滚转来完成,因此,飞机的机动性稍差。

对于超声速飞行的飞机,一般采用小展弦比机翼,飞机的机动性得到提高,但是阻尼特性往往较差,因此,必须加入人工阻尼。

2. 气动导数对荷兰滚模态特征参数的影响

荷兰滚模态的固有频率 $\omega_D\approx\sqrt{|N_\beta|}=\sqrt{\rho}V_0\sqrt{\frac{1}{2}S_w bC_{n_\beta}/I_z}$,因此 $\omega_D\propto\sqrt{C_{n_\beta}}$。显然,航向静稳定性愈好,即 C_{n_β} 愈大,固有频率愈大,荷兰滚收敛速度愈快。

但是,如果横滚静稳定性导数 $|C_{l_\beta}|$ 较大,会导致荷兰滚发散,上述关系不成立。

3. 气动导数对螺旋模态时间常数的影响

前面已知,螺旋模态稳定的条件是

$$C_{l_\beta}C_{n_r}>C_{n_\beta}C_{l_r}$$

即螺旋模态稳定的前提是横滚静稳定性导数乘偏航阻尼气动导数等于偏航静稳定性导数乘横滚阻尼气动导数。这个条件可改写为

$$\left|\frac{C_{l_\beta}}{C_{l_r}}\right|>\left|\frac{C_{n_\beta}}{C_{n_r}}\right| \tag{7-31}$$

这说明,横滚的稳定阻尼比要大于偏航的稳定阻尼比。即提高横滚的静稳定性有助于螺旋模态的稳定,如加大机翼的上反角和后掠角等方法。

7.6 本章小结

本章的目的在于通过求解飞机横侧向运动的传递函数和对荷兰滚、螺旋、滚转阻尼典型模态产生机理分析，建立起飞机横侧向运动特征参数(阻尼比、自然频率)和气动导数数及高度、速度等运动参数间的关系；为后面飞行控制律的分析和设计提供依据。本章的主要知识点和学习要求见表7-1。

表7-1　本章知识点及学习要求

序号	学习内容	学习要求	重要概念、公式、图表和论述
1	横侧向运动的典型模态(★★★)	掌握滚转阻尼模态、荷兰滚、螺旋模态的概念，了解横侧向运动稳定的必要条件，掌握荷兰滚、螺旋模态物理成因分析过程。了解荷兰滚发散和螺旋发散的条件	式(7-5)(★★★)；滚转阻尼模态(★★★)、荷兰滚(★★★)、螺旋模态(★★★)；图7-8(★★★)、图7-10(★★★)
2	飞机横侧向运动模态的简化(★)	掌握横侧向运动模态简化的原则和简化后各模态在横侧向运动参数中的体现	横侧向运动模态简化原则和简化后的传递函数形式(★)
3	横侧向运动传递函数及频率特性分析(★★)	了解横侧向运动传递函数及频率特性	荷兰滚运动对侧滑角、偏航角速度的影响比较大(★★)；荷兰滚模态主要是方向舵操纵引起的。而副翼偏转则主要引起滚动阻尼模态(★★)
4	飞行条件和气动导数对横侧向典型模态特征参数的影响(★★)	了解高度、速度及重要气动导数对滚转阻尼、荷兰滚和螺旋模态特征参数的影响	式(7-26)～式(7-31)(★★)

思考题

1.横侧向运动有哪些典型模态？各模态的运动特点是什么？
2.简述荷兰滚模态的物理成因。
3.简述螺旋模态的物理成因。
4.请分析荷兰滚发散的过程。
5.横侧向各典型模态的简化原则是什么？为什么可以这样简化？
6.横侧向运动稳定的必要条件是什么？
7.高度和速度如何影响横侧向各典型模态的特征参数？
8.荷兰滚模态阻尼比和自然频率主要受哪些因素影响？
9.螺旋模态阻尼比和自然频率主要受哪些因素影响？
10.方向舵和副翼是如何影响飞机横侧向典型模态运动的？

第 8 章 有人驾驶飞机飞行品质规范简介

8.1 引 言

飞机的飞行品质是与飞行安全有关的，且涉及驾驶员感受在定常或机动飞行过程中能否容易驾驶飞机的特性。从飞机本身来说，飞行品质主要是指飞机的稳定性和操纵性。对飞行品质的评价，是通过驾驶员执行各种飞行任务的感受和体会来主观评价的。通俗说，好的飞行品质，驾驶员的主观感受是“有效、安全、好飞”。“有效”是指飞机在驾驶员操纵下，灵活自如地完成各种机动动作，能够精确跟踪和控制飞机轨迹。“安全”是指飞机在飞行中没有威胁安全、导致事故的飞行现象出现。“好飞”是指驾驶员操纵飞机时省体力和脑力。

从广义上说，飞机飞行品质是指包含驾驶员在内的人-机闭环系统的品质和特性。因此飞机飞行品质不仅包含对飞机本体和驾驶员本身的动态特性，还包括影响驾驶员完成任务的各种因素。研究飞行品质的目的有两个：一是用飞行品质来定量或定性的评价飞机的性能，评价飞机的稳定性和操纵性，即飞机设计完成后的评估；二是借助于理论分析、数字仿真或飞行模拟等方法，在飞机设计过程中预测和评估其飞行品质，从而指导飞机及其控制系统的改进方向。

由于飞机的设计和评估是一个庞大的系统工程，所以飞机飞行品质的内容也是非常广泛的，限于篇幅，本章简要介绍有人驾驶固定翼飞机的狭义的飞行品质，即和飞机的稳定性和操纵性相关的飞行品质及其评价方法，至于更为详尽的飞行品质的介绍，读者可以参考关于飞机飞行品质的专著。

8.2 飞机飞行品质规范的基本体制

8.2.1 飞机的分类

目前飞机的种类很多，如歼击机、轰炸机和歼击轰炸机等。它们的机动性差异很大，为此必须将飞机分类，以便用不同的飞行品质来要求它们。通常，将各类飞机分成如下四类：

Ⅰ类——小型、轻型飞机，如初级教练机等；

Ⅱ类——中等质量、低至中等机动性飞机，如战斗轰炸机等；

Ⅲ类——大型、重型、低至中等机动性飞机，如重型轰炸机等；

Ⅳ类——高机动性飞机，如歼击机等。

8.2.2　飞行任务阶段的种类

首先将可能的飞行任务阶段按使用情况划为两大类：一类为场域飞行阶段（如着陆），用符号 C 表示，另一类为非场域飞行阶段（如巡航，空战）。后者又可按机动动作急剧程度和操纵精度再分成 A、B 两种情况。表 8－1 给出了 A、B、C 三种飞行任务阶段种类主要特点。

表 8－1　三种飞行任务阶段种类的主要特点

飞行阶段	阶段种类	机动	跟踪
场域	C	缓慢	精确
非场域	B	缓慢	不精确
	A	急剧	精确

8.2.3　飞行品质的等级

在理想情况下，驾驶员是评定完成各种任务能力程度的鉴定人。但要获得驾驶员对某架飞机操纵品质评价是十分复杂的过程。因为每位驾驶员对该机只提供主观评价，那这种主观评价是否正确呢？能否用相同的标准去评价呢？为此，必须制定一种以等级形式主观评价飞机操纵品质的方法。1957 年 Cooper 首先提出了驾驶员用 10 个数字评定操纵品质的等级，1968 年 Harper 对原评定等级作了修改，这就是现行的驾驶员评定飞机操纵品质的评定等级——Cooper－Harper 等级，见表 8－2。

与此同时，通过大量的飞行试验，地面模拟试验和理论分析后，并根据飞机在正常情况下和在故障情况下工作的可能性，在 MIL－STD－8785C 中，又将 Cooper－Harper 等级归并为如下三个等级：

等级 1：操纵品质明显适合完成飞行任务阶段。

等级 2：操纵品质适合于完成飞行任务阶段，但驾驶员工作负担有所增加或完成任务的效果欠佳，或两者兼而有之。

等级 3：操纵品质能满足安全操纵的要求，但驾驶员的工作负担过重或完成任务的效果不好，或两者兼有之，A 种飞行阶段可能安全地结束，B 和 C 两种飞行阶段能够完成。

由这里可知，这些操纵品质等级是反映飞机飞行安全情况和驾驶员操纵难易程度的。

8.3　飞机的稳定性和操纵性

飞机的稳定性又称为安定性，它是飞机本身固有的一种运动属性。从气动力学的观点看，飞机稳定性主要是由恢复力矩和阻尼力矩决定的，在实际中，稳定性又分为静稳定性和动稳定性。所谓静稳定性是指飞机平衡状态受到扰动，在扰动消失后，飞机本身具有恢复原平衡状态趋势的能力。动稳定性是指飞机的受扰运动在扰动源撤销后，飞行员不操纵飞机，飞机能渐近地回到扰动前的运动状态。静稳定性和动稳定性的区别是：静稳定性研究的仅是飞机受到扰动后初始反应的趋势；而动稳定性研究飞机受扰动后的全过程。

飞机的操纵性指飞机（包含控制系统）对驾驶员操纵输入的响应特性，即按照驾驶员操纵意图（指令信号），在一定时间内能迅速改变其飞行状态的能力，或简单说飞机听从驾驶杆的能力。操纵性表现为驾驶员对杆力/杆位移的感觉和飞行状态改变快慢的视觉等两方面。如果当飞机对操纵意图的反应特性既迅速又准确地复现了，则称飞机的操纵性好。

表 8-2　Cooper-Harper 等级

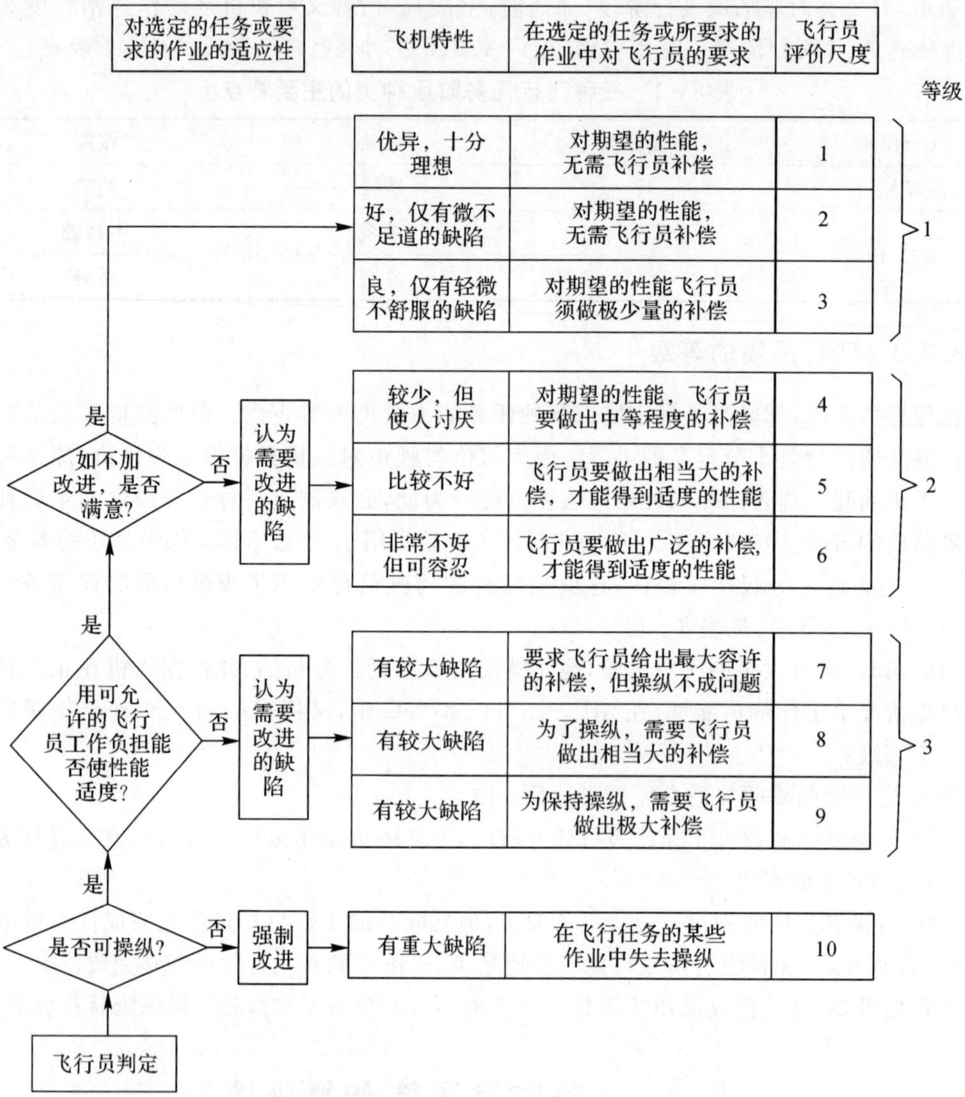

从操纵功用而言，飞机应具有机动能力(使飞机实现最大法向过载，最大滚转速度的能力)和配平能力(对起飞着陆、平飞)。

飞机的纵向静稳定性又分为迎角稳定性、速度稳定性和航迹稳定性(又称轨迹稳定性)等。迎角稳定性是指迎角改变引起的飞机纵向力矩的特性。如果纵向力矩特性使飞机趋于返回原平衡状态，则称飞机是迎角稳定的；否则就是静不稳定。如果飞机保持受扰后的姿态，则称为中性稳定。通常迎角稳定性用无因次气动导数 $C_{m\alpha}$ 来表示：$C_{m\alpha}<0$ 表示静稳定，$C_{m\alpha}=0$ 表示中性稳定，$C_{m\alpha}>0$ 表示静不稳定。$C_{m\alpha}$ 的大小和正负决定于飞机质心与焦点之间的相对位置：焦点在质心之后，为静稳定；反之为静不稳定。焦点和质心之间的距离反映了静稳定的程度。

飞机的速度稳定性是指速度改变引起的飞机纵向力矩特性。若飞机在定载水平平衡状态下飞行，在扰动使飞行速度发生变化，扰动消失后，飞机具有自动恢复原飞行速度的趋势，则称其为速度稳定；否则为速度不稳定。若 $\left.\frac{\mathrm{d}C_m}{\mathrm{d}\alpha}\right|_{n_z=1}<0$，则速度是静稳定的，$\left.\frac{\mathrm{d}C_m}{\mathrm{d}\alpha}\right|_{n_z=1}$ 的大小和正负主要是由 $C_{m\alpha}$ 和 $C_{m,M}=\frac{\partial C_m}{\partial M}$ 决定的。在飞机进入跨声速飞行后，$C_{m,M}$ 将会有较大的负值，从而使 $\left.\frac{\mathrm{d}C_m}{\mathrm{d}\alpha}\right|_{n_z=1}>0$，飞机变为具有自动俯冲现象的速度不稳定。

飞机的航迹稳定性是指受约束的静稳定特性。它表征在油门杆不动时，飞机飞行航迹倾斜角 γ 随空速的变化，即 $\frac{\mathrm{d}\gamma}{\mathrm{d}V}$ 的特征。若 $\frac{\mathrm{d}\gamma}{\mathrm{d}V}<0$，则称飞机航迹静稳定，否则为静不稳定。航迹稳定的飞机，驾驶员不必改变油门，通过操纵升降舵即可改变速度。即拉杆时，飞机爬升，速度减小；推杆时，飞机俯冲，速度增大。

飞机的动稳定性是由飞机的气动布局及其质量特性确定的，常用飞机受扰运动的典型模态来表示。纵向运动的典型模态就是短周期模态和长周期模态。短周期模态主要反映为快速阻尼的迎角和俯仰角速率的振荡；而长周期模态主要反映为空速、俯仰角和高度的缓慢振荡，相对短周期模态而言，长周期模态是低频和小阻尼的，实际是体现了飞机运动的动能和势能的相互转换。通常情况下，短周期模态是稳定的，即振荡是收敛的，但是对于放宽静稳定的飞机，短周期模态可能是不稳定的；长周期模态可能是不稳定的，即振荡发散的，不过由于发散缓慢，常常能被驾驶员纠正。由于短周期模态发生和发展迅速，驾驶员很难控制，所以研究动稳定性问题时，重点是短周期模态。

横侧向飞行是飞机绕滚转轴和偏航轴的运动，由于滚转和偏航两个通道之间存在较强的耦合，所以飞机横侧向飞行时所受的气动力和气动力矩变化比较复杂。相对而言，飞机质心前后位置对动稳定性和动操纵性的影响显得不那么重要，所以一般横侧向稳定性一般只考察飞机的静稳定性。飞机的横侧向静稳定性包括航向静稳定性和横向静稳定性。

航向静稳定性(又称风标静稳定性)常用静导数 $C_{n\beta}$ 来表示。若 $C_{n\beta}>0$，则航向是静稳定的，此时，当飞机受到扰动处于右侧滑($\beta>0$)时，由侧滑角所引起的正的偏航力矩($C_{n\beta}>0$)试图使机体轴和相对风向一致，反映飞机本身有消除侧滑角的趋势；反之，若 $C_{n\beta}<0$，则是航向不稳定的。$C_{n\beta}$ 是决定飞机横航向飞行品质的最重要的一个导数。实践表明，为了得到好的飞行品质，应尽可能地提高 $C_{n\beta}$ 值。较大的 $C_{n\beta}$ 值可减小盘旋时出现的侧滑幅值，实现协调转弯；并防止在急剧机动和强大气扰动中出现大的侧滑角。

横向静稳定性用静导数 $C_{l\beta}$ 来表征。它表示如果飞机受某种扰动使之产生倾斜角 $\phi>0$，因滚转角 ϕ 使升力倾斜，则升力和重力的合力作用将使飞机向右侧滑，产生侧滑角 $\beta>0$。若 $C_{l\beta}$ 为负值，则产生负的滚转力矩，使滚转角恢复到 0，即有保持飞机机翼水平的趋势。所以，$C_{l\beta}<0$ 时，飞机具有横向静稳定性。影响飞机横向静稳定性的因素很多，主要的因素是机翼的上反角、后掠角以及垂尾面积等。

8.4　飞机飞行品质的常用评价准则

驾驶员在对飞机进行飞行品质评价时，是从安全、有效操纵及任务完成的效果等多方面衡量飞机的可接受性和适用性。而与执行任务的能力和驾驶员工作负担相关的因素有很多，所以评价飞行品质时必须区分这些因素的影响,给出合理的评价方法和准则。

未增稳的常规飞机的飞行品质主要是由其构型来保证的,规定少数几个参数就可表征飞机的操纵品质。而现代飞机由于使用了电传操纵系统,其对控制输入的响应形状和常规飞机相比有很大的不同,因此,现代飞机的飞行品质就不能仅依靠常规飞机的飞行品质的少数几个参数来评价。现代飞机的飞行品质评价考虑了高增稳飞机的特性,采用低阶等效系统等一系列新的准则对飞机品质进行评价。本节主要介绍目前常用的评价现代飞机飞行品质的几种评价准则。

8.4.1 等效系统的概念、原理和方法

对于一架未增稳的飞机,其长短周期很容易区分,并可直接根据长短周期的特性对飞机的性能进行评价;但对于高阶增稳飞机,阶次可达 50～70 阶,其中很多附加模态不能与飞机的长短周期模态相区分,难以按照常规飞机的方法评价其飞行品质。最初,为了使用常规飞机的飞行品质规范,期望从高阶系统的多个特征根中选择一对合适的短周期特征根。但在实际应用中发现,在很多情况下,这种合适的短周期特征根是很难选出的;对于某些布局的飞机,尽管可以找到,但是利用这样的特征根来评价飞行品质将会导致错误的结论。因为虽然单个非主导极点对系统的影响较小,但是众多非主导极点的效应在驾驶员感兴趣的频带内都是驾驶员能够感觉到的。所以不能采用主导极点的方式对系统进行降阶,MIL－STD－1797 中建议采用等效系统的方法进行处理。

高阶增稳飞机的低阶等效系统是指,两个系统在相同的初始条件及外界激励下,在一定频域范围内或时间段内,相应的输出量差值在某个指标意义下达到最小,则称该低阶系统为原高阶增稳系统的等效系统。该等效系统可采用频域或时域拟合技术求得。根据多年的使用经验及军用规范,提倡使用频域拟合方法。

低阶等效系统的频域拟配原理就是把高阶系统的幅频和相频分别与低阶等效系统的幅频和相频进行比较,求其差并按照下式进行拟配。

$$J=\frac{20}{n}\sum_{i=1}^{20}\{[G_{\mathrm{HOS}}(i)-G_{\mathrm{LOS}}(i)]^2+W\,[\Phi_{\mathrm{HOS}}(i)-\Phi_{\mathrm{LOS}}(i)]^2\} \tag{8-1}$$

式中:J 称为失配系数或代价函数;n 代表取多少个频率点进行拟配,一般为每 10 倍频程取 10 个点,对(0.1～10)rad/s 范围内取 20 个点,且是对数等间隔的;$G_{\mathrm{HOS}}(i)$,$\Phi_{\mathrm{HOS}}(i)$ 和 $G_{\mathrm{LOS}}(i)$,$\Phi_{\mathrm{LOS}}(i)$ 分别是高阶系统和低阶等效系统在所选频率点处的幅、相值;W 为加权值,一般 $W=0.016\sim0.02$ 。

在飞行品质的评价中,一般低阶等效系统模型采用典型模态与时间延迟环节相乘的形式。对飞机俯仰轴,其俯仰角速率和法向过载的低阶等效形式为

$$\frac{\dot{\theta}(s)}{F_z(s)}=\frac{K_\theta\left(s+\frac{1}{T_{\theta1}}\right)\left(s+\frac{1}{T_{\theta2}}\right)}{(s^2+2\xi_{\mathrm{sp}}\omega_{\mathrm{sp}}s+\omega_{\mathrm{sp}}^2)(s^2+2\xi_{\mathrm{ph}}\omega_{\mathrm{ph}}s+\omega_{\mathrm{ph}}^2)}\mathrm{e}^{-\tau_\theta s} \tag{8-2}$$

$$\frac{n'_z(s)}{F_z(s)}=\frac{K_{n_z}\left(s+\frac{1}{T_{k1}}\right)}{(s^2+2\xi_{\mathrm{sp}}\omega_{\mathrm{sp}}s+\omega_{\mathrm{sp}}^2)(s^2+2\xi_{\mathrm{ph}}\omega_{\mathrm{ph}}s+\omega_{\mathrm{ph}}^2)}\mathrm{e}^{-\tau_n s} \tag{8-3}$$

式中:K_θ 为增益,$\dot{\theta}$ 为俯仰角速率,F_z 为杆力输入;$T_{\theta1}$,$T_{\theta2}$ 为分别对应长、短周期的分子时间常数;ξ_{sp},ξ_{ph},ω_{sp},ω_{ph} 为分别对应短周期和长周期的阻尼比和自然频率;n'_z 为飞机瞬时转

动中心处的法向过载。

如果飞机的长短周期可明显分开，可分别对长短周期进行拟配，并采用如下等效形式：

长周期：

$$\frac{\dot{\theta}(s)}{F_z(s)}=\frac{K_\theta\left(s+\frac{1}{T_{\theta 1}}\right)}{(s^2+2\xi_{ph}\omega_{ph}s+\omega_{ph}^2)} \tag{8-4}$$

短周期：

$$\frac{\dot{\theta}(s)}{F_z(s)}=\frac{K_\theta\left(s+\frac{1}{T_{\theta 2}}\right)e^{-\tau_\theta s}}{(s^2+2\xi_{sp}\omega_{sp}s+\omega_{sp}^2)} \tag{8-5}$$

$$\frac{n'_z(s)}{F_z(s)}=\frac{K_{n_z}e^{-\tau_n s}}{(s^2+2\xi_{sp}\omega_{sp}s+\omega_{sp}^2)} \tag{8-6}$$

MIL－STD－1797 中明确规定，在进行等效系统拟配时，要求对 $\dot{\theta}$ 和 n'_z 同时进行拟配，并且驾驶员输入可为杆力或杆位移。上述低阶等效系统模型即为常规布局的经典飞机的纵向系统模型，不同的是分别加入了等效延迟时间。这些等效延迟时间实际上反映了增稳飞机中的传输延迟以及高频动态在低频部分的相位滞后引入的延迟。

等效系统参数可以利用各种不同的优化技术来求得。由于优化方法及所选参数初值的不同，具有良好“拟合”的低阶等效系统也不是唯一的。经验表明，每一个“拟合”良好的等效系统能得到同样的飞行品质评价结果。

8.4.2　俯仰轴的飞行品质评价准则

1. CAP 准则

在获得低阶等效系统参数后，有两种方法来评价飞机的飞行品质：一种是直接利用所求得的 ξ_{sp} 以及 CAP 参数进行评价，另外一种是根据所求得 $(\omega_{sp}T_{\theta 2})\xi_{sp}$ 和 τ_e 来评价。

CAP(Control Anticipation Parameter)定义为，初始俯仰角加速度 θ_0 与稳态法向过载变化 Δn_{zss} 之比：

$$\mathrm{CAP}=\frac{\left.\frac{\ddot{\theta}}{\delta_e}\right|_{t=0}}{\left.\frac{\Delta n_z}{\delta_e}\right|_{t=\infty}}=\frac{\ddot{\theta}_0}{\Delta n_{zss}}(\mathrm{rad}\cdot \mathrm{s}^{-2}\cdot g^{-1}) \tag{8-7}$$

可见，CAP 是与飞机的初始俯仰姿态变化与稳态飞行轨迹变化(法向过载)的比值密切相关。当忽略操纵系统动态延迟并且不考虑升降舵产生的升力时，根据 $\ddot{\theta}$，n_z 和 δ_e 的传递函数，利用终值定理和初值定理，可知 CAP 还可表示为

$$\mathrm{CAP}=\frac{\omega_{sp}^2}{(\Delta n_z\alpha^{-1})}=\frac{\omega_{sp}^2}{\left(\frac{V}{g}T_{\theta 2}^{-1}\right)}=\frac{gT_{\theta 2}\omega_{sp}^2}{V} \tag{8-8}$$

为了进一步说明 CAP 的物理意义，可将式(8－8)改写为

$$\mathrm{CAP}=\frac{\ddot{\theta}_0}{F_z}\frac{F_{z0}}{\Delta n_{zss}}=M_{F_s}F_z^{n_z} \tag{8-9}$$

式(8－9)表明，CAP 等于单位杆力所产生的初始俯仰角加速度 M_{F_s} (杆力灵敏度)与稳态时产生的单位过载所需杆力 $F_z^{n_z}$ ((单位过载杆力)的积。可见 CAP 与飞行员操纵感觉中的最

直接的两个概念密切相关,直接影响操纵性的好坏。所以,必须将 CAP 值控制在一定的范围内。另外 CAP 又表示了飞机俯仰姿态响应自然频率 ω_{n1} 与飞机轨迹响应频率 $T_{\theta 2}^{-1}$ 应满足的关系,即轨迹与姿态的协调关系。

对于高增稳飞机或具有时间延迟的飞机,CAP 参数应重新定义,因为此时 $\theta(0)$ 等于 0,无法求得 CAP。在单位杆力作用下,更一般的 CAP 定义为

$$\mathrm{CAP}' \stackrel{\Delta}{=} \frac{\ddot{\theta}_{\max,\mathrm{HOS}}}{\Delta n_{zss}} \tag{8-10}$$

式中:最大俯仰角加速度 $\ddot{\theta}_{\max,\mathrm{HOS}}$ 将出现在杆力输入之后某个时刻。当把 CAP′ 参数推广到等效系统时,CAP'_e 定义如下:

$$\mathrm{CAP}'_e = \left(\frac{\omega_{\mathrm{sp}}^2}{\dfrac{\Delta n_z}{\alpha}}\right)_e \frac{\ddot{\theta}_{\max,\mathrm{HOS}}}{(\ddot{\theta}_{\mathrm{LOES}})_{t=\tau_e}} \tag{8-11}$$

式中:下标 e 表示等效系统参数;$\ddot{\theta}_{\max,\mathrm{HOS}}$ 可从高阶系统响应上确定。

在求得 CAP 参数和 ξ_{sp} 后,飞行品质等级按图 8-1 进行评定。对于 C 种飞行阶段,除图 8-1的要求外,还要求 ω_{sp} 和 $\dfrac{n_z}{\alpha}$ 至少满足表 8-3 的要求

表 8-3 C 种飞行阶段对 ω_{sp} 和 $\dfrac{n_z}{\alpha}$ 的要求

飞机类型	1 级		2 级	
	$\omega_{\mathrm{sp,min}}/\mathrm{s}^{-1}$,	$(\Delta n_z/\alpha)_{\min}/(g\cdot\mathrm{rad}^{-1})$	$\omega_{\mathrm{sp,min}}/\mathrm{s}^{-1}$	$(\Delta n_z/\alpha)_{\min}/(g\cdot\mathrm{rad}^{-1})$
Ⅰ,Ⅱ-C,Ⅳ	0.87	2.7	0.6	1.8
Ⅱ-L,Ⅲ	0.7	2.0	0.4	1.0

此外,等效延迟时间 τ_e 对各种类型的飞机和飞行阶段应满足表 8-4 的要求。

表 8-4 等效延迟时间 τ_e 对各种类型的飞机和飞行阶段的要求

1 级	2 级	3 级
0.1s	0.2s	0.25s

另外一个方法是依据 $(\omega_{sp}\cdot T_{\theta 2})\xi_{sp}$ 和等效延迟时间 τ_e 评价飞机飞行品质。在获得了 $(\omega_{\mathrm{sp}}\cdot T_{\theta 2})\xi_{\mathrm{sp}}$ 和 τ_e 后,利用图 8-2 和表 8-4 可以对飞行品质进行评价。

在使用等效系统对高阶增稳飞机进行评价时,一个关键问题是:失配参数 J 多大才是合理的。一般来说,失配参数越小,等效系统参数的可信度就越高。目前,在实际应用中,常要求 $J<20$;但实际上,也发生过非常大的失配参数($J>100$)也没有引起驾驶员关注的情况,即对飞行品质影响不大。为了解决这个问题,MIL-STD-1797 建议使用图 8-3 的失配包络加以限制。试飞数据表明,如果在各频率点的失配值能处于图 8-3 的包络内,则拟配是合适的。

多年的使用经验表明,等效系统方法是好用的,但不具备通用性,即不能用于各种不同类型的飞机响应。这种方法只能用于常规飞机响应类型的系统。如果高增稳飞机的响应类型不同于常规飞机,但人们仍希望用基于常规飞机特性的准则(CAP 准则)去评价这种飞机的飞行

品质，那么就会出问题。尽管如此，等效系统的概念仍是适用的，只是低阶模型必须改变。

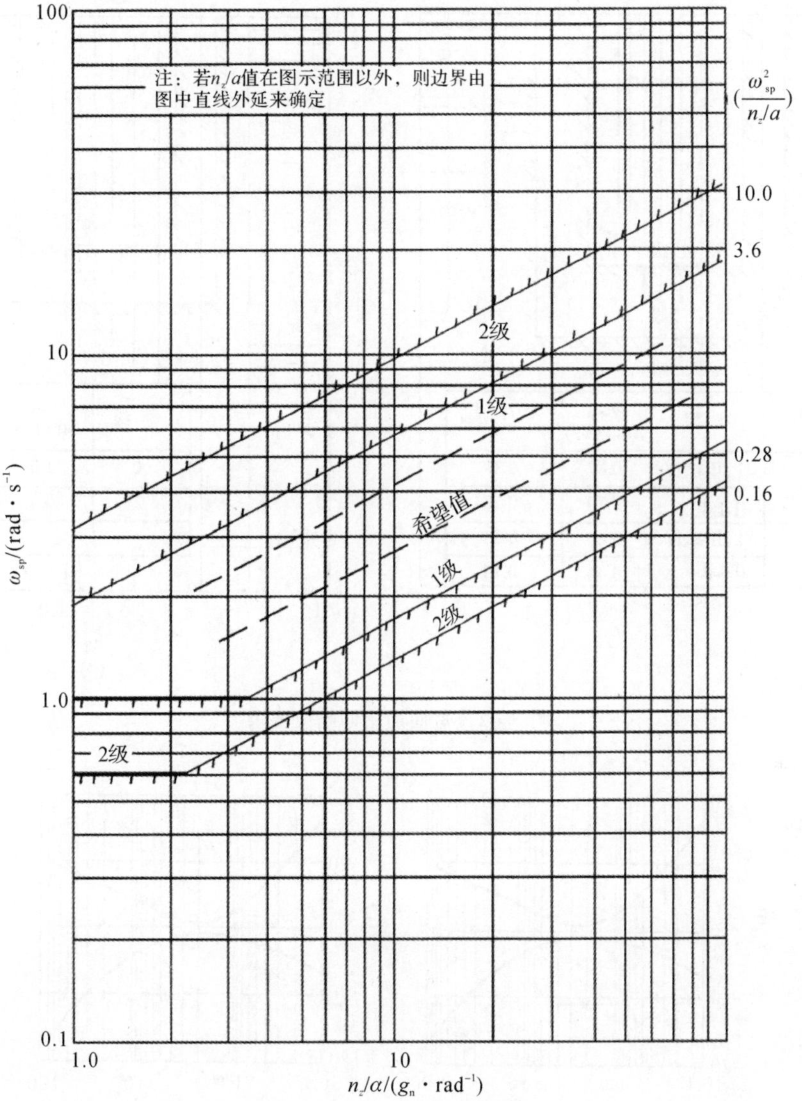

图 8-1　ω_{sp} 与 n_z/α 的关系

在使用等效系统方法时，必须知道高阶系统的频率特性。在线性系统设计时，该频率响应可以利用控制理论的方法求得；对于非线性系统或实际物理系统，其频率响应可以通过测量一定输入信号的时间响应数据，然后对这些数据做快速傅氏变换求得。

2. 带宽准则

带宽准则是由规定的开环系统带宽及时间延迟 τ_p 的相互关系定义的，要求其分别位于图 8-4 的范围内。图 8-4 中 ω_{BW} 是频率响应带宽，它是俯仰姿态对驾驶员操纵力或操纵位移的开环频率响应中，相位裕度等于或大于 45°所对应频率 $\omega_{BW,phase}$ 或增益裕度等于或大于 6dB 所对应得频率 $\omega_{BW,gain}$ 中的较小者。时间延迟 τ_p 由下式定义：

$$\tau_p = -(\phi_{2\omega 180} + 180^\circ)/(57.3 \times 2\omega_{180})$$

式中：ω_{180} 是相位等于$-180°$时的频率；$\phi_{2\omega180}$ 是2倍 ω_{180} 频率处的相角。

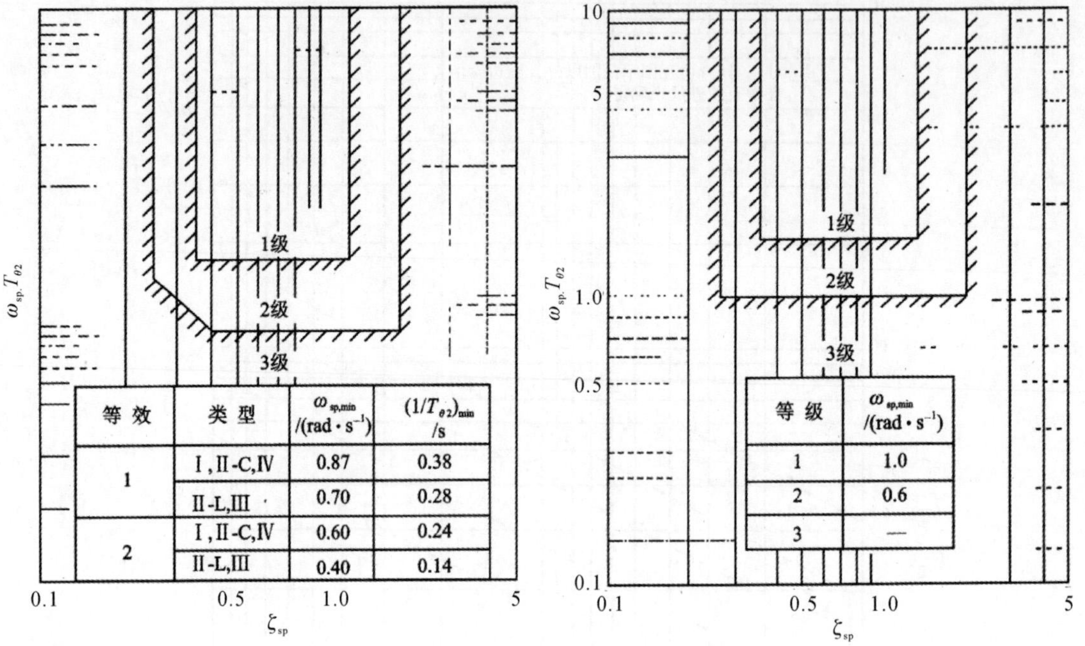

(a) (b)

图 8-2 短周期俯仰响应要求

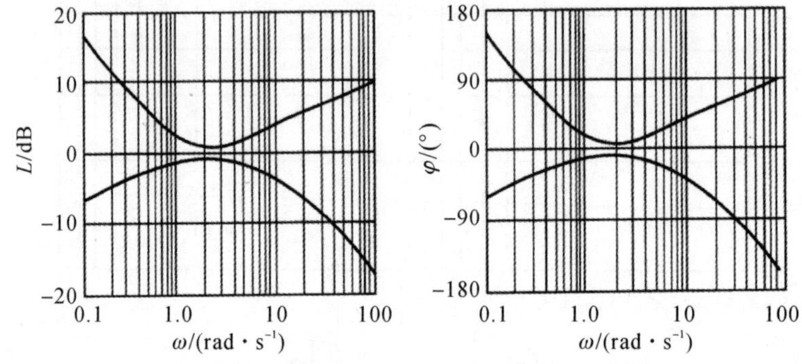

(a) (b)

图 8-3 失配包络图

采用开环带宽作为评价准则，主要是从人-机闭环系统的稳定性考虑的。实际上，开环带宽是保证人-机闭合回路稳定性的重要参数。该准则的含义是：即使飞行员增大控制增益两倍，或增大附加时间延迟，也不会引起系统不稳定。显然，若系统频带较宽，则系统对干扰的抑制能力就较强。

飞行数据表明，驾驶员在力图不危及系统稳定性的条件下，欲获得好的闭环调节性能，则不仅决定于频带 ω_{BW}，而且还与频率 ω 超过 ω_{BW} 之后相位曲线的形状有关。如果两个系统的带宽 ω_{BW} 近似相同，但其中相频特性不同，则其中一个系统当 ω 超过 ω_{BW} 后的相位曲线下降很陡时，驾驶员的评分等级就会降低，而相位曲线的快速下降，可近似用纯延迟时间 $e^{-j\omega\tau}$ 表示；所

以用 ω_{BW} 和 τ 共同表示飞行品质可较好地与已有的飞行结果一致，而得到延迟时间的一种简便方法，就是从相位曲线上进行估算。

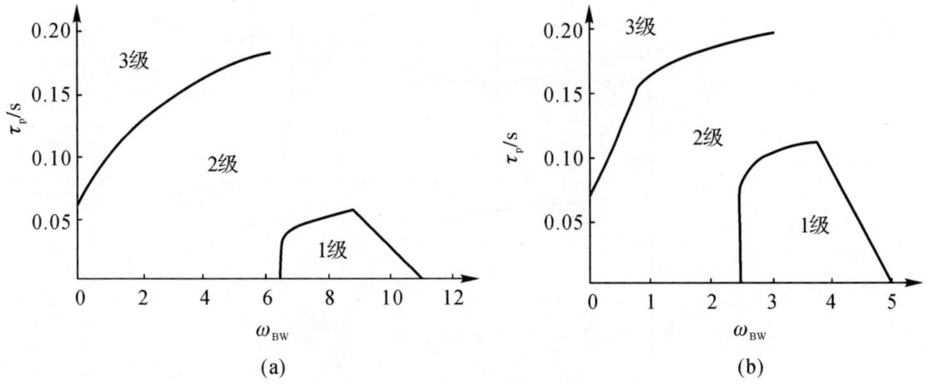

图 8－4　带宽准则要求

(a)A 种飞行阶段；(b)C 种飞行阶段

采用带宽准则的好处是可用于具有不同响应类型特性的高增稳飞机，如具有直接力控制的飞机。

3. 闭环准则

闭环准则（Neal－Smith 准则）是为高增稳飞机执行俯仰姿态精确跟踪任务而开发的，后来也推广到着陆任务。该准则的基本方法是把驾驶员-飞机俯仰姿态控制回路模型化为前向通道中有一个驾驶员模型的单位反馈系统，如图 8－5 所示。其中 Y_e 表示飞机和飞控系统的传递函数，Y_p 代表驾驶员的行为动态，作为俯仰姿态的补偿器。

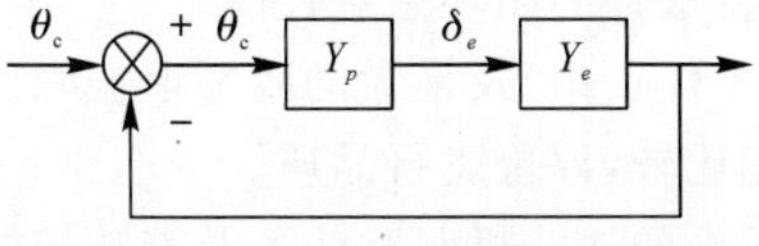

图 8－5　有驾驶员模型的俯仰角闭环控制回路

大量研究表明，Y_p 可用如下传递函数表示：

$$Y(s) = K_p \frac{(T_A s + 1)}{(T_L s + 1)(T_N s + 1)} e^{-\tau s} \tag{8-12}$$

式中：$e^{-\tau s}$ 表示驾驶员的纯时间延迟；T_A, T_L, T_N 没有固定限制值，通过调整 T_A, T_L，的数值，可使人-机闭环系统的频率特性满足一定的要求，这些值的大小和相互关系表示了驾驶员的工作负担。该准则给定了闭环回路的某些性能标准。这些标准在频率中定义为和飞行任务相关的带宽 ω_B，且规定 ω_B 是闭环相移位－90°时的频率。规定

A 种飞行阶段：$\omega_B = 3.5\mathrm{rad/s}$ 。

B 种飞行阶段：$\omega_B = 1.5\mathrm{rad/s}$ ；

着陆阶段：$\omega_B = 2.5\mathrm{rad/s}$ ；

其他 C 种飞行阶段：$\omega_B = 1.5\mathrm{rad/s}$ ；

此外，还要求闭环频率特性在 ω_B 之内幅值下降最小，要求 1 和 2 级飞行品质时不大于－3dB；闭环谐振峰值为 0～10rad/s 时：1 级＜3dB，2 级＜9dB。其所要求的闭环频率特性的响

应形状如图 8-6 所示。

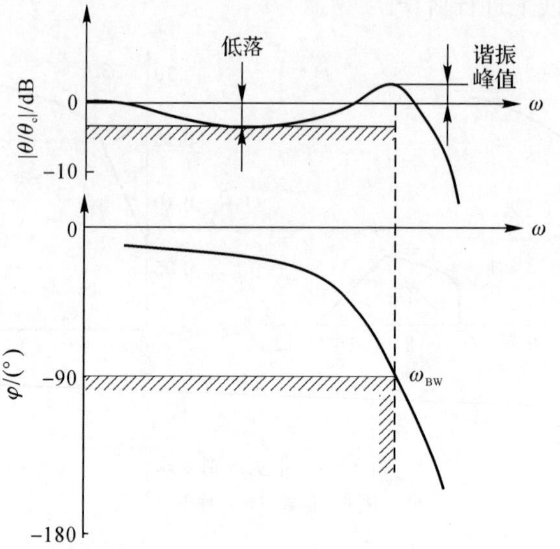

图 8-6 闭环频率特性要求

该准则的输出值是驾驶员的补偿和闭环所达到的最大谐振峰值 $|\theta/\theta_c|_{max}$ 。通常,工作负担用带宽频率处所需的补偿相角表示。根据上述两个参数,在该准则的参数平面上即可评定飞行品质等级,如图 8-7 所示。

使用该准则对飞行品质进行评价的步骤如下:

(1)规定与任务相适应的带宽要求;

(2)调整驾驶员参数,以获得最佳的闭环系统性能;

(3)测量所需的闭环补偿(工作负担)及最大的闭环谐振峰值 $|\theta/\theta_c|_{max}$;

(4)把测量值与参数边界相比较,评价飞行品质。

经验表明,该准则是一个较好的战斗机跟踪任务及着陆俯仰飞行品质的鉴别工具。

4. 俯仰角速率准则

俯仰角速率准则是根据驾驶员俯仰阶跃操纵输入时俯仰角速率响应形状进行飞机纵向飞行品质评定的准则。具体为,在保证飞机飞行速率为常值的条件下,由飞机 2 阶短周期方程计算的俯仰角速率响应特性应具有按下述方法定义的特性,如图 8—8 所示。

(1)用水平直线定义稳态俯仰角速率值;

(2)在曲线最大斜率处引入一斜线与响应曲线相切;

(3)测量从阶跃输入加入瞬时到最大斜率处与时间轴相交点之间的时间间隔 t_1 ,称其为有效时间延迟;

(4)测量从阶跃输入加入瞬时到最大斜率线与稳态俯仰角速率直线交点之间的时间间隔 t_2 ,并定义 $\Delta t = t_2 - t_1$ 为上升时间;

(5)定义 Δq_1 为最大俯仰角速率值与稳态值之差;

(6)定义 Δq_2 为稳态值与第一个最小俯仰角速率之差。

上述测量值应满足如下要求:

(1)有效延迟时间 t_1 (对不同飞机及飞行阶段均相同):

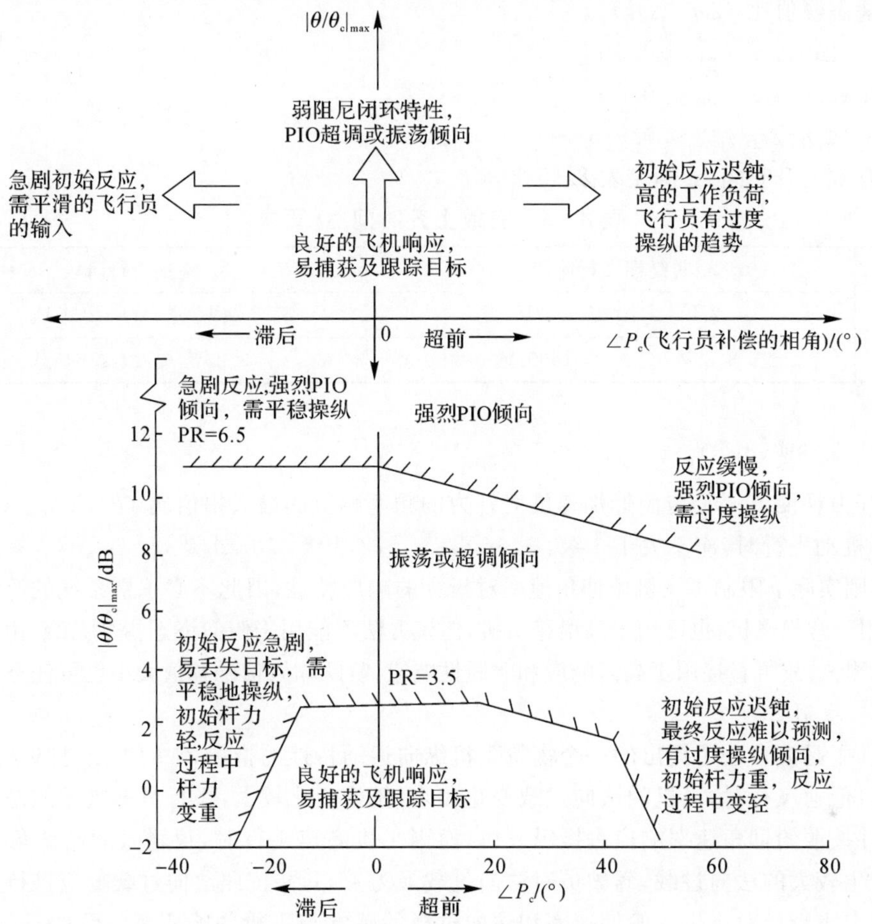

图 8－7　典型驾驶员评价趋势及建议判据

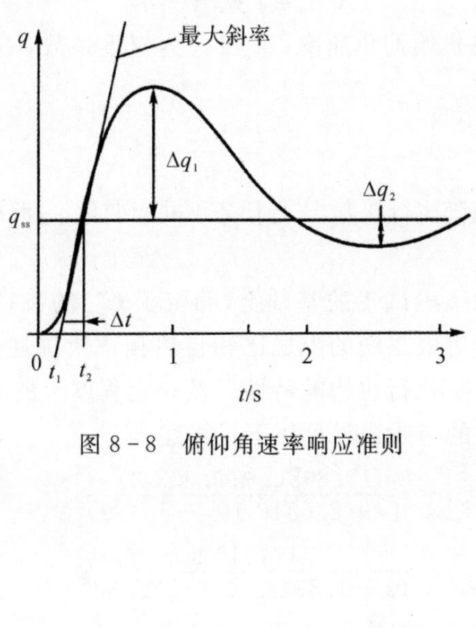

图 8－8　俯仰角速率响应准则

1 级：$t_1 \leqslant 0.12$s；

2 级：$t_1 \leqslant 0.17$s；

3 级：$t_1 \leqslant 0.21$s。

(2)瞬态峰值比 $(\Delta q_2/\Delta q_1)_{\max}$:

1 级：$(\Delta q_2/\Delta q_1)_{\max} \leqslant 0.3$;

2 级：$(\Delta q_2/\Delta q_1)_{\max} \leqslant 0.6$;

3 级：$(\Delta q_2/\Delta q_1)_{\max} \leqslant 0.915$ 。

(3)有效上升时间 Δt 满足表 8-5 要求：

表 8-5　有效上升时间 Δt 要求。

	非终端飞行阶段	终端飞行阶段
1 级	$9/V_0 \leqslant \Delta t \leqslant 500/V_0$	$9/V_0 \leqslant \Delta t \leqslant 200/V_0$
2 级	$3.2/V_0 \leqslant \Delta t \leqslant 1600/V_0$	$3.2/V_0 \leqslant \Delta t \leqslant 645/V_0$

表中 V_0 为真空速(m/s)。

(4)杆力梯度 F_{es}/n_z 与俯仰加速度对杆力的频率响应的最大幅值比 $|\ddot{\theta}/F_{es}|_{\max}$ 的乘积：

稳态机动飞行时，应不大于 1 级：$3.6\text{rad/s}^2/g$ ；2，3 级：$10\text{rad/s}^2/g$ 。

该准则实际上限制了飞机俯仰角速率对指令的响应特性，因此不必识别系统的等效系统参数，故可用于常规飞机，也可用于高增稳飞机，但该方法不能用于俯仰姿态指令系统，由于该准则仅是时域测试，故可直接用于高阶响应和非线性响应，阶跃输入信号幅值大小也可任意给定。

5. C^* 准则

C^* 准则是波音公司提出的一个衡量飞机纵向运动特性的指标，它的提出是基于这样的事实：在飞机低速飞行时，飞机的法向过载变化较小，俯仰变化较大，飞行员感兴趣的是俯仰角速率响应，并按照俯仰角速率响应去操纵飞机；而当飞机高速飞行时，很轻微的俯仰角速率响应就可能产生较大的法向过载，驾驶员对法向过载最为关心，并按照法向过载响应进行操作。所以人们假定飞行员对飞机的俯仰速率和法向过载的感觉与飞机的响应是一致的，因此将俯仰角速率和法向过载这个混合响应指标定义为 C^* ，其定义如下：

$$C^* = c_1 n_z + c_2 q \tag{8-13}$$

式中：n_z 为法向过载；q 为飞机俯仰角速率；c_1 和 c_2 为权重系数，一般情况下 c_1 为 1，c_2 按下式计算：

$$c_2 = \frac{V_{c0}}{g} \tag{8-14}$$

式中：V_{c0} 称为交叉速度，其值随飞行状态、飞行任务不同而变化，一般推荐值为 120～130m/s；g 为重力加速度。

在大量地面试验和变稳飞机试飞的基础上，确定了 C^* 的飞行包线，如图 8-9 所示。这些飞行包线不仅考虑短周期等效系统的阻尼比和自然频率所描述的飞机响应特性，而且考虑了系统的动态特性、高阶效应、执行机构的特性以及一定程度上的非线性影响。

当输入为 1g 时，C^* 值的包线边界可用下式描述：

上边界：
$$\frac{15.895(s+0.9022)}{(s+2.6342)(s+5.439)}$$

下边界：
$$\frac{17.2109}{(s+1.5942)(s+12.088)}$$

当输入为 2g 时，C^* 值的包线边界可用下式描述：

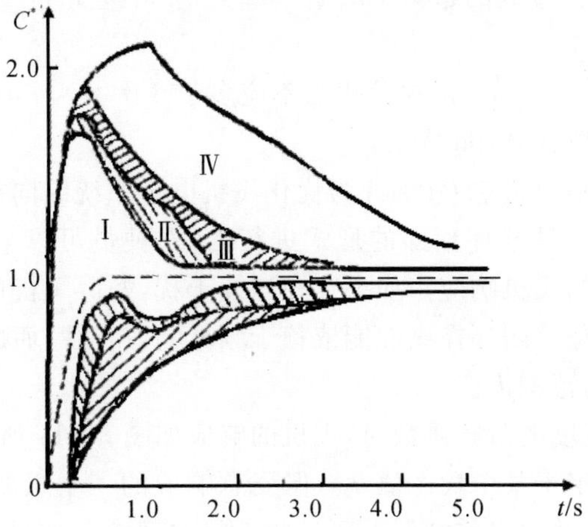

图 8-9　C^* 准则的飞行包线

上边界：
$$\frac{7.4435(s+1.5262)}{s^2+4.22s+11.1353}$$

下边界：
$$\frac{17.2109}{(s+1.5942)(s+12.088)}$$

由于 C^* 准则兼顾了法向过载和俯仰角速率在不同飞行速度时的不同要求，考虑了飞机的动态特性以及一定程度的非线性影响，所以考虑以 C^* 准则作为飞机纵向运动时的优化性能指标比较恰当。

C^* 准则的主要缺点是：其评价结果与驾驶员的评价之间缺乏相关性，并且没有对扰动的影响和驾驶员的诱发振荡做全面考虑。所以 C^* 准则常作为辅助准则来使用。

6. 法向过载时间响应准则

在评定纵向短周期运动时，还可依据阶跃输入时法向过载响应曲线来评价飞行品质。法向过载的阶跃响应曲线如图 8-10 所示。

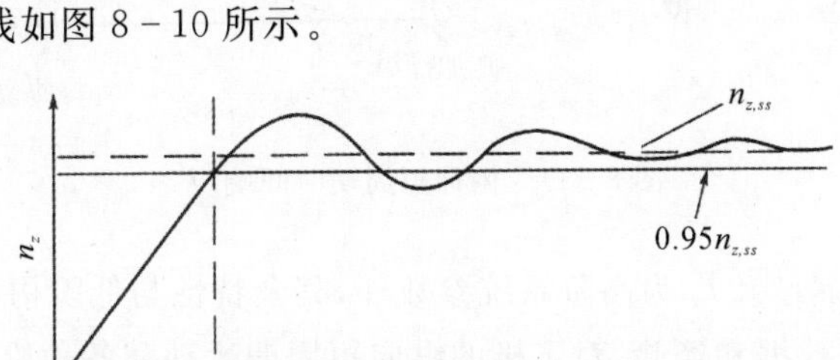

图 8-10　法向过载阶跃响应

为了便于表述该准则，首先规定 V_1 表示飞机的表速，V_2 表示飞机机动飞行时的最小表速。则法向过载时间响应准则的具体要求是：

(1) 当 $V_1 \geqslant 1.5V_2$ 时，达到过载值为 $0.95\,n_{zss}$ 的上升时间 t_{cp} 不应超过 1 级：1.5s；2 级：2s；3 级：2.5s。

(2) 当 $V_2 \leqslant V_1 \leqslant 1.5V_2$ 时，达到过载值为 $0.95\,n_{zss}$ 的上升时间 t_{cp} 应满足 1 级：<2.0s；2 级：<2.5s；3 级：<3.0s。

(3)当 $V_1 \geqslant 1.5V_2$ 时,过载的超调 $(n_{z\max}-n_{zss})/n_{zss}$ 不应超过 1 级:10%;2 级:20%;3 级 30%。

(4)过载响应衰减到 $\pm 5\% n_{zss}$ 的振荡次数不应多于 3 次。

7. 时域-频域响应准则(Gibson 准则)

时域-频域响应准则是由 J. C. Gibson 为优化飞机电传系统纵向控制律设计而提出的。一般认为,任何飞行都是以一种开环预知的形式进行的,驾驶员可以采用断续的类似阶跃的输入,大致准确地产生要求的飞机响应。如果存在连续干扰,妨碍飞机保持已经建立的稳定飞行轨迹,则需要一些闭环跟踪。闭环操纵性能依赖于频域响应特性,而成功的开环操纵则要求时域响应特性处于可接受的范围内。

当纵向输入为一定宽度的阶跃函数时,飞机的响应如图 8-11 所示。通常,输入信号取消后,飞机的俯仰响应将稳定于某个稳态值 θ_{ss},但姿态响应的一个重要特性是它们有“回落”或超调。如果姿态停止增长并向以前的值返回一些,则称“回落”;如果继续向上再增加一些,则称为“超调”或“负回落”。飞机俯仰响应中的俯仰角和飞机航迹角的关系如图 8-12 所示。

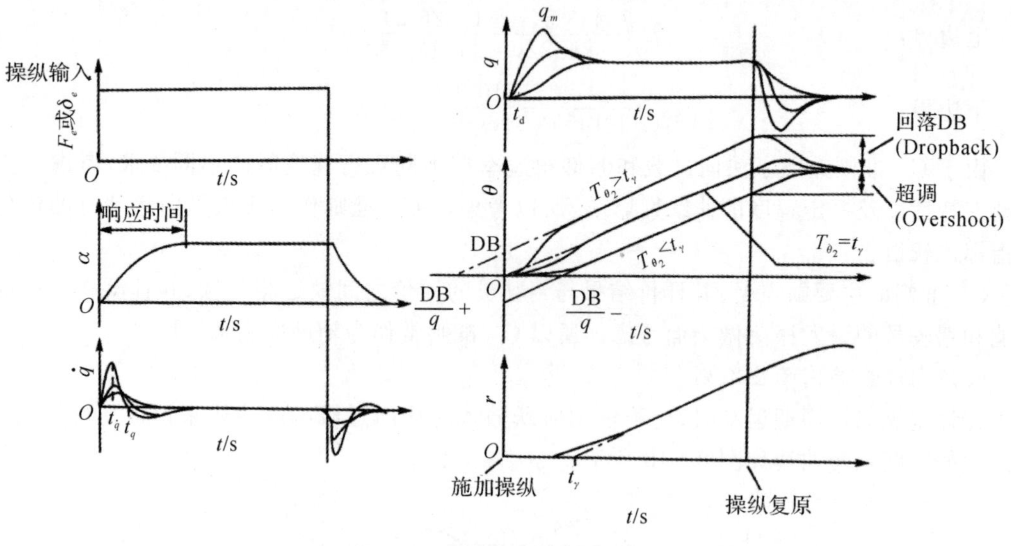

图 8-11　俯仰短周期时间响应

时域响应特性中,除 t_g 和 t_d 为高阶系统参数外,其余特性与低阶构型中的 ω_{sp},ξ_{sp} 以及 $T_{\theta2}$ 有关。根据试飞的实验数据和经验,对飞机的纵向短周期运动和各种机动,可得如下结论:

(1)在飞机航迹控制和跟踪时,不应由负的姿态“回落”;否则将会导致迟缓和不可预测的响应,有时会伴随产生严重的人-机耦合振荡。

(2)姿态“回落”值 $\left(\dfrac{DB}{q}\right)$ 为 0～0.25s 时,对精确跟踪任务是有利的,驾驶员对飞机的评价是“飞机机头跟随驾驶杆”。

(3)在跟踪任务中,增大姿态“回落”值(具有较大的俯仰速率超调)将会引入突变的响应和机动摆动,从“轻微趋势”发展到“持续振荡”,这种振荡即人-机耦合振荡。

(4)在所有的试验范围内,如果姿态“回落”不是负值,则其对非针对目标的剧烈机动、机场着陆或空中加油任务的影响都很小。

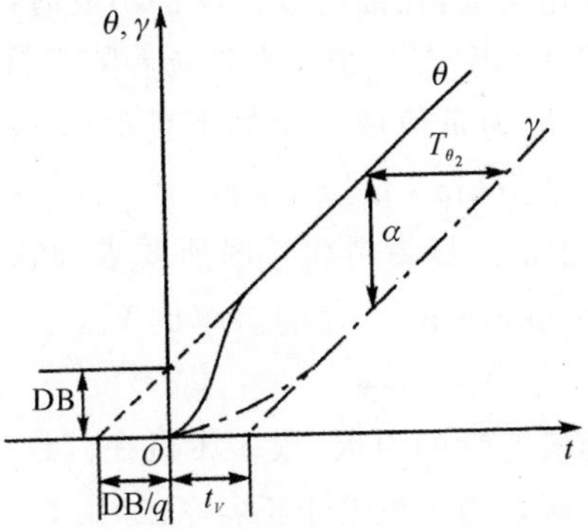

图 8-12　时域响应关系

(5)对非针对目标的机动,CAP 值达到 3.6 也是满意的;但对着陆进场,CAP 值高于 2;对精确跟踪,CAP 值高于 1;对任何任务,CAP 值若低于 0.38,都是不满意的。

(6)俯仰速率超调量 (q_m/q) 确定了回落特性,其值超过 3,将导致不可接受的相当于 0.25s 的回落。

(7)较小的飞行航迹的时间延迟值对空中加油控制是有利的,但对急剧机动并不是很有利的,而且也不能据此保证可预测的机动特性。

(8)如果法向加速度超调未发生在低频段,并且不超出等效的 ω_{sp},ξ_{sp} 所要求的边界,则不会产生不可预测的运动。

这些结论给出了一些设计准则或指导性的原则,并在控制律研究中得到了很好的应用。尽管没有建立 1 级、2 级、3 级限制准则,但所得结论可作为评定飞行品质的参照指导。总之,姿态回落应该是正值或 0,俯仰速率有些超调对好的操纵品质来说是必要的。如果这种超调不是太大,对驾驶员将不会产生太大的影响。

8.4.3　飞机法向飞行轨迹轴的要求

通常,法向加速度是通过俯仰操纵控制的。除了与俯仰轴相关的一些要求(如短周期俯仰响应、PIO)外,还有一些其他要求。

1. 俯仰轨迹对姿态改变的响应

在军标中,提出了飞行轨迹对俯仰姿态改变的响应的评价准则。这些评价准则主要是:当驾驶员操纵输入时,飞行轨迹响应与俯仰姿态的关系应考虑如下 3 个方面的要求。

(1)姿态改变时,飞行轨迹短周期响应应具有的特性;

(2)如果控制飞行轨迹的主要方法不是姿态变化,那么飞行轨迹对姿态变化的响应要求可降低到什么程度;

(3)在所有的情况下,要求飞机俯仰姿态的响应均应超前于飞机航迹角,并且其变化的幅值均应大于等于飞机轨迹角。

由于缺少数据支持,所以上述三项要求的定量指标目前还无法给出。

2. 对姿态变化的稳态飞行轨迹响应

常规飞机的飞行轨迹(法向加速度)的调节是通过俯仰姿态的控制实现的。该项要求就是要保证长周期的飞行轨迹对俯仰姿态的响应,其对驾驶员是可接受的,即飞行轨迹应是稳定的。飞机纵向飞行轨迹稳定性定义为:在油门设置保持不变时,通过俯仰角的控制,飞行航迹角随空速的变化是稳定的。即 $d\gamma/dV$ 是负值。在进场着陆飞行阶段,飞机航迹角相对真空速的曲线,在 $V_{0,\min}$ 处的局部斜率应为负值或小于如下正值:1 级:0.032 4°/(km·h^{-1});2 级:0.081°/(km·h^{-1});3 级:0.140°/(km·h^{-1})。

推力状态应是以 $V_{0,\min}$ 作正常进场下滑轨迹时所要求的状态。此外,还要求飞行航迹角对空速曲线在 $(V_{0,\min}-9.26)$/(km·h^{-1}) 处的斜率比 $V_{0,\min}$ 处的斜率在正值方向上不大于 0.026 9°/(km·h^{-1})。

出于飞机气动布局和发动机特性的原因,很多飞机在其最小速度 $V_{0,\min}$ 附近有可能出现飞机航迹角对真空速的正斜率区。当飞机处于正斜率区时,如果驾驶员希望增加航迹角,使下滑轨迹平滑些,则需稍向前推杆。这与通常的操纵相反,对飞机的航迹控制是不利的。

8.4.4 飞机纵向速度轴的要求

对常规飞机来说,飞机的空速与俯仰姿态的关系是空速跟踪姿态变化,即无论是长周期还是短周期,空速应随俯仰姿态的增加而减小。

此外,当飞机在配平状态受到扰动时,在座舱操纵固持或松浮情况下,对 1 级和 2 级飞行品质,飞机空速不应有非周期的发散趋势;对 3 级品质,空速发散倍幅时间不应小于 6s。

提出这些要求的目的是,保证在驾驶员操纵或不注意的操纵期间,飞机的姿态和空速不存在非周期的发散。

8.4.5 飞机滚转轴的飞行品质评价准则

对滚转轴飞行品质的要求是多方面的。其中滚转操纵时的滚转响应特性是最重要的动态要求。它包括如下的指标。

1. 滚转模态时间常数 T_R

滚转模态时间常数 T_R 描述了飞机滚转阻尼特性。驾驶员的评分是滚转阻尼的函数。建议的 T_R 的最大值见表 8-6。

表 8-6 滚转模态时间常数 T_R 的最大值

飞行阶段	飞机类型	1 级	2 级	3 级
A	Ⅰ,Ⅳ	1.0	1.4	10
	Ⅱ,Ⅲ	1.4	3.0	
B	Ⅱ-A	1.4	3.0	10
C	Ⅰ,Ⅱ-C,Ⅳ	1.0	1.4	10
	Ⅱ-L,Ⅲ	1.4	3.0	

对于高阶增稳的飞机,T_R 由其低阶等效系统计算求得。

横侧向低阶等效系统形式一般为

$$\frac{\dot{\phi}(s)}{F_a(s)}=\frac{K_\phi s(s^2+2\xi_\phi\omega_\phi s+\omega_\phi{}^2)}{\left(s+\frac{1}{T_s}\right)\left(s+\frac{1}{T_R}\right)(s^2+2\xi_d\omega_d s+\omega_d^2)}e^{-\tau_{e\phi}s} \tag{8-15}$$

$$\frac{\beta(s)}{F_r(s)}=\frac{(A_3s^3+A_2s^2+A_1s+A_0)}{\left(s+\frac{1}{T_s}\right)\left(s+\frac{1}{T_R}\right)(s^2+2\xi_d\omega_d s+\omega_d^2)}e^{-\tau_{e\beta}s} \tag{8-16}$$

式中：T_s，T_R 分别为收敛模态和螺旋模态的时间常数；ξ_d，ω_d 分别代表荷兰滚模态的阻尼比和固有频率；$\tau_{e\phi}$ 和 $\tau_{e\beta}$ 分别为相应的延迟时间常数。

试飞结果表明，T_R 不能过小。一般要求 $\frac{1}{T_R}\leqslant 3$ 。如果 $\frac{1}{T_R}>3$，则驾驶员的评分表现会下降。此时驾驶员的意见反映了飞机具有过分的侧向突变和滚转棘齿现象，飞机表现为在小输入时，灵敏度高；大输入时，滚转效率不足。产生这种现象的主要原因是：在高频段内有过高的控制增益（杆灵敏度过高）；在人一机闭环系统中，驾驶员的响应存在一定的延迟；在 T_R 太小时，侧向加速度响应可能是不稳定的。

2. 螺旋模态的稳定性

螺旋模态是一种在滚转扰动时飞机产生的缓慢的滚转和航向响应。这种响应在滚转角受到大的扰动后，将会呈现发散的趋势。一般来说，在驾驶员全神贯注地操纵时，这种不稳定驾驶员能够修正；但是，如果螺旋发散很快，是很危险的。为此，对这种螺旋不稳定的发散速度必须进行限制。要求飞机受到不大于 20°的倾斜角扰动后，倾斜角发散的倍幅时间值应大于表 8－7 所列数值。

表 8－7　最短螺旋稳定性倍幅时间要求

飞行阶段	1 级	2 级	3 级
A，C	⩾12	⩾8	⩾4
B	⩾20	⩾8	⩾4

3. 滚转-螺旋耦合振荡

滚转-螺旋耦合振荡将会引起不良的倾斜角控制以及机动时过分的侧向稳定性。主要的问题是，在转弯飞行时降低了滚转控制的有效性，并需要较大的稳态操纵力。为了防止这种情况发生，必须限制滚转与螺旋模态的耦合程度。军用规范中规定当滚转-螺旋耦合振荡具有下述特性时，这种耦合振荡是允许的。

（1）对 A 种飞行阶段，不应出现这种耦合振荡；

（2）对 B，C 飞行阶段，要求 1 级：$\xi_{RS}\omega_{RS}>0.5$rad/s；2 级：$\xi_{RS}\omega_{RS}>0.3$rad/s；3 级：$\xi_{RS}\omega_{RS}>0.15$rad/s（ξ_{RS} 和 ω_{RS} 分别为振荡的阻尼比及自然频率）。在 C 种飞行阶段，若要快速转弯机动，则要求飞机不应呈现这种耦合振荡。

是否存在这种耦合振荡，可从全面横侧向传递函数直接判断。如果传递函数分母中两个实根耦合成一对复根，则表明存在这种耦合振荡。

8.4.6　航向轴的飞行品质评价准则

航向轴的飞行品质要求，主要有由侧向动态响应来反映。飞机对航向轴输入所产生的航向与滚转振荡响应特性，主要以荷兰滚模态的阻尼比 ξ_d、自然频率 ω_d 以及二者的乘积 $\xi_d\omega_d$ 表示，并应满足表 8－8 的要求。

表 8-8　建议的最小荷兰滚频率及阻尼

等 级	飞行阶段	类 型	最小 ξ_d	最小 $(\xi_d\omega_d)/s^{-1}$	最小 ω_d/s^{-1}
1	A(CD,GA,RR,TF,RC,FF,AS)	Ⅰ,Ⅱ Ⅲ,Ⅳ	0.4	0.4	1.0
	A	Ⅰ,Ⅳ	0.19	0.35	1.0
		Ⅱ,Ⅲ	0.19	0.35	0.4
	B	全部	0.08		
	C	Ⅰ,Ⅱ-C Ⅳ	0.08	0.15	1.0
		Ⅱ-L,Ⅲ	0.08	0.10	0.4
2	全部	全部	0.02	0.05	0.4
3	全部	全部	0	—	0.4

当 $\omega_d^2\ |\phi/\beta|_d$ 大于 $20(\mathrm{rad/s})^2$ 时，表中最小 $(\xi_d\omega_d)$ 应按下式分别增加 $\Delta\xi_d\omega_d$（$|\phi/\beta|_d$ 是飞机处于荷兰滚运动模态时，滚转角和侧滑角包线的幅值比）。

1 级：$\Delta\xi_d\omega_d = 0.014(\omega_d^2\ |\phi/\beta|_d - 20)$；

2 级：$\Delta\xi_d\omega_d = 0.009(\omega_d^2\ |\phi/\beta|_d - 20)$；

3 级：$\Delta\xi_d\omega_d = 0.005(\omega_d^2\ |\phi/\beta|_d - 20)$。

在规范中，对荷兰滚特性的要求是根据 ξ_d，ω_d 和 $(\xi_d\omega_d)$ 最小值给定的。当 $|\phi/\beta|_d$ 较大时，$(\xi_d\omega_d)$ 是 $|\phi/\beta|_d$ 的函数。当 ω_d 较小时，将出现最小可接受的 ξ_d，也就是说，ξ_d 和 ω_d 不是独立的。为了反映这种现象，规范中对总阻尼 $(\xi_d\omega_d)$ 的最小值也做了规定。

实际的荷兰滚自然频率 ω_d 及阻尼比 ξ_d 可以根据等效系统方法求取。

8.5　人-机闭环系统

飞机的操纵是复杂的人-机系统相互配合和协调的结果，飞行安全性和飞机的使用效率与驾驶员同飞机协调性密切相关。人-机闭环系统是指由人（驾驶员）、控制系统和飞机构成的系统，如图 8-13 所示。

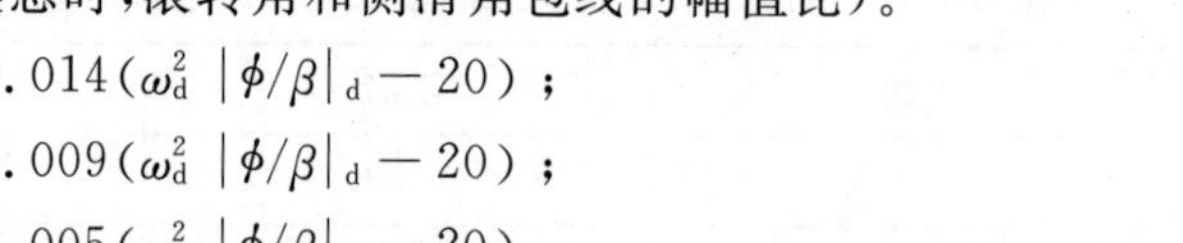

图 8-13　人-机闭环系统

由图 8-13 可知，人的指令信号（或操纵动作）通过飞行控制系统作为飞机的输入，飞机的状态输出作为人的输入（通过仪表显示获得给定运动值与实际运动值之差），从而构成一个闭环系统，该系统就是人-机闭环系统，简称人-机系统。

研究人-机闭环系统，可以从动力学的角度来理解驾驶员如何完成预定的飞行任务，以及在什么条件下才能顺利地完成这些任务；控制系统设计人员也可以根据人-机闭环系统特性分析的结果，设计出具有最优控制的控制系统，从而获得整体性能最佳的人-机闭环系统。此外，利用飞行仿真系统、变稳飞机验证和确认人-机闭环系统的飞行品质，以及对所发现的闭环品质缺陷(如驾驶员诱发振荡、着陆轨迹控制精度低等)及时加以改进。

目前研究人-机闭环系统的方法有两种：一种是建立描述驾驶员驾驶飞机过程的近似数学模型，将该模型和飞机组合成闭环系统进行分析；另一种是建立模拟器，通过驾驶员模拟实际操纵的结果进行研究。人-机闭环系统研究的内容十分庞杂，限于篇幅，本书仅简单介绍驾驶员的传递函数模型，对于人-机闭环系统的详细介绍，请参阅参考文献[45]第五章。

驾驶员是一个复杂的系统，建立驾驶员的数学模型是一项极其困难的工作，即使驾驶员执行某一特定任务建立数学模型也是非常不容易的，但是在驾驶员完成的许多任务中，驾驶员的动作就象伺服控制系统的动作一样。在这类操纵情况下，驾驶员可由一组常系数线性微分方程来描述。在驾驶员模型的研究中，主要集中在对单自由度补偿跟踪任务中驾驶员特性的研究之中。图8-13表示的是具有补偿显示的单自由度跟踪任务的一般情况。

在此任务中，驾驶员必须操纵飞机使其尽可能地接近要求的飞行反应 $r(t)$ 。驾驶员通过观察瞬态误差 $e(t)$，并且改变他对飞机的输入操纵来完成这一任务。也就是说驾驶员的操纵方法主要受输入类型、操纵系统的特性、偏差显示和飞机动态特性的影响。任何有效的驾驶员模型都应反映这些影响。经科学工作者的研究，在随机显示输入情况下的单自由度补偿跟踪任务驾驶员模型为

$$Y(s)=K_p\mathrm{e}^{-\tau s}\frac{(T_{\mathrm{A}}s+1)}{(T_{\mathrm{L}}s+1)}\left\{\frac{(T_{\mathrm{K}}s+1)}{(T_{\mathrm{R}}s+1)(T_{\mathrm{N}}s+1)\left[\left(\dfrac{s}{\omega_{\mathrm{N}}}\right)^2+2\dfrac{\xi_{\mathrm{N}}}{\omega_{\mathrm{N}}}s+1\right]}\right\} \tag{8-17}$$

式中：$\mathrm{e}^{-\tau s}$ 表示与神经传导和刺激有关的驾驶员体内的净传递时间延迟；花括号中的因子是手臂神经肌肉系统的动态特性的表达式，$\dfrac{(T_{\mathrm{K}}s+1)}{(T_{\mathrm{N}}s+1)}$ 代表一个频率很低的延迟或超前分量；$K_p\dfrac{(T_{\mathrm{A}}s+1)}{(T_{\mathrm{L}}s+1)}$ 是模型的自适应部分，通常驾驶员改变 K_p，T_{A}，T_{L} 的值以适应被操纵的特定系统。

对于大多数工程应用问题，在频率很低和很高的情况下并不需要精确的驾驶员模型，1957年 McRuer 和 Krendei 提出了一个近似的驾驶员模型：

$$Y(s)=K_p\mathrm{e}^{-\tau s}\frac{(T_{\mathrm{A}}s+1)}{(T_{\mathrm{L}}s+1)(T_{\mathrm{N}}s+1)} \tag{8-18}$$

式中参考值为：$\tau=(0.2\pm20\%)\mathrm{s}$；$T_{\mathrm{A}}=0\sim2.5\mathrm{s}$；$T_{\mathrm{L}}=0\sim20\mathrm{s}$；$T_{\mathrm{N}}=(0.1\pm20\%)\mathrm{s}$；$K_p=1\sim100$(可变)。

这些数值表明人的传递函数变化范围很大，是具有自适应特性的。

8.5 本章小结

本章主要介绍了各种等效系统的概念和常用的飞行品质评价方法。本章知识点和学习要求见表8-9。

表 8-9　本章知识点及学习要求

序 号	学习内容	学习要求	重要概念、公式、图表和论述
1	飞行品质规范的基本体制(★)	了解飞机的分类、飞行阶段的种类划分和飞行品质等级	飞机飞行品质(★★)
2	飞机的稳定性和操纵性(★)	了解飞机稳定性和操纵性的概念	稳定性、操纵性、速度稳定性、航迹稳定性(★)
3	飞行品质常用评价准则(★★)	掌握等效系统的概念和原理;了解常用的俯仰轴、滚转轴、航向轴常用飞行品质评价的准则	等效系统(★★);操纵期望参数 CAP(★★)、C^* 准则;带宽准则、闭环准则、俯仰角速率准则(★);公式(8-7)、式(8-8)、式(8-9)、式(8-13)(★★)
4	人-机闭环系统(★★)	了解人-机闭环系统的概念	人机闭环系统(★);式(8-17)、式(8-18)(★)

思 考 题

1.什么是飞机的飞行品质?

2.什么是飞机的稳定性和操纵性?

3.纵向和横侧向飞行品质主要考虑哪些问题?

4.什么是等效系统?等效系统是如何求取的?使用时要注意哪些问题?

5.飞机纵向短周期模态常用的评价方法有哪些?

6.什么是 C^*?

7.滚转轴飞行品质评价准则有哪些?

8.航向轴的飞行品质评价准则是什么?

9.简述俯仰轴各种评价准则的优缺点。

10.什么是人-机闭环系统?研究人-机闭环系统有什么意义?

第9章 阻尼器、增稳系统和控制增稳系统

9.1 引 言

20世纪50年代是飞机飞行速度和飞行高度急剧扩大的时代。当飞机在高空高速飞行时，由于空气密度减小，导致飞机阻尼变小，飞机容易发生频率很高的俯仰和横侧振荡，驾驶员来不及做出反应。由自动控制原理的知识，测速反馈和微分反馈可以增大系统的阻尼，所以为了增大飞机的阻尼，在飞行控制系统中增加飞机三轴角速率反馈信号，这就构成了阻尼器。另外，飞机的自然频率随着飞机飞行包线的扩大，也会出现减小的趋势，这会导致飞机稳定性下降，为了提高飞机自然频率，人们又提出了增稳系统的概念，通过在飞行控制系统中增加气流角反馈，就可以改善飞机的稳定性。增稳系统虽然可以改善飞机的稳定性，但却存在操纵灵敏度降低的缺点，为克服此缺点，飞行控制技术人员提出了控制增稳系统，在增稳的基础上增加从驾驶杆到飞控计算机的电气通道来增强并改善操纵性。本章将介绍阻尼器、增稳系统和控制增稳系统的构成和工作原理。

9.2 纵向阻尼器

纵向阻尼器也称为俯仰阻尼器，是为了增加飞机纵向短周期阻尼比而引入的。

9.2.1 俯仰阻尼器的控制律及工作原理

俯仰阻尼器的控制律为 $\delta_e = k_q q$

在飞机角速度信号测量后(以纵向为例) q 经放大器、舵回路传递到舵面，使之有个偏角，有

$$\frac{\Delta q(s)}{\Delta \delta_e(s)} = \frac{-M_{\delta_e}(s+Z_\alpha)}{s^2+(Z_\alpha+M_q+M_{\dot{\alpha}})s+M_\alpha+Z_\alpha M_q} \tag{9-1}$$

此舵偏角引起舵面力矩，这个力矩显然是由 q 引起的阻尼力矩。

因为

$$q>0 \rightarrow \delta_e>0 \rightarrow M(\delta_e)<0$$

所以产生低头力矩，使飞机低头，使 q 受限制，这就增大阻尼。

俯仰角速率短周期运动方程为

$$[s^2+(Z_\alpha+M_q+M_{\dot{\alpha}})s+M_\alpha+Z_\alpha M_q]q=-M_{\delta_e}(s+Z_\alpha)\delta_e \tag{9-2}$$

将 $\delta_e = k_q q$ 代入式(9-2)，则有

$$[s^2+(Z_\alpha+M_{\dot{\alpha}}+\mathrm{M}_q+\mathrm{M}_{\delta_e}k_q)s+M_\alpha+Z_\alpha M_q+M_{\delta_e}Z_\alpha k_q]q=0 \tag{9-3}$$

显然，当引入了俯仰角速率 q 反馈到升降舵后，纵向短周期运动方程的一次项增大，所以，阻尼也增大。

9.2.2 飞机侧向运动对俯仰阻尼的影响

飞机稳定转弯(或协调转弯，见图 9-1)时，根据第 5 章的知识，有如下关系式：

$$\left.\begin{aligned} p &= \dot{\phi} - \dot{\psi}\sin\theta \\ q &= \dot{\theta}\cos\phi + \dot{\psi}\cos\theta\sin\phi \\ r &= -\dot{\theta}\sin\phi + \dot{\psi}\cos\theta\cos\phi \end{aligned}\right\} \tag{9-4}$$

$$\Rightarrow \begin{cases} \phi = \text{const} \\ \dot{\theta} = 0 \\ \theta \approx 0 \end{cases} \Rightarrow \begin{cases} q = \dot{\psi}\sin\phi \\ r = \dot{\psi}\cos\phi \end{cases}$$

所以有 $\delta_e = k_q q = k_q \dot{\psi}\sin\phi$。

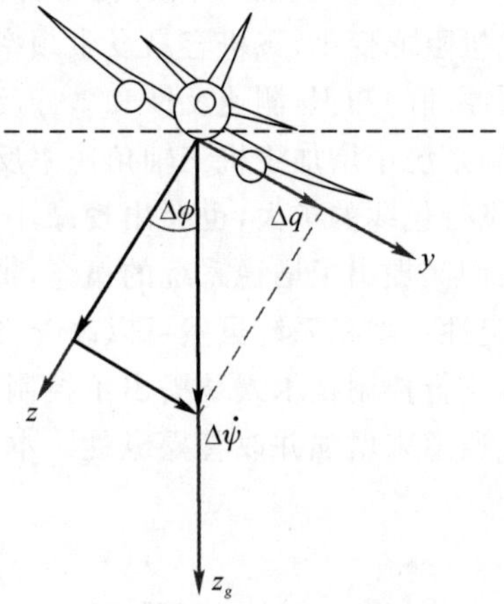

图 9-1 飞机协调转弯时角速率分解

由此可以看出，当飞机协调转弯时，由于偏航角速率 $\dot{\psi}$ 和滚转角 ϕ 为常值，所以在飞机协调转弯时，升降舵将会产生一个偏转角度，这个升降舵偏度将改变飞机的俯仰姿态，进而使得飞机的高度发生变化。由于协调转弯时，期望飞机的飞行高度不变，所以需要将这个升降舵产生的常值扰动去掉，因此通常在阻尼器中会引入清洗网络(实际为高通滤波器)。

清洗网络的形式为 $\dfrac{\tau s}{\tau s + 1}$，因此引入了清洗网络的阻尼器控制律为

$$\delta_e = K_q \frac{\tau s}{\tau s + 1} q \tag{9-5}$$

引入了清洗网络的纵向阻尼器如图 9-2 所示。

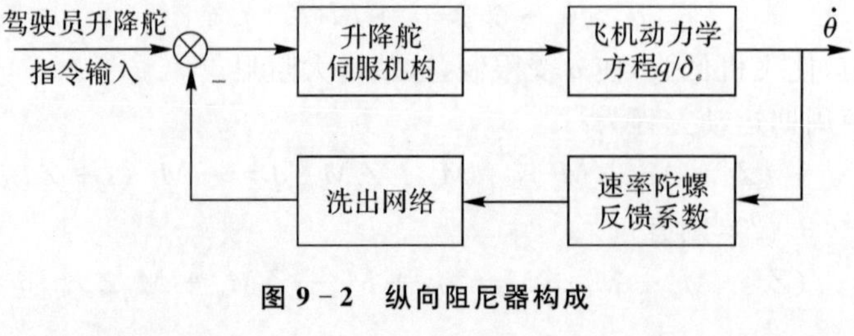

图 9-2 纵向阻尼器构成

9.3　偏航阻尼器

偏航阻尼器也称为航向阻尼器，是为了提高飞机荷兰滚模态振荡阻尼而引入的。将偏航角速率信号反馈到方向舵，就构成了偏航阻尼器，所以偏航阻尼器控制律为

$$\delta_r = k_r r \tag{9-6}$$

由 7.3 节，简化后的荷兰滚传递函数为

$$\frac{r(s)}{\delta_r(s)} = \frac{-N_{\delta_r}(s+Y_\beta)}{s^2+(Y_\beta+N_r)s+Y_\beta N_r-N_\beta} \tag{9-7}$$

荷兰滚模态特征方程为

$$[s^2+(Y_\beta+N_r)s+Y_\beta N_r-N_\beta]r=-N_{\delta_r}(s+Y_\beta)\delta_r \tag{9-8}$$

将控制律 $\delta_r = k_r r$ 代入式(9-8)，可得

$$[s^2+(Y_\beta+N_r)s+Y_\beta N_r-N_\beta]r=-N_{\delta_r}(s+Y_\beta)k_r r \tag{9-9}$$

整理后得到

$$[s^2+(Y_\beta+N_r+k_r N_{\delta_r})s+Y_\beta N_r-N_\beta+k_r N_{\delta_r}Y_\beta]r=0 \tag{9-10}$$

由式(9-10)可以看到，控制律 $\delta_r = k_r r$ 可以增大荷兰滚模态的一次项系数，因此其阻尼增大。这就是偏航阻尼器的工作原理。

与俯仰阻尼器类似，由式(9-4)可以知道，在协调转弯过程中，偏航阻尼器控制律

$$\delta_r = k_r r = k_r\dot{\psi}\cos\phi \tag{9-11}$$

协调转弯也会产生常值扰动，使得方向舵产生偏转，从而改变飞机机头指向，这是不希望的，因此也要引入清洗网络，将这个常值扰动滤除，所以偏航阻尼器常采用下式形式的控制律：

$$\delta_r = k_r\frac{\tau s}{\tau s+1}r \tag{9-12}$$

9.4　滚转阻尼器

滚转阻尼器是为了改善滚转阻尼模态的阻尼而引入的，这对于小展弦比飞机尤为重要。滚转阻尼器通过将滚转角速率 p 反馈到副翼构成，其控制律形式为

$$\delta_a = k_a p \tag{9-13}$$

根据 7.3 节的知识，滚转阻尼模态特征方程为

$$(s+L_p)p(s)=-L_{\delta_a}\delta_a(s) \tag{9-14}$$

将式(9-13)代入式(9-14)得

$$(s+L_p)p(s)=-L_{\delta_a}k_a p(s) \tag{9-15}$$

整理得

$$(s+L_p+L_{\delta_a}k_a)p(s)=0 \tag{9-16}$$

显然，通过将滚转角速率 p 反馈到副翼，可以增大滚转阻尼模态的阻尼比。

需要注意的是，协调转弯时的角速率分解只涉及到俯仰轴和偏航轴，对滚转轴没有影响，所以滚转阻尼器不需要引入清洗网络。

9.5 纵向增稳系统

由 6.7 节知道飞机短周期的自然频率会随飞行高度增大而减小，为了提高飞机的稳定性，需要采取措施，增大飞机的自然频率，这就是纵向增稳系统。

常用的改善短周期稳定性和固有频率是将迎角或法向过载反馈到升降舵，其控制律为

$$\delta_e = k_\alpha \alpha \tag{9-17}$$

由 6.5 节可知，迎角对升降舵的传递函数为

$$\frac{\Delta\alpha(s)}{\Delta\delta_e(s)} = \frac{-M_{\delta_e}}{s^2 + (Z_\alpha + M_q + M_{\dot{\alpha}})s + M_\alpha + Z_\alpha M_q} \tag{9-18}$$

所以有迎角短周期运动方程

$$[s^2 + (Z_\alpha + M_{\dot{\alpha}} + M_q)s + M_\alpha + Z_\alpha M_q]\alpha = -M_{\delta_e}\delta_e \tag{9-19}$$

将式(9-17)代入式(9-19)，有

$$s^2 + (Z_\alpha + M_{\dot{\alpha}} + M_q)s + M_\alpha + Z_\alpha M_q + M_{\delta_e}k_\alpha = 0 \tag{9-20}$$

比较式(9-18)分母的常数项和式(9-20)的常数项，显然可以看出，通过将迎角反馈到升降舵，增大了常数项值，所以短周期自然频率增大了，这就是迎角反馈改善飞机短周期固有频率的原理。

从气动力矩系数来看，俯仰力矩系数可以表达为

$$c_m = c_0 + c_m^\alpha \alpha + c_m^{\delta_e}\delta_e + [\text{动导数}] \tag{9-21}$$

当引入 $\delta_e = k_\alpha \alpha$ 后，显然有

$$\begin{aligned} c_m &= c_0 + c_m^\alpha \alpha + c_m^{\delta_e} k_\alpha \alpha + [\text{动导数}] \\ &= c_0 + (c_m^\alpha + c_m^{\delta_e} k_\alpha)\alpha + [\text{动导数}] \end{aligned} \tag{9-22}$$

由此可见，引入迎角反馈相当于增大了纵向静稳定导数。

由于精确测量迎角测量成本比较高，在工程实际中，通常采用法向过载反馈来实现纵向增稳。根据第六章的知识知道，迎角 $\Delta\alpha$ 和法向过载 Δn_z 之间的关系为

$$\Delta n_z = \frac{QSC_{L_\alpha}}{G}\Delta\alpha \approx \frac{V}{g}Z_\alpha \Delta\alpha \tag{9-23}$$

采用法向过载反馈的纵向增稳系统控制律为

$$\delta_e = k_{n_z}\Delta n_z \tag{9-24}$$

将式(9-24)代入式(9-19)，有

$$[s^2 + (Z_\alpha + M_{\dot{\alpha}} + M_q)s + M_\alpha + Z_\alpha M_q]\Delta n_z = -M_{\delta_e}k_{n_z}\Delta n_z \tag{9-25}$$

整理得

$$[s^2 + (Z_\alpha + M_{\dot{\alpha}} + M_q)s + M_\alpha + Z_\alpha M_q + M_{\delta_e}k_{n_z}]\Delta n_z = 0 \tag{9-26}$$

比较式(9-18)分母的常数项和式(9-26)的常数项，显然可以看出，通过将法向过载反馈到升降舵，增大了常数项值，所以短周期自然频率增大了，这就是法向过载反馈改善飞机短周期固有频率的原理。

需要注意，在升降舵通道引入迎角或法向过载反馈，增大了短周期方程中常数项的系数，但是短周期方程的一次项系数并没有改变，这就意味着，在采用式(9-17)或式(9-24)的纵向增稳控制律，增大飞机短周期固有频率的同时，会使得短周期阻尼比减小，这显然是我们不

希望看到的。为了在增大短周期固有频率的同时，不降低或改善短周期阻尼比我们通常还会同时反馈俯仰角速率信号，因此常用的纵向增稳系统控制律为

$$\delta_e = K_q q + K_{n_z} n_z \tag{9-27}$$

或

$$\delta_e = \frac{K_q}{s + Z_\alpha} q + K_\alpha \alpha \tag{9-28}$$

9.6　航向增稳系统

航向增稳系统是为了改善荷兰滚模态的自然频率而引入的，通常采用将侧滑角或侧向过载反馈到方向舵的形式构成。其控制律形式为

$$\Delta\delta_r = -K_\beta \beta \tag{9-29}$$

由 7.3 节简化的荷兰滚模态传递函数为

$$\frac{\beta(s)}{\delta_r(s)} = \frac{N_{\delta_r}}{s^2 + (Y_\beta + N_r)s + Y_\beta N_r - N_\beta} \tag{9-30}$$

荷兰滚模态的特征方程为

$$[s^2 + (Y_\beta + N_r)s + Y_\beta N_r - N_\beta]\beta(s) = N_{\delta_r}\delta_r(s) \tag{9-31}$$

将式(9-29)代入式(9-31)，可得

$$[s^2 + (Y_\beta + N_r)s + Y_\beta N_r - N_\beta]\beta(s) = -N_{\delta_r}K_\beta \Delta\beta \tag{9-32}$$

即

$$[s^2 + (Y_\beta + N_r)s + Y_\beta N_r - N_\beta + N_{\delta_r}K_\beta]\beta(s) = 0 \tag{9-33}$$

比较式(9-30)分母的常数项和式(9-33)常数项，显然，引入侧滑角 β 即可提高荷兰滚模态自然频率，提高航向静安定性，这就是航向增稳的原理。

与纵向增稳系统类似，只反馈侧滑角，在改善了荷兰滚固有频率的同时，会使得荷兰滚模态的阻尼比减小。所以考虑再增加与角速度 r 有关的信号，又可增大阻尼，若两种信号均用，即可实现增稳阻尼，于是常用航向增稳系统控制律形式为：

$$\delta_r = K_r r - K_\beta \beta \tag{9-34}$$

或

$$\delta_r = K_r r - K_{n_y} n_y \tag{9-35}$$

需要注意的是，式(9-34)和式(9-35)中侧滑角和侧向过载前面的系数为负值，表示当有正侧滑时，方向舵右偏，产生正的偏航力矩，消除侧滑，增强航向静稳定性。

9.7　横侧向增稳系统

横侧向增稳系统是在航向增稳系统基础上增加横滚通道控制和两者间的交联信号而形成。常用反馈信号及其适用对象见表 9-1。

表 9-1　横侧向增稳系统常用反馈信号及其适用对象

反馈信号	功　能	适用对象
$p \to \delta_a$ r, β 或 $n_y \to \delta_r$	降低滚转时间常数，减小 p 振荡；增大荷兰滚阻尼比和静稳定性	滚转时间常数大、p 反应灵敏，航向静稳定性不足且荷兰滚阻尼比小的飞机

续表

反馈信号	功能	适用对象
$p\rightarrow\delta_a$ r,β 或 $n_y,\delta_a\rightarrow\delta_r$	降低滚转时间常数，减小 p 振荡，增大荷兰滚阻尼比和静稳定性；且能实现协调转弯或降低转弯时的侧滑	滚转时间常数大、p 反应灵敏，航向静稳定性不足且荷兰滚阻尼比小的飞机
β 或 $n_y\rightarrow\delta_a$ β 或 $n_y,r\rightarrow\delta_r$	减小滚转静稳定性，增大荷兰滚阻尼比和静稳定性	滚转静稳定性过大，航向静稳定性不足
β 或 $n_y\rightarrow\delta_a$ r,β 或 $n_y,\delta_a\rightarrow\delta_r$	减小滚转静稳定性，增大荷兰滚阻尼比和静稳定性。且能实现协调转弯或降低转弯时的侧滑	滚转静稳定性过大，航向静稳定性不足
β 或 $n_y,r\rightarrow\delta_a$ β 或 $n_y\rightarrow\delta_r$	增大荷兰滚阻尼比和静稳定性，减小 p 振荡	滚转时间常数不大，航向静稳定性不足，阻尼比不足的飞机
β 或 $n_y,r,\delta_r\rightarrow\delta_a$ β 或 $n_y\rightarrow\delta_r$	增大荷兰滚阻尼比和静稳定性，减小 p 振荡，且能实现协调转弯或减小转弯时的侧滑	滚转时间常数不大，航向静稳定性不足，阻尼比不足的飞机

一个典型的横侧向增稳系统如图 9-3 所示。

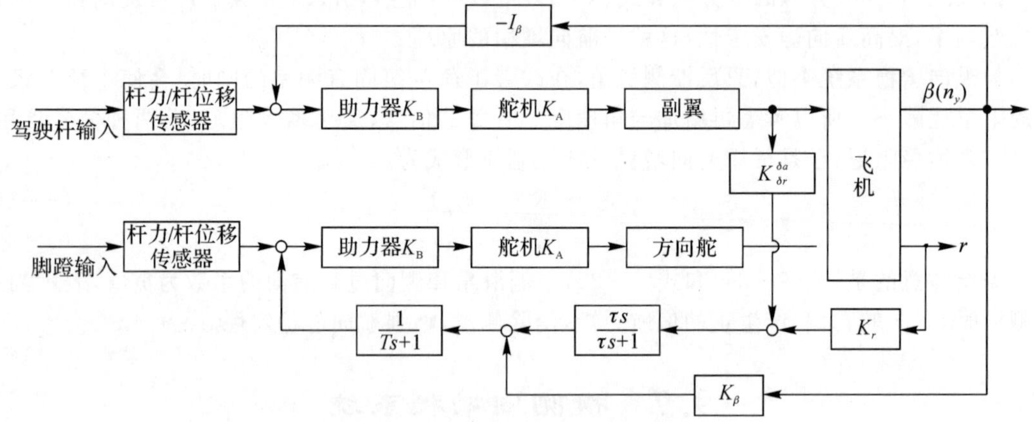

图 9-3　横侧向增稳系统示例

在图 9-3 的横侧向增稳系统中，引入侧滑角反馈到副翼，让副翼按侧滑角相反极性成比例地偏出，因此由该控制律产生的副翼舵面力矩来减小飞机过大的滚转静稳定力矩，以减小滚转静稳定导数，以削弱荷兰滚运动振荡。

引入偏航角速率反馈到方向舵，构成偏航阻尼器，提高荷兰滚模态阻尼。

引入侧滑角或侧向过载信号到方向舵，提高荷兰滚模态自然频率。

9.8　控制增稳系统

9.8.1　阻尼增稳系统的缺点

阻尼增稳系统只能改善飞机的稳定性，即只改善飞机的静动稳定性和固有频率，同时却减小了系统的传递系数增益，减低了飞机对操纵指令的响应，使操纵性下降。飞机在作大机动飞行时，要求有较高的角加速度灵敏度且杆力不宜过大；在作小机动飞行时，要求有较小的灵敏度且杆力不宜过小。一般系统很难兼顾这两种要求，影响了对飞机的驾驶。所以有必要改善飞机的非线性操纵指令。

一个简化的纵向增稳系统框图如图 9-4 所示，俯仰角速率对干扰的传递函数为

$$\frac{q(s)}{d(s)}=\frac{1}{1+k_aG_2(s)G_3(s)} \tag{9-36}$$

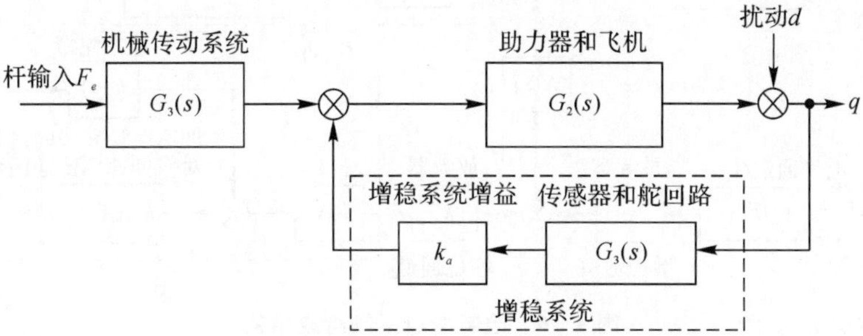

图 9-4　纵向增稳系统简化框图

显然，若 $k_aG_2(s)G_3(s)\gg 1$，则有 $\frac{q(s)}{d(s)}\rightarrow 0$。

俯仰角速率对杆输入的传递函数为

$$\frac{q(s)}{F_e(s)}=\frac{G_1(s)G_2(s)}{1+k_aG_2(s)G_3(s)} \tag{9-37}$$

显然，若 $k_aG_2(s)G_3(s)\gg 1$，则有 $\frac{q(s)}{F_e(s)}\rightarrow 0$。

也就是说，增稳系统操纵性随增稳系统增益增大而减小，当增稳增益足够大时，俯仰角速率对杆力收入的响应很小，这显然是我们不希望的。

9.8.2　控制增稳系统的组成与工作原理

为了克服阻尼增稳系统的缺点，人们提出了控制增稳系统的概念，其组成结构如图 9-5 所示。控制增稳系统是在增稳系统的基础上增加一个杆力传感器和一个指令模型构成的，即系统由机械通道、电气通道和增稳回路组成。

控制增稳系统由机械通道、包括杆力传感器 $k_f(s)$ 和指令模型 $M(s)$ 的前馈电气通道、增稳反馈回路。如图 9-6 所示。

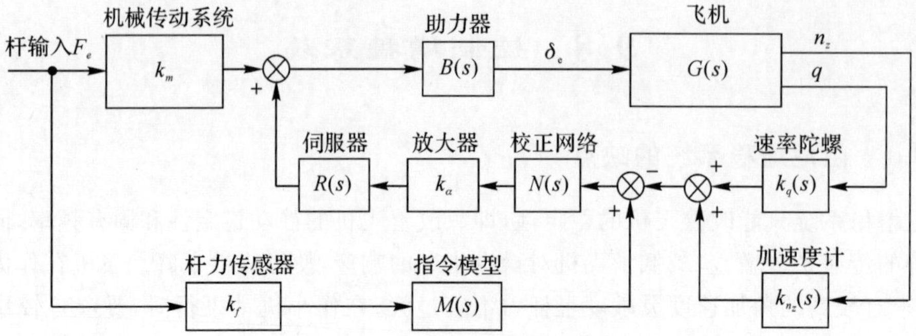

图 9-5　控制增稳系统组成结构示意图

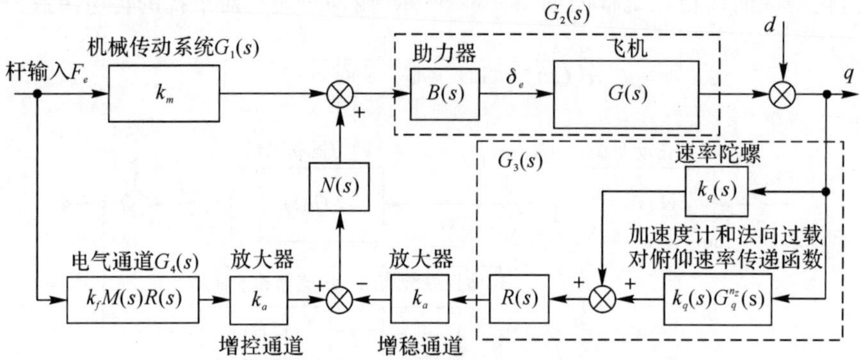

图 9-6　控制增稳系统组成结构

假设校正网络为 1，俯仰角速率对干扰收入的传递函数

$$\frac{q(s)}{d(s)}=\frac{1}{1+k_aG_2(s)G_3(s)}$$

俯仰角速率对杆力输入的传递函数为

$$\frac{q(s)}{F_e(s)}=\frac{G_1(s)+k_aG_4(s)}{1+k_aG_2(s)G_3(s)}G_2(s)=\frac{G_1(s)G_2(s)}{1+k_aG_2(s)G_3(s)}+\frac{k_aG_2(s)G_4(s)}{1+k_aG_2(s)G_3(s)} \tag{9-38}$$

当 $k_aG_2(s)G_3(s)\gg 1$ 时，式(9-38)中第一项趋于零，第二项称为增控信号，当 k_a 选取高增益时，$\dfrac{q(s)}{F_e(s)}\approx 1$，即控制增稳系统对扰动输入响应趋于零，对杆力收入响应趋于完全跟踪状态。

电气通道与机械通道并联。驾驶员操纵信号一方面通过机械链使舵面偏转某角度，另一方面又通过杆力传感器输出指令信号，经指令模型与反馈信号综合后控制舵面偏转，总的舵面偏转为上述两通道舵偏角之和。

电气通道相当于一个前馈通道，其作用是增大传递系数，并使角加速度灵敏度满足驾驶员的要求。这样能使飞机的操稳特性和驾驶员的操纵感觉，在飞行包线内都符合规范要求，以实现增加飞机稳定性同时又增加操纵性。

9.8.3　控制增稳系统对飞机操纵性的影响

杆力灵敏度和杆力梯度是衡量飞机操纵性的重要指标。杆力灵敏度 M_{F_y} 主要评价飞机对操纵指令的初始反应性能，即单位杆力所产生的飞机初始俯仰角加速度，其定义为

$$M_{F_y} = \frac{\ddot{\theta}}{F_y}\bigg|_{t=0^+} = \frac{\dot{q}}{F_y}\bigg|_{t=0^+} \tag{9-39}$$

式中：F_y 为纵向杆力；$\ddot{\theta}$ 为俯仰角加速度；下标 $t=0^+$ 表示初始时刻。

杆力梯度 $F_y^{n_z}$，即单位过载杆力，是衡量飞机产生单位过载所需施加的操纵杆力的指标。为飞机作机动飞行时，产生单位过载（稳态）时所需杆力，定义为

$$F_y^{n_z} = \frac{F_y}{n_z}\bigg|_{t=\infty} \tag{9-40}$$

为了分析控制增稳系统对飞机操纵性的影响，采取这样的思路：求出纵向控制增稳系统俯仰角加速度对杆力的传递函数，然后利用初值定理研究在单位阶跃杆力下的杆力灵敏度值；求出纵向控制增稳系统法向过载对杆力的传递函数，利用终值定理求出杆力梯度。

由图 9-6，俯仰角速率对升降舵的传递函数为

$$\begin{aligned}\frac{\Delta q(s)}{\Delta\delta_e(s)} &= \frac{-M_{\delta_e}(s+Z_\alpha)}{s^2+(Z_\alpha+M_q+M_{\dot{\alpha}})s+M_\alpha+Z_\alpha M_q} \\ &= \frac{M_{\delta_e}^*(s+Z_\alpha)}{s^2+(Z_\alpha+M_q+M_{\dot{\alpha}})s+M_\alpha+Z_\alpha M_q}\end{aligned} \tag{9-41}$$

飞机传递函数中有一个符号，表明正向的升降舵偏度产生低头力矩，对应负的 q 增量。为便于利用负反馈原理进行说明，将传递函数的符号隐藏在 $M_{\delta_e}^*$ 中，令 $M_{\delta_e}^* = -M_{\delta_e}$，$B(s)=k_B$，$M(s)=k_M$，$N(s)=R(s)=1$。

角速率陀螺和法向过载反馈环节为

$$G_3(k)=k_s$$

俯仰角速率对杆力输入的传递函数为

$$\begin{aligned}\frac{q(s)}{F_y(s)} &= (k_m+k_f k_M k_a)\left(\frac{k_B G(s)}{1+k_a k_B G(s)}\right) \\ &= (k_m+k_f k_M k_a)\frac{k_B M_{\delta_e}^*(s+Z_\alpha)s}{s^2+(Z_\alpha+M_q+M_{\dot{\alpha}})s+M_\alpha+Z_\alpha M_q+k_a k_s k_B M_{\delta_e}^*(s+Z_\alpha)}\end{aligned}$$

俯仰角加速度对杆力输入的传递函数为

$$\frac{sq(s)}{F_e(s)} = (k_m+k_f k_a)\frac{k_B M_{\delta_e}^*(s+Z_\alpha)s}{s^2+(Z_\alpha+M_q+M_{\dot{\alpha}})s+M_\alpha+Z_\alpha M_q+k_a k_s k_B M_{\delta_e}^*(s+Z_\alpha)}$$

利用初值定理，在杆力输入为单位阶跃信号下，可以得到

$$\begin{aligned}M_{F_y} &= \lim_{t\to 0}\dot{q}(t) = \lim_{s\to\infty} s\,\frac{1}{s}\,\frac{sq(s)}{F_e(s)} \\ &= \lim_{s\to\infty}(k_m+k_f k_a)\frac{k_B M_{\delta_e}^*(s+Z_\alpha)s}{s^2+(Z_\alpha+M_q+M_{\dot{\alpha}})s+M_\alpha+Z_\alpha M_q+k_a k_s k_B M_{\delta_e}^*(s+Z_\alpha)} \\ &= (k_m+k_f k_a)k_B M_{\delta_e}^*\end{aligned} \tag{9-42}$$

在没有杆力电气通道时，$k_f = 0$，故增稳系统的杆力灵敏度为

$$M_{F_y} = k_m k_B M_{\delta_e}^* \tag{9-43}$$

对比式(9-42)、式(9-43)，可以看出控制增稳系统的杆力灵敏度比增稳系统的灵敏度大将图 9-6 变形为图 9-7 的形式。

由于有 $\Delta n_z = \dfrac{V_0 Z_\alpha}{g}\Delta\alpha$，而且 $\dfrac{\Delta\alpha(s)}{\Delta\delta_e(s)} = \dfrac{-M_{\delta_e}}{s^2 + 2\xi\omega_{\mathrm{sp}} s + \omega_{\mathrm{sp}}^2}$ 所以法向过载相对于升降舵的传递函数为

$$G(s) = \frac{\Delta n_z}{\Delta\delta_e(s)} = \frac{V_0 Z_\alpha}{g}\frac{\Delta\alpha(s)}{\Delta\delta_e(s)} = \frac{-M_{\delta_e} V_0 Z_\alpha / g}{s^2 + 2\xi\omega_{sp} s + \omega_{sp}^2} \tag{9-44}$$

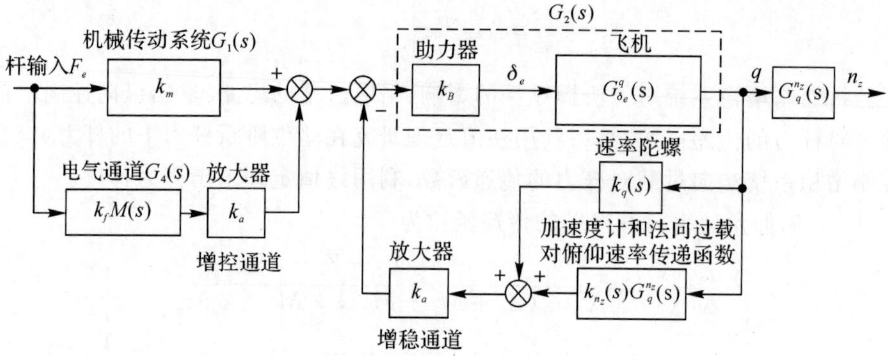

图 9-7 控制增稳系统

又因为俯仰角速率对于升降舵的传递函数

$$\frac{\Delta q(s)}{\Delta\delta_e(s)} = \frac{-M_{\delta_e}(s + Z_\alpha)}{s^2 + 2\xi\omega_{sp} s + \omega_{sp}^2}$$

法向过载对俯仰角速率的传递函数

$$G_q^{n_z}(s) = \frac{\Delta n_z(s)}{\Delta\delta_e(s)}\bigg/\frac{\Delta q(s)}{\Delta\delta_e(s)} = \frac{V_0 Z_\alpha / g}{s + Z_\alpha}$$

纯机械操纵系统法向过载对升降舵的传递函数

$$\frac{\Delta n_z(s)}{F_y(s)} = k_m k_B \frac{\Delta n_z(s)}{\Delta\delta_e(s)} = \frac{-k_m k_B M_{\delta_e} V_0 Z_\alpha / g}{s^2 + 2\xi\omega_{sp} s + \omega_{sp}^2}$$

所以，纯机械操纵系统法向过载对升降舵的杆力梯度

$$F_y^{n_z} = \frac{F_y}{n_z} = \frac{g\omega_{sp}^2}{k_m k_B M_{\delta_e}^* V_0 Z_\alpha} \tag{9-45}$$

控制增稳系统法向过载相对于杆力的传递函数

$$\begin{aligned}
\frac{n_z(s)}{F_y(s)} &= (k_m + k_f k_M k_a)\left(\frac{k_B G_{\delta_e}^q(s) G_q^{n_z}(s)}{1 + k_a k_B G_{\delta_e}^q(s)(k_q + k_{n_z}(s) G_q^{n_z}(s))}\right) \\
&= (k_m + k_f k_M k_a)\left[\frac{1}{\dfrac{1}{k_B G_{\delta_e}^q(s) G_q^{n_z}(s)} + \dfrac{k_a}{G_q^{n_z}(s)}\left[k_q + k_{n_z}(s) G_q^{n_z}(s)\right]}\right] \\
&= \frac{\left(\dfrac{k_m}{k_a} + k_f k_M\right)}{\dfrac{1}{k_a k_B G_{\delta_e}^q(s) G_q^{n_z}(s)} + k_{n_z}\left[\dfrac{k_q}{k_{n_z} G_q^{n_z}(s)} + 1\right]}
\end{aligned} \tag{9-46}$$

因为 k_a 是高增益，所以式(9-46)分母的第一项

$$\frac{1}{k_a k_B G_{\delta_e}^{q}(s) G_{q}^{n_z}(s)} \to 0$$

所以

$$\frac{n_z(s)}{F_y(s)} = \frac{\left(\dfrac{k_m}{k_a} + k_f k_M\right)}{k_{n_z}\left[\dfrac{k_q}{k_{n_z} G_q^{n_z}(s)} + 1\right]}$$

也就是说 $\dfrac{n_z(s)}{F_y(s)}$ 的动态特性随 $G_q^{n_z}(s)$ 变化，不受短周期自然频率影响。

控制增稳系统的杆力梯度

$$\begin{aligned} F_y^{n_z} &= \frac{F_y}{n_z} = \lim_{s\to 0}\frac{F_y(s)}{n_z(s)} \\ &= \lim_{s\to 0}\frac{k_{n_z}\left[\dfrac{k_q}{k_{n_z} G_q^{n_z}(s)} + 1\right]}{\left(\dfrac{k_m}{k_a} + k_f k_M\right)} = \frac{k_{n_z}\left(\dfrac{k_q g}{k_{n_z} V_0} + 1\right)}{\left(\dfrac{k_m}{k_a} + k_f k_M\right)} \\ &= \frac{k_{n_z} k_a}{(k_m + k_f k_M k_a)}\left(\frac{k_q}{k_{n_z}}\frac{g}{V_0} + 1\right) \end{aligned} \tag{9-47}$$

只有增稳系统时 $k_f = 0$。

增稳系统的杆力梯度

$$F_y^{n_z} = \frac{k_{n_z} k_a}{k_m}\left(\frac{k_q}{k_{n_z}}\frac{g}{V_0} + 1\right) \tag{9-48}$$

式(9-48)除以式(9-47)，可得

$$\frac{F_y^{n_z}\big|_{AS}}{F_y^{n_z}} = 1 + \frac{k_f k_M k_a}{k_m} \tag{9-49}$$

可以看出，控制增稳系统杆力梯度比增稳系统的杆力梯度小。

9.9　增稳系统和控制增稳系统的类型

控制增稳系统和增稳系统都可以分为比例式和比例＋积分式两类。比例式增稳系统和比例式控制增稳系统(见图 9-5)不具备自动配平功能，要求驾驶员通过调效装置进行人工配平，消除杆力。

比例＋积分式控制增稳系统可以提高稳态精度，更重要的是为了实现飞机的自动配平。如图 9-8 所示的纵向控制增稳系统，在驾驶员不操纵的情况下，若纵向力矩不平衡，将出现俯仰角速率 q 和剩余法向过载 Δn_z，通过反馈使舵面偏转。由于系统中有积分环节，舵面将偏转到俯仰角速率 q 和剩余法向过载 Δn_z 为零为止，这样就实现了自动配平。舵机担负了配平任务，无需驾驶员操纵，不需要杆力配平就能使飞机保持配平状态飞行。这一类比例＋积分式控制增稳系统的控制律称为中性速度稳定性(Neutral Speed Stability，NSS)控制律。

9.9.1　中性速度稳定性

回顾 6.6 节介绍的定载静稳定导数：

$$\left(\frac{\mathrm{d}C_m}{\mathrm{d}\alpha}\right)_{n_z=1}=C_{m_\alpha}-\frac{M_0 C_{L_\alpha} C_{m_M}}{M_0 C_{L_M}+2C_{L_0}}$$

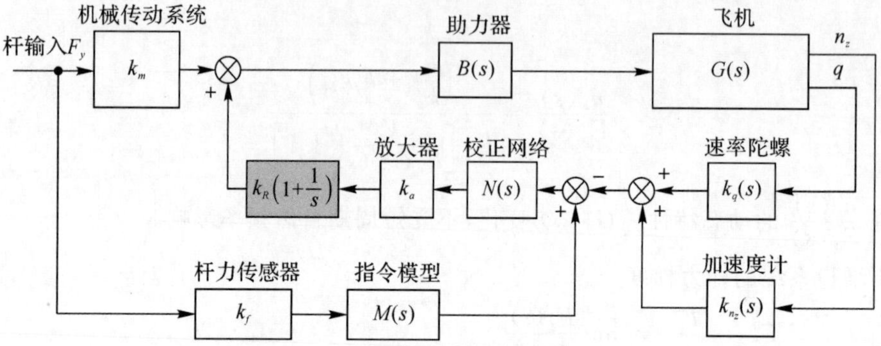

图 9-8　中性速度稳定性的控制增稳系统

如果定载静稳定，即 $\left(\frac{\mathrm{d}C_m}{\mathrm{d}\alpha}\right)_{n_z=1}<0$，在 $n_z=1$ 的条件下，当速度增加 $\mathrm{d}V>0$ 时，迎角必需减少（推杆 $\mathrm{d}F_y>0$），但迎角减少使得俯仰力矩增加，出现抬头力矩，阻止迎角减少，而使得阻力增大，飞行速度降低，使得速度得到稳定。若速度减小 $\mathrm{d}V<0$，则需迎角增大（拉杆 $\mathrm{d}F_y<0$），使速度稳定。

若定义杆力速度梯度 $F_y^V=\frac{\mathrm{d}F_y}{\mathrm{d}V}$，显然，在 $F_y^V>0$ 时，速度是静稳定的。

也就是说定载静稳定等价于杆力速度梯度大于零：

$$\left(\frac{\mathrm{d}C_m}{\mathrm{d}\alpha}\right)_{n_z=1}<0\Leftrightarrow F_y^V>0$$

若 $F_y^V>0$，则称正速度稳定性(Positive Speed Stability，PSS)；

若 $F_y^V=0$，则称中性速度稳定性(Neutral Speed Stability，NSS)；

若 $F_y^V<0$，则速度不稳定。

如果飞机速度静稳定（正速度稳定，$F_y^V>0$），飞机平飞加速时，需要推杆平飞，飞行速度越大，维持平飞所需杆力越大。若 $F_y^V<0$，则要求飞机速度增大时拉杆，这就是 6.8 节介绍反操纵现象。杆力对驾驶员来说是一个重要的气动反馈，驾驶员可以依靠杆力来判断速度（状态）的变化。在正速度稳定、中性速度稳定和速度不稳定时，配平配平飞行速度和杆力之间的关系分别如图 9-9～图 9-11 所示。

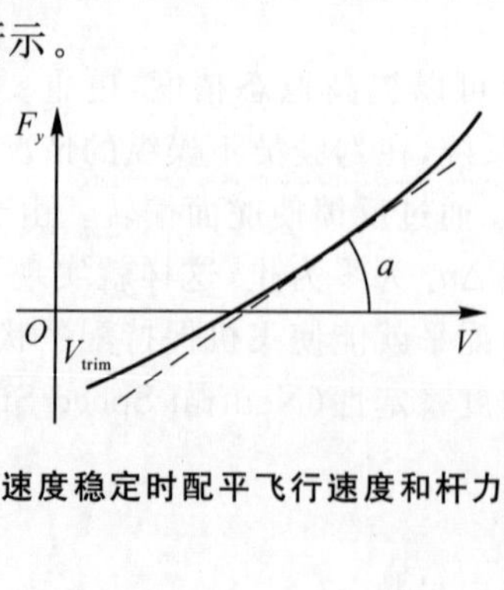

图 9-9　正速度稳定时配平飞行速度和杆力之间的关系

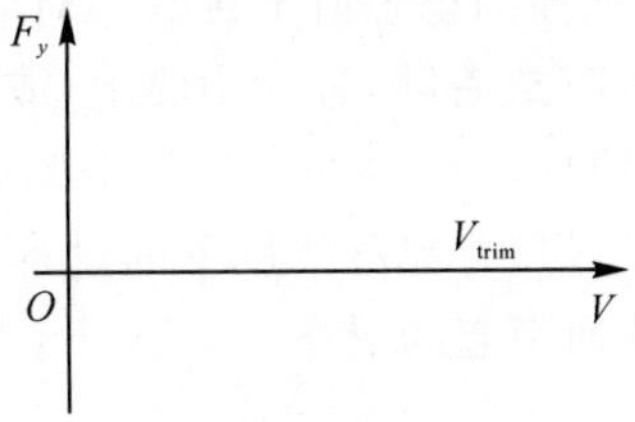

图 9-10　中性速度稳定时配平飞行速度和杆力之间的关系

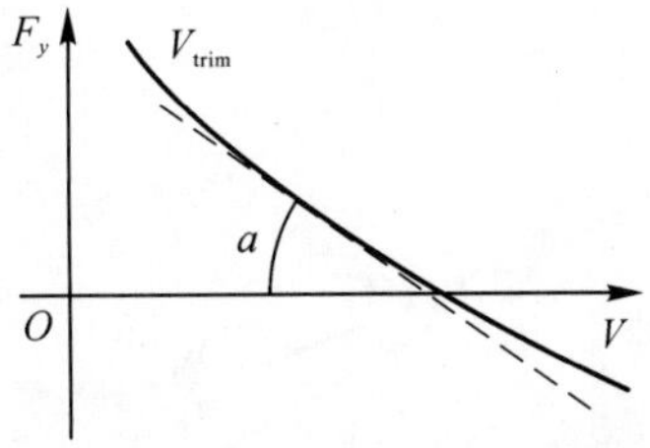

图 9-11　速度不稳定时配平飞行速度和杆力之间的关系

在 4.6 节介绍纵向静稳定性和配平时，知道飞机重心和焦点的距离决定了飞机稳定度，飞机重心离焦点越远，纵向静稳定度越大；在飞机定速平飞时，纵向静稳定度越大的飞机，所需的配平平尾偏度越大，也就是对应的配平杆力越大，即重心位置的变化反映在了杆力变化上。另外，飞机平飞速度不同时，静稳定力矩也不同，对应的配平杆力也随速度变化，因此，平飞速度变化也反映在了杆力变化上。如果飞机纵向是中立稳定的，即飞机重心和焦点重合，配平平尾偏度为零，配平杆力也为零；进一步假设，如果在平飞过程中，飞机重心始终能和焦点重合，就意味着在速度变化过程中不动杆就能维持飞机平飞，即飞机可以松杆平飞，这种现象称为“中性速度稳定性”。

把在不需要驾驶员进行杆力配平情况下，控制系统本身具有补偿随飞行速度变化而引起的飞机平尾配平变化能力的控制律称为中性速度稳定性(NSS)控制律。在中性速度稳定控制律的作用下，控制增稳系统有自动配平功能，速度变化引起的不平衡力矩被控制增稳系统驱动的舵面偏转产生的力矩抵消，在此过程中，杆力不变。从驾驶员的角度看，不论飞机速度如何变化，飞机可以松杆平飞，似乎是飞机重心随着速度变化，抵消静稳定力矩的变化。如图 9-10 所示，在中性速度稳定时，飞机杆力不随配平速度变化而变化。需要指出的是，中性速度稳定控制律并未改变飞机本身的速度静稳定性，只是把驾驶员的配平职能转由控制增稳系统实现。

9.9.2　采用中性速度稳定性控制律的优缺点

NSS 控制律解决了比例式控制增稳控制律所存在的配平困难。因为在比例式控制增稳系统中，杆力大小和舵面偏转在稳态时是一一对应的。如果驾驶员想用杆力输入作为指令信号维持一个给定过载的飞行，必须始终拉杆，不能卸载。

NSS 控制律，在不需要驾驶员施加稳态杆力或配平输入的情况下，系统本身具有补偿随飞行速度变化带来的飞机平尾配平变化的能力，即飞机具有对速度扰动的不敏感性和自动配平能力。

NSS控制律的缺点是杆力与舵面的稳态值不再一一对应。在飞机起降阶段，不允许飞控系统是NSS。这是因为在飞机起飞(或着陆)过程中收上(或放下)起落架时，气动力矩特性的变化，飞机会产生自动上仰(或下俯)运动。因此，起飞时驾驶员伴随着起落架收上的过程，需适当向前推杆；而在着陆时驾驶员伴随着起落架放下的过程，需要适当向后拉杆，以减小因起落架收/放时气动力矩特性的变化而引起的瞬态。

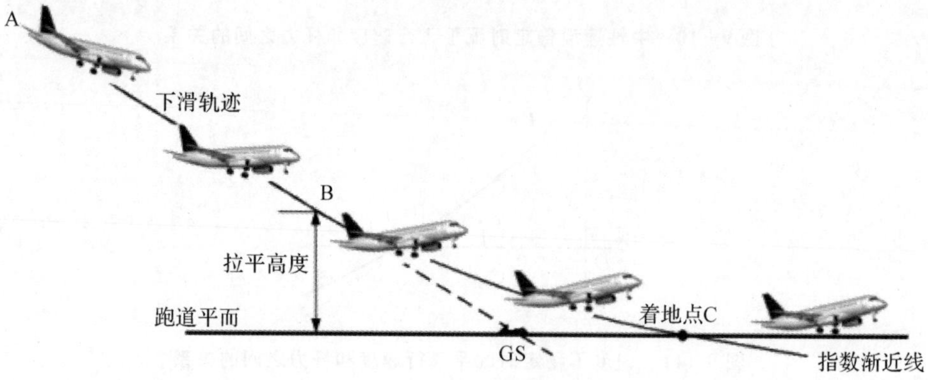

图9-12　飞机着陆过程

以着陆拉平段为例，在比例式操纵时，驾驶员均匀地逐渐拉杆使迎角逐渐增大，相应的舵面逐渐向上偏转，以平衡由于状态变化所产生的不平衡力矩。而在NSS控制增稳系统中，由于不平衡力矩会不断地使积分作用所配平，当驾驶员稍一拉杆，会使舵面在配平角基础上再增大角度，使舵面转角过大，使飞机急剧动作，可能造成事故。所以在飞机起降阶段，通常要求控制增稳系统的控制律为比例式控制律，保证控制增稳系统具有正速度稳定性(PSS)，不能采用中性速度稳定的控制律。

9.10　本章小结

本章讲述了改善飞机飞行性能的三类典型飞行控制系统——阻尼器、增稳系统和控制增稳系统的控制律和工作原理，可以从各类控制系统出现的工程背景、控制律构成和优缺点三方面对本章知识进行学习。本章知识点及学习要求见表9-2。

表9-2　本章知识点及学习要求

序　号	学习内容	学习要求	重要概念、公式、图表和论述
1	纵向阻尼器(★★★)	掌握纵向阻尼器的工作原理和清洗网络的概念，了解为什么纵向阻尼器要有清洗网络	纵向阻尼器(★★★)、清洗网络(★★)、式(9-1)、式(9-5)(★★★)；图9-1(★★★)、图9-2(★★★)
2	偏航阻尼器(★★★)	掌握偏航阻尼器的工作原理，了解为什么偏航阻尼器要有清洗网络	式(9-6)、式(9-12)(★★★)
3	滚转阻尼器(★★★)	掌握偏航阻尼器的工作原理，了解为什么滚转阻尼器没有清洗网络	式(9-13)(★★)

续 表

序号	学习内容	学习要求	重要概念、公式、图表和论述
4	纵向增稳系统	掌握纵向增稳系统的工作原理	纵向增稳系统(★★);式(9-23)、式(9-27)、式(9-28)(★★)
5	航向增稳系统	掌握纵向增稳系统的工作原理	航向增稳系统(★★),式(9-34)、式(9-35)(★★)
6	横侧向增稳系统	了解横侧向增稳系统的工作原理	表 9-1(★★★)、图 9-3(★★)
7	控制增稳系统	了解增稳系统的确定;掌握控制增稳系统组成和工作原理	控制增稳系统(★★★),杆力灵敏度和杆力梯度(★★★);图 9-5、图 9-6、图 9-7(★★)
9	增稳系统和控制增稳系统的类型	掌握杆力速度梯度、中性速度稳定性 NSS、正速度稳定性 PSS 的概念,了解采用 NSS 控制律的优缺点	杆力速度梯度(★★★)、中性速度稳定性 NSS(★★★)、正速度稳定性 PSS(★★★)、图 9-8(★★)

思　考　题

1. 纵向反馈信号(θ、q、α、n_z、Δv)对飞机纵向短周期模态和长周期模态分别有什么影响?并分析其原因。

2. 横侧向反馈信号(ϕ、p、r、β、n_y)对飞机荷兰滚、螺旋和滚转模态分别有什么影响?并分析其原因。

3. 简述纵向阻尼器、偏航阻尼器的组成及其工作原理。

4. 什么叫清洗网络?为什么要引入清洗网络?

5. 简述控制增稳系统的组成和工作原理。

6. 什么是中性速度稳定性 NSS?中性速度稳定性控制律有什么优缺点?

第10章 电传飞行控制系统

10.1 引 言

虽然控制增稳系统能兼顾飞机稳定性和操纵性的要求，但是电气通道的操纵权限不是全权限的，也没有可靠的安全措施；另外，这种有限权限的控制增稳系统是在不可逆助力机械控制系统基础上发展起来的，本质上仍属机械式操纵，其中驾驶杆到助力器间的复杂机械杆系存在很多弱点，如占空间大、质量大、战伤生存能力低等。随着飞行控制技术、计算机技术的迅速发展，电传飞行控制系统(FBW)应运而生。顾名思义，电传飞行控制系统是将驾驶员发出的操纵指令变换为电信号并与飞机运动传感器的反馈信号综合、经过计算机处理并把处理结果通过电缆输送给操纵面作动器、对飞机进行全权限控制的控制增稳系统。

由于在电传飞行控制系统中取消了庞大的机械杆系，大大提高了系统的操纵精度，另外系统采用了余度技术，使得其具有更高的安全可靠性和较低的故障率。同时消除了人工飞行控制系统存在的间隙、摩擦、变形等非线性的不良影响，改善了微小信号的传递，特别是提高了生存能力。

电传飞行控制系统设计是一项复杂精细的工作，需要综合考虑控制功能的剪裁和实现、电传飞行控制律构型选择、电传系统余度设计、控制模态转换瞬态抑制等诸多内容，限于篇幅和教学要求，本书只介绍与电传飞行控制系统设计有关的基本概念和工作原理，

10.2 电传飞行控制系统的优点

电传飞行控制系统是先进飞机的核心控制系统，具有多通道、多回路、多模态、多余度、高增益、宽频带和全时全权限等特点，是先进飞机实现主动控制功能的基础平台和必要条件(见图10-1)。

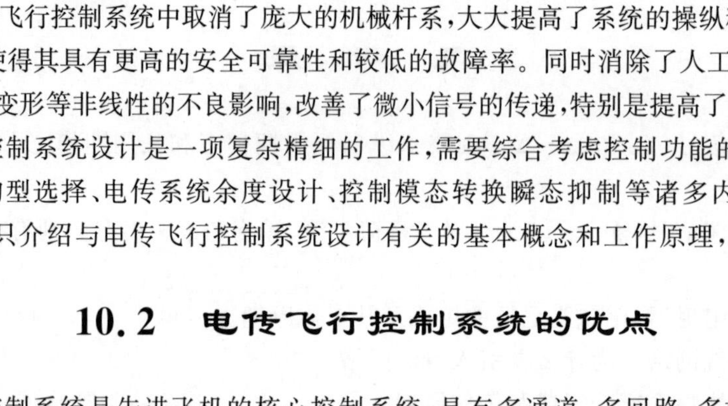

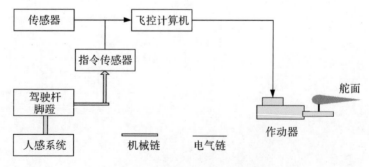

图10-1 电传飞行控制系统简图

从控制角度看，机械控制系统表现为能量→能量的开环控制；电传飞行控制系统则表现为能量→信息→能量的闭环控制，如图 10－2 所示。

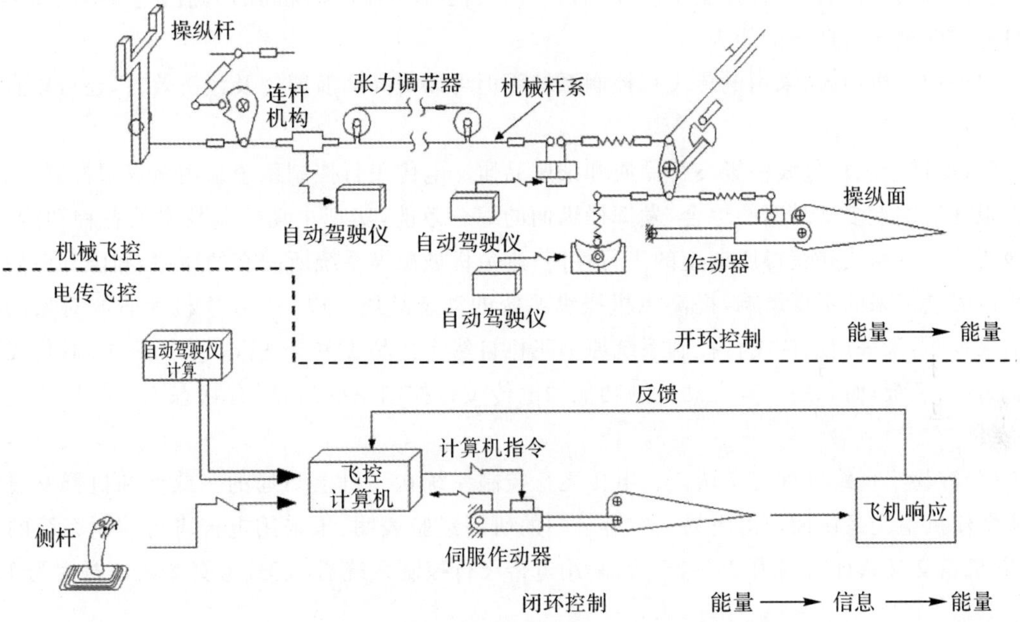

图 10－2　电传飞行控制系统与机械控制系统的比较

传统的机械控制系统以及增稳或控制增稳系统都存在一系列缺点：质量大、占据空间大及存在非线性（摩擦、间隙）和弹性变形，为保证飞机有合适操纵性的机构相当复杂。电传飞行控制系统较好地克服了机械操纵系统所存在的一系列缺点，并为解决现代高性能飞机操纵系统中许多问题提供了有效方法。

与机械控制系统相比，电传飞行控制系统的优点如下：

(1)减轻飞行控制系统的体积和质量（因节省了质量大的机械部件与传动装置，节省了机械传动所占用的活动空间和孔道）。

(2)多余度电传系统，可以进一步提高飞机的安全性。

(3)降低飞行控制系统的安装、维护费用。

(4)可以容忍飞机的弹性变形（因为电缆不受飞机弯曲、变形、膨胀等影响）。

(5)改善飞机的操纵品质（因电传系统可以消除机械系统的非线性、摩擦、滞环等影响，并且可以实现所需要的特性）。

(6)增加座舱布局设计的灵活性（例如，可以使用侧杆，从而改善驾驶员对座舱仪表的视界和观察条件）。

(7)利于飞行控制系统构型的改变（控制律的变化，因无机械系统而更加方便，易于系统重新布局）。

(8)提高系统的生存能力（余度电气部件与电缆的分散分布，可以降低战斗损伤引致的系统失效概率）。

(9)增强自诊断能力,提高维护性。

不仅如此,目前飞机机载电子设备已逐步实现数字化。飞行控制采用数字计算机,通过标准的机内总线,可以使飞行控制系统和飞机上的其他航空电子系统间的通信更容易,从而提高飞机完成多种飞行任务的能力。

对民用飞机而言,采用电传飞行控制系统不但可以提高适航能力及经济效益,还可以有以下优点:

(1)提供全飞行包线一级飞行品质和乘座品质。电传飞行控制系统采用全权限控制,能够最大限度地实现多操纵面的综合,发挥操纵面的综合效能,实现主动控制技术的各种功能,有效地改善飞行品质并获得所期望的飞行性能;避免机械操纵系统所固有的摩擦、间隙和滞后等非线性因素带来的不良影响,提高飞机操纵系统的动态品质。以 A300 飞机为研究对象的仿真结果表明:未采用电传飞行控制系统原型飞机自然飞行品质主要飞行状态为一级,其他飞行状态为二、三级;而采用具有主动控制功能的电传飞行控制系统后,所有状态飞行品质均达到了一级。

(2)容易实现跨机种交叉认证。电传飞行控制系统在飞机上布局的一致性和机群发展的兼容性使机组交叉认证来得更易。空客公司的研制经验表明:未采用电传飞行控制系统的飞机,其机组交叉认证时间为 25~35 天;采用电传飞行控制系统后,其机组交叉认证时间为 1~8 天。

(3)兼容性好,易于系列化。电传飞行控制系统由于用电缆代替了钢索或机械杆系,在机体内部的通过性好,易于布置安装,因此就电传飞行控制系统来说,飞机的改型设计易于实现。空客公司在 A320 飞机的基础上,根据飞机的商载和其他功能需求,飞行控制系统虽然做了一定改进,但还是很快发展出 A321/319/318、A330/340 等系列飞机。

(4)易于实现飞机功能系统的综合。电传飞行控制系统强大的计算功能和总线通信能力,使飞机容易实现以飞行控制系统为核心的综合航空电子系统,这也是飞机实现综合控制和先进控制方法的基本平台,B777 飞机在电传飞行控制系统的基础上,集成了自动驾驶仪、大气机、机上信息等系统,形成了综合的导航驾驶系统。

(5)实现无忧虑操纵。电传飞行控制系统具有强大的信息综合和控制功能,与机上状态传感器综合可提供多项飞行包线保护功能:如倾斜角保护、超速保护、偏航保护和失速保护等,大大减轻飞行员负担,实现无忧虑操纵。如电传飞行控制系统的应用,使 A320 以后的空客系列飞机机组人员由 3 人改为 2 人体制。

(6)提高维修性,减小飞机全寿命成本。电传飞行控制系统由于采用先进的机上和地面 BIT,具有优良的故障识别和诊断能力,故障隔离率可以达到 99%,从而提高了飞机的维护性,减小了飞机全寿命使用成本,同时可以提高飞机可使用性。

正是基于电传飞行控制系统的以上特点,世界航空发达国家都已或将电传飞行控制系统应用于先进军用飞机和民用飞机。

电传飞行控制系统的构型是在传统有限权限控制增稳系统基础上去除机械传动系统而形成的只有电气通道的控制增稳系统。电传飞行控制系统结构如图 10-3 所示,可分为指令支路、反馈支路和前向支路三个组成部分。

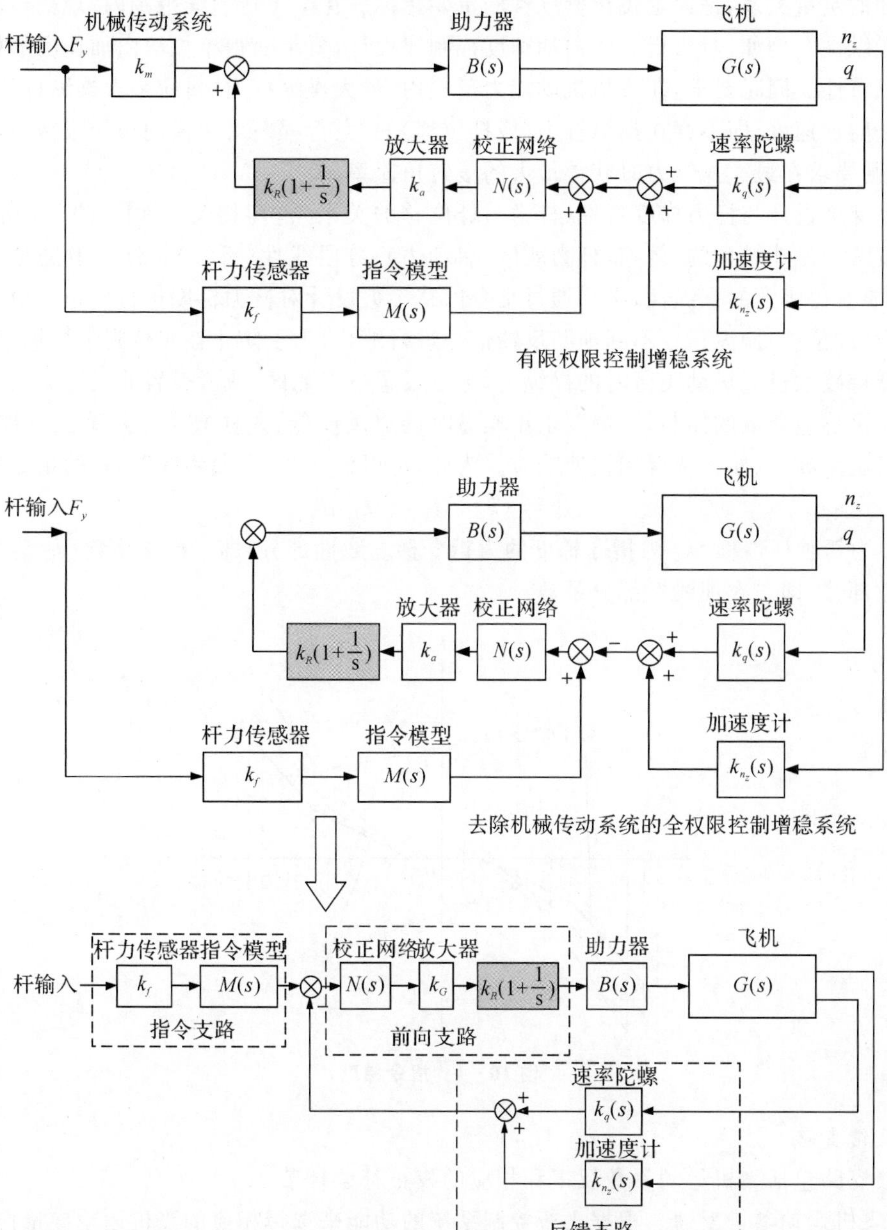

图 10-3　电传飞行控制系统的构成

1. 指令支路

指令支路包括指令梯度和指令模型。指令梯度的作用是把飞行员指令信号(力或位移)转换为被控制参数,如飞机俯仰运动角速率、法向加速度或者迎角;对于飞机滚转运动,则是控制滚转角速率等。指令模型的作用是完成操纵指令成型,抑制来自指令回路的高频干扰信号;设计非线性的响应模型可以抑制驾驶员急剧操纵所引起的不良响应,用以改善精确跟踪特性。可选用一阶惯性环节。

指令梯度是电传飞行控制系统控制律设计的基本参数之一,它表明了操纵输入与被控制参数之间的定量关系，是评定飞机操纵性的重要指标。在全飞行包线范围内，规范要求都应有满意的操纵性。例如，对于指令法向加速度控制律设计，要求获得单位法向加速度的杆力为常值的操纵特性。同时要求，在飞机机动能力范围内，最大操纵杆力（对应最大操纵杆位移）获得最大的法向加速度，即不存在操纵杆力（或杆位移）的"空行程"；对于横向指令滚转角速率控制律设计，则要求在最大操纵力时获得最大的滚转角速率。

指令梯度设计与杆力梯度特性（杆力与杆位移的关系）密切相关。如图 10-4 所示，由于杆力梯度常常是非线性的，例如，杆力死区（启动力），分段线性（折线）特性。于是对于电传系统而言，要获得满意的操纵性，必须通过指令回路参数设计对杆力梯度进行修正。由于来自驾驶杆的力（或位移）操纵指令不断地与反馈信号进行综合，为了防止在零位附近操纵过于灵敏，并为降低持续大过载机动飞行时的操纵力，可以设置电气死区，或者设置非线性的指令梯度特性。对飞机响应参数的控制，一般要求小操纵时的灵敏度低，这样有利于精确操纵控制；大操纵时的灵敏度高，以便迅速得到快速响应。为此，可以设计"二次抛物线"形式的指令梯度，如

$$n_z = (k_2 \mid d_z \mid + k_1) d_z \tag{10-1}$$

式中：d_z 为驾驶杆位移；k_1 为指令梯度的为指令梯度线性部分，即一次项系数；k_2 为指令梯度的非线性部分，即二次项线性部分系数。

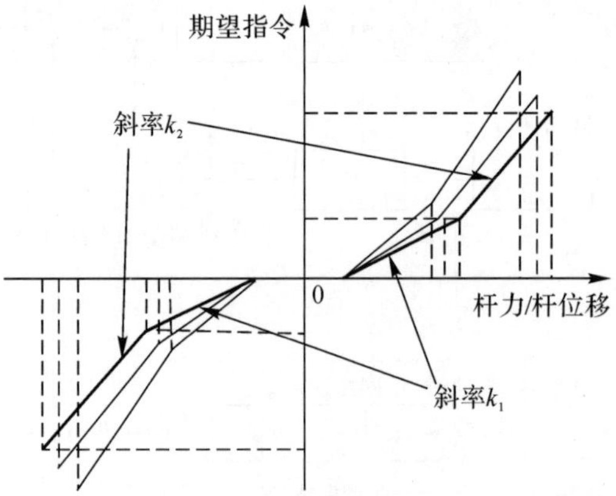

图 10-4　指令梯度

2.反馈支路

反馈支路包括飞机运动参数反馈和相应的校正补偿环节。

（1）飞机运动参量反馈。根据飞行控制系统的功能来选择相应的飞机运动参量作为反馈，从而实现诸如增稳、静飞行参量边界限制以及自动飞行控制等控制功能。安定性补偿、可以选定的飞机运动参量反馈包括三轴（俯仰、滚转和偏航）角速率、迎角/侧滑角、飞机法向/侧向过载、飞机姿态与航向角、飞行速度、马赫数和飞行高度等。

（2）校正与补偿。实际系统中的传感器信号应根据飞机与系统的具体特性考虑滤波器、校正补偿网络、结构陷波器等环节的设计。例如，在俯仰角速率反馈回路分析中不难发现，俯仰角速率反馈在改善动态稳定性的同时，减小了静态传动比，使操纵性降低。为了不降低操纵性，可以采用高通网络，既达到在动态过程中改善稳定性而又不改变静态传动比之目的。设置校正补偿网络的目的是提高系统的稳定裕度。

校正和补偿环节的参数应根据系统性能和飞行品质要求进行设计，并可以根据控制律设

计需求，按不同飞行状态调整系统参数。不同的反馈信号及其增益的大小与飞行品质密切相关，为了得到满意的性能和品质，可以设置一维、二维或者设置取大值函数等参数调节关系。参数调节或者函数的自变量一般为大气数据(例如飞行高度、速度、动压)或迎角等。在满足飞行品质要求的前提下，增益函数的设计应力求简单。

由于杆力(或杆位移)、加速度(过载)、角速率等传感器具有较高的频带和灵敏度，这些传感器会受到实际系统中存在的高频信号和噪声的影响。因此，应根据传感器特性和系统要求设计前置滤波器。

3. 前向支路

前向支路，包括前向增益、均衡环节(比例＋积分)和相应的校正补偿环节。系统的比例式或比例加积分控制功能也是在前向支路实现的。

飞机对驾驶员操纵指令的运动响应，通过速率陀螺、加速度计、迎角等传感器的测量，并将这些信号构成的反馈回路与指令回路相综合，如果被测量的飞机运动响应与驾驶员的操纵指令不一致，其差值通过前向回路馈送至飞机气动力面作动系统，控制气动力面偏转，使综合误差为零，以此控制飞机达到理想的响应。

前向增益是控制律设计的参数之一。增益越高，系统频带越高，响应越快，控制精度越高。在系统初步设计、仿真分析阶段，为了获得满意的飞行品质，往往设置较高的增益。然而，在实际系统中，较高的增益会导致系统稳定裕量降低，影响抗干扰能力，尤其容易引起超出规范要求的剩余振荡。前向支路增益设计一般是按动压调参的，由于气动控制面效率随动压的增加而提高，所以增益应随着动压的增加而减小。因此，在设计前向增益时，应使之与气动控制面效率的乘积保持在合理的范围内。在数字式飞行控制系统中，前向增益多数采用按高度和马赫数的二维调节，以期在整个飞行包线内获得满意的飞行品质。

10.3　电传飞行控制系统的结构和控制律常用构型

由于飞机特性、布局以及不同飞行阶段飞行任务要求的不同，电传飞行控制系统结构可能也不同。电传飞行控制系统控制律是保证系统功能和飞机飞行品质实现的最直接、最重要的关键环节之一。在控制律设计过程中，控制律构型和工作模式是重要的设计内容。所谓电传飞行控制系统控制律构型是指电传飞行控制系统所采用的控制信号及其组合形式。电传飞行控制律构型选择是重要的。例如在现代高性能战斗机上采用比例加积分控制律构型，可以实现自动配平功能。而在终端飞行阶段，控制律宜采用可以精确控制飞机姿态的俯仰角速率指令构型。在控制律构型确定后，需要精心选择校正环节的形式及参数，使系统满足品质规范要求，达到最佳设计目标。

本节将讨论电传飞行控制系统的常见结构和控制律常用构型。

10.3.1　电传飞行控制系统的结构和设计要求

通常情况下，电传飞行控制系统要具有控制增稳、静稳定性补偿、交联解耦、边界限制等功能，为实现这些功能，需要有相应的功能模块。本节简要介绍电传飞行控制系统典型的功能模块组成和支路设计要求。

1. 电传飞行控制系统纵向典型结构

一个典型的纵向电传飞行控制系统功能模块结构如图 10－5 所示，可以看出，纵向电传飞行控制系统由俯仰指令模块、机动指令反馈模块、边界限制模块、控制增稳模块、前向通道模块、舵机指令生成模块等组成。下面对各模块进行简要介绍。

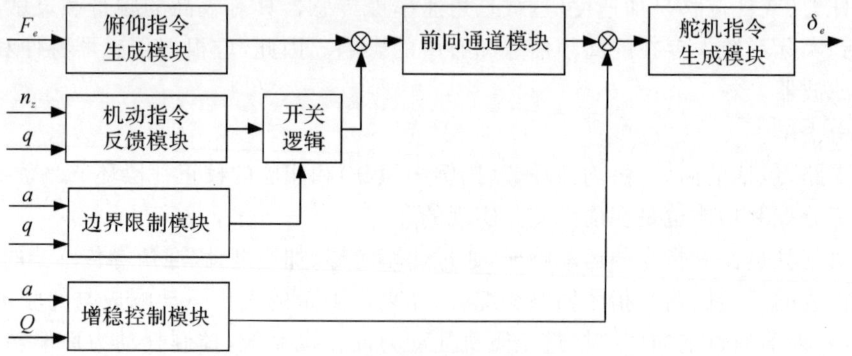

图 10－5　纵向电传飞行控制系统典型功能组成

(1)俯仰指令模块。俯仰指令模块主要包括杆指令整形、限制环节和前置滤波等环节。

杆指令整形环节应按照电传飞行控制系统设计规范等有关设计要求，实现如图 10－4 所示的杆力梯度特性。

限制环节，通常是为了限制大机动或大速度飞行时的法向过载或俯仰角速率而引入杆力的饱和特性，由于飞机对正负过载或正负俯仰角速率要求不同，所以限制环节的正负极限值不同。

前置滤波器通常为低通滤波网络，又称为驾驶员指令模型或指令成形前置滤波器，其传递函数通常为 $\dfrac{T_1 s+1}{T_2 s+1}$，其主要作用时滤除指令支路的高频干扰信号。

(2)机动指令反馈模块。机动指令反馈是指稳态时对特定的俯仰杆指令飞机机动参数的设置，可以对应俯仰角速率、法向过载(或法向加速度)、迎角或三者的组合，需要根据飞行阶段、飞机构型、空速或飞机的实际要决定。控制律的变化可以通过对俯仰角速率、法向过载及迎角的增益调参实现。在此模块中，通常还包括一些必要的反馈信号通道、校正网络以及可调参的增益，这些措施都可以保证控制系统更好的动态稳定性和较好的飞行品质。

(3)控制增稳模块。控制增稳是电传飞行控制系统的主要功能，采用迎角和俯仰角速率的反馈，可以增强控制系统的稳定性和阻尼。

(4)迎角限制模块。为了实现对飞机的无忧虑操纵，电传飞行控制系统会对飞机的重要变量(如迎角、法向过载)的边界值加以限制，通常情况下，过载是通过在杆力指令模块中引入限幅环节实现的。尽管法向过载和迎角之间满足一定的关系 $n_z=\dfrac{V_0}{g}Z_a\alpha$，但是只限制过载并不能保证对迎角的限制，当飞行速度较大时，实现了对过载的限制，就相当于限制了迎角；但是当飞行速度较小时，迎角超过最大值时，法向过载未必达到最大值，所以仅限制过载，不能保证迎角限制，对迎角的限制方案见 10.4 节。

(5)前向通道模块。前向通道主要实现中性速度稳定性和结构模态滤波两项功能。

在前向通道中引入积分器，电传操纵系统就具有了中性速度稳定性，能够实现自动配平功能;但是在起飞、着陆阶段,飞行员需要借助杆力/杆位移来均匀地调节迎角大小,此时必须取消自动配平,而采用正速度稳定性;因此,在起飞、着陆阶段,要将前向通道的积分器切除。

由于现代飞机通常采用细长机身和相对厚度较小的机翼,飞机刚度下降,因此飞机在飞行时,除了刚体运动外,还包括机体的结构弹性模态。通常情况下,弹性模态的振动频率较高,阻尼较小,这些弹性模态很容易被角速率陀螺等传感器感受,这些振动带入电传系统,会干扰电传系统工作,再由于电传系统的高增益以及结构模态的相位延迟,严重时会使得闭环系统发生耦合发散振荡,导致飞机损坏。因此,需要在电传系统的前向通道中引入机体的结构模态滤波器。

结构模态滤波器的频率特性通常表现为一种陷波特性,对弹性模态频率的输入信号有较强的抑制作用。通常结构陷波器传递函数形式为 $\dfrac{k(s^2+a_1s+b_1)}{s^2+a_2s+b_2}$,其分子和分母均为 2 阶复零极点,构成一对复数偶极子,以衰减弹性模态。

通常结构陷波器置于电传飞行控制系统前向通道后端,这样就可以集中对不同传感器引入的结构模态频率进行滤波,但结构陷波器也会对杆力信号进行滤波,可能会引起操纵信号的延迟,所以,在一些电传飞行控制系统中,将结构陷波器置于不同的反馈信号通道中,但这样会增加控制律的复杂性。

(6)升降舵指令模块。升降舵指令生成模块给出输入到升降舵舵回路的指令,功能包括:①舵机位置的最大、最小指令限幅;②舵机的速率限幅;③为抑制舵机抖动,设置后置平滑滤波器。

2. 电传飞行控制系统横航向典型结构

横航向电传飞行控制系统的典型功能模块如图 10-6 所示,由横滚指令通道、横滚动态反馈模块、横滚通道前向模块、偏航轴指令生成模块、偏航轴动态反馈模块、偏航轴前向通道模块和交联模块构成。

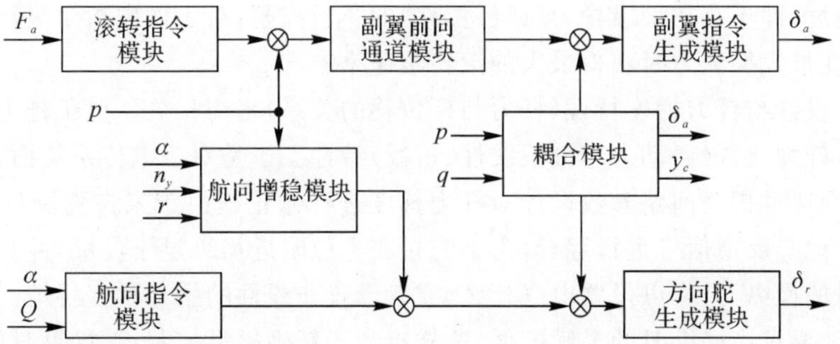

图 10-6　横航向电传飞行控制系统的典型功能模块图

(1)横滚指令通道。横滚指令通道主要包括滚转指令梯度函数、滚转指令限幅和杆力指令模型。

(2)横滚动态反馈模块。横滚动态反馈模块通常引入滚转角速率反馈信号和杆力信号进行综合,在稳态时,杆力对应滚转角速率。

(3)横滚通道前向模块。横滚通道前向通道中,包括可调增益和副翼位置及角速率的限幅器。

(4)偏航轴指令生成模块。偏航轴指令通道与横滚通道类似,包括偏航指令梯度、指令限幅和脚蹬指令模型。

(5)偏航轴动态反馈模块。偏航轴动态反馈通常采用偏航角速率和侧向过载反馈,偏航角速率和侧向过载反馈信号用于改善荷兰滚的阻尼和稳定性。通常此通道中也要引入结构陷波器,抑制飞机结构模态的影响;引入必要的可调增益和超前一滞后校正网络改善飞行品质。

(6)偏航轴前向通道模块。偏航轴前向通道包括方向舵舵机的位置和速率限幅器。

(7)交联模块。由于飞机的横航向运动耦合紧密,运动复杂,特别是在大迎角快速滚转时,会产生惯性交感和俯仰分离,因此必须要设计必要的交联耦合环节,以保证电传飞行控制系统具有良好的飞行品质,并实现较号的机动。交联解耦是措施见 10.3.3 节。

3.多模态电传飞行控制系统支路设计要求

电传飞行控制系统具有多种控制功能和控制模态,不同的飞机对系统功能/性能和飞行品质的要求不尽相同。电传系统多模态控制律设计,对有人驾驶飞机的飞行安全性和完成任务的有效性是至关重要的。多模态控制律设计涉及控制律结构(即构型)、系统参数和稳定性(鲁棒性)的设计。按控制律功能分类,控制律设计可以分为控制增稳、放宽静安定性、直接力、机动载荷控制等功能设计。然而,无论是功能设计还是构型设计,都始于基本的控制回路设计。电传飞行控制系统包括指令支路、反馈支路和前向支路的设计。

(1)指令支路。指令支路设计,是对指令梯度和响应模型的选择与确定。

指令梯度的作用是把飞行员指令信号(力或位移)转换为被控制参数,如飞机俯仰运动角速率、法向加速度或者迎角;对于飞机滚转运动,则是控制滚转角速率;等等。

指令梯度,是电传飞行控制系统控制律设计的基本参数之一,它表明了操纵输入与被控制参数之间的定量关系,是评定飞机操纵性的重要指标。在全飞行包线范围内,规范要求应有满意的操纵性。例如,对于指令法向加速度控制律设计,要求获得单位法向加速度的杆力为常值的操纵特性。同时要求,在飞机机动能力范围内,最大操纵杆力(对应最大操纵杆位移)获得最大的法向加速度,即不存在操纵杆力(或杆位移)的“空行程”;对于横向指令滚转角速率控制律设计,则要求在最大操纵力时获得最大的滚转角速率。

指令梯度设计与杆力梯度特性(杆力与杆位移的关系)密切相关。由于杆力梯度常常是非线性的,例如,杆力死区(启动力),分段线性(折线)特性。于是对于电传系统而言,要获得满意的操纵性,必须通过指令回路参数设计对杆力梯度进行修正。由于来自驾驶杆的力(或位移)操纵指令不断地与反馈信号进行综合,为了防止在零位附近操纵过于灵敏,并为降低持续大过载机动飞行时的操纵力,可以设置电气死区,或者设置非线性的指令梯度特性。对飞机响应参数的控制,一般要求小操纵时的灵敏度低,这样有利于精确操纵控制;大操纵时的灵敏度高,以便迅速得到快速响应。为此,可以设计如式(10-1)的“二次抛物线”形式的指令梯度。

响应模型的作用是完成操纵指令成型,抑制来自指令回路的高频干扰信号;设计非线性的响应模型可以抑制驾驶员急剧操纵所引起的不良响应,用以改善精确跟踪特性。可选用一阶惯之间。因性环节作为响应模型,其时间常数一般为 0.2～0.25s 之间。因为响应模型会增加等效系统的时间延迟,所以时间常数不宜过大。

(2)反馈支路。反馈支路的设计包括运动参量反馈选择和校正与补偿环节设计。

1)飞机运动参量反馈。如前所述,根据飞行控制系统的功能来选择相应的飞机运动参量作为反馈,从而实现诸如:增稳、静飞行参量边界限制以及自动飞行控制等控制功能。安定性补偿、可以选定的飞机运动参量反馈包括三轴(俯仰、滚转和偏航)角速率、迎角/侧滑角、飞机法向/侧向过载、飞机姿态与航向角、飞行速度、马赫数和飞行高度等。

2)校正与补偿。实际系统中的传感器信号应根据飞机与系统的具体特性考虑滤波器、校正补偿网络、结构陷波器等环节的设计。例如,在俯仰角速率反馈回路分析中不难发现,俯仰角速率反馈在改善动态稳定性的同时,减小了静态传动比,使操纵性降低。为了不降低操纵性,可以采用高通网络,既达到在动态过程中改善稳定性而又不改变静态传动比的目的。设置校正补偿网络的目的是提高系统的稳定裕度。

环节的参数应根据系统性能和飞行品质要求进行设计,并可以根据控制律设计需求,按不同飞行状态调整系统参数。不同的反馈信号及其增益的大小与飞行品质密切相关,为了得到满意的性能和品质,可以设置一维、二维或者设置取大值函数等参数调节关系。参数调节或者函数的自变量一般为大气数据(例如飞行高度、速度、动压)或迎角等。在满足飞行品质要求的前提下,增益函数的设计应力求简单。

由于杆力(或杆位移)、加速度(过载)、角速率等传感器具有较高的频带和灵敏度,这些传感器会受到实际系统中存在的高频信号和噪声的影响。因此,应根据传感器特性和系统要求设计前置滤波器。

(3) 前向支路。飞机对驾驶员操纵指令的运动响应,通过速率陀螺、加速度计、迎角等传感器的测量,并将这些信号构成的反馈回路与指令回路相综合,如果被测量的飞机运动响应与驾驶员的操纵指令不一致,其差值通过前向回路馈送至飞机气动力面作动系统,控制气动力面偏转,使综合误差为零,以此控制飞机达到理想的响应。

前向增益是控制律设计的参数之一。增益越高,系统频带越高,响应越快,控制精度越高。在系统初步设计、仿真分析阶段,为了获得满意的飞行品质,往往设置较高的增益。然而,在实际系统中,较高的增益会导致系统稳定裕量降低,影响抗干扰能力,尤其容易引起超出规范要求的剩余振荡。前向支路增益设计一般是按速压调参的,由于气动控制面效率随速压的增加而提高,所以增益应随着速压的增加而减小。因此,在设计前向增益时,应使之与气动控制面效率的乘积保持在合理的范围内。在数字式飞行控制系统中,前向增益多数采用按高度和马赫数的二维调节,以期在整个飞行包线内获得满意的飞行品质。

系统的比例式或比例加积分控制功能也是在前向支路实现的。

10.3.2　电传飞行控制律常用构型

电传飞行控制律常用反馈信号有三类:角速率(p、q、r)、气流角(α、β)、过载(n_z,n_y)。

根据第 9 章的分析,采用角速率反馈信号可以有效地提高俯仰(或滚转、偏航)运动阻尼,改善飞机动稳定性。采用气流角反馈,可以提高模态频率,改善飞机操纵性;采用迎角反馈对纵向俯仰静安定度可以增加静安定度,即提供“安定性补偿”;采用侧滑角反馈可以增强荷兰滚运动的固有频率。采用过载反馈也可提高运动模态的频率。

需要注意的是:角速率反馈在改善动稳定性的同时,会减小静态传动比,降低操纵性。利用校正环节,如高通网络,可以在改善动稳定性的同时,不改变稳态时的静态传动比。校正补偿网络亦可以提高控制系统的稳定性。

电传控制律构型选择与控制增稳模态设计要求密切相关,需要按照俯仰轴、偏航轴和滚转轴的品质要求和指标进行选择。

1. 俯仰轴控制律构型

俯仰轴控制律构型，取决于驾驶员控制指令与飞机俯仰运动参数（迎角、法向过载和俯仰角速率等）之间的相互关系。三个运动参数反馈与短周期特性（稳定性和操纵性）有着内在的联系。其中，俯仰角速率反馈有利于改善动稳定性；法向过载反馈有利于改善操纵性；对于迎角反馈，如果选择低增益，其作用类似于法向过载反馈，选择高增益，则会使短周期频率显著增加。对于俯仰静不安定的飞机，利用迎角反馈补偿静安定度十分有效。

常用的俯仰控制律构型如下。

(1) C^* 构型。驾驶员的操纵用来控制法向控制 C^* 构型。控制过载和俯仰角速率两个运动参量，法向过载和俯仰角速率反馈增益的比值称为混合比。此种构型借助于俯仰角速率反馈改善动态特性，提高短周期阻尼比；而法向过载反馈，则有利于改善操纵性，提高短周期频率。这种控制律构型常用于低速飞行状态。

$$C^* = n_{zp} + \frac{V_{CO}}{g}q \tag{10-2}$$

式中：$n_{zp} = n_{zG} + \frac{l}{g}\dot{q}$ 表示驾驶员位置处的法向过载；n_{zG} 为飞机重心处的法向过载；l 为驾驶员位置到重心的距离；V_{CO} 称为交叉速度，在 MIL－STD－8785C 中，定义为 V_{CO} is the airspeed at which pitch rate and normal acceleration (at constant AOA, make equal contributions to the controlled variable。

C^* 表示驾驶员感受到对飞机实施操纵的响应特性。飞机高速飞行时，驾驶员主要感受到的是法向过载的变化；低速飞行时，驾驶员主要感受到的是俯仰角速率的变化。C^* 构型控制律采用混合的法向过载和俯仰角速度反馈，与驾驶员操纵指令综合。它借助俯仰角速率反馈提高短周期阻尼比，改善动态特性；通过法向过载反馈提高短周期频率，改善操纵性。

(2) 控制法向过载构型。控制法向过载控制律构型，一般采用法向过载与经由高通的俯仰角速率综合通过高通环节的俯仰角速率反馈改善动稳定性，稳态时不起作用，从而实现了指令法向过载。它有利于保持俯仰杆力梯度为常值。这种构型通常也引入迎角反馈，它与法向过载反馈信号不仅可以改善操纵性，还可以对放宽静安定性飞机实施静安定度补偿。这种控制律构型通常用于大速压飞行状态。

(3)控制迎角构型。控制迎角控制律构型，并不作为一种独立构型来考虑。随着控制增稳系统权限的增加，及其向电传飞行控制系统的过渡和利于主动控制技术功能的实现，在设计“迎角/过载”限制器时，系统迎角限制功能接通，同时断开过载限制器，此时的系统控制已经由指令过载（或 C^* ）变为指令迎角。

(4)控制俯仰角速率构型。指令俯仰角速率控制律构型，一般用于精确跟踪任务或其他特殊要求。对于非端点飞行阶段，通过对俯仰角速率控制和前向的“比例积分”控制，达到精确控制飞机姿态的目的。例如，对于综合“飞行/火力”控制系统控制律设计，可以采用指令俯仰角速率构型，实现对目标的精确跟踪任务。这种控制律构型，一般要有迎角和法向过载反馈与俯仰角速率综合，以改善系统特性。

飞机的起飞/着陆控制，尤其是飞机进场着陆阶段需要精确地控制姿态。所以起飞/着陆的纵向控制律应采用指令俯仰角速率构型。但是，它同空中指令俯仰角速率构型的精确控制有所不同，最大的差异在于起飞/着陆控制律构型采用“比例”式控制；而空中指令俯仰角速率构型一般采用“比例加积分”控制。

2. 横向控制律构型

横航向控制律构型与纵向控制律构型相比较，虽然控制的飞机操纵面与运动参数不同，但是作为飞行控制回路而言，相互间有类似之处。例如回路设计依然可以划分为指令支路、反馈支路和前向支路。其指令支路也包括指令成形、信号滤波、增益调参等环节。

飞机的横向操纵运动响应主要是滚转角速率和稳态倾斜角，所以横向控制律构型一般选为指令滚转角速率。通过滚转角速率反馈和前馈增益的合理设计，可以在提高动稳定性的同时，改善以至消除滚转角速率振荡引起的倾斜角振荡，并在全包线内获得良好的横航向控制增稳能力。

为了提高超声速歼击机滚转运动的动稳定性，引入滚转角速率反馈是必要的。为了保证全飞行包线内获得满意的杆力灵敏度，通常在指令支路设置按飞行状态调节的增益，避免滚转角速率反馈导致操纵性能的降低，提高飞机对滚转操纵的快速响应。

对于横向指令滚转角速率控制律构型的指令支路，其指令梯度的非线性特性应设计成：小操纵时梯度较低，以利于提供精确的航迹控制能力；大操纵时具有较高梯度，以迅速地获得最大滚转能力。根据不同飞行状态的滚转能力，应与指令支路按飞行状态调节的增益，协调设置最大滚转能力限制。这一限制无疑会导致驾驶员讨厌的操纵空行程，尤其是在低速大迎角飞行时，空行程更明显。这种空行程，是电传飞机在整个飞行包线范围内相同的滚转角速率指令梯度所造成的。

为了获得满意的滚转模态时间常数，横向指令滚转角速率控制律构型的反馈支路增益应按飞行状态调参。在大迎角飞行时，应考虑迎角的耦合影响，与俯仰轴协调。

3. 航向控制律构型

航向控制律构型，应使系统具有优良的控制增稳功能。航向(蹬舵)操纵使飞机产生偏航响应，主要体现在侧向过载、侧滑角和偏航角速率等运动参数的响应。按常规控制增稳功能的定义，驾驶员的蹬舵操纵指令与飞机的运动参数响应构成闭环控制，其指令支路的梯度设计应为受控的主要运动参数。然而，作为全权限电传操纵系统的航向控制，因受方向舵结构强度的限制，指令梯度通常是将蹬舵操纵限制转换为方向舵偏度限制。一般来说，动压越大，允许使用的方向舵的偏度越小，所以方向舵偏度限制应按动压调参。起飞/着陆时的飞行速度较低，为了提供良好的侧风着陆能力，应当解除方向舵偏度的限制，提供全偏方向舵的控制能力。

航向控制律构型，一般采用偏航角速率和侧向过载反馈。偏航角速率主要用于增加荷兰滚模态阻尼，侧向过载反馈有利于减小滚转机动和侧向扰动时的侧向过载和侧滑角。

4. 电传飞行控制律中的交联解耦

当飞机在大迎角情况下绕机体轴纵轴快速滚转时，大迎角就变成了大侧滑会产生迎角和侧滑角的耦合，如图10-7所示，在这种情况下，机头和机尾处产生离心力，使得机体纵轴进一步偏离飞行速度矢量，加大迎角和侧滑。飞机作快速横滚机动飞行时，由于本身质量的惯性力矩而使迎角和侧滑角大幅度变化的现象，又称惯性交感。它可能导致丧失飞行稳定性，或导致载荷过大致使结构损坏而失事。

为抑制惯性交感，战斗机一般通过控制系统设计成绕速度矢量滚转。设计按速度矢量滚转的控制律，使飞机绕机体轴转动改为绕速度轴转动，以此来抑制滚转角速率对侧滑角的影响，在大迎角情况下改善滚转时的抗侧滑性能，并提高航向运动的荷兰滚模态阻尼。

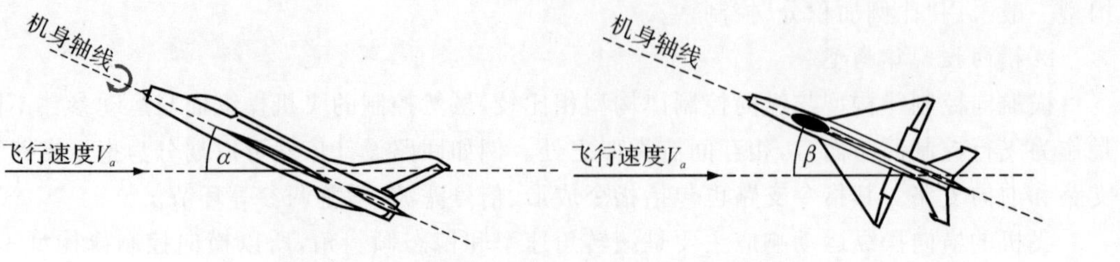

图 10-7　大迎角情况下飞机绕机体纵轴滚转

由第 5 章的知识可知，在飞机的角速率在速度系（气流系）中的投影如下：

$$\begin{bmatrix} p_a \\ q_a \\ r_a \end{bmatrix} = \boldsymbol{S}_{\alpha\beta}\omega_b + \Delta\omega = \boldsymbol{S}_{\alpha\beta}\omega_b + \boldsymbol{S}_{\alpha\beta}\begin{bmatrix} 0 \\ -\dot{\alpha} \\ 0 \end{bmatrix}_b + \begin{bmatrix} 0 \\ 0 \\ \dot{\beta} \end{bmatrix}_a = \boldsymbol{S}_{\alpha\beta}\begin{bmatrix} p \\ q \\ r \end{bmatrix} + \begin{bmatrix} -\dot{\alpha}\sin\beta \\ -\dot{\alpha}\cos\beta \\ \dot{\beta} \end{bmatrix} \tag{10-3}$$

即

$$\begin{bmatrix} p_a \\ q_a \\ r_a \end{bmatrix} = \begin{bmatrix} \cos\alpha & 0 & \sin\alpha \\ 0 & 1 & 0 \\ -\sin\alpha & 0 & \cos\alpha \end{bmatrix}\begin{bmatrix} p \\ q \\ r \end{bmatrix} \Rightarrow \begin{cases} p_a = p\cos\alpha + r\sin\alpha \\ q_a = q \\ r_a = -p\sin\alpha + r\cos\alpha \end{cases} \tag{10-4}$$

由式(10-4)可以看出，当飞机以大迎角滚转时，速度系会有相当大的偏航角速率 r_a 由此而产生的陀螺效应会产生离心力矩，会使得机头抬起，这称为大迎角俯仰偏离，在实际中必须要限制滚转角速率以避免或减弱俯仰偏离，或在方向舵通道引入迎角与滚转角速率的乘积信号 $r = p\tan\alpha$，以保证 $r_a = 0$。

基于上述分析，常用的纵向和横航向的耦合技术措施有：

(1)将滚转角速率和迎角的乘积 $p\alpha$ 引到偏航轴（见图 10-8）。由于三角函数计算较为烦琐，为了简化 $r = p\tan\alpha$，可以将滚转角速率和迎角的乘积 $p\alpha$ 引到偏航轴，以保证 $r = p\alpha$，进而近似保证 $r_a = 0$。

(2)副翼到方向舵的交联。由于副翼操纵对应滚转角速率 p，还可以将副翼引导方向舵。指令副翼偏转时，同时偏转方向舵，产生偏航力矩使机体轴随速度矢量偏转，从而减小侧滑。

(3)将 $p \times q$ 反馈到偏航通道（见图 10-9）。滚转一俯仰耦合引起偏航惯性交感，反馈 $p \times q$ 到偏航轴，有利于抑制惯性耦合所产生的偏航力矩。

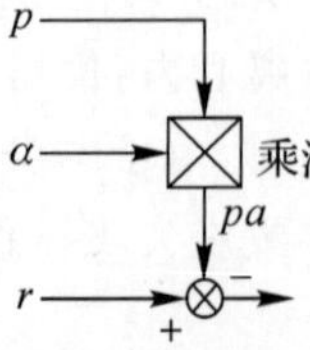

图 10-8　滚转角速率和迎角的乘积 $p\alpha$ 引到偏航轴

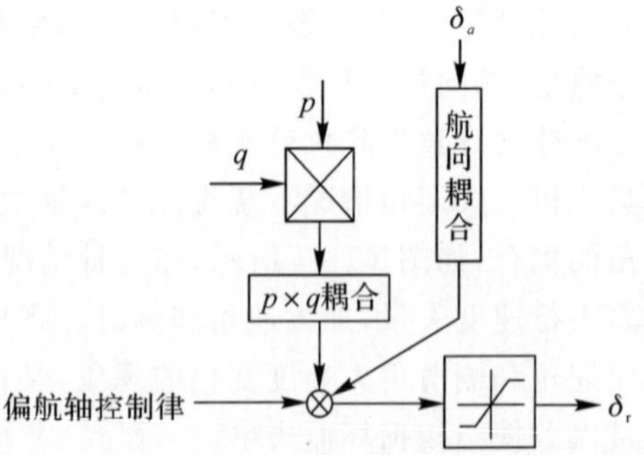

图 10-9　将 $p \times q$ 引到偏航轴

10.4　电传飞行控制系统的边界保护

飞机均被限制在某一规定的包线（高度与马赫数范围）内飞行，这种限制既取决于飞机气动力特性，又是对飞行员操纵飞机的限制。而且，即使在包线内飞行，在不同的飞行状态下，飞机的飞行参数也会受到各种限制。例如，飞机的法向过载不仅受飞机结构强度的限制，同时驾驶员承受法向过载的能力也是有限的；飞机借助于迎角才能产生升力，而且升力随着迎角的增加而增加，然而在迎角增加到一定值以后，升力不仅不增加反而减小，且导致飞机抖振甚至失速、失控。毫无疑问，对上述飞机飞行参数的边界限制，势必加重驾驶员的工作负担，而且操纵不当甚至导致飞行事故。为了解决这一问题，可以通过电传飞行控制系统控制律设计，自动地进行飞机飞行参数的边界限制，实现飞行员所期望的“无忧虑操纵”，从而达到既可极大地发挥飞机机动性能，又可以保证驾驶员与飞机安全的目的。

10.4.1　过载/迎角限制器原理

飞机的法向过载与迎角的比值（过载/迎角）是重要的飞行品质参数之一，该比值（单位迎角的过载能力）称之为飞机的俯仰加速灵敏度。飞机的构型不同、飞行状态不同，加速灵敏度也不同；而且即使是同一飞机，在其全飞行包线范围内，加速灵敏度的变化范围也是很大的。飞机的法向过载与迎角的静态比例关系如图 10－10 所示。

折线 ABCD 是过载与迎角的共同限制边界，其中 AB 是过载限制边界，BCD 是迎角限制边界。线段 a，b，c 是不同（速压）飞行状态所对应的加速灵敏度 (n_z/α)，它是过载/迎角限制边界图中，过载 n_z 与迎角（或过载增量 Δn_z 与迎角增量 $\Delta\alpha$）的斜率；线段 a，b，c 与 $n_z=1$ 直线的交点，就是配平迎角 α_0。

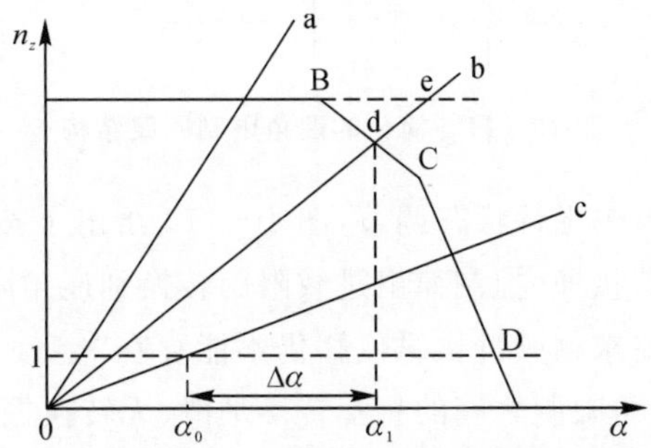

图 10－10　过载、迎角限制边界

线段 a 对应于大速压飞行状态，即加速灵敏度（n/α）大于 B 点斜率的飞行状态，此时，要求控制律设计应实现过载限制；线段 b，c 对应于中、小速压飞行状态，由于其加速灵敏度较低，要获 AB 所表示的过载边界（即线段 b 与 AB 延长线的交点 e 对应的过载），其迎角（交点 e 对应的迎角）势必大于迎角限制边界 α_1（即线段 b 与 BC 的交点 d 对应的迎角），此时的控制律设计则应实现迎角限制。

从上述分析中不难发现，由于过载与迎角之间存在静态关系，必将导致过载/迎角限制器设计与被限制参数（过载限制或迎角限制）之间关系十分密切，此点将在下面做详细的描述。

法向过载限制器设计。法向过载限制，是通过电传飞行控制系统控制律指令支路的设计而实现的。指令支路一般包括指令梯度和响应模型。对于飞机俯仰控制，指令梯度的作用是把驾驶员操纵信号（驾驶杆或盘的位移或力）转换为被控制参数，如法向过载、俯仰角速率等。

对于指令法向过载的控制律设计，驾驶杆位移与法向过载的关系可以是线性的，如 $n_z = kd_y$，n_z 为指令的法向过载增量，d_y 则被定义为杆位移。其中的 k 则被定义为指令梯度。根据需要，驾驶杆位移与法向过载的关系，也可以设计成非线性特性。

指令梯度是电传飞行控制系统控制律设计的基本参数之一，它表明了驾驶员的操纵输入与飞机运动响应（被控制参数）之间的与飞机获得的实际法向过载反馈关系。上述指令的法向过载进行综合之后，控制律前向支路，控制作动器驱动操纵面，使飞机响应达到指令的法向过载。因此，在指令支路的指令梯度之后设置限幅器，即可有效地限制飞机的法向过载。

简化的迎角限制器结构如图 10－11 所示，其表达式为：

$$\alpha_L = k_\alpha \Delta\alpha + k_{\dot{q}}\dot{q} + \alpha_0 \tag{10-5}$$

式中：α_L 为规定的迎角限制边界值；$\Delta\alpha$ 为迎角增量；α_0 为配平迎角；$\dot{q}$ 为俯仰角加速度；k_α 和 $k_{\dot{q}}$ 为信号增益。该式表明，迎角限制信号 α_L 不仅取决于柔和操纵或平飞加减速时的迎角增量 $\Delta\alpha$，同时还取决于操纵时的动态特性（例如当急剧操纵时，所产生的俯仰角加速度是不可忽视的，引入该信号的目的在于限制迎角增加的趋势）。上述两个信号与配平迎角之和，大于规定的迎角限制边界值 α_L 迎角限制器应投入工作。

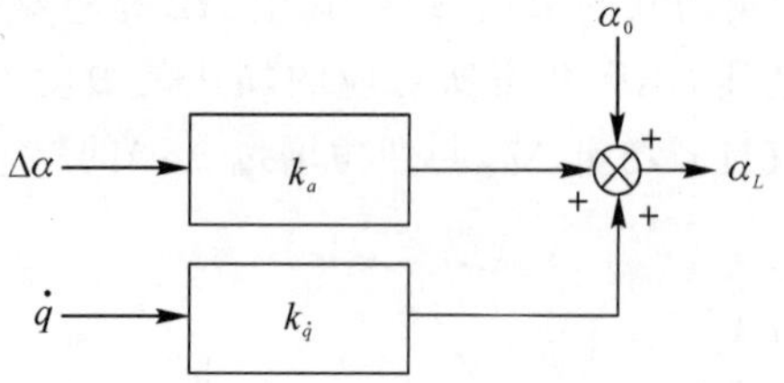

图 10－11　简化的迎角限制回路结构

迎角限制边界值 α_L 应当按飞行状态调节，图 10－12 给出了按马赫数调节的迎角限制边界示意图。通常，迎角限制器接通（控制律由过载限制转换到迎角限制）时，即电传飞行控制系统工作在迎角限制功能时，要求驾驶杆操纵位移仍不能存在“空行程”；而且要求：迎角的响应迅速、无超调；过载限制与迎角限制之间的相互转换平滑、无转换振荡。

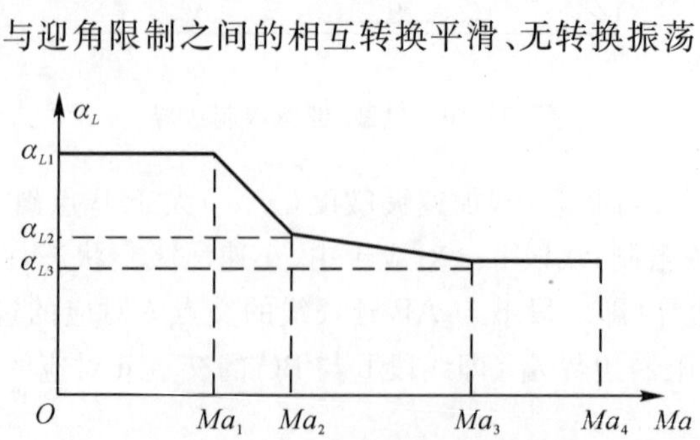

图 10－12　迎角限制边界示意图

10.4.2　过载/迎角限制器的常见形式

迎角限制器分为硬限制和软限制两种形式，图 10－13 给出了简化的迎角硬、软限制示意图。驾驶杆操纵指令(位移或力)存在"空行程"的限制称之为硬限制，不存在"空行程"的限制称之为软限制。由图 10－13(a)可见，单一的指令迎角梯度 k_L 使硬限制特性在驾驶杆操纵位移为 d_{y_1} 时，飞机迎角已经达到限制边界 α_L，随着操纵位移的增加迎角仍将保持不变；同样，在反向操纵 d_{y_1} 时，飞机迎角仍然没有响应。飞行员是非常讨厌这种"空行程"操纵特性的。而图 10－13(b)软限制，则通过多梯度设计方法，消除了"空行程"。随着操纵位移量逐渐增加到 d_{y_1}，迎角也逐渐增加到限制边界 α_L。

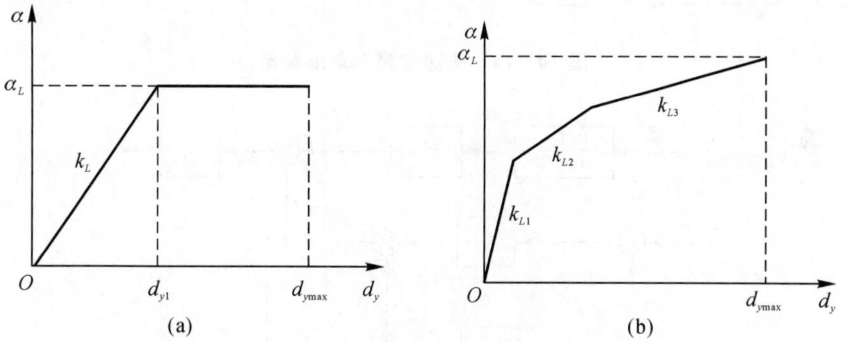

图 10－13　迎角限制的硬限制和软限制

(a)硬限制；(b)软限制

下面给出工程几种实用的过载/迎角限制器的形式。

1. 失速告警迎角限制器

失速告警形式的迎角限制器，是通过降低指令回路增益而实现的。其简化结构如图 10－14 的虚线框所示。其中动态环节是为了改善飞行品质而设置的；非线性环节 F1 是半波特性，即只有正迎角才能通过；非线性 F2 取决于给定的迎角限制边界，当该回路的迎角与俯仰角加速度信号之和小于迎角限制边界时，指令回路的非线性 F3 为 1，即指令梯度为 k_c，通过非线性 F4 的指令限幅特性，实现过载限制；该回路的信号大于迎角限制边界，且随着信号的增加，指令回路的非线性 F3 逐渐降低，相当于使指令梯度 k_c 降低，通过减小操纵指令，从而达到迎角限制的目的。而且，由于指令梯度的降低，获得同样过载的驾驶杆操纵力必将增加(杆力加重，可以认为是失速告警形式之一；在实用中，另一种可行的失速告警方案是驾驶杆抖动)。

这种迎角限制器的缺点是控制律参数设计复杂，在全飞行包线内实现这一功能是困难的。

2. 硬限制迎角限制器

图 10－15 给出了一种硬限制转换形式的迎角限制器简化结构图。这种限制形式相当于设计了两种(控制增稳和迎角限制)不同反馈综合的控制律构型，当飞机迎角大于规定的迎角边界时，通过转换控制开关，自动平滑地转换到迎角限制。为了避免"空行程"，应设计根据飞行状态而调参的边界迎角计算和自动转换装置，这无疑增加了控制律设计的复杂性。

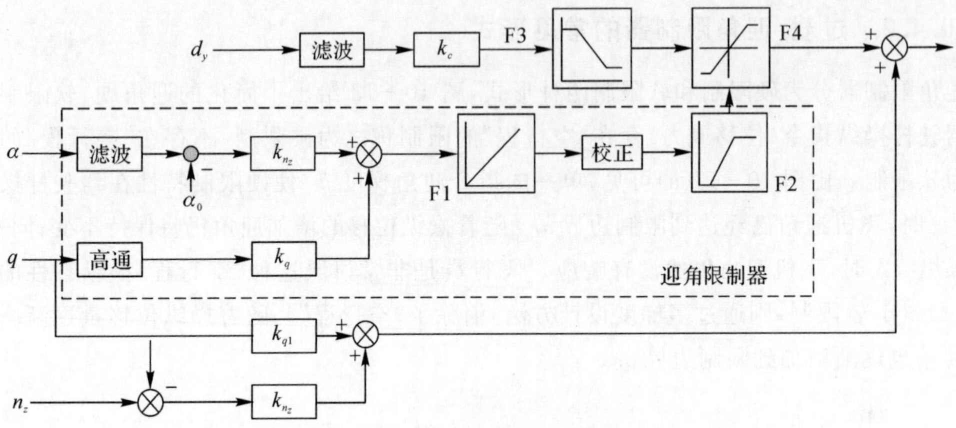

图 10-14 失速告警迎角限制器

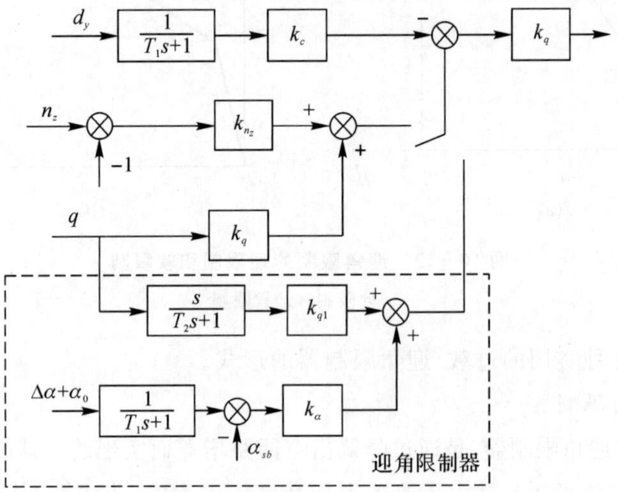

图 10-15 转换硬限制迎角限制器简化结构

3. 附加迎角反馈迎角限制器

图 10-16 给出了附加迎角反馈的迎角限制器简化结构图。其中，控制增稳反馈采用了经洗出的俯仰角速率信号，用于改善飞行品质，实现指令过载控制律。当迎角限制器信号小于迎角限制边界时，通过指令限幅特性实现过载限制；当迎角限制器信号大于迎角限制边界时，在过载反馈的基础上，附加了迎角限制器的反馈信号，并通过迎角限制器 α_{sb1} 和 α_{sb2} 的偏置，实现软限制特性。

这种形式迎角限制器的接通与断开均是在过载反馈的基础上实现的，因此，接通与断开易引起瞬态响应，控制律设计中对于大的瞬态响应要予以抑制；另外，由于附加反馈的投入，也降低了系统的稳定性(即降低稳定裕度)。

4.“取大值”迎角限制器

图 10-17 给出了“取大值”迎角限制器的简化结构图。取大值比较逻辑(MAX)的工作原理为：当法向过载(法向过载与俯仰角速率混合)反馈 CAS 小于等于零时，或者 CAS 信号大于零、且大于/等于迎角限制器反馈信号 AOAL 时，系统的综合反馈 FK 等于控制增稳反馈信号

CAS，即系统综合反馈为法向过载反馈，控制律通过指令回路实现过载限制功能。

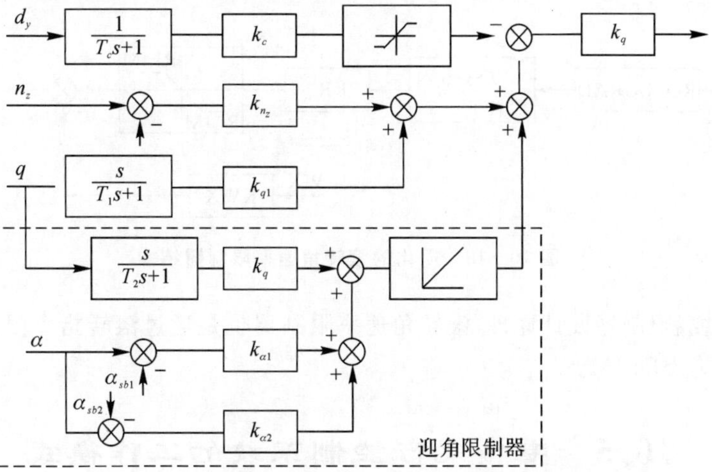

图 10-16　附加迎角反馈迎角限制器简化结构

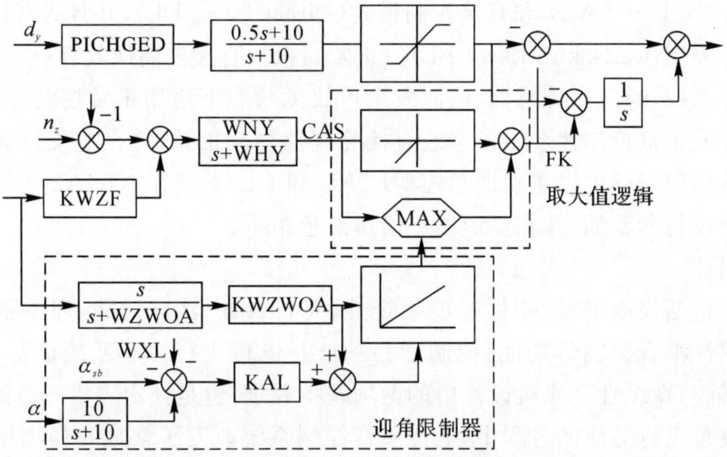

图 10-17　简化的"取大值"迎角限制器

当 CAS 大于零、且小于 AOAL 时，系统综合反馈 FK 则等于 AOAL。此时，系统的控制增稳反馈信号 CAS 被断开，接通迎角限制器反馈信号 AOAL，从而实现迎角限制。

这种通过动态的取大值比较逻辑迎角限制器设计，可以根据驾驶杆行程、指令梯度、加速度灵敏度 n/α 和迎角限制边界，进行迎角反馈增益 KAL 的调节，实现软限制；而且，通过合理、协调的参数设计，可以实现过载限制与迎角限制控制律之间的平滑转换（无瞬态）；另外，由于分别设计控制增稳控制律和迎角限制器，亦可保证系统具有良好的稳定性。

10.4.3　滚转角速率限制器

滚转角速率限制器，是通过指令回路设计实现的。图 10-18 给出了简化的滚转角速率限制器的结构图。图中，DX 为驾驶杆（位移）指令；WX 为滚转角率反馈信号；ROLLGRAD 为指令梯度，将操纵位移指令转变为滚转角速率指令；KR0 为按规定的最大滚转角速率限制值而调整的指令增益，用于改善飞机快速滚转时的耦合运动，保证在全飞行包线内获得满意的杆力灵敏度。

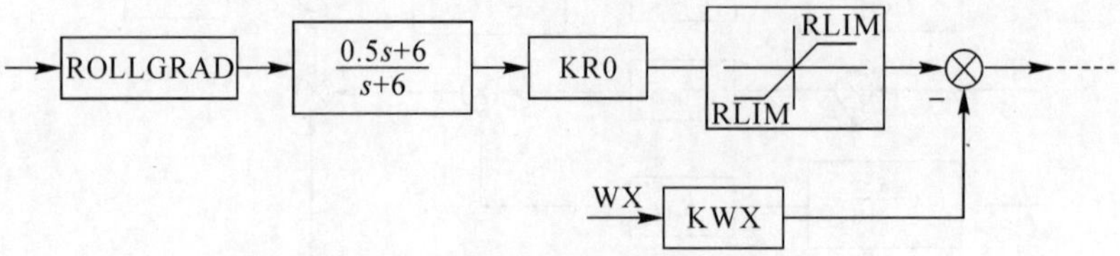

图 10-18　简化的滚转角速率限制器结构

同于法向过载限制器设计原理，滚转角速率限制器也是通过滚转指令限幅器的特性来实现的，其限幅值为±RLIM。

10.5　电传飞行控制系统的工作模式

电传飞行控制的控制律有三种工作模式，包括正常控制模式(Normal Law，NL)、备份控制模式(Alternative Law, AL)和直接控制模式(Direct Law, DL)，并且通常俯仰轴和偏航轴还采用机械备份控制律(Backup Law, BL)。正常、备份、直接控制律具有自动重构能力，在正常使用状态或主飞控计算机、传感器、电源发生单故障状态下使用正常控制律，根据后续故障出现的数量和性质正常控制律会由备选或直接控制律自动接替，并在主飞行显示器上指示这种更替。机械备份控制律可以主动地超控 NL、AL 和 DL，尤其在 NL、AL、DL 都失效时能够维持飞机的安全飞行和着陆，并在显示器上给出红色指示。

1. 正常控制律

正常控制律包括控制增稳、中性速度稳定性、飞行参数(法向过载、迎角限制和滚转速率等)边界限制、惯性耦合抑制等功能；控制增稳功能是电传飞行控制系统最基本的工作模态。众所周知，稳定性与操纵性是飞机设计中的两项基本要求，也是评定飞机飞行品质的重要内容之一。在寻求改善飞行品质的过程中，电传飞行控制系统改变了常规布局飞机设计中需要保证静安定性的严格限制，从而可以根据飞机设计的任务需求，选择和优化最有效的气动布局。而基本的稳定性与操纵性要求，则由装订于飞行控制计算机中的相应控制律予以保证。控制增稳功能是电传飞行控制系统主控制模态的最基本功能的另外一个原因是，主控制模态将在整个飞行包线内，全时、全权应用。

2. 独立备份控制律

电传飞行控制系统的备份模态，是独立于所有的其他控制模态的应急工作模态。当多余度的电传飞行控制系统不能正常工作时，可自动地或由驾驶员手动转换到备份模态。此时，放宽对电传飞行控制系统完成原定任务能力的要求，仅要求备份模态保障飞机安全返航着陆。在电传飞行控制技术发展的初期阶段，系统备份模态曾经采用机械操纵系统。在后来的电传飞行控制系统研制中，常常选用独立的电气备份。电气备份既可以采用电信号直接链开环控制，也可以采用闭环控制。这种独立于其他控制模态的电气备份，不仅不会影响主控制模态的控制性能和飞行品质，而且还克服了机械备份的不利影响，不再需要复杂的转换装置和机械设计与维护，从而使飞行控制系统总重量减轻、成本降低。独立备份模态纵向(俯仰)控制律设计，是备份模态的关键。飞行控制系统采用的传感器中，通常采用俯仰速率反馈构成备份系统的闭环控制，提供俯仰轴的增稳和控制，驾驶员的操纵指令控制飞机的俯仰速率响应。备份系统控制律参数设计的原则是，优先保证低速和起飞/着陆飞行状态的性能和飞行品质。对于横航向控制律设计，通常采用滚转速率和偏航速率反馈构成闭环控制，提供滚转轴和偏航轴的增稳和控制。也可以采用直接链形式的开环控制。独立备份控制律设计指标要求，在起飞/着陆阶段应满足二级飞行品质。

3. 直接控制律

直接控制律通常为开环控制律，在正常控制模式和备份模式失效时，飞行控制系统进入直接控制模式，提供从操纵杆导舵面的基本操纵能力。

在波音 777 飞机上，还提供了机械备份系统作为电气系统的备份，在电气系统完全失效后，飞行控制系统提供了一堆扰流板（4 号和 11 号扰流板）和水平安定面的机械操纵备份作为终极备份系统，让驾驶员可以短暂操纵飞机。需要注意的是，B777 的机械备份系统不能实现安全飞行和着陆，仅能用于稳定飞机姿态，等待电传飞行控制系统重启。

10.5.1　正常控制律构型

正常工作模式下，飞机俯仰、滚转轴的控制律结构分别如图 10－19、图 10－20 所示。

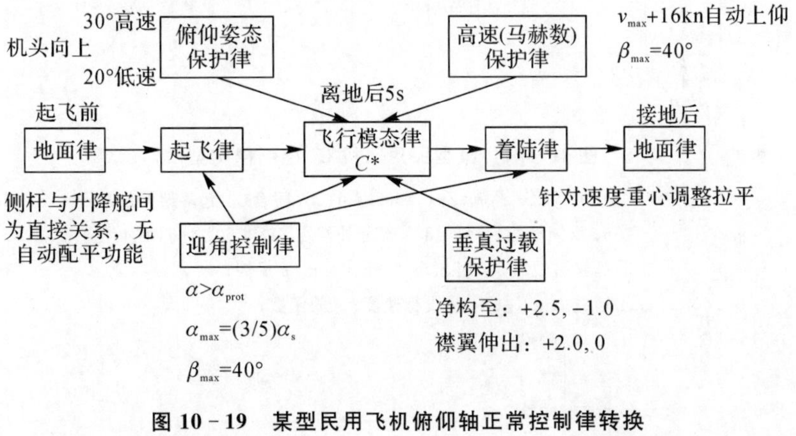

图 10－19　某型民用飞机俯仰轴正常控制律转换

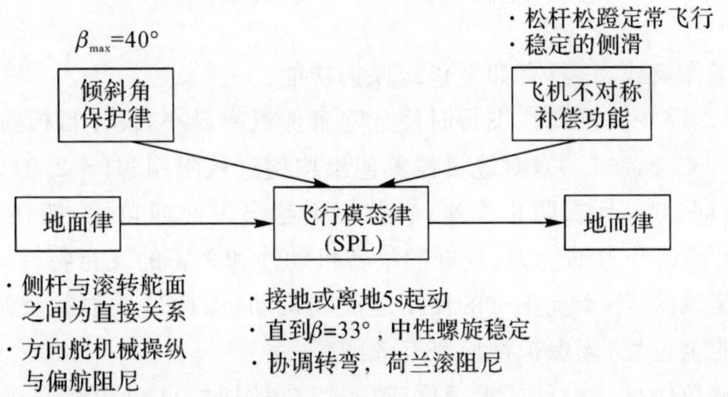

图 10－20　某型民用飞机滚转轴正常控制律转换

飞行模态下的俯仰轴 NL 构型是 C^* 控制律。C^* 律主要通过法向过载(g)的调制实现按短周期飞行品质指标直接对航迹控制,提供整个飞行包线范围内的纵向中性稳定性、配平自动调整、超速限制、大迎角保护等功能。控制律构型分别如图 10-21、图 10-22 所示。

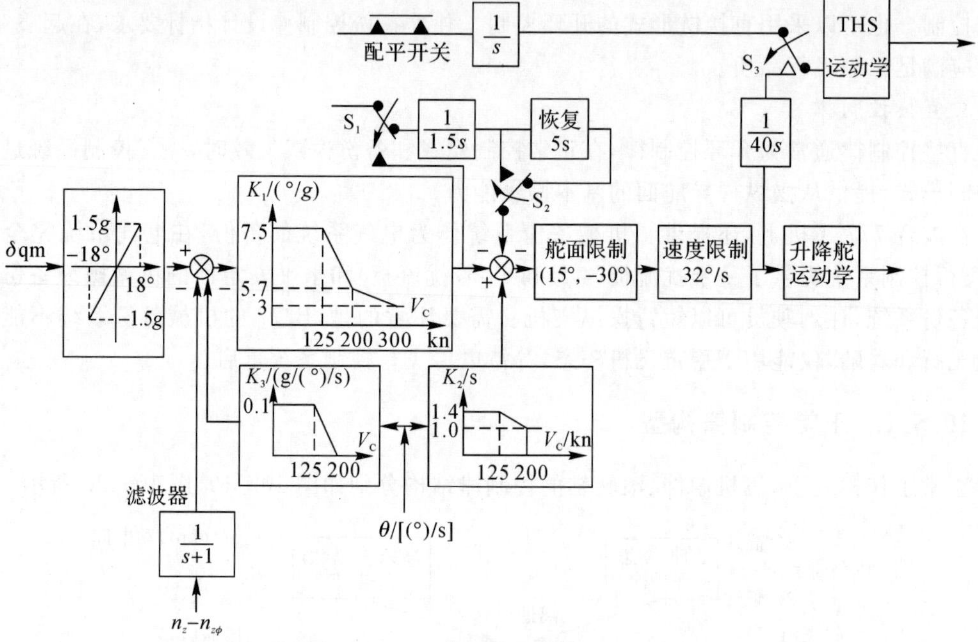

图 10-21　某型民用飞机 C^* 控制律构型

注:①开关 S_1、S_2 释放($Z_{RA}>60.96$m)、S_3 闭合(主起落架伸出);

②n_y 反馈补偿到 $|\phi|\leqslant 33°$,部分补偿在 33°与 60°之间,但不大于 60°;

③起飞落地后 1s,用 2.5s 平滑引入 n_y、θ 反馈;

④增益 K_1、K_2、K_3 是飞行速度 f_C 的函数;

⑤$$n_\phi=\begin{cases}\dfrac{\cos\theta}{\cos\phi} & (0°<|\phi|<33°)\\ \cos\theta(-0.007|\phi|+1.425) & (33°<|\phi|<60°)\\ \cos\theta & (|\phi|\leqslant 60°)\end{cases}$$

正常控制律工作模式下,具有如下包线保护功能:

(1)过载保护。旨在大机动性飞行时使危险事件概率最小,设计目标对净构型及缝翼伸出构型过载限制为(+2.5,-1.0),对缝翼襟翼伸出构型过载限制为(+2,0)。

(2)大迎角(α)保护。旨在防止失速,满拉但不超出失速迎角(一般在失速迎角以下 3°或 5°),具有达到并保持高升力的能力、良好的滚转机动性和无害的飞行特性,消除大动态机动或突风中飞行的失速风险,不干扰正常的使用速度和机动,保持过载限制及倾斜角限制 45°。从飞机离地到着陆的全过程,该保护都应是有效的。

(3)高速/马赫数保护。设计要求速度或马赫数超限时,自动渐近地施加上偏升降舵并且减小驾驶员的机头向下极限,使最大速度稳定值为 V_M+16km/h 或 M_M+0.04。

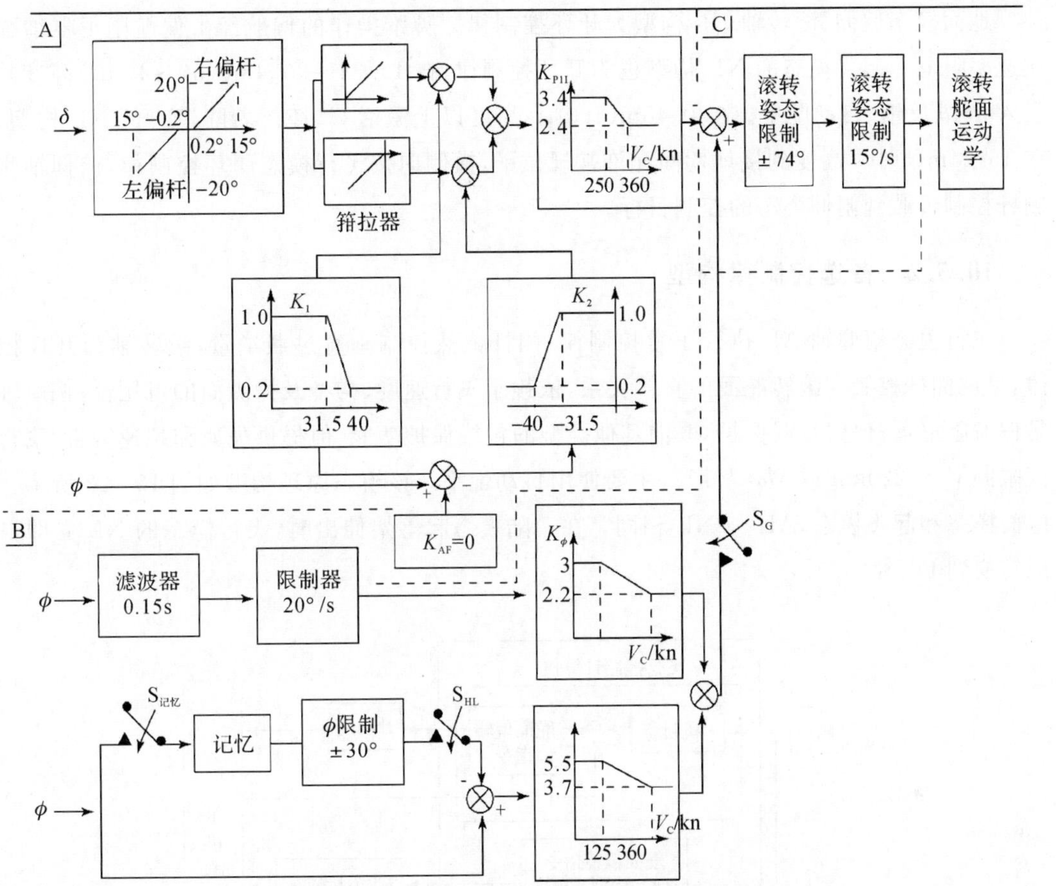

图 10-22　某型民用飞机滚转控制律构型

注：①A 区为滚转指令回路、B 区为倾斜角稳定回路、C 区为滚转舵面指令回路；

②K_{pl}、K_1 为飞机构型的 f_C 的函数；

③A 区箝位器斜率假定为 1.0，大倾斜角保护系数 K_1、K_2 为倾斜角的函数；

④ϕ 为滚转控制的主反馈，在释放侧杆或机翼校平时引入 ϕ、ϕ 反馈以使保持斜角，ϕ 滤波器传递函数为 $\frac{1}{1+0.15s}$。

(4)俯仰姿态保护。旨在极端状态或遭遇风切变时提高迎角和高速保护效率，减小驾驶员权限使机头下俯时为 15°，上仰时为 30°(低速时为 25°)。

(5)倾斜角保护。该功能处于激活模态时，自动配平功能不运行。如果＞33°时松杆，飞机将自动滚回到 33°；如果握杆保持＞33°，将限制滚到 67°，若再激活高速保护($V_C > V_{MO} + 6$km/h 或 $M_{MO} + 0.01$)或迎角保护，则螺旋稳定性起始于 0°、倾斜角最大限制为 45°。

(6)滚转不对称补偿功能。旨在提供良好的方向舵自动配平，补偿侧向不对称使阻力最小。执行该功能之前，要求驾驶员必须使飞机到达稳定。当飞机滚转偏航稳定、侧杆脚蹬处于松浮状态时，若偏转滚转舵面，则激活该功能。由于施加等效的方向舵作用，将轻微地减少滚转舵面偏度并保持航向不变。若出现配平，将把方向舵脚蹬引起的滚转不对称补偿运行、飞行参数和方向舵配平的变化通知给驾驶员。在定常飞行中滚转舵面不再偏转时，该功能停止运行。在 60.96m (200ft) 以下的进场模态和地面模态，不运行此功能。

地面模态俯仰、滚转轴 NL 构型为开环控制律。脚蹬操作的偏航经由偏航阻尼器增强偏航速率阻尼。起飞模态的 NL 构型也为开环控制律，在 15.24～30.48m(50～100ft)高度阶段引入 n_y、θ 反馈、自动配平、在 30.48m(100ft) 高度以上激活 C^* 律。着陆模态的 NL 构型，旨在 15.24m(50ft) 高度到接地期间允许常规拉平，横侧向按飞行模态闭环控制律，俯仰轴实现侧杆控制过载到俯仰姿态的控制目标。

10.5.2 备选控制律构型

飞行模态俯仰轴 AL 执行正常控制律，侧杆依然控制垂直过载增量；滚转轴为开环控制律，呈现侧杆控制与滚转舵面的直接关系，依赖于飞行速度、构型及操纵面的可用性；偏航轴仍是偏航阻尼器；保留过载保护，取消其他类型的包线保护功能，但提供失速和超速警告，飞行速度限制 $V_C \leqslant 220$km 或 $Ma \leqslant 0.77$，主要使用自动配平。该模态原理构型如图 10－23 所示。在地面模态和起飞模态，AL 与 NL 相同。在着陆模态起落架伸出时，飞行模态的 NL 立即自动地转换到 DL 律。

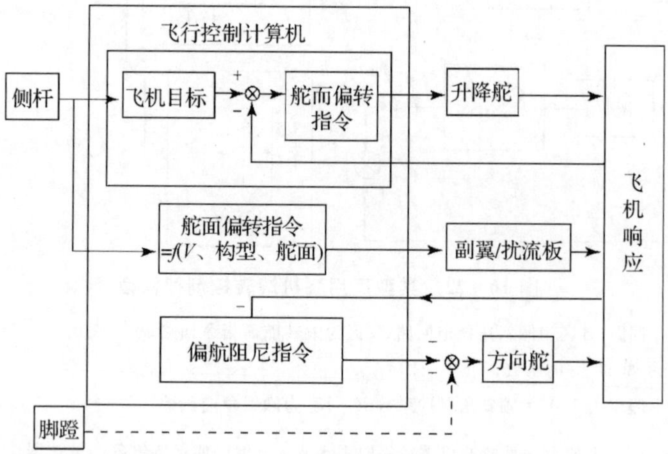

图 10－23　飞行模态 AL 构型

10.5.3 直接控制律构型

飞行模态的 DL 为开环控制律，操纵杆与升降舵、滚转舵面之间呈现直接关系，但依赖于飞机构型、重心和操纵面的可用性；取消所有类型的包线保护功能，但提供常规的声响式失速和超速警告，飞行速度限制为 $V_C \leqslant 220$km 或 $Ma \leqslant 0.77$；使用人工配平。DL 原理构型如图 10－24 所示。

在地面模态和起飞模态，DL 和 NL 相同。着陆模态与飞行模态的 DL 无区别，或称为飞行模态的 DL 持续到飞机接地。

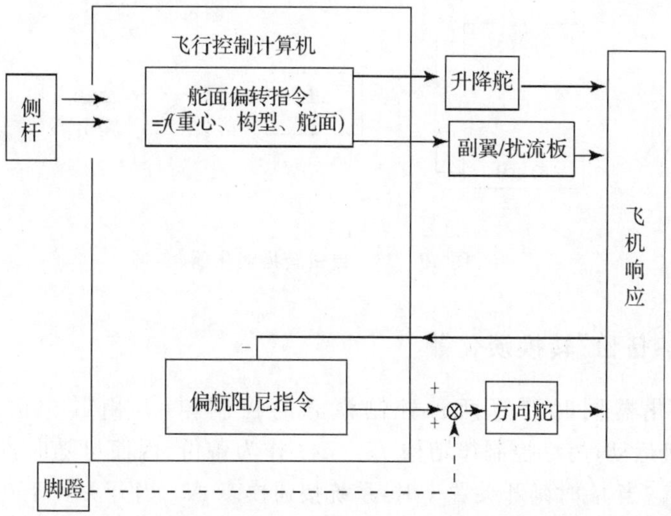

图 10-24　飞行模态 DL 构型

10.6　电传飞行控制系统控制律转换瞬态抑制

绝大多数飞行控制系统均具有两种以上的不同控制模态，驾驶员根据任务要求或者系统工作(正常/故障)状态，可以由手动(或自动)完成工作模态的转换。这种转换的本质，是控制律模态之间的转换。在模态转换过程中，由于不同模态控制律的动、静态参数甚至控制律结构的不同，必然会使飞机产生不希望(非指令)的瞬态响应。模态之间的控制律结构和参数的差异越大，转换瞬态也越大。为了抑制转换瞬态，如果要求驾驶员在转换过程中作出相应的操纵动作，这无疑增加了驾驶员的工作负担，而且在短暂(一般 2～5s)转换过程中急剧的瞬态响应，驾驶员很难用操纵动作加以抑制，因此必须采取自动转换瞬态抑制措施。

为了抑制转换瞬态，在模态转换控制中可以设计专用程序，即所谓的“淡化器”。淡化器可以使转换时断开的控制模态逐渐退出、接通的控制模态逐渐进入。

10.6.1　自由转化淡化器

自由转换淡化器，其工作原理如图 10-25 所示。在 t_0 时刻，控制律从 $f_1(t_1,x)$ 变为 $f_2(t,x)$ 输出发生瞬态转换时，输出端乘上一个惯性延迟环节 $\dfrac{a}{s+a}$，以此抑制转换瞬态。此转换过程可以用下式表示：

$$y=\begin{cases} f_1(t,x), & t<t_0 \\ f_2(t,x)\left[1-e^{-a(t-t_0)}\right], & t\geqslant t_0 \end{cases} \tag{10-6}$$

此种淡化器结构简单，适用于转换瞬态较小的模态转换，但适用范围十分有限，且在转换过程中，系统稳定储备难于确定。另外，对于复杂模态或模态构型差异较大时，这种方法对转换瞬态的抑制效果较差。

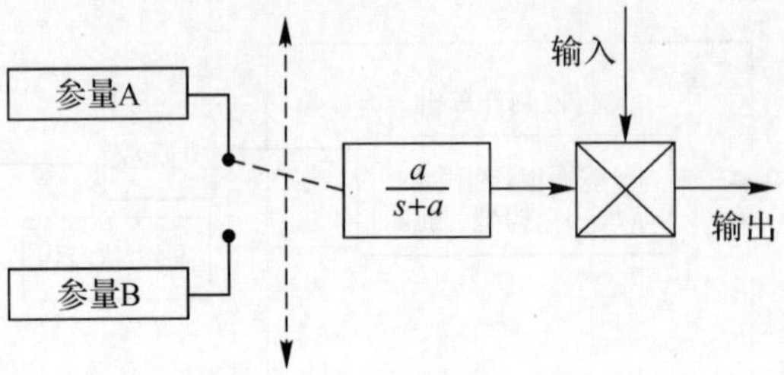

图 10-25　自由转换淡化器

10.6.2　"热备份"转换淡化器

"热备份"淡化器同时计算两种控制模态的控制律，并由其中的一种控制律结构 $f_1(t,x)$ 控制飞机运动，另一控制律结构 $f_2(t,x)$ 作为备份，因而可随时投入使用，其工作原理图 10-26 所示。当 t_0 时刻开关置 1 时，系统接通模态 A。当开关置于 0 时，系统接通模态 B。转换过程可以用下式表示：

$$y=\begin{cases} f_1(t,x), & t<t_0 \\ f_1(t,x)\mathrm{e}^{-a(t-t_0)}+f_2(t,x)[1-\mathrm{e}^{-a(t-t_0)}], & t_0\leqslant t<t_1 \\ f_2(t,x), & t\leqslant t_1 \end{cases} \tag{10-7}$$

式中：t_1 为惯性环节 $\dfrac{a}{s+a}$ 决定的过渡时间。

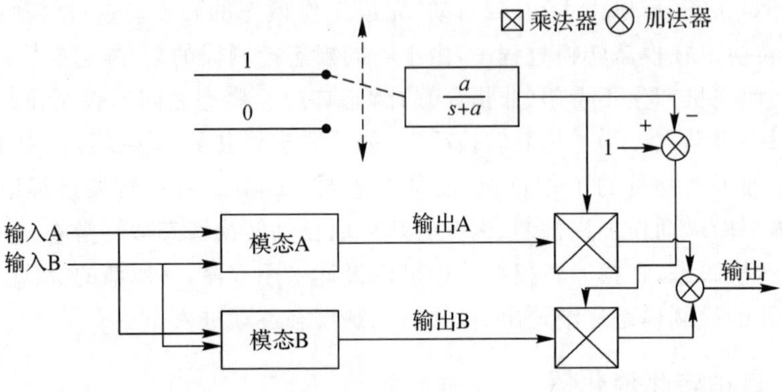

图 10-26　"热备份"转换淡化器工作原理

热备份与只有转换淡化器类似，热备份也用惯性延迟环节来抑制转换瞬态。同样，在转换过程中的稳定储备很难确定，而且难以确保系统的实时性。

10.6.3　同步跟踪转换淡化器

同步跟踪转换淡化器的工作原理如图 10-27 所示，当模态 A 工作时，模态 B 的控制律和滤波器已被初始化，受模态转换开关控制，可以随时投入使用由于模态 B 接通时刻已经完成了滤波器的初始化，从而使转换时刻的模态影响得到抑制。

这种淡化器的工作，在由模态 A 转换到模态 B 过程的初始时刻，模态 B 的控制指令(输出 B 的初值与转换前的控制指令是一致的，而模态 A 与模态 B 出的控制指令之间的差值在转换过程中的每一时刻，均作为瞬态（初）值保存在存储器内。这个初值，即两种模态的控制指令输出之间的差值，可以根据需要，经过规定的时间（一般为几秒钟）之后被洗除。这一持续时间，通常称为淡化时间。也就是说，在经过淡化时间以后，才最终地完成了由模态 A 向模态 B 的控制转换，其转换过程可以用下式表示：

$$y=\begin{cases} f_1(t,x), & t<t_0 \\ f_2(t,x)+\mathrm{e}^{-a(t-t_0)}[f_1(t_0,x(t_0))-f_2(t_0,x(t_0))], & t_0\leqslant t<t_1 \\ f_2(t,x), & t\leqslant t_1 \end{cases} \tag{10-8}$$

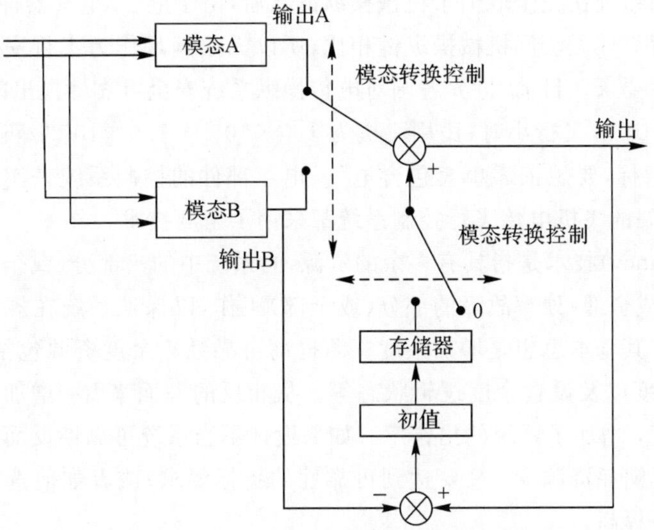

图 10－27　同步跟踪转换淡化器工作原理

这种淡化方法，在转换过程中不改变模态增益，操纵面受输出 B 差值存储器输出值之和控制，所以转换时的稳定储备也很容易获得，而且这种淡化器不需要附加任何抑制瞬态衰减的动态环节。仿真和试验表明，这种淡化器对转换瞬态抑制有较好的效果。

瞬态存储器的一般形式如图 10－28 所示，其中图 10－28 (a)的淡化过程为二次指数衰减，图 10－28(b)的淡化过程为线性衰减。

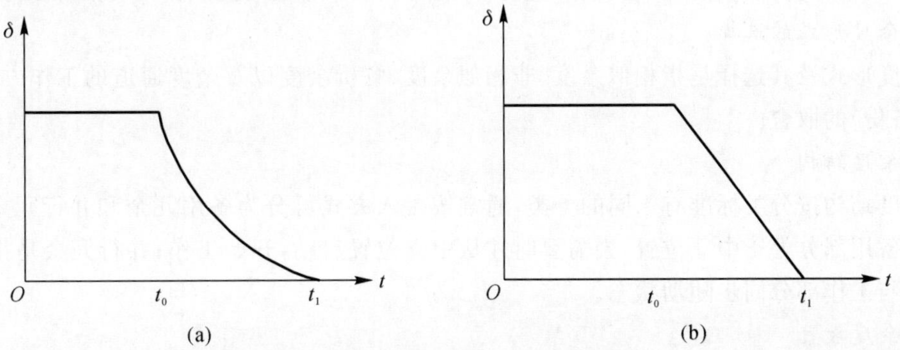

图 10－28　淡化器淡化过程示意图

(a)指数衰减形式的淡化器；(b)线性衰减形式的淡化器

δ为两种模态的控制指令输出之间的差值；t_0 为淡化起始时间(即模态转换初始时间)；(t_1-t_0)为淡化时间。

10.7 电传飞行控制系统的余度技术

10.7.1 概述

电传飞行控制系统在完全取消了机械操纵链之后，由于电子/电气器件所组成的单重电气信号传输系统的可靠性无法同机械操纵链相比，所以无法满足作为飞行安全关键系统的飞行控制系统的可靠性要求。目前，世界各国对电传操纵系统安全可靠性提出的指标一般是：军用飞机一般为 1.0×10^{-7}/飞行小时；民用飞机为 $1.0\times10^{-9}\sim1.0\times10^{-10}$/飞行小时。对于这样高的安全可靠性指标，要想依靠单套包含电气、电子部件的控制系统来实现是不可能的。所以，国际国内新发展的飞机电传飞行控制系统都采用了余度技术。

余度(redundancy)技术是指具有多余的资源，当系统中的一部分(或全部)出现故障时，可以由冗余的部分(或全部)顶替故障的部分(或全部)工作，以保证系统在规定的时间内正常的完成规定的功能。其基本思想是增加余度资源提高可靠性。余度资源包括硬件和软件余度、时间重复、信息余度以及设置余度逻辑状态等。从相反的一面来看，增加余度资源同时增加了系统的复杂程度，增加了系统的出错率。如果设计不当系统可靠性反而下降。所以就要考虑怎样才能做到既消耗资源少，又要达到可靠性的指标要求；或者如何选择和配置余度资源使系统可靠性有所提高。

在进行余度系统设计时，应从可靠性、重量、空间、费用、维护性及研制周期等方面全面考虑。在满足要求的条件下，系统的余度结构应尽量简单。

冗余的资源可以是冗余硬件、冗余的软件、冗余的信息及重复的时间。相应的分别称为硬件冗余、软件冗余、信息冗余以及时间冗余。

冗余设计是提高系统安全性与任务可靠性的一种手段，当采用其他方法不能满足系统可靠性要求时，采用冗余设计可以大幅度提高系统的可靠性，但是采用冗余系统会增加系统的成本、质量、体积、复杂度、能耗以及设计时间，因此采用冗余系统时应从以下几点加以考虑。

1. 余度形式的选择

余度形式及其选择是指相似余度、非相似余度、解析余度以及余度通道的工作方式(热运行、冷备份)的取舍。

2. 余度结构

余度结构按分类标准有不同的分类，通常按接入方式可分为备用冗余和并行冗余。备用冗余指备用部分处于中立位置，当需要时才从中立位置启动，开始工作；并行冗余是指备用部分处于与工作部分同步随动状态。

3. 余度数目

余度数目的多少主要由可靠性指标、质量、体积、功耗、费用及余度管理水平决定。余度数目并非越多越好，余度数目增多，相应的检测仲裁、隔离和转换驱动装置必然增多。现代飞机大多采用自监控三余度或四余度的结构。

4. 余度级别

余度级别定义为允许系统或部件存在多少故障上能维持系统或部件工作、安全的能力。目前的飞行控制计算机中，大多采用双余度、三余度及四余度。

5. 余度管理策略

余度管理策略是余度设计的一个主要方面。余度管理的目的是最大限度地提高系统的资源利用率，加强系统动态重构的灵活性，使系统具有最大的容错能力。主要包括故障诊断及故障定位、动态重构与通道间隔离、系统的时序匹配及无痕切换等。

飞行控制系统一般由感知对象状态的传感器、实施数据处理和执行控制功能的计算机、操纵舵面运动的伺服作动系统、作为人机接口部件的控制与显示装置及机内自测试(BIT)等分系统组成。以上 5 个分系统是飞行控制系统完成其功能和任务的基本平台，每个分系统性能的优劣直接决定着整个飞行控制系统的性能。因此在飞行控制系统冗余设计中应充分考虑这几个方面。

10.7.2　非相似余度技术

非相似余度技术，就是在相同的技术规范条件下，由不同的软/硬件设计人员、使用不同的软/硬件设计、采用不同生产厂家的元器件、包括不同的控制/监控功能、运用不同的算法和编程语言进行开发，以达到降低甚至消除共性故障和设计错误带来的影响，同时，该技术对于硬件的随机失效、瞬态干扰和外界环境因素引起的故障也非常有效。

非相似余度系统的研究目的在于克服系统中的共性故障，使之保持正常运行。非相似余度系统设计的基本思想是采用非相似的 N-版本($N>2$)的硬件和软件，即采用多个版本程序运行在多个硬件通道上，以实现对软硬件故障的容错。

在非相似硬件设计中，为了避免相同机器指令的共性故障，使所使用的指令系统不同，非相似余度容错计算机的每个双模工作单元包含两个具有不同处理器的计算机通道，以及相关的共享存储器和输入/输出子系统。两个计算机通道通过通道间同步离散量及共享存储器进行同步和输入输出信息的交换。同时为了避免硬件共性故障导致的硬件系统崩溃，采用三个硬件设计组进行独立的设计，消除硬件相关故障。同时，控制部件和监控系统也相应的采用不同的硬件设计技术，从而提高整个系统的可靠性。

为了保证非相似余度软件的容错功能，必须保证冗余的各个软件版本具有尽可能多的独立性，使软件设计中的缺陷局限在一个版本之内，这就需要采用多样性的设计方法，也就是对容错软件各冗余版本的设计组成不同的工作组，每一组的设计人员都不相同，且设计人员的经验和知识背景尽可能地不相同;各版本所使用的开发工具也不相同，使用不同的语言，不同的机器指令，不同的算法，这样将设计出的各软件版本具有相似性故障的可能性减少到最小。程序的多样性为故障诊断提供了方便，当软件故障暴露时，各版本几乎不发生相同的故障，这时使用表决式验证程序来检测其各版本的正确性，对出错部件定位，为故障恢复提供基础。

10.7.3　解析余度技术

在早期的研究中，解决系统容错能力的方法主要是采用硬件余度技术，硬件冗余也称为物理冗余，是建立在多通道基础之上的，一般情况下由 3～4 个相互联系的通道组成，通过比较切换装置完成通道之间的转换。硬件冗余结构不仅使得系统的结构复杂，质量增加，成本提高，增加能源消耗和寿命周期费用，而且增加了系统的故障率，干扰操作人员的精力，同时还会带来其他的问题，例如对于所有相同类型的多个余度的传感器都工作在相同或相似的环境条件下，相同的外部条件会形成对相同传感器的相同的故障诱因，会增加多个余度的传感器同时故障的可能性。于是，在可靠性要求较高而且相应需要的部件余度等级较高的情况下，可以引入解析信号作为解析余度来替代部分硬件余度，构成混合余度配置结构，或者直接应用解析余度信号代替硬件余度，减轻了系统重量和费用同时达到了和硬件余度相同的功能。解析余度的应用解决了系统中许多问题，拓宽了容错技术的研究领域。

解析余度技术就是在动态性系统中建立系统的解析模型，根据作为系统被控对象的数学模型所揭示的各个变量之间的解析关系，估计对象的某些变量的值。当一些变量发生变化时，用这些估计值作为余度信息，并且运用一些有效的算法检测出这些发生故障的对象，从而进行故障隔离，提高系统的可靠性。

由于飞行控制系统的执行任务的特殊性和对可靠性的要求，应用解析余度进行故障的检测和隔离有自己的特点。常规的故障检测和隔离是为了提高系统的可靠性和有效性，通过并行工作的部件监控不可靠的部件。在飞行控制系统中容错的主要目的是提高系统的可用性和可靠性，在任何部件发生故障后，系统仍然能够持续稳定地运行，任何故障部件的隔离都是在确保此部件已经完全故障的情况下，所以就要求精确、快速的故障检测与隔离策略。

最初故障检测与隔离系统的主要研究对象是飞行控制传感器（飞行控制系统的测量元件）故障。为了减小传感器的余度数目，在 20 世纪 70 年代初期，美国空军采用双余度的 F－8 验证机，利用非相似飞行控制系统传感器之间的解析关系构造出被检测传感器的解析值，从而实现了双物理余度加单解析余度的三余度故障检测表决机制，解决了传感器的故障诊断问题。进而，研究重点转向作动器、操纵舵面（飞行控制系统的控制元件）的故障检测与隔离研究。

在 20 世纪 70—80 年解析余度的研究重点主要是运用观测器/滤波器技术进行飞行控制系统的故障诊断，例如 VISTA/ F－16 验证机采用检测滤波器方法可同时检测传感器和作动器故障。

10.7.4 余度配置

1. 功能冗余

最早在 1976 年 Willisk 在研究动态系统的故障检测与诊断时提出了系统功能冗余的概念，但并没有给出功能冗余的精确定义和分析方法。功能冗余不同于直接冗余，功能冗余是系统的固有属性，是指系统中不同部件在功能上有重叠，其中某些部件的部分或全部功能可由系统中别的部件的功能来代替，它也可通过人为地增加部件而形成。而直接冗余一般是人为地增加备用部件，使两个或两个以上的部件完成同一功能。使用直接冗余不但增加系统的成本，使系统复杂化。

因此，在控制系统设计中如果考虑了功能冗余性，将能更好地提高系统的可靠性。研究功能冗余的控制系统完整性设计具有实用价值。

所谓功能冗余（也叫控制冗余），从本质上讲是效率机构对飞机各个轴提供的控制力和力矩的冗余。过去的飞机，控制面主要集中在平尾、副翼和方向舵，这三个舵面就是飞机的关键操纵面，一旦其中某个舵面出现故障都将出现严重的后果，因为平尾主要提供俯仰力矩，副翼主要提供滚转力矩，方向舵主要提供偏航力矩，控制冗余是比较少的。现代飞机的设计由于多种舵面的引入，飞机设计的方向就是要减少，甚至是消除关键操纵面，将控制作用适当地分配到不同的操纵面上，从飞机的飞行品质、战术任务以及控制系统的角度等多方面综合考虑，最终形成操纵面的优化设计，这也是控制冗余配置研究的目标。

控制冗余的配置可以遵循以下一些原则进行：

(1)为了有效合理地利用和配置控制冗余，首先应该保证飞机有较多的操纵面，提供一定的控制冗余；飞机只有提供比较多的操纵面，控制冗余才有可能得以实现，才能在各个方向上都产生一定的控制冗余。

(2)操纵面应该在飞机的各个通道合理分配；飞机操纵面的合理分配可以保证飞机某个通道出现故障时仍然具有一定的控制冗余，进一步可以利用可靠控制方法和自修复控制方法保证闭环系统的稳定以及一定的飞行品质要求。

(3)为每个舵面配备独立的舵机系统，相当于增加了操纵面的数量；比如，将左右平尾和左右副翼分别使用独立的舵机系统，就可以实现平尾和副翼既可以同向偏转，又可以差动偏转，增加了系统的控制冗余。

(4)可以将一个操纵面分成几个舵面，增加控制冗余；将一个操纵面分成多个操纵面，各个操纵面独立控制，控制冗余相应增加。

(5)可以将一个舵面在不同的通道产生控制作用；比如，可以考虑用 X 形舵面来代替十字型舵面，这样每个舵面都可以在两个通道中产生控制左右，增加控制冗余。

(6)控制冗余配置最重要的原则是，操纵面的改动和设计必须与飞机的气动力设计和飞机的总体设计合理地结合起来，不能仅仅根据控制系统的需要加以改动，但在飞机结构及操纵面布局设计时应该考虑到控制系统的控制冗余的要求，实现多学科的一体化优化设计。

多操纵面的飞行控制系统的设计不但是对操纵面的优化设计，这也是对飞机可靠性的进一步提高，在飞机的某一操纵面受到损伤的情况下，可以用具有相同功能的操纵面进行代替，从而完成飞机的正常操纵，提高操控能力和容错能力。

2.余度形式的选择

余度系统的设计的目的，除了提高飞机安全可靠性和任务可靠性，实现特定的余度等级等考虑外，同时要兼顾基本可靠性。因此，为了满足上述要求而达到较高的故障覆盖率和降低工艺技术水平，将是余度配置要解决的问题。冗余设计是提高系统安全性与任务可靠性的一种手段，当采用其他方法不能满足系统可靠性要求时，采用冗余设计可以大幅度提高系统的可靠性，但是采用冗余系统会增加系统的成本、质量、体积、复杂度、能耗以及设计时间，因此采用冗余系统时应综合加以考虑。先进的高性能的飞机飞行控制系统有很多余度的配置方案，主要考虑三点：余度数；表决/监控面的设置；信号传递方式。

目前的余度数(部件或是整机)大多是三余度和四余度，也有小部分采用五余度或是双一三余度。余度数多少，主要从可靠性、质量、体积、费用以及余度管理水平权衡考虑。

表决/监控面的设置。余度系统往往是采用多级多重余度部件组成的。余度配置任务之一就是在那一级采用表决/监控面比较合适。其设置表决/监控面的原则是：

(1)满足系统可靠性指标要求。一般分级的余度可靠性要高于整机余度。表决/监控面的设置是将余度系统分级为若干级，让生存的通道增多，可靠性增加，但是要受到检测转换部件故障率的限制。因此，不是表决/监控面越多越好。

(2)满足部件级的故障-工作的容错能力的要求。数字系统采用软件表决和监控，实现起来比模拟系统更加容易些。

(3)满足信号的一致性的要求。

(4)满足控制律重构的要求。通过表决/监控面的设置,可以确定鉴别出哪种传感器故障,从而可以采用控制律的重构,使飞机稳定或是得到控制。此外,对传感器分别进行信号选择,对于多模态控制的实现也是必要的。

(5)降低故障效应和故障瞬态的影响等等。信号传递方式。余度的配置,信号的传递是靠部件间以及通道间的信息交换与传输来进行的,这些和表决/监控面的设置很有关系。一般的信号传递方式有下列几种:

1)直接传递:余度系统的各个通道相互独立组成,每个通道的信号分别进行处理,在送进信号选择器去表决。直接传递式的各个通道如果任意一个传感器故障,此通道就宣告故障。

2)交叉传递:重要而带宽比较宽的传感器数据交叉传输至各个计算机进行通道的表决和均衡。这样,当所在通道传感器故障时,可以用表决后的信号计算伺服指令和控制瞬态。计算机的计算结果通过传输总线直接传输方式传到舵机进行控制。这样就不会因为个别的故障从而损失整个通道。比较完备的交叉增强可以使得系统的安全可靠性提高 5～10 倍,并可以使得故障的监控率基本上接近 100%。交叉通道的传输实现,可以通过硬件连接的方式这样的会增加质量和复杂性,可靠性相对来说是比较好的;但是计算机的发展和相关元器件的性能的提高,现在可以采用传感器信号直接进入计算机,在计算机之间进行传输后表决,完全依靠交叉传输的软件来实现,这样的方法比较传输简单,采用的领域也相对方便。不足的地方是单通道计算机故障对系统的影响比较大,要求比较高的单通道计算机性能高,但是现在先进的计算机对这样的要求是完全可以满足的。

3.传感器余度配置

要实现对飞机的飞行控制,首先要解决的问题就是如何精确测量飞机的各类飞行参数,如飞机的姿态角、迎角、角速率、过载、飞行高度和速度等。此外要控制飞机运动也需要测量驾驶员的指令,如驾驶杆的位移或力。因此出现了各种敏感元件,如陀螺仪、迎角传感器、加速度计、高度传感器以及位移和力传感器。传感器是发展较早、也是发展较为活跃的一个领域。传感器的种类很多,飞机用传感器一般采用机械和电子相结合的机电产品,近年来激光和光纤技术也大大推动了传感器的研制和发展,如激光陀螺、光纤陀螺相继投入使用。

不同功能的飞行控制系统选用不同的传感器。控制增稳系统选用的典型传感器包括速率陀螺、加速度计、迎角传感器和驾驶员指令传感器等。自动驾驶仪选用的典型传感器还包括姿态陀螺、高度传感器和速度传感器等。

由于飞行控制系统所需敏感的信息较多,又是余度结构配置,故飞行控制系统把所有提供信息的部件均划归为传感器分系统之中。

现代飞行控制系统,特别是电传飞行控制系统所用的传感器,均要求按余度配置,并应具有自监控功能,以便实现空中的实时监控和地面的自检测。所以出现了 3 个或 4 个相同或同类传感器组合装配在一个盒子内的传感器组件。

飞行控制系统的发展,带动了传感器技术的发展,尤其是主动控制技术的出现,不仅要求传感器具有多功能、高精度的特点,而且在其使用范围、工作环境和可靠性方面提出了更高的要求。此外,传感器分系统还将由分散结构向综合化信息系统方向发展。

传感器分系统是飞行控制系统的重要组成部分。本节所讨论的传感器是指那些作为一个独立实体硬件而存在的、不包括那些置于其他功能组件内部的传感器。这里讨论的传感器也仅是飞行控制系统基本内回路所需要的，即不涉及那些测量飞机姿态的航姿系统等外回路传感器。一般说来，飞行控制系统基本控制回路所需要的传感器大体分为三大类。

(1)驾驶员指令传感器。驾驶员指令传感器，是把驾驶员或领航员对于飞机实施操纵的指令(力或位移)加以敏感、并以电信号形式传输给飞行控制计算机的传感装置。

(2)飞机运动传感器。如所周知，电传飞行控制系统的一个重要的本质特征是驾驶员或领航员可以指令飞机的运动，因而飞机运动传感器的作用异常重要。这些运动传感器能够测量飞机的线运动和角运动参量，并将其变换为电信号输给飞行控制计算机。究竟选取何种运动传感器，应依据控制律设计结果而定。

(3)大气数据传感器。在飞行控制系统设计中，为获取良好的系统性能和飞行品质，对系统参数的调节必不可少。一般而言，增益/参数调节的自变量均为飞机飞行高度、速度或它们的衍生物。大气数据传感器的作用就是把飞机空速管系统测得的总压和静压转换成电信号形式的动压和静压，并输给飞行控制计算机，供控制律参数的调节之用。

对于传感器的余度配置，应按照飞行控制系统的余度结构进行设计，对于三余度的电传飞行控制系统，最好按三余度进行配置。考虑到系统的复杂程度，传感器可以在关键部位选择多余度的相似、非相似配置，可以利用前面介绍的解析余度技术进行配置设计，从而减轻系统的质量，达到和硬件余度相同的效果。

4.飞行控制计算机余度配置

数字式飞行控制计算机是实现飞行控制系统功能的硬件平台，在飞行控制计算机的系统结构设计中，应以满足系统要求和以最简单的硬件实现为目标，在性能、兼容性、可靠性和价格等方面进行折中。

为了保证飞行控制系统的任务可靠性和安全可靠性，在现代飞行控制系统特别是电传飞行控制系统中主要采用冗余容错技术，由于多余度容错飞行控制计算机的发展比较成熟，各种结构形式比较多，相应的飞行控制计算机均采用余度技术，根据相关的理论，余度数目与可靠性并不成线性关系，在余度数目达到一定后，增加余度数目，可靠性的增加逐渐变得缓慢。所以现在的飞行控制计算机系统主要采用的是四余度、三余度或二余度容错结构，模块之间采用并行结构形式。余度之间计算机相互监控、比较，进行表决，判定和定位故障。

在飞行控制计算机设计时，考虑冗余性可在元件级、电路级与系统级，任何级采用冗余结构。这里主要讨论系统级冗余设计。冗余方式有并联冗余和备用冗余两种，在实际应用时，应根据系统可靠性的要求酌情采用。另外，冗余部分不一定与原设计部分完全相同，只要功能相同即可。相同的余度计算机通道采用不同型号的计算机、不同的程序语言和不同的算法可以减少共性故障，提高系统的可靠性，这就是非相似余度设计方法。

5.作动系统余度配置

伺服作动分系统是飞行控制系统的执行机构，是组成飞行控制系统的重要分系统之一。由于伺服作动系统属于伺服控制系统，有时也简称为“伺服系统”或“舵回路”。

伺服作动系统的主要功能是根据飞行控制计算机指令，按规定的静态和动态要求，实现对飞机各操纵面的控制。早期的伺服作动系统都是无余度的，随着飞行控制技术的迅速发展，特别是电传飞行控制系统的出现，对伺服作动系统的工作可靠性提出了更高的要求，采用余度技术是保证可靠性的必然途径。由于采用了余度技术，为保证伺服作动系统正确地完成其主要功能，还必须增加一些辅助功能，例如：故障检测、故障隔离与切换，信息处理以及负载均衡等。

由于电传作动系统一般要求具有双故障工作能力，所以大都采用四余度或带自监控的三余度系统。通常余度编排应该在功率水平和可靠性比较低而综合和调整比较容易的辅助作动系统或组合作动器的指令级进行。目前，国内、外大部分先进的军用、民用飞机均采用电子、电气部分四余度或三余度配置。对于动力作动器，军用飞机大都采用串列双余度，以便与飞机油源数相适应，而民用飞机为了满足结构完整性需求，大都要求三个以上的作动器来驱动操纵面。

伺服作动系统余度设计的依据是：飞行控制系统的全局可靠性指标及分配给伺服作动系统的可靠性要求；飞行控制系统的余度配置等级；各伺服作动系统及其控制的飞机气动面在保证飞行安全上的重要程度；伺服系统可以实现的可靠性水平以及飞机能源限制和空间、质量约束等。同一飞行控制系统的各伺服系统的余度设计工作应单独进行。各伺服系统的余度配置形式、余度等级与管理方式等，允许存在差别，而不必求全一致。

10.8 典型飞机电传飞行控制系统的结构

电传飞行控制系统一般由感知对象状态的传感器、实施数据处理和执行控制功能的计算机、操纵舵面运动的伺服作动系统、作为人机接口部件的控制与显示装置及机内自检测(BIT)等分系统组成。由于不同飞机的功能要求和设计思想不同，电传飞行控制系统的结构及余度配置也有所不同。下面以空客系列的民用飞机和 F-16 飞机电传飞行控制系统为例加以说明。

10.8.1 空客 A320 飞机电传飞行控制系统

A320 飞机是双发中短程 150 座级客机，1983 年末开始研制，1987 年 2 月首飞，1988 年连续取得欧洲和 FAA 适航证。飞机系统实现了最大限度的综合，尤其是在使用侧杆控制器和民用飞机应用电传飞行控制系统上创造了两个世界第一。

A320 飞机飞行控制系统使用的控制面如图 10-29 所示。A320 是第一架采用侧杆控制器电传控制的民航客机。在电子飞行控制系统设计中采用了多种余度和安全性概念，从而能保证失去全部电子控制的概率为 10^{-10}/飞行小时。整个系统采用非相似余度设计概念，利用了控制面的气动冗余，其中主飞行控制系统采用 3 类 7 个数字计算机(ELAC，SEC，FAC)：

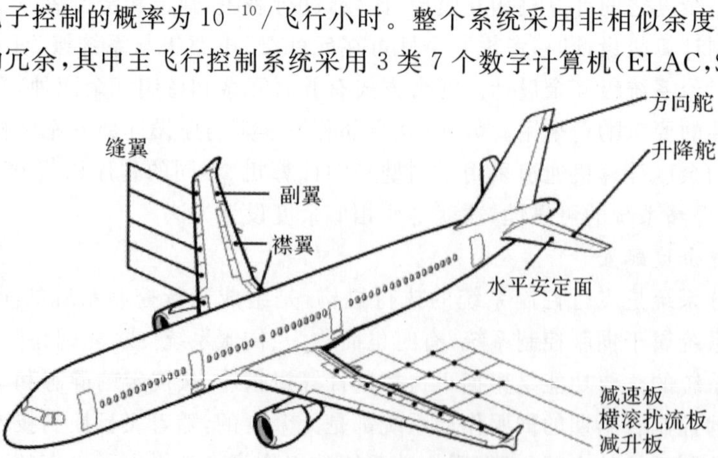

图 10-29　A320 飞机飞行控制系统控制面布置图

(1)2 个升降舵/副翼计算机(ELAC),负责进行升降舵、水平安定面和副翼控制,并为所有轴提供正常控制律;

(2)3 个扰流板/升降舵计算机(SEC),负责进行扰流板、升降舵和水平安定面控制,但仅能计算备用控制律;

(3)2 个飞行增稳计算机(FAC),通过偏航阻尼器提供方向舵控制,并能计算方向舵行程控制和方向舵配平控制。

飞行控制数据集中器(FCDC) 从 ELAC 和 SEC 获得数据并将数据送至电子仪表系统(EIS)和中央故障显示系统(CFDS),实现系统状态维修数据的集中、巩固及测试。主飞行控制系统的自动控制指令来自飞行管理导引计算机(FMGC),FMGC 执行自动驾驶仪(AP)、飞行指引仪(FD)、自动推力控制系统(ATS)及飞行管理功能。一台 FMGC 完成Ⅱ类自动进场着陆,两台 FMGC 实现Ⅲ类自动进场着陆。其基本结构图如图 10-30 所示。

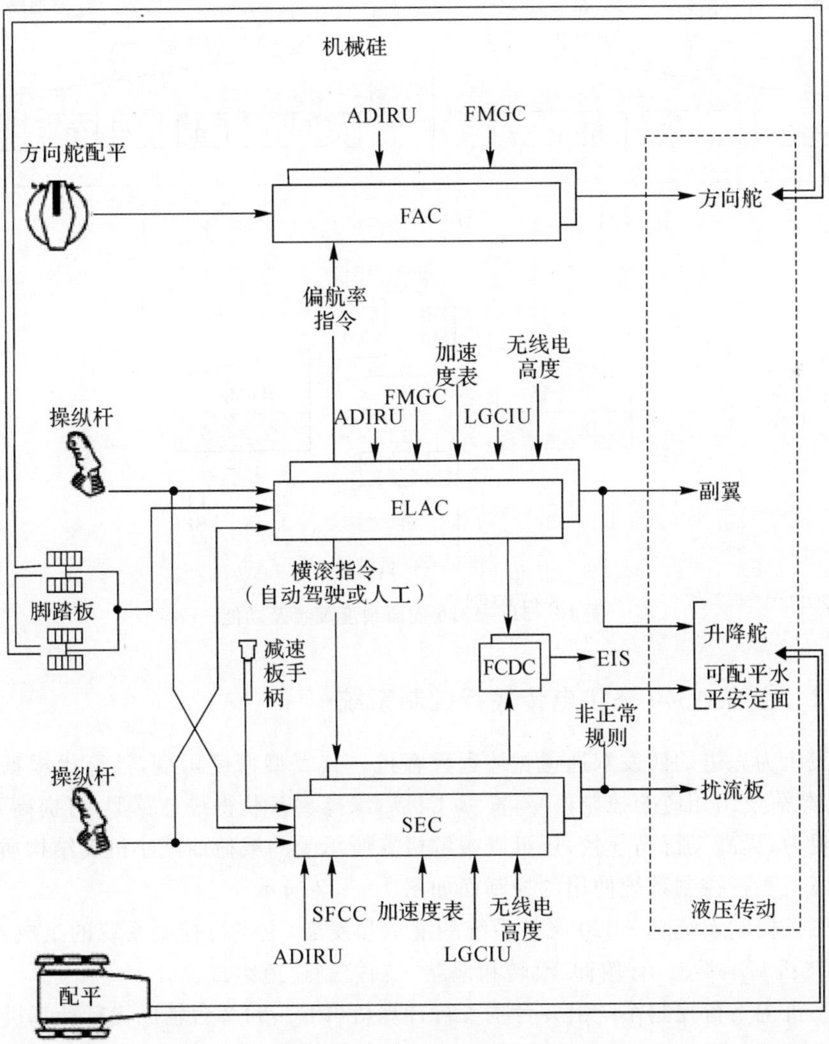

图 10-30　A320 飞行控制系统结构图

飞控系统采用非相似余度软、硬件设计和容错设计。计算机由 SEXTANT Avionique 公司生产，ELAC 采用 MOTOROLA 公司的 68000 微处理器，SEC 采用 INTEL 公司的 80186 微处理器。采用 3 种不同的计算机语言：ELAC 系统中的“指令”通道采用 PASCAL 语言，监控通道采用 C 语言；ESC 系统中的“指令”通道采用“宏汇编”，监控通道采用 PASCAL 语言。应急备份采用的是方向舵和水平安定面的机械备份，若电子飞控系统(EFCS)短时间失效，可以维持连续的安全飞行和着陆。

系统任务在所有的计算机之间分配，对于特定的功能，一个计算机处于运行状态，其他计算机处于备用状态，当处于运行状态的计算机出现故障后，处于备用状态的某一个计算机马上切换到运行状态，切换过程不会引起操纵面的突然运动。其控制权限变更顺序如图 10－31 所示。

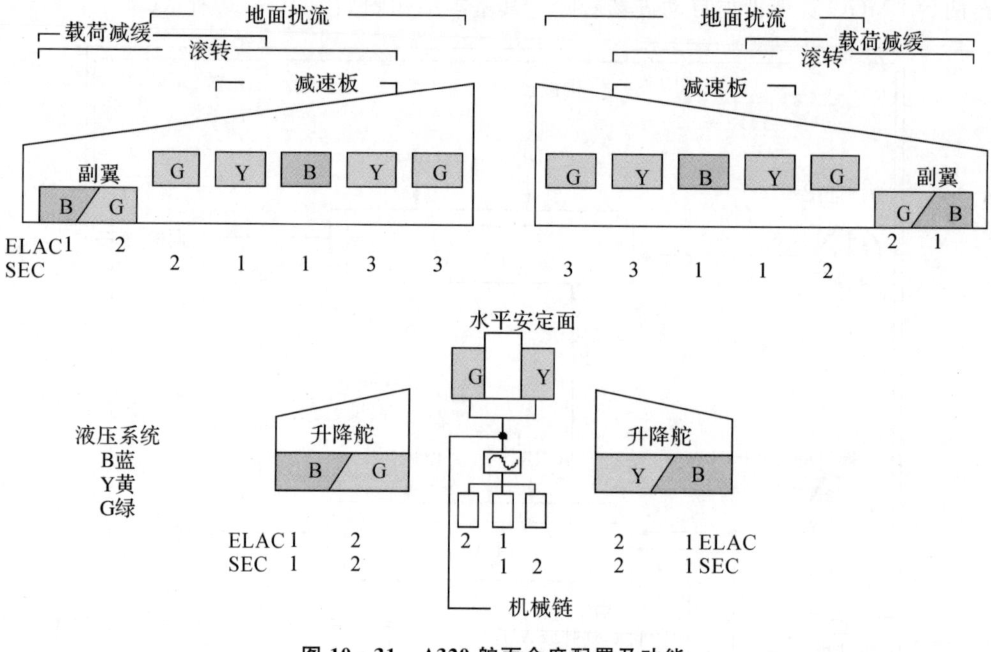

图 10－31 A320 舵面余度配置及功能

10.8.2 空客 A340 飞机电传飞行控制系统

A340 飞机为先进的四发双通道宽体远程客机。其翼型弯度可变，计算机根据飞行高度、飞行速度和载荷发出相应的控制信号，操纵飞机后缘襟翼来获得最佳翼型，可提高飞机的气动效率，减小阻力，提高飞行马赫数，还可以缓解机翼所承受的载荷而减小机翼结构质量。

A340 飞机飞行控制系统使用的控制面如图 10－32 所示。

A340 飞行控制系统是 A320 飞控系统的继承和发展，主飞行控制系统的组成及其工作原理与 A320 飞机基本类似，有俯仰、滚转和偏航三轴控制通道组成。

A340 飞机主飞行控制系统由 3 台主飞行计算机(PFC)和 2 台辅助飞行计算机(SFC)和 1 个襟缝翼计算机组成(见图 10－33)。每个飞控计算机包含两个支路：指令支路和监控支路，两支路的功能不同，指令支路运行分配给该计算机的任务，监控支路确保指令支路的正确性，当计算机的两个支路的输出不一致时，该计算机被切除，剩下的计算机按照预先规定的优先级顺序投入运行。飞控计算机采用了非相似的硬件和软件：主计算机和辅助计算机使用非相似的处理器；指令支路和监控支路使用不同的编程语言。主计算机使用 Intel80386 微处理器，其指令支路的软件用汇编语言编写，监控支路使用的编程语言为 PL/M。辅助计算机使用 Intel80386 微处理器，其指令支路的软件用汇编语言编写，监控支路使用的编程语言为 Pascal。

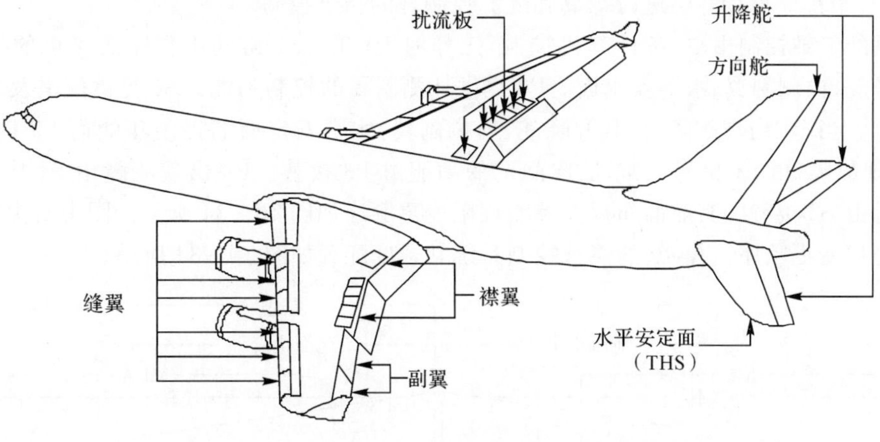

图 10－32　A340 飞机飞行控制系统控制面布置图

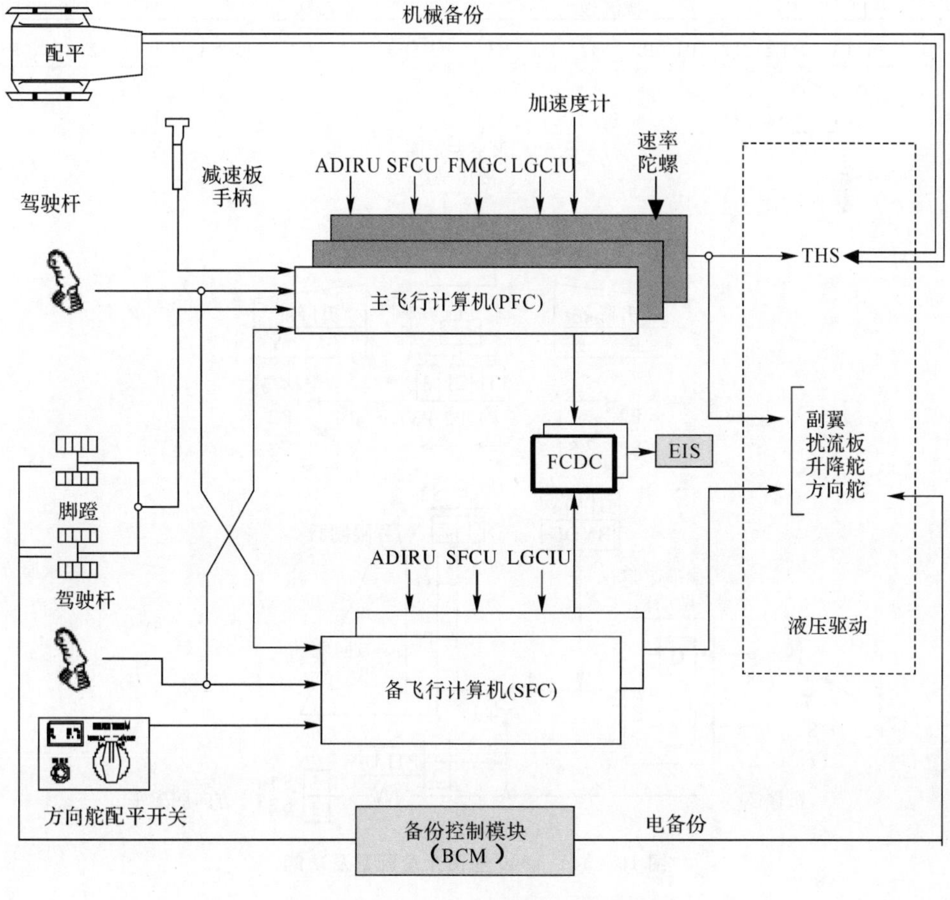

图 10－33　A340 飞行控制系统结构图

(1) 3 个主飞控计算机(PFC)用以控制飞机的滚转、偏航和俯仰,控制副翼、升降舵和可配平水平安定面(THS)以及所有扰流板。

(2) 2 个辅助飞控计算机(SFC)用以控制飞机的滚转、偏航和俯仰,控制副翼、升降舵和所有扰流片。

(3) 1 个襟缝翼计算机进行襟翼和缝翼控制杆的指令控制。

飞机的三轴控制由主、备计算机控制,工作时 P1,P3,S1 协同工作完成飞机的控制。P1 提供升降舵、内侧副翼、水平安定面。P3 提供外侧副翼的控制功能。S1 提供配平及方向舵的控制功能。当 P1 出现故障时,其升降舵、内侧副翼、水平安定面的控制功能由 P2 接替,如果 P2 再出现故障,由 S1 接替工作,航向阻尼的功能由 P3 接替。P3 出现故障由 S1 接替,S1 出现故障时由 S2 接替。其舵面布局及控制权限变更顺序如图 10-34 所示。图中箭头表示控制权限优先权变更顺序。A340 的飞行控制系统其余度配置如图 10-34 所示。

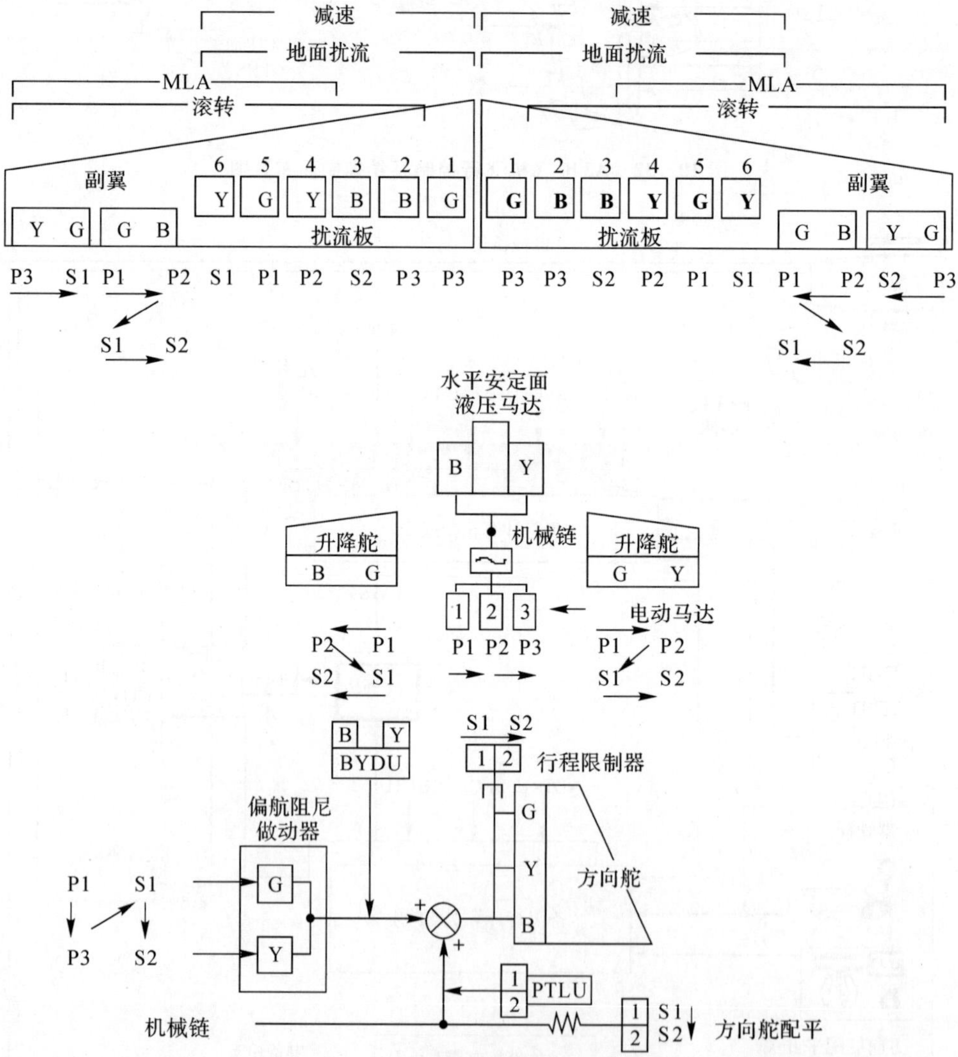

图 10-34 A340 舵面余度配置及功能

同 A320 飞机一样，A340 早期机型（A340－200/300）在电传操纵的基础上，保留了方向舵和水平安定面的机械备份，保证了飞控系统在飞控计算机全部失效的情况下，仍能在俯仰轴和横滚轴上对飞机进行控制，以保证飞机安全返航。而在后期机型（A340－500/600）中，方向舵采用了电备份。带来的好处是，可以去掉偏航阻尼器、备份偏航阻尼器（BYDU）、方向舵行程限制器、脚蹬行程限制器（PTLU）等机械部件，如图 10－34 所示。自主备份模块独立于飞控计算机，通过备份电源供电，蓝或黄油液压源提供驱动。

与 A320 相比，A340 飞控计算机的计算功能更为明确，而且使系统在故障状态下的重构更为便利。

10.8.3　空客 A380 飞机电传飞行控制系统

A380 飞机是迄今世界上尺寸最大、客/货容量最高的喷气客机，设计载客量为 530～850 人，驾驶舱为双人驾驶制，侧杆操纵。A380 飞机控制面布置如图 10－35 所示。

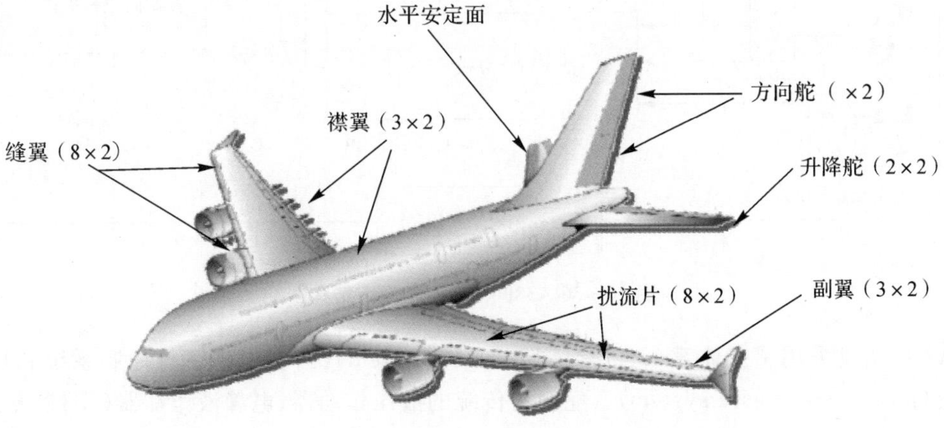

图 10－35　A380 飞机控制面布置图

A380 飞机主飞行控制系统由 3 台主计算机（PRIMs）、3 台辅助计算机（SECs）和 2 个飞行控制数据集中器（FCDCs）组成。主计算机和辅助计算机采用不同的结构，使用不同的技术和软件。A380 计算机采用主计算机控制模式。三台 PRIM 中的一台作为主计算机，主 PRIM 执行计算功能，将命令送给其他计算机，三个 PRIM 和三个 SEC 分别操纵所分配的操纵面。作为计算功能的一部分，主 PRIM 通过检测飞机响应是否与计算的目标一致来实现自监控。当检测到故障时，主 PRIM 将计算功能传递给另一个 PRIM。根据故障的情况，原主 PRIM 可以继续履行执行功能。当所有 PRIM 失效时，每个 SEC 履行计算与执行功能，没有主 SEC。

A380 飞机取消了机械备份，在所有 PRIM 和 SEC 或它们的电源故障时，由电子备份系统（Electrical Backup System，EBS）来控制飞机。电备份系统与正常飞行控制系统完全隔离，依赖于可用的绿色或黄色液压源，使用专门的驾驶员控制传感器。备份控制模块只控制与监控水平安定面、内侧副翼、内侧升降舵、上下两片方向舵。电备份系统工作时使用特殊控制律，实现俯仰运动阻尼、航向阻尼和直接的滚转控制。其飞控系统结构如图 10－36 所示。

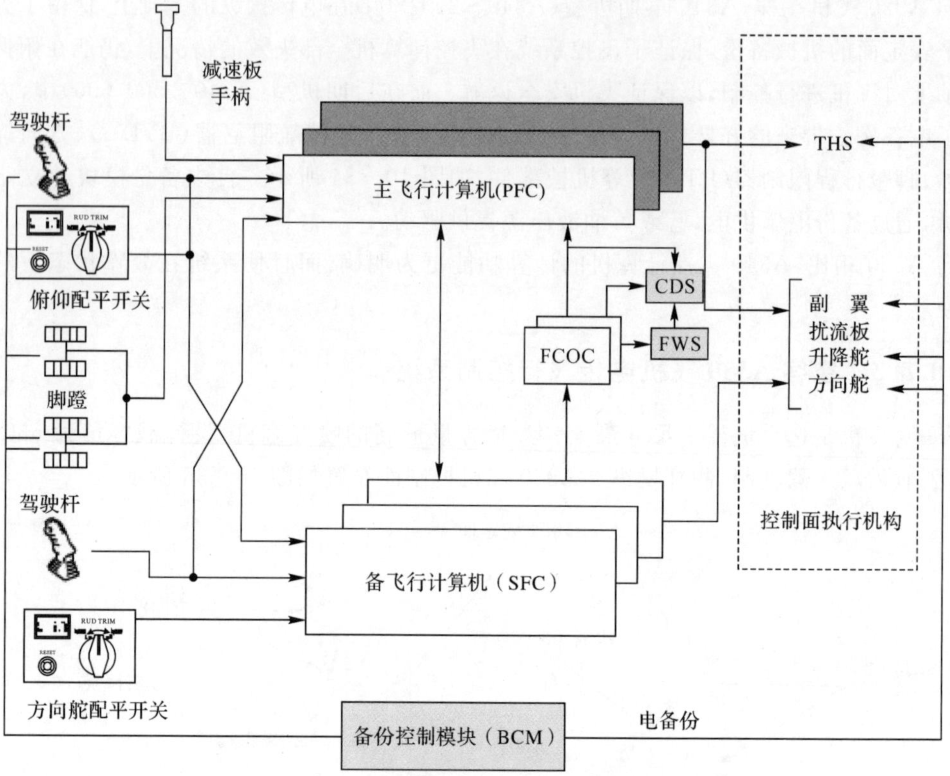

图 10－36 A380 飞行控制系统结构图

A380 飞机采用了双体系(dual－architecture system)结构、电传飞行控制系统和功率电传系统(power－by－wire system)。舵面由传统的液压作动器、电静液作动器(EHA)、电备份液压作动器(EBHA)等不同形式的作动器驱动;用 EBHA 代替原机械链(方向舵和扰流片)。其舵面配置如图 10－37 所示。

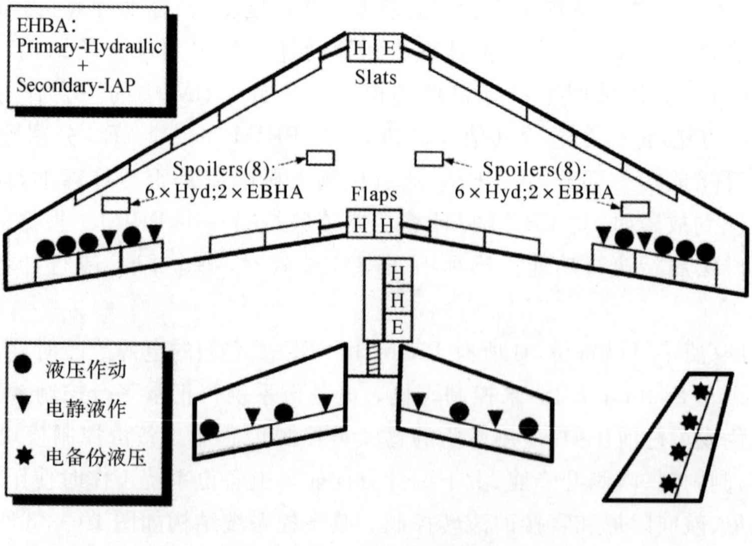

图 10－37 A380 做动器配置

10.8.4　F-16 飞机电传飞行控制系统

F-16 飞机是世界上第一架现役的电传飞行控制系统飞机。图 10-38 为 F-16A 飞机的电传飞行控制系统原理图。该系统是在 YF-16 飞机基础上研制而成的，是模拟式四余度电传飞行控制系统，无机械备份系统。F-16 飞机电传飞行控制系统具有如下特点：

(1)纵向放宽静稳定度，以提高飞机的机动性；

(2)三轴控制增稳可提供精确的控制和极好的操纵品质；

(3)具有双故障安全故障等级，以提供高度的安全性和任务的成功率；

(4)全电传操作系统为改善操纵品质提供了很大的灵活性；

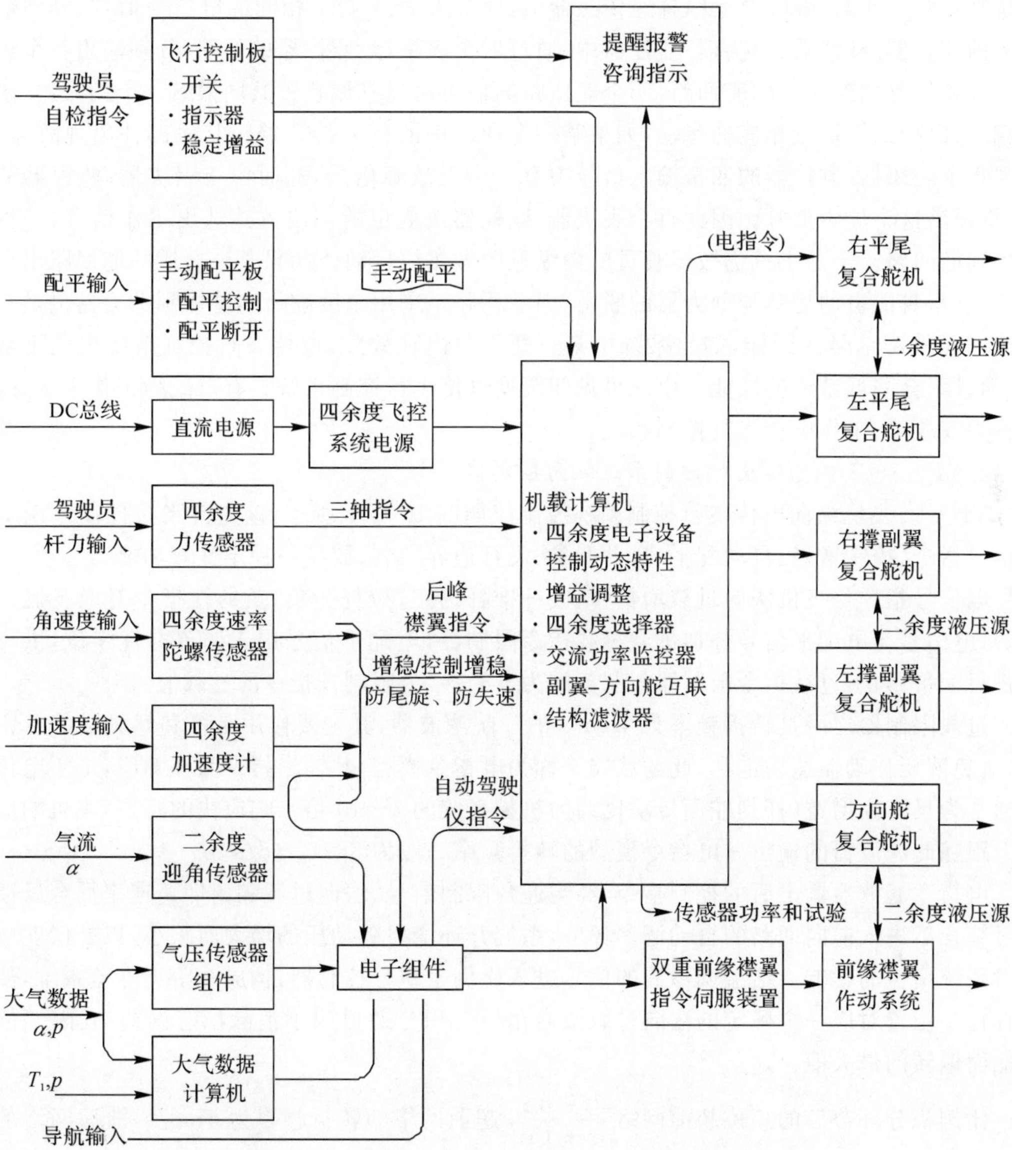

图 10-38　F-16A 飞机电传飞行控制系统原理图

(5)能够自动限制迎角,允许飞行员无顾虑地发挥飞机的最大能力,不必担心造成的失控;

(6)机内具有自检能力,以最短的停飞维护时间保证电传飞行控制系统处于良好的飞行准备状态。

1. YF-16飞机电传飞行控制系统原理和余度配置

四余度电传飞行控制系统实质上是由四套完全相同的单通道系统,按一定的关系组合而成的。图10-39为四余度模拟式电传飞行控制系统原理图。它由A、B、C、D四套完全相同的单通道电传飞行控制系统按一定关系组合而成。图中表决器/监控器是用来监视、判别四个输入信号中有无故障信号,并输出一个从中选择的正确的无故障信号,如果四个输入中任何一个被检测出故障信号后,系统自动隔离这个故障信号,不使它再输入后面的舵回路中。当四套系统都正常工作时,驾驶员操纵杆经传感器A、B、C、D产生四个相同的电指令信号,分别输入相应的综合器/补偿器、表决器/监控器中,通过四个表决器/监控器的作用,分别输出一个正确的无故障信号加到相应的舵回路,四个舵回路的输出通过机械装置共同操纵一个助力器,使舵面偏转,以操纵飞机做相应的运动,如果某一个通道中的杆力传感器或其他部件出现故障,则输入每个表决器/监控器的四个输入信号中有一个是故障信号,此时由于表决器/监控器的作用,将隔离这个故障信号。因此每个表决器/监控器按规定的表决方式选出工作信号,并将其输出到舵回路。于是飞机仍按驾驶员的操纵意图做相应运动。如果某一通道的舵回路出现故障后,它本身能自动切断与助力器的联系(因舵回路是采用余度舵机),这样到助力器仍是一个正确的无故障信号。同样,如果系统中某一通道再出现故障,电传飞行控制系统仍能正常工作,而且不会降低系统的性能。由此可见四余度电传飞行控制系统具有双故障工作等级,故它又称为双故障/工作电传飞行控制系统。

2. YF-16飞机电传飞行控制系统纵向控制律

YF-16飞机纵向电传飞行控制系统控制律如图10-40所示,该电传飞行控制系统具有电信号指令、控制增稳、自动配平、自动调参、飞行边界限制、放宽静稳定性等功能。

电信号指令是飞机法向过载增量(驾驶杆推杆为正,拉杆为负,负的杆指令对应飞机正过载。),电信号与电配平信号叠加进入过载指令限制器,电配平信号用于调节电气零位,供飞行员进行配平修正,过载指令限制器限制范围为$-8\sim4$,为限制杆指令的过载值。

过载限制器之后是转折频率为4rad/s的一阶滤波器,其主要作用是缓和驾驶员的急剧操纵,避免液压作动器速率饱和,此滤波器又称为电指令模型,其输出指令闭环响应,由于电传系统通常为具有高增益(杆到舵面传动比约为机械系统的4~10倍)、响应快的特点,飞机响应基本上跟随此滤波器的输出。电指令模型的转折频率一般为3~12rad/s。

电指令滤波器输出后的控制指令,经与迎角限制信号、法向过载和俯仰角速率混合反馈的信号综合后进入前向回路的自动调参环节,系统开环增益随动压的增大而减小,以补偿舵效变换对系统增益的影响。增益调参后的信号进入比例+积分控制器,构成一阶无静差系统,使驾驶杆每一位置对应一个确定的法向过载或迎角值。积分通道用于消除稳态误差,其限幅值等于舵面偏转的最大值。

比例积分环节后的相位超前网络$\dfrac{3s+15}{s+15}$,超前网络的转折频率为5rad/s,滞后网络的转折频率为15rad/s,该网络用于增加系统的相位储备(即相位裕度),同时加快系统的初始响应。校正网络的类型和参数要根据开环频率特性曲线的形态来设计综合,以保证系统在全包线范围内全部满足稳定性和操纵性的要求。

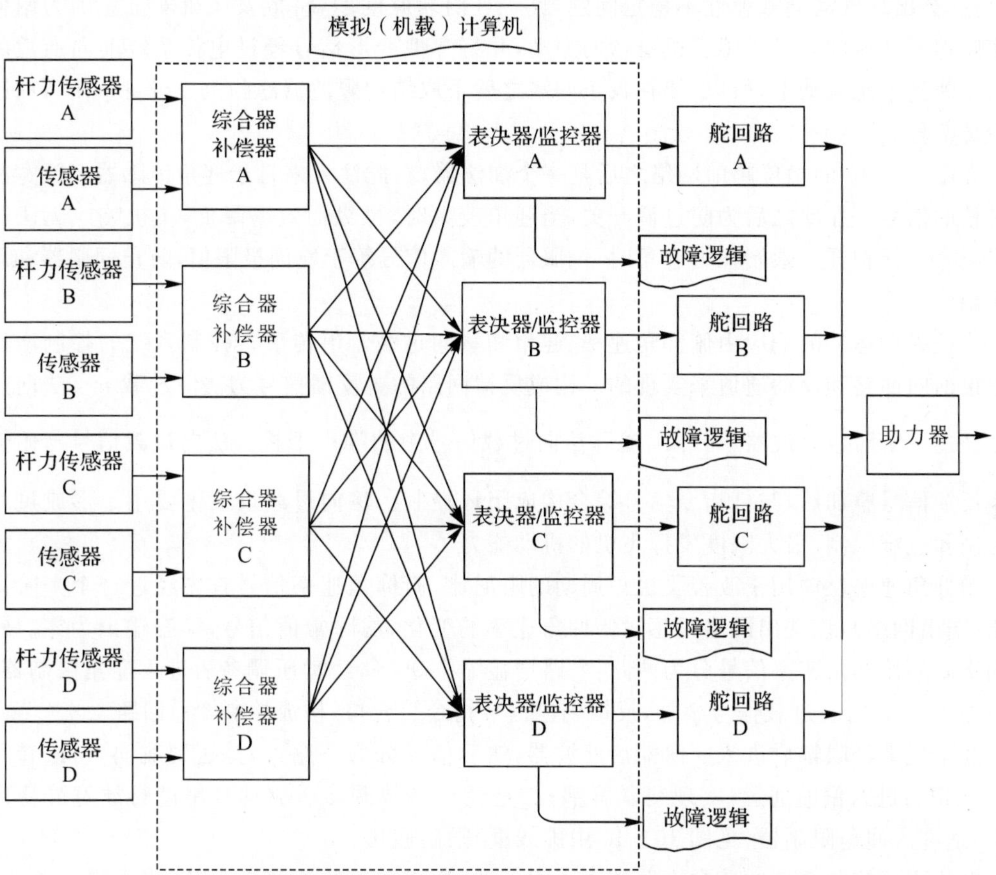

图 10－39　四余度模拟式电传飞行控制系统原理图

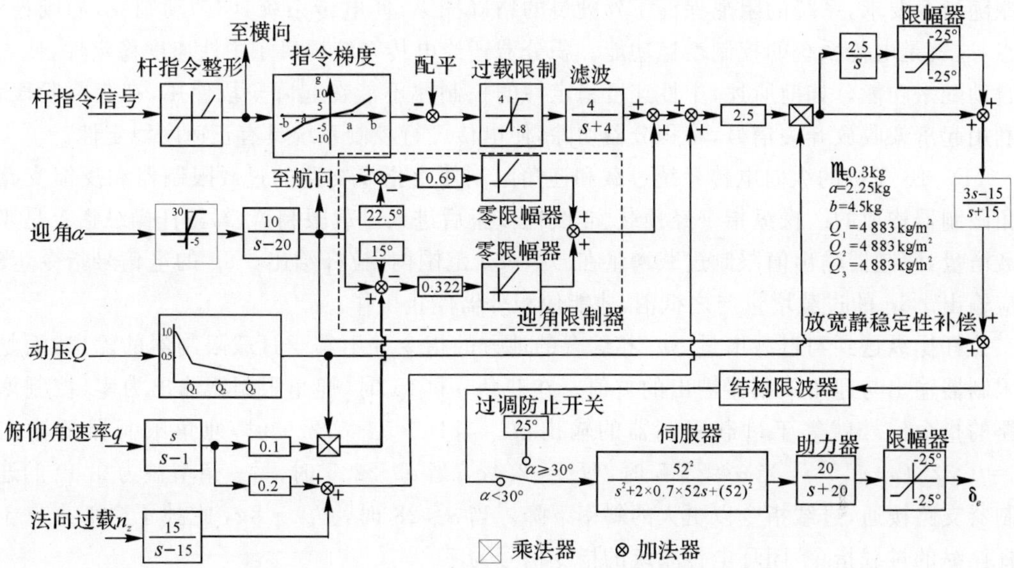

图 10－40　YF－16 飞机纵向电传飞行控制系统控制律

校正网络之后通常为结构限波器，带有控制系统的飞机在气动力、惯性力和弹性力的作用下，可能会出现气动伺服弹性不稳定问题，且一旦出现此问题，将危及飞机安全。因为俯仰角速率陀螺和加速度计可以感受机身弯曲振动，并将弹性变形信号经过电传系统前向通道的高增益反映到平尾运动上，所以，要在校正网络之后采取结构限波器滤除大于机身一阶弯曲频率的全部信号。

在图 10-40 的相位超前网络之后是一个加法器，在此注入来自于迎角传感器经放宽静安定补偿的信号。在此之后为防过调开关，当迎角较大时，操纵面效率降低，飞机响应无法跟随操纵指令。保护开关限制在大迎角时，伺服器的输入信号等于舵面极限值，防止伺服器和助力器超限。

飞机纵向运动的响应由俯仰角速率、迎角和法向过载。电传飞行控制系统的控制增稳功能是由前向回路和反馈通道来实现的。构成反馈回路的主反馈信号为法向过载 n_z，法向过载信号经过一阶滞后滤波器 $\dfrac{15}{s+15}$，滤除法向过载信号中的噪声干扰。法向过载信号与俯仰角速率反馈信号叠加后，与杆指令信号综合构成闭环控制。法向过载反馈主要用于形成过载指令控制和过载限制，最大限度发挥飞机的机动能力。

俯仰角速率反馈用于改善飞机短周期的阻尼比，俯仰角速率信号首先经过一个一阶高通网络(洗出网络)，该洗出网络只感受俯仰角速率的变化，滤除常值信号，稳态输出为零。经洗出网络后的俯仰角速率信号分为两路：一路增益缩小 90%，经动压调参后进入迎角限制器；另一路缩小 80%后与过载信号叠加，反馈到电信号指令综合口，构成控制增稳回路。

迎角反馈经限幅后进入一阶滞后滤波器，然后信号分为三路：一是送到航向，与滚转角速率 p 乘积后进入偏航通道，实现交联解耦；二是经马赫数调参后驱动平尾进行放宽静稳定补偿；三是进入迎角限制器(见图 10-40 中虚线框)限制迎角。

电传飞行控制系统的前向支路接入了积分器，构成了一阶无静差系统，当无操纵输入、指令信号为零时，飞机受扰后的稳态响应终将归为零。当有操纵输入时，比例积分控制使飞机快速跟随指令要求，系统的阻尼保证了驾驶员的精确操纵，使电传系统具有“动则灵，静则稳”的特点，这就是电传系统的控制增稳功能。积分器还给电传系统提供了中性速度稳定性，使之具有自动配平功能。如前所述，中性速度稳定性的控制律不能在起降阶段使用，在起降阶段，需要利用起落架收放开关信号，将积分器切除，使电传飞行控制系统具有正速度稳定性。

YF-16 飞机的纵向电传系统过载和迎角限制使由指令支路的过载限制器和反馈支路的迎角限制器构成的。操纵指令经预载、非线性校正后进入过载限制器，驾驶杆操纵指令是飞机过载增量，限制器输出值限制过载增量在 $-4\sim8g$ 范围内，拉杆给出 $-8g$ 的电信号指令，飞机响应输出 $+8g$ 的过载增量与之抵消，才能使积分器停止工作。

拉杆操纵送到与过载增量 Δn_z 相综合的地方的指令并不等于过载限制器的输出，而是过载限制器输出与迎角限制器输出的差值。在迎角 $\alpha<15^\circ$ 时，迎角限制器输出为零，控制增稳回路的指令信号就等于过载限制器的输出值。当 $15^\circ<\alpha<22.5^\circ$ 时，迎角限制器的输出值 $U_\alpha=0.322(\alpha-15^\circ)$，当 $\alpha=22.5^\circ$ 时，$U_\alpha=2.4g$；当 $\alpha>22.5^\circ$ 时，另一条增益为 0.69 的迎角限制器支路接通，过载指令以更大的斜率下降。当 $\alpha\approx28^\circ$ 时，$U_\alpha=8g$，吃掉了全部来自于驾驶杆操纵的过载指令，闭环电传系统的指令信号为零。

图 10-40 中迎角输入支路有一条用于补偿静稳定性的迎角反馈回路，迎角信号经限幅、

低通滤波后，按照一定的调参规律加到伺服器的输入端，由于迎角是一个含有配平量的全量，所以该信号不能在自动配平环节之前接入。

3. YF－16 飞机电传飞行控制系统横向控制律

YF－16 飞机横向电传飞行控制系统控制律与纵向控制律类似，如图 10－41 所示。横向指令回路由横向杆指令信号与侧向加速度反馈信号综合后形成电指令信号。当飞行员压杆操纵时，飞机倾斜使升力矢量也随之倾斜。升力与重力的合力作为向心力，使飞机运动方向偏离飞机对称面形成侧滑。侧向加速度反馈相当于侧滑角反馈，引入侧向加速度反馈可以减小压杆操纵时的侧滑角，从而改善飞机的滚转静稳定性。横滚操纵的幅度通过交联人感自动按照纵向杆力进行调节，随纵向杆力的增加按比例衰减横滚操纵杆力；在纵向杆力增加到一定值(约 2.25kg)后，横滚有效指令系数保持定值，从而实现特定要求的纵一横交联人感特性。

横滚操纵的主反馈信号是横滚角速率 p，不同于纵向操纵指令为法向过载，横滚压杆指令为横滚角速率 p，横滚角速率 p 反馈改善滚转阻尼，降低滚转时间常数，提高滚转性能。

横滚通道的前向支路也是按动压调参，但与纵向控制律不同之处在于横滚通道没有积分器，前向支路信号经限幅后同时驱动副翼和差动平尾，差动平尾的使用权限为±5°。压杆操纵指令信号在驱动副翼和差动平尾的同时，还交联至航向通道。因为通常情况下，飞行员压杆同时还要蹬脚蹬，杆舵操纵协调就不会产生侧滑，但是当杆舵操纵不协调时，会产生侧滑；将压杆操纵信号交联到方向舵可以解耦，消除副翼的逆偏航效应(副翼偏转时，产生的航向操纵交叉力矩会增大侧滑)，从而实现协调转弯。

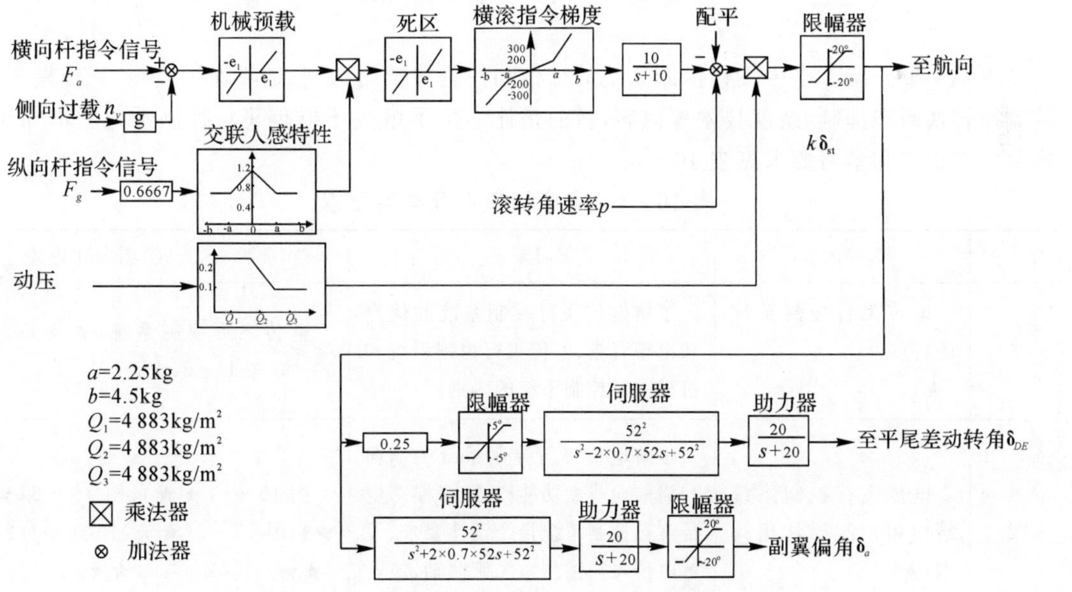

图 10－41　YF－16 飞机横向电传飞行控制系统控制律

4. YF－16 飞机电传飞行控制系统航向控制律

YF－16 飞机航向电传飞行控制系统控制律如图 10－42 所示，这是一种典型的航向控制增稳结构，由脚蹬指令信号 F_r、偏航角速率信号 r、侧向过载信号 n_y 和横一航向交联信号组成。偏航角速率信号 r 反馈增强荷兰滚阻尼，侧向过载信号 n_y 反馈增强航向静稳定性，从而改善滚转和协调转弯性能。

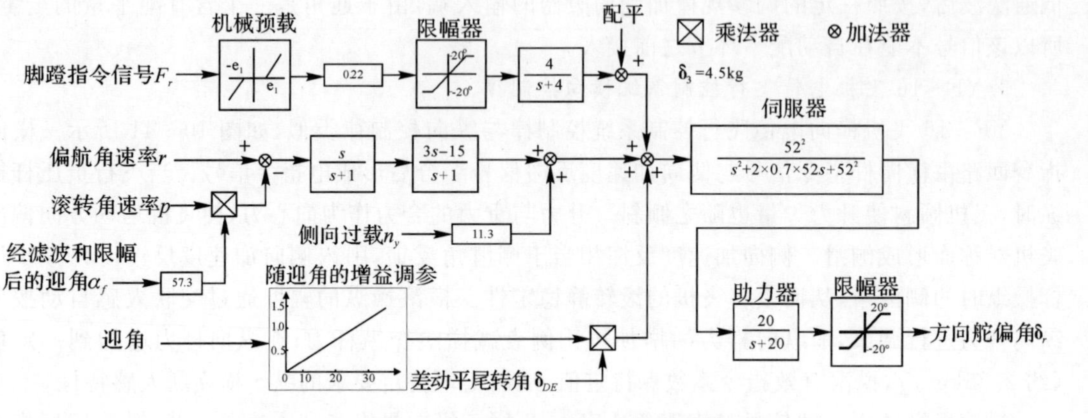

图 10-42　YF-16 飞机航向电传飞行控制系统控制律

脚蹬指令信号经机械预载、放大、限幅和滤波后构成指令支路。偏航角速率反馈构成了偏航阻尼回路，该回路考虑了大迎角飞行时滚转角速率在稳定轴的投影分量，可以保证大迎角飞行时，有效增强荷兰滚阻尼，降低大迎角滚转时出现的过大侧滑，从而有效地改善大迎角操纵与稳定品质。侧向过载反馈 n_y 增强了航向静稳定性。引入差动平尾转角信号是为了实现横一航向去耦交联，该支路系数要按迎角 α 调参。

10.9　本章小结

本章简要介绍了电传飞行控制系统的结构和控制律常用构型、边界保护措施、工作模式和控制律转换瞬态抑制、余度技术等内容，目的是让学生了解关于电传飞行控制系统基本知识，本章的知识点和学习要求见表 10-1。

表 10-1　本章知识点及学习要求

序　号	学习内容	学习要求	重要概念、公式、图表和论述
1	电传飞行控制系统的特点(★)	了解电传飞行控制系统的优点和出现背景、电传飞行控制系统和机械飞行控制系统的区别	电传飞行控制系统(★★)、图 10-1、图 10-2(★★)
2	电传飞行控制系统结构和控制律常用构型(★)	了解电传飞行控制系统的纵向和横航向典型功能构成、多模态电传飞行控制系统指令设计要求；了解电传飞行控制系统俯仰轴、滚转轴和偏航轴的控制律构型	图 10-5(★★)、图 10-6(★★)、图 10-7(★★)；式(10-2)(★★)、式(10-4)(★★)
3	电传飞行控制系统的边界保护(★)	了解边界保护、硬限制、软限制的概念，过载/迎角保护的原理和常见形式	硬限制(★)、软限制(★)；图 10-11(★)、图 10-13(★)、图 10-15(★)、图 10-16(★)、图 10-17(★)；式(10-5)(★)

续 表

序号	学习内容	学习要求	重要概念、公式、图表和论述
4	电传飞行控制系统的工作模式(★)	了解正常控制律、备选控制和直接控制律的区别	正常控制律(★)、备选控制(★)和直接控制律(★)；图10-19(★)、图10-20(★)、图10-23(★)、图10-24(★)
5	电传飞行控制系统的转换瞬态抑制(★)	了解转换瞬态抑制基本原理，掌握同步跟踪淡化器的工作原理	图10-25(★)、图10-26(★)、图10-27(★)；式(10-6)(★)、式(10-7)(★)、式(10-8)(★)
6	电传飞行控制系统的余度技术(★)	了解电传飞行控制系统余度的概念、非相似余度、解析余度的概念和原理	余度、冗余设计、非相似余度、解析余度、余度配置(★)
7	电传飞行控制系统的结构(★)	了解A320、A340、A380、F-16飞机的电传飞行控制系统的结构	图10-40(★)、图10-41(★)、图10-42(★)

思　考　题

1. 电传飞行控制系统的特点是什么？
2. 与机械控制系统相比，电传飞行控制系统的优点有哪些？
3. 为什么电传飞行控制系统必须要采用余度技术？
4. 简述电传飞行控制系统的纵向功能组成。
5. 简述电传飞行控制系统的横向功能组成。
6. 多模态电传飞行控制系统各支路各有何设计要求？
7. 电传飞行控制律俯仰轴有哪些构型？其适用范围是什么？
8. 电传飞行控制系统为什么要引入交联解耦？
9. 电传飞行控制系统的交联解耦措施有哪些？简述其工作原理。
10. 电传飞行控制系统过载/迎角限制器有哪些常用方法？简述其工作原理。
11. 电传飞行控制系统的正常、备选和直接控制律有何区别？
12. 电传飞行控制系统中控制律转换瞬态抑制有哪些形式？简述其工作原理和优缺点。
13. 什么叫非相似余度？
14. 什么叫解析余度？
15. 为什么电传飞行控制系统要采用余度技术？
16. 简述YF-16飞机电传飞行控制系统的工作原理。
17. 查找相关文献，分析说明民用飞机电传飞行控制系统的发展趋势。
18. 查找相关文献，了解波音系列民用飞机电传飞行控制系统的结构。

第11章 飞机自然特性分析和飞行控制系统分析示例

11.1 引 言

本书前面的章节介绍了固定翼飞机飞行动力学和控制系统的基本原理，为了便于读者理解相关知识，本章将介绍飞机自然特性分析和典型信号反馈构成的飞行控制系统的典型模态特征参数分析过程，通过根轨迹对比自然飞机和增加了反馈信号后飞机典型模态特征参数的变化情况，更好地理解飞行控制系统的作用和影响。

11.2 飞机飞行控制自动器控制律增益符号的确定方法

虽然飞机是一个典型的多输入多输出时变非线性系统，可以采用现代控制理论进行飞行控制律的设计，但是飞机的运动非常复杂，在采用现代控制理论分析设计时，主要表现为数学演算，物理概念和过程不明确；而且在使用现代控制理论分析设计飞行控制律时，仍然避免不了参数试凑过程，只不过试凑的参数不同而已。所以，利用现代控制理论设计飞机飞行控制律并没有体现出非常突出的优点，在工程实际中仍然通常采用经典控制理论设计飞机飞行控制律。之所以如此，是因为采用经典控制理论设计飞行控制律，物理概念清晰，另外，可以将飞机的运动分成若干简单运动的合成，也就是将多变量问题简化为若干单变量问题。工程上采用经典控制理论设计飞行控制律的另一原因是，常用的飞机飞行品质规范仍然是采用典型模态的方式描述，采用经典控制理论逐回路的设计，能更好地对照相应飞行品质规范进行设计。

基于上述原因，本章仍然采用经典控制理论分析飞机状态参数反馈对飞机典型模态特征参数的影响，为控制律的设计和选择提供清晰的物理概念和理论依据。

飞机状态参数反馈到飞机操纵机构构成的自动飞行控制系统称为自动器，如自动驾驶仪、阻尼器、增稳系统等。飞机自动器的结构如图11-1所示，图中为了突出反馈信号的作用，忽略舵机、助力器和敏感元件的动态特性。

飞行控制自动器的控制律是描述飞机状态参数与飞机操纵量(如舵面偏转角)之间关系的数学表达式，飞行控制计算机根据传感器测量的飞机状态参数解算出操纵指令，控制飞机按照期望规律运动，以改善飞机的飞行品质。

为了分析方便，只考虑比例式控制律。根据前面的知识知道，舵面偏转的极性是按照“正向操纵产生负向力矩”的原则定义的，因此，很多情况下飞机本体传递函数的开环增益是负值，有

$$\frac{\Delta\alpha(s)}{\Delta\delta_e(s)}=\frac{-M_{\delta_e}}{s^2+(Z_\alpha+M_q+M_{\dot{\alpha}})s+M_\alpha+Z_\alpha M_q} \tag{11-1}$$

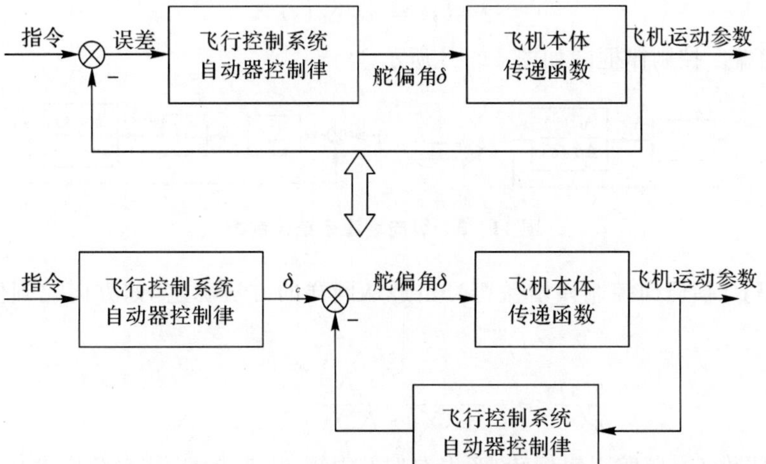

图 11-1　飞机飞行自动器的结构示意图

由于习惯于采用如图所示的负反馈形式，为了使开环传递函数增益为正值，且反馈增益也为正值，通常将控制律表示为如下形式：

Δ舵面偏度＝控制律增益×(反馈参数－期望指令值)

基于上述假设，给出控制律增益符号的确定方法，步骤如下：

(1)首先看从所选控制舵面到所选运动参数开环传递函数开环增益符号；

(2)若开环增益为正值，则反馈控制律表达成

Δ舵面偏度 =－反馈增益×反馈参数

(3)若开环增益为负值，则反馈控制律表达成

Δ舵面偏度 = 反馈增益×反馈参数

[例 11-1]　飞机升降舵到速度增量的传递函数如下：

$$\frac{\Delta V(s)}{\Delta\delta_e(s)}=\frac{A_V(T_V s+1)}{T_P^2 s^2+2\xi_P T_P s+1} \tag{11-2}$$

其开环增益为正值(升降舵正向偏转，产生低头力矩，飞机俯冲，速度增大)。

根据前面确定控制律增益符号的方法，通过升降舵控制速度的控制律应为

$$\Delta\delta_e(s)=-K_V\Delta V(s) \tag{11-3}$$

式中：K_V 为增益。控制律框图如图 11-2 所示。

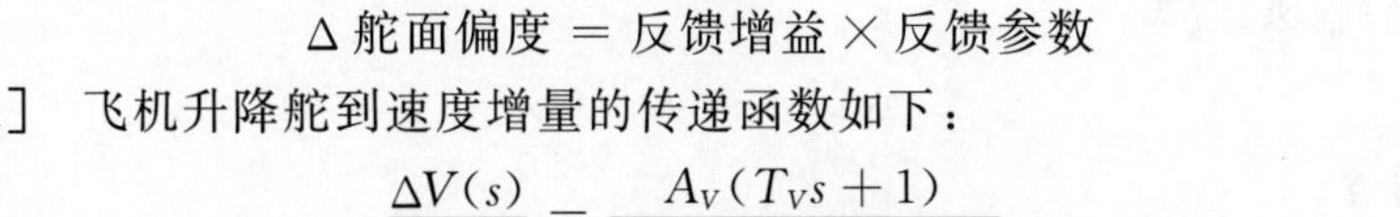

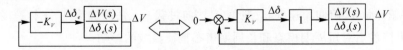

图 11-2　用升降舵控制速度的控制律

[例 11-2]　飞机升降舵到迎角增量的传递函数如下：

$$\frac{\Delta\alpha(s)}{\Delta\delta_e(s)}=\frac{-M_{\delta_e}}{s^2+(Z_\alpha+M_q+M_{\dot{\alpha}})s+M_\alpha+Z_\alpha M_q} \tag{11-4}$$

其开环增益为负值(升降舵正向偏转，产生低头力矩，迎角减小)。根据前面确定控制律增益符号的方法，通过升降舵控制迎角的控制律(即 9.4 节所述的纵向增稳系统控制律)应为

$$\Delta\delta_e(s) = K_\alpha \Delta\alpha(s) \tag{11-5}$$

式中：K_α 为增益。控制律框图如图 11-3 所示。

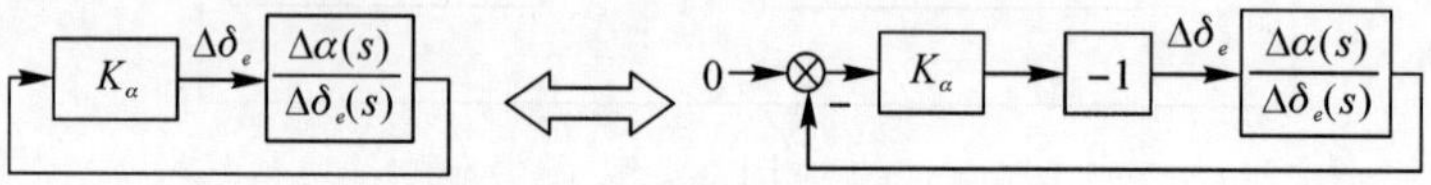

图 11-3　纵向增稳系统控制律

［**例 11-3**］　横侧向控制律增益符号也遵从同样的方法确定，如方向舵到侧滑角的传递函数如下：

$$\frac{\beta(s)}{\delta_r(s)} \approx \frac{N_{\delta_r}}{s^2+(Y_\beta+N_r)s+Y_\beta N_r-N_\beta} \tag{11-6}$$

其开环增益为正值(方向舵正向偏转，产生左偏航力矩，机头左偏，侧滑角增大)。

根据前面确定控制律增益符号的方法，通过方向舵控制侧滑角的控制律(即 9.5 节所述的航向增稳系统控制律)应为

$$\Delta\delta_r(s) = -K_{\beta r}\beta(s) \tag{11-7}$$

式中：$K_{\beta r}$ 为增益。

［**例 11-4**］　方向舵到偏航角速率的传递函数如下：

$$\frac{r(s)}{\delta_r(s)} = \frac{-N_{\delta_r}(s+Y_\beta)}{s^2+(Y_\beta+N_r)s+Y_\beta N_r-N_\beta} \tag{11-8}$$

其开环增益为负值(方向舵正向偏转，产生左偏航力矩，机头左偏，产生左偏航速率)。

根据前面确定控制律增益符号的方法，通过方向舵控制侧滑角的控制律(即 9.5 节所述的航向增稳系统控制律)应为

$$\Delta\delta_r(s) = K_{rr}r(s) \tag{11-9}$$

式中：K_{rr} 为增益。

11.3　纵向参数反馈对纵向运动模态特征参数的影响

飞机纵向参数包括俯仰角 θ、俯仰角速率 q、迎角 α、法向过载 n_Z、法向加速度、飞行速度增量 ΔV 等，常用的纵向控制机构包括升降舵、油门、鸭翼、机动襟翼等。本节以常规布局飞机为例，介绍将俯仰角 θ、俯仰角速率 q、迎角 α、法向过载 n_Z、法向加速度、飞行速度增量 ΔV 等参数反馈到升降舵后对短周期模态和长周期模态特征参数的影响。

11.3.1　纵向分析算例飞机及其自然特性分析

某型飞机在 3 000m，100m/s 时定常平飞的纵向小扰动线性化方程如下：

$$\begin{bmatrix}\Delta\dot{V}\\ \Delta\dot{\alpha}\\ \dot{q}\\ \Delta\dot{\theta}\end{bmatrix}=\begin{bmatrix}-0.0216 & 4.5535 & 0 & -9.8\\ -0.0020 & -0.7324 & 1 & 0\\ 0.0003 & -2.3282 & -0.6571 & 0\\ 1 & 0 & 1 & 0\end{bmatrix}\begin{bmatrix}\Delta V\\ \Delta\alpha\\ q\\ \Delta\theta\end{bmatrix}+\begin{bmatrix}0 & 2.5519\\ -0.0461 & -0.0049\\ -1.7704 & -0.0547\\ 0 & 0\end{bmatrix}\begin{bmatrix}\Delta\delta_e\\ \Delta\delta_t\end{bmatrix}$$

式中：ΔV 为速度增量；$\Delta\theta$ 为俯仰角增量；q 为俯仰角速率；$\Delta\alpha$ 为迎角增量；$\Delta\delta_e$ 为升降舵增量；$\Delta\delta_t$ 为油门开度。

由纵向小扰动线性化方程可以求得传递函数为

$$G_{V\delta_e}(s)=\frac{\Delta V(s)}{\Delta\delta_e(s)}=\frac{9.7348(s+1.083)}{(s^2+0.01597s+0.01722)(s^2+1.325s+2.753)} \tag{11-10}$$

$$G_{\alpha\delta_e}(s)=\frac{\Delta\alpha(s)}{\Delta\delta_e(s)}=\frac{-0.0418(s+42.77)(s^2+0.02115s+0.01937)}{(s^2+0.01597s+0.01722)(s^2+1.325s+2.753)} \tag{11-11}$$

$$G_{\theta\delta_e}(s)=\frac{\Delta\theta(s)}{\Delta\delta_e(s)}=\frac{-1.7603(s+0.5963)(s+0.03667)}{(s^2+0.01597s+0.01722)(s^2+1.325s+2.753)} \tag{11-12}$$

$$G_{q\delta_e}(s)=\frac{q(s)}{\Delta\delta_e(s)}=\frac{-1.7603s(s+0.5963)(s+0.03667)}{(s^2+0.01597s+0.01722)(s^2+1.325s+2.753)} \tag{11-13}$$

由传递函数的特征方程 $(s^2+0.01597s+0.01722)(s^2+1.325s+2.753)=0$ 可以解得短周期和长周期模态特征参数，见表 11-1。

表 11-1　算例飞机纵向模态特征参数

短周期特征根	$-0.698\pm1.52j$
短周期阻尼比	0.416
短周期固有频率/(rad·s^{-1})	1.68
长周期特征根	$-0.00793\pm0.129j$
长周期阻尼比	0.0613
长周期固有频率/(rad·s^{-1})	0.129

11.3.2　俯仰角速率 q 反馈对纵向运动模态特征参数的影响

由 6.4 节可知，升降舵到俯仰角速率传递函数为

$$G_{q\delta_e}(s)=\frac{q(s)}{\Delta\delta_e(s)}=\frac{s\theta(s)}{\delta_e(s)}=\frac{-A_\theta\left(s+\frac{1}{T_{\theta1}}\right)\left(s+\frac{1}{T_{\theta2}}\right)s}{(s^2+2\xi_{sp}\omega_{sp}s+\omega_{sp}^2)(s^2+2\xi_p\omega_p s+\omega_p^2)} \tag{11-14}$$

引入反馈控制律 $\Delta\delta_e=K_q q$ 后的闭环传递函数为

$$G_c(s) = \frac{K_q G_{q\ \delta_e}(s)}{1 + K_q G_{q\ \delta_e}(s)}$$

$$= \frac{A_\theta K_q\left(s+\frac{1}{T_{\theta 1}}\right)\left(s+\frac{1}{T_{\theta 2}}\right)s}{(s^2+2\xi_{sp}\omega_{sp}s+\omega_{sp}^2)(s^2+2\xi_p\omega_p s+\omega_p^2)+A_\theta K_q\left(s+\frac{1}{T_{\theta 1}}\right)\left(s+\frac{1}{T_{\theta 2}}\right)s} \tag{11-15}$$

为了研究引入反馈控制律 $\Delta\delta_e = K_q q$ 后飞机短周期和长周期的特征参数变化情况，借助于根轨迹方法进行分析，升降舵到俯仰角速率传递函数传递函数根轨迹的示意图如图 11－4 所示。

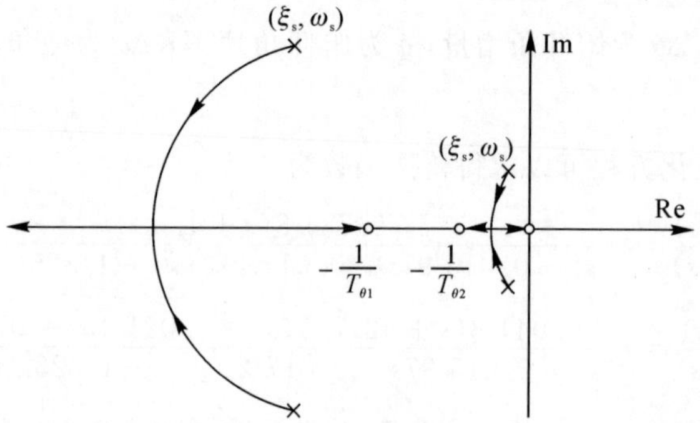

图 11－4　升降舵到俯仰角速率传递函数 $G_{q\ \delta_e}$ 根轨迹示意图

由图 11－4 可以看出，随着开环增益增大，短周期和长周期的根都向实轴移动，所以短周期阻尼比和长周期阻尼比会增大，但固有频率变化不明显，不妨借助于算例进行检验，为此画出式(11－13)的根轨迹，如图 11－5 所示。

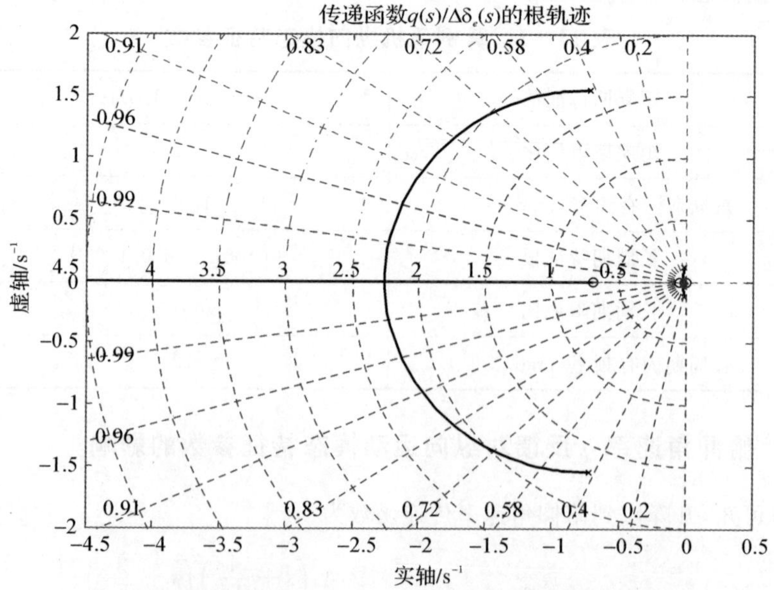

图 11－5　算例飞机升降舵到俯仰角速率传递函数 $G_{q\ \delta_e}$ 根轨迹

从图 11-5 可以看出，长周期根轨迹局限在一个较小的范围内，所以随着角速率 q 反馈增益的增大，长周期模态特征参数变化不显著；而短周期阻尼比会显著增大，短周期固有频率也会增大(见图 11-6)。

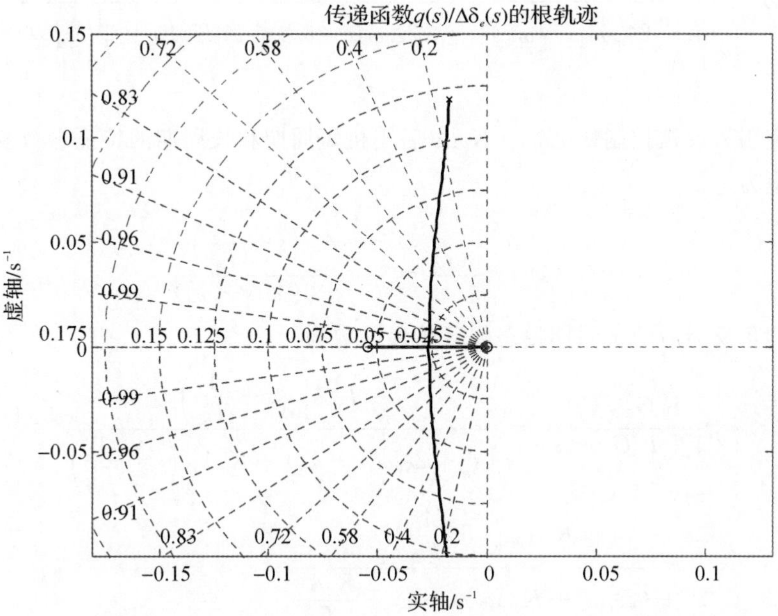

图 11-6　算例飞机升降舵到俯仰角速率传递函数 $G_{q\delta_e}$ 长周期模态根轨迹

为了验证这个结论，选取 $K_q = 0.2$ 和 $K_q = 0.5$ 的情况，分别计算引入俯仰角速率反馈后纵向模态特征参数的变化情况，见表 11-2。

表 11-2　俯仰角速率 q 反馈增益变化对纵向模态特征参数影响

	短周期阻尼比	短周期固有频率/(rad·s^{-1})	长周期阻尼比	长周期固有频率/(rad·s^{-1})
自然飞机	0.416	1.68	0.061 3	0.129
$K_q = 0.2$	0.501	1.75	0.065 1	0.124
$K_q = 0.5$	0.617	1.85	0.072 5	0.119

11.3.3　俯仰角反馈对纵向运动模态特征参数的影响

升降舵到俯仰角的传递函数为

$$G_{\theta\delta_e}(s) = \frac{\Delta\theta(s)}{\Delta\delta_e(s)} = \frac{s\theta(s)}{\delta_e(s)} = \frac{-A_\theta\left(s+\frac{1}{T_{\theta1}}\right)\left(s+\frac{1}{T_{\theta2}}\right)}{(s^2+2\xi_{sp}\omega_{sp}s+\omega_{sp}^2)(s^2+2\xi_p\omega_p s+\omega_p^2)} \tag{11-16}$$

引入反馈控制律 $\Delta\delta_e = K_\theta\Delta\theta$ 后的闭环传递函数，有

$$G_{c}(s)=\frac{K_{\theta}G_{\theta\ \delta_{e}}(s)}{1+K_{\theta}G_{\theta\ \delta_{e}}(s)}$$

$$G_{c}(s)=\frac{A_{\theta}K_{q}\left(s+\frac{1}{T_{\theta1}}\right)\left(s+\frac{1}{T_{\theta2}}\right)}{(s^{2}+2\xi_{sp}\omega_{sp}s+\omega_{sp}^{2})(s^{2}+2\xi_{p}\omega_{p}s+\omega_{p}^{2})+A_{\theta}K_{q}\left(s+\frac{1}{T_{\theta1}}\right)\left(s+\frac{1}{T_{\theta2}}\right)} \tag{11-17}$$

为了研究引入反馈控制律 $\Delta\delta_e=K_\theta\Delta\theta$ 后飞机短周期和长周期的特征参数变化情况，将式(11-16)简化为

$$G_{\theta\delta_{e}}(s)=\frac{\theta(s)}{\delta_{e}(s)}=\frac{-A_{\theta2}\left(s+\frac{1}{T_{\theta2}}\right)}{(s^{2}+2\xi_{p}\omega_{p}s+\omega_{p}^{2})}$$

引入俯仰角反馈后的长周期模态闭环传递函数为

$$G_{c}(s)=\frac{K_{\theta}G_{\theta\ \delta_{e}}(s)}{1+K_{\theta}G_{\theta\ \delta_{e}}(s)}=\frac{-K_{\theta}A_{\theta2}\left(s+\frac{1}{T_{\theta2}}\right)}{(s^{2}+2\xi_{p}\omega_{p}s+\omega_{p}^{2})+K_{\theta}A_{\theta2}\left(s+\frac{1}{T_{\theta2}}\right)}$$

$$=\frac{-K_{\theta}A_{\theta2}\left(s+\frac{1}{T_{\theta2}}\right)}{s^{2}+(2\xi_{p}\omega_{p}+K_{\theta}A_{\theta2})s+\omega_{p}^{2}+\frac{K_{\theta}A_{\theta2}}{T_{\theta2}}} \tag{11-18}$$

由式(11-18)可知，引入俯仰角反馈后，增大了长周期模态阻尼比和固有频率。

短周期开环传递函数为

$$G_{\theta\delta_{e}}(s)=\frac{\theta(s)}{\delta_{e}(s)}=\frac{A_{\theta1}\left(s+\frac{1}{T_{\theta1}}\right)}{(s^{2}+2\xi_{sp}\omega_{sp}s+\omega_{sp}^{2})s}$$

引入俯仰角反馈后的闭环短周期传递函数为

$$G_{c}(s)=\frac{K_{\theta}G_{\theta\ \delta_{e}}(s)}{1+K_{\theta}G_{\theta\ \delta_{e}}(s)}=\frac{K_{\theta}A_{\theta1}\left(s+\frac{1}{T_{\theta1}}\right)}{(s^{2}+2\xi_{sp}\omega_{sp}s+\omega_{sp}^{2})s+K_{\theta}A_{\theta}\left(s+\frac{1}{T_{\theta1}}\right)}$$

$$=\frac{K_{\theta}A_{\theta1}T_{\theta1}(s+1)}{T_{\theta1}s^{3}+2T_{\theta1}\xi_{sp}\omega_{sp}s^{2}+(T_{\theta1}\omega_{sp}^{2}+T_{\theta1}K_{\theta}A_{\theta})s+K_{\theta}A_{\theta}}$$

不易看出引入俯仰角反馈后对短周期模态参数的影响，因此仍需借助于根轨迹方法进行分析。画出算例飞机升降舵到俯仰角速率传递函数 $G_{\theta\delta_e}(s)$ 的根轨迹，如图 11-7 所示，其长周期根轨迹如图 11-8 所示。

由图 11-7 和图 11-8 可以看出，俯仰角反馈到升降舵的影响对纵向模态特征参数的影响是：减小短周期模态阻尼比；短周期固有频率稍稍增大；长周期阻尼比显著增大；长周期固有频率基本不变。

为了验证这个结论，选取 $K_\theta=0.2$ 和 $K_\theta=0.5$，分别计算引入俯仰角速率反馈后纵向模态特征参数的变化情况，见表 11-3。

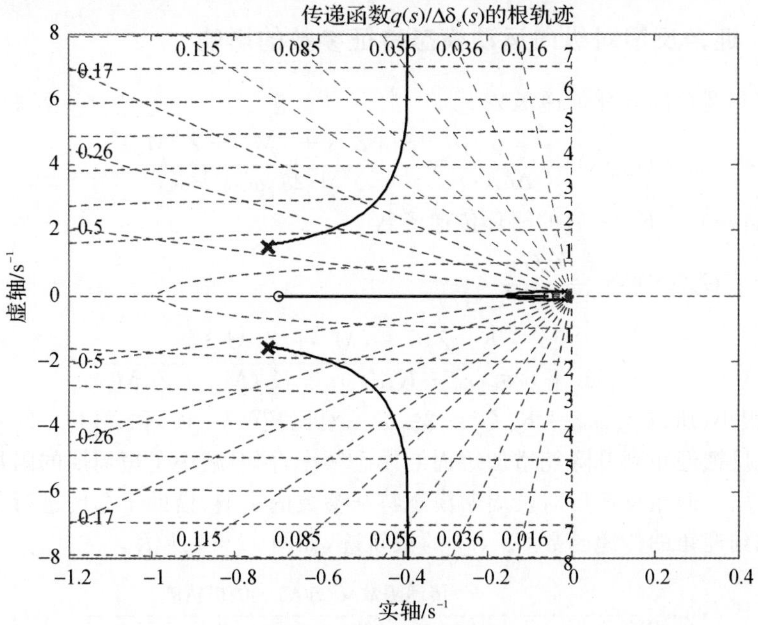

图 11-7　算例飞机升降舵到俯仰角速率传递函数传递函数 $G_{\theta\delta_e}(s)$ 的根轨迹

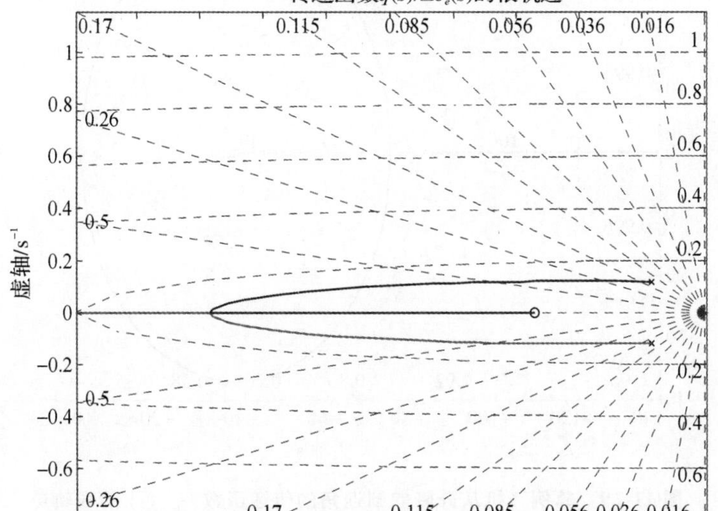

图 11-8　算例飞机升降舵到俯仰角速率传递函数 $G_{\theta\delta_e}(s)$ 的长周期根轨迹

表 11-3　俯仰角反馈增益变化对纵向模态特征参数影响

	短周期阻尼比	短周期固有频率/(rad · s^{-1})	长周期阻尼比	长周期固有频率/(rad · s^{-1})
自然飞机	0.416	1.68	0.0613	0.129
$K_\theta = 0.2$	0.376	1.75	0.352	0.134
$K_\theta = 0.5$	0.327	1.87	0.677	0.14

11.3.4 迎角反馈对纵向运动模态特征参数的影响

从升降舵到迎角的开环传递函数

$$G_{\alpha\delta_e}(s) = \frac{\Delta\alpha(s)}{\Delta\delta_e(s)} = \frac{-[Z_{\delta_e}s + (M_{\delta_e} + Z_{\delta_e}M_q)]}{s^2 + 2\xi_{sp}\omega_{sp}s + \omega_{sp}^2} \tag{11-19}$$

引入控制律 $\Delta\delta_e(s) = K_\alpha \Delta\alpha$ 后的闭环传递函数

$$\begin{aligned} G_{\alpha\delta_e}(S) &= \frac{K_\alpha G_{\alpha\delta_e}(s)}{1 + K_\alpha G_{\alpha\delta_e}(s)} \\ &= \frac{K_\alpha[Z_{\delta_e}s + (M_{\delta_e} + Z_{\delta_e}M_q)]}{s^2 + (2\xi_{sp}\omega_{sp} + K_\alpha Z_{\delta_e})s + K_\alpha(M_{\delta_e} + Z_{\delta_e}M_q)} \end{aligned} \tag{11-20}$$

由于 Z_{δ_e} 很小，所以 $2\xi_{sp}\omega_{sp} + K_\alpha Z_{\delta_e} \approx 2\xi_{sp}\omega_{sp}$，对比式(11-19)和式(11-20)两式分母的系数，可以看出：反馈迎角到升降舵增加短周期模态频率，同时减小了短周期的阻尼比。

为了分析引入迎角反馈后对长周期模态特征参数的影响，借助于算例进行分析，画出算例飞机从升降舵到迎角的传递函数 $G_{\alpha\delta_e}(s)$ 的根轨迹，如图 11-9 所示。

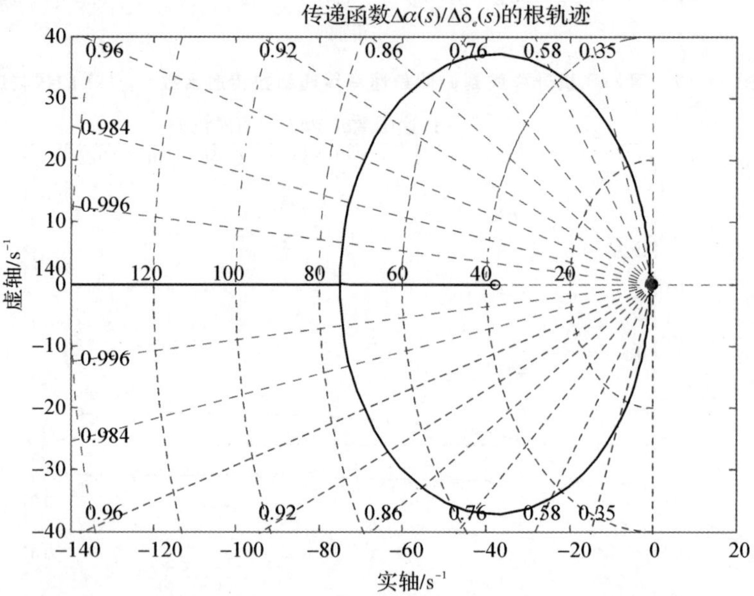

图 11-9 算例飞机从升降舵到迎角的传递函数 $G_{\alpha\delta_e}(s)$ 的根轨迹

由图 11-9 可以看出，将迎角反馈到升降舵对纵向典型模态特征参数的影响是：减小短周期模态阻尼比；增大短周期固有频率；长周期阻尼比和长周期固有频率基本不变。

为了验证这个结论，选取 $K_\alpha = 0.5$ 和 $K_\alpha = 1$，分别计算引入俯仰角速率反馈后纵向模态特征参数的变化情况，见表 11-4。

表 11-4 迎角反馈增益变化对纵向模态特征参数影响

	短周期阻尼比	短周期固有频率/(rad·s^{-1})	长周期阻尼比	长周期固有频率/(rad·s^{-1})
自然飞机	0.416	1.68	0.061 3	0.129

续 表

	短周期阻尼比	短周期固有频率/(rad・s^{-1})	长周期阻尼比	长周期固有频率/(rad・s^{-1})
$K_\alpha = 0.5$	0.368	1.93	0.066 4	0.132
$K_\alpha = 1$	0.335	2.15	0.066 4	0.133

11.3.5　速度反馈对纵向运动模态特征参数的影响

升降舵到速度的开环传递函数为

$$G_{V\delta_e}(s) = \frac{\Delta \bar{V}(s)}{\Delta \delta_e(s)} = \frac{A_V\left(s + \dfrac{1}{T_V}\right)}{s^2 + 2\xi_p\omega_p s + \omega_p^2} \tag{11-21}$$

引入控制律 $\Delta\delta_e(s) = -K_V\Delta V(s)$ 后的闭环传递函数为

$$G_c(s) = \frac{K_V G_{V\delta_e}(s)}{1 + K_V G_{V\delta_e}(s)} = \frac{K_V A_V\left(s + \dfrac{1}{T_V}\right)}{s^2 + 2\xi_p\omega_p s + \omega_p^2 + K_V A_V\left(s + \dfrac{1}{T_V}\right)}$$

$$= \frac{K_V A_V\left(s + \dfrac{1}{T_V}\right)}{s^2 + (2\xi_p\omega_p + K_V A_V)s + \omega_p^2 + \dfrac{K_V A_V}{T_V}} \tag{11-22}$$

对比式(11-21)和式(11-21)两式分母多项式的系数，可以看出引入速率反馈会改善长周期模态特性，长周期自然频率增加。

为了分析引入速度反馈后飞机纵向模态特征参数的变化情况，画出算例飞机从升降舵到速度增量传递函数的根轨迹，如图 11-10 所示。

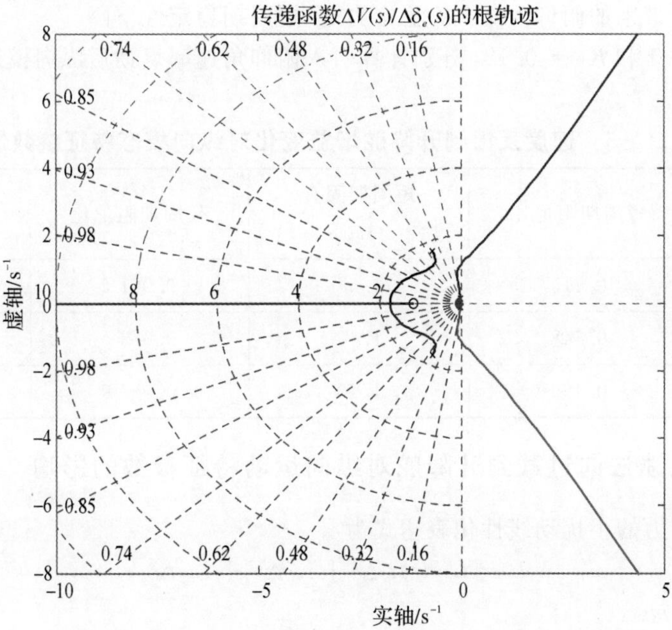

图 11-10　算例飞机从升降舵到速度增量传递函数的根轨迹

通过观察图 11-10 可以看出,速度增量反馈到升降舵的影响:在反馈增益不太大情况下,短周期模态阻尼比稍增大;短周期固有频率减小;长周期阻尼比变化不大;长周期固有频率增大;但当反馈增益较大时,会导致长周期运动模态发散,如图 11-11 所示。

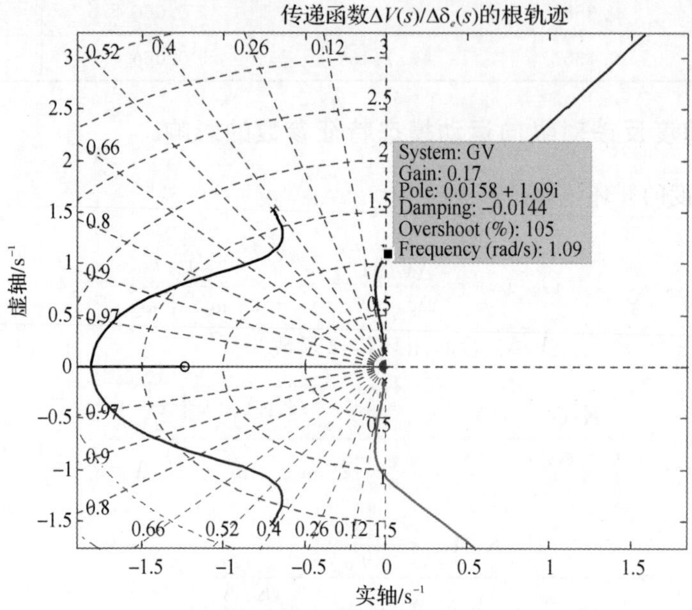

图 11-11　速度反馈增益较大时长周期模态发散

之所以出现反馈速度到升降舵使得短周期固有频率减小情况,是因为速度对升降舵的开环增益为正值,意味着升降舵正向偏转,使速度增大;而俯仰角速率对升降舵的开环增益为负值;说明飞机抬头使速度减小;如果反馈增益过大,意味着很小的速度增量会产生较大舵面偏转,使得速度增量带来的俯仰力矩大于稳定力矩,短周期稳定性下降。

选取 $K_V=0.1$ 和 $K_V=0.12$,分别计算引入俯仰角速率反馈后纵向模态特征参数的变化情况,见表 11-5。

表 11-5　速度反馈到升降舵增益变化对纵向模态特征参数影响

	短周期阻尼比	短周期固有频率/(rad·s^{-1})	长周期阻尼比	长周期固有频率(rad·s^{-1})
自然飞机	0.416	1.68	0.061 3	0.129
$K_V=0.1$	0.448	1.45	0.073 5	0.759
$K_V=0.12$	0.469	1.40	0.057 9	0.860

11.3.6　反馈法向过载到升降舵对纵向运动特征参数的影响

如前所述,升力的小扰动线性化表达式为

$$L=L_0+L_\alpha\Delta\alpha+L_V\Delta V+L_{\delta_e}\Delta\delta_e$$

其中,$L_0=G=mg$。

在速度变化不大的情况下,升力增量

$$\Delta L = L - L_0 \approx L_\alpha \Delta\alpha$$

所以剩余法向过载 $\Delta n_z = \dfrac{L-G}{mg} = \dfrac{\Delta L}{mg} \approx \dfrac{L_\alpha \Delta\alpha}{mg} = \dfrac{V_0 Z_\alpha}{g}\Delta\alpha$

升降舵到剩余法向过载的传递函数为 $\dfrac{\Delta n_z(s)}{\Delta\delta_e(s)} = \dfrac{V_0 Z_\alpha}{g}\,\dfrac{\Delta\alpha(s)}{\Delta\delta_e(s)}$

由此可以看出，通过控制律 $\Delta\delta_e(s) = K_{n_Z}\Delta n_z$ 反馈剩余法向过载到升降舵对纵向运动特征参数的影响和反馈迎角到升降舵的影响类似，即减小短周期模态阻尼比；增大短周期固有频率；长周期阻尼比和长周期固有频率基本不变。

为了验证这个结论，选取 $K_{n_z} = 0.2$ 和 $K_{n_z} = 0.5$，分别计算引入俯仰角速率反馈后纵向模态特征参数的变化情况，见表 11-6。

表 11-6　迎角反馈增益变化对纵向模态特征参数影响

	短周期阻尼比	短周期固有频率/(rad·s^{-1})	长周期阻尼比	长周期固有频率/(rad·s^{-1})
自然飞机	0.416	1.68	0.061 3	0.129
$K_{n_z} = 0.2$	0.312	2.34	0.067 8	0.134
$K_{n_z} = 0.5$	0.253	3.09	0.071 2	0.136

11.3.7　同时反馈俯仰角速率和俯仰角到升降舵对纵向运动特征参数的影响

从 11.3.2 节的分析可知，反馈俯仰角速率到升降舵会增大短周期模态阻尼比；从 11.3.3 节可知，反馈俯仰角到到升降舵会增大长周期模态阻尼比，但会削弱短周期模态阻尼比。由此推断，如果反馈俯仰角和俯仰加速率可以同时改善长周期、短周期模态的阻尼比。

为此，构造图 11-12 的控制系统，其控制律为 $\Delta\delta_e = K_\theta(\theta - \theta_g) + K_q q$。

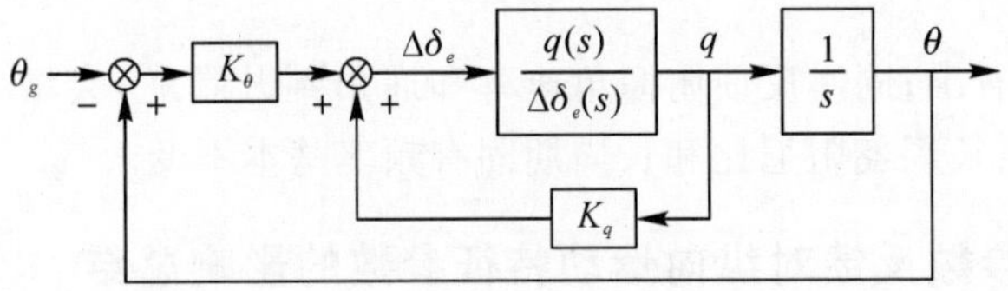

图 11-12　同时反馈俯仰角速率和俯仰角到升降舵的控制系统

选取 $K_q = 0.1, K_\theta = 0.1$ 和 $K_q = 0.2, K_\theta = 0.2$，分别计算引入俯仰角速率和俯仰角反馈后纵向模态特征参数的变化情况，见表 11-7。

表 11-7　同时反馈俯仰角速率和俯仰角到升降舵对纵向模态特征参数影响

	短周期阻尼比	短周期固有频率/(rad·s^{-1})	长周期阻尼比	长周期固有频率/(rad·s^{-1})
自然飞机	0.416	1.68	0.061 3	0.129
$K_q = 0.1, K_\theta = 0.1$	0.439	1.75	0.214	0.130
$K_q = 0.2, K_\theta = 0.2$	0.463	1.81	0.344	0.130

由表 11－7 可以看出;同时反馈俯仰角速率和俯仰角到升降舵,会增大短周期模态阻尼比;短周期固有频率稍稍增加;增大长周期阻尼比;长周期固有频率基本不变。

11.3.8 反馈迎角和俯仰角速率到升降舵对纵向运动特征参数的影响

从 11.3.2 节的分析可知,反馈俯仰角速率到升降舵会增大短周期模态阻尼比;从 11.3.4 节可知,反馈迎角到到升降舵会增大短周期模态固有频率,但会削弱短周期模态阻尼比。由此推断,反馈迎角和俯仰加速率可以同时改善短周期模态的阻尼比和固有频率。为此,构造如图 11－13 所示的控制系统,其控制律为 $\Delta\delta_e = K_\theta(\alpha - \alpha_g) + K_q q$。

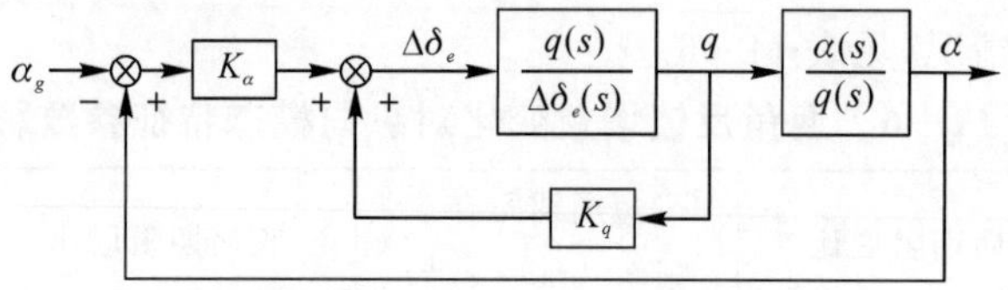

图 11－13　同时反馈俯仰角速率和迎角到升降舵的控制系统

选取 $K_q = 0.1, K_\alpha = 0.1$ 和 $K_q = 0.2, K_\alpha = 0.2$,分别计算引入俯仰角速率和迎角反馈后纵向模态特征参数的变化情况,见表 11－8。

表 11－8　同时反馈俯仰角速率和迎角到升降舵对纵向模态特征参数影响

	短周期阻尼比	短周期固有频率/(rad·s^{-1})	长周期阻尼比	长周期固有频率/(rad·s^{-1})
自然飞机	0.416	1.68	0.061 3	0.129
$K_q = 0.1, K_\alpha = 0.1$	0.476	1.85	0.065 6	0.126
$K_q = 0.2, K_\alpha = 0.2$	0.555	2.08	0.070 2	0.122

由表 11－7 可以看出;同时反馈俯仰角速率和迎角到升降舵,会增大短周期模态阻尼比;增大短周期固有频率;长周期阻尼比和长周期固有频率基本不变。

11.3.9 纵向参数反馈对纵向运动特征参数的影响总结

纵向参数反馈对纵向运动特征参数的影响总结见表 11－9。

表 11－9　纵向参数反馈对纵向运动特征参数的影响

	短周期阻尼比	短周期固有频率	长周期阻尼比	长周期固有频率	备注
俯仰角	减小	稍增大	增大	基本不变	
俯仰角速率	增大	稍增大	基本不变	基本不变	俯仰阻尼器
俯仰角＋俯仰角速率	增大	基本不变	增大	基本不变	
速度反馈	基本不变	基本不变	减小	增大	速度稳定系统

续 表

	短周期阻尼比	短周期固有频率	长周期阻尼比	长周期固有频率	备注
迎角反馈	减小	增大	基本不变	基本不变	纵向增稳系统
剩余法向过载反馈	减小	增大	基本不变	基本不变	纵向增稳系统
剩余过载反馈/迎角+俯仰角速率	增大	增大	基本不变	基本不变	

11.4　横侧向参数反馈对横侧向运动模态特征参数的影响

横侧向常用的反馈参数有滚转角 ϕ、侧滑角 β、侧向过载 n_y、侧向加速度 a_y、滚转角速率 p、偏航角速率 r 等；常用的操纵机构有副翼、方向舵、差动平尾等。飞机横航向运动往往具有如下特点：

(1)荷兰滚模态固有频率不足，所以航向收敛过程长；

(2)荷兰滚模态阻尼不足，所以飞机受扰后机头振荡频率高；

(3)滚转阻尼不足，所以滚转收敛模态时间常数大，抗干扰能力差；

(4)盘旋过程中出现易出现不协调的侧滑。

这些问题都需要借助于横航向参数反馈构成的自动飞行控制系统予以解决或改善，本节将借助于算例飞机讨论横侧向参数反馈对横侧向运动模态特征参数的影响。

11.4.1　横侧向分析算例飞机及其自然特性分析

某型在 3 000m，100m/s 时定常平飞的横侧向小扰动线性化方程如下：

$$\begin{bmatrix}\Delta\dot{\beta}\\ \dot{p}\\ \dot{r}\\ \Delta\dot{\phi}\end{bmatrix}=\begin{bmatrix}-0.178\,6 & 0.082\,3 & -0.097\,7 & 0.097\,7\\ -0.981\,6 & -1.091\,2 & 0.335\,4 & 0\\ 0.257\,3 & -0.083\,6 & -0.220\,3 & 0\\ 0 & 1 & 0 & 0\end{bmatrix}\begin{bmatrix}\Delta\beta\\ p\\ r\\ \Delta\phi\end{bmatrix}+\begin{bmatrix}0.001\,3 & 0.037\,5\\ -2.064\,0 & 0.327\,8\\ -0.160\,6 & -0.812\,8\\ 0 & 0\end{bmatrix}\begin{bmatrix}\Delta\delta_a\\ \Delta\delta_r\end{bmatrix}$$

式中：$\Delta\beta$ 为侧滑角；p 为滚转角速率；r 为偏航角速率；$\Delta\phi$ 为滚转角；$\Delta\delta_a$ 为副翼；$\Delta\delta_r$ 为方向舵。

由横侧向小扰动线性化方程可以求得传递函数为

$$G_{\beta\delta_a}(s)=\frac{\Delta\beta(s)}{\Delta\delta_a(s)}=\frac{0.001\,3(s-17.19)(s+10.74)(s+0.207\,1)}{(s+1.142)(s+0.0196\,1)(s^2+0.328\,2s+0.436\,1)}\quad(11-23)$$

$$G_{p\delta_a}(s)=\frac{p(s)}{\Delta\delta_a(s)}=\frac{-2.064(s-0.007\,092)(s^2+0.432\,7s+0.379\,7)}{(s+1.142)(s+0.019\,61)(s^2+0.328\,2s+0.436\,1)}\quad(11-24)$$

$$G_{r\delta_a}(s)=\frac{r(s)}{\Delta\delta_a(s)}=\frac{-0.160\,6(s+0.647\,5)(s^2-0.454\,2s+0.647\,1)}{(s+1.142)(s+0.019\,61)(s^2+0.328\,2s+0.436\,1)}\quad(11-25)$$

$$G_{\phi\delta_a}(s)=\frac{\Delta\phi(s)}{\Delta\delta_a(s)}=\frac{-2.077\,3(s^2+0.424\,1s+0.376\,5)}{(s+1.142)(s+0.019\,61)(s^2+0.328\,2s+0.436\,1)}\quad(11-26)$$

$$G_{\beta\delta_r}(s)=\frac{\Delta\beta(s)}{\Delta\delta_r(s)}=\frac{0.037\,5(s+22.53)(s+1.131)(s-0.028\,22)}{(s+1.142)(s+0.019\,61)(s^2+0.328\,2s+0.436\,1)} \tag{11-27}$$

$$G_{p\delta_r}(s)=\frac{p(s)}{\Delta\delta_r(s)}=\frac{0.327\,8(s-1.808)(s+1.271)(s-0.007\,646)}{(s+1.142)(s+0.019\,61)(s^2+0.328\,2s+0.436\,1)} \tag{11-28}$$

$$G_{r\delta_r}(s)=\frac{r(s)}{\Delta\delta_r(s)}=\frac{-0.812\,8(s+1.132)(s^2+0.159\,6s+0.075\,76)}{(s+1.142)(s+0.019\,61)(s^2+0.328\,2s+0.436\,1)} \tag{11-29}$$

$$G_{\phi\delta_r}(s)=\frac{\Delta\phi(s)}{\Delta\delta_r(s)}=\frac{0.260\,66(s+1.282)(s-2.3)}{(s+1.142)(s+0.019\,61)(s^2+0.328\,2s+0.436\,1)} \tag{11-30}$$

由传递函数的特征方程 $(s+1.142)(s+0.019\,61)(s^2+0.328\,2s+0.436\,1)=0$ 可以解得横侧向典型模态特征参数，见表 11-10。

表 11-10　算例飞机横侧向模态特征参数

荷兰滚特征根	−0.164±0.64j
荷兰滚阻尼比	0.249
荷兰滚固有频率/(rad·s^{-1})	0.66
滚转阻尼模态特征根	−1.142
滚转阻尼模态时间常数(s)	0.875
螺旋模态特征根	−0.019 61
螺旋时间常数(s)	51.02

11.4.2　侧滑角到副翼反馈到副翼对横侧向模态特征参数的影响

由于副翼正向偏转时，产生左滚转力矩，使飞机左倾斜，进而使飞机速度矢量左偏，产生左侧滑，所以从副翼到侧滑角的传递函数的开环增益为负值。

式(11-23)可以简化为

$$G_{\beta\delta_a}(s)=\frac{\Delta\beta(s)}{\Delta\delta_a(s)}=\frac{0.001\,3(s-17.19)(s+10.74)(s+0.207\,1)}{(s+1.142)(s+0.019\,61)(s^2+0.328\,2s+0.436\,1)}$$

$$\approx\frac{-0.24(s+0.207\,1)}{(s+1.142)(s+0.019\,61)(s^2+0.328\,2s+0.436\,1)}$$

所以侧滑角到副翼反馈的控制律为

$$\Delta\delta_a(s)=K_{\beta a}\beta(s)$$

在该控制律的作用下，在飞机受扰后若右滚转 $\Delta\phi>0$，产生右侧滑 $\Delta\beta>0$，即控制律 $\Delta\delta_a(s)=K_{\beta a}\beta(s)$ 会产生正的副翼偏度，即产生左滚转力矩 $\Delta L(\delta_a)<0$；由此可见，即侧滑角到副翼反馈增强了滚转静稳定性 $|C_{l_\beta}|$。

而螺旋模态时间常数 $T_s\approx\dfrac{L_pN_\beta}{Y_\phi(L_\beta N_r-L_rN_\beta)}=\dfrac{-C_{l_p}C_{n_\beta}}{C_{l_\beta}C_{n_r}-C_{l_r}C_{n_\beta}}\left(\dfrac{V_0}{g}\right)$.

在 $|C_{l_\beta}|$ 增大的情况下，螺旋模态时间常数减小。

为了考察侧滑角反馈到副翼对横侧向模态特征参数的影响，借助于算例飞机的根轨迹进行分析；副翼到侧滑角传递函数的根轨迹如图 11－14 所示。

由图 11－14 和图 11－15 可以看出，将侧滑角到副翼反馈对横侧向模态特征参数的影响是：使得滚转静稳定性增强，转阻尼时间常数减小，螺旋模态时间常数减小；荷兰滚固有频率变化不大；荷兰滚阻尼比减小；但侧滑角到副翼的反馈增益过大时，因为滚转静稳定性过强，可能导致荷兰滚发散。

为检验此结论，选择 $K_{\beta a}=0.2$ 和 $K_{\beta a}=0.5$，分别计算引入侧滑角反馈到副翼后闭环传递函数的特征根，结果见表 11－11。

表 11－11　侧滑角反馈到副翼增益变化对横侧向模态特征参数的影响

	荷兰滚阻尼比	荷兰滚固有频率 / rad·s^{-1}	滚转阻尼时间常数/s	螺旋模态时间常数/s
自然飞机	0.268	0.62	0.881	54.5
$K_{\beta a}=0.2$	0.229	0.627	0.862	27.3
$K_{\beta a}=0.5$	0.177	0.642	0.836	16.5

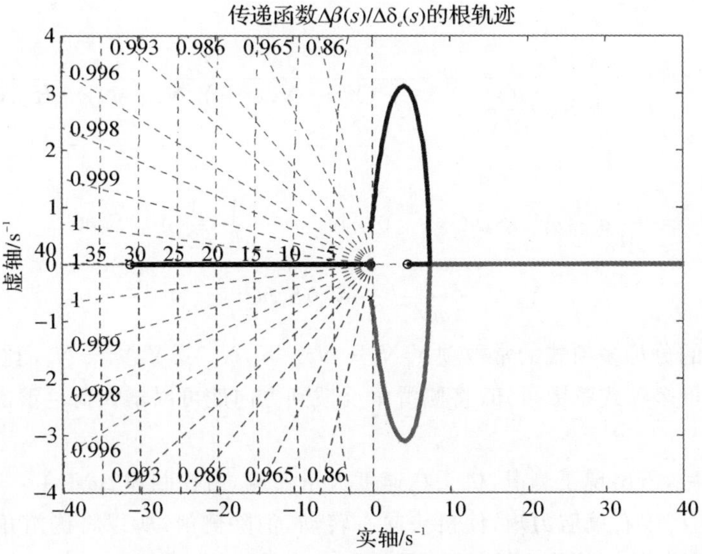

图 11－14　副翼到侧滑角传递函数的根轨迹

11.4.3　侧滑角到副翼反馈到方向舵对横侧向模态特征参数的影响

方向舵到侧滑角的简化开环传递函数为

$$\frac{\beta(s)}{\delta_r(s)}=\frac{N_{\delta_r}}{s^2+(Y_\beta+N_r)s+Y_\beta N_r-N_\beta} \tag{11-31}$$

侧滑角到方向舵反馈的控制律为

$$\Delta\delta_r(s)=-K_{\beta r}\beta(s)$$

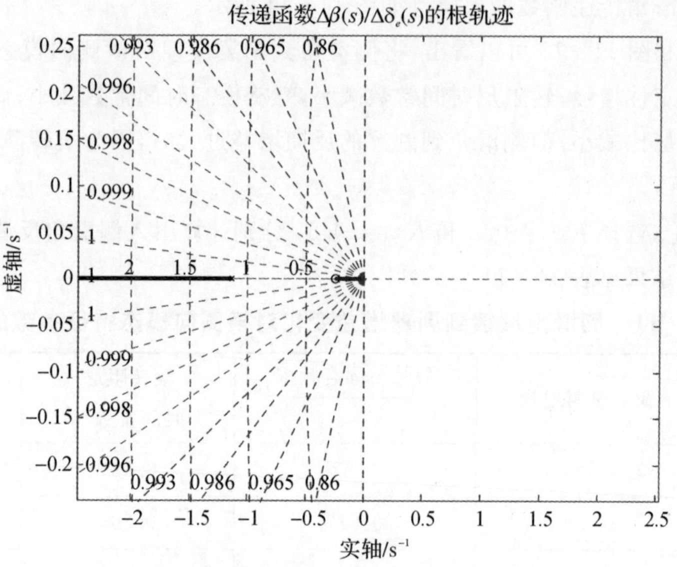

图 11-15　副翼到侧滑角传递函数的复平面原点附近的根轨迹

闭环传递函数为

$$G_c(s) = \frac{\dfrac{\beta(s)}{\delta_r(s)}}{1 + K_{\beta r}\dfrac{\beta(s)}{\delta_r(s)}} \approx \frac{N_{\delta_r}}{s^2 + (Y_\beta + N_r)s + Y_\beta N_r - N_\beta + K_{\beta r} N_{\delta_r}} \qquad (11-32)$$

由于

$$N_\beta = -\frac{1}{I_z}(\frac{1}{2}\rho V_0^2) S_w b C_{n_\beta} < 0\ ,\ N_{\delta_r} = -\frac{1}{I_z}(\frac{1}{2}\rho V_0^2) S_w b C_{n_{\delta_r}} > 0$$

$$Y_\beta = -\frac{1}{mV_0}(\frac{1}{2}\rho V_0^2) S_w b C_{Y_\beta} > 0$$

所以式(11-32)的分母多项式的常数项 $Y_\beta N_r - N_\beta + K_{\beta r} N_{\delta_r} > Y_\beta N_r - N_\beta$，比较式(11-31)和式(11-32)的分母多项式系数可知，将侧滑角反馈到方向舵可以增大荷兰滚固有频率，但荷兰滚阻尼比减小。

在飞机受扰后，若出现正侧滑，机头在速度矢量左侧，由控制律 $\Delta\delta_r(s) = -K_{\beta r}\beta(s)$ 可知方向舵舵偏小于零，产生右偏航力矩，使机头向右转动，消除侧滑，所以将侧滑角反馈到方向舵，相当于增大了飞机的航向静稳定性，这就是航向增稳系统的工作原理。

为了考察侧滑角反馈到方向舵对横侧向模态特征参数的影响，我们借助于算例飞机的根轨迹进行分析；方向舵到侧滑角传递函数的根轨迹如图 11-16 所示。

由图 11-16 可以看出，将侧滑角到方向舵反馈对横侧向模态特征参数的影响是：滚转阻尼时间常数变化不大；螺旋模态时间常数增大；荷兰滚固有频率增大；荷兰滚阻尼比减小；但侧滑角到方向舵的反馈增益过大时，因为航向静稳定性过强，可能导致螺旋发散；如图 11-17 所示。

为检验此结论，选择 $K_{\beta r} = 0.2$ 和 $K_{\beta r} = 0.5$，分别计算引入侧滑角反馈到方向舵后闭环传递函数的特征根，结果见表 11-12。

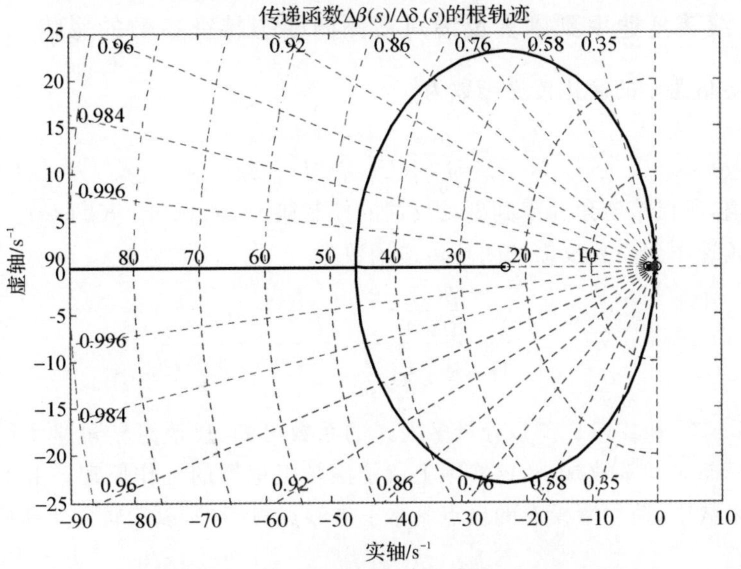

图 11-16　方向舵到侧滑角传递函数的根轨迹

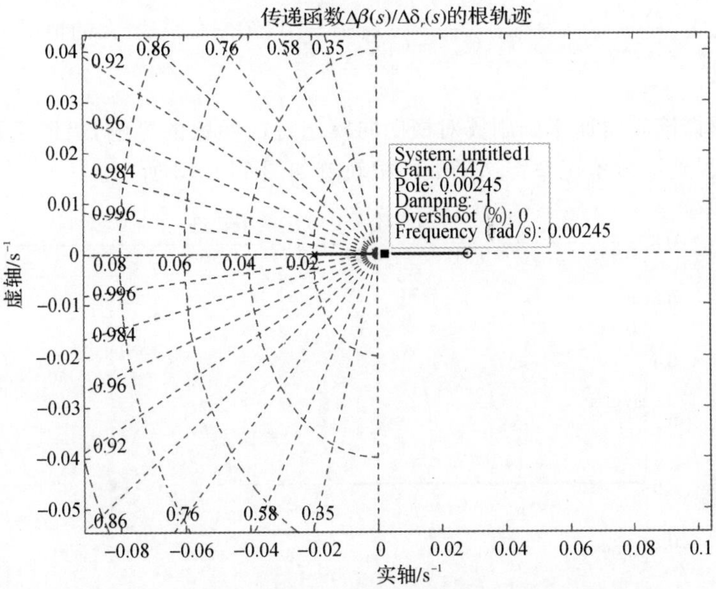

图 11-17　侧滑角到方向舵的反馈增益过大时螺旋发散

表 11-12　侧滑角反馈到方向舵增益变化对横侧向模态特征参数的影响

	荷兰滚阻尼比	荷兰滚 固有频率/(rad·s^{-1})	滚转阻尼 时间常数/s	螺旋模态 时间常数/s
自然飞机	0.268	0.62	0.881	54.5
$K_{\beta r}=0.2$	0.225	0.78	0.876	158.73
$K_{\beta r}=0.5$	0.201	0.929	0.878	183.37(螺旋发散， 实为倍幅时间)

11.4.4 滚转角速率到副翼反馈对横侧向模态特征参数的影响

副翼到滚转角速率的简化传递函数为

$$\frac{p(s)}{\delta_a(s)} = \frac{-L_{\delta_a}}{s+L_p} \tag{11-33}$$

开环增益为负值，所以滚转角速率到副翼反馈的控制律为 $\Delta\delta_a(s) = K_{pa}p(s)$。

引入滚转角速率到副翼反馈的闭环传递函数为

$$G_c(s) = \frac{\dfrac{\beta(s)}{\delta_a(s)}}{1+K_{pa}\dfrac{\beta(s)}{\delta_a(s)}} \approx \frac{L_{\delta_a}}{s+L_p+K_{pa}L_{\delta_a}} \tag{11-34}$$

比较式(11-33)和式(11-34)分母多项式的系数可知：反馈滚转角速率到副翼后会使得飞机滚转阻尼模态时间常数减小，这实际上就是滚转阻尼器的工作原理。由于从副翼到滚转角速率的传递函数中，荷兰滚模态的极点基本上被零点对消，所以滚转角速率反馈对荷兰滚模态的影响很小。

滚转角速率到副翼反馈使得滚转阻尼时间常数减小，等效于 $|C_{l_p}|$ 增大，而螺旋模态时间常数 $T_s \approx \dfrac{L_pN_\beta}{Y_\phi(L_\beta N_r - L_rN_\beta)} = \dfrac{-C_{l_p}C_{n_\beta}}{C_{l_\beta}C_{n_r}-C_{l_r}C_{n_\beta}}\left(\dfrac{V_0}{g}\right)$，在 $|C_{l_\beta}|$ 增大的情况下，螺旋模态时间常数增大。

为了考察反馈滚转角速率到副翼对横侧向模态特征参数的影响，借助于算例飞机的根轨迹进行分析；副翼到滚转角速率传递函数的根轨迹如图 11-18 所示。

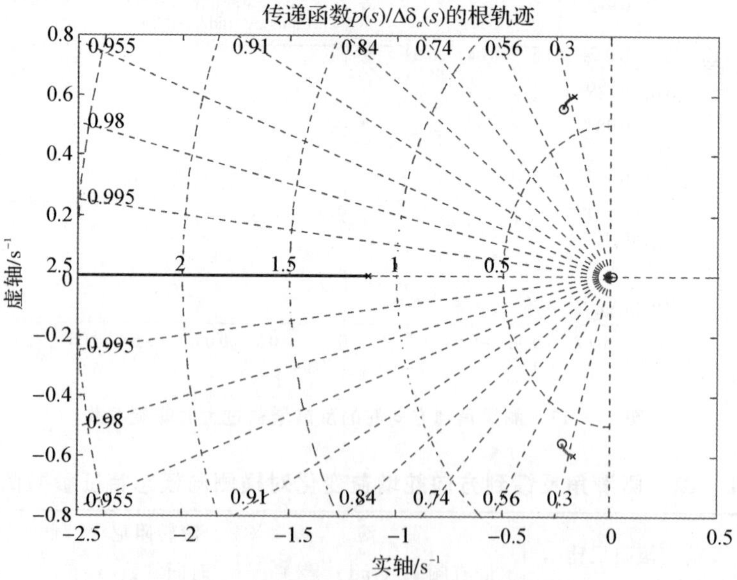

图 11-18 副翼到滚转角速率传递函数的根轨迹

由图 11-18 可以看出，将滚转角速率到副翼反馈对横侧向模态特征参数的影响是：滚转阻尼时间常数减小；螺旋模态时间常数增大；荷兰滚固有频率基本不变；荷兰滚阻尼比基本不变；

为检验此结论，选择 $K_{pa}=0.2$ 和 $K_{pa}=0.5$，分别计算引入滚转角速率到副翼反馈后闭环传递函数的特征根，结果见表 11-13。

表 11-13　滚转角速率到副翼反馈增益变化对横侧向模态特征参数的影响

	荷兰滚阻尼比	荷兰滚固有频率 $\frac{}{\text{rad}\cdot\text{s}^{-1}}$	滚转阻尼时间常数/s	螺旋模态时间常数/倍幅时间/s
自然飞机	0.268	0.62	0.881	54.5
$K_{pa}=0.2$	0.296	0.62	0.658	92.2
$K_{pa}=0.5$	0.319	0.617	0.472	209

11.4.5　滚转角速率到方向舵反馈对横侧向模态特征参数的影响

由于方向舵正向偏转时，在垂尾处产生向右的侧力，进而产生右滚转力矩，使飞机右滚，即滚转角速率大于零，所以方向舵到滚转角速率的传递函数的开环增益为正值。滚转角速率到方向舵反馈的控制律 $\Delta\delta_r(s)=-K_{pr}p(s)$。

在该控制律作用下，若飞机受扰后，向右滚转，则产生右侧滑，滚转静稳定性产生向左的恢复力矩，滚转角速率小于零，方向舵正向偏转，方向舵后缘左偏，产生了左偏航力矩，削弱了航向静稳定性导数 C_{n_β}。

荷兰滚固有频率 $\omega_D\approx\sqrt{|N_\beta|}=\sqrt{\rho}V_0\sqrt{\frac{1}{2}S_w bC_{n_\beta}/I_z}$。

螺旋模态时间常数 $T_s\approx\dfrac{L_pN_\beta}{Y_\phi(L_\beta N_r-L_rN_\beta)}=\dfrac{-C_{l_p}C_{n_\beta}}{C_{l_\beta}C_{n_r}-C_{l_r}C_{n_\beta}}\left(\dfrac{v_0}{g}\right)$。

所以引入滚转角速率到方向舵反馈会使得荷兰滚固有频率降低，螺旋模态时间常数减小。

为了考察反馈滚转角速率到方向舵对横侧向模态特征参数的影响，借助于算例飞机的根轨迹进行分析；方向舵到滚转角速率传递函数的根轨迹如图 11-19 所示。

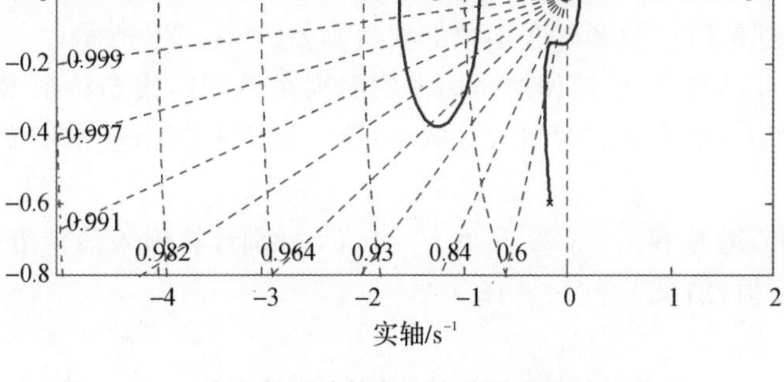

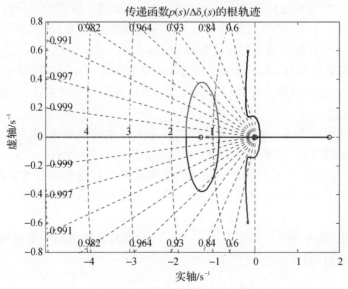

图 11-19　方向舵到滚转角速率传递函数的根轨迹

由图 11－19 可以看出，反馈滚转角速率到方向舵对横侧向模态特征参数的影响是：滚转阻尼时间常数变化不大；螺旋模态时间常数减小；荷兰滚固有频率减小；荷兰滚阻尼比减小。

由此可以看出，改善螺旋模态的代价是荷兰滚模态和滚转阻尼模态品质变差，实际中，更关注荷兰滚模态和滚转阻尼模态的品质，螺旋模态发散一点也可以，将滚转角速率反馈到方向舵得不偿失！实际中很少将滚转角速率反馈到方向舵！

为检验此结论，选择 $K_{pr}=0.2$ 和 $K_{pr}=0.5$，分别计算引入滚转角速率到副翼反馈后闭环传递函数的特征根，结果见表 11－14。

表 11－14　滚转角速率到方向舵反馈增益变化对横侧向模态特征参数的影响

	荷兰滚阻尼比	荷兰滚固有频率（$\text{rad}\cdot\text{s}^{-1}$）	滚转阻尼时间常数/s	螺旋模态时间常数/倍幅时间/s
自然飞机	0.268	0.62	0.881	54.5
$K_{pr}=0.2$	0.41	0.499	0.905	27.9
$K_{pr}=0.5$	0.247	0.149	0.991	1.77

11.4.6　偏航角速率到副翼反馈对横侧向模态特征参数的影响

通常情况下偏航角速率到副翼的传递函数的开环增益为负值（在副翼正向偏转的同时，产生左滚转力矩，由于左滚转角速率还会在垂尾上产生向右的侧力，该侧力还会产生左偏航力矩。所以副翼正偏产生的偏航角速率到底是左还是右要看垂尾面积和飞机翼型的情况，通常情况下，由于垂尾面积一般较大，所以最终的结果仍然是左偏航，所以副翼到偏航角速率传递函数的开环增益为负值）。因此偏航角速率到副翼反馈控制律为 $\Delta\delta_a(s)=K_{ra}r(s)$。

将偏航角速率反馈到副翼，可以增大飞机的滚转静稳定性。因为若飞机受扰后右滚转，产生右侧滑 $\beta>0$，航向静稳定性导数 $C_{n_\beta}>0$，$N=C_{n_\beta}\beta QS_wb>0$ 产生正偏航角速率 $r>0$，所以 $\Delta\delta_a(s)=K_{ra}r(s)>0$，产生左滚转力矩，所以将偏航角速率反馈到副翼，可以增大飞机的滚转静稳定性 C_{l_β}，因此螺旋模态时间常数减小。

在副翼正向偏转的同时，副翼操纵产生的滚转角速率 $p<0$，由滚转角速率在垂尾产生的向左的侧力，进而产生右滚转力矩，阻碍飞机左滚，所以滚转阻尼增大，所以表现为滚转阻尼模态时间常数减小。

为了考察反馈偏航角速率到副翼对横侧向模态特征参数的影响，借助于算例飞机的根轨迹进行分析；副翼到偏航角速率传递函数的根轨迹如图 11－20 所示。

由图 11－20 可以看出，反馈偏航角速率到副翼对横侧向模态特征参数的影响是：滚转阻尼时间常数变化不大；螺旋模态时间常数减小；荷兰滚固有频率基本不变；荷兰滚阻尼比基本不变。

为检验此结论，选择 $K_{ra}=0.2$ 和 $K_{ra}=0.5$，分别计算引入滚转角速率到副翼反馈后闭环传递函数的特征根，结果见表 11－15。

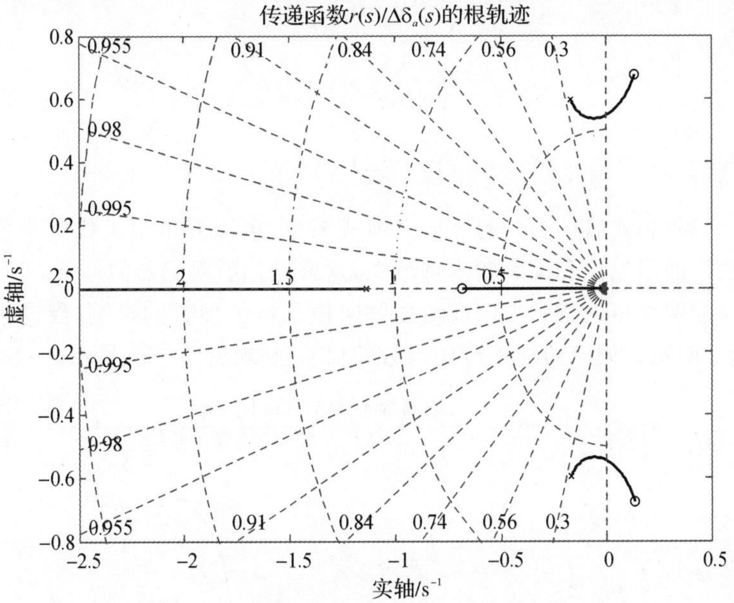

图 11-20　副翼到偏航角速率传递函数的根轨迹

表 11-15　偏航角速率到副翼反馈增益变化对横侧向模态特征参数的影响

	荷兰滚阻尼比	荷兰滚固有频率 / $rad \cdot s^{-1}$	滚转阻尼时间常数/s	螺旋模态时间常数/倍幅时间/s
自然飞机	0.268	0.62	0.881	54.5
$K_{pr}=0.2$	0.261	0.607	0.865	22.7
$K_{pr}=0.5$	0.248	0.590	0.839	11.9

11.4.7　偏航角速率到方向舵反馈对横侧向模态特征参数的影响

方向舵正向操纵产生负向力矩，所以偏航角速率到方向舵的传递函数的开环增益为负值。所以偏航角速率到方向舵反馈控制律为 $\Delta\delta_r(s)=K_{rr}r(s)$。

荷兰滚模态近似传递函数为

$$\frac{r(s)}{\delta_r(s)}=\frac{-N_{\delta_r}(s+Y_\beta)}{s^2+(Y_\beta+N_r)s+Y_\beta N_r-N_\beta} \tag{11-35}$$

引入偏航角速率反馈后的闭环传递函数为

$$G_c(s)=\frac{\dfrac{r(s)}{\delta_r(s)}}{1+K_{rr}\dfrac{r(s)}{\delta_r(s)}}=\frac{-N_{\delta_r}(s+Y_\beta)}{s^2+(Y_\beta+N_r+N_{\delta_r}K_{rr})s+Y_\beta N_r-N_\beta+N_{\delta_r}K_{rr}Y_\beta} \tag{11-36}$$

式中：

$$N_{\beta}=-\frac{1}{I_z}\left(\frac{1}{2}\rho V_0^2\right)S_{\mathrm{w}}bC_{n_{\beta}}<0$$

$$N_{\delta_r}=-\frac{1}{I_z}\left(\frac{1}{2}\rho V_0^2\right)S_{\mathrm{w}}bC_{n_{\delta_r}}>0$$

$$Y_{\beta}=-\frac{1}{mV_0}\left(\frac{1}{2}\rho V_0^2\right)S_{\mathrm{w}}bC_{Y_{\beta}}>0$$

比较式(11-35)和式(11-36)的分母多项式系数，可以看出引入偏航角速率到方向舵反馈后会使得荷兰滚的阻尼比和固有频率都增大，这就是偏航阻尼器的原理。

为了考察反馈偏航角速率到方向舵对横侧向模态特征参数的影响，借助于算例飞机的根轨迹进行分析；方向舵到偏航角速率传递函数的根轨迹如图 11-21 所示。

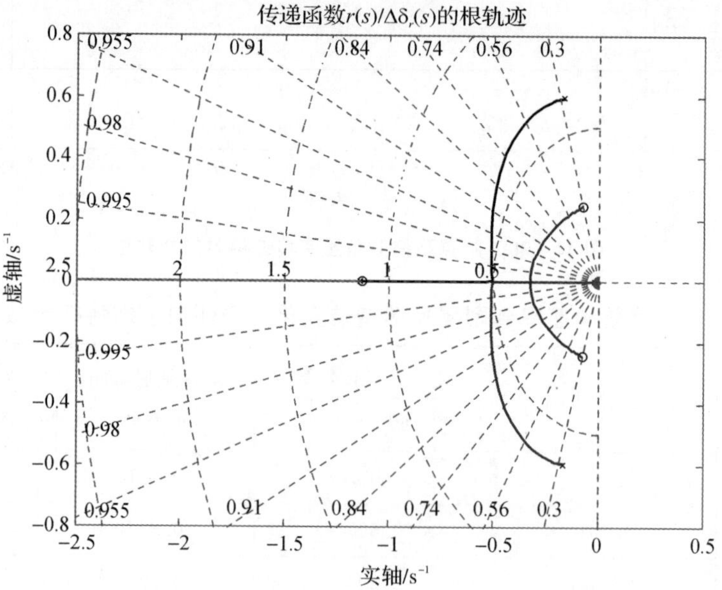

图 11-21　方向舵到偏航角速率传递函数的根轨迹

由图 11-21 可以看出，反馈偏航角速率到副翼对横侧向模态特征参数的影响是：滚转阻尼时间常数变化不大；螺旋模态时间常数减小；荷兰滚固有频率小幅增加；荷兰滚阻尼比增大。

为检验此结论，选择 $K_{rr}=0.2$ 和 $K_{rr}=0.5$，分别计算引入滚转角速率到副翼反馈后闭环传递函数的特征根，结果见表 11-16。

表 11-16　偏航角速率到方向舵反馈增益变化对横侧向模态特征参数的影响

	荷兰滚阻尼比	荷兰滚固有频率 / rad·s⁻¹	滚转阻尼时间常数/s	螺旋模态时间常数/倍幅时间/s
自然飞机	0.268	0.62	0.881	54.5
$K_{rr}=0.2$	0.372	0.627	0.880	22.3
$K_{rr}=0.5$	0.531	0.628	0.877	11.8

11.4.8　滚转角到副翼反馈对横侧向模态特征参数的影响

副翼正向操纵产生负向滚转力矩，所以滚转角到副翼的传递函数的开环增益为负值。所以滚转角到副翼反馈控制律为 $\Delta\delta_a(s) = -K_{\phi a}\Delta\phi(s)$

为了考察反馈滚转角到副翼对横侧向模态特征参数的影响，借助于算例飞机的根轨迹进行分析；副翼到滚转角传递函数的根轨迹如图 11 - 22 所示。

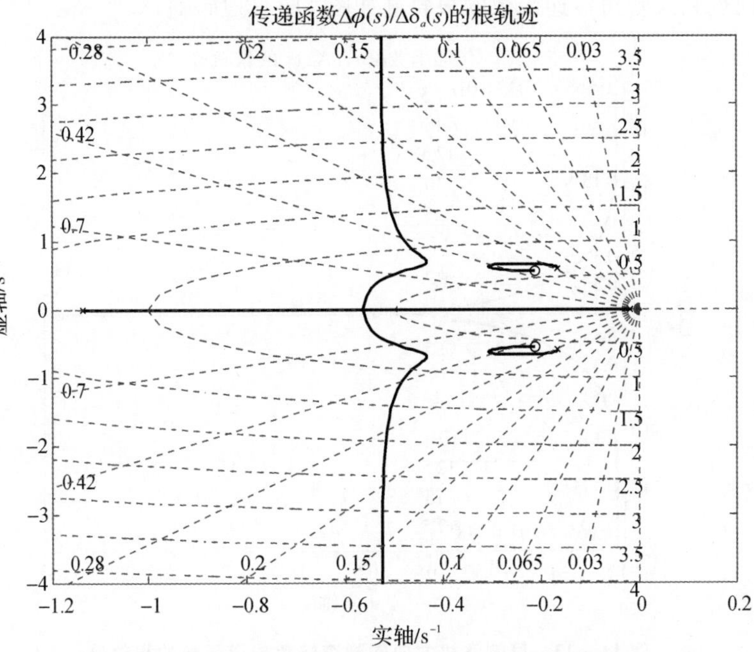

图 11 - 22　算例飞机副翼到滚转角传递函数的根轨迹

由图 11 - 22 可以看出，反馈滚转角到副翼对横侧向模态特征参数的影响：滚转阻尼时间常数增大；螺旋模态时间常数减小；荷兰滚固有频率基本不变；荷兰滚阻尼比基本不变。

为检验此结论，选择 $K_{\phi a} = 0.1$ 和 $K_{\phi a} = 0.2$，分别计算引入滚转角速率到副翼反馈后闭环传递函数的特征根，结果见表 11 - 17。

表 11 - 17　滚转角到副翼反馈增益变化对横侧向模态特征参数的影响

	荷兰滚阻尼比	荷兰滚固有频率 / rad·s⁻¹	滚转阻尼时间常数/s	螺旋模态时间常数/倍幅时间/s
自然飞机	0.268	0.62	0.881	54.5
$K_{\phi a} = 0.1$	0.263	0.641	1.07	4.73
$K_{\phi a} = 0.2$	0.276	0.670	滚转阻尼和螺旋模态耦合，耦合后的阻尼比和固有频率乘积为 $\xi_{RS}\omega_{nRS} = 0.1848$，满足三级品质	

11.4.9 滚转角到方向舵反馈对横侧向模态特征参数的影响

方向舵正向操纵，方向舵后缘左偏，在垂尾上产生向右的侧力，进而产生正向滚转力矩，所以滚转角到方向舵的传递函数的开环增益为正值。所以滚转角到方向舵反馈控制律为 $\Delta\delta_r(s) = -K_{\phi r}\Delta\phi(s)$。

为了考察反馈滚转角到方向舵对横侧向模态特征参数的影响，借助于算例飞机的根轨迹进行分析；方向舵到滚转角传递函数的根轨迹如图 11-23 所示。

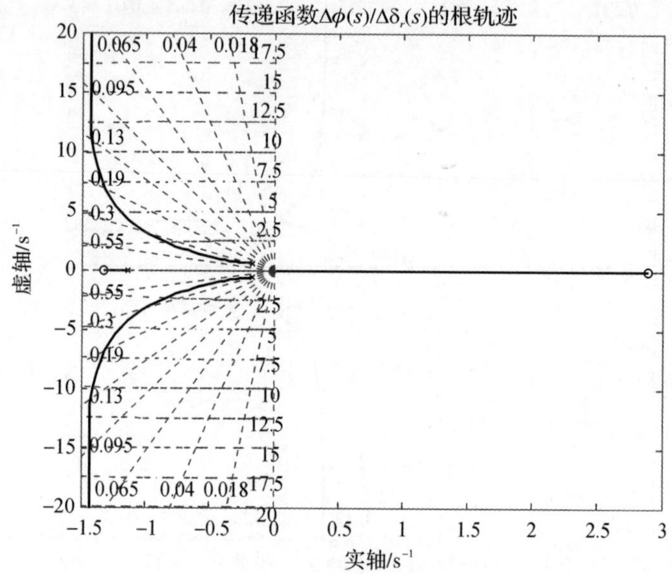

图 11-23 算例飞机方向舵到滚转角传递函数的根轨迹

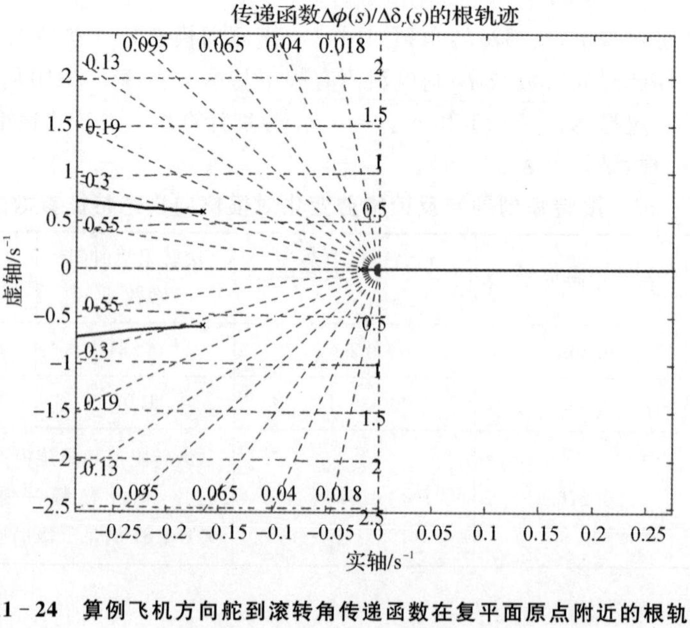

图 11-24 算例飞机方向舵到滚转角传递函数在复平面原点附近的根轨迹

由图 11－23 和图 11－24 可以看出，反馈滚转角到方向舵对横侧向模态特征参数的影响是：滚转阻尼时间常数变化不大；螺旋模态时间常数增大，甚至不稳定；荷兰滚固有频率增大；荷兰滚阻尼比增大。另外，需要注意到：如果反馈增益较大，会导致螺旋模态发散。

为检验此结论，选择 $K_{\phi r}=0.05$ 和 $K_{\phi r}=0.2$，分别计算引入滚转角速率到副翼反馈后闭环传递函数的特征根，结果见表 11－18。

表 11－18　滚转角到方向舵反馈增益变化对横侧向模态特征参数的影响

	荷兰滚阻尼比	荷兰滚固有频率 rad·s^{-1}	滚转阻尼时间常数/s	螺旋模态时间常数/倍幅时间/s
自然飞机	0.268	0.62	0.881	54.5
$K_{\phi r}=0.05$	0.311	0.656	0.877	11.021(倍幅时间)
$K_{\phi r}=0.2$	0.368	0.755	0.867	3.098(倍幅时间)

11.4.10　横侧向参数反馈对纵向运动特征参数的影响总结

横侧向参数反馈对纵向运动特征参数的影响总结见表 11－19。

表 11－19　横侧向参数反馈对纵向运动特征参数的影响总结

反馈参数	控制面	荷兰滚阻尼比	荷兰滚固有频率	滚转阻尼模态时间常数	螺旋模态时间常数	备　注
侧滑角/侧向过载	副翼	不变	不变	减小	减小	增益过大时，可能导致荷兰滚发散
滚转角速率	副翼	不变	不变	减小	增大	滚转阻尼器原理
偏航角速率	副翼	不变	不变	基本不变	减小	
滚转角	副翼	不变	不变	增大	减小	
滚转角＋滚转角速率	副翼	不变	不变	减小	减小	
侧滑角/侧向过载	方向舵	减小	增大	基本不变	增大	航向增稳系统原理
滚转角速率	方向舵	减小	减小	基本不变	减小	实际中很少使用
偏航角速率	方向舵	增大	小幅增加	基本不变	减小	偏航阻尼器原理
滚转角	方向舵	增大	增大	基本不变	增大	
侧滑角/侧向过载＋偏航角速率	方向舵	增大	增大			航向增稳系统原理

11.5　本章小结

本章以算例飞机为对象，介绍了飞机自然特性和引入了运动参数反馈后飞机典型运动模态特征参数的分析过程。本章知识点和学习要求见表 11－20。

表 11-20 本章知识点及学习要求

序 号	学习内容	学习要求	重要概念、公式、图表和论述
1	飞机飞行控制自动器控制律中增益符号的确定(★★)	掌握飞行控制自动器控制律中增益符号的确定方法	Δ舵面偏度=控制律增益×(反馈参数-期望指令值)(★★)、图 11-1(★★)
2	纵向参数反馈对纵向运动模态特征参数的影响(★)	掌握利用传递函数和根轨迹分析不同纵向参数反馈对纵向运动模态特征参数的影响的方法	表 11-8(★★)
3	横侧向参数反馈对横侧向运动模态特征参数的影响	掌握利用传递函数和根轨迹分析不同横侧向参数反馈对横侧向运动模态特征参数的影响的方法	表 11-18(★★)

思 考 题

1. 如何确定飞行控制系统控制律增益的符号?
2. 将俯仰角速率反馈到升降舵对飞机短周期和长周期模态有什么影响?
3. 将俯仰角反馈到升降舵对飞机短周期和长周期模态有什么影响?
4. 为什么反馈俯仰角到升降舵会影响短周期的稳定性?
5. 反馈迎角到升降舵对飞机短周期和长周期模态有什么影响?
6. 反馈速度到升降舵对飞机短周期和长周期模态有什么影响?
7. 同时反馈俯仰角速率和俯仰角对飞机短周期和长周期模态有什么影响?
8. 同时反馈俯仰角速率和迎角对飞机纵向运动模态有什么影响?
9. 反馈侧滑角到副翼对飞机横侧向运动模态有什么影响?
10. 反馈侧滑角到方向舵对飞机横侧向运动模态有什么影响?
11. 反馈滚转角速率到副翼对飞机横侧向运动模态有什么影响?
12. 反馈滚转角速率到方向舵对飞机横侧向运动模态有什么影响?
13. 反馈偏航角速率到副翼对飞机横侧向运动模态有什么影响?
14. 反馈偏航角速率到方向舵对飞机横侧向运动模态有什么影响?
15. 反馈滚转角到副翼对飞机横侧向运动模态有什么影响?
16. 反馈滚转角到方向舵对飞机横侧向运动模态有什么影响?
17. 同时反馈侧滑角和偏航角速率到方向舵对飞机横侧向运动模态有什么影响?
18. 为什么在实际中很少将滚转角速率反馈到方向舵?

附　录

附录 A　伯努利方程在实际中应用实例：水压水雷

1944 年 1 月，德国海军少校弗蒂设计制造出世界上第一种水压水雷“蚝雷”。

1944 年 6 月初，德国在多佛尔海峡布设了 216 个蚝雷，4 天内炸沉了盟军 29 艘舰船。

如图 A－1 所示，根据伯努利原理，液体在流速大的地方水压力小，在流速小的地方水压力大，静止液体比流动液体压力大。舰船航行时会使周围水域水压力发生变化，水压水雷上安装的水压引信就能感知到这种水压力发生的变化，水雷入水后，舰船通过水压水雷作用水域时，利用其水压场的变化，诱发水压引信，起爆主装药，并利用水雷在水中爆炸所形成的击波和涌浪，来摧毁舰船或阻碍舰船行驶(见图 A－2)。

水压水雷抗扫能力强，这是由于舰船水压场的变化不易模拟，水雷一经布设，便难于扫除；但由于舰船水压场旁侧范围大，易受潮汐、风浪等环境因素干扰而诱发水压引信误动。为保证其安全、准确起爆，水压水雷中的水压引信常与声引信和磁引信联合使用。

图 A－1　水压水雷的工作原理

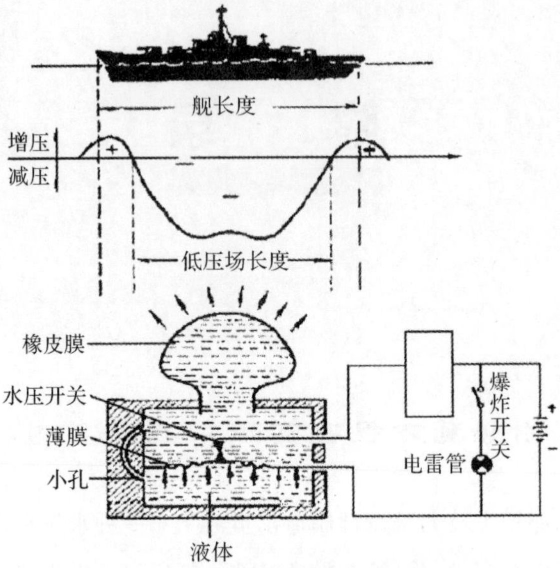

续图 A-1 水压水雷的工作原理

图 A-2 海湾战争中被老式意大利水雷炸伤的美国“普林斯顿”号导弹巡洋舰

附录 B 升力产生机理实例：扇翼机(Fan-wing)

扇翼机是在机翼上表面安装横流风扇，利用风扇旋转时产生的升力和推力供给飞行器进行飞行的飞行器。该飞行器具有超短距起降、大迎角不失速、操纵控制简单、低速飞行稳定性和安全性好等优点，是一种性能介于直升机和固定翼机之间的新型飞行器。图 B-1 为扇翼机设想图。图 B-2 为 2008 年在英国威尔士航空展上的扇翼机。

图 B-1　扇翼机设想图

图 B-2　2008 年在英国威尔士航空展上的扇翼机

1938 年德国航空工程师 Ackeret 首次提出将横流式风扇应用在飞机上以减小翼型阻力的设想。Ackeret 通过内置的横流式风扇转动来加速附面层的气流，从而获得飞行动力，减小飞行阻力。1962 年 Dornier 提出了一种将横流式风扇嵌入固定翼飞机机翼中，通过扇翼转动来提供飞行动力的飞行器结构，机翼结构是在风扇后侧设计一个偏斜平板，用以调节入口面积，通过对两侧机翼上风扇转速的差动控制，实现飞行器的滚转和偏航运动，从而实现飞行器的飞行控制。1998 年英国发明家 Peebles 完成了扇翼飞行器原型机的首次成功试飞(见图 B-3)。Peebles 的发明是把横流式风扇安置在大厚度机翼前缘，这种结构布局：一方面加速了机翼上表面的气流，使得机翼上下表面产生压力差，由此产生一部分升力；另一方面利用横流式风扇中心区域产生的低压偏心涡，影响机翼垂直方向的压强分布，进而获得另一部分升力。这种独特的设计方案创造了一种具备低速大载荷特性的新型飞行器，它的成功试飞证明了利用横流式风扇提供动力理论的可行性。图 B-4 为南京航空航天大学的扇翼无人机。

图 B-3　Peebles 发明的扇翼无人机

扇翼机升力由两部分组成：一部分是当风扇旋转时，机翼后半部分上下表面的流速不同，造成机翼上下表面的压力差，形成机翼的升力；另一部分是当风扇旋转时，在风扇内部产生一个很强的偏心旋涡低压区，使得机翼前半部分圆弧形区域的上下表面产生较大的压力差，形成更大部分的机翼升力。它的推力是当风扇旋转时，叶片对空气作用向后推出气流，形成向前的推力(见图 B-5、图 B-6)。

图 B-4　南京航空航天大学的扇翼无人机

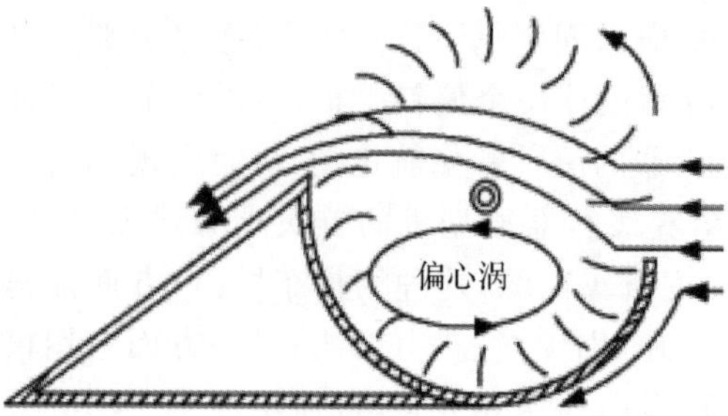

图 B-5　扇翼气动增升装置

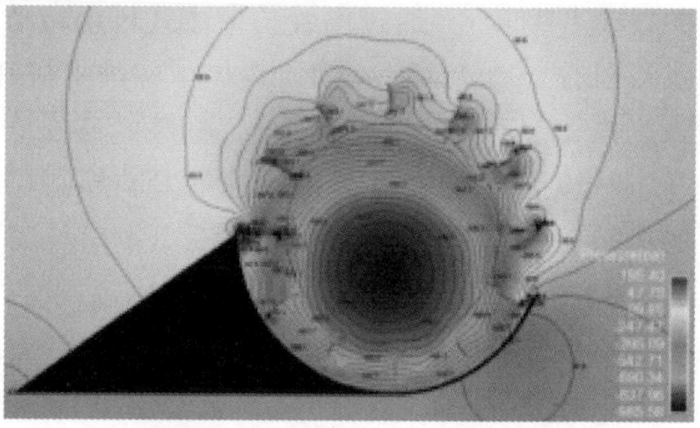

图 B-6　扇翼周围的压力分布

扇翼飞行器获得的推力也可以分为两部分:一部分推力是叶片转动时,叶片推动气流向后排出,根据牛顿第三定律,气流为叶片提供了向前的反推力,从而形成推力;另一部分推力是由偏心涡提供的,由于低压偏心涡大多形成于叶片内部偏左下方的位置,这就影响了扇翼水平方向的压强分布,进而产生一个向前的推力。

扇翼飞行器是一种介于固定翼飞机和直升机之间的飞行器,具有超短距起降、大迎角不失速、操控简单、低速飞行稳定性和安全性高以及有效载荷大等优点,其性能也介于固定翼飞机和直升机之间。这样的性能可能使它同时成为军事和民用上的新宠儿。

扇翼飞行器是一种由内嵌横流式风扇来同时提供推力和升力的新型飞行器,其升力产生的原理包含偏心涡、切割、分离等复杂空气动力学现象,比固定翼飞机机翼的气动环境复杂得多,对其复杂流动现象的准确描述及数值模拟有一定困难,需要建立一些新的数学模型或提出一些新的理论方法来处理这种特殊的气动现象。

扇翼飞行器产生的推力和升力主要由偏心涡决定,因此,要控制扇翼飞行器的推力和升力则需要对偏心涡的强度和位置进行控制。如何掌握偏心涡的变化规律和控制技术成为掌握扇翼飞行器飞行原理和核心设计的关键技术。

附录C 四元数法

C.1 四元数的定义和性质

四元数定义为超复数

$$\boldsymbol{Q}=q_0+q_1\boldsymbol{i}+q_2\boldsymbol{j}+q_3\boldsymbol{k} \tag{C-1}$$

式中：$\boldsymbol{i}$、$\boldsymbol{j}$、$\boldsymbol{k}$ 遵循下列乘法规则

$$\boldsymbol{i}\circ\boldsymbol{i}=-1,\boldsymbol{j}\circ\boldsymbol{j}=-1,\boldsymbol{k}\circ\boldsymbol{k}=-1 \tag{C-2}$$

$$\boldsymbol{i}\circ\boldsymbol{j}=-\boldsymbol{j}\circ\boldsymbol{i}=\boldsymbol{k},\boldsymbol{j}\circ\boldsymbol{k}=-\boldsymbol{k}\circ\boldsymbol{j}=\boldsymbol{i},\boldsymbol{k}\circ\boldsymbol{i}=-\boldsymbol{i}\circ\boldsymbol{k}=\boldsymbol{j} \tag{C-3}$$

式中：$\circ$表示四元数的乘法。

四元数 $\boldsymbol{Q}$ 可以分解为标量 q_0 和 $\boldsymbol{q}$，即

$$\boldsymbol{Q}=q_0+\boldsymbol{q} \tag{C-4}$$

$$\boldsymbol{q}=q_1\boldsymbol{i}+q_2\boldsymbol{j}+q_3\boldsymbol{k} \tag{C-5}$$

四元数 $\boldsymbol{Q}$ 的共轭数是

$$\boldsymbol{Q}^*=q_0-\boldsymbol{q}=q_0-q_1\boldsymbol{i}-q_2\boldsymbol{j}-q_3\boldsymbol{k} \tag{C-6}$$

四元数乘法性质如下：

矢量的点乘： $\boldsymbol{p}\cdot\boldsymbol{q}=p_1q_1+p_2q_2+p_3q_3$

矢量的叉乘：

$$\boldsymbol{p}\times\boldsymbol{q}=(p_2q_3-p_3q_2)\boldsymbol{i}+(p_3q_1-p_1q_3)\boldsymbol{j}+(p_1q_2-p_2q_1)\boldsymbol{k}$$

四元数 $\boldsymbol{P}$ 与 $\boldsymbol{Q}$ 的乘积：

$$\boldsymbol{R}=\boldsymbol{P}\circ\boldsymbol{Q} \tag{C-7}$$

式中：

$$\boldsymbol{P}=p_0+p_1\boldsymbol{i}+p_2\boldsymbol{j}+p_3\boldsymbol{k}=p_0+\boldsymbol{p}$$

$$\boldsymbol{Q}=q_0+q_1\boldsymbol{i}+q_2\boldsymbol{j}+q_3\boldsymbol{k}=q_0+\boldsymbol{q}$$

式(C-7)的矢量表达形式为

$$\boldsymbol{R}=r_0+\boldsymbol{r}=p_0q_0-\boldsymbol{p}\cdot\boldsymbol{q}+p_0\boldsymbol{q}+q_0\boldsymbol{p}+\boldsymbol{p}\times\boldsymbol{q} \tag{C-8}$$

四元数 $\boldsymbol{Q}$ 与矢量 $\boldsymbol{v}$ 的乘积为

$$\boldsymbol{Q}\circ\boldsymbol{v}=(q_0+\boldsymbol{q})\circ\boldsymbol{v}=-\boldsymbol{q}\cdot\boldsymbol{v}+(q_0\boldsymbol{v}+\boldsymbol{q}\times\boldsymbol{v}) \tag{C-9}$$

$\boldsymbol{Q}\circ\boldsymbol{v}$ 也是四元数，类似有

$$\boldsymbol{v}\circ\boldsymbol{Q}=-\boldsymbol{q}\cdot\boldsymbol{v}+(q_0\boldsymbol{v}-\boldsymbol{q}\times\boldsymbol{v}) \tag{C-10}$$

$\boldsymbol{v}\circ\boldsymbol{Q}$ 也是四元数。

混合积：

$$\begin{aligned}\boldsymbol{Q}\circ\boldsymbol{v}\circ\boldsymbol{Q}^*&=(-\boldsymbol{q}\cdot\boldsymbol{v}+q_0\boldsymbol{v}+\boldsymbol{q}\times\boldsymbol{v})\circ(q_0-\boldsymbol{q})\\&=(1-2\boldsymbol{q}\cdot\boldsymbol{q})\boldsymbol{v}+2q_0(\boldsymbol{q}\times\boldsymbol{v})+2(\boldsymbol{q}\cdot\boldsymbol{v})\boldsymbol{q}\end{aligned} \tag{C-11}$$

坐标系 $Ox_ay_az_a(S_a)$ 绕轴 ON 转过σ 角就与$Ox_by_bz_b(S_b)$ 重合，轴 ON 与轴之间的角是β_1，β_2，β_3。因此，S_b 相对 S_a 的姿态可以用角 $\sigma,\beta_1,\beta_2,\beta_3$ 完全确定，也就是有一个四元数完全确定，即

$$\boldsymbol{Q}=q_0+q_1\boldsymbol{i}+q_2\boldsymbol{j}+q_3\boldsymbol{k}$$

其中

$$\left.\begin{aligned} q_0 &= \cos(\sigma/2) \\ q_i &= \sin(\sigma/2)\cos\beta_i, \quad i = 1,2,3 \end{aligned}\right\} \tag{C-12}$$

显然 q_0 和 $q_i(i=1,2,3)$ 满足约束条件

$$q_0^2 + q_1^2 + q_2^2 + q_3^2 = 1 \tag{C-13}$$

旋转四元数又可以表示成

$$\boldsymbol{Q} = \cos(\sigma/2) + \sin(\sigma/2)\boldsymbol{n} \tag{C-14}$$

其中

$$\boldsymbol{n} = \cos\beta_1 \boldsymbol{i}_a + \cos\beta_2 \boldsymbol{j}_a + \cos\beta_3 \boldsymbol{k}_a = \cos\beta_1 \boldsymbol{i}_b + \cos\beta_2 \boldsymbol{j}_b + \cos\beta_3 \boldsymbol{k}_b \tag{C-15}$$

刚体转动的四元数表示方法：

$$\boldsymbol{p}_b = \boldsymbol{Q}\boldsymbol{p}_a \circ \boldsymbol{Q}^*$$

坐标系 $Ox_ay_az_a(S_a)$ 绕轴 OV 转过 σ 角就与 $Ox_by_bz_b(S_b)$ 重合，单位矢量 $\boldsymbol{i}_a,\boldsymbol{j}_a,\boldsymbol{k}_a$ 变为 $\boldsymbol{i}_b$，$\boldsymbol{j}_b,\boldsymbol{k}_b$，有

$$\left.\begin{aligned} \boldsymbol{i}_b &= \boldsymbol{Q} \circ \boldsymbol{i}_a \circ \boldsymbol{Q}^* \\ \boldsymbol{j}_b &= \boldsymbol{Q} \circ \boldsymbol{j}_a \circ \boldsymbol{Q}^* \\ \boldsymbol{k}_b &= \boldsymbol{Q} \circ \boldsymbol{k}_a \circ \boldsymbol{Q}^* \end{aligned}\right\} \tag{C-16}$$

用四元数表示的飞机姿态的运动学方程为

$$\begin{bmatrix} \dot{q}_0 \\ \dot{q}_1 \\ \dot{q}_2 \\ \dot{q}_3 \end{bmatrix} = \frac{1}{2}\begin{bmatrix} 0 & -p & -q & -r \\ p & 0 & r & -q \\ q & -r & 0 & p \\ r & q & -p & 0 \end{bmatrix}\begin{bmatrix} q_0 \\ q_2 \\ q_3 \\ q_4 \end{bmatrix} \tag{C-17}$$

四元数和欧拉角的关系：

$$\left.\begin{aligned} \sin\theta &= -2(q_3q_1 - q_0q_2) \\ \sin\phi/\cos\phi &= [2q_2q_3 + q_0q_1]/[1 - 2(q_1^2 + q_2^2)] \\ \sin\psi/\cos\psi &= [2q_1q_2 + q_0q_3]/[1 - 2(q_2^2 + q_3^2)] \end{aligned}\right\} \tag{C-18}$$

$$\left.\begin{aligned} q_0 &= \cos(\phi/2)\cos(\theta/2)\cos(\psi/2) + \sin(\phi/2)\sin(\theta/2)\sin(\psi/2) \\ q_1 &= \sin(\phi/2)\cos(\theta/2)\cos(\psi/2) - \cos(\phi/2)\sin(\theta/2)\sin(\psi/2) \\ q_2 &= \cos(\phi/2)\sin(\theta/2)\cos(\psi/2) + \sin(\phi/2)\cos(\theta/2)\sin(\psi/2) \\ q_3 &= \cos(\phi/2)\cos(\theta/2)\sin(\psi/2) - \sin(\phi/2)\sin(\theta/2)\cos(\psi/2) \end{aligned}\right\} \tag{C-19}$$

附录 D 涡流冲浪

据中国国防科技信息网报道，美国空军于 2012 年 9 月 6 日和 10 月 2 日在爱德华兹空军基地完成了 C-17 运输机的“涡流冲浪”飞行测试(见图 D-1)。测试结果表明，编队飞行可能比单独飞行更加智能，而且可能节省大量的燃料和成本。

涡流冲浪(Surfing Aircraft Vortices for Energy，SAVE)主要涉及两架或两架以上的飞机编队飞行，具有减少阻力的效果，类似于大雁“人”字飞行的方式，尾随飞机利用长机产生的涡

流进行“冲浪”，将自身定位在上升气流从而获得额外的升力，无须消耗额外的燃料。SAVE 概念最早是在 2011 年美国空军主办的能源边界研究会议上提出的。根据计划，SAVE 测试将持续性工作，参加成员包括 AMC、AFRL、第 412 测试联队、空军生命周期管理中心、DARPA、波音公司和美国航天局德莱顿飞行研究中心。

图 D－1　C－17 运输机的“涡流冲浪”编队飞行

在自然界中，大雁在飞行时总是编队飞行，有时呈“一”字形，有时呈“ V”字形（见图 D－2）。1914 年，德国的空气动力学家魏斯伯格首次提出大雁飞“V”字形可以节省能量这一假说。他认为，大雁翅膀扇动产生的涡旋，其外侧正好是向上的气流，当后方的大雁刚好处在上升气漩里，就会大大省力（见图 D－3）。

图 D－2　雁阵 V 字形飞行

在飞机飞行中，机翼翼尖处存在压力差，会产生自下而上翻动的气流，从而形成一对方向相反、高速旋转的螺旋形涡流，向后、向下延伸。当与前机尾流区位置关系不当时，后机会出现飞机抖动、下沉甚至翻转等现象，特别是小型飞机进入前机尾流中，处置不当还会发生事故。以前飞行员的第一反应是避开尾流。尽管尾流危害巨大，但其蕴藏着巨大能量，如果飞机能像大雁利用尾流产生涡升力节省体力，那么就能将尾涡流转化成升力，降低燃油消耗率。

图 D-3　雁阵飞行的空气动力学原理

2019 年空客公司公布了正在开展的民用飞机环保示范项目“fello’fly”(见图 D-4),也就是通过两架客机一前一后,像鸟类以“ V”字形编队飞行,使尾随机处于前机产生的上升气流中,从而提高飞行效率,减少排放,发挥出 1+1>2 的效果,据称可以降低燃油消耗 5%~10%。其中的关键技术,是研发使尾随机保持在正确距离和稳定高度的飞行员辅助系统,预计 2020 年能开发成功,届时将采用两架 A350 开展飞行测试,以期获得客机在长航程时的高效率。

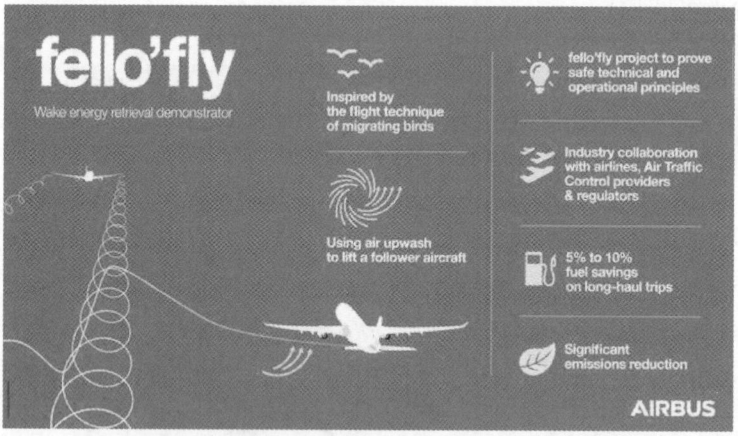

图 D-4　空客民用飞机环保示范项目“fello’fly”

“fello’fly”项目并不是大雁编队试飞这个“仿生学”技能的首次尝试。早在 2001 年,NASA 就使用 F-18 战斗机进行了雁阵效应试飞,证实编队中尾随机在某个高度某个速度下,其阻力减少了 20%以上,耗油率降低 18%以上。

2016 年,当两架 A380 飞机在相距约 3km 编队飞行时,发现尾随机可以节省 5%~10%的燃油,乘客的舒适度未受任何影响。

附录 E　算例飞机参数

已知某小型无人机的数据如下。

E.1　基本数据

飞机质量：25kg；

参考面积：0.8m^2；

参考弦长：268.81mm；

参考展长：3m。

E.2　纵向基本气动参数

纵向基本气动参数见表 E-1。

表 E-1　纵向基本气动参数

AOA	C_L	C_D	C_m
−10	−0.334 59	0.044 968	0.061 981
−8	−0.146 96	0.035 882	0.040 664
−6	0.051 061	0.031 901	0.024 933
−4	0.252 14	0.031 632	0.011 197
−2	0.453 596	0.034 601	−0.001 51
−1	0.552 878	0.037 216	−0.007 33
0	0.651 487	0.040 506	−0.012 92
1	0.748 17	0.044 624	−0.017 98
2	0.844 202	0.049 379	−0.023 2
3	0.938 859	0.054 833	−0.027 98
4	1.032 41	0.061 03	−0.033 11
5	1.123 28	0.067 87	−0.038 38
6	1.214 28	0.075 553	−0.044 64
8	1.382 35	0.092 509	−0.058 2
10	1.534 24	0.112 003	−0.074 94
12	1.661 8	0.133 931	−0.098 43
14	1.750 46	0.158 356	−0.134 99
16	1.794 09	0.186 58	−0.190 32
18	1.738 85	0.228 469	−0.287 09
20	1.608 24	0.290 535	−0.346 49

表 E-1 中 AOA 表示迎角,(°);C_L 表示升力系数;C_D 表示阻力系数;C_m 表示俯仰力矩系数。

E.3 横侧向基本气动参数

横侧向基本气动参数见表 E-2。

表 E-2 横侧向气动参数

CYBET	CNBET	CLBET
−0.00668	0.001 04	−0.000 72

表 E-2 中 CYBET 表示侧力系数对侧滑角的导数,单位:1/(°);CNBET 表示偏航力矩系数对侧滑角的导数,单位:1/(°);CLBET 表示滚转力矩系数对侧滑角的导数,单位:1/(°)。

E.4 舵效

升降舵舵效见表 E-3。

表 E-3 升降舵舵效

CLDE	CDDE	CMDE
0.003 28	0.000 18	−0.008 42

表 E-3 中 CLDE 表示升力系数对升降舵的导数,单位:1/(°);CDDE 表示阻力系数对侧滑角的导数,单位:1/(°);CMDE 表示俯仰力矩系数对侧滑角的导数,单位:1/(°)。

表 E-4 为方向舵舵效。

表 E-4 方向舵舵效

CYDR	CNDR	CLDR
0.00242	−0.00061	−0.00004

表 E-4 中 CYDR 表示侧力系数对方向舵的导数,单位:1/(°);CNDR 表示偏航力矩系数对方向舵的导数,单位:1/(°);CLDR 表示滚转力矩系数对方向舵的导数,单位:1/(°)。

表 E-5 为副翼舵效。

表 E-5 副翼舵效

CYDA	CNDA	CLDA
0.00018	0.00034	−0.00393

表 E-5 中 CYDA 表示侧力系数对副翼的导数,单位:1/(°);CNDA 表示偏航力矩系数对

副翼的导数，单位：1/(°)；CLDA 表示滚转力矩系数对副翼的导数，单位：1/(°)。

E.5　动导数

动导数见表 E-6。

表 E-6　动导数

Cmq	CmAT	Cnr	Clp	Clr	Cnp
−7.58	−1.64	−0.04	−0.62	−0.01	0.004

表 E-6 中的动导数 Cmq 为俯仰阻尼导数，单位：1/rad；CmAT 为洗流时差导数，单位：1/rad；Cnr 为偏航阻尼导数，单位：1/rad；Clp 为滚转阻尼导数，单位：1/rad；Clr 为滚转交叉导数，单位：1/rad；Cnp 为偏航交叉导数，单位：1/rad。

E.6　转动惯量和惯性积

转动惯量和惯性积见表 E-7。

表 E-7　转动惯量和惯性积

IXX	IYY	IZZ	IXY	IXZ	IYZ
1.986	3.447	5.392	0	0.011	0

表 E-7 中 IXX 为绕机体系 *OX* 轴转动惯量，IYY 为绕机体系 *OY* 轴转动惯量，IZZ 为绕机体系 *OZ* 轴转动惯量，IXY 为绕机体系 *OX* 轴和 *OY* 轴的惯性积，IXZ 为绕机体系 *OX* 轴和 *OZ* 轴的惯性积，IYZ 为绕机体系 *OY* 轴和 *OZ* 轴的惯性积。以上转动惯量和惯性积的单位为 $kg \cdot m^2$。

附录 F　算例飞机自然特性分析源代码

第 11 章算例飞机自然特性分析和不同运动参数反馈对飞机典型模态特征参数影响分析的 MATLAB 源代码如下。

F.1　纵向参数反馈对纵向运动模态特征参数的影响分析源代码

```
%本程序用于演示飞机纵向不同参数反馈情况下阻尼比和自然频率的变化
close all
clc
%----------------纵向状态方程----------
%Xdot=AX+BU
%Y=CX+DU;
```

```
%%状态变量分别为:速度增量(m/s),迎角增量(rad)、俯仰角速率(rad/s)、俯仰角增量(rad)
%输入量分别为:升降舵增量(rad)、油门开度(百分比)
A_long=[  -0.0216      4.3143    -0.0000     -9.8000
          -0.0020     -0.6664     1.0000      0.0000
           0.0003     -2.3192    -0.6534           0
                0           0     1.0000          0];
B_long=[ 0       2.1993
   -0.0418   -0.0051
   -1.7603   -0.0552
         0          0];
C_long=eye(4);
D_long=zeros(4,2);

%求开环传递函数
GK=ss(A_long,B_long,C_long,D_long);

%求俯仰角对升降舵的传递函数零极点
disp('自然飞机零极点模型')
GKK=zpk(GK(4,1));
zpk(GK(4,1))

%求飞机短周期的传递函数
% G_short=ss(A_short,B_short,C_short,D_short);
% GTF_short=zpk(tf(G_short));

% % %求长周期的传递函数
% G_phugoid=ss(A_phugoid,B_phugoid,C_phugoid,D_phugoid);
% GTF_phugoid=zpk(tf(G_phugoid));

%求不同反馈下的闭环传递函数和零极点
[Ac,Bc,Cc,Dc]=linmod('long_feedback');
%获取闭环传递函数
Gc=tf(ss(Ac,Bc,Cc,Dc));
disp('加反馈信号后零极点模型');
zpk(Gc)

%求短周期和长周期模态的阻尼比和自然频率
disp('自然飞机的特征根、阻尼比和自然频率')
%进行纵向典型模态分析
```

```
%Wn是自然频率,zeta是阻尼比,P是根
[Wn,zeta,P] =damp(A);
%根据根的实部大小判断短周期、长周期模态
%对根根据实部大小按升序排序
[Value_P,Index_P]=sort(abs(real(P)));

disp('----------------短周期模态特性----------')
disp(['短周期模态自然频率(rad/s):'  num2str(Wn(Index_P(4)))]);
disp(['短周期模态阻尼比 :'  num2str(zeta(Index_P(4)))]);
disp(['短周期模态特征根:'  num2str(P(Index_P(4))) ]);
disp(['                         '  num2str(P(Index_P(3))) ]);
disp('----------------长周期模态特性----------')
disp(['长周期模态自然频率(rad/s):'  num2str(Wn(Index_P(1)))]);
disp(['长周期模态阻尼比 :'  num2str(zeta(Index_P(1)))]);
disp(['长周期模态特征根:'  num2str(P(Index_P(2))) ]);
disp(['                         '  num2str(P(Index_P(1))) ]);
if real(P(Index_P(1)))>0
    disp('长周期模态不稳定!!! ')
end

%求不同反馈下的长周期和短周期的阻尼比和自然频率
disp('加反馈信号后的特征根、阻尼比和自然频率')
%Wn是自然频率,zeta是阻尼比,P是根
[Wn,zeta,P] =damp(Gc.den{1});
%根据根的实部大小判断短周期、长周期模态
%对根根据实部大小按升序排序
[Value_P,Index_P]=sort(abs(real(P)));

disp('----------------短周期模态特性----------')
disp(['短周期模态自然频率(rad/s):'  num2str(Wn(Index_P(4)))]);
disp(['短周期模态阻尼比 :'  num2str(zeta(Index_P(4)))]);
disp(['短周期模态特征根:'  num2str(P(Index_P(4))) ]);
disp(['                         '  num2str(P(Index_P(3))) ]);
disp('----------------长周期模态特性----------')
disp(['长周期模态自然频率(rad/s):'  num2str(Wn(Index_P(1)))]);
disp(['长周期模态阻尼比 :'  num2str(zeta(Index_P(1)))]);
disp(['长周期模态特征根:'  num2str(P(Index_P(2))) ]);
disp(['                         '  num2str(P(Index_P(1))) ]);
if real(P(Index_P(1)))>0
```

```
    disp('长周期模态不稳定!!! ')
end

%求速度增量对升降舵的传递函数
[z,p,k]=zpkdata(GK(1,1));
GV=zpk(z{1}(2),p,-k*z{1}(1));
figure
rlocus( GV);
grid on;
title(['简化传递函数\DeltaV(s)/\Delta\delta_e(s)的根轨迹']);
figure
rlocus(-GK(1,1));
grid on;
title(['传递函数\DeltaV(s)/\Delta\delta_e(s)的根轨迹']);
figure
rlocus(-GK(2,1));
grid on;
title('传递函数\Delta\alpha(s)/\Delta\delta_e(s)的根轨迹');
figure
rlocus(-GK(3,1));
grid on;
title('传递函数 q(s)/\Delta\delta_e(s)的根轨迹');
figure
rlocus(-GK(4,1));
grid on;
title('传递函数\Delta\theta(s)/\Delta\delta_e(s)的根轨迹');

figure
rlocus(GK(2,1)*Vt*A_lat(1,1));
grid on;
title('传递函数\Deltaa_z(s)/\Delta\delta_e(s)的根轨迹');

figure
rlocus(GK(2,1)*Vt*A_lat(1,1)/9.8);
grid on;
title('传递函数\Deltan_z(s)/\Delta\delta_e(s)的根轨迹');

figure
% rlocus(Gc/(1+Gc));
```

```
rlocus(Gc);
grid on;
title('引入 q 反馈后的传递函数\Delta\theta(s)/\Delta\delta_e(s)的根轨迹');
```

F.2 横航向参数反馈对纵向运动模态特征参数的影响分析源代码

```
%本程序用于演示飞机横侧向不同参数反馈情况下阻尼比和自然频率的变化
clc
close all
%----------------横航向状态方程--------------------
%Xdot=AX+BU
%Y=CX+DU;
%%状态变量分别为:侧滑角(rad)、滚转角速率(rad/s)、偏航角速率(rad/s)、滚转角增量(rad)
%输入量分别为:副翼增量(rad)、方向舵增量(rad)
A_lat=[ -0.1786    0.0823   -0.9966    0.0977
        -0.9816   -1.0912    0.3354         0
         0.2573   -0.0836   -0.2203         0
              0    1.0000    0.0826         0];
B_lat=[ 0.0013    0.0375
       -2.0640    0.3278
       -0.1606   -0.8128
             0         0];
C_lat=eye(4);
D_lat=zeros(4,2);

%求开环传递函数
GK=ss(A_lat,B_lat,C_lat,D_lat);

%求角速率对升降舵的传递函数零极点
%   GKK1=zpk(GK(4,1));
%   GKK2=zpk(GK(4,2));

% zpk(GK(1,2))

%求不同反馈下的闭环传递函数和零极点
[Ac,Bc,Cc,Dc]=linmod('lat_feedback');
Gc=tf(ss(Ac,Bc,Cc,Dc));
disp('加反馈信号后零极点模型');
zpk(Gc)
```

```
%求短周期和长周期模态的阻尼比和自然频率
disp('自然飞机的特征根、阻尼比和自然频率')
damp(A_lat)
%求不同反馈下的长周期和短周期的阻尼比和自然频率
disp('加反馈信号后的特征根、阻尼比和自然频率')
damp(Gc.den{1})

%在速率反馈时,如果反馈增益太大,则系统会发散。参数应小于0.001
%画根轨迹图
figure
[Z_lat,P_lat,K_lat]=zpkdata(GK(1,1));
% rlocus(sign(K_lat)*GK(1,1));
rlocus(-GK(1,1));
grid on;
title(['传递函数\Delta\beta(s)/\Delta\delta_a(s)的根轨迹']);
figure
[Z_lat,P_lat,K_lat]=zpkdata(GK(1,2));
rlocus(sign(K_lat)*GK(1,2));
grid on;
title(['传递函数\Delta\beta(s)/\Delta\delta_r(s)的根轨迹']);

figure
[Z_lat,P_lat,K_lat]=zpkdata(GK(2,1));
Gphi1=zpk(0,P_lat{1}([1,4],1),K_lat*Z_lat{1}(3,1));
Gphi2=zpk(Z_lat{1}(3,1),P_lat{1}([1,4],1),K_lat);
rlocus(sign(K_lat)*GK(2,1))
grid on;
title(['传递函数 p(s)/\Delta\delta_a(s)的根轨迹']);
figure
[Z_lat,P_lat,K_lat]=zpkdata(GK(2,2));
rlocus(sign(K_lat)*GK(2,2))
grid on;
title(['传递函数 p(s)/\Delta\delta_r(s)的根轨迹']);

figure
[Z_lat,P_lat,K_lat]=zpkdata(GK(3,1));
rlocus(sign(K_lat)*GK(3,1))
grid on;
title(['传递函数 r(s)/\Delta\delta_a(s)的根轨迹']);
figure
[Z_lat,P_lat,K_lat]=zpkdata(GK(3,2));
rlocus(sign(K_lat)*GK(3,2))
```

```
grid on;
title(['传递函数 r(s)/\Delta\delta_r(s)的根轨迹']);


figure
[Z_lat,P_lat,K_lat]=zpkdata(GK(4,1));
rlocus(sign(K_lat) * GK(4,1))
grid on;
title(['传递函数\Delta\phi(s)/\Delta\delta_a(s)的根轨迹']);
figure
[Z_lat,P_lat,K_lat]=zpkdata(GK(4,2));
rlocus(sign(K_lat) * GK(4,2))
grid on;
title(['传递函数\Delta\phi(s)/\Delta\delta_r(s)的根轨迹']);
```

附录 G　飞行动力学部分知识结构图

飞行动力学部分知识结构图如图 G-1 所示。

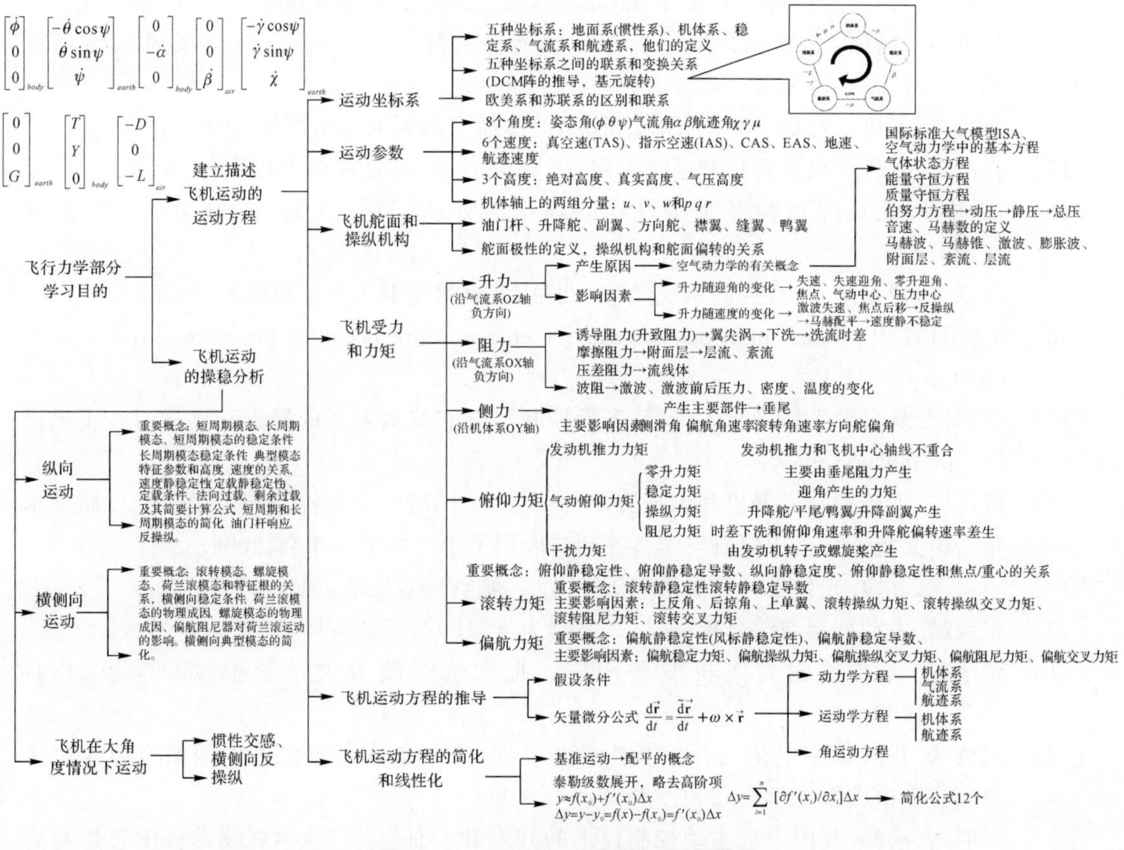

图 G-1　飞行动力学部分知识结构图

参考文献

[1] 温杰.美国军机百年发展史(一):双翼机时代的工业结构和竞争[J]. 兵器知识，2004(4):62-65.

[2] 温杰.美国军机百年发展史(二):单翼机革命[J]. 兵器知识，2004(5):58-61.

[3] 温杰.美国军机百年发展史(三):亚音速和超音速早期的喷气式飞机革命[J]. 兵器知识，2004(6):45-48.

[4] 温杰. 美国军机百年发展史(四):超音速时代的敏捷技术革命[J]. 兵器知识，2004(7):56-59.

[5] 温杰.美国军机百年发展史(五):隐身革命[J]. 兵器知识，2004(8):49-52.

[6] 王东,邢桂敏.飞机发展一百年[J]. 航空史研究，1994(2):20-29.

[7] 李成智.飞机百年发展与空气动力学[J]. 力学与实践，2003，25(6):1-13.

[8] 夏英明. 航空百年的火力控制[J]. 电光与控制，2003，10(1):3-8.

[9] 程不时.飞机:一个世纪的历程[J]. 科学，1999(5):72-74.

[10] 文传源.现代飞行控制[M]. 北京:北京航空航天大学出版社,2003.

[11] 徐亚军,魏麟,李军辉.民航飞机自动飞行系统[M]. 成都:西南交通大学出版社,2012.

[12] 徐鑫福.飞机飞行操纵系统[M]. 北京:北京航空航天大学出版社,1989.

[13] 张汝麟.现代飞机飞行控制系统工程[M]. 上海:上海交通大学出版社,2015.

[14] 陈宗基.民机飞行控制系统设计的理论与方法[M]. 上海:上海交通大学出版社,2015.

[15] 吴森堂,费玉华.飞行控制系统[M]. 北京:北京航空航天大学出版社,2005.

[16] RANDAL W. Small unmanned aircraft: theory and practice[D]. Princeton:Princeton University,2012.

[17] 张新国.从自动飞行到自主飞行:飞行控制与导航技术发展的转折和挑战[J].飞机设计,2003(3):57-59.

[18] 范彦铭.飞行控制发展史和未来的发展[C]//中国航空学会控制与应用第十二届学术年会论文集.西安:中国航空学会控制与应用第十二届学术年会,2006.

[19] 李玉飞,苏媛.光传飞行控制系统研究[J]. 航空科学技术,2009(5):7-10.

[20] 张汝麟.主动控制与综合控制[J]. 飞行力学,1997,15(3):1-6。

[21] 张汝麟.飞行控制与飞机发展[J]. 北京航空航天大学学报,2003,29(12):1077-1083.

[22] 张汝麟.我国数字电传飞行控制技术的发展[C]//面向新世纪的中国航空会议论文集.北京:中国航空学会,2001.

[23] 李明,张汝麟.我国飞机主动控制技术的开发和验证[C]//钱学森技术科学思想与力学论文集.北京:国防工业出版社,2001.

[24] 张宝珍,王萍,尤晨宇.国外飞机预测与健康管理技术发展计划综述[J]. 计算机测量

与控制,2016,24(6):1-7.

[25] 《飞机飞行控制系统手册》编委会. 飞机飞行控制系统手册[M]. 北京:国防工业出版社,1994.

[26] 程农,李四海. 民机导航系统[M]. 上海:上海交通大学出版社,2015.

[27] 高丽,吴文海,曲志刚. 飞行器管理系统研究综述[J]. 飞行力学,2010,28(3):1-4.

[28] 刘林,郭恩友. 飞行控制系统的分系统[M]. 北京:国防工业出版社,2003.

[29] 宋翔贵,张新国. 电传飞行控制系统[M]. 北京:国防工业出版社,2003.

[30] 申功璋,高金源,张津. 飞机综合控制与飞行管理[M]. 北京:北京航空航天大学出版社,2008.

[31] COOKM V. Flight Dynamics Principle [M]. Amsterdam : Elsevier Publishing House,2007.

[32] 杨一栋,王新华,龚华军. 飞机综合控制[M]. 北京:国防工业出版社,2015.

[33] 李忠剑,肖雪飞. 飞机气动布局型式综述[C]//第八届海峡两岸航空航天学术研讨会论文集. 北京:第八届海峡两岸航空航天学术学术研讨会,2012.

[34] 方宝瑞. 飞机气动布局设计[M]. 北京:航空工业出版社,1997.

[35] 《飞机设计手册》总编委会. 飞机设计手册:第 6 分册[M]. 北京:航空工业出版社,2002.

[36] 布罗克豪斯. 飞行控制[M]. 金长江,译. 北京:国防工业出版社,1999.

[37] MOIRI, SEABRIDGE A. 民用航空电子系统[M]. 范秋丽,霍曼,译. 北京:航空工业出版社,2009.

[38] WELCHJ F, BJORK L. 现代飞行技术[M]. 熊峻江,郑力铭,肖应超,等译. 北京:国防工业出版社,2011.

[39] 范立钦,周鼎义. 飞机空气动力学[M]. 西安:西北工业大学出版社,1989.

[40] 徐华舫. 空气动力学基础[M]. 北京:国防工业出版社,1982.

[41] 朱宝鎏. 无人飞机空气动力学[M]. 北京:航空工业出版社,2006.

[42] 何植岱,高浩. 高等飞行动力学[M]. 西安:西北工业大学出版社,1990.

[43] PAMADI B N. 飞机的性能、稳定性、动力学与控制[M]. 2 版. 商重阳,左英桃,夏露,等译. 北京:航空工业出版社,2013.

[44] 肖业伦. 航空航天器运动的建模:飞行动力学的理论基础[M]. 北京:北京航空航天大学出版社,2003.

[45] 高金源,李陆豫,冯亚昌. 飞机飞行品质[M]. 北京:国防工业出版社,2003.

[46] PRATT R W. 飞行控制系统设计和实现中的问题[M]. 陈宗基,张平,译. 上海:上海交通大学出版社,2015.

[47] 电传操纵系统飞机的飞行品质:GJB 2874—97 [S]. 北京:国防科学技术工业委员会,1998.

[48] Department Of Defense Handbook Flying Qualities Of Piloted Aircraft:MIL-STD-1797A [S]. 1995.

[49] AHLSTROM K, TORIN J. Future architecture for flight control systems[J]. IEEE 20th Digital Avionics Systems Conference, 2001(1): B.5-11.

[50] COLLINSONR P G. Fly - by - wire flight control[J]. Computer & Control Engineering Journal, 1999,10(4):141 - 152.

[51] BRIERE D, TRAVERSE P. Airbus A320/A330/A340 electrical flight controls a family of fault - tolerant systems [C]//The Twenty - Third International Symposium on Fault - Tolerant Computing. Toulouse: IEEE,1993.

[52] FELKE T. Application of model - based diagnostic technology on the Boeing 777 airplane[C]//AIAA/IEEE Digltal Avionics Systems Conference. Phoenix: IEEE, 1991.

[53] YEH Y C. Design Considerations in Boeing 777 Fly - By - Wire Computers [C]// proceeding of Third IEEE International Conference on High - Assurance Systems Engineering Symposium. Washington:IEEE, 1998.

[54] YEH Y C. Triple - Triple Redundant 777 Primary Flight Computer [C]//Aerospace Applications Conference,Proceedings. Aspen:IEEE, 1996.

[55] YEH Y C. Safety critical avionics for the 777 primary flight control systems [C]// Digital Avionics Systems, Das Conference. Daytona Beach:IEEE, 2001.

[56] BOLDUCL P. Redundancy management system vehicle and mission computer for the X - 33 [C]// Digital Avionics System,Maryland. Philadelphia:IEEE, 2000.

[57] BOLDUCL P. Clock Synchronization in An N - Modular Redundant System [C]// IEEE/AIAA 21st Digital Avionics Systems Conference, Irvine:IEEE, 2002.

[58] LIUC Y. An approach to synchronize redundant flight critical computers using cross channel data links[C]//21st Digital Avionics Systems Conference. Irvine: IEEE, IEEE, 2002.

[59] 臧红伟，韩炜. 非相似余度计算机系统及其可靠性分析[J]. 哈尔滨工业大学学报，2003,40(3):492 - 494.

[60] 周其焕. 民用飞机自动飞行控制系统的发展:上[J]. 航空电子技术，2001(4)：44 - 48.

[61] 李益瑞. 电传飞行控制系统的功能与关键问题及发展. [J]. 飞行力学，1997,15(3)：55 - 59.

[62] 刘振钦. 民机电传飞行控制系统飞行品质要求探讨[J]. 飞行力学，1998，2(16)：9 - 15.

[63] 徐荣林. B777 飞行控制系统简介[J]. 国际航空，1995，2(15):52 - 54.

[64] 王非. 飞行控制计算机余度结构与设计策略研究[J]. 航空计算技术,1996,10(1)：32 - 34.

[65] 肖顺达. 飞行自动控制系统[M]. 北京：国防工业出版社,1980.

[66] 刘林，郭恩友. 飞行控制系统的分系统[M]. 北京:国防工业出版社,2003.

[67] 申安玉,申学仁. 自动飞行控制系统[M]. 北京：国防工业出版社,2003.

[68] 王珍熙. 可靠性·冗余及容错技术[M]. 北京:航空工业出版社,1991.

[69] 姚一平，李沛琼. 可靠性及余度技术[M]. 北京:航空工业出版社,1991.

[70] 张明廉. 飞行控制系统[M]. 北京：国防工业出版社,1984.

[71] 有人驾驶飞机自动驾驶仪通用规范:GJB 1690—93 [S]. 北京:国防科学技术工业委

员会,1993.
[72] 有人驾驶飞机(固定翼)飞行品质:GJB 185—86 [S]. 北京:国防科学技术工业委员会,1986.
[73] 舰载飞机规范　飞行品质:GJB 3719—99 [S]. 北京:国防科学技术工业委员会,1999.
[74] 方振平.带自动器飞机飞行动力学[M]. 北京:国防工业出版社,1999.
[75] 贾秋玲,袁冬莉,栾云凤.基于 MATLAB 7.X/Simulink/Stateflow 的系统仿真、分析与设计[M]. 西安:西北工业大学出版社,2006.
[76] 章卫国,李爱军,李广文.现代飞行控制系统设计[M]. 西安:西北工业大学出版社,2009.
[77] 刘世前.现代飞机飞行动力学与控制[M]. 上海:上海交通大学出版社,2014.
[78] 李志信,王敏文.飞行控制系统分析与设计[M]. 西安:西北工业大学出版社,2019.
[79] 吴文海.飞机综合控制系统[M]. 北京:航空工业出版社,2007.
[80] 高金源,冯华南.民用飞机飞行控制系统[M]. 北京:北京航空航天大学出版社,2018.
[81] 吴文海.飞机综合控制系统 [M]. 2 版.西安:西安交通大学出版社,2019.
[82] 方振平.飞机飞行动力学[M]. 北京:北京航空航天大学出版社,2005.
[83] 施密特.飞机飞行动力学导论[M]. 辛长范,刘志武,译.北京:航空工业出版社,2018.
[84] 杨一栋,牛佩翼,江浩.飞行控制系统模态转换瞬态抑制技术的研究[J]. 航空学报,1990,11(1):88-92.
[85] 豆国辉,高正红.淡化器仿真与设计[J]. 科学技术与工程,2012,12(11):2621-2625.
[86] 杨伟,章卫国,刘小雄.容错飞行控制系统[M]. 西安:西北工业大学出版社,2007.
[87] 邵荣士.YF-16 飞机电传操纵系统控制律分析[J]. 飞机设计,1998(4):26-34.
[88] 邵荣士.电传飞行控制系统设计研究[J]. 飞机设计,2007,27(3):33-41.
[89] 李志信.某 ACT 验证机纵向 DFBW 控制律设计[J]. 航空学报,1993,4(4):175-180.
[90] 孟琳,叶永强,李楠.扇翼飞行器的研究进展与应用前景[J].航空学报,2015,36(8):2651-2661.
[91] 庞冲.扇翼飞行器气动原理研究[D]. 南京:南京航空航天大学,2015.
[92] 陈滔.扇翼飞行器飞行控制系统研究[D]. 南京:南京航空航天大学,2014.
[93] 肖业伦.航空航天器运动的建模:飞行动力学的理论基础[M]. 北京:北京航空航天大学出版社,2003.
[94] 程小红,宋玉靖.哈密尔顿与四元数[J]. 数学通讯,2006(9),47-48.
[95] 王军安.对基于四元数的飞机本体运动模型的改进[J]. 系统仿真学报,2006,18(增刊2):230-232。
[96] 刘忠,梁晓庚.基于四元数的导弹反步控制及全方位算法应用[J]. 系统仿真学报,2006,18(10):2734-2737.
[97] 民航资源网.空客与其欧洲合作伙伴将验证减排 fello'fly[EB/OL].[2020-09-11]. 运行 http://news.carnoc.com/ list/543/543389.html.

[98] 翱翔的民机人.仿生学的又一胜利:“涡流冲浪”飞行技术[EB/OL].[2020-04-12]. https://baijiahao.baidu.com/s?id=1664068859078311311&wfr=spider&for=pc.
[99] 中国新闻网.美军C17运输机完成“涡流冲浪”飞行技术测试[EB/OL].[2020-10-12]. https://www.chinanews.com/mil/2012/10-12/4244139.shtml.
[100] 张强，赵义欣，伍瀚宇，等. 涡流冲浪研究综述及其在民航领域的应用前景[J]. 飞行力学，2020,38(5):14-19.